低压电网
实用技术手册

DIYA DIANWANG
SHIYONG JISHU SHOUCE

曹孟州　编著

中国电力出版社
CHINA ELECTRIC POWER PRESS

内 容 提 要

本书共二十一章，自电力系统基本知识说起，详细阐述了广泛使用的高压开关电器、高压成套配电装置、短路电流实用计算、载流导体的发热和电动力、高压电气设备的选择、配电装置、电力变压器、电动机、互感器、绝缘子、防雷及接地装置、继电保护与二次回路、架空配电线路、电力电缆线路、低压电力线路、常用的低压电器设备与成套装置、母线、电气安全工作管理及防火防爆和触电急救等。

本书内容涉及面广，通俗实用，除供县级供电企业培训员工外，还可供工矿企业电气设备运行与维护检修的专业技术人员使用，亦可供相关专业师生学习、参考。

图书在版编目(CIP)数据

低压电网实用技术手册/曹孟州编著. —北京：中国电力出版社，2015.6

ISBN 978-7-5123-7616-8

Ⅰ.①低… Ⅱ.①曹… Ⅲ.①低压电网-技术手册 Ⅳ.①TM727-62

中国版本图书馆 CIP 数据核字(2015)第 080901 号

中国电力出版社出版、发行

（北京市东城区北京站西街 19 号　100005　http://www.cepp.sgcc.com.cn）

航远印刷有限公司印刷

各地新华书店经售

*

2015 年 6 月第一版　　2015 年 6 月北京第一次印刷

787 毫米×1092 毫米　16 开本　25.5 印张　596 千字

印数 0001—3000 册　　定价 **65.00** 元

前　言

为贯彻落实国家人才队伍建设总体战略，充分发挥供电企业培养高技能人才发挥主体作用，加快推进国家电网公司发展方式和电网发展方式转变的具体实践，也为有效开展电网企业进网作业电工培训和人才培养工作的重要基础，提高培训的针对性和有效性，全面提升供电员工队伍的业务素质，保证电网安全稳定运行、支撑和促进国家电网公司可持续发展起到积极的推动作用，特编写本书。在编写原则上，以突出供电企业各主要岗位的技能为核心；在内容定位上，遵循“由浅入深、知识超前、技能培训”的原则，突出针对性和实用性，并涵盖了电力行业最新的政策、标准、规程、规定及新设备、新技术、新知识、新工艺；在写作方式上，做到图文并茂、深入浅出，避免烦琐的理论推导和公式论证，便于直观和理解。

本书根据供电企业主要岗位的需求，遵循理论联系实践，密切联系电力生产的实际，力求内容完整，通俗易懂，注重科学实用，并以安全为主线贯穿始终，具有针对性、实用性、先进性和科学性。在各章节的文字表达方面，力求层次清楚，简明易懂。

编者在撰写过程中，参阅了大量的文献资料，从中吸取了多年从事电气设备运行与维护和检修试验的经验和成果。同时，也得到了电力同仁的鼎力相助，在此向参考文献中所示的所有作者和相助者表示衷心的感谢。

由于编者才疏学浅，孤陋寡闻，加之时间所限，不妥之处在所难免，敬请广大读者批评和指教，编者将不胜感激。

编　者

2015 年 3 月

目　录

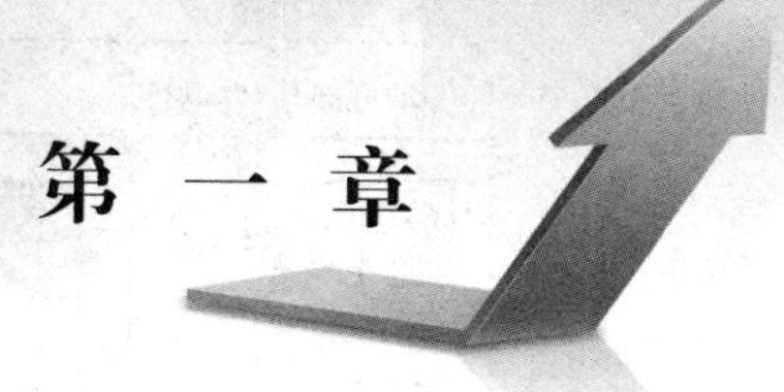

第一章

电力系统基本知识

电力系统是由发电厂、送变电线路、供配电所和用电单位组成的整体，在同一瞬间，发电厂将发出的电能通过送变电线路，送到供配电所，并经过变压器将电能送到用电单位，供给工农业生产和人民生活使用。因此，掌握电力系统基本知识和电力生产特点，是对电力员工的基本要求。

第一节　电力系统和电力网的构成

发电厂将燃料的热能、水流的位能或功能以及核能等转换为电能。电力经过送电、变电和配电分配到各用电场所，通过各种设备再转换成为动力（机械能）、热、光等不同形式的能量，为国民经济、工农业生产和人民生活服务。由于目前电力不能大量储存，其生产、输送分配和消费都在同一时间内完成，因此必须将各个环节有机地连成一个整体。这个由发电、送电、变电、配电和用电组成的整体称为电力系统。电力系统中的送电、变电、配电三个部分称为电力网（简称电网）。动力系统与电力系统、电网关系示意图如图 1-1 所示，电力系统及电网示意图如图 1-2 所示。

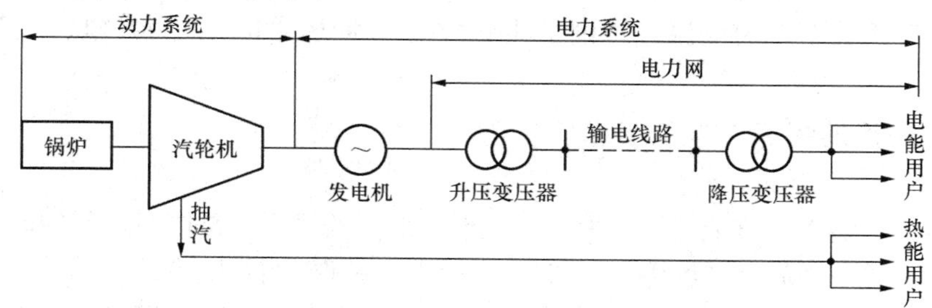

图 1-1　动力系统与电力系统、电网关系示意图

电网是将各电压等级的输电线路和各种类型的变电站连接而成的网络。电网按在电力系统中的作用不同，分为输电网和配电网。输电网是以高压甚至超高电压将发电厂、变电站或变电站之间连接起来的送电网络，所以又称为电网中的主网架。直接将电能送到用户的网络称为配电网。配电网的电压因用户的需要而定，因此配电网中又分为高压配电网（110kV 及以上电压）、中压配电网（35、10、6、3kV 电压等级）及低压配电网（220、380V）。

一、大型电力系统的优点

大型电力系统主要在技术经济上具有下列优点：

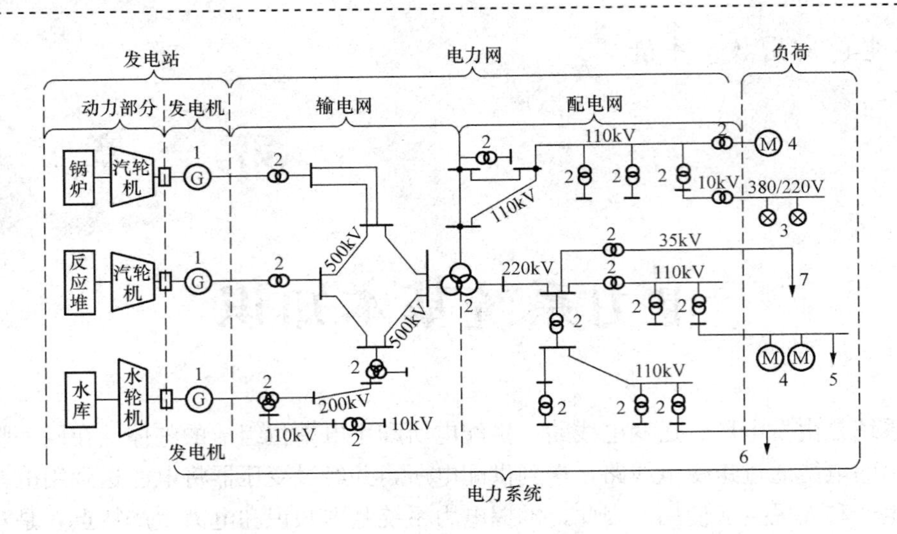

图 1-2　电力系统及电网示意图

1—发电机；2—变压器；3—电灯；4—电动机；5～7—其他电力负荷

(1) 提高了供电可靠性。由于大型电力系统的构成，使得电力系统的稳定性提高，同时也提高了对用户供电的可靠程度，特别是构成了环网、双环网，对重要用户的供电就有了保证。当系统中某局部设备故障或某部分线路需要检修时，可以通过变更电网的运行方式，对用户连续供电，减少了由于停电造成的损失。

(2) 减少了系统的备用容量。电力系统的运行具有灵活性，各地区可以通过电网互相支持，为保证电力系统所必需的备用机组可大大地减少。

(3) 通过合理地分配负荷，降低了系统的高峰负荷，调整峰谷曲线，提高了运行的经济性。

(4) 提高了供电质量。

(5) 便于利用大型动力资源，特别是能充分发挥水力发电、风力发电、太阳能发电的作用。

二、电力生产的特点

1. 同时性

电能的生产、输送、分配以及转换为其他形态能量的过程，是同时进行的。电能不能大量存储。电力系统中瞬间生产的电力，必须等于同一瞬间取用的电力。

电力生产具有发电、供电、用电在同一时间内完成的特点，决定了发电、供电、用电必须时刻保持平衡，发、供电随用电的瞬时增减而增减。由于具有这个特点，电力系统必须时刻考虑到用户的需要，不仅要搞好发电工作，而且要搞好供电和用电工作。这不仅是国民经济的需要、用户的需要，还是搞好发电工作的需要。

2. 集中性

电力生产是高度集中、统一的。在一个电网中不论有多少个发电厂、供电公司，都必须接受电网的统一调度，并依据统一质量标准、统一管理办法，在电力技术业务上受电网的统一指挥和领导，电能由电网统一分配和销售，电网设备的启动、检修、停运、发电量和电力的增减，都由电网来决定。

3. 适用性

电能使用最方便，适用性最广泛。发电厂、电网经一次投资建成后，就随时可以运行，电能不受或很少受时间、地点、空间、气温、风雨、场地的限制，与其他能源相比是最清洁、无污染、对人类环境无害的能源。

4. 先行性

电力先行是由一系列因素决定的：

(1) 工农业方面生产的提高，主要依靠劳动生产率的提高，并不断提高机械化和电气化的水平。

(2) 许多新的、规模大的、耗电多的工业部门出现，如电气冶炼、电化学等。

(3) 随着新技术推广，农业、交通运输业等将广泛应用电能，使电能需要量大大增加。

(4) 人民生活、文化水平不断提高，都会使居民用电量日益增加。

因此，装机容量、电网容量、发电量增长速度应大于工业总产值的增长。

第二节 电 力 负 荷

电力负荷是指用电设备或用电单位所消耗的功率（kW）、容量（kVA）或电流（A）。

一、电力负荷组成

电力负荷由用电负荷、线路损失负荷和供电负荷组成。

1. 用电负荷

用电负荷是用户在某一时刻对电力系统所需求的功率。

2. 线路损失负荷

电能从发电厂到用户的输送过程中，不可避免地会发生功率和能量的损失，与这种损失所对应的发电功率，称为线路损失负荷，也称为线损。

3. 供电负荷

用电负荷加上同一时刻的线路损失负荷，是发电厂对外供电时所承担的全部负荷，称为供电负荷。

二、负荷分类

1. 按发生时间进行分类

按发生时间不同，负荷可分为以下几类：

(1) 高峰负荷。高峰负荷是指电网或用户在单位时间内所发生的最大负荷值。为了便于分析，常以小时用电量作为负荷。高峰负荷又分为日高峰负荷和晚高峰负荷，在分析某单位的负荷率时，选一天 24h 中最高的 1h 的平均负荷作为高峰负荷。

(2) 低谷负荷。低谷负荷是指电网中或某用户在一天 24h 内发生的用电量最小的电量。为了合理使用电能，应尽量缩短发生低谷负荷的时间。对于电力系统来说，峰、谷负荷差越小，用电则越趋近于合理。

(3) 平均负荷。平均负荷是指电网中或某用户在某一段确定的时间阶段内平均小时用电量。为了分析负荷率，常用日平均负荷，即一天的用电量除以一天的用电小时。为了安排用电量，往往也用月平均负荷和年平均负荷。

2. 按突然中断供电所引起的影响进行分类

由于受到突然中断供电所引起的影响，用电负荷可分为以下几类：

（1）一类负荷。也称一级负荷，是指突然中断供电将会造成人身伤亡或会引起对周围环境严重污染，造成经济上的巨大损失，如重要的大型设备损坏，重要产品或用重要原料生产的产品大量报废，连续生产过程被打乱，且需很长时间才能恢复生产；以及突然中断供电将会造成社会秩序严重混乱或产生政治上严重影响的，如重要的交通与通信枢纽、国际社交场所等用电负荷。

（2）二类负荷。也称二级负荷，是指突然中断供电会造成较大的经济损失，如生产的主要设备损坏，产品大量报废或减产，连续生产过程需较长时间才能恢复；突然中断供电将会造成社会秩序混乱或在政治上产生较大影响，如交通与通信枢纽、城市主要水源、广播电视、商贸中心等的用电负荷。

（3）三类负荷。也称三级负荷，是指不属于上述一类和二类负荷的其他负荷。对于这类负荷，突然中断供电所造成的损失不大或不会造成直接损失。

对于一级负荷的用电设备，应安有两个以上的独立电源供电，并辅之以其他必要的非电力电源的保安措施。

第三节 变 电 站

变电站是连接电力系统的中间环节，用以汇集电源、升降电压和分配电力。变电站通常由高低压配电装置、主变压器、主控制室和相应的设施以及辅助生产建筑物等组成。变电站根据在系统中的位置、性质、作用及控制方式等，可分为升压变电站、降压变电站，枢纽变电站、地区变电站、终端变电站，有人值班变电站和无人值班变电站。

一、变电站主接线

变电站主接线是电气部分的主体，由其把发电机、变压器、断路器等各种电气设备通过母线、导线有机地连接起来，并配置避雷器、互感器等保护、测量电器，构成变电站汇集和分配电能的一个系统。根据变电站在电力系统中的地位、负荷性质、进出线数、设备特点、周围环境及规划容量等条件，综合考虑供电可靠、运行灵活、操作方便、投资节约和便于过渡等要求。

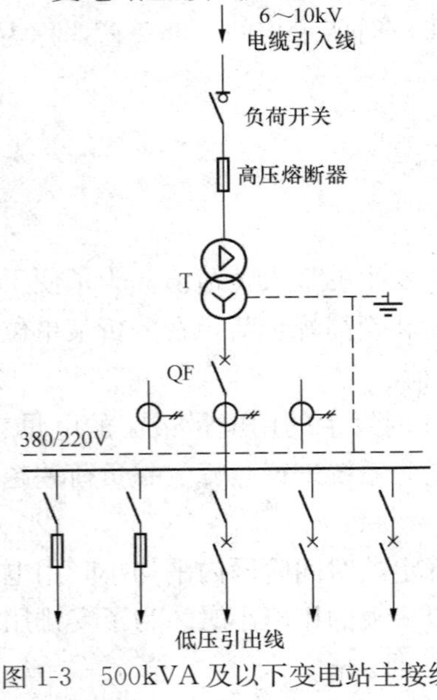

1. 电气主接线的基本要求

（1）保证必要的供电可靠性和电能质量。

（2）具有一定的灵活性和方便性。

（3）具有经济性。

（4）具有发展和扩建的可能性。

2. 主接线型式

图 1-3 是变压器容量为 500kVA 及以下用户变电站主接线。高压侧 10kV 的电源通过架空导线或电缆引入，经过负荷开关和高压熔断器接到变压器的高压侧，通过变压

图 1-3 500kVA 及以下变电站主接线

器将 10kV 电压降为 380/220V，又通过低压断路器接至低压电力负荷。

二、变电站一次电气设备

1. 主变压器

在降压变电站内变压器是将高电压改变为低电压的电气设备。以 10kV 变电站为例，主变压器将 10kV 的电压变为 380/220V，供给 380/220V 的负荷。

2. 高压断路器

高压断路器是作为保护变压器和高压线路的保护电器。它具有开断正常负荷和过载、短路故障的保护能力。

3. 隔离开关

隔离开关是隔离电源用的电器。

4. 电压互感器

电压互感器将系统的高电压转变为低电压，供保护和计量用。

5. 电流互感器

电流互感器将高压系统中的电流或低压系统中的大电流转变为标准的小电流，供保护和计量用。

6. 熔断器

当电路发生短路或过负荷时，熔断器能自动切断故障电路，从而使电气设备得到保护。

7. 负荷开关

负荷开关用来不频繁地接通和分断小容量的配电线路和负荷，起到隔离电源的作用。

第四节　供　电　质　量

供电质量指电能质量与供电可靠性。电能质量包括电压、频率和波形的质量。供电可靠性是以供电企业对用户停电的时间次数来衡量的。

一、电能质量

电能质量是指供应到用电单位受电端电能品质的优劣程度。电能质量主要包括电压质量与频率质量两部分。

电压质量又分为电压允许偏差、电压允许波动与闪变、公用电网谐波、三相电压允许不平衡度。频率质量为频率允许偏差。

1. 电压允许偏差

在某一段时间内，电压幅值缓慢变化而偏离额定值的程度，以电压实际值 U 和电压额定额定值 U_N之差 ΔU 与电压额定值 U_N之比的百分数 $\Delta U\%$来表示，即

$$\Delta U\% = \frac{U - U_N}{U_N} \times 100\% \tag{1-1}$$

式中　U——检测点上电压实际值，V；

U_N——检测点电网电压的额定值，V。

电压质量对各类电气设备（包括用电设备）的安全、经济运行有直接的影响。因为电气设备是按在额定电压条件下运行设计制造的，当其端电压偏离额定电压时，电气设备的性能

就要受到影响。就照明负荷来说，当电压降低时，白炽灯的发光效率和光通量都急剧下降；当电压上升时，白炽灯的寿命将大为缩短。例如，电压比额定值低10%，则光通量减少30%；电压比额定值高10%，则寿命缩减一半。

对电力负荷中大量使用的异步电动机（包括厂用电动机）而言，因为异步电动机的最大转矩与端电压的平方成正比，如果电压降低过多，电动机可能停转或不能启动。当输出功率一定时，异步电动机的定子电流、功率因数和效率随电压而变化。当端电压降低时，定子电流、转子电流都显著增大，导致电动机的温度上升，甚至烧坏电动机。反之，当端电压过高时，会使各类电气设备绝缘老化过程加快，设备寿命缩短等。在过电压情况下，甚至危及设备运行安全。

对电热装置而言，过高的电压将损伤设备，过低的电压则达不到所需要的温度。此外，电视、广播、传真、雷达等电子设备对电压质量的要求更高，电压过高或过低都将使特性严重改变而影响正常运行。

如上所述，不仅各种用电负荷的工作情况均与电压的变化有着极其密切的关系，而且电压的过高、过低给发电厂和电力系统本身造成很大的威胁。故在运行中必须规定电压的允许偏移范围，也就是电压的质量标准。一般用电设备的电压偏移保持在规定范围内，不会对工作有任何影响。

我国国家标准规定电压偏差的允许值为：

（1）35kV及以上电压供电的，电压允许偏差为额定电流的±10%。

（2）10kV及以下三相供电的，电压允许偏差为额定电压的±7%。

（3）220V单相供电的，电压允许偏差为额定电压的+7%、－10%。

对电压有特殊要求的用户，供电电压允许偏差由供用电协议确定。

2. 电压允许波动和闪变

（1）电压允许波动。在某一个时段内，电压急剧变化而偏离额定值的现象，称为电压波动。电压变化的速率大于1%的，即为电压急剧变化。电压波动程度以电压在急剧变化过程中，相继出现的电压最大值和最小值之差与额定电压之比的百分数$\Delta U\%$来表示，即

$$\Delta U\%=\frac{U_{max}-U_{min}}{U_N}\times 100\% \tag{1-2}$$

式中 U_N——额定电压，V；

U_{max}、U_{min}——某一时段内电压波动的最大值与最小值，V。

电压波动是由于负荷急剧变动的冲击性负荷所引起的。负荷急剧变动，使电网的电压损耗相应变动，从而使用户公共供电点的电压出现波动现象。例如电动机的启动、电焊机的工作、特别是大型电弧炉和大型轧钢机等冲击性负荷的工作，均会引起电网电压的波动，电压波动可以影响电动机的正常启动，甚至使电动机无法启动；对同步电动机还可引起其转子振动；可使电子设备、计算机和自控设备无法正常工作；还可使照明灯发生明显的闪烁，严重影响视觉，使人无法正常工作和学习。

我国国家标准对电压波动允许值规定为：①220kV及以上为1.65%；②35～110kV为2%；③10kV及以下为2.5%。

（2）电压闪变。周期性电压急剧波动引起灯光闪烁，光通量急剧波动，而造成人眼视觉

不舒适的现象，称为闪变。

3. 公用电网谐波

电网谐波的产生，主要在于电力系统中存在各种非线性元件。因此，即使电力系统中电源的电压为正弦波，但由于非线性元件存在，结果在电网中总有谐波电流或电压存在。产生谐波的元件很多，如荧光灯和高压汞灯等气体性电灯、异步电动机、电焊机、变压器和感应电炉等，都要产生谐波电流或电压。最为严重的是大型的晶闸管变流设备和大型电弧炉，它们产生的谐波电流最为突出，是造成电网谐波的主要因素。

谐波对电气设备的危害很大，可使变压器的铁芯损耗明显增加，从而使变压器出现过热，不仅增加能耗，而且使其绝缘介质老化加速，缩短使用寿命。谐波还能使变压器噪声增大。谐波电流通过交流电动机，使电动机转子发生振动现象，严重影响机械加工的产品质量。谐波电压加在电容器两端时，由于电容器对谐波的阻抗很小，电容器很容易发生过电流发热导致绝缘击穿甚至造成烧毁。此外，谐波电流可使电力线路的电能损耗和电压损耗增加，使计量电能的感应式电能表计量不准确；可使电力系统发生电压谐振，从而在线路上引起过电压，有可能击穿线路的绝缘；还可能造成系统的继电保护和自动装置发生误动作或拒动作；使计算机失控，电子设备误触发，电子元件测试无法进行；另外可对附近的通信设备和通信线路产生信号干扰；在理想状态下，供电电压波形应是正弦波，但由于电力系统中存在有大量非线性阻抗特性的用电设备，即存在大量的谐波源，使得实际的电压波形偏离正弦波，这种电压正弦波形畸变现象通常用谐波来表示。

为了保证电网的电压波形和质量，国家对波形质量标准作出规定，要求用户的设备注入电网的谐波电流不得超过国家规定的标准。

4. 供电频率允许偏差

电网中发电机发出的正弦交流电压每秒钟交变的次数，称为频率，或称供电频率。

供电频率偏差是指以实际频率和额定频率之差 Δf 与额定频率 f_N 之比的百分数 $\Delta f\%$，即

$$\Delta f\% = \frac{f - f_N}{f_N} \times 100\% \tag{1-3}$$

式中　f——实际供电频率值，Hz；

f_N——供电网额定频率，Hz。

电力系统频率偏离额定值（我国技术标准规定为50Hz）过大将严重影响电力用户的正常工作。对电动机而言，频率降低将使其转速降低，导致电动机功率的降低，将影响所带动转动机械的出力，并影响电动机的寿命；反之，频率增高将使电动机的转速上升，增加功率消耗，特别是某些对转速要求较严格的工业部门（如纺织、造纸等），频率的偏差将影响产品质量，甚至产生废品。另外，频率偏差对发电机本身将造成更为严重的影响。例如，对锅炉的给水泵和风机之类的离心式机械，当频率降低时其出力将急剧下降，从而迫使锅炉的出力大大减小，甚至紧急停炉，这样就势必进一步减少系统电源的出力，导致系统频率进一步下降。还有，在低频情况下运行时，容易引起汽轮机叶片的振动，缩短汽轮机叶片的寿命，严重时会使叶片断裂。此外，系统频率的变化还将影响到电子钟的正确使用以及计算机、自动控制装置等电子设备的准确工作等。因此，频率的过高过低不仅给用户造成危害，而且对

发电厂、电力系统本身也可能造成严重不良后果。所以，我国规定对频率变化的允许偏差范围，在300W以上的系统中，不超过额定值的±0.1Hz。在并联运行的同一电力系统中，不论装机容量的大小、范围的广阔，任一瞬间的频率在全系统都是一致的。

二、供电可靠性

供电可靠性是指供电企业某一统计期内对用户停电的时间和次数，可以直接反映供电企业持续向用电单位的供电能力。不同性质的用电负荷对供电可靠性的要求是不一样的，属于一类（级）负荷的用电设备，对供电可靠性要求较高；属于可间断供电的负荷，对供电可靠性要求较低。

供电可靠性一般利用年供电可靠率进行考核。供电可靠率是指在一年内，对用户有效供电时间总小时数和统计期间停电影响用户小时数之差与统计期间用户有效供电时间总小时数比值的百分数，记作 RS，即

$$RS=\frac{8760N-\sum t_1 n_1}{8760N}\times 100\% \tag{1-4}$$

式中 RS——年平均供电可用率，%；

N——统计用户总数；

t_1——年每次停电时间，h；

n_1——年每次停电影响用户数。

由上式可以看出，要提高供电可靠率就要尽量缩短用户平均停电时间。停电时间包括事故停电时间、计划检修停电时间及临时性停电时间。其中，影响停电时间 t_1 及停电影响用户数 n_1 的因素有：

（1）线路长短，所带负荷户数的多少，可使 n_1 增大或减小。

（2）供电部门及时抢修和恢复供电运行工作水平，可直接影响 t_1 值。

（3）统一安排检修和带电作业，可以减小 t_1 和 n_1 值。

（4）供电设备故障率及检修周期要求等。

国家规定供电可靠率不低于99.96%。

第五节　电力系统接地

配电变压器或低压发电机中性点通过接地装置与大地相连，称为工作接地。工作接地分为直接接地与非直接接地（包括不接地或经消弧线圈接地）两类。工作接地的接地电阻不应超过4Ω。

一、系统接地的型式

1. 接地保护系统的型式文字代号

第一个字母表示电力系统的对地关系：

T——直接接地。

L——所有带电部分与地绝缘，或一点经阻抗接地。

第二个字母表示装置的外露可接近导体的对地关系：

T——外露可接近导体对地直接作电气连接，此接地点与电力系统的接地点无直接

关联。

N——外露可接近导体通过保护线与电力系统的接地点直接作电气连接。

如果后面还有字母，这些字母表示中性线与保护线的组合。

S——中性线和保护线是分开的。

C——中性线和保护线是合一的。

2. 电力系统中性点接地方式

（1）中性点直接接地。它是指电力系统中至少有一个中性点直接或经小阻抗与接地装置相连接。这种接地方式是通过系统中全部或部分变压器中性点直接接地来实现的。其作用是使中性点经常保持零电位。当系统发生一相接地故障时，能限制非故障相对地电压的升高，从而可保证单相用电设备的安全。但中性点直接接地后，一相接地故障电流较大，一般可使剩余电流保护或过电流保护动作，切断电源，造成停电；发生人身一相对地电击时，危险性也较大。所以中性点直接接地方式不适用于对连续供电要求较高及人身安全、环境安全要求较高的场合。

（2）中性点非直接接地（不直接接地或经消弧线圈接地）。它是指电力系统中性点不接地或经消弧线圈、电压互感器、高电阻与接地装置相连接。中性点不接地可以减小人身电击时流经人体的电流，降低剩余电流设备外壳对地电压。一相接地故障电流也很小，且接地时三相线电压大小不变，故一般不需停电。三相负荷在一相接地时，一般允许 2h 时间内可继续用电。发生接地故障时接地相对地电压下降。而非故障的另两相对地电压升高，最高可达 $\sqrt{3}$倍。为此要求用电设备的绝缘水平应按线电压考虑，从而提高了设备造价。不接地系统中若电力电缆等容性设备较多，电容电流较大，则发生一相接地时，接地点可能出现电弧，造成过电压。当一相接地故障电流超过一定数值时，要求中性点经消弧线圈接地，以减小故障电流，加速灭弧。为防止内、外过电压损害低压电网的绝缘，有关规程规定：配电变压器中性点及各出线回路终端的相线，均应装设高压击穿保险器。

对于中性点不接地系统，为安全起见，规程规定不允许引出中性线供单相用电。

随着城市配电网中电缆线路的发展，在城市中配电网的接地方式应用情况为：

220kV、110kV——直接接地方式。

35kV——经消弧线圈接地方式。

10kV——经消弧线圈接地方式或经小电阻接地方式（以电缆线路为主的配电网）。

220/380V——直接接地方式。

二、低压系统接地型式

1. TN 系统接线

电力系统有一点直接接地，电气装置的外露可接近导体通过保护线与该接地点相连接。

TN 系统可分为 TN-S 系统、TN-C 系统和 TN-C-S 系统。

TN-S 系统：整个系统的中性线 N 与保护线 PE 是分开的，如图 1-4 所示。

TN-C 系统：整个系统的中性线 N 与保护线 PE 是合一的，为 PEN 线，如图 1-5 所示。

TN-C-S 系统：系统中有一部分线路的中性线 N 与保护线 PE 是合一的，如图 1-6 所示。

2. TT 系统

电力系统中有一点直接接地，电气设备的外露可接近导体通过保护接地线接至与电力系统接地点无关的接地极，如图 1-7 所示。

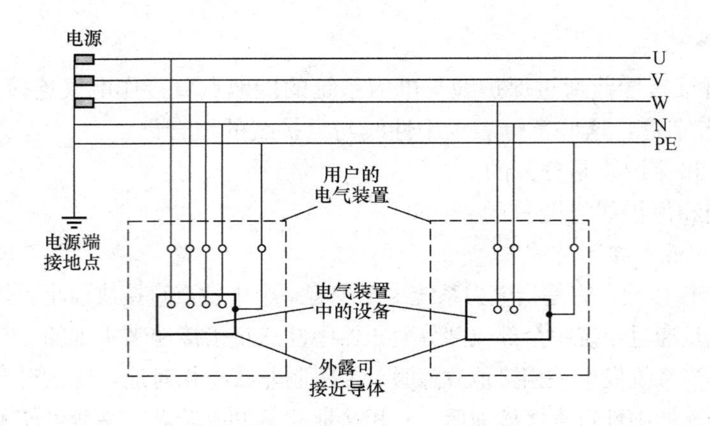

图 1-4　TN-S 系统

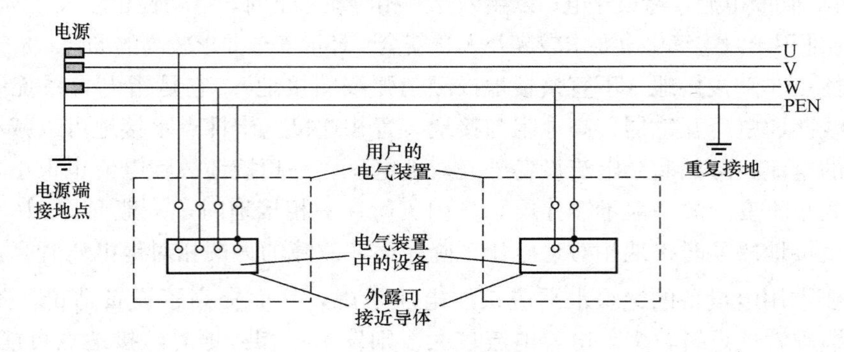

图 1-5　TN-C 系统

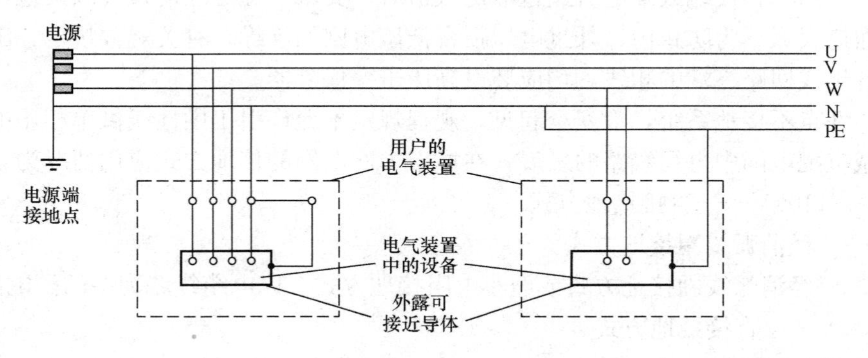

图 1-6　TN-C-S 系统

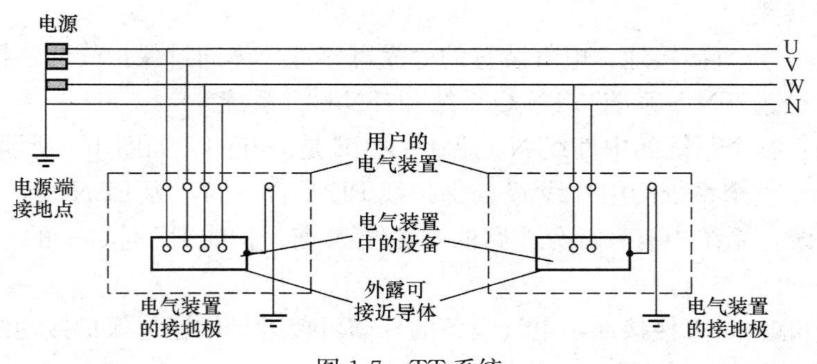

图 1-7　TT 系统

3. IT 系统

电力系统与大地间不直接接地，电气装置的外露可接近导体通过保护接地线与接地极连接，如图 1-8 所示。

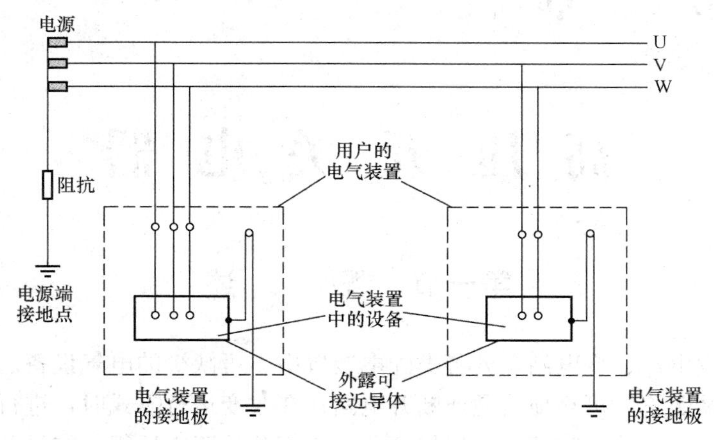

图 1-8 IT 系统

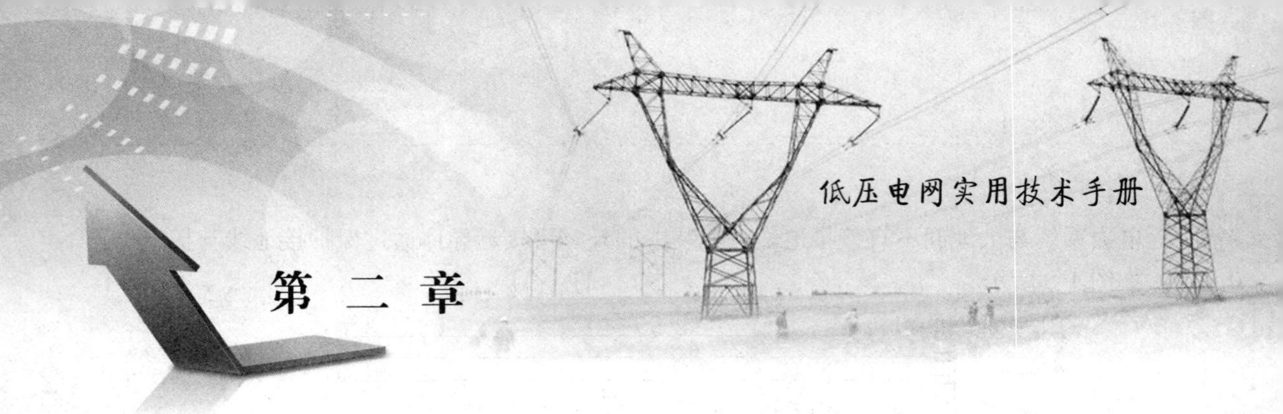

高 压 开 关 电 器

第一节 概 述

开关电器是发电厂、变电站等处各类配电装置中不可缺少的电气设备。开关电器的作用是：在正常工作情况下，可靠地接通或断开电路；在改变运行方式时，进行切换操作；当系统中发生故障时迅速切除故障部分，以保证非故障部分的正常运行；在设备检修时隔离带电部分，以保证工作人员的安全。

开关电器的种类很多，按不同的方法分类如下。

一、按电压等级分类

开关电器按使用电压的高低分为高压开关电器和低压开关电器两类。低压开关电器用于1kV及以下电力网络中。本章仅介绍高压开关电器。

二、按安装地点分类

开关电器按安装地点分为户内式和户外式两类，其中低压开关电器多用在户内。高压开关电器在110kV以下时，既用在户内也用在户外；在110kV及以上时，主要用在户外。

三、按功能分类

1. 断路器

既用来断开或关合正常工作电流，也用来断开过负荷电流或短路电流的开关电器称为断路器。它是开关电器中最复杂、最重要、性能最完善的一类设备。

2. 隔离开关

隔离开关是一种主要用于检修时隔离电压或运行时进行倒闸操作的开关电器，也可以用来开断或关合小电流电路。

3. 熔断器

熔断器是用来自动断开短路电流或过负荷电流的开关电器。

4. 负荷开关

负荷开关是一种能在正常情况下开断和关合工作电流的开关电器，也可以开断过负荷电流，但不能开断短路电流。因此，一般情况下负荷开关要与熔断器配合使用。

5. 自动重合器

自动重合器是一种具有保护和自动控制功能的配电开关电器。

6. 自动分段器

自动分段器是配电网中用来隔离线路区段的自动开关设备。

第二节 高 压 断 路 器

一、高压断路器的作用、类型、主要技术参数和型号含义及特点

（一）高压断路器的作用

高压断路器在高压电路中起控制作用，是高压电路中的重要电器元件之一。高压断路器用于在正常运行时接通或断开电路，在继电保护装置的作用下迅速断开故障电路，特殊情况（如自动重合到故障线路上时）下可靠地接通短路电流。高压断路器是在正常或故障情况下接通或断开高压电路的专用电器。

高压断路器的工作状态（断开或闭合）是由它的操作机构控制的。

（二）高压断路器的类型

高压断路器的种类繁杂，一般可按下列方法分类：按断路器的安装地点分可分为户内式和户外式两种，按断路器灭弧原理或灭弧介质可分为油断路器、真空断路器、六氟化硫（SF_6）断路器，等等。

1. 油断路器

采用绝缘油作为灭弧介质的断路器，称为油断路器。它又可分为多油断路器和少油断路器。

多油断路器中的绝缘油除作为灭弧介质使用外，还作为触头断开后触头之间的主绝缘以及带电部分与接地外壳之间的主绝缘使用。多油断路器具有用油量多、金属耗材量大、易发生火灾或爆炸、体积较大、加工工艺要求不高、耐用、价格较低等特点。目前在电力系统中除35kV等个别型号的户外式多油断路器仍有使用外，其余多油断路器已停止生产和使用。

少油断路器中的绝缘油主要作为灭弧介质使用，而带电部分与地之间的绝缘主要采用瓷瓶或其他有机绝缘材料。这类断路器因用油量少，故称为少油断路器。少油断路器具有耗材少、价格低等优点，但需要定期检修，有引起火灾与爆炸的危险。少油断路器目前虽有使用，但已逐渐被真空断路器和SF_6断路器等新型断路器替代。

2. 压缩空气断路器

压缩空气断路器采用约20个大气压（20×10^3Pa）的压缩空气作为灭弧介质和断口的绝缘介质。这种断路器因结构复杂、价格高等因素，一般主要用于220kV及以上的系统中。近年来，这种断路器已逐渐被SF_6断路器所取代。

3. 真空断路器

真空断路器是利用“真空”作为绝缘介质和灭弧介质的断路器。这里所谓的“真空”可以理解为气体压力远远低于一个大气压的稀薄气体空间，空间内气体分子极为稀少。真空断路器是将其动、静触头安装在“真空”的密封容器（又称真空灭弧室）内而制成的一种断路器。

4. SF_6断路器

SF_6断路器是采用具有优质绝缘性能和灭弧性能的SF_6气体作为灭弧介质的断路器。SF_6断路器具有灭弧性能强、不自燃、体积小等优点。

(三) 高压断路器的主要技术参数

1. 额定电压 (U_N)

额定电压是指高压断路器正常工作时所能承受的电压等级，它决定了断路器的绝缘水平。额定电压是指其线电压。常用的断路器的额定电压等级为3、10、20、35、60、110kV……为了适应断路器在不同安装地点耐压的需要，国家相关标准中规定了断路器可承受的最高工作电压。上述不同额定电压断路器的最高工作电压分别为3.6、12、24、40.5、72.5、126kV……

2. 最高工作电压

由于电网不同地点的电压可能高出额定电压10%左右，故制造厂规定断路器的最高工作电压。对于220kV及以下设备，其最高工作电压为额定电压的1.15倍；对于330kV的设备，规定为1.1倍。

3. 额定电流

额定电流是在规定的环境温度下，断路器长期允许通过的最大工作电流（有效值）。断路器规定的环境温度为40℃。常用断路器的额定电流为200、400、630、1000、1250、1600、2000、3150A……

4. 额定开断电流

额定开断电流是指在额定电压下断路器能够可靠开断的最大短路电流值，它是表明断路器灭弧能力的技术参数。

5. 额定断流容量 (S_{Nbr})

额定断流容量表征断路器的开断能力。在三相系统中，它和额定开断电流的关系为

$$S_{Nbr}=\sqrt{3}U_N I_{Nbr}$$

式中 U_N——断路器所在电网的额定电压；

I_{Nbr}——断路器的额定开断电流。

由于U_N不是残压，故额定断流容量不是断路器开断时的实际容量。

6. 关合电流 (i_{NCl})

在断路器合闸前，如果线路上存在短路故障，则在断路器合闸时将有短路电流通过触头，并会产生巨大的电动力与热量，因此可能造成触头的机械损伤或熔焊。

关合电流是指保证断路器能可靠关合而又不会发生触头熔焊或其他损伤时，断路器所允许接通的最大短路电流。

7. 动稳定电流 (i_{es})

动稳定电流是指断路器在合闸位置时，允许通过的短路电流最大峰值。它是断路器的极限通过电流，其大小由导电和绝缘等部分的机械强度所决定，也受触头结构形式的影响。

8. 热稳定电流 (i_t)

热稳定电流是指在规定的某一段时间内，允许通过断路器的最大短路电流。热稳定电流表明了断路器承受短路电流热效应的能力。

9. 全开断（分闸）时间 (t_{kd})

全开断时间是指断路器从接到分闸命令瞬间起到各相电弧完全熄灭为止的时间间隔。它包括断路器固有分闸时间t_{gf}和燃弧时间t_h，即

$$t_{kd}=t_{gf}+t_h$$

断路器固有分闸时间是指断路器接到分闸命令瞬间起到各相触头刚刚分离的时间，燃弧时间是指断路器从触头分离瞬间到各相电弧完全熄灭的时间。图 2-1 所示为断路器开断单相电路时的示意图，图中时间 t_b 为继电保护装置动作时间。

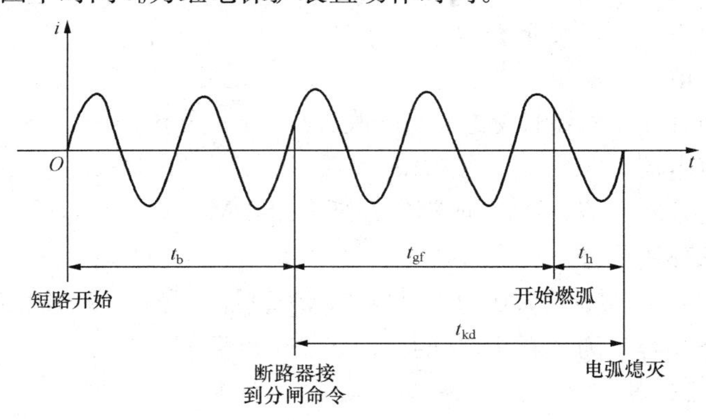

图 2-1 断路器开断单相电路时的示意图

全开断时间 t_{kd} 是表征断路器开断过程快慢的主要参数。t_{kd} 越小，越有利于减小短路电流对电气设备的危害，缩小故障范围，保持电力系统的稳定。

10. 合闸时间

合闸时间是指从操动机构接到合闸命令瞬间起到断路器接通为止所需的时间。合闸时间取决于断路器的操动机构及中间传动机构。一般合闸时间大于分闸时间。

11. 操作循环

操作循环也是表征断路器操作性能的指标。我国规定断路器的额定操作循环如下：

（1）自动重合闸操作循环，即

$$分—\theta—合分—t—合分$$

（2）非自动重合闸操作循环，即

$$分—t—合分—t—合分$$

式中 分——分闸操作；

合分——合闸后立即分闸的动作；

θ——无电流间隔时间，标准值为 0.3s 或 0.5s；

t——强送电时间，标准时间为 180s。

（四）高压断路器的型号及含义

高压断路器的型号、规格及含义一般由文字符号和数字组合方式表示。

断路器的型号主要由以下七个单元组成：

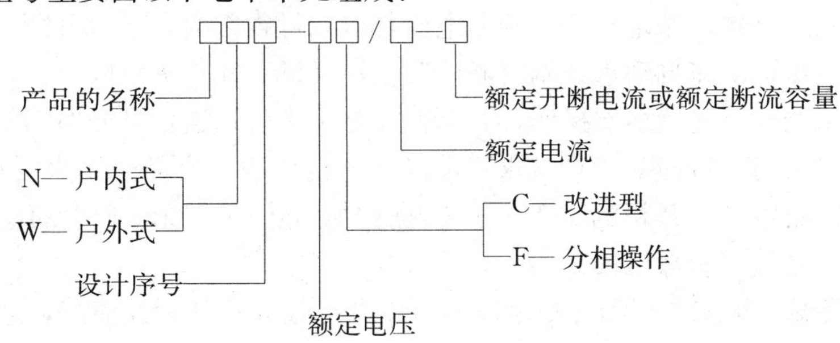

第一单元是产品字母代号：S—少油断路器；D—多油断路器；K—空气断路器；L—六氟化硫断路器；Z—真空断路器；Q—自产气断路器；C—磁吹断路器。

第二单元是装设地点代号，N—户内式；W—户外式。

第三单元是设计序号，以数字表示。

第四单元是额定电压，kV。

第五单元是其他补充工作特性标志：G—改进型；F—分相操作。

第六单元是额定电流，A。

第七单元是额定开断电流，kA；或额定开断容量，MVA。

第八单元是特殊环境代号。

例如：型号为SN10-10/300-750的断路器表示为设计序号为10、额定电压为10kV、额定电流为3000A、开断容量为750MVA的户内式少油断路器。

（五）高压断路器的特点

1. 结构特点

（1）多油断路器。结构简单，制造方便，便于在套管上加装电流互感器，配套性强；耗钢、耗油量大、体积大、重量重，如220kV的DW3—220多油断路器三相总重90t，其中绝缘油48t；属自能式灭弧结构。

（2）少油断路器。结构简单，制造方便，可配用各种操动机构；比多油断路器所用油量少、重量轻；采用积木式结构，便于制成各种电压等级产品。

（3）压缩空气断路器。结构比较复杂，工艺和材料要求高；有色金属消耗量大，价格高；需要装设专用的空气压缩系统；操动机构与断路器合为一体；体积较小，重量比较轻。

（4）真空断路器。灭弧室材料及工艺要求高；体积小、重量轻；触头不易氧化；灭弧室的机械强度比较差，不能承受较大的冲击振动。

（5）SF_6断路器。结构简单，工艺及密封要求严格，对材料要求高；体积小、重量轻；用于封闭式组合电器时，可大量节省占地面积。

2. 技术性能特点

（1）多油断路器。额定电流不易做得很大；开断小电流时，燃弧时间较长；开断电路的速度较慢；油量多，有发生爆炸和火灾的危险性；目前，国内只有35kV电压等级产品在应用。

（2）少油断路器。开断电流大，10kV等级可通过加并联回路以提高额定电流；110kV及以上电压等级采用积木结构；全开断时间较短；增加压油活塞装置加强机械油吹后，可提高开断小电流能力；尽管用油量比多油断路器少，但仍存在火灾危险。

（3）压缩空气断路器。额定电流和开断电流都可以做得很大，适合开断大容量电路；动作快，全开断时间短；快速自动重合闸时断流容量不降低；无火灾危险。

（4）真空断路器。可连续多次操作，开断性能好；灭弧迅速，开断时间短；开断电流及断口电压不易做得很高，目前只生产35kV及以下电压等级的产品；无火灾危险；开距小，约为同等电压油断路器触头开距的1/10；所需操作能量小；开断时产生的电弧能量小；灭弧室的机械寿命和电气寿命都延长。

（5）SF_6断路器。额定电流和开断电流都可以做得很大；开断性能好，适合用于各种工况开断；SF_6气体灭弧性能、绝缘性能好，故断口电压可做得较高；断口开距小。

3. 运行检修特点

(1) 多油断路器。运行检修简单；噪声小；检修周期短；需配备一套油处理装置。

(2) 少油断路器。运行经验丰富，易于检修；噪声小；油质容易劣化；需配备一套油处理装置。

(3) 压缩空气断路器。检修周期长；噪声较大；无火灾危险；需要一套压缩空气装置作为气源；运行费用大。

(4) 真空断路器。运行检修简单，灭弧室不需要检修；噪声小；运行费用低；无火灾和爆炸危险。

(5) SF_6 断路器。检修工作量小；噪声小；检修周期长；运行稳定，安全可靠，寿命长；可频繁操作。

二、真空断路器

真空断路器虽价格较高，但具有体积小、重量轻、噪声小、无可燃物、维护工作量少等突出的优点，它将逐步成为发电厂、变电所和高压用户变电所 3～10kV 电压等级中广泛使用的断路器。

1. 真空灭弧室

真空断路器的关键元件是真空灭弧室。真空断路器的动、静触头安装在真空灭弧室内，其结构如图 2-2 所示。

真空灭弧室的结构像一个大的真空管，它是一个真空的密闭容器。真空灭弧室的绝缘外壳主要用玻璃或陶瓷材料制作。玻璃材料制成的真空灭弧室的外壳具有容易加工、具备一定的机械强度、易于与金属封接、透明性好等优点；它的缺点是承受冲击的机械强度差。陶瓷真空灭弧室瓷外壳材料多用高氧化铝陶瓷，它的机械强度远大于玻璃，但与金属密封端盖的装配焊接工艺较复杂。

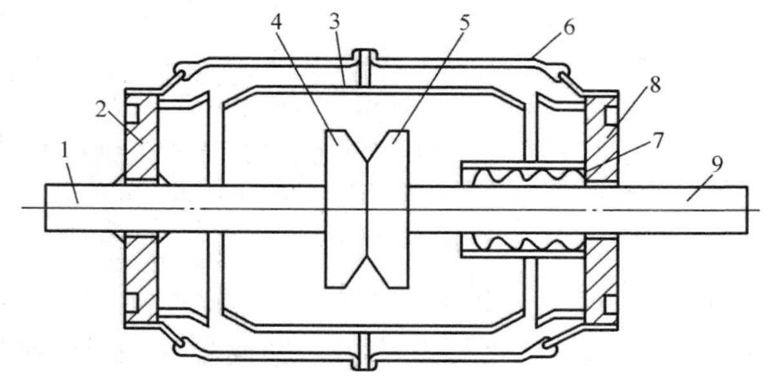

图 2-2　真空灭弧室示意图

1—静导电杆；2—上端盖；3—屏蔽罩；4—静触头；5—动触头；6—绝缘外壳；7—密封波纹管；8—下端盖；9—动、静触头杆

波纹管 7 是真空灭弧室的重要部件，它的一端与动触头杆 9 焊接，因此要求它既要保证动触头能做直线运动（10kV 真空断路器动、静触头之间的断开距离一般为 10～15mm），同时又不能破坏灭弧室的真空管。因此，波纹管通常采用 0.12～0.14mm 的铬-镍-钛不锈钢材料经液压或机械滚压焊接成形，以保证其密封性。真空断路器在每次跳合闸时，波纹管都会有一次伸缩变形，是易损坏的部件，它的寿命通常决定了断路器的机械寿命。

触头材料对真空断路器的灭弧性能影响很大，通常要求它具有导电好、耐弧性好、含气量低、导热好、机械强度高和加工方便等特点。常用触头材料是铜铬合金、铜合金等。

静导电杆 1 焊接在上端盖 2 上，上端盖与绝缘外壳 6 之间密封。动触头杆与波纹管一端焊接，波纹管另一端与下端盖焊接，下端盖与绝缘外壳封闭，以保证真空灭弧室的密封性。

断路器动触头杆在波纹管允许的压缩变形范围内运动，而不破坏灭弧室真空。

屏蔽罩 3 是包围在触头周围用金属材料制成的圆筒。它的主要作用是吸附电弧燃烧时释放出的金属蒸气，提高弧隙的击穿电压，并防止弧隙的金属喷溅到绝缘外壳内壁上，降低外壳的绝缘强度。

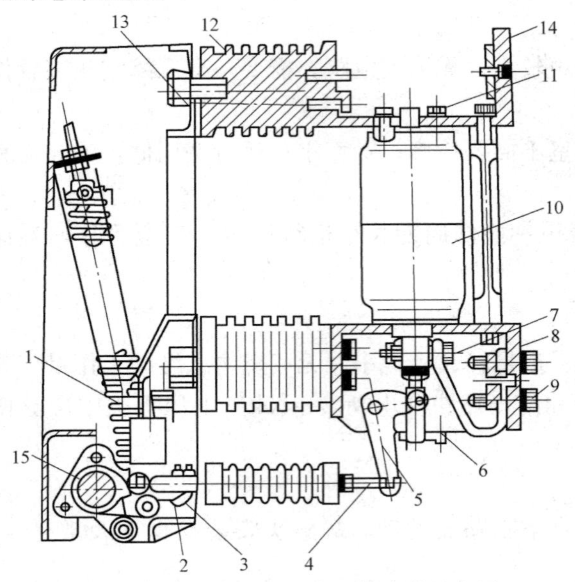

图 2-3　ZN28-10 系列真空断路器示意图

1—跳闸弹簧；2—框架；3—触头弹簧；4—绝缘拉杆；5—拐臂；6—导向板；7—导电夹紧固螺栓；8—动触头支架；9—螺栓；10—真空灭弧室；11—紧固螺栓；12—支柱绝缘子；13—固定螺栓；14—静触头支架；15—主轴

真空灭弧室中的触头在断开过程中，依靠触头产生的金属蒸气使触头间产生电弧。当电流接近零值时，电弧熄灭。在一般情况下，电弧熄灭后，弧隙中残存的带电质点继续向外扩散，在电流过零值后很短时间（约几微秒）内弧隙便没有多少金属蒸气，立刻恢复到原有的“真空”状态，使触头之间的介质击穿电压迅速恢复，达到触头间介质击穿电压大于触头间恢复电压条件，使电弧彻底熄灭。

2. ZN-10 系列真空断路器

ZN28-10 系列真空断路器一相结构如图 2-3 所示。

ZN28-10 系列断路器为分相结构，真空灭弧室 10 用支柱绝缘子 12 固定在钢制框架 2 上。框架 2 安装在墙壁或开关柜的架构上，支柱绝缘子支撑固定真空灭弧室，并起着各相对地绝缘的作用。断路器合闸后，通过断路器电流的流经路径是由与静触头支架 14 上的螺栓连接的引线流入，经静触头杆、静触头、动触头、动触头杆、导电夹紧固螺栓 7 和螺栓 9 流出。断路器主轴 15 的拐臂末端连有绝缘拉杆 4，绝缘拉杆的另一端连接拐臂 5，由拐臂驱动断路器的动触头杆运动实现分、合闸操作。

目前 10kV 电压等级使用的真空断路器种类复杂，如 ZN4-10、ZN5-10、ZN12-10、ZN22-10、ZN32-10、VDD、ZW1-10 等一系列断路器，它们的原理结构基本相同，其区别在于额定电流、额定开断电流、外形尺寸和布置方式以及操动机构等不相同。

三、SF_6 断路器

SF_6 气体作为绝缘介质和灭弧介质，具有独特的优点，使 SF_6 断路器在电力系统各高压等级中的使用范围日益广泛。

1. SF_6 气体的性质

（1）SF_6 气体是一种无色、无味、无毒、不可燃、易液化、对电气设备不腐蚀的气体。因此，SF_6 断路器的使用寿命长、检修周期长、检修工作量小、不存在燃烧和爆炸的危险。

（2）SF_6 气体绝缘性能和灭弧能力强。它的绝缘强度是空气的 2.33 倍，灭弧能力是空气的 100 倍。而且，SF_6 断路器的结构简单、外形尺寸小、占地面积小。

（3）SF_6 气体在电弧高温作用下会分解为低氟化物，但在电弧过零值后很快再结合成

SF_6 气体。故 SF_6 断路器可多次动作后不用检修，目前使用的某些 SF_6 断路器检修年限可达20年以上。

（4）SF_6 气体化学性质虽稳定，但与水分或其他杂质成分混合后，在电弧作用下会分解为低氟化合物和低氟氧化物，如氟化亚硫酸（SOF）、氢氟酸（HF）、二氟化铜（CuF_2）等，其中的某些成分如低氟化合物、低氧化合物和低氟氧化物有严重腐蚀性，会腐蚀断路器内部结构部件，并会威胁运行和检修人员的安全。为此，SF_6 断路器要有压力监视系统和净化系统。另外，SF_6 气体含水量过多，会造成水分凝结、浸润绝缘部件表面、使绝缘强度下降，容易引起设备故障。

（5）SF_6 断路器应该设有气体检漏设备和气体回收装置。严禁断路器内的 SF_6 气体向大气排放，必须使用 SF_6 气体回收装置，避免污染环境，保证环境安全。

2. SF_6 断路器的结构

SF_6 断路器在结构上可分为支柱式和罐式两种。支柱式 SF_6 断路器在6kV及以上的高压电路中广泛使用，其外形结构如图2-4所示。

（1）支柱式 SF_6 断路器。支柱式 SF_6 断路器在6kV及以上的高压电路中广泛使用，其外形结构如图2-4所示。支柱式 SF_6 断路器在断路过程中，由动触头4带动压气缸5运动使缸体内建立压力。当动、静触头分开后，灭弧室的喷口3被打开时，压气缸内高压 SF_6 气体吹动电弧，使电弧迅速熄灭。在灭弧过程中，由于电弧的高温使 SF_6 分解，体积膨胀建立一定压力，也能提供一定的压力，增强断路器电弧熄灭能力。在电弧熄灭后，被电弧分解的低氟化合物会急剧地结合成 SF_6 气体，使 SF_6 气体在密封的断路器内循环使用。

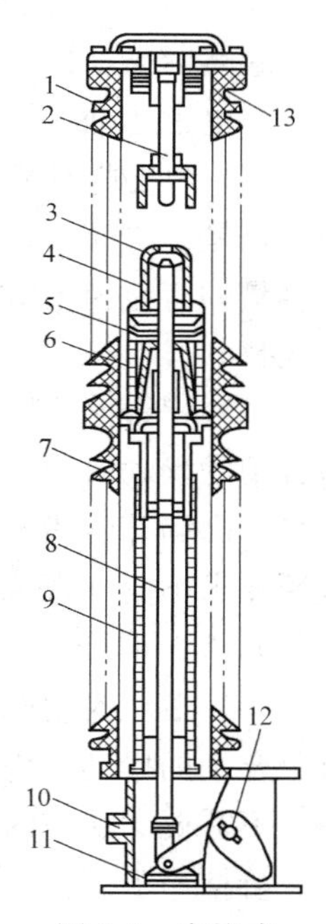

图2-4 支柱式 SF_6 断路器
1—灭弧式瓷套；2—静触头；3—喷口；4—动触头；5—压气缸；6—压气活塞；7—支柱绝缘子；8—绝缘操作杆；9—绝缘套杆；10—充放气孔；11—缓冲定位装置；12—联动轴；13—过滤器

（2）罐式 SF_6 断路器。罐式 SF_6 断路器的特点是设备重心低、结构稳固、抗震性能好、可以加装电流互感器。罐式 SF_6 断路器特别适用于多地震、污染严重地区的变电所。由于罐式 SF_6 断路器耗材量大，制造工艺要求高，系列化产品少，所以它的应用范围受到限制。

3. 对 SF_6 气体要求

当断路器中的 SF_6 气体含有水量较多时，在断路器使用过程中，由于电弧使 SF_6 气体分解后会产生有严重腐蚀性的氟化物和低氟氧化物，会腐蚀断路器内部结构的部件，威胁运行和检修人员的安全。因此，断路器中的 SF_6 气体应符合以下要求：新装 SF_6 断路器投入运行前必须复测气体含水量和漏气率，要求灭弧室的含水量应小于 150×10^{-6}（体积比），其他气室小于 250×10^{-6}（体积比）；SF_6 气体的年漏气量小于1%。

运行中 SF_6 断路器应定期测量 SF_6 气体含水量，断路器新装或大修后，每三个月测量一次，待含水量稳定后可每年测量一次。

四、断路器的操动机构

1. 断路器操动机构的作用与要求

断路器的操动机构，是用来控制断路器跳闸、合闸和维持合闸状态的设备。操动机构的性能将直接影响断路器的工作性能，因此操动机构应符合以下基本要求：

(1) 足够的操作功。为保证断路器具有足够的合闸速度，操动机构必须具有足够大的操作功。

(2) 较高的可靠性。断路器工作的可靠性，在很大程度上由操动机构来决定。因此，要求操动机构具有动作快、不拒动、不误动等特点。

(3) 动作迅速。

(4) 具有自由脱扣装置。自由脱扣装置是保证在合闸过程中，若继电保护装置动作需要跳闸时，能使断路器立即跳闸，而不受合闸机构位置状态限制的连杆机构。自由脱扣装置是实现线路故障情况下合闸过程中快速跳闸的关键设备之一。

2. 操动机构的分类

断路器操动机构一般按合闸能源取得方式的不同进行分类，目前常用的可分为手动操动机构、电磁操动机构、弹簧储能操动机构、气动操动机构和液压操动机构等。

(1) 电磁操动机构。电磁操动机构是用直流螺管电磁力合闸的操动机构。电磁操动机构的优点是结构简单、价格较低、加工工艺要求低、可靠性高；缺点是合闸功率大、需要配备大容量的直流合闸电源、机构笨重、机构耗材多。电磁操动机构逐渐被簧储能等新型操动机构代替。

(2) 弹簧储能操动机构。弹簧储能操动机构简称为弹簧机构，它是一种利用合闸弹簧张力合闸的操动机构。合闸前，采用电动机或人力使合闸弹簧拉伸储能。合闸时，合闸弹簧收缩释放已储存的能量将断路器合闸。弹簧储能操动机构的优点是只需要小容量合闸电源，对电源要求不高（直流、交琉均可）；缺点是结构复杂、加工工艺要求高、机件强度要求高、安装调试困难。

(3) 液压操动机构。液压操动机构是利用气体压力储存能源，依靠液体压力传递能量进行分合闸的操动机构。液压操动机构的优点是体积小、操作功大、动作平稳、无噪声、速度快、不需要大功率的合闸电源，缺点是结构复杂、加工工艺要求很高、动作速度受温度影响大、价格昂贵。

3. 操动机构的型号及含义

操动机构的型号及含义如下：

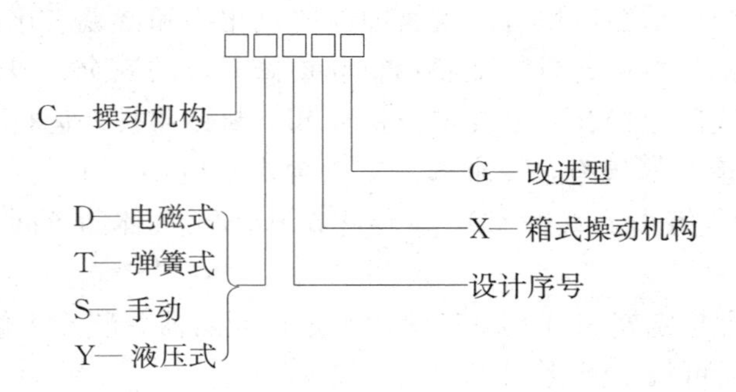

4. CT19 弹簧操动机构

CT19 型弹簧操动机构结构如图 2-5 所示，CT19 型弹簧操动机构储能动作过程如图 2-6 所示。

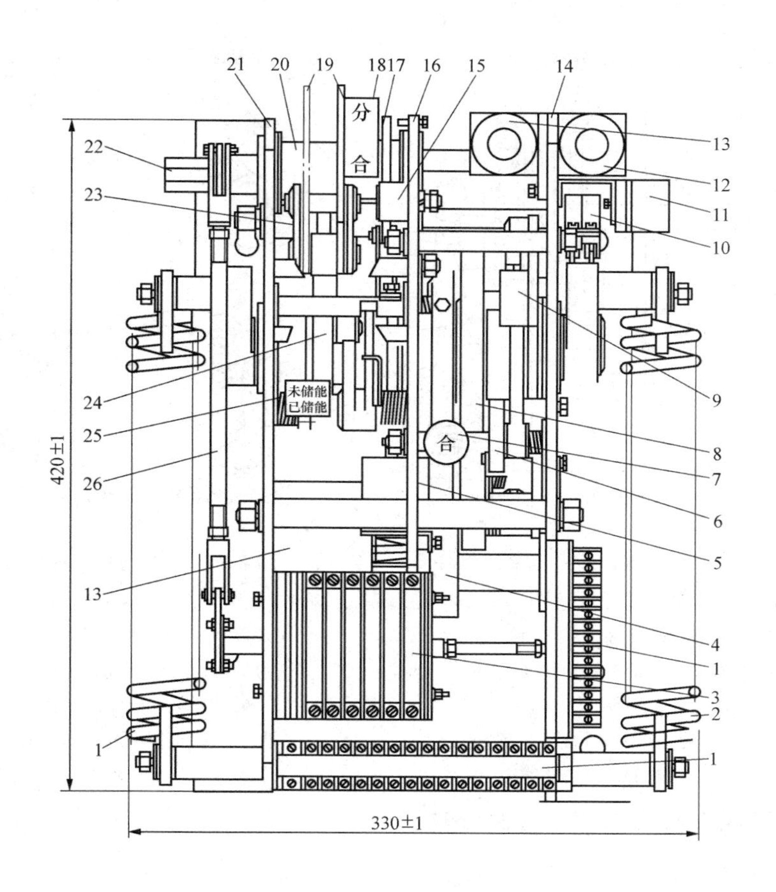

图 2-5　CT19 型弹簧操动机构结构示意图

1—接线端子；2—合闸弹簧；3—组合开关；4—齿轮轴；5—合闸电磁铁；6—离合凸轮；
7—合闸按钮；8—齿轮；9—人力储能摇臂；10—行程开关；11—过电流电磁铁；
12—分闸电磁铁；13—电动机；14—右侧板；15—分闸限位销轴；16—中间板；
17—分闸限位拐臂；18—分合指示；19—输出拐臂；20—输出轴；21—左侧板；
22—人力合闸接头；23—连板；24—凸轮；25—储能指示；26—组合开关连杆

电动机储能时，电动机转动后，通过齿轮 A、B 和齿轮 C、D 两级传动，带动驱动爪 12 使储能轴 14 转动。储能轴转动后通过摇臂 9 拉伸合闸弹簧 3，使其储能。当合闸弹簧 3 拉伸到位后，同时推动行程开关 10 动作切断电动机电源，完成储能。

手力储能时，将操作手柄插入储能摇臂插孔中摇动，通过棘爪 7 驱动棘轮 11 转动，完成储能。

CT19 型弹簧操动机构分合闸动作过程如图 2-7 所示。

合闸时，合闸半轴 10 顺时针转动到脱扣位置使储能保持挚子扣板 12 失去对凸轮 1 的制动，在合闸弹簧张力的作用下，凸轮顺时针转动，凸轮转动后失去对输出拐臂 6 的制动，输出轴 7 转动完成合闸。分闸时，分闸半轴 4 逆时针转动到脱扣位置，使扣板 5 解除对输出轴制动，输出轴顺时针旋转，完成分闸动作。

CT19 型弹簧操动机构通常与 10kV 真空断路器配套使用。

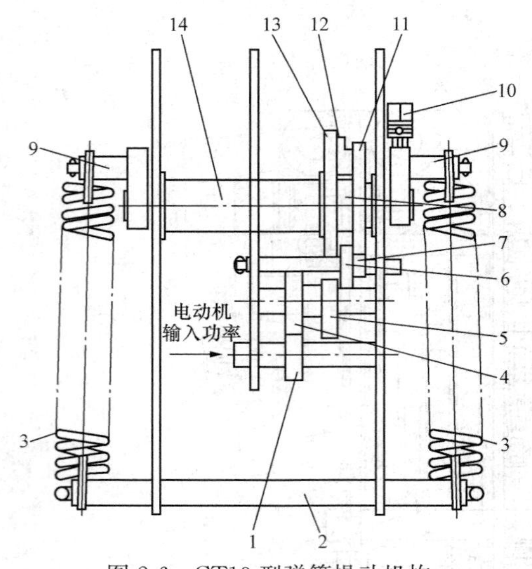

图 2-6　CT19 型弹簧操动机构储能动作过程示意图

1—齿轮 A；2—挂簧轴；3—合闸弹簧；4—齿轮 B；5—齿轮 C；6—离合凸轮；7—止动棘爪；8—驱动块；9—摇臂；10—行程开关；11—棘轮；12—驱动爪；13—齿轮 D；14—储能轴

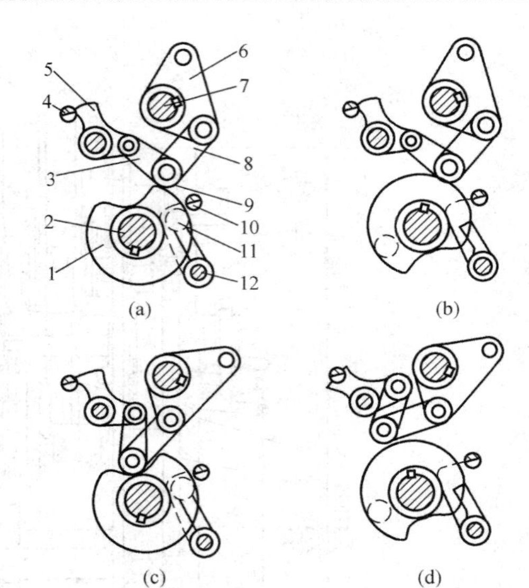

图 2-7　CT19 型弹簧操动机构分合闸动作过程示意图

1—凸轮；2—储能轴；3、8—连板；4—分闸半轴；5—扣板；6—输出拐臂；7—输出轴；9—滚子；10—合闸半轴；11—凸轮滚子；12—储能保持掣子扣板

五、断路器的运行、巡视检查与检修

1. 断路器的投入运行

断路器投入运行前应符合以下要求：

（1）新安装或大修后的断路器，投入运行前必须验收合格才能施加运行电压。

（2）新安装的断路器验收项目按《电气装置安装工程　低压电器施工及验收规范》（GB 50254—2014）及有关规定要求执行。

2. 断路器的正常运行巡视检查

（1）投入运行或处于备用状态的高压断路器必须定期进行巡视检查，有人值班的变电所由当班值班人员负责巡视检查。无人值班的变电所按计划日程定期巡视检查。

（2）巡视检查的周期：一般有人值班的变电所和升压变电所每天巡视不少于一次，无人值班的变电所由当地按具体情况确定，通常每月不少于两次。

（3）对运行断路器及操动机构的一般要求如下：

1）断路器应有标出基本参数等内容的制造厂铭牌。断路器如经增容改造，应修改铭牌的相应内容。断路器技术参数必须满足装设地点运行工况的要求。

2）断路器的分、合闸指示器易于观察，并且指示正确。

3）断路器接地金属外壳应有明显的接地标志，接地螺栓不应小于 M12，并且要求接触良好。

4）断路器接线板的连接处或其他必要的地方应有监视运行温度的措施，如示温蜡片等。

5）每台断路器应有运行编号和名称。

6）断路器外露的带电部分应有明显的相位漆标识。

3. 各种断路器及弹簧机构的巡视检查

（1）油断路器的巡视检查如下：

1）断路器的分、合位置指示正确，并应与当时实际的运行工况相符。

2）油断路器不过热。少油断路器示温蜡片不熔化，变色漆不变色，内部无异常声响。

3）断路器的油位在正常允许的范围之内，油色透明无炭黑悬浮物。

4）无渗、漏油痕迹，放油阀门关闭紧密。

5）套管、瓷瓶无裂痕，无放电声和电晕放电。

6）引线的连接部位接触良好，无过热。

7）排气装备完好，隔栅完整。

8）接地完好。

9）断路器环境良好，户外断路器栅栏完好，设备附近无杂草和杂物，防雨帽无鸟窝，配电室的门窗、通风及照明应良好。

（2）SF_6 断路器的巡视检查如下：

1）每日定时记录 SF_6 气体压力和温度。

2）断路器各部分及管道无异声（如漏气声、振动声）及异味，管道夹头正常。

3）套管无裂痕，无放电声和电晕放电。

4）引线连接部位无过热、引线弛度适中。

5）断路器分、合位置指示正确，并与当时实际运行工况相符。

6）接地良好。

7）环境条件良好，断路器的附近无杂物。

（3）真空断路器的巡视检查如下：

1）分、合位置指示正确，并与当时实际运行工况相符。

2）支柱绝缘子无裂痕及放电异声，绝缘杆、撑板、绝缘子洁净。

3）真空灭弧室无异常。

4）接地良好。

5）引线连接部位无过热、引线弛度适中。

（4）弹簧机构的巡视检查：

1）机构箱门平整、开启灵活、关闭紧密。

2）断路器处于运行状态时，储能电动机的电源闸刀应在闭合位置。

3）加热器正常完好。

（5）断路器不正常运行及事故检修：

1）值班人员在断路器运行中发现任何异常现象时（如漏油、渗油导致油位指示器油位过低，SF_6 气压下降或有异常声，分合闸位置指示不正确等），应及时予以消除，不能及时消除时要报告上级领导，并相应记入运行记录簿和设备缺陷记录簿内。

2）值班人员若发现设备有威胁电网安全运行，且不停电难以消除的缺陷时，应及时报告上级领导，同时向供电部门和调度部门报告，申请停电检修处理。

3）断路器有下列情形之一者，应申请立即停电检修处理：

①套管有严重破损和放电现象。

②油断路器灭弧室冒烟或内部有异常声响。

③油断路器严重漏油，油位器中见不到油面。

④SF_6 气室严重漏气，发出操作闭锁信号。

⑤真空断路器出现真空损坏的咝咝声、不能可靠合闸、合闸后声音异常、合闸铁芯上升不返回、分闸脱扣器拒动。

⑥断路器动作分闸后，值班人员应立即记录故障发生时间，并立即进行“事故特巡”检修，判断断路器本身有无故障，并查明原因及处理检修。

⑦断路器对故障分闸强行送电后，无论成功与否，均应对断路器外观进行仔细检查和处理。

⑧断路器对故障跳闸时发生拒动，造成越级分闸。在恢复系统送电前，应将发生拒动的断路器脱离系统并保持原状，待查清拒动原因并消除缺陷后方可投入运行。

⑨SF_6 断路器发生意外爆炸或严重漏气等事故，值班人员接近设备要谨慎，尽量选择从“上风”接近设备，必要时要戴防毒面具，穿防护服。

第三节 高压隔离开关

隔离开关又称隔离刀闸，是变电站、输配电线路中与断路器配合使用的一种主要设备。它的主要用途是保证高压装置检修工作的安全，在需要检修的设备和其他带电部分之间，用隔离开关构成足够大的明显可见的空气绝缘间隔。

一、隔离开关的作用与要求

隔离开关在结构上没有特殊的灭弧装置，不允许用它带负载进行拉闸或合闸操作。隔离开关拉闸时，必须在断路器切断电路之后才能再拉隔离开关；合闸时，必须先合上隔离开关后，再用断路器接通电路。隔离开关的主要作用是：

（1）隔离电源。在电气设备停电检修时，用隔离开关将需停电检修的设备与电源隔离，形成明显可见的断开点，以保证工作人员和设备的安全。

（2）倒闸操作。电气设备运行状态可分为运行、备用和检修三种工作状态。将电气设备由一种工作状态改变为另一种工作状态的操作称为倒闸操作。例如在双母线接线的电路中，利用与母线连接的隔离开关（称母线隔离开关），在不中断用户供电条件下可将供电线路从一组母线供电切换到另一组母线上供电。

（3）拉、合无电流或小电流电路。高压隔离开关虽没有特殊的灭弧装置，但在拉闸过程中可以切断小电流。动、静触头迅速拉开时，根据迅速拉长电弧的灭弧原理，可以使触头间电弧熄灭。因此，高压隔离开关允许拉、合以下电路。

1）拉、合电压互感器与避雷器回路。

2）拉、合母线和直接与母线相连设备的电容电流。

3）拉、合励磁电流小于2A的空载变压器：一般电压为35kV、容量为1000kVA及以下变压器，电压为110kV、容量为3200kVA及以下变压器。

4）拉、合电容电流不超过5A的空载线路：一般电压为10kV、长度为5km及以下的架空线路，电压为35kV、长度为10km及以下的架空线路。

按照隔离开关所担负的任务，应满足以下要求：

(1) 隔离开关应具有明显的断开点，以便于确定被检修的设备或线路是否与电网断开。

(2) 隔离开关断开点之间应有可靠的绝缘，以保证在恶劣的气候条件下也能可靠工作，并在过电压及相间闪络的情况下，不致从断开点击穿而危及人身安全。

(3) 隔离开关应具有足够的热稳定性和动稳定性，尤其不能因电动力的作用而自动断开，否则将引起严重事故。

(4) 隔离开关的结构要简单，动作要可靠。

(5) 带有接地闸刀的隔离开关必须有联锁机构，以保证先断开隔离开关再合上接地闸刀、先断开接地闸刀再合上隔离开关的操作顺序。

(6) 隔离开关要装有和断路器之间的联锁机构，以保证正确的操作顺序，杜绝隔离开关带负荷操作事故的发生。

二、隔离开关的技术参数、分类与型号

1. 隔离开关的主要技术参数

(1) 额定电压，是指隔离开关长期运行时所能承受的工作电压。

(2) 最高工作电压，是指隔离开关能承受的超过额定电压的最高电压。

(3) 额定电流，是指隔离开关可以长期通过的工作电流。

(4) 热稳定电流，是指隔离开关在规定的时间内允许通过的最大电流。它表明了隔离开关承受短路电流热稳定的能力。

(5) 极限通过电流峰值，是指隔离开关所能承受的最大瞬时冲击短路电流。

2. 隔离开关的分类

隔离开关种类很多，按不同的分类方法分类如下：

(1) 按装设地点的不同，可分为户内式和户外式两种。

(2) 按绝缘支柱数目，可分为单柱式、双柱式和三柱式三种。

(3) 按动触头运动方式，可分为水平旋转式、垂直旋转式、摆动式和插入式等。

(4) 按有无接地闸刀，可分为无接地闸刀、一侧有接地闸刀、两侧有接地闸刀三种。

(5) 按操动机构的不同，可分为手动式、电动式、气动式和液压式等。

(6) 按极数，可分为单极、双极、三极三种。

(7) 按安装方式，可分为平装式和套管式等。

3. 隔离开关的型号

隔离开关的型号、规格一般由文字符号和数字组合方式表示如下：

[1] [2] [3]—[4] [5]/[6]

代表意义为：

第一单元表示产品字母代号，隔离开关用G。

第二单元表示安装场所代号，户内用N，户外用W。

第三单元表示设计序列顺序号，用数字1、2、3、…表示。

第四单元表示额定电压，kV。

第五单元表示其他标志，如 T 表示统一设计，G 表示改进型，D 表示带接地刀闸，K 表示快分型等。

第六单元表示额定电流，A。

三、户内式隔离开关

户内式隔离开关采用闸刀形式，有单极和三极两种。闸刀的运动方式为垂直旋转式。户内式隔离开关的基本结构包括导电回路、传动机构、绝缘部分和底座等。

（一）GN6 和 GN8 型隔离开关

这两种型号的隔离开关均为三极（三相）式，其结构基本相同，所不同的是 GN6 型为平装式，采用支柱绝缘子；而 GN8 型为穿墙式，部分或全部采用套管绝缘子。图 2-8 为 GN6 型和 GN8 型隔离开关的结构示意图。

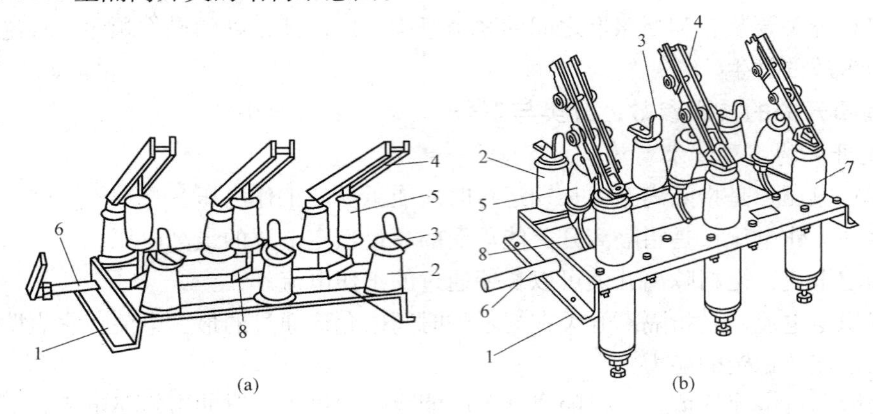

图 2-8　GN6 型和 GN8 型隔离开关的结构示意图

(a) GN6 型；(b) GN8 型

1—底座；2—支柱绝缘子；3—静触头；4—闸刀；5—支柱绝缘子；

6—转轴；7—套管绝缘子；8—拐臂

导电回路主要由闸刀（动触头）、静触头和接线端等组成。静触头固定在支柱绝缘子上。动触头是每相两条铜制闸刀片，合闸时用弹簧紧紧地夹在静触头两边形成线接触，以保证触头间的接触压力和压缩行程。对额定电流大的隔离开关普遍采用磁锁装置来加强动、静触头间通过短路电流时的接触压力。所谓磁锁装置，由装在两闸刀外侧的两片钢片组成，当短路电流沿闸刀流向静触头时，闸刀外侧的两片钢片受磁力的作用互相吸引，增加了两闸片对静触头的接触压力，从而保证触头对短路电流的稳定性。

操动机构通过连杆转动转轴，再通过拐臂与支柱绝缘子使各相闸刀做垂直旋转，从而达到分、合闸的目的。

这两种隔离开关安装使用方便，既可以垂直、水平安装，又可以倾斜甚至在天花板上安装。

（二）GN19 系列隔离开关

GN19 系列隔离开关按结构特征分为 GN19-10 型（平装型）和 GN19-10C 型（穿墙型）两类。GN19-10 型隔离开关的每相导电部分通过两个支柱绝缘子固定在底架上；GN19-10C

型又分为 C1、C2、C3 三种穿墙形式，其中 C1、C2 型的一侧为支柱绝缘子，另一侧为瓷套管，C3 型的两侧均为瓷套管。

隔离开关和配用的操动机构［CS-1T（G）型］可以水平、垂直或倾斜安装在开关柜内，也可以安装在支柱、墙壁、横梁、天花板及金属构架上。

GN19 系列隔离开关的结构与 GN6 和 GN8 型隔离开关基本相同。主要区别是每相刀闸改用两片槽形铜片组成，这不仅增大了刀闸散热面积，对降低温度有利，而且提高了刀闸的机械强度，使开关的稳定性提高。

GN19-10/1000、1250 及 GN19-10C/1000、1250 型隔离开关，在接触处安装有磁锁钢板。GN19-400、630A 型隔离开关没有装磁锁钢板。在底架上安装有限位板（停挡）以保证导电触刀"分"、"合"时得到所要求的终点位置。图 2-9 为全工况型隔离开关的外形及尺寸图。

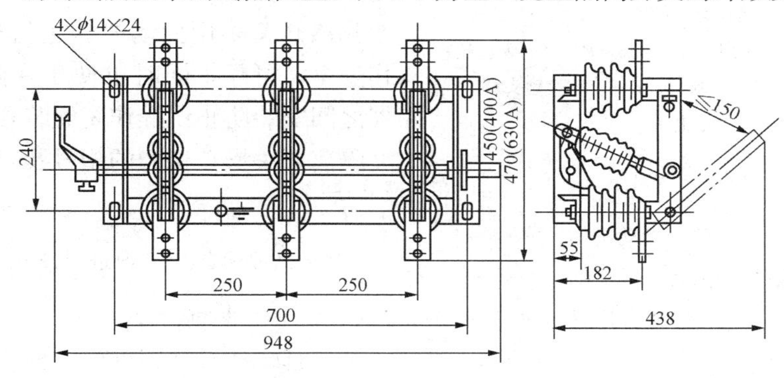

图 2-9 全工况型隔离开关外形及尺寸（mm）

四、户外式隔离开关

1. GW4-35 系列隔离开关

GW4-35 系列隔离开关为 35kV 户外式隔离开关，额定电流为 630～2000A。GW4-35 系列隔离开关的结构如图 2-10 所示，为双柱式结构，一般制成单极形式，可借助连杆组成三级联动的隔离开关，但也可单极使用。

由图 2-10 可见，GW4-35 系列隔离开关的左闸刀 3 和右闸刀 5 分别安装在支柱绝缘子 2 之上，支柱绝缘子安装在底座 1 两端的轴承座上。图 2-10 为隔离开关合闸状态。分闸操作时，由操动机构通过交叉连杆机构带动使两个支柱绝缘子向相反的方向各自转动 90°，使闸刀在水平面上转动，实现分闸。

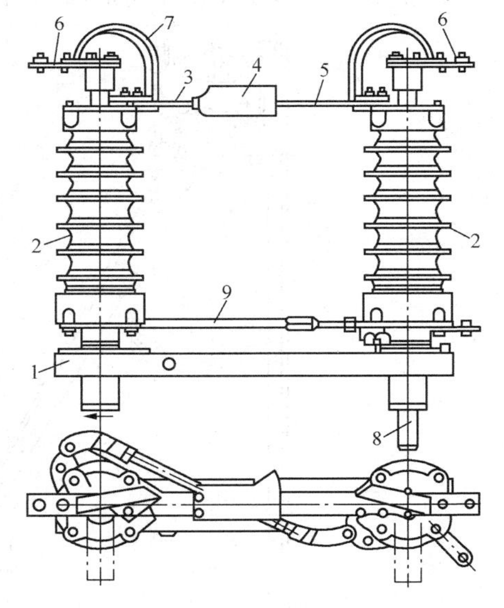

图 2-10 GW4-35 系列隔离开关（一相）结构示意图

1—底座；2—支柱绝缘子；3—左闸刀；4—触头防护罩；5—右闸刀；6—接线端；7—软连线；8—轴；9—交叉连杆

2. GW5-35 系列隔离开关

GW5-35 系列隔离开关为 35kV 户外式隔离开关，额定电流为 630～2000A。GW5-35 系列隔离开关的结构如图 2-11 所示，为双柱式 V 形结构，制成单极形式，借助连杆组成三极联动隔离开关。

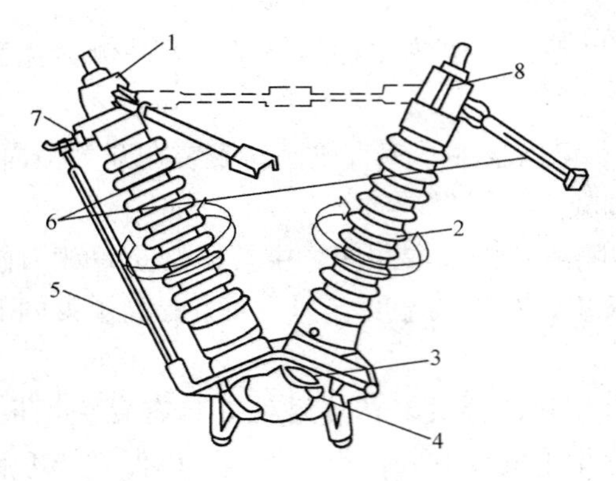

图 2-11　GW5-35 系列隔离开关（一相）结构示意图

1—出线座；2—支柱绝缘子；3—轴承座；4—伞齿轮；5—接地闸刀；6—主闸刀；7—接地静触头；8—导电带

由图 2-11 可见，GW5-35 系列隔离开关的两个棒式支柱绝缘子 2 固定在底座上，支柱绝缘子轴线之间的交角为 50°，是 V 形结构。V 形结构比双柱式隔离开关重量轻、占用空间小。两个棒式绝缘子由下部的伞齿轮 4 联动。合闸操作时，连杆带动伞齿轮转动，伞齿轮使两个棒式绝缘子以相同速度沿相反方向转动，带动两个主闸刀转动 90°实现合闸；分闸时，操作与上述的合闸动作相反。

五、隔离开关的操动机构

隔离开关采用操动机构进行操作，以保证操作安全、可靠，同时也便于在隔离开关与断路器之间安装防止误操作闭锁装置。

隔离开关操动机构的型号及含义如下：

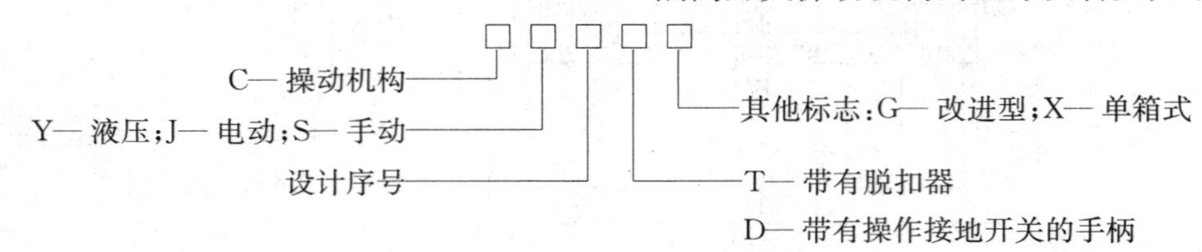

1. 手动杠杆式操动机构

CS6 系列手动杠杆式操动机构如图 2-12 所示。

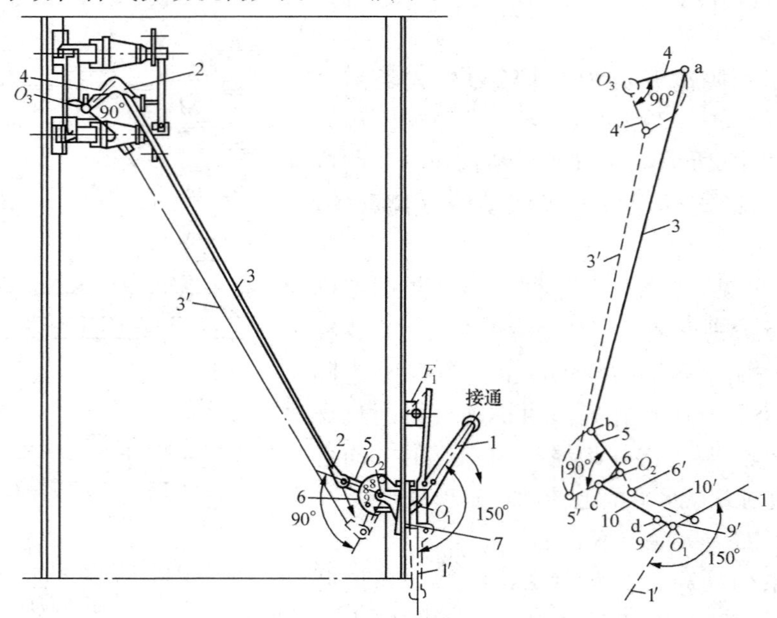

图 2-12　CS6 系列手动杠杆式操动机构结构示意图

1—手柄；2—接头；3—牵引杆；4—拐臂；5、8～10—连杆；6—扇形杆；7—底座

图 2-12 中实线表示隔离开关的合闸位置，虚线表示隔离开关处于分闸位置，箭头表示隔离开关进行分、合闸操作时，手柄 1 的转动方向。分闸时，将手柄向下旋转 150°，经连杆带动使扇形杆 6 向下旋转 90°，使隔离开关分闸。合闸时，将手柄向上旋转 150°，经连杆转动使隔离开关拐臂向上旋转 90°，完成合闸操作。

隔离开关合闸后，连杆 9 与 10 之间的铰接轴 d 处于死点位置之下。因此，可以防止短路电流通过隔离开关时，因电动力而使隔离开关刀闸自行断开。

CS6 系列手动杠杆式操动机构主要与户内式高压隔离开关配套使用。

2. 电动操动机构

CJ2 型电动操动机构如图 2-13 所示，其中电动机、蜗轮、蜗杆等部件均在操动机构箱内，该机构的操作动力是电动机。电动机转动时，通过齿轮和蜗杆传动使蜗轮转动，蜗轮通过传动杆 3 和牵引杆 4 等组成的传动系统经拐臂 7、拉杆绝缘子 8 操作隔离开关分、合闸。

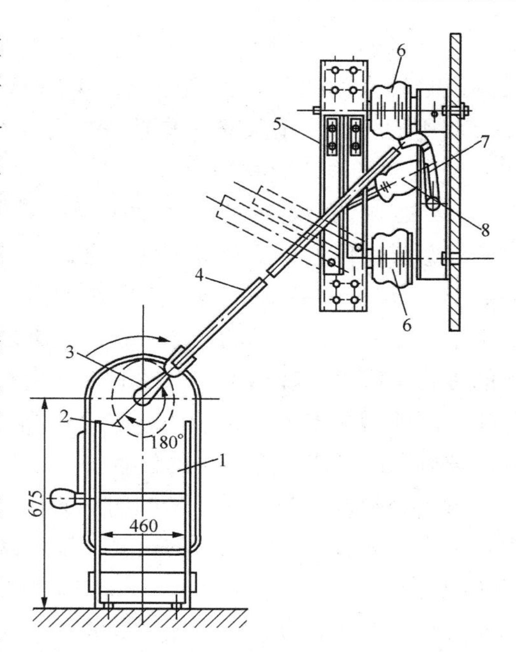

图 2-13 CJ2 型电动操动机构结构示意图

1—操动机构箱；2—蜗轮、蜗杆；3—传动杆；4—牵引杆；5—闸刀；6—支柱绝缘子；7—拐臂；8—拉杆绝缘子

CJ2 型电动操动机构比手力操动机构复杂、价格贵，但可以实现远方操作。CJ2 型操动机构与 10kV 户内式重型隔离开关（如 GN2-10/2000 型和 GN2-10/3000 型隔离开关）配套使用。

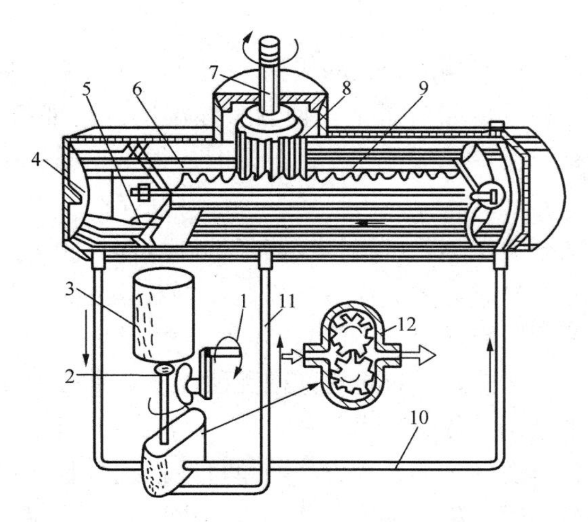

图 2-14 CY2 系列液压操动机构结构示意图

1—手柄；2—伞齿轮；3—电动机；4—油缸；5—逆止阀；6—活塞；7—主轴；8—齿轮；9—齿条；10—主油管；11—泄油管；12—齿轮油泵

3. 液压操动机构

CY2 系列液压操动机构如图 2-14 所示。由电动机 3 驱动齿轮油泵 12，使高压电油流到油缸中活塞 6 的一侧推动活塞移动，通过活塞移动再使与活塞有硬性连接的齿条 9 做直线运动，由齿条带动齿轮 8 和主轴 7 做旋转运动带动隔离开关主轴转动，实现分、合闸。

机构上的手摇装置，供安装和检修调整时使用。手动操作时，摇动手柄 1，使伞齿轮转动，代替电动机驱动齿轮油泵，实现分、合闸。

六、隔离开关的常见故障及应对检修措施

隔离开关又称隔离刀闸，它的主要用

途是保证高压装置检修工作的安全。在需要检修的设备和其他带电部分之间，用隔离开关构成足够大的明显可见的空气绝缘间隔。隔离开关是变电站、输配电线路中与断路器配合使用的一种主要设备，在此着重介绍隔离开关在运行中常见的故障及应对检修措施。

1. 隔离开关运行中的异常处理

（1）合闸调整与处理。合闸时，要求隔离开关的动触头无侧向撞击或卡住，否则要通过改变静触头的位置，使动触头刚好进入插口。动触头进入插口的深度，不能小于静触头长度的90%，但也不应过深。要使动、静触头底部保持3～5mm的距离，以防止在合闸过程中，对固定静触头的绝缘子的冲击。若不能满足以上要求，则可通过调整操动杆的长度及操动机构的旋转角度来处理达到。合闸时，还要求三相刀闸同步。对于35kV及以下的隔离开关，三相刀闸前后相差不得大于3mm。若不能满足要求，则可通过调节触刀中间支柱绝缘子的连接螺旋长度，来改变刀闸的位置。

（2）分闸调整与处理。分闸时，刀闸的打开角度应符合制造厂的规定。若不能满足要求，则可以通过改变操动杆的长度，以及操动杆的连接端部在操动机构扇形板上的位置处理来达到。

（3）辅助触头调整与处理。可通过改变耦合盘的角度来调整处理，使动合辅助触头在开关合闸行程的80%～90%时闭合，动断辅助触头在开关分闸行程的75%时断开。

（4）操动机构手柄位置调整与处理。合闸时手柄向上，分闸时手柄向下。在分闸或合闸位置时，其弹性机械锁应自动进入手柄的定位孔中。

（5）试操作与处理。开关粗调处理完毕应经3～5次的试操作，操作过程中再进行细调处理，完全合格后，才将隔离开关转轴上的拐臂位置固定，然后钻孔，并打入圆锥销，使转轴和拐臂永久紧固。

（6）接线和开关底座接地的处理。调整处理完毕后应将所有的螺栓拧紧，将所有开口销脚分开。

2. 隔离开关发热故障及应对措施

应检查触头及导线的引流线夹是否接触不良。针对隔离开关的结构，主要检查两端顶帽接触头及由弹簧压接的触头或刀口有否过热及支柱绝缘子有否劣化使其整体温度升高现象。发现故障后应向调度汇报，立即设法减少或转移负荷，并加强监视。处理时应根据不同的接线方式，分别采取以下相应检修措施。

（1）双母线接线时，如果是某一母线侧隔离开关发热，可将该线路经倒闸操作，倒至另一段母线上运行。通过向调度和上级请示母线能停电时，将负荷转移以后，再对上述隔离开关发热问题进行停电检查。若有旁母，可将负荷倒至旁母上。

（2）单母线接线时，如果某一母线侧隔离开关发热，母线短时间内无法停电，则必须降低负荷，并加强监视。母线可以停电时，再停电检修发热的隔离开关。

（3）如果是负荷侧（线路侧）隔离开关运行时发热，其处理方法与单母线接线时基本相同。对于高压室内的隔离开关发热，在维持运行期间，除减少负荷并加以监视以外，还应采取通风降温措施。停电检修时，同样应针对隔离开关发热的原因进行检查处理。

3. 隔离开关拒合闸故障及应对措施

（1）电动操动机构故障。电压等级较高的隔离开关均采用电动操动机构进行操作。电动操动机构的隔离开关拒绝合闸时，应着重观察接触器是否动作、电动机转动与否以及传动机构动作情况等，以区分故障范围，并向调度汇报。

1）若接触器未动作，可能是控制回路问题。处理办法：首先核对设备编号、操作顺序是否有误，如果有误则是操作回路被防误闭锁回路闭锁，应立即纠正其错误操作；然后检查操作电源是否正常，熔断器是否熔断或接触不良，处理正常后继续操作；最后看若无以上问题，应检查回路中的不通点，处理正常后继续操作。

2）若接触器已动作，问题可能是接触器卡滞或接触不良，也可能是电动机的问题。应进一步检查电动机接线端子上的电压，如果其电压不正常，则证明是接触器的问题，反之是电动机的问题。

3）若电动机转动，机构因机械卡滞合不上，应暂停操作。先检查接地隔离开关，看是否完全拉开到位，将其完全拉开到位后，可继续操作。

无上述问题时，应检查电动机是否缺相，三相电源恢复正常后，可继续操作。如果不是缺相问题，则可进行手动操作，检查机械卡滞部位，若能排除，可继续操作。若还是无法解决，应调整运行方式先恢复送电，而后向上级汇报，停电时再由检修人员处理。

（2）手动操动机构故障。

1）首先核对设备编号及操作程序是否有误，检查断路器是否在断开位置。

2）若无上述问题，应检查隔离开关是否完全拉开到位。将其完全拉开到位后，可继续操作。

3）若无上述问题时，应检查机械卡滞部位。如属于机构不灵，缺少润滑油，可加注机油，多转动几次，然后再合闸。如果是传动部分的问题，一时无法进行处理，应调整运行方式。首先恢复送电，然后向上级汇报，停电时由检修人员处理。

4. 隔离开关拒分闸故障及应对措施

该故障判断、检查及处理方法与隔离开关拒绝合闸故障及处理办法基本相同，只是在手动操作无法拉开时，不许强行拉开，应经调整运行方式，将故障隔离开关退出运行后检修。

5. 分合闸操作中途停止故障及应对措施

隔离开关在电动操作中，出现中途自动停止故障，如果触头之间距离较小，会长时间拉弧放电，大多是由于操作回路过早打开，回路中有接触不良引起的。处理办法：拉隔离开关时，若出现中途停止，应迅速手动将其拉开；合闸时，若出现中途停止，且时间紧迫必须操作，应迅速手动操作合上隔离开关；如果时间允许，应迅速将隔离开关拉开，将故障排除后再操作。

6. 合闸不到位或三相未同期故障及应对措施

隔离开关如果在操作时不能完全合到位而接触不良，运行中会发热并危及电网和设备的安全运行。处理办法：在出现合不到位或三相未同期的，应拉开重合，反复合几次，操作动作要符合要领，用力要适当。如果无法完全合到位，不能达到三相完全同期，应戴绝缘手套，使用绝缘棒，将其三相触头顶到位，并向上级汇报，安排计划停电检修。

第四节 高压熔断器

一、高压熔断器的作用、型号与特点

1. 高压熔断器的作用和型号

高压熔断器在通过短路电流或过载电流时熔断，以保护电路中的电气设备。在10～35kV小容量装置中，熔断器可用于保护线路、变压器、电动机及电压互感器等。

高压熔断器的分类有以下几种方法：按安装地点可分为户内式和户外式，按动作特征性可分为固定式和自动跌落式，按工作特性可分为限流式和无限流式。在冲击短路电流到达之前能切断短路电流的熔断器称为限流式熔断器，否则称非限流式熔断器。

高压熔断器的型号及含义如下：

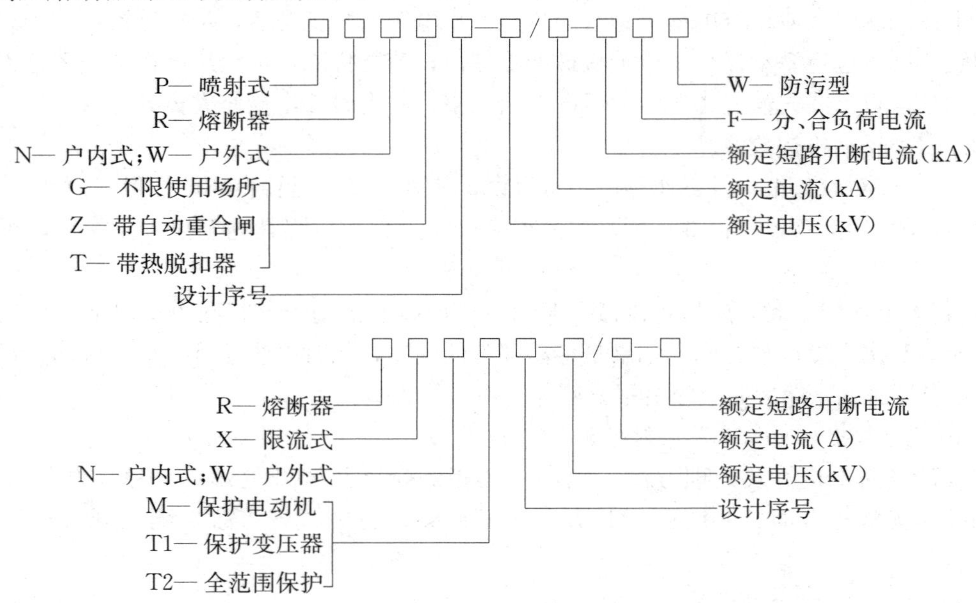

2. 熔断器的特点

熔断器是最简单和最早使用的一种保护电器。它串联在电路中，当电路发生短路或过负荷时，熔体熔断，切断故障电路，使电气设备免遭损坏，并维持电力系统其余部分的正常工作。它结构简单，体积小，布置紧凑，使用方便；动作直接，不需要继电保护和二次回路相配合；价格低。但由于它保护特性不稳定，可靠性低；保护选择性不易配合。然而，由于熔断器价格低廉、简单实用，特别是随着熔断器制造技术的不断提高，熔断器的开断能力、保护特性等都有所提高，所以熔断器不仅在低压电路中得到了广泛应用，而且在35kV及以下的小容量高压电路，特别是供电可靠性要求不是很高的配电线路中得到了广泛应用。

熔断器按电压等级可分为高压熔断器和低压熔断器，本节只介绍高压熔断器。

二、高压熔断器的基本结构与工作原理

(1) 基本结构。熔断器主要由金属熔件（熔体）、支持熔件的触头、灭弧装置和绝缘底

座等部分组成。其中决定熔断器工作特性的主要是熔体和灭弧装置。

熔体是熔断器的主要部件。熔体应具有材料熔点低、导电性能好、不易氧化和易于加工等特点。一般选用铅、铅锡合金、锌、铜、银等金属材料。

铅锡合金、铅和锌的熔点低，分别为200、327℃和420℃，但电阻率较大，使得熔体的截面较大，熔断时产生的金属蒸气多，不利于灭弧。因此，这类材料仅用于500V及以下的低压熔断器。

铜的导电、导热性能良好，可以制成截面较小的熔体，熔断时产生的金属蒸气少，有利于提高熔断器的切断能力。但铜的熔点高达1080℃，当熔断器长期通过略小于熔体熔断电流的过负荷电流时，铜熔体的温度可能接近1000℃而未熔化，这样的高温可能损坏触头系统或其他部件。通常采用“冶金效应”的方法克服上述缺点。即在熔体的表面上焊上小锡（铅）球，当熔体温度升高到锡或铅的熔点时，锡或铅熔化并渗入铜熔体内，形成电阻大、熔点低的铜锡（铅）合金。结果在熔体的锡（铅）球处率先熔断，继而产生电弧使铜熔体在电弧的高温下熔化和汽化。因此，铜作为理想的熔体材料，广泛地应用于高压熔断器和低压熔断器中。银的熔点为960℃，略低于铜的熔点，其导电性能和导热性能更好，而且不易氧化，但因价格较高只使用在高压小电流的熔断器中。

熔断器必须采取措施熄灭熔体熔断时产生的电弧，否则会引起事故的扩大。熔断器的灭弧措施可分为两类：一类是在熔断器内装有特殊的灭弧介质，如产气纤维管、石英砂等，它利用了吹弧、冷却等灭弧原理；另一类是采用特殊形状的熔体，如上述焊有小锡（铅）球的熔体、变截面的熔体、网孔状的熔体等，其目的在于减小熔体熔断后的金属蒸气量，或者把电弧分成若干串、并联的小电弧，并与石英砂等灭弧介质紧密接触，提高灭弧效果。

（2）工作原理和保护特性。熔断器串联在电路中使用，安装在被保护设备或线路的电源侧。当电路中发生过负荷或短路时，熔体被过负荷或短路电流加热，并在被保护设备的温度未达到破坏其绝缘之前熔断，使电路断开，设备得到了保护。熔体熔化时间的长短，取决于熔体熔点的高低和所通过电流的大小。熔体材料的熔点越高，熔体熔化就越慢，熔断时间就越长。熔体熔断电流和熔断时间之间呈现反时限特性，即电流越大，熔断时间就越短，其关系曲线称为熔断器的保护特性，也称安秒特性，如图2-15所示。

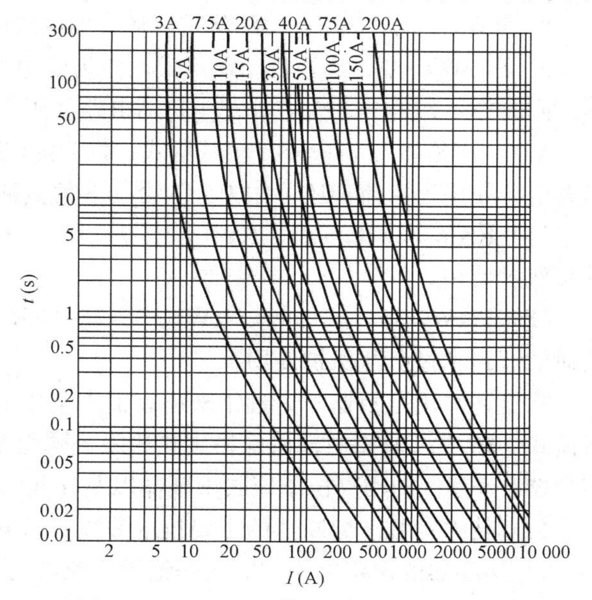

图2-15 6～35kV熔丝安秒特性曲线

熔断器的工作全过程由以下三个阶段组成：

1）在正常工作阶段，熔体通过的电流小于其额定电流，熔断器长期可靠地运行不应发生误熔断现象。

2）过负荷或短路时，熔体升温并导致熔化、汽化而开断。

3）熔体熔断汽化时产生电弧，又使熔体加速熔化和汽化，并将电弧拉长；这时高温的金属蒸气向四周喷溅并发出爆炸声。熔体熔断产生电弧的同时，也开始了灭弧过程。直到电弧被熄灭，电路才真正被断开。

按照保护特性选择熔体才能获得熔断器动作的选择性。所谓选择性，是指当电网中有几级熔断器串联使用时，分别保护各电路中的设备，如果某一设备发生过负荷或短路故障时，应当由保护该设备（离该设备最近）的熔断器熔断，切断电路，即为选择性熔断；如果保护该设备的熔断器不熔断，而由上级熔断器熔断或者断路器跳闸，即为非选择性熔断。发生非选择性熔断时，扩大了停电范围，会造成不应有的损失。

三、高压熔断器的分类与技术参数

高压熔断器按使用地点可分为户内式和户外式，按是否有限流作用可分为限流式和非限流式。

（1）分类。

1）RN1 型。户内管式，充有石英砂，作为电力线路及设备的短路和过负荷保护使用。

2）RN2 型。户内管式，充有石英砂，作为电压互感器的短路保护使用。

3）RN5 型。户内管式，充有石英砂，是 RN1 型的改进型，性能优于 RN1 型，作为电力线路及设备的短路和过负荷保护使用。

4）RN6 型。户内管式，充有石英砂，是 RN2 型的改进型，性能优于 RN2 型，作为电压互感器的短路保护使用。

5）RW1 型。户外式，与负荷开关配合可代替断路器。RW1-35Z（或 60Z）型户外自动重合闸熔断器，具有一次自动重合闸功能。

6）RW3～RW7 型。户外自动跌落式，作为输电线路和电力变压器的短路和过负荷保护使用。

7）RW10-10 型。户外自动跌落式，包括普通型和防污型两种，作为输电线路和电力变压器的短路和过负荷保护使用，同时亦可作为分、合空载及小负荷电路使用。

8）RW11 型。户外自动跌落式，作为输电线路和电力变压器的短路和过负荷保护使用。

9）PRWG1 型。户外自动跌落式，作为输电线路和电力变压器的短路和过负荷保护使用，同时亦可作为分、合空载及小负荷电路使用。

10）PRWG3 型。户外自动跌落式，作为配电线路和配电变压器的短路和过负荷保护及隔离电源使用，负荷型还可作为分、合 1.3 倍负荷电流的开关使用。

11）RXW0-35/0.5 型、RW10-35/0.5 型。户外高压限流式熔断器，作为电压互感器的短路保护使用。

12）RXW0-35/2～10 型、RW10-35/2～10 型。户外高压限流式熔断器，作为户外用电负荷的短路和过负荷保护使用。

除上述常用熔断器外，近年来还有引进英国等国技术生产的 FFL 型全范围保护用高压限流式熔断器、W 型电动机保护用高压限流式熔断器、A（B）型变压器保护用高压限流式熔断器、S 型保护用高压限流式熔断器以及并联电容器保护用熔断器等产品。

（2）技术参数。熔断器的主要技术参数有以下几个：

1）熔断器的额定电压。它既是绝缘所允许的电压等级，又是熔断器允许的灭弧电压等级。对于限流式熔断器，不允许降低电压等级使用，以免出现大的过电压。

2）熔断器的额定电流。它是指在一般环境温度（不超过 40℃）下，熔断器壳体的载流部分和接触部分长期允许通过的最大工作电流。

3）熔体的额定电流。它是指熔体允许长期通过而不致发生熔断的最大电流有效值。该电流可以小于或等于熔断器的额定电流，但不能超过。

4）熔断器的开断电流。它是指熔断器所能正常开断的最大电流。若被开断的电流大于此电流，有可能导致熔断器损坏，或由于电弧不能熄灭引起相间短路。

四、户内式高压熔断器

RN1 系列熔断器为限流式有填料高压熔断器，其结构如图 2-16 所示。瓷质熔件管的两端焊有黄铜罩，黄铜罩的端部焊上管盖，构成密封的熔断器熔管。熔管的陶瓷芯上绕有工作熔体和指示熔体，熔体两端焊接在管盖上，管内填充满石英砂之后再焊上管盖密封。

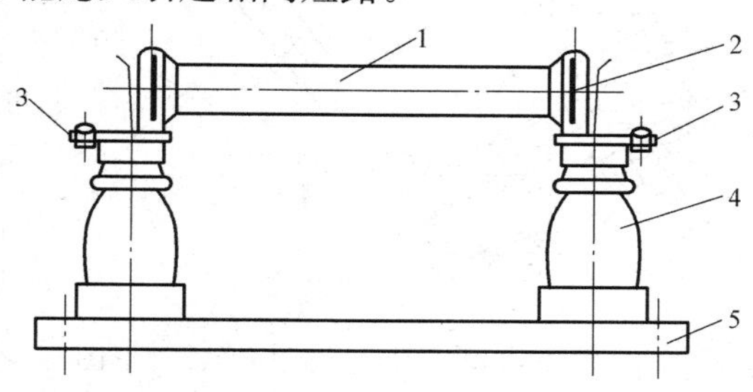

图 2-16　RN1 系列高压熔断器

1—熔管；2—静触头座；3—接线座；4—支柱绝缘子；5—底座

熔体用银、铜和康铜等合金材料制成细丝状，熔体中间焊有降低熔点的小锡球。指示熔丝为一根由合金材料制成的细丝。在熔断器保护的电路发生短路时，熔体熔化后形成电弧，电弧与周围石英砂紧密接触，根据电弧与固体介质接触加速灭弧的原理，电弧能够在短路电流达到瞬时最大值之前熄灭，从而起到限制短路电流的作用。

熔体的熔断指示器在熔管的一端，正常运行时指示熔体拉紧熔断指示器。工作熔体熔断时也使指示熔体熔断，指示器被弹簧推出，显示熔断器已熔断。

RN2 型高压熔断器是用于电压互感器回路作短路保护的专用熔断器。RN2 型与 RN1 型熔断器结构大体相同。由于电压互感器的一次额定电流很小，为了保证 RN2 型的熔丝在运行中不会因机械振动而损坏，所以 RN2 型熔断器的熔丝是根据对其机械强度要求来确定的。从限制 RN2 型熔断器所通过的短路电流考虑，要求熔丝具有一定的电阻。各种规格的 RN2 型熔断器，对熔丝的材料、截面、长度和电阻值均有一定要求；更换熔丝时不允许随意更改，更换后的熔丝材料、截面、长度和电阻值均应符合要求，否则会在熔断时产生危险过电压。

RN2 型高压熔断器的熔管没有熔断指示器，运行中应根据接于电压互感器二次回路中仪表的指示来判断高压熔丝是否熔断。

RN2 系列熔断器件是绕在陶瓷芯上的熔丝，由三级不同截面的康铜丝组成。采用不同截面组合是为了限制灭弧时产生的过电压幅值。

常用的高压熔断器，有 RN2、RN5、RN6 和 RXNM1-6、RXNT1-10 系列高压熔断器以及 RXNT2-10 型高压熔断器。

五、户外式高压熔断器

1. 跌落式熔断器

铁落式熔断器是喷射式熔断器。RW4-10 型户外跌落式熔断器外形如图 2-17 所示。

熔管 3 由环氧玻璃钢或层卷纸板组成，其内壁衬以红钢纸或桑皮做成消弧管。熔体又称

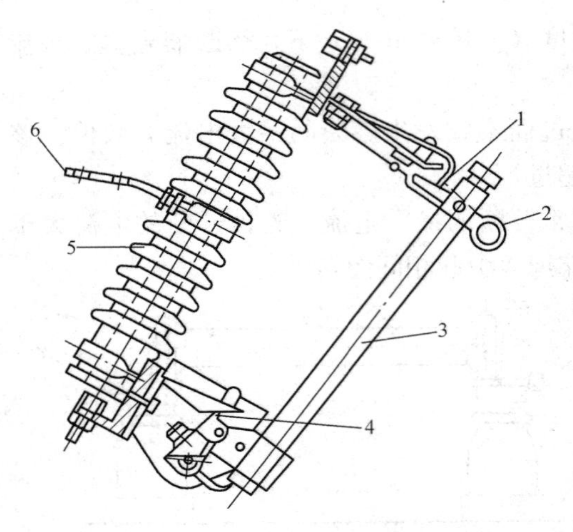

图 2-17　RW4-10 型户外跌落式熔断器外形图
1—上触头；2—操作环；3—熔管；4—下触头；5—绝缘子；6—安装铁板

熔丝，熔丝安装在消弧管内。熔丝的一端固定在熔管下端，另一端拉紧上面的压板，维持熔断器的通路状态。熔断器安装时，熔管的轴线与铅垂线成一定倾斜角度，以保证熔丝熔断时熔管能顺利跌落。

当熔丝熔断时，熔丝对压板的拉紧力消失，上触头从低舌上滑脱，熔断器靠自身重力绕轴跌落。同时，电弧使熔管内的消弧管分解生成大量气体，熔管内的压力剧增后由熔管两端冲出，冲出的气流纵向吹动电弧使其熄灭。熔管内所衬消弧管可避免电弧与熔管直接接触，以免电弧高温烧毁熔管。

2. 限流式熔断器

RXW-35 型限流式熔断器如图 2-18 所示。它是 35kV 户外式高压熔断器，主要用于保护电压互感器。熔断器由瓷套 1、熔管及棒形支柱绝缘子 2 和接线端帽等组成。熔管装于瓷套中，熔件放在充满石英砂填粒的熔管内。RXFW9-35 型限流式熔断器的灭弧原理与 RN 系列限流式有填料高压熔断器的灭弧原理基本相同，均有限流作用。

此外，还有 RW3-10、RW7-10、RW5-35、RW10-35、RW10-10F 和 RXWO-35 等系列高压熔断器。为了保证在暂时性故障后迅速恢复供电，有些高压熔断器具有单次重合功能。例如 RW3-10Z 型单次重合熔断器，它具有两根熔管，平时只有一根接通工作，当这根熔管断开后，相隔一定时间（在 0.3s 以内），另一根熔管借助于重合机构而自动重合，得以恢复供电。

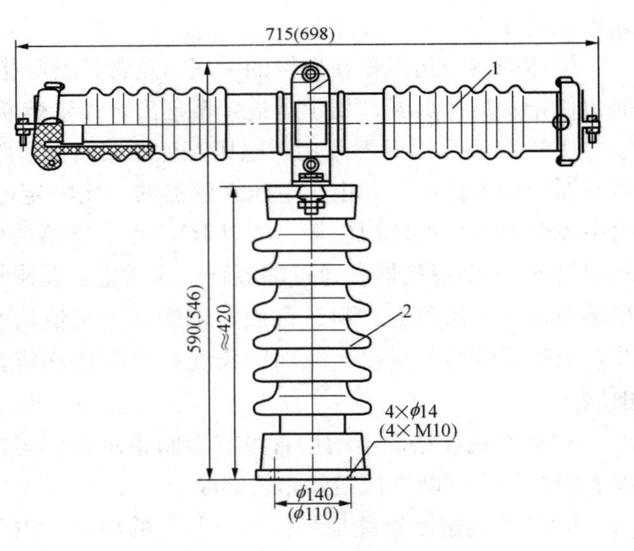

图 2-18　PXW-35 型限流式熔断器外形图
1—瓷套；2—棒形支柱绝缘子

六、高压熔断器在使用中注意事项及故障处理

1. 高压熔断器在使用中的注意事项

（1）高压跌落式熔断器底座（支架）和各部分零件应完整、固定牢固，三相支点在同一平面上。

（2）10kV 跌落式熔断器相间距离不应小于 500mm。

（3）跌落式熔断器的安装应符合下列要求：

1）接点转轴光滑灵活，铸件不应有裂纹、砂眼。

2）熔管内应清洁，熔丝安装应适当拉紧、拧牢。

3）熔管的轴线与垂线的夹角应为15°～30°，允许偏差5°，熔丝熔断后跌落动作应灵活可靠，接触紧密，上下引线应压紧，与线路导线的连接应紧密可靠。

4）瓷件良好，熔管不应有吸潮膨胀或弯曲现象。

（4）熔丝的规格应符合设计要求，并应无弯折、压扁或损伤。

10kV户外高压跌落式熔断器安装如图2-19所示。

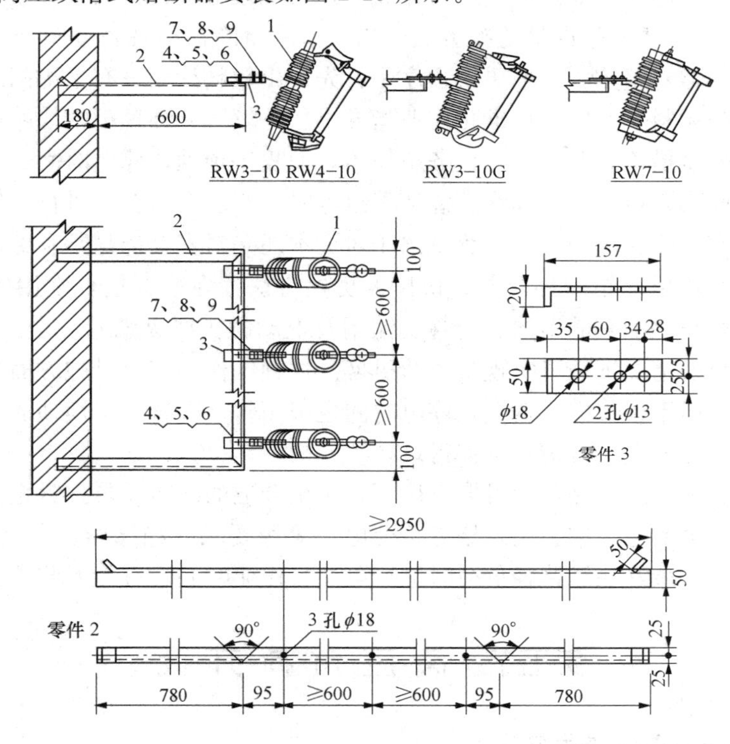

图2-19 10kV户外高压跌落式熔断器墙上安装图

1—高压跌落式熔断器；2—角钢支架；3—扁钢；

4～9—螺栓、螺母、垫片

2. 10kV高压跌落式熔断器故障处理

（1）10kV跌落式熔断器常见的故障。

1）前抱箍螺栓与跌落式熔断器横担的连接点。跌落式熔断器运行时间过长时，螺栓很容易锈死，当需要更换时很难拆下，往往要用钢锯把螺栓锯断。这种做法将导致停电时间较长，易造成用户投诉。

2）支柱。由于运行时间长，瓷质老化，如果检修人员在进行拉合熔管操作时用力过猛，则会将支柱颈部推（拉）断，造成损坏。

3）上动触头或拉合刀片。当检修人员在线路带负荷拉合熔断器熔管时，产生的电弧对于RW3-10G型户外跌落式熔断器而言，容易把上动触头烧坏；对于RW10-10F/100A型熔断器而言，其拉合刀片较易被电弧灼伤损坏。

4）熔管。在线路长期过负荷或经常出现故障时，由于熔管熔丝配置不合理，高于线路额定电流的情况下熔丝不易熔断，易造成熔管发热，导致熔管烧毁。此外，由于熔管两端铜帽的止定螺钉松动，其中一端的铜帽下滑，致使铜帽两端间距缩小，鸭嘴罩与上动触头接触不牢，被风吹时使熔管脱落。

5）灭弧罩。RW10-10F/100A 型熔断器是带有灭弧室的一种常用的线路控制设备。在紧急情况下需要断开线路电源时，强烈的电弧可在灭弧室内熄灭，不至于因拉弧而造成弧光短路或接地等事故。但是，如果频繁地操作或刀片长期接触不良，灭弧罩就较易烧毁。

(2) 10kV 高压跌落式熔断器更换方法。当跌落式熔断器出现瓷颈断裂、灭弧罩烧毁等故障时，必须更换器身整体。一般更换程序是：先作出领料计划→有关部门及分管领导审核并签字→物资部门领料→编制《标准化作业指导书》→填写并办理配电线路第一种工作票→更换前做好各种安全措施。此项工作任务虽简单，但程序烦琐，停电时间较长。

当出现上动触头、拉合刀片和熔管烧坏等故障时，有的会对器身进行整体更换，有的则图省事，直接用铜丝或铝丝勾挂。不管是出于对成本还是对安全都是不利的，其实都没必要对器身整体更换。这里介绍一种简单、快捷的更换方法：在购置这种常用的跌落式熔断器时，顺便订置一些与之配套的熔体、熔管、铜帽及上动触头或灭弧管。当出现此类故障时，仅需在线路轻负荷的情况下便可实现带负荷更换。这种工作在安全措施方面只需填写事故应急抢修单便可。这样不仅节约了资金，停电时间也很短暂；既省去了烦琐的中间环节，又可保证检修人员的人身安全，可谓一举多得。

对于熔管较易掉落的问题，则可取下熔管，调至合适的间距，再拧紧止定螺钉即可。

做好必要的安全措施，如使用合格且符合电压等级要求的绝缘棒、安全帽和绝缘手套、绝缘鞋和护目镜等。最好在线路轻负荷时进行更换，作业时必须有专人监护。

第五节 高压负荷开关

一、高压负荷开关的作用与分类

高压负荷开关是高压电路中用于在额定电压下接通或断开负荷电流的专用电器。它虽有灭弧装置，但灭弧能力较弱，只能切断和接通正常的负荷电流，而不能用来切断短路电流。在一般情况下，高压负荷开关与高压熔断器配合使用，由熔断器起短路保护作用。

负荷开关按使用场所分类，可分为户内式和户外式。

按灭弧方式的不同，可分为油浸式、产气式、压气式、真空式、压缩空气式和 SF_6 负荷开关等。近年来，真空式发展很快，在配电网中得到了广泛应用。

按是否带熔断器，可分为带熔断器和不带熔断器。

高压负荷开关的型号一般由文字符号和数字组合而成，表示方式如下：

1 2 3 — 4 5 6 7 / 8 9

第 1 单元——F 表示负荷开关；Z 表示真空负荷开关。

第 2 单元——N 表示户内型；W 表示户外型。

第 3 单元——设计序号。

第 4 单元——额定电压，kV。

第 5 单元——操动机构代号，如有 D 表示配电动操动机构，无 D 表示配手动操动机构。

第 6 单元——熔断器代号，如有 R 表示带熔断器，无 R 表示不带熔断器。

第 7 单元——S 表示熔断器装在开关上端，没有 S 时表示装在下端。

第 8 单元——额定工作电流，A。

第 9 单元——额定开断电流，kA。

二、户内式高压负荷开关

图 2-20 所示为 FN4-10/600 型户内式高压真空负荷开关外形及安装尺寸。采用落地式结构，真空灭弧室装在上部，操动机构装设在下面，机构部分就是基座。在基座底板上前后对称地竖立着两排绝缘杆，用来固定和支撑中间的绝缘板。在这块绝缘板上按三角位置排列，又竖立三组绝缘杆（共计 9 根），每一组绝缘板上分别装着压板，真空灭弧室就垂直被压在压板和中间绝缘板之间。电磁操动机构通过三个环氧树脂绝缘子拉杆，使三个真空灭弧室的动触头同时动作，接通或断开电路。在合闸位置时，压缩连接头内的弹簧，使触头保持一定的接触压力。相间装有绝缘板，以免发生相间弧光短路。

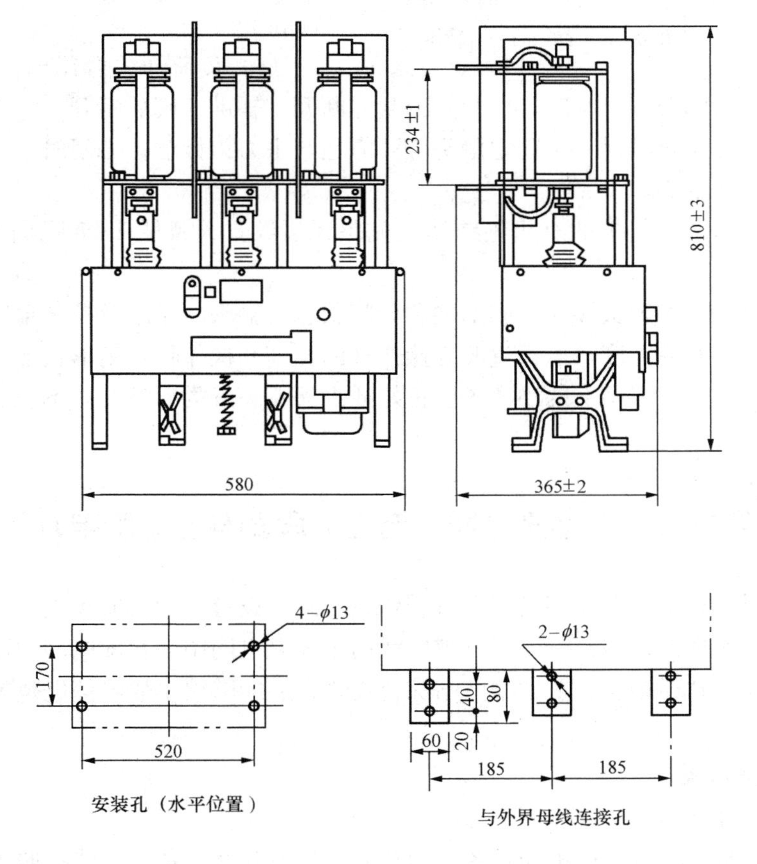

图 2-20　FN4-10 型户内式真空负荷开关外形及安装尺寸（mm）

三、户外式高压负荷开关

图 2-21 所示为 FW11-10 型 SF_6 负荷开关的外形图。这种负荷开关用 SF_6 气体作为灭弧介质。三相共用一个箱体，箱体内充有 SF_6 气体。在箱体的一端安装操动机构，箱体底部吸附剂罩里面有吸附剂和充气阀门，吸附剂是用来吸附 SF_6 气体中的水分的。瓷套管起对地绝缘、支持动静触头和引出接线端子的作用。

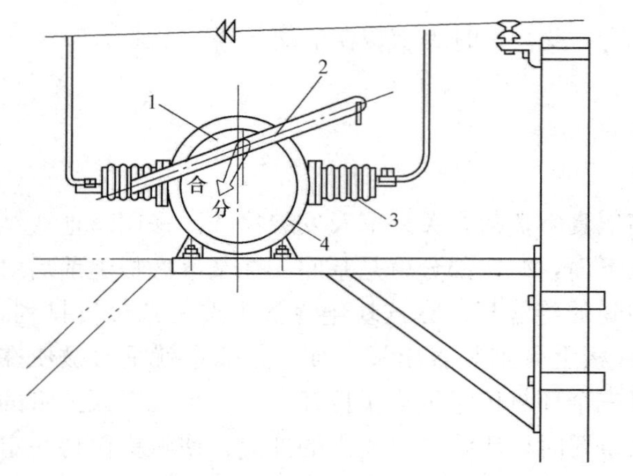

图 2-21 FW11-10 型 SF_6 负荷开关的外形图
1—端盖；2—操动机构；3—绝缘子；4—箱体

四、高压负荷开关在使用中注意事项

(1) 接线端子及载流部分应清扫，且接触紧密；绝缘子在安装前经耐压试验合格。

(2) 传动机构的滚轮及传动轴等应检查清扫，并涂以适当的润滑油。

(3) 动接触的刀片与固定触头间的压力应符合规程规定，合闸刀片不应有回弹现象。

(4) 负荷开关的各相刀片，与其主固定触头相接触时，其前后相差不得超过 3mm。

(5) 负荷开关合闸时，应使辅助刀闸先闭合，主刀闸后闭合；分闸时，应使主刀闸先断开，辅助刀闸后断开。

(6) 在负荷开关合闸时，主固定触头应可靠地与主刀刃接触；分闸时，三相灭弧刀片应同时跳离固定灭弧触头。

(7) 灭弧筒内产生气体的有机绝缘物应完整无裂纹，灭弧触头与灭弧筒的间隙应符合要求。

(8) 负荷开关三相触头接触的同期性和分闸状态时触头间净距及拉开角度应符合产品的技术规定。刀闸打开的角度，可通过改变操作杆的长度和操作杆在扇形板上的位置来达到。

(9) 合闸时，在主刀闸上的小塞子应正好插入灭弧装置的喷嘴内，不应对喷嘴有剧烈碰撞的现象。

第六节 自动重合器、自动分段器与自动配电开关

自动重合器与自动分段器都是配电自动化高压开关设备。随着城乡电网的改造以及配电网自动化的逐步实现，这些开关电器已被广泛用于配电电网中。在配电网中使用重合器和分段器可以省去变电站保护屏、节省变电站综合投资，还能够缩小故障停电范围，提高供电可靠性。

一、自动重合器

1. 自动重合器的作用

自动重合器是一种具有保护和自具控制功能的配电开关设备。它能按照预定的开断和重合顺序在交流电路中自动进行开断和重合操作，并在其后自动复位和闭锁。所谓“自具”是指它本身具备故障电流（包括过电流和接地电流）检测和操作顺序控制与执行功能，无需附加继电保护装置和提供操作电源。即它自动检测通过重合器回路的电流，当确认是故障电流时，则按事先所整定的操作顺序及时间间隔进行开断及重合的操作，使线路恢复供电。如故障是瞬时性的，则重合器在分、合闸的循环操作中，若重合成功自动终止后续的分、合闸操作，并经过一段延时恢复到预先的整定状态，为下次故障做好准备；如遇永久性故障，重合

器在完成预先整定的操作顺序后，则自动闭锁（不能合闸），隔离故障区段，不再对故障线路供电。当故障排除后，手动解除重合器的合闸闭锁，才能恢复正常状态。可见，利用重合器可以有效地避免瞬时性故障的影响。

2. 自动重合器的分类和特点

按照不同的方法，自动重合器分类如下：

（1）按绝缘和灭弧介质分类，可分为油重合器、真空重合器和 SF_6 重合器。

（2）按控制装置分类，可分为液压控制重合器、电子控制重合器、电子液压混合控制重合器。

（3）按相数分类，可分为单相重合器和三相重合器。

（4）按安装方式分类，可分为柱上重合器、地面重合器和地下重合器。

自动重合器的特点如下：

（1）具有自身判断电流性质、完成故障检测、执行开合功能的能力，并能自动恢复初始状态、记忆动作次数、完成合闸闭锁等，且具有操作顺序选择、开断和重合特性调整等功能。

（2）操作电源可直接取自电网或外加低压交流电源。

（3）有多次重合闸功能，一般为 4 次分断 3 次重合，且可根据需要调整重合次数及重合闸间隔时间。

（4）相间故障开断都采用反时限特性，具有快慢两种安秒特性曲线，快速曲线只有一条，慢速曲线可多达 16 条，有利于与保护及熔断器配合。

（5）开断能力大，允许开断次数较多，基本可不检修。

重合器通常使用的场合有：

（1）变电站内，作为配电线路的出线保护；主变压器出口保护。

（2）配电线路的中部，将长线路分段，防止因线路末端故障而全部停电。

（3）配电线路的重要分支线入口，防止因分支线故障造成主线路停电。

3. 自动重合器的工作原理

自动重合器的配置方式有三种：重合器与重合器配合、重合器与断路器配合、重合器与分段器配合。另外，重合器可用于放射式配电网，也可用于环网。

下面以采用三重合器构成的环网方案为例说明重合器的工作原理。图 2-22 为由三重合器构成的环网方案示意图。

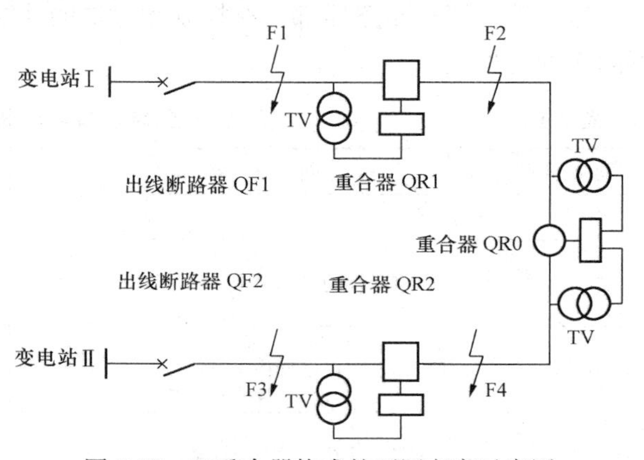

图 2-22 三重合器构成的环网方案示意图

图 2-22 中 QF1、QF2 是变电站出线断路器；QR1、QR2 是分段重合器，平时为合闸状态；QR0 是联络重合器，平时为分闸状态，事故处理时可自动合闸，转移供电；TV 为电压互感器。

出线断路器的整定：出线断路器速断保护的动作时限一般为 0.2s，并与重合器的动作曲线相配合；出线断路器设置重合闸装置。

联络重合器 QR0 的整定：延时关合一次故障分闸后闭锁。

在运行中发生故障时，重合器的动作过程如下：

（1）F1 段发生故障时，若为瞬时性故障，出线断路器 QF1 跳闸并重合成功，恢复供电；若为永久性故障，QF1 重合不成功，并自动闭锁，重合器 QR1 和 QR0 的控制器检测到电源侧失压，开始计时，因为 QR1 的延时分闸时间 t_1 整定值小于 QR0 的合闸延时时间 t_2，故在经过时间 t_1 后，重合器 QR1 分闸，QR0 在 t_2 时间合闸，则 QR1 和 QR0 之间的无故障区段恢复正常供电。

（2）F2 段发生故障时，若重合器 QR1 检测到并确认通过的电流是故障电流，快速分闸。若为瞬时性故障，重合器重合成功；若为永久性故障，QR1 多次重合不成功后分闸闭锁，则出线断路器 QF1 至重合器 QR1 之间的无故障区段恢复正常供电。联络重合器 QR0 检测到一端失压，经预定延时 t_2 后合闸，因存在故障，QR0 快速跳闸并闭锁。

（3）当变电站Ⅰ母线失电后，QR1 检测到电源端失压，QR0 检测到 QR1 方向失电，两台重合器的控制器同时计时。由于 $t_2>t_1$，故 QR1 经 t_1 时间后跳闸并闭锁，QR0 在 t_2 时间合闸，则 QR1 和 QR0 之间的区段恢复正常供电，而电源不会倒送到变电站Ⅰ母线。

（4）变电站Ⅰ母线检修，出线断路器 QF1 分闸，则 QF1 至重合器 QR1 之间区段无电，若要给该段供电，必须人工合上 QR1，进入非环网供电方式（转移供电方式）。

（5）转移供电方式、当 QF1 停、QF2 供时，QR0 处于合闸状态。若 F1 发生永久性故障，则 QR1、QR0 和 QR2 同时检测到故障电流，三个重合器均跳闸，QR1 跳闸后不能重合（已失去工作电压），而 QR0、QR2 经预定延时后重合成功，故障被隔离在 QR1 至 QF1 区段。F2 段发生故障时，QR0、QR2 同时检测到故障电流而跳闸。QR0 重合到故障线路上跳闸闭锁，而 QR2 重合成功，故障被隔离在 QR0 至 QR1 之间的区段上。F4 和 F3 段故障时可类推。如果转移供电方式是 QF2 停、QF1 供时，可参照上述方法分析。

重合器动作程序的选定可根据电网的实际需要预先整定，如“一快一慢”、“一快三慢”、“二快二慢”等组合。这里“快”是指快速分闸，快速分闸一般设定在第一、二次，尽快消除瞬时性故障；“慢”是指按一定的电流-时间特性曲线（即安秒特性曲线）跳闸，即为延时性动作，以便与其他设备，如分段器、熔断器等进行配合，隔离故障点。

尽管重合器和断路器都具有控制和保护的功能，都可以开断短路电流，但是它们有许多不同之处，见表 2-1。

表 2-1　断路器与重合器的比较

比较项目	断　路　器	重　合　器
作用	强调开断和关合	强调开断、重合、操作顺序、复位和闭锁
结构	由灭弧室和操动机构组成	由灭弧室、操动机构、控制系统和高压合闸线圈组成
控制方式	分开设计，需提供操作电源	自具控制方式，检测、控制、操动一体，需提供操作电源
操作顺序	分—0.5s—合分—180s—合分	视电网需要而定，如“一快一慢”、“一快三慢”、“二快二慢”等组合

续表

比较项目	断 路 器	重 合 器
开断特性	由继电保护装置确定，可有定时限与反时限，但无双时性。即故障电流对应一种开断时间	具有反时限特性和双时性。即重合器的安秒特性有快慢之分，同一故障电流下可对应两种不同的开断时间
使用地点	变电站	变电站、线路柱上

除了表中的比较项目外，这两种设备还有其他的不同，如同样额定开断电流的重合器和断路器，重合器的试验条件和试验程序更为严格。

4. CHW-10 型自动重合器

(1) 自动重合器的结构。CHW-10 型自动重合器是一种户外高压 SF_6 自动重合器，其结构外形如图 2-23 所示。该自动重合器由本体和控制器两部分组成。本体采用三相共箱式结构，内部充满 SF_6 气体。合闸电源使用 10kV 高压电磁铁，密封在重合器的壳体内。重合器的本体采用旋弧式灭弧原理设计的 SF_6 断路器，其 A、C 两相装有电流互感器，对线路的一次电流值进行检测。控制器装在重合器的箱体内，它由 12V、8Ah 的锂电池供电。手动合分和自动操作手柄位于机构罩的下方，机构和压力表分别装在本体两侧铝罩内。在控制器的右下方装有动作计数器，可记录重合器动作（分合）次数。

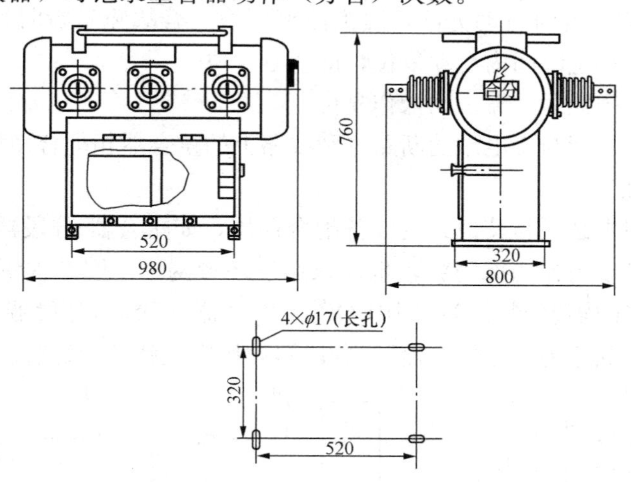

图 2-23 重合器结构示意图

(2) 自动重合器的动作原理。电流互感器将测量值输出到电子控制器，电子控制器根据测量值来控制自动投切开关（封闭在壳体内），使 10kV 高压电磁铁进行关合动作；控制脱扣器使重合器进行开断操作。重合器具有多次合、分功能。手动与自动操作手柄，可以切换两只相互联锁的行程开关，能实现“手合”（向上）、“手分”（向下）操作，正常运行时操作手柄处于“自动”位置。当线路故障电流超过预先整定的最小启动电流时，控制器就发出“分”、“合”信号，使重合器按预先整定的程序进行自动重合闸操作。如果故障是瞬时性的，则会重合成功，并保持在合闸状态，经预定的时间后“清零”复位，准备好进行新的一次重合闸动作程序；如果故障是永久性的，则在完成预定程序的最后一次开断以后保持在分闸位置，直到排除线路的永久性故障后才能手动关合。

自动投切开关和脱扣器由另一组 36V、16Ah 锂电池供电。

二、自动分段器

1. 自动分段器的作用

线路自动分段器简称分段器，是配电网中用来隔离线路区段的自动开关设备。它串联于重合器或断路器的负荷侧，当发生永久性故障时，它在记忆线路故障出现的次数达到整定值后，在无电流情况下自动分闸并闭锁，从而隔离故障区段，使后备保护开关（重合器或断路器）成功地重合其他的无故障线路。当发生瞬时性故障或故障已被其他设备切除，而且分段器未达到预期的记忆次数时，分段器将保持在合闸状态，保证线路的正常供电。

2. 分段器的分类和特点

分段器的类型较多，按其识别故障的原理不同，可分为过流脉冲计数器型和电压-时间型两大类；按使用的介质不同，可分为 SF_6 分段器、真空分段器、油分段器、空气分段器等；按控制功能不同，可分为电子控制、液压控制；按相数不同，可分为单相式和三相式；按动作原理不同，可分为跌落式、重合式。

分段器的特点如下：

（1）只能开断负荷电流，不能开断短路电流，故不能作为主保护开关。

（2）当线路故障时，可以记忆后备保护开关开断故障电流的次数，并在达到预定记忆次数（1～3 次）无故障电流时自动分闸，隔离故障区段。若故障是瞬时性的，则分段器的计数器在故障被切除后一定时间内自动复位，即清零复位。

（3）分段器分闸闭锁后，需手动操作复位。

（4）无安秒特性，能与变电站的断路器和线路上的重合器相配合使用。

3. 分段器的使用

分段器在配电网中必须与其他开关设备配合使用，如重合器-分段器配合、断路器-分段器配合等，而且既可以用在辐射网中，也可以用于环形网中。图 2-24 所示为分段器与重合器、熔断器配合构成的辐射网方案。图中 QR 为重合器、QS 为分段器、FU 为熔断器。重合器动作次数及操作顺序为“一快三慢”。分段器动作次数整定为三次。

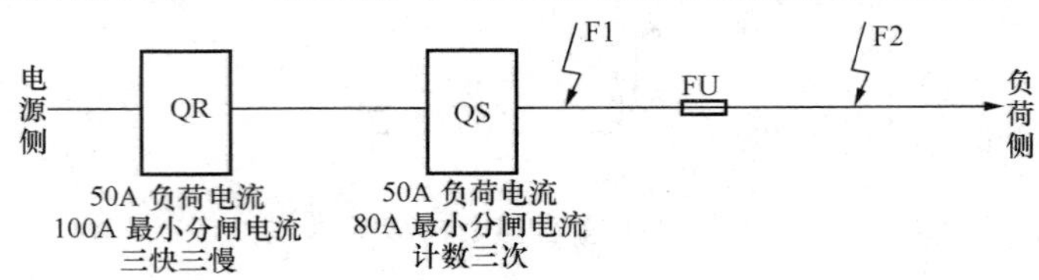

图 2-24　分段器与重合器、熔断器配合原理图

当永久性故障发生在 F1 段时，重合器按操作程序（一快三慢）快速分闸后合闸，进入慢速操作；再次分闸-合闸；当 QR 第三次分闸后，分段器整定次数为三次，分闸闭锁，隔离了故障，所以 QR 第三次合闸成功。QR 复位，恢复对 QR 与 QS 之间非故障线路的供电。

当故障发生在 F2 段时，若为瞬时性故障，由重合器快速动作，切除瞬时故障电流后重合成功，恢复正常运行；若为永久性故障，第一次熔断器不熔断，由重合器 QR 快速开断，分段器计数一次。重合器第一次重合后，由于故障仍然存在，重合器进入慢速分闸，熔丝熔断，故障电流消失，重合器保持在合闸位置不动。分段器计数两次但不动作（因未达到整定的三次），线路正常运行。

4. LZW-10 型自动分段开关

LZW-10 型自动分段开关是一种户外柱上 SF_6 分段开关，图 2-25 所示为其外形图。该分段器的基本结构为三相共箱式。用手动储能弹簧机构的操作手柄，可以在无控制电源的情况下实现分合闸操作。顺时针向下拉动手柄，分段开关能快速自动合闸；反方向，则快速分闸。手柄上有一指示器，用来指示分段开关的操作方式是“自动”还是“手动”。

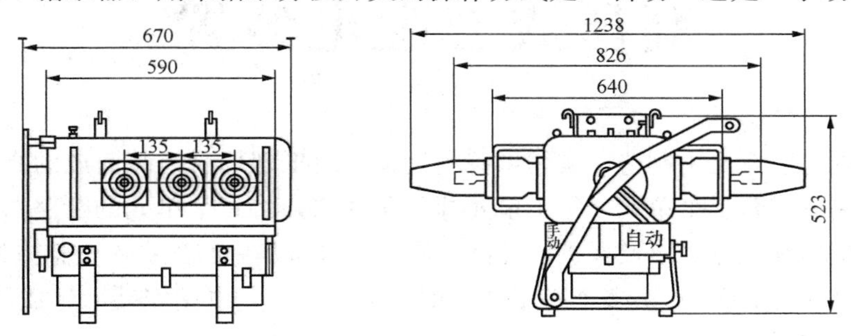

图 2-25 LZW-10 型分段开关外形尺寸（mm）

三、自动配电开关

自动配电开关又称自动重合分段器，具有自动重合和故障计数功能。它主要在线路上作为联络、环网、分段之用，对城市电网比较适用。另外，它主要与变电站内具有重合功能的断路器配合。自动配电开关主要由开关本体、电源变压器、控制器和故障指示器等四部分组成。其中，控制器是核心，根据电源变压器提供的电压信号执行合闸、闭锁、故障判断的任务；开关本体实际上是一个负荷开关；电源变压器提供开关的合闸电源和线路带电状态信号。

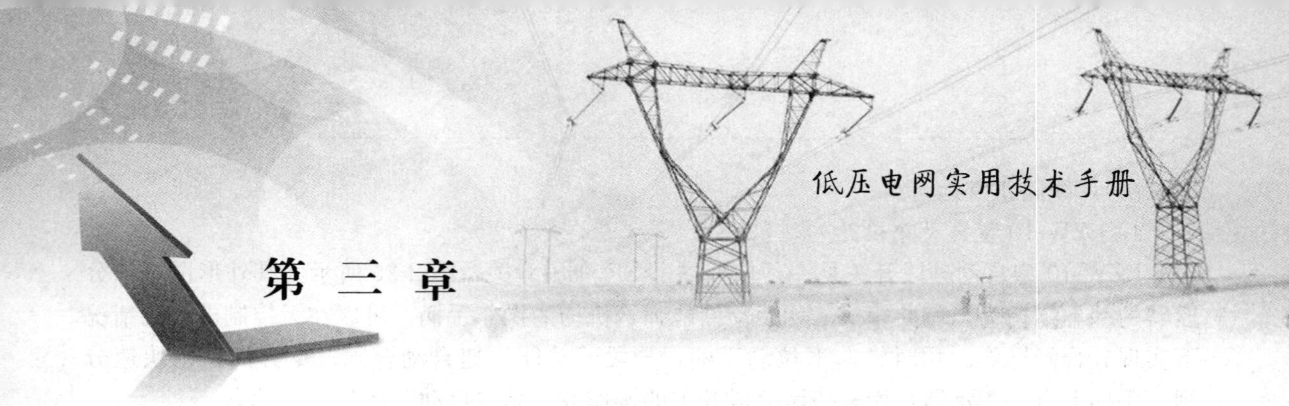

高压成套配电装置

高压成套配电装置是由制造厂成套供应的设备，运抵现场后组装而成的高压配电装置。它将电气主电路分成若干个单元，每个单元即一条回路，将每个单元的断路器、隔离开关、电流互感器、电压互感器，以及保护、控制、测量等设备集中装配在一个整体柜内（通常称为一面或一个高压开关柜），由多个高压开关柜在发电厂、变电站安装后组成的电力装置称为高压成套配电装置。

高压成套配电装置按结构特点可分为金属封闭式、金属封闭铠装式、金属封闭箱式和SF_6封闭组合电器等，按断路器的安装方式可分为固定式和手车式。

开关柜应具有“五防”联锁功能，即防误分、合断路器，防带负荷拉合隔离刀闸，防带电合接地刀闸，防带接地线合断路器、隔离开关与柜门之间的强制性机械闭锁方式或电磁锁方式实现。

第一节 KYN× ×800-10 型高压开关柜

KYN××800-10 型高压开关柜（以下简称开关柜）为具有“五防”联锁功能的中置式金属铠装高压开关柜，用于额定电压为 3～10kV、额定电流为 1250～3150A、单母线接线的发电厂、变电站和配电所中。

KYN××800-10 型高压开关柜型号及含义如下：

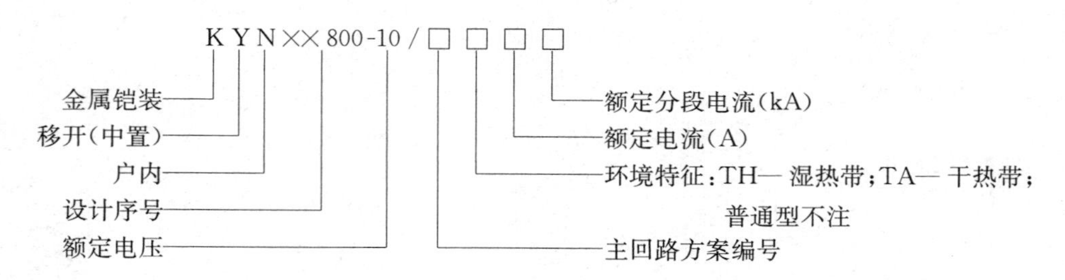

KYN××800-10 型开关柜的外形与结构如图 3-1 和图 3-2 所示。

一、开关柜结构

开关柜柜体是由薄钢板构件组装而成的装配式结构，柜内由接地薄钢板分隔为主母线室 4、手车室 3、电缆（电流互感器）室 7 和继电器室 2。各小室设有独立的通向柜顶的排气通道，当柜内由于意外原因压力增大时，柜顶的盖板将自动打开，使压力气体定向排放，以保护操作人员和设备的安全。

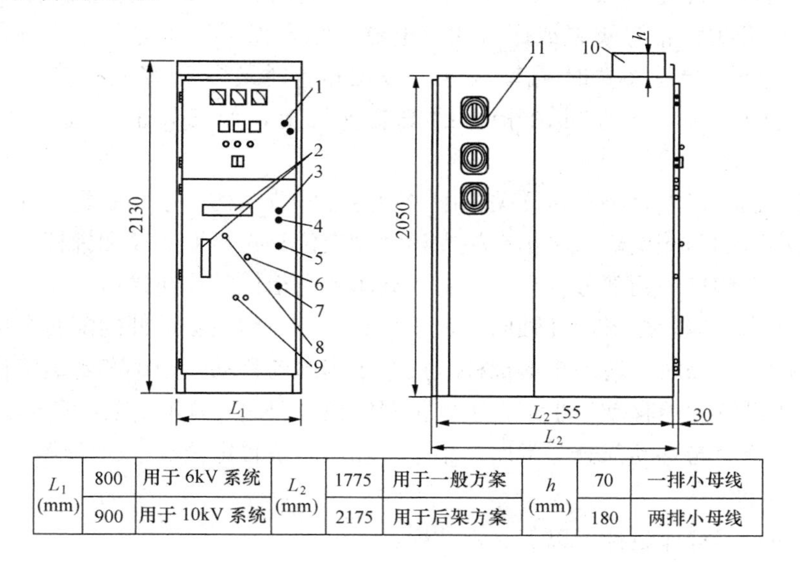

L_1 (mm)	800	用于 6kV 系统	L_2 (mm)	1775	用于一般方案	h (mm)	70	一排小母线
	900	用于 10kV 系统		2175	用于后架方案		180	两排小母线

图 3-1 KYN××800-10 型开关柜外形图

1—继电器室门；2—视窗；3—手车室门；4—门锁孔；5—门锁栓把；6—就地分闸按钮；7—紧急解锁螺钉（开门）；8—储能摇把插孔；9—推进摇把及联锁钥匙插孔；10—小母线室；11—主母线

小车室中部设有悬挂小车的轨道，左侧轨道上设有开合主回路触头盒遮挡帘板的机构和小车运动横向限位装置，右侧轨道上设有小车的接地装置和防止小车滑脱的限位机构。开关柜接地开关和接地开关的操动机构及机械联锁设在小车室右侧中部。小车车进机构与柜体的连接装置设在开关柜前左右立柱中部。

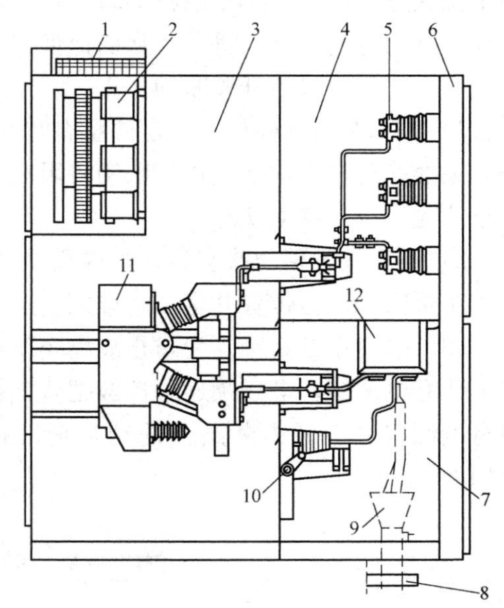

图 3-2 KYN××800-10 型开关柜结构示意图

1—小母线室；2—继电器室；3—手车室；4—主母线室；5—主母线；6—电缆室出气道；7—电缆室；8—零序互感器；9—电缆；10—接地开关；11—断路器小车；12—电流互感器

小车室与主母线室和电缆室的隔板上安装有主回路静触头盒，触头盒既保证了各功能小室的隔离，又可作为静触头的支持件。当小车不在柜内时，主回路静触头由接地薄钢板制成的活动帘板盖住，以保证小车室内工作人员的安全。当小车进入时，活动帘板自动打开使动静触头顺利接通。

主母线室内安装三相矩形主母线。各柜主母线经绝缘套管连接，主母线安装后，各柜主母线室之间被隔开。电缆室底部设电缆进口及电缆固定槽板，电缆进口由可拆卸的盖板覆盖。电缆室中还可安装接地开关和零序互感器。利用零序互感器吊架，将零序互感器吊装在柜底板外部。

继电器室内设有继电器安装板，安装板前安装各种继电器。继电器室门上安装各种计量仪表、操作开关、信号装置或嵌入式继电器及综合保护装置等。小室顶部设有 ϕ6mm 黄铜棍小母线端子，单层布置时最多11条，双层布置时最多20条；小室下部及左右两侧可安装二次端子排，端子排固定在柜体的安装支架上，如安装 JH5 型端子，最多安装 100 个。

继电器安装在小车上，小车在开关柜中采用悬挂中置结构。小车的轮、导向装置、接地装置等均设在小车的两侧中部。小车在柜内移动和定位是靠矩形螺纹和螺杆实现的。小车在结构上可分为固定和移动两部分。当小车由运载车装入柜体完成连接后，小车的固定部分与柜体前框架连接为一体，矩形螺杆轴向固定于固定部分，而矩形螺杆的配套螺母固定于移动部分。用专用的摇把顺时针转动矩形螺杆，推进小车向前移动，当小车到达工作位置时，定位装置阻止小车继续向前移动，小车在工作位置定位。反之，逆时针转动矩形螺杆，小车向后移动，当固定部分与移动部分并紧后，小车可在试验位置定位。

二、闭锁装置

开关柜为防止误操作设计了以下联锁装置：

（1）推进机构与断路器联锁。

1）当断路器处于合闸状态时，断路器操动机构输出大轴的拐臂阻挡联锁杆向上运动，阻止联锁钥匙转动，从而使小车无法从定位状态转变为移动状态，使试图移动小车失败。只有分开断路器才能改变小车的状态，使小车可以运动。

2）当移动小车未进入定位位置或推进摇把未及时拔出时，小车也无法由移动状态转变为定位状态。同时，小车的机构联锁通过断路器内的机械联锁，挡住断路器的合闸机构，使电动机手动合闸均无法进行，从而保证了运行的安全。

（2）小车与接地开关联锁。

1）将小车由试验位置的定位状态转变为移动状态时，如果接地开关处于合闸状态或接地开关摇把还没有取下，机械联锁将阻止小车状态的变化。只有分开接地开关并取下摇把，小车才允许进入移动状态。

2）小车进入移动状态后，机构联锁立即将接地开关摇把插口封闭，这种状态一直保持到小车重回到试验位置并定位才结束。

（3）隔离小车联锁。为防止隔离小车在断路器合闸的情况下推拉，在隔离小车的前柜下门上装有电磁锁，电磁锁通过挡板把联锁钥匙插入挡住，使小车无法改变状态。只有当电磁锁有电源（其电源由断路器的动合辅助触头控制）时，才能打开锁操作隔离小车的推进机构。

第二节　RGC 型高压开关柜

RGC 型高压开关柜为金属封闭单元组合 SF_6 式高压开关柜，常用于额定电压 3～24kV、额定电流 630A、单母线接线的发电厂、变电站和配电所中。

RGC 型高压开关柜的型号及含义如下：

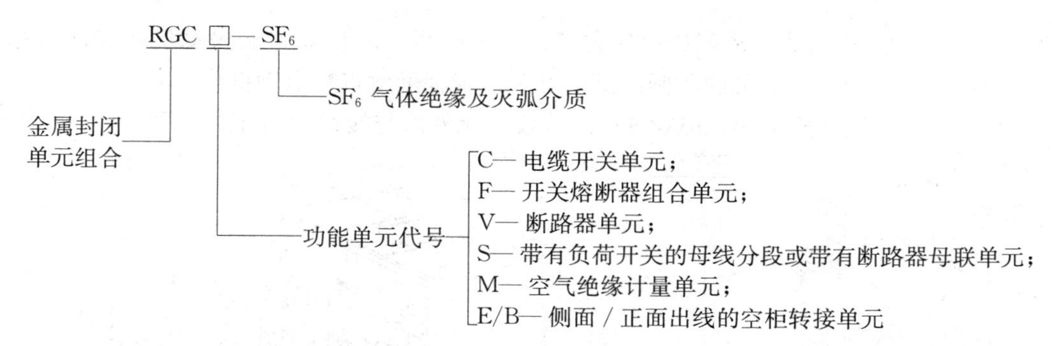

一、RGC 型高压开关柜的结构

RGC 型高压开关柜是一种结构紧凑、灵活方便的 SF_6 绝缘的开关柜，外壳采用镀锌板焊接成型，SF_6 容器采用不锈钢板制成。

RGC 型高压开关柜由标准单元组成，共包括七种标准单元，电缆可以在开关柜的左侧或右侧与母线直接相连。最大可用五个标准单元组成一个大单元，由于运输条件和装卸的限制，当超过五个小单元时，应分成两个部分。

（1）RGCC 电缆开关单元。RGCC 电缆开关单元外形与接线如图 3-3 所示。

标准单元配置的设备有负荷开关、可见的三工位关合/隔离/接地开关、母线、关合/隔离/接地开关位置观察窗、负荷开关与三工位开关之间联锁、螺栓式 400 系列套管、接地母线、电容式带电显示器和 K 型驱动机构。可选择配置为 A 型双弹簧操动机构、并联跳闸线圈、开关位置辅助触头、电动操作、压力指示器、短路指示器。

（2）RGCV 断路器单元。RGCV 断路器单元外形与接线如图 3-4 所示。

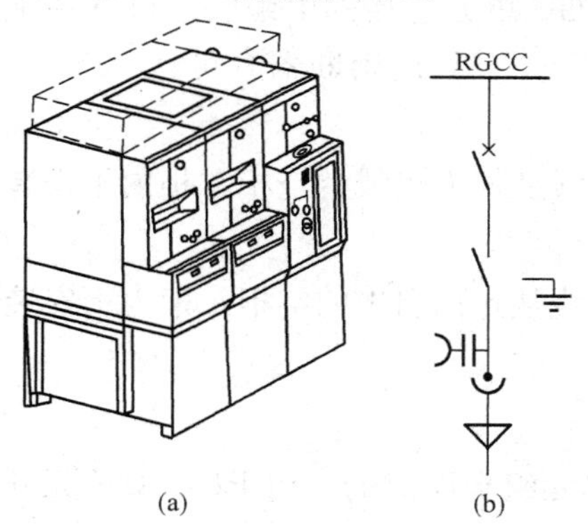

图 3-3　RGCC 电缆开关单元
（a）外形图；（b）接线图

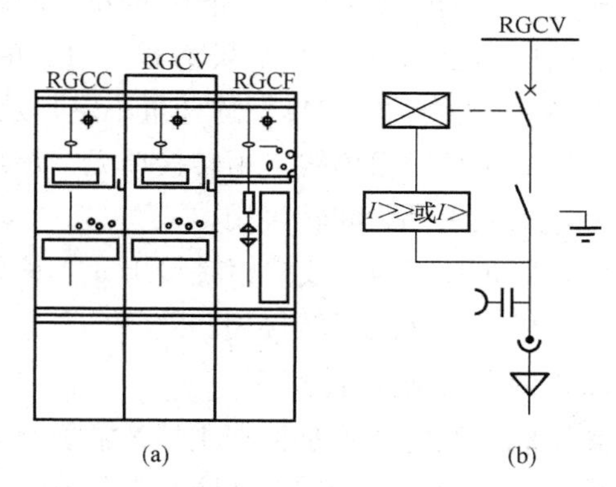

图 3-4　RGCV 断路器单元
（a）外形图；（b）接线图

标准单元配置的设备有真空断路器、可见的三工位关合/隔离/接地开关、可见的三工位关合/隔离/接地开关位置观察窗、负荷开关与三工位开关之间联锁、螺栓式 400 系列套管、接地母线、电容式带电显示器和 A 型双弹簧操动机构。

（3）RGCF 负荷开关熔断器组合单元。RGCF 负荷开关熔断器组合单元外形与接线如图 3-5 所示。

标准单元配置的设备有负荷开关、接地开关、熔断器筒、熔断器脱扣装置、母线、负荷开关与接地开关联锁、插入式 200 系列套管、接地母线、A 型双弹簧操动机构和压力指示器。可选择配置为熔断器、关联跳闸线圈，开关位置辅助触点、电动操作。

(4) RGCS 母线分段单元。RGCS 母线分段单元外形与接线如图 3-6 所示。

(a)　　(b)

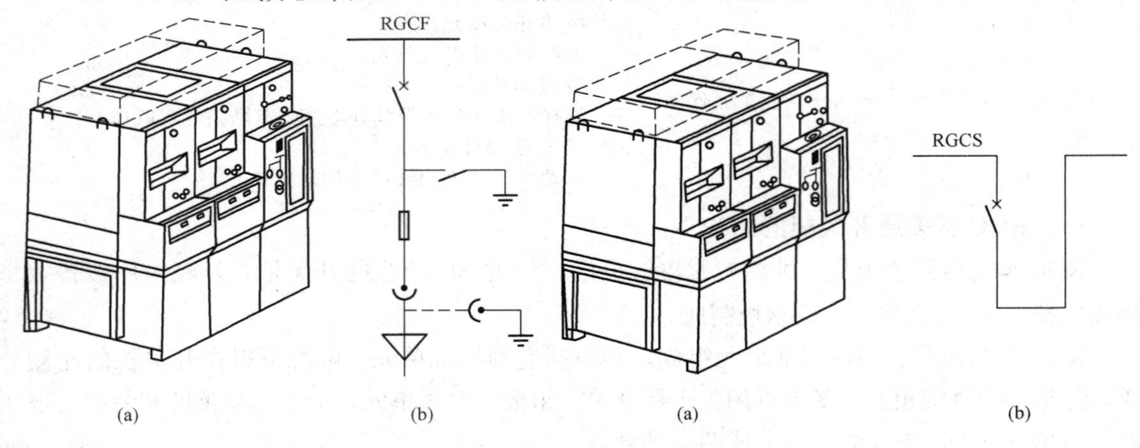

图 3-5　RGCF 负荷开关熔断器组合单元
(a) 外形图；(b) 接线图

(a)　　(b)

图 3-6　RGCS 母线分段单元
(a) 外形图；(b) 接线图

标准单元配置的设备有负荷开关、母线、不锈钢封板、K 型驱动机构。可选择配置为真空断路器、关联跳闸线圈、开关位置辅助触头和电动操作。

(5) RGCM 空气绝缘测量单元。标准单元配置为 2 只电流互感器、2 只电压互感器、1 只带选择开关的电压表、1 只带选择开关的电流表与 RGC 单元连接的电缆头。可选择配置为附加的电压互感器与电流互感器，附加的计量表，TA、TV 用熔断器（可达 12kV）和 BC 型小室（作为 RGC24kV 的计量小室）及避雷器。

(6) RGCE 侧面出线空柜转接单元。该单元为引出线从侧面出线的空柜，柜内不安装电气设备，供大单元之间转接用。

(7) RGCB 正面出线空柜转接单元。该单元为引出线从正面引出的空柜，柜内不安装电气设备，供大单元之间转接用。

二、高压配电装置实例

高压成套配电装置是根据主接线需要将若干标准单元组合而成的。由 RGC 型单元开关柜组成的高压配电装置实例如图 3-7 所示。

一次方案编号	RGCC	RGCV	RGCF	RGCS	RGCM	RGCE
一次线路方案图						

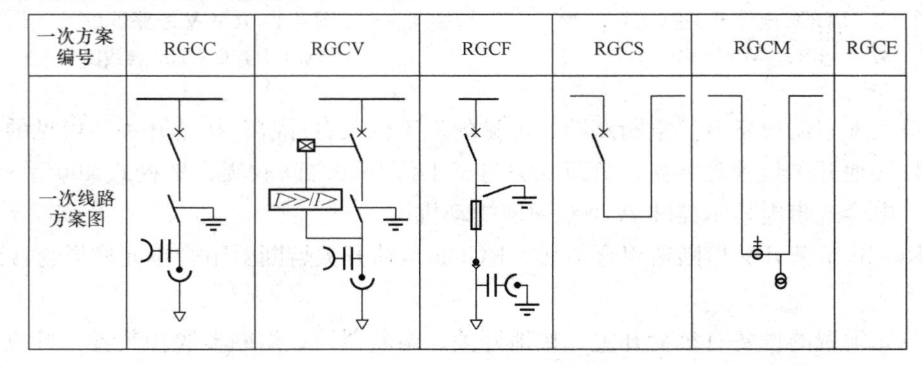

图 3-7　高压配电装置实例

第三节　环网开关柜

为提高供电可靠性，使用户可以从两个方向获得电源，通常将供电网连接成环形，如图3-8（a）中有A、B、C、D、E和F六个配电所，它们的双电源分别引自变电站的两组母线，分别经1号、2号断路器供电。

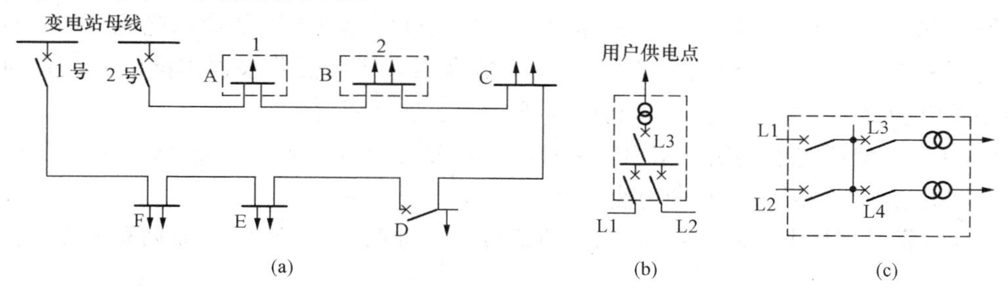

图3-8　环形供电网

（a）环形供电网；（b）单用户配电所接线；（c）双用户配电所接线

在工矿企业、住宅小区、港口和高层建筑等交流10kV配电系统中，因负载容量不大，其高压回路通常采用负荷开关或真空断路器控制，并配有高压熔断器保护。该系统通常采用环形网供电，所使用高压开关柜一般习惯上称为环网柜。以下对HXGH1-10型环网柜作一简单介绍。

单母线接地的电缆出（进）线单元HXGH1-10型环网柜的面板布置与结构如图3-9所示。

HXGH1-10型环网柜主要由母线室9、断路器室13和仪表室11等部分组成。开关柜一次系统接线面板如图3-9（a）所示。

母线室在柜的顶部，三相母线水平排列。母线室前部为仪表室，母线室与仪表室之间用隔板隔开。仪表室内可安装电压表、电流表、换向开关、指示器和操作元件等。在仪表室底部的端子板上可安装二次回路的端子排、柜内照明灯和击穿保险等，计量柜的仪表室可安装有功电能表、无功电能表、峰谷表和定量器等。断路器室自上而下安装负荷开关、熔断器、电流互感器、避雷器、带电显示器和电缆头等设备。开关柜具有“五防”联锁功能。

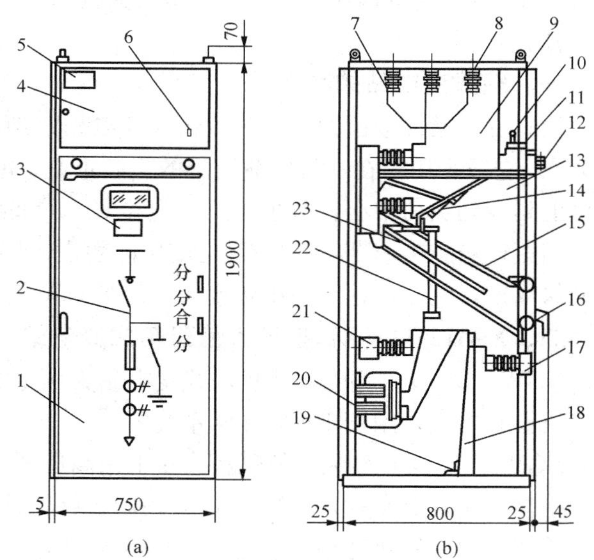

图3-9　HXGH1-10型环网柜

（a）面板图；（b）结构示意图

1—下门；2—模拟母线；3—显示器；4—上门；5—铭牌；6—组合开关；7—母线；8—绝缘子；9—母线室；10—照明灯；11—仪表室；12—旋钮；13—断路器室；14—负荷开关；15、23—连杆；16—操动机构；17—支架；18—电缆（用户自备）；19—电缆支架；20—电流互感器；21—支柱绝缘子；22—高压熔断器

HXGH1-10型环网柜有30余种标准接线，分别适用于电源进线、电缆馈缆线、电压互感器、避雷器和电容器等单元。为满足环网供电要求，配电所A采用一进两出接线，如图3-8（b）所示，其中L1为电源进线，L2为与环网配电所之间的连接线，L3向高压用户供电。

当一个配电所向两个高压用户供电时可采用图3-8（c）所示接线。其中L1为电源进线，L2为环网配电所之间的连接线，L3、L4向高压用户供电。

环网柜除向本配电所供电外，其高压母线还要通过环形供电网的穿越电流（即经本配电所母线向相邻配电所供电的电流），因此环网柜的高压母线截面要根据本配电所的负荷电流与环网穿越电流之和选择，以保证运行中高压母线不过负荷运行。

HXGH1-10型环网柜配用FN5-10系列负荷开关时额定电流为400～630A，配RN2-10或RN3-10系列熔断器时最大开断电流可达25kA。

目前环网柜产品种类较多，如HK-10、MKH-10、8DH-10、XGN-15系列和SM6系列等。

第四节　高/低压预装箱式变电站

为了加快小型用户变电站的建设速度、减少变电站的占地面积和投资，将小型用户变电站的高压电气设备、变压器和低压控制设备，以及测量设备等组合在一起，在工厂内成套生产组装成箱式整体结构。在站址完成基础施工后，将成套的箱式整体结构变电站运到现场安装后，建成的变电站为高/低压预装箱式变电站，简称箱式变。箱式变电站是成套变电站中的一种。

一、箱式变电站的特点

箱式变电站占地面积小。一般箱式变电站占地面积仅为5～6m²，甚至可以减少到3～3.5m²。它适合用于在一般负荷密集的工矿企业、港口和居民住宅小区等场所，可以使高电压供电延伸到负荷中心，减小低压供电半径，降低损耗。低压供电线路较少，一般为4～6路。缩短现场施工周期，投资少。采用全封闭变压器和SF_6开关柜等新型设备时，可延长设备检修周期，甚至可达到免维护要求。外形新颖美观，可与变电站周围的环境相互协调。

二、XGW2-12（Z）型无人值班箱式变电站

XGW2-12（Z）型无人值班箱式变电站为额定电压12kV、额定电流1250A及以下的户外式成套装置，常用于10kV环网系统中。

XGW2-12（Z）型无人值班箱式变电站高压开关柜结构如图3-10所示。

柜体采用双层密封，内部装有空调器，可保证箱式变电站内部温度保持在允许范围以内。箱体底架采用热轧型钢、框架采用冷弯型钢，两者组焊在一起。外部钢构件均采用表面处理技术处理，顶板、侧壁选用双层彩色复合隔热板，再铆以铝合金型材加以装饰，强度高、耐久性好。

高压电路采用真空断路器控制，在柜上设有上、下隔离开关。真空断路器、电流互感器、电压互感器及二次系统每个单元均采用特制铝型材装饰的内门结构，美观、大方。每个间隔后面均设有双层防护板和可打开的外门，便于柜后检修，主母线位于走廊上部，主母线室间隔之间用穿墙套管隔开，主母线及与之连接的支持用热缩套管包覆，箱内检修通道设有

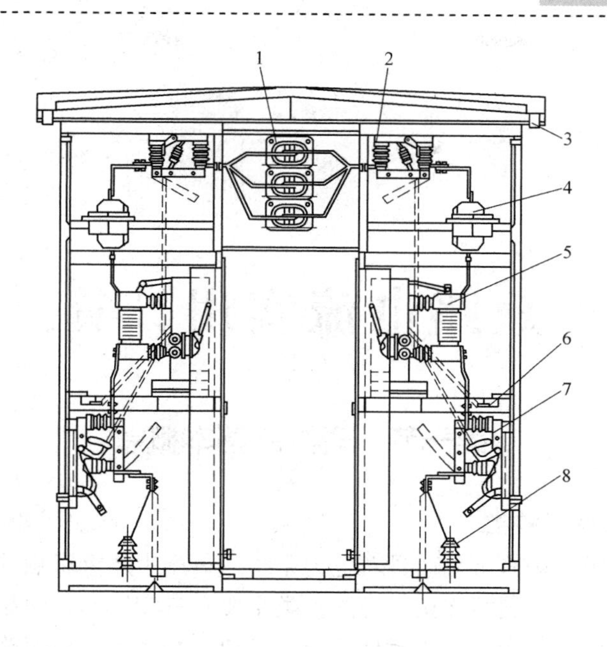

图 3-10　XGW2-12（Z）型无人值班箱式变电站高压开关柜结构示意图

1—主母线室；2—隔离开关；3—漏水管；4—电流互感器；5—断路器；6—门外联锁机构；7—隔离开关；8—避雷器

顶灯，在每个单柜的上方均装有检修灯。

保护装置可根据用户需求集中或分散布置，计量表的表计分散在各个间隔中。

第 四 章

短路电流实用计算

第一节 短路的基本概念

一、短路的定义及其种类

在电力系统中，短路是最常见而且对电力系统运行产生严重影响的故障。所谓短路是指相与相或相与地之间直接金属性连接。短路种类主要有三相短路、两相短路、单相接地短路和两相接地短路等四种。三相短路属对称短路，其他短路属不对称短路。系统中各种短路种类代表符号及事故概率见表 4-1。

表 4-1 短路种类代表符号及事故概率

短路种类	示 意 图	代表符号	事故概率（%）
三相短路	A B C	$k^{(2)}$	5
两相短路	A B C	$k^{(3)}$	10～15
单相接地短路	A B C	$k^{(4)}$	65～70
两相接地短路	A B C	$k^{(1,1)}$	10～20

二、发生短路的原因

发生短路故障的原因是多种多样的，主要有：

（1）设备或装置存在隐患。如绝缘材料陈旧老化、绝缘机械损伤、设备缺陷未发现或未消除、设计安装有误等。

（2）运行、维护不当。如运行人员不遵守操作规程、出现误操作、技术水平低、管理不善，机械损伤等。

（3）自然灾害。如雷击过电压，特大的洪水、大风、冰雪、塌方等引起的线路倒杆、断线，飞禽走兽跨接裸体导线等。一般说来，短路故障是可以防范的，绝大多数短路故障的发生都与工作人员未能很好地履行岗位职责有关。

三、短路的后果

（1）电动力效应。短路电流在设备中产生巨大的电动力，可能引起设备变形、扭曲、断裂。

(2) 热效应。短路电流通常比正常工作电流大几十倍。导体的发热量与电流的平方成正比，使设备温度急剧上升，可能导致设备短时过热。短路点往往伴随有电弧产生，其温度高达数千摄氏度至上万摄氏度，不仅可烧坏设备，还可能伤及工作人员。

(3) 磁效应。短路电流通过线路时，在周围产生交变的电磁场。特别是不对称短路，可对附近通信线路和无线电波产生电磁干扰。

(4) 电压效应。短路电流基本上是感性电流，它在发电机中产生去磁电枢反应，在线路中产生电抗压降，从而使电网电压降低。离短路点越近，电压下降越严重，对称短路的短路点电压为零。电网电压的下降可能导致用电设备正常工作的破坏，如白炽灯骤暗、电动机转速降低甚至停转、电动机过热等。电压降低还可能造成系统中并列运行的发电机失步或者导致电网枢纽电压的崩溃，所有这些都可能引起电力系统瓦解而造成大面积停电事故。在某些不对称短路情况下，非故障相电压将超过额定值，引起“工频电压升高”的内部过电压现象。

由上述可见，短路的后果是严重的。为保证电气设备和电网安全可靠运行，首先应设法消除可能引起短路的一切原因。其次，在发生短路后应尽快切除故障部分和快速恢复电网电压。

为此，可采用快速动作的继电保护和断路器，并在发电厂装设自动电压校正器和强励装置；此外，还可增大短路回路阻抗以限制短路电流的数值。常用的措施有：①在出线上装设限流电抗器；②将并联变压器或并联线路分开运行；③在中性点直接接地系统中将部分变压器的中性点不接地等。

四、短路电流计算的目的与计算假设

为确保设备在短路情况下不致破坏，减轻短路后果和防止故障扩大，必须事先对短路电流进行计算。计算短路电流的具体目的是：①选择和校验电气设备；②进行继电保护装置的选型与整定计算；③分析电力系统的故障及稳定性能，选择限制短路电流的措施；④确定电力线路对通信线路的影响等。

选择、校验电气设备时，一般只需近似计算在系统最大运行方式下可能通过该设备的最大三相短路电流值。设计继电保护和分析电力系统故障时，应算出各种短路情况下系统各支路中的电流和各点的电压。

要准确进行短路计算是相当复杂的，在工程上多采用近似计算法。这种方法是建立在一系列假设的基础上的，计算结果稍偏大，误差一般不超过10%～15%。其基本假设有：

(1) 电力系统在正常工作时三相是对称的；所有发电机的转速和电动势相位在短路过程中保持不变，即发电机无摇摆现象。

(2) 电力系统各元件的电容和电阻略去不计；各元件的电抗在短路过程中保持不变，即不受铁芯饱和的影响；变压器还略去励磁电流和励磁回路。各电力元件的寄生电容仅在超高压时才考虑；在1kV及以下的低压网络中，或个别高压短路回路中，总电阻常大于总电抗的1/3（甚至大于电抗），这种情况下应计入电阻。在高压电网中计算短路电流非周期分量的时间常数时，应考虑短路回路中电阻的影响。按此假设，在高压网络的短路回路中，各阻抗元件一般均可用一等值电抗表示。

第二节 标 幺 值

一、标幺值的定义

标幺值是某些电气量的实际有名值与所选定的同单位基准值之比，即

$$标幺值=\frac{实际有名值（任意单位）}{基准值（与实际值同单位）}$$

可见标幺值是一个无单位的比值，而且对同一个实际值，当所选的基准值不同时其标幺值也不同。标幺值的符号为各量符号加下角码“*”。

二、标幺值的转换

计算短路电流时常涉及四个电气量，即电压 U、电流 I、功率 S 和电抗 X。四量之间由欧姆定律和功率方程式相联系，即 $U=\sqrt{3}IX$ 和 $S=\sqrt{3}UI$。

用标幺值计算时，首先要选取四个电气量的基准值。这四个电气量的基准值可以任意选取，但应满足欧姆定律和功率方程式，即

$$U_B=\sqrt{3}I_BX_B \tag{4-1}$$

$$S_B=\sqrt{3}I_BU_B \tag{4-2}$$

因此，四个基准值只可以任意选取其中的两个，另外两个必须按式（4-1）和式（4-2）确定。一般是选取基准功率和基准电压，基准电流和基准阻抗由公式求得，即

$$I_B=\frac{S_B}{\sqrt{3}U_B} \tag{4-3}$$

$$X_B=\frac{U_B^2}{S_B} \tag{4-4}$$

故四个电气量对于选取的四个基准值的标幺值为

$$U_*=\frac{U}{U_B} \tag{4-5}$$

$$S_*=\frac{S}{S_B} \tag{4-6}$$

$$I_*=I\frac{\sqrt{3}U_B}{S_B} \tag{4-7}$$

$$X_*=X\frac{S_B}{U_B^2} \tag{4-8}$$

在实际工程中，通常电力系统中的发电机、电动机、变压器及电抗器等电气设备参数的标幺值都是根据它们各自的额定值规定的，即以各自的额定值为基准值。而各设备的额定值又往往不相同。基准值不同的标幺值是不能直接进行计算的（即不能直接进行相加、相减或乘除等运算），因此在计算时要把这些不同基准值的标幺值转换为统一选定的基准值下的标幺值。以电抗的标幺值为例，转换公式为

$$X_*=X_{*N}\frac{S_BU_B^2}{S_NU_B^2} \tag{4-9}$$

式中 X_{*N}——电气元件以额定值为基准值时的标幺值；

S_N——电气元件的额定容量。

当选基准电压等于额定电压时，式（4-9）变成

$$X_* = X_{*N}\frac{S_B}{S_N} \tag{4-10}$$

在实用计算中，通常选取某一段电路的平均标称电压作为基准电压，也就是说各段电路的基准电压均等于该段电路的平均电压。我国电力系统中常用到的各电压等级的平均标称电压见表4-2。

表4-2　各电压等级的平均标称电压

电网额定电压（kV）	3	6	10	35	110	220	330	500
电网平均标称电压（kV）	3.15	6.3	10.5	37	115	230	345	525

三、标幺值的特点

（1）在三相电路中，以标幺值表示的物理量相值等于线值，即

$$U_{*ph} = U_* \qquad I_{*ph} = I_*$$

式中　U_{*ph}、I_{*ph}——电压和电流标幺值的相值；

U_*、I_*——电压和电流标幺值的线值。

（2）三相功率和单相功率的标幺值相同。

（3）三相电路的标幺值欧姆定律为$U_*=I_*X_*$，与单相电路的相同。

（4）当电网的电源电压为额定值时（即$U_*=1$），功率标幺值与电流标幺值相等，且等于电抗标幺值的倒数，即

$$S_* = I_* = \frac{1}{X_*} \tag{4-11}$$

（5）两个标幺基准值相加或相乘，仍得同基准的标幺基准值。

由于上述特点，用标幺值计算短路电流，可使计算简便，且结果明显，便于迅速及时地判断计算结果的正确性。

第三节　电力系统中各元件电抗值的计算

高压网络的短路电流计算一般只考虑同步电动机、电力变压器、架空线路与电缆线路及电抗器等主要元件的电抗。配电装置中的母线、长度较小的连接导线、断路器、互感器等的阻抗值较小，均予以忽略。

一、同步电动机

在三相短路电流的实用计算中，只需知道同步电动机在短路起始瞬间的电抗，即纵轴次暂态电抗X''_d。表4-3为各类同步电动机X''_{DN*}的平均值。表中的参数是以同步电动机的额定参数为基准值的数值，实际短路计算时需换算到所选定的基准值下，换算公式为

$$X''_{d*} = X''_{DN*}\frac{S_B}{S_N}\left(\frac{U_N}{U_B}\right)^2 \tag{4-12}$$

表 4-3　　各类同步电动机 X''_{DN*} 的平均值

同步电动机类型	X''_{DN*}（或 X'_{DN*}）
汽轮发电机	0.125
有阻尼绕组的水轮发电机	0.20
无阻尼绕组的水轮发电机	0.27
同步补偿机	0.16
同步电动机	0.20

二、变压器

由于变压器的励磁电流较小，实际短路计算中一般都忽略不计。

1. 双绕组变压器

双绕组变压器产品目录给出了阻抗电压（短路电压）百分值 $U_d\%$，以变压器额定参数为基准值的电抗标幺值为

$$X_{T*N}=\frac{U_d\%}{100}$$

换算成基准值下的电抗标幺值为

$$X_{T*}=X_{T*N}\frac{S_B}{S_N}=\frac{U_d\%S_B}{100S_N}\tag{4-13}$$

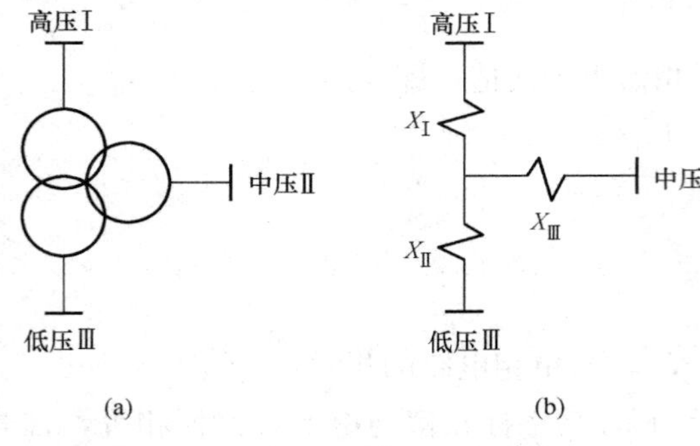

图 4-1　三绕组变压器及其等值电路

(a) 三绕组变压器；(b) 等值电路

2. 三绕组变压器

三绕组变压器及其等值电路如图 4-1 所示。

各绕组之间的短路电压百分值分别记为 $U_{dⅠ-Ⅱ}\%$、$U_{dⅡ-Ⅲ}\%$、$U_{dⅠ-Ⅲ}\%$，数值由产品目录（或产品铭牌）给出。角注Ⅰ、Ⅱ、Ⅲ分别表示高、中、低三侧，等值电路中各绕组的电抗为 $X_Ⅰ$、$X_Ⅱ$、$X_Ⅲ$。以变压器额定参数为基准值的标幺值电抗，可按下列公式计算：

$$\left.\begin{aligned}X_{Ⅰ*N}&=\frac{1}{200}(U_{dⅠ-Ⅱ}\%+U_{dⅠ-Ⅲ}\%-U_{dⅡ-Ⅲ}\%)\\X_{Ⅱ*N}&=\frac{1}{200}(U_{dⅠ-Ⅱ}\%+U_{dⅡ-Ⅲ}\%-U_{dⅡ-Ⅲ}\%)\\X_{Ⅲ*N}&=\frac{1}{200}(U_{dⅡ-Ⅲ}\%+U_{dⅠ-Ⅲ}\%-U_{dⅠ-Ⅱ}\%)\end{aligned}\right\}\tag{4-14}$$

换算成选定基准值下的电抗标幺值为

$$\left.\begin{aligned}X_{Ⅰ*}&=X_{Ⅰ*N}\frac{S_B}{S_N}\\X_{Ⅱ*}&=X_{Ⅱ*N}\frac{S_B}{S_N}\\X_{Ⅲ*}&=X_{Ⅲ*N}\frac{S_B}{S_N}\end{aligned}\right\}\tag{4-15}$$

式中，三相绕组变压器的 S_N 并不是各侧绕组的额定容量，而是变压器的额定容量，即容量最大绕组的额定容量。

三、架空线路与电缆线路

一般线路给出每千米的电抗值 X_0。在实用计算中通常可采用表 4-4 所给的平均值。因此，线路电抗的有名值为 $X_0 l$。

表 4-4　各种线路电抗平均值

线路种类	电抗（Ω/km）
6～220kV 架空线路（每一回）	0.4
1kV 以下架空线路（每一回）	0.3
35kV 电缆线路	0.12
3～10kV 电缆线路	0.07～0.08
1 kV 电缆线路	0.06～0.07

换算到选定基准值的线路电抗标幺值为

$$X_{1*} = X_0 l \frac{S_B}{U_P^2} \tag{4-16}$$

式中 U_P——架空线路或电力电缆所在电压等级的平均电压；

l——线路长度，km。

四、电抗器

电抗器是用来限制短路电流的设备，其等值电路用电抗表示。产品目录中（或铭牌上）给出电抗器的电抗百分数 $X_L\%$，一般为 3%～10%。换算到选定基准值的电抗器电抗标幺值为

$$X_{L*} = \frac{X_L\%}{100} \times \frac{U_N}{\sqrt{3} I_N} \times \frac{S_B}{U_P^2} \tag{4-17}$$

式中 $X_L\%$——电抗器的电抗百分数；

I_N——电抗器的额定电流。

第四节　短路电流计算的程序

计算短路电流前，应先收集有关的电力系统接线图、运行方式及各元件的技术数据等资料。计算时，根据资料先拟出计算电路图，再选定计算短路点。对每一短路点作出等值电路图，并逐步化简至最简形式的短路回路，即由一个总电源经总电抗至计算短路点的短路回路，便可求出所选短路点的短路电流值。

一、作计算电路图

短路电流的计算电路图是在计算短路点周围的电网的电气接线图基础上，去掉其中与计算短路电流无关的设备符号，基本上只保留发电机（或调相机）、变压器、线路及电抗器四类阻抗元件，同时保持其连接顺序；再就近标注各元件的设备文字符号、计算编号及有关参数；根据计算目的，在图中标出计算短路点。为了计算方便，图中各元件要按顺序注明编号。图 4-2 所示为一发电厂向负荷供电的最简计算电路图。

短路时，同步补偿机和同步电动机以及大容量的并联电容器组等，都可能向短路点供给

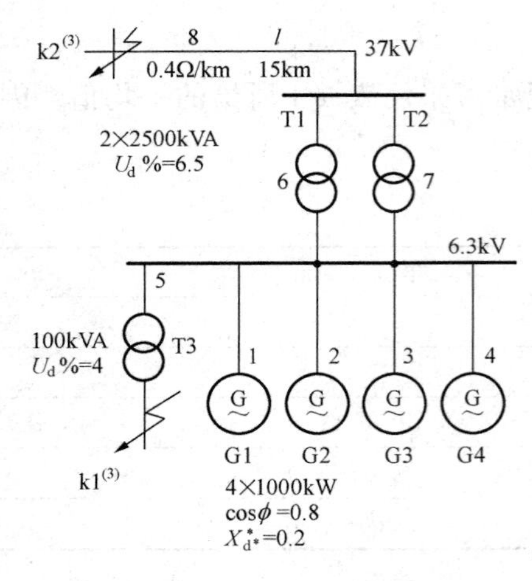

图 4-2 计算电路图举例

短路电流，在计算电路图中应将它们看作附加电源。但距离短路点较远或同步电动机的总功率在 1000kVA 以下时，因对短路电流影响较小，可不予以考虑。

二、作初始等值电路图

从电源到计算短路点中间流过短路电流的全部网络，称为短路回路。在计算电路图中，每一计算短路点对应唯一短路回路。针对每一短路回路，将其中的无源阻抗元件如变压器、线路、电抗器等全部抽象为电抗，用统一的电抗符号表示；将发电机表示为一电动势符号与电抗符号串联。各元件的参数一律换算成电抗值后，就近用分数的分母表示之；分数的分子则表示元件的编号，并与计算电路图相一致。在电源电动势的符号旁只标注额定容量。这就是初始等值电路图。

三、等值电路图的化简

将初始等值电路图逐步进行等值变换，也就是逐步合并电抗，同时也合并电源，直到获得只有一个总电源经一个总电抗至短路点的最简等值电路图。这一过程中主要是电抗的变换与合并，等值变换方法除了元件的串并联方法外，还常用到三角形等值变换星形或星形等值变换三角形等方法。

【例 4-1】 试计算图 4-2 中 $k1^{(3)}$ 和 $k2^{(3)}$ 点短路时短路回路总电抗的标幺值。

解： 设 $S_B=100\text{MVA}$，$U_B=U_p$。$k1^{(3)}$ 点短路时，其等值电路如图 4-3（a）、（b）、（c）所示。各元件电抗的标幺值为

$$X_{1*}=X_{2*}=X_{3*}=X_{4*}$$

$$=0.2\times\frac{100}{1/0.8}=16$$

$$X_{5*}=\frac{4}{100}\times\frac{100}{0.1}=40$$

$$X_{9*}=\frac{1}{4}\times 16=4$$

短路回路总电抗为

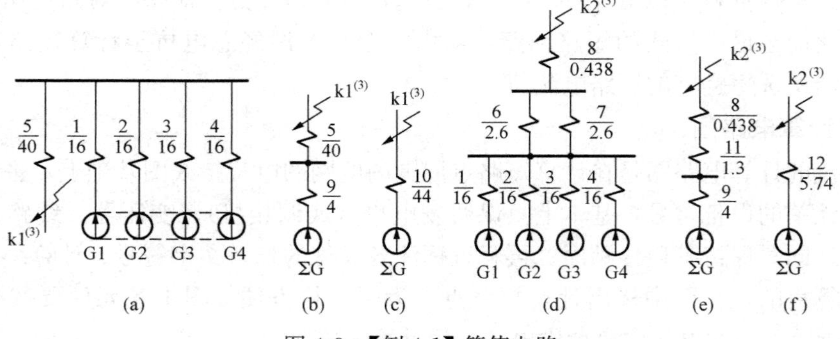

图 4-3 【例 4-1】等值电路

（a）、（b）、（c）—$k1^{(3)}$ 点短路；（d）、（e）、（f）—$k2^{(3)}$ 点短路

$$X_{10*}=4+40=44$$

k2(3)点短路的等值电路如图 4-3（d）、（e）、（f）所示。各元件电抗的标幺值除前已算得的以外，还有

$$X_{6*}=X_{7*}=\frac{6.5}{100}\times\frac{100}{2.5}=2.6$$

$$X_{8*}=0.4\times 15\times\frac{100}{37^2}\approx 0.438$$

$$X_{11*}=\frac{1}{2}\times 2.6=1.3$$

短路回路总电抗为

$$X_{12*}=4+1.3+0.438\approx 5.74$$

第五节　由无限大容量电力系统供电的三相短路

一、无限大容量电力系统的概念

电力系统的容量即为其各发电厂运转发电机的容量之总和。实际电力系统的容量和阻抗都有一定的数值。系统中的发电机越多，容量越大，则系统电源阻抗就越小。这时若外电路元件的阻抗比系统电源内阻抗大得多，则当外电路中电流发生变动甚至出现短路故障时，系统电源出口母线电压变化很小。在实用的短路计算中可忽略此电压的变动而近似认为系统电源出口母线电压维持不变。在等值电路图上表示为 $S_{xt}=\infty$ 和 $X_{xt}=0$，S_{xt} 为系统电源容量，X_{xt} 为系统电源出口母线处的输出电抗。

在进行短路电流计算时，若系统内阻抗不超过短路回路总阻抗（含系统内阻抗）的 5%～10%，便可视为无限大容量系统。一般大电网与 10kV 及以下的农电系统连接要经过多次降压，计算此农电系统的短路电流时，一般可把大电流及其电源看为无限大容量系统，使计算工作大为减少，按无限大容量电力系统计算所得的短路电流是装置通过的最大短路电流。因此，在估算装置的最大短路电流时，就可以认为短路回路所接电源是无限大容量电力系统。

二、短路电流的变化规律

现以图 4-4（a）所示系统为例，讨论由无限大容量电力系统供电的电路内发生三相短路时，短路电流的变化过程。因三相短路是对称短路，只画出一相电路。系统电源出口母线电压为相应电压等级的平均额定电压。

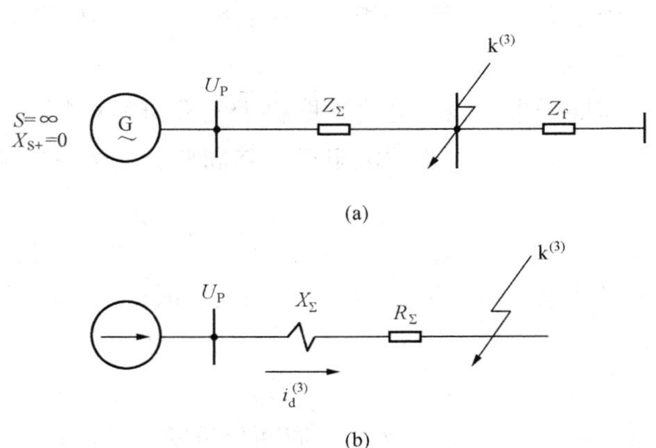

图 4-4　由无限大容量电力系统供电电路的三相短路
（a）无限大容量系统；（b）等值电路

在正常运行情况下，电路中的负荷电流取决于系统母线电压 U_P、网络阻抗 Z_Σ 和负载阻抗 Z_f。当 $k^{(3)}$ 点发生三相短路时整个电路的总阻抗突然减小为 Z_Σ（短路点后面没有电源，通过短路

点构成回路，此电路中电流将逐渐衰减到零)，如图 4-4 (b) 等值电路所示。

此时，无穷大容量系统的出口母线电压不变，所以电路中的电流突然增加。由于高压短路回路基本上是感性电路，短路回路中的电流不能发生突变，因此在短路回路中将出现一暂态过程，由正常运行时的工作电流逐步过渡到短路电流的稳定值。图 4-5 所示为无穷大容量系统供电的三相短路电流曲线。

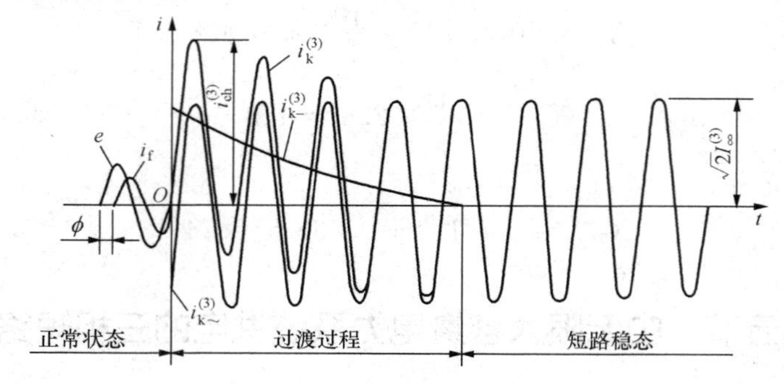

图 4-5 无穷大容量系统供电的三相短路电流曲线

e—电源电动势；$i_{k\sim}^{(3)}$—周期分量电流；$i_{k-}^{(3)}$—非周期分量电流；

$i_k^{(3)}$—总短路电流；i_f—正常负荷电流

从曲线中可以看出，发生短路后，整个短路过程包括两部分，即暂态过程和稳态过程。在暂态过程中短路电流包含两个分量：一个是稳态分量，又称周期分量；另一个是暂态分量，又称非周期分量。非周期分量是一个按指数规律衰减的分量，当其衰减完后，短路即进入稳定状态。故短路全电流为

$$i_k^{(3)} = i_{k\sim}^{(3)} + i_{k-}^{(3)} \tag{4-18}$$

式中 $i_k^{(3)}$——短路全电流；

$i_{k\sim}^{(3)}$——短路电流周期分量；

$i_{k-}^{(3)}$——短路电流非周期分量。

三、短路电流各分量的计算

为了方便，下面分析讨论中省略表示三相短路的符号 (3)。

1. 周期分量

周期分量 (稳态分量) 取决于电源母线电压 U_P 和短路回路总阻抗 Z_Σ。当母线电压保持不变，并忽略电路的电阻后，其周期分量的有效值为

$$I_Z = \frac{U_P}{\sqrt{3}X_\Sigma} \tag{4-19}$$

因为母线电压 U_P 不变，所以在以任意时刻为中心的一个周期内，周期分量的有效值均应相等，即

$$I_{k\sim} = I_{KZt} = I'' = I_\infty \tag{4-20}$$

式中 I_{KZt}——时间为 t 时，周期分量的有效值；

I''——$t=0$ 时，周期分量的初始有效值；

I_∞——$t=\infty$时，周期分量的有效值。

用标幺值计算时，一般取 $U_B=U_P$，则有

$$I_{k\sim *}=\frac{1}{X_{*\Sigma}} \tag{4-21}$$

周期分量的有名值为

$$I_{k\sim}=I_{k\sim *}I_B=\frac{1}{X_{*\Sigma}}\times\frac{S_B}{\sqrt{3}U_P} \tag{4-22}$$

2. 非周期分量

在有电感的电路中发生短路时，为了保持在 $t=0$ 时的短路瞬间电路中的电流不发生突变，电路中将出现非周期分量电流，其大小与 $t=0$ 时的周期分量瞬时值相等，而方向相反。非周期分量的表达式为

$$i_{k-1}=i_{k-e}e^{-\frac{\omega t}{T_a}}$$

$$\omega=2\pi f \quad T_a=\frac{X_\Sigma}{R_\Sigma} \tag{4-23}$$

式中 ω——角频率；

T_a——衰减时间常数（它决定着非周期分量衰减的快慢，T_a越大，衰减就越慢；T_a越小，衰减就越快）。

非周期分量初始值 i_{k-0}为

$$i_{k-0}=i_{f0}-i_{k\sim 0} \tag{4-24}$$

式中 i_{f0}——$t=0$ 时负荷电流的瞬时值；

$i_{k\sim 0}$——$t=0$ 时短路电流的周期分量初始值。

发生短路最严重条件是：发生短路时电压的初相角为零；短路前电路为空载，即负荷电流为零；电路中电阻可忽略不计，为纯电感电路，即阻抗角 $\phi=90°$。此时，非周期分量初始值为

$$i_{k-0}=-i_{k\sim 0} \tag{4-25}$$

$t=0$ 时周期分量的初始有效值为 I''，则初始值为

$$i_{k-0}=-\sqrt{2}I''=\sqrt{2}I_{k\sim}$$

因此，任意时刻 t 时非周期分量的瞬时值为

$$i_{k-1}=\sqrt{2}I_{k\sim}e^{-\frac{\omega t}{T_a}} \tag{4-26}$$

3. 短路冲击电流

从图 4-5 中可见，在发生短路后半个周期，即 0.01s 瞬间，全短路电流达到最大值，略小于周期分量幅值的两倍，称为冲击短路电流，记为 i_{ch}。i_{ch}值为

$$i_{ch}=\sqrt{2}I_{k\sim}+\sqrt{2}I_{k\sim}e^{-\frac{\omega t}{T_a}}=\sqrt{2}I_{k\sim}(1+e^{-\frac{\omega t}{T_a}})=K_{ch}\sqrt{2}I_{k-} \tag{4-27}$$

式中，K_{ch}为冲击系数，其值为

$$K_{ch}=1+e^{-\frac{0.01\omega}{T_a}}$$

冲击系数 K_{ch}表示了短路冲击电流为周期分量幅值的倍数，其大小取决于 T_a，取值范围为 $1<K_{ch}<2$。在高压电路中一般取 1.8，则短路冲击电流为

$$I_{ch}=1.8\sqrt{2}I_{k\sim}\approx 2.55I_{k\sim} \tag{4-28}$$

因为三相电路中各相电压的相位差 120°，所以发生三相短路时，各相的短路电流周期分量和非周期分量的初始值不同，三相中也就仅有一相可能出现 $I_{ch}=2.55I_{k\sim}$ 的冲击电流，其余两相的冲击电流则较小。

4. 母线残余电压

在继电保护装置的整定计算中，常需要计算短路点以前某一母线的残余电压。三相短路的短路点电压为零。距短路点电抗为 X 的母线残余电压即为该电抗上的三相电压降。达到稳态时的残余电压数值为

$$U_c = \sqrt{3} I\infty X \tag{4-29}$$

用标幺值表示时为

$$U_{c*} = I\infty_* X_* \tag{4-30}$$

由残压标幺值计算线电压有名值为

$$U_c = U_{c*} U_P \tag{4-31}$$

而相电压有名值为

$$U_{ph} = U_{c*} \frac{U_P}{\sqrt{3}} \tag{4-32}$$

5. 短路功率

选择开关电器时需要计算短路功率。通过某电路的三相短路功率定义为

$$S_k = \sqrt{3} U_P I_{k\sim}$$

式中 U_P——电路的平均额定电压，而非残压；

$I_{k\sim}$——通过某电路的短路电流周期分量，而非短路全电流。

故短路功率并非短路时的某处实际电功率，它用来综合反映电路的额定电压和短路电流的大小，可由下式计算：

$$S_k = \sqrt{3} U_P I_{k\sim} = \frac{1}{X_{\Sigma *}} S_B \tag{4-33}$$

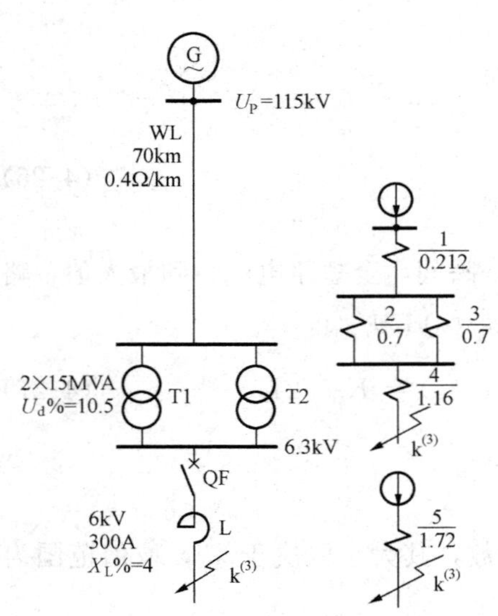

图 4-6 【例 4-2】的电路图

两边同除以 S_B，又得到与式（4-11）相同的结果，即

$$S_{k*} = \frac{S_k}{S_B} = \frac{1}{X_{\Sigma *}} = I_{k\sim}$$

【例 4-2】 试计算图 4-6 中 $k^{(3)}$ 点短路时，流过电抗器、架空线路的稳态短路电流和冲击电流，6.3kV 母线的稳态残余电压和通过断路器的短路功率。

解： 取 S_B=100MVA，$U_B=U_P$，则有

$$X_{1*} = 0.4 \times 70 \times \frac{100}{115^2} \approx 0.212$$

$$X_{2*} = X_{3*} = \frac{10.5}{100} \times \frac{100}{15} = 0.7$$

$$X_{4*} = \frac{4}{100} \times \frac{6}{\sqrt{3} \times 0.3} \times \frac{100}{6.3^2} \approx 1.16$$

$$X_{5*}=0.212+\frac{0.7}{2}+1.16\approx 1.72$$

流过电抗器的稳态短路电流和冲击电流为

$$I_{\infty DK}^{(3)}=\frac{1}{X_{5*}}\times I_{B}=\frac{1}{1.72}\times\frac{100}{\sqrt{3}\times 6.3}\approx 5.33(\mathrm{kA})$$

$$I_{chDK}^{(3)}=2.55\times 5.32\approx 13.57(\mathrm{kA})$$

流过架空线路的稳态短路电流和冲击电流为

$$I_{\infty 1}^{(3)}=\frac{1}{X_{5*}}\times I_{B}=\frac{1}{1.72}\times\frac{100}{\sqrt{3}\times 115}\approx 0.29(\mathrm{kA})$$

$$i_{ch1}^{(3)}=2.55\times 0.29\approx 0.74(\mathrm{kA})$$

6.3kV 母线残余电压为

$$U_{cM}^{(3)}=I_{\infty *}^{(3)}X_{4}U_{P}=\frac{1}{1.72}\times 1.16\times 6.3\approx 4.25(\mathrm{kV})$$

通过断路器的短路功率为

$$S_{k}^{(3)}=\sqrt{3}\times 5.32\times 6.3\approx 58(\mathrm{MVA})$$

第六节 由发电机供电的系统三相短路的实用计算

一、短路电流曲线

假设短路前发电机处于试空载，某相电动势过零时突然发生三相短路，其短路电流包含周期分量和非周期分量。由于短路电流会在发电机中产生去磁电枢反应（一般短路回路为感性电路），发电机的端电压将是一个变化的值，因而由它所决定的短路电流周期分量幅值或有效值也随之变化，这是与由无穷大容量系统所供短路电流的主要区别。

短路电流周期分量的变化情况还与发电机是否装有快速自动电压调整器（ZLT）有关。无自动电压调整器时的三相短路电流曲线如图 4-7 所示。某相电动势（曲线 e）过零时发生短路，产生衰减的周期分量电流 $i_{k\sim}^{(3)}$ 和衰减的非周期分量电流 $i_{k-}^{(3)}$，两者叠加得总的短路电流 $i_{k}^{(3)}$。短路开始的瞬间，周期分量瞬时值等于负的最大值 $-I_{km}^{(3)}$，非周期分量等于正最大值 $+I_{km}^{(3)}$，两者之和等于零。

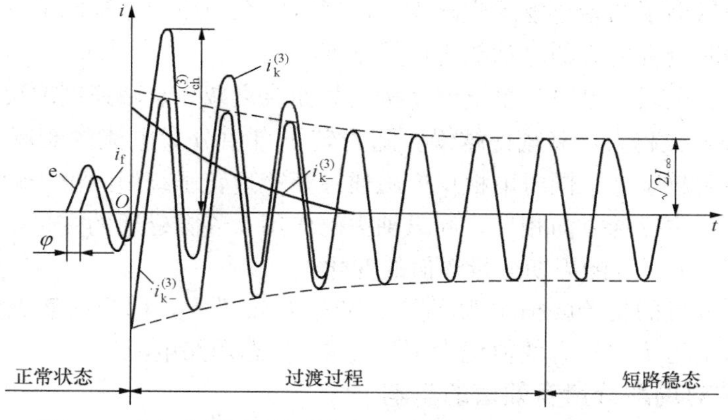

图 4-7 无自动电压调整器的发电机供电的三相短路电流曲线

现代发电机一般均装有自动电压调整器。当发电机电压变动时，自动电压调整器自动调节励磁电流，维持发电机端电压在规定范围内。发生短路时，发电机端电压突然下降，由于自动电压调整器有一定的电磁惯性，又因励磁回路有较大电感，励磁电流不会立即增大。因此，在短路发生后的短时间内，周期分量的变化与没有自动电压调整器的相同。约在 0.2s 即 10 个周波以后，随着励磁电流的增大，短路电流周期分量也逐渐增大，最后过渡到稳定值 $I_{\infty}^{(3)}$，其幅值为$\sqrt{2}I_{\infty}^{(3)}$，如图 4-8 所示。

非周期分量产生的原因和变化规律与发电机有无自动电压调整器无关，且与无穷大容量电力系统供电的三相短路的非周期分量相同。

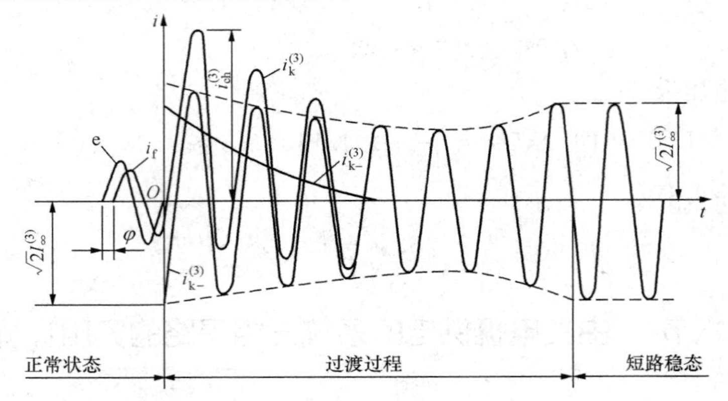

图 4-8　有 ZLT 的发电机供电的三相短路电流曲线

二、周期分量电流幅值的变化

从图 4-7 中可见，周期分量的电流幅值由短路初始值 $I''^{(3)}_{km}$ 逐渐过渡到$\sqrt{2}I_{\infty}^{(3)}$。这是由于在短路过程中发电机的电枢反应使定子电动势逐渐减小。如果发电机无自动电压调整器，则励磁电流及其产生的主磁通在短路过程中维持不变。假设发电机在短路前处于空载状态，当经外接电抗发生三相短路时，在定子回路内突然产生三相感性短路电流，它产生一个同步旋转的电枢磁动势，并产生直轴去磁电枢反应磁通。但该磁通穿过发电机气隙后与转子绕组（有的发电机还有阻尼绕组）相连，而转子绕组等有较大的电感，其磁通链不能突变，故在短路初始瞬间转子绕组必然感生出一个附加电流（又称自由电流），与原励磁电流方向相同。它产生的附加磁通抵消了初始电枢反应磁通，使发电机在短路初始瞬间的气隙总磁通保持不变，因而短路开始时刻发电机的电动势将保持不变。

由于励磁回路有电阻，自由分量电流将按指数曲线衰减，衰减速度取决于转子电路的时间常数 L/R。时间常数越大，衰减得越慢。随着转子自由分量电流的衰减，它所产生的磁通也逐渐减小，最后趋于零。同时电枢反应磁通逐渐穿过转子绕组，由于短路回路的感性性质，电枢反应磁通与主磁通方向相反，起纵轴去磁作用。气隙磁通的变化引起定子电动势的相应变化，导致图 4-7 所示的周期分量幅值的变化。

短路电流周期分量的初始幅值记为 $I''^{(3)}_{k\sim m}$，初始有效 $I''^{(3)}$，称为次暂态短路电流。稳定后的周期分量幅值记为 $I''^{(3)}_{\infty m}$，有效值记为 $I_{\infty}^{(3)}$，称为稳态短路电流。

三、计算电抗对周期分量有效值的影响

短路电流周期分量有效值的大小及变化过程，不仅与发电机是否装有自动电压调整器有

关，而且与短路点至发电机的电距离有关。电距离越大，周期分量有效值及其变化越小。

电距离的大小用计算电抗 X_{js*} 表示。发电机短路回路的计算电抗是以发电机的电抗额定值作为基准的标幺值。按选定的基准值求出的短路回路的总电抗标幺值换算为计算电抗的公式为

$$X_{js*}=X_{\Sigma B*}\frac{S_{G\Sigma}}{S_B} \tag{4-34}$$

式中　$X_{\Sigma B}$——短路回路总电抗标幺值；

$S_{G\Sigma}$——短路回路的总发电机容量，MVA；

S_B——对应 $X_{\Sigma B}$ 的基准容量，MVA。

图 4-9 所示为不同的计算电抗 X_{js*} 时，周期分量有效值的变化曲线。当 X_{js*} 较小，即短路点离发电机的电距离较近时，如曲线 1 和曲线 2 所示，周期分量的次暂态电流 I'' 值很大，电枢去磁反应造成周期分量的衰减也很明显。曲线2～5相应于发电机装有自动电压调整器。$X_{js*}>3.45$ 的短路点称为远距离短路点，此时短路电流周期分量不仅数值较小，而且无明显的衰减和自动电压调整过程，因而 $I''=I_{\infty}$，此时计算方法与无限大容量电力系统供电的三相短路相同。

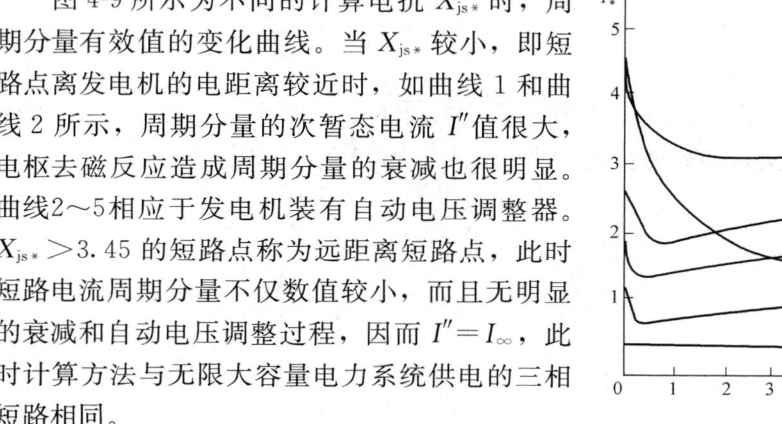

图 4-9　不同 X_{js*} 值时短路电流周期分量有效值的变化

四、次暂态短路电流及冲击短路电流的计算

不论发电机是否装有自动电压调整器，在短路初始瞬间及以后的几个周期内，短路电流的变化情形是相同的。因此，短路瞬间的次暂态短路电流、次暂态短路功率及冲击短路电流的计算相同。

根据欧姆定律可直接得出三相短路的次暂态电流为

$$I''=\frac{E''}{\sqrt{3}(X''_d+X_W)} \tag{4-35}$$

式中　E''——发电机次暂态电动势；

X''_d——发电机次暂态电抗有名值；

X_W——从发电机端至短路点的外接电抗有名值。

若发电机在短路前已带有额定负荷，因内部阻抗压降，发电机的次暂态电动势与其额定电压之间有以下关系：

$$E''\cong U_{GN}+\sqrt{3}I_{GN}X''_d\sin\varphi_N \tag{4-36}$$

式中　U_{GN}——发电机额定电压（等于所在系统的平均额定电压 U_P）；

I_{GN}、φ_N——发电机的额定电流和额定功率因数角。

三相中最大冲击短路电流相的冲击电流为

$$i_{ch}=\sqrt{2}K_{ch}I'' \tag{4-37}$$

在实用计算中，对发电机端短路，取 $K_{ch}=1.9$；对发电厂的高压配电装置母线短路，取 $K_{ch}=1.85$，远离发电厂短路时，取 $K_{ch}=1.8$。

计算稳态及任一时刻的短路电流周期分量有效值，一般利用运算曲线法，本书不再讨论。

五、短路电流的总有效值与冲击电流有效值

任一时刻的短路电流（包括周期分量和非周期分量）有效值 I_{kt} 是指以 t 时刻为中心的一周期内各瞬时电流的均方根值，即

$$I_{kl}=\sqrt{\frac{1}{T}\int_{t\frac{T}{2}}^{t+\frac{f}{2}} i_{at}^2 \mathrm{d}t}=\sqrt{\frac{1}{T}\int_{t\frac{T}{2}}^{t+\frac{T}{2}}\left[\sqrt{2}I_{k\sim}\sin\left(\omega t-\frac{\pi}{2}\right)+I_k\right]^2\mathrm{d}t}=\sqrt{I_k^2+I_k^2} \tag{4-38}$$

冲击电流有效值近似有

$$I_{ch}=\sqrt{I''+(\sqrt{2}I''e^{\frac{0.01\omega}{T_a}})^2}=I''\sqrt{1+2(K_{ch}-1)^2} \tag{4-39}$$

I_{ch} 的大小与短路点的位置有关，如远离发电厂时，$K_{ch}=1.8$，$I_{ch}=1.52I''$。

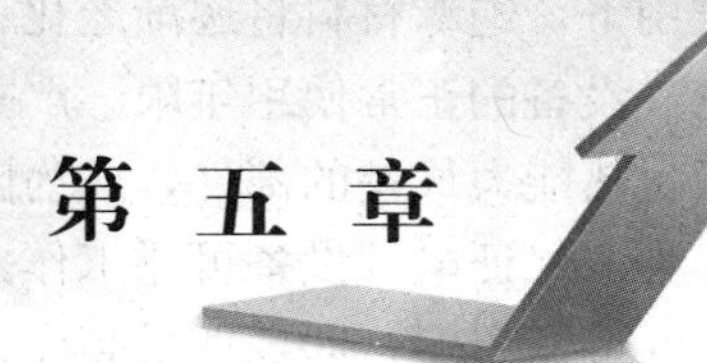

第五章

载流导体的发热和电动力

第一节　概　　述

一、发热和电动力对电气设备的影响

电气设备在运行中有两种工作状态。

（1）正常工作状态。指运行参数都不超过额定值，电气设备能够长时间经济工作的状态。

（2）短路时工作状态。当电力系统中发生短路故障时，电气设备要流过很大的短路电流，在短路故障被切除前的短时间内，电气设备要承受短路电流产生的发热和电动力的作用。

电气设备在工作中将产生各种损耗：①“铜损”，即电流在导体电阻中的损耗；②“铁损”，即在导体周围的金属构件中产生的磁滞和涡流损耗；③“介损”，即绝缘材料在电场作用下产生的损耗。这些损耗都转换为热能，使电气设备的温度升高。本章主要讨论铜损发热问题。

电气设备由正常工作电流引起的发热称为长期发热，由短路电流引起的发热称为短时发热。发热不仅消耗能量，而且导致电气设备的温度升高，从而产生不良的影响。

（1）机械强度下降。金属材料的温度升高时，会使材料退火软化，机械强度下降。图5-1所示为铜和铝的抗拉强度σ与温度θ的关系曲线。

从图中可以看出：①当温度超过一定值时，材料的抗拉强度明显下降；②长期发热和短时发热对金属材料机械性能的影响是不一样的，短时发热时金属材料可以允许有较高的温度。

（2）接触电阻增加。发热导致接触电阻增加的原因主要有两方面：一是发热影响接触导体及其弹性元件的机械性能，使接触压力下降，导致接触电阻增加，并引起发热的进一步加剧；二是温度的升高加剧了接触面的氧化，其氧化层又使接触电阻和发热增大。当接触面的温度过高时，可能导致引起温度升高的恶性循环，即温度升高→接触电阻增加→温度升高，最后使接触连接部分迅速遭到破坏，引发事故。

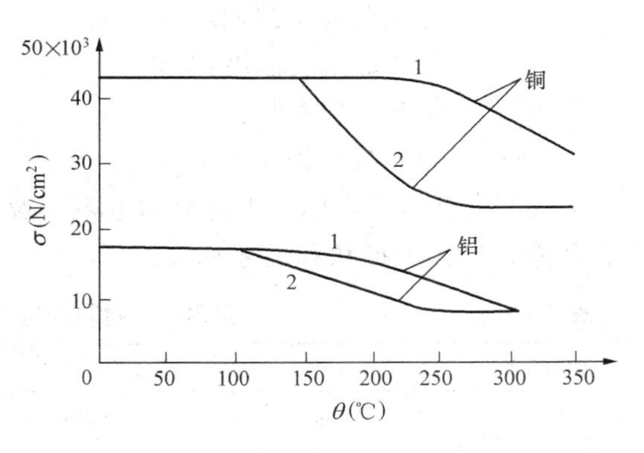

图5-1　铜和铝的抗拉强度与温度的关系曲线

1—加热10s；2—加热2h

（3）绝缘性能下降。在电场强度和温度

的作用下，绝缘材料将逐渐老化。当温度超过材料的允许温度时，将加速其绝缘的老化，缩短电气设备的正常使用年限。严重时，可能会造成绝缘烧损。因此，绝缘部件往往是电气设备中耐热能力最差的部件，成为限制电气设备允许工作温度的重要条件。

为了保证电气设备可靠工作，无论长期发热还是短时发热，其发热温度都不能超过各自规定的最高温度，即长期最高允许温度和短时最高允许温度。

按照有关规定：铝导体的长期最高允许温度，一般不超过+70℃。在计及太阳辐射（日照）的影响时，钢芯铝绞线及管形导体可按不超过+80℃来考虑。当导体接触面处有镀（搪）锡的可靠覆盖层时，可提高到+85℃。

当电气设备通过短路电流时，短路电流所产生的巨大电动力对电气设备具有很大的危害性。例如：

（1）载流部分可能因为电动力而振动，或者因电动力所产生的应力大于其材料允许应力而变形，甚至使绝缘部件（如绝缘子）或载流部件损坏。

（2）电气设备的电磁绕组受到巨大的电动力作用，可能使绕组变形或损坏。

（3）巨大的电动力可能使开关电器的触头瞬间解除接触压力，甚至发生斥开现象，导致设备故障。

因此，电气设备必须具备足够的动稳定性，以承受短路电流所产生的电动力的作用。

二、导体的发热和散热

如上所述，导体在通过电流时要发热。同时，导体也向周围介质中散热。

（一）发热

导体的发热主要来自导体电阻损耗的热量和太阳日照产生的热量。

1. 导体电阻损耗的热量 Q_R

导体通过电流 I(A) 时，单位长度上电阻损耗的热量为

$$Q_R = I^2 R_{ac} \quad (W/m) \tag{5-1}$$

而

$$R_{ac} = \frac{\rho[1 + a_t(\theta_W - 20)]}{S} K_f$$

式中 R_{ac}——导体的交流电阻，Ω/m；

ρ——导体温度为20℃时的直流电阻率，Ω·mm²/m；

a_t——电阻温度系数，$℃^{-1}$；

θ_W——导体的运行温度，℃；

K_f——集肤效应系数；

S——导体截面积，mm²。

表5-1中列出了常用电工材料的电阻率及电阻温度系数。导体的集肤效应系数 K_f 与电流、频率、导体的形状和尺寸有关。

表5-1　常用电工材料的电阻率及电阻温度系数

材料名称	ρ (Ω·mm²/m)	a_t (℃⁻¹)	材料名称	ρ (Ω·mm²/m)	a_t (℃⁻¹)
纯铝	0.027～0.029	0.004 1	铝镁合金	0.037 9	0.004 2
铝镁合金	0.045 8	0.004 2	软棒铜	0.017 48	0.004 33
硬棒铜	0.017 9	0.004 33	钢	0.15	0.006 25

2. 太阳日照产生的热量

安装在户外的导体受太阳辐射的作用会使其温度上升。对于户外安装的圆管形导体，日照的热量计算公式为

$$Q_s = E_s A_s D \tag{5-2}$$

式中 E_s——太阳照射的功率密度（我国取 E_s=1000W/m^2），W/m^2；

A_s——导体的吸收率，对铝管取 A_s=0.6；

D——管形导体的外径，m。

（二）散热

散热的过程实质是热量的传递过程，其形式一般有三种。

1. 导热

固体中由于晶格振动和自由电子运动，使热量由高温区传至低温区。而在气体中，气体分子从高温区运动到低温区，并将热量带至低温区。这种传递能量的过程，称为导热。在计算导体的散热量时，导热的传递过作用可忽略不计。

2. 对流

在气体中由于各部分气体发生相对位移而将热量带走的过程，称为对流。

对流换热所传递的热量，与温差及换热面积成正比，计算公式为

$$Q_1 = a_1(\theta_W - \theta_0)F_1 \quad (W/m) \tag{5-3}$$

式中 a_1——对流换热系数，W/（m^2·℃）；

θ_W——导体温度，℃；

θ_0——周围空气温度，℃；

F_1——单位长度换热面积，m^2/m。

根据对流的条件不同，可分为自然对流和强迫对流两种情况。自然对流是指户内自然通风或户外风速小于0.2m/s时的情况。当户外风速大于0.2m/s时，由于风速大，空气分子与导体表面接触的数量增多，则认为是强迫对流换热。

单位长度导体的换热面积，与导体尺寸、布置方式等因素有关。导体间距离越小，散热条件就越好，有效散热面积也就越小。同一矩形截面导体竖放比平放有效散热面积大。另外，在同一相中所用矩形截面导体条数越多，则散热条件越差。

3. 辐射

热量从高温物体以热射线方式传至低温物体的传播过程，称为辐射。

导体向周围空气辐射的热量，与导体和其周围绝对温度四次方之差成正比，即

$$Q_f = 5.7\varepsilon\left[\left(\frac{273+\theta_W}{100}\right)^4 - \left(\frac{273+\theta_0}{100}\right)^4\right]F_f \quad (W/m) \tag{5-4}$$

式中 ε——导体材料的辐射系数，见表5-2；

F_f——单位长度导体的辐射换热面积，m^2/m。

从表5-2中可以看出，各种材料的辐射系数相差很大。在配电装置中就充分利用了这一特性，以减少导体的吸热量或增加导体的散热量。

表 5-2　　导体材料的辐射系数 ε

材　料	辐射系数	材　料	辐射系数
表面光滑的铝	0.039～0.057	白漆	0.80～0.95
表面不光滑的铝	0.055	各种不同颜色的油漆、涂料	0.92～0.96
精密磨光的电解铜	0.018～0.023	有光泽的黑色虫漆	0.821
有光泽的黑漆	0.875	无光泽的黑色虫漆	0.91
无光泽的黑漆	0.96～0.98		

第二节　导体的长期发热

研究分析导体长期通过工作电流时的发热过程，目的是计算导体的长期允许电流，以及提高导体载流量应采取的措施。

一、导体的温升过程

导体在未通过电流时，其温度和周围介质温度相同。当通过电流时，由于发热，使温度升高，并因此与周围介质产生温差，热量将逐渐散失到周围介质中去。在正常工作情况下，导体通过的电流是持续稳定的，因此经过一段时间后，电流所产生的全部热量将随时完全散失到周围介质中去，即达到发热与散热的平衡，使导体的温度维持为某一稳定值。当工作状况改变时，热平衡被破坏，导体的温度发生变化，再过一段时间，又建立新的热平衡，导体在新的稳定温度下工作。所以，导体温升的过程也是一个能量守恒的过程。

导体散失到周围介质的热量，为对流换热量 Q_1 与辐射换热量 Q_f 之和，这是一种复合换热。为了计算方便，用一个总换热系数 a 来包括对流换热与辐射换热的作用，即

$$Q_1 + Q_f = a(\theta_W - \theta_0)F \quad (W/m) \tag{5-5}$$

式中　a——导体总的换热系数，W/（m^2・℃）；

　　F——导体的等效换热面积，m^2/m。

在导体升温的过程中，导体产生的热量 Q_R，一部分用于温度的升高所需的热量 Q_W，一部分散失到周围的介质中（$Q_1 + Q_f$）。因此，对于均匀导体（同一截面同一种材料），其持续发热的热平衡方程为

$$Q_R = Q_W + Q_1 + Q_f \quad (W/m) \tag{5-6}$$

在微分时间 dt 内，由式（5-6）可得

$$I^2R\mathrm{d}t = mc\,\mathrm{d}\theta + aF(Q_W - \theta_0)\mathrm{d}t \quad (J/m) \tag{5-7}$$

式中　I——流过导体的电流，A；

　　R——导体的交流电阻，Ω；

　　m——导体的质量，kg；

　　c——导体的比热容，J/（m^2・℃）；

　　θ_W——导体的温度，℃；

　　θ_0——周围空气的温度，℃。

在正常工作时，导体的温度变化范围不大，可以认为电阻 R、比热容 c、换热系数 a 等

为常数，故式（5-7）是一个常系数微分方程，经整理后，即得

$$\mathrm{d}t=\frac{mc}{aF}\times\frac{1}{I^2R-aF(\theta_W-\theta_0)}\mathrm{d}[I^2R-aF(\theta_W-\theta_0)]$$

对上式进行积分，当时间由 0→t 时，温度从 0 时刻时的开始温度 θ_k 上升至相应温度 θ_t，则有

$$\int_t^0\mathrm{d}t=-\frac{mc}{aF}\int_{\theta_k}^{\theta_\tau}\frac{1}{I^2R-aF(\theta_W-\theta_0)}\mathrm{d}[I^2R-aF(\theta_W-\theta_0)]$$

求解得

$$\theta_t-\theta_0=\frac{I^2R}{aF}(1-e^{\frac{aF}{mc}t})+(\theta_k-\theta_0)e^{-\frac{aF}{mc}t} \tag{5-8}$$

设开始温升 $\tau_k=\theta_k-\theta_0$，对应时间为 $\tau=\theta_t-\theta_0$，代入上式，得

$$\tau=\frac{I^2R}{\alpha F}(1-e^{-\frac{aF}{mc}t})+\tau_k e^{-\frac{aF}{mc}t} \tag{5-9}$$

当 t→∞时，导体的温升趋于一稳定值 τ_w，称为稳定温升，即

$$\tau_w=\frac{I^2R}{aF} \tag{5-10}$$

由此可见，在工作电流作用下，当导体电阻损耗的电功率（I^2R），与散到周围介质中的热功率（aF）相等时，导体的温度就不再增加，即达到稳定温升 τ_w，而稳定温升的大小与开始温升无关。

当导体一定时，式中的 $\frac{mc}{aF}$ 是一个常数，称作发热时间常数，记作

$$T=\frac{mc}{aF} \tag{5-11}$$

发热时间常数的物理意义是导体的热容量与散热能力的比值，其大小仅与导体的材料和几何尺寸有关。

将式（5-11）代入式（5-9），则得

$$\tau=\frac{I^2R}{aF}(1-e^{-\frac{t}{T}})+\tau_k e^{-\frac{t}{T}} \tag{5-12}$$

式（5-12）为均匀导体持续发热时温升与时间的关系式，其曲线如图 5-2 所示。

由式（5-12）和图 5-2 可知：

（1）温升过程是按指数曲线变化，开始阶段上升很快，随着时间的延长，其上升速度逐渐减小。这是因为起始阶段导体温度较低，散热量也少，发热量主要用来使导体温度升高，所以温升上升速度较快。在导体的温升升高后，也就使导体对周围介质的温差加大，散热量就逐渐增加。因此，导体温度升高的速度也就减慢，最后达到稳定值。

（2）对于某一导体，当通过的电流不同时，发热量不同，稳定温升也就不同。电流大时，稳定温升高；电流小时，稳定温升低。

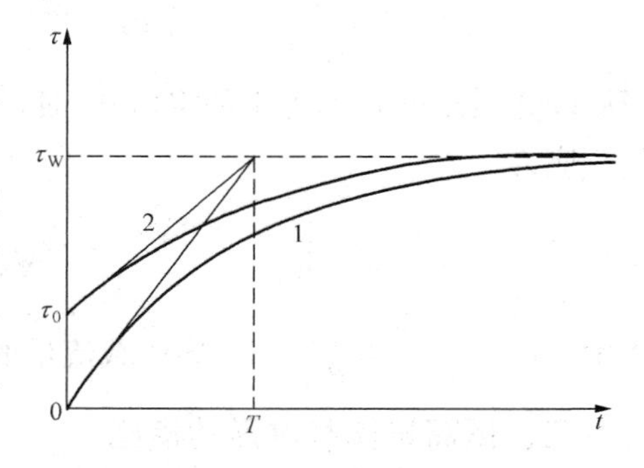

图 5-2 均匀导体持续发热时温升与时间关系曲线

1—起始温升为 0℃；2—起始温升为 τ_0

(3) 经过 (3～4) T 的时间，导体的温升即可认为已趋近稳定温升 τ_w。

二、导体的载流量

据上所述，导体长期通过电流 I 时，稳定温升为 $\tau_w = \dfrac{I^2R}{aF}$。由此可知：导体的稳定温升，与电流的平方和导体材料的电阻成正比，而与总换热系数及换热面积成反比。根据式 (5-10)，可计算出导体的载流量。

由于

$$I^2R = \tau_w aF = Q_1 + Q_f$$

故导体的载流量为

$$I = \sqrt{\frac{aF(\theta_W - \theta_0)}{R}} = \sqrt{\frac{Q_1 + Q_f}{R}} \quad (A) \tag{5-13}$$

此式亦可计算导体的正常发热温度 θ_W，即

$$\theta_W = \theta_0 + \frac{I^2R}{aF} \quad (℃) \tag{5-14}$$

当已知稳定温升时，还可以利用关系式 $S = \rho\dfrac{l}{R}$ 来计算载流导体的截面积。

利用式 (5-13) 计算导体的载流量时，并未考虑日照的影响。对于户外导体，计及日照作用时导体的载流量为

$$I = \sqrt{\frac{Q_1 + Q_f - Q_s}{R}} \quad (A) \tag{5-15}$$

根据以上讨论，当导体通过工作电流 I_g 时，导体稳定于工作温度 $\theta_W = \theta_g$，即

$$I_g^2R = aF(\theta_g - \theta_0) \tag{5-16}$$

在规定的散热条件下，当导体通过的电流为额定电流 I_N，周围介质温度为额定值 θ_{0N} 时，导体的温度稳定在长期发热允许温度 θ_N，即

$$I_N^2R = aF(\theta_N - \theta_{0N}) \tag{5-17}$$

实际上，对确定的导体，其额定值是已知的，当已知周围介质温度 θ_0 和工作电流时，导体的工作温度 θ_g 为

$$\theta_g = \theta_0 + (\theta_N - \theta_{0N})\frac{I_g^2}{I_N^2} \quad (℃) \tag{5-18}$$

当周围介质温度 θ_0 不等于额定值 θ_{0N} 时，则导体允许的长期工作电流 I_{xu} 也就不等于额定电流 I_N，应为

$$I_{xu} = I_N\sqrt{\frac{\theta_N - \theta_0}{\theta_N - \theta_{0N}}} = K_\theta I_N \quad (A) \tag{5-19}$$

式中　$K_\theta = \sqrt{\dfrac{\theta_N - \theta_0}{\theta_N - \theta_{0N}}}$ ——导体载流量的修正系数。

三、提高导体载流量的措施

在工程实践中，为了保证配电装置安全和提高经济效益，应采取措施提高导体的载流量。常用的措施如下：

(1) 减小导体的电阻。因为导体的载流量与导体的电阻成反比，故减小导体的电阻可以

有效地提高导体载流量。减小导体电阻的方法：①采用电阻率 ρ 较小的材料作导体，如铜、铝、铝合金等；②减小导体的接触电阻（R_j）；③增大导体的截面积（S），但随着截面积的增加，往往集肤系数（K_f）也跟着增加，所以单条导体的截面积不宜做得过大，如矩形截面铝导体，单条导体的最大截面积不宜超过 1250mm^2。

（2）增大有效散热面积。导体的载流量与有效散热面积（F）成正比，所以导体宜采用周边最大的截面形式，如矩形截面、槽形截面等，并应采用有利于增大散热面积的方式布置，如矩形导体竖放。

（3）提高换热系数。提高换热系数的方法主要有：①加强冷却。如改善通风条件或采取强制通风，采用专用的冷却介质，如 SF_6 气体、冷却水等；②室内裸导体表面涂漆。利用漆辐射系数大的特点，提高换热系数，以加强散热，提高导体载流量。表面涂漆还便于识别相序。

第三节 导体的短时发热

短时发热时，导体的发热量比正常发热量要多得多，导体的温度升得很高。计算短时发热量的目的，就是确定导体可能出现的最高温度，以判定导体是否满足热稳定。

一、短时发热过程

由于短路时的发热过程很短，发出的热量向外界散热很少，几乎全部用来升高导体自身的温度，即可认为是一个绝热过程。同时，由于导体温度的变化范围很大，电阻和比热容也随温度而变，故不能作为常数对待。

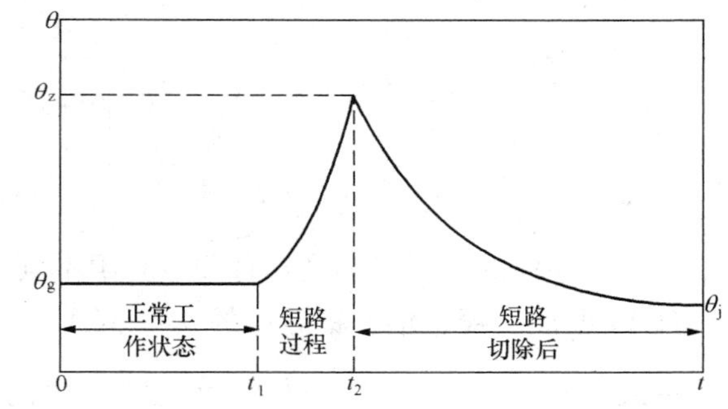

图 5-3 短路前后导体温度的变化曲线

图 5-3 所示为短路前后导体温度的变化曲线。在时间 t_1 以前，导体处于正常工作状态，其温度稳定在工作温度 θ_g。在时间 t_1 时发生短路，导体温度急剧升高，θ_z 是短路后导体的最高温度。在时间 θ_z 时短路被切除，导体温度逐渐下降，最后接近于周围介质温度（θ_0）。

在绝热过程中，电阻 R_θ 和比热容 C_θ 随温度而变化的关系式是

$$R_\theta = \rho_0(1 + a\theta)\frac{l}{S} \quad (\Omega) \tag{5-20}$$

$$C_\theta = C_0(1 + \beta\theta) \quad [\text{J}/(\text{m}^2 \cdot ℃)] \tag{5-21}$$

式中 ρ_0——温度为 0℃时导体电阻，Ω；

C_0——温度为 0℃时导体比热容，J/（m^2 · ℃）；

a——导体电阻的温度系数，$℃^{-1}$；

β——导体比热容的温度系数，$℃^{-1}$；

l——导体的长度，m；

S——导体材料的截面积，m^2。

根据绝热过程的特点，导体的发热量等于导体吸收的热量，则短时发热的热平衡方程为

$$Q_R = Q_W \quad (W/m) \tag{5-22}$$

在时间 dt 内，由式（5-22）可得

$$I_{kt}^2 R_\theta dt = mC_\theta d\theta \quad (J/m) \tag{5-23}$$

式中 I_{kt}——短路电流，A；

m——导体的质量［$m = \rho_w Sl$，其中 ρ_w 为导体材料的密度(kg/m^3)］，kg。

将式（5-20）、式（5-21）及 $m = \rho_w Sl$ 等代入式（5-23），即得导体短时发热的微分方程式

$$I_{kt}^2 \rho_0 (1 + a\theta) \frac{l}{S} dt = \rho_W Slc_0 (1 + \beta\theta) d\theta \tag{5-24}$$

式（5-24）整理后得

$$\frac{1}{S^2} I_{kt}^2 dt = \frac{c_0 \rho_W}{\rho_0} \left(\frac{1 + \beta\theta}{1 + a\theta} \right) d\theta \tag{5-25}$$

对式（5-25）进行积分，当时间从短路开始（$t=0$）到短路切除时（t_d），导体的温度由开始温度 θ_k 上升到最终温度 θ_z，则有

$$\begin{aligned} \frac{1}{S^2} \int_0^{t_d} I_{kt}^2 dt &= \frac{c_0 \rho_W}{\rho_0} \int_{\theta_k}^{\theta_z} \frac{1 + \beta\theta}{1 + \alpha\theta} d\theta \\ &= A_z - A_k \end{aligned} \tag{5-26}$$

式中 $A_z = \frac{C_0 \rho_w}{\rho_0} \left[\frac{a - \beta}{a^2} \ln(1 + \theta_z) + \frac{\beta}{a} \theta_z \right] \quad [J/(\Omega \cdot m^4)]$

$A_k = \frac{C_0 \rho_w}{\rho_0} \left[\frac{a - \beta}{a^2} \ln(1 + \theta_k) + \frac{\beta}{a} \theta_k \right] \quad [J/(\Omega \cdot m^4)]$

A 只与导体的材料和温度 θ 有关。对于不同的导体材料（如铜、铝、钢），都可以作出 $\theta = f(A)$ 曲线。铜、铝、钢导体的 $\theta = f(A)$ 曲线如图 5-4 所示。

在式（5-26）中，$\int_0^{t_d} I_{kt}^2 dt$ 与短路电流产生的热量成正比，称为短路电流的热效应，用 Q_k 表示，即

$$Q_k = \int_0^{t_d} I_{kt}^2 dt \tag{5-27}$$

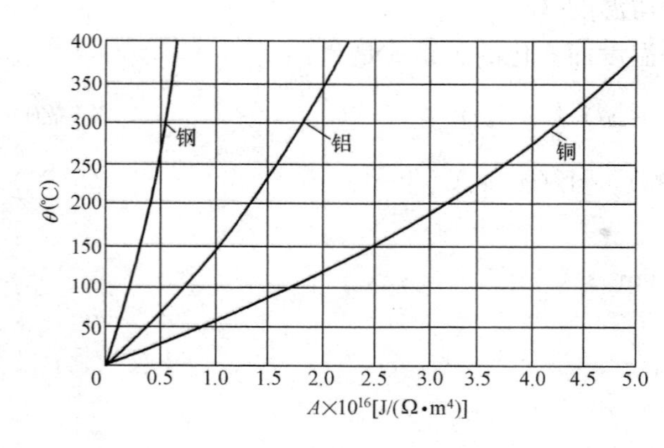

图 5-4 导体 $\theta = f(A)$ 曲线

将式（5-27）关系代入式（5-25），得

$$A_z = \frac{1}{S^2} Q_k + A_k \tag{5-28}$$

利用图 5-4 所示的 $\theta = f(A)$ 曲线计算导体短路时的最高温度的步骤如下：首先根据运行温度 θ_k 从曲线中查出 A_k 值；然后将 A_k 与 Q_k 的值代入式（5-28）中计算出 A_z；最后根据 A_z，从曲线中查出 θ_z 之值。可见，$\theta = f(A)$ 曲线为计算 θ 或 A 提供了便利。

二、热效应 Q_k 的计算

短路电流由周期分量和非周期分量两部分组成。根据电力系统短路故障分析的有关知识，在任一时刻有以下关系成立：

$$I_{kt}^2 = I_{k\sim}^2 + I_{k-}^2$$

式中 I_{kt}^2——短路电流有效值；

$I_{k\sim}$——短路电流周期分量有效值；

I_{k-}——短路电流非周期分量有效值。

故有

$$Q_k = \int_0^{t_d} I_{kt}^2 dt = \int_0^{t_d} I_{k-}^2 dt + \int_0^{t_d} I_{k-}^2 dt = Q_{k\sim} + Q_{k-} \tag{5-29}$$

式中 $Q_{k\sim}$——周期分量热效应值；

Q_{k-}——非周期分量热效应值。

1. 周期分量热效应值 $Q_{k\sim}$ 的计算

短路电流的周期分量有效值是一个时间的变量，很难用准确的表达式进行计算。在工程实践中，通常采用两种近似方法求 $Q_{k\sim}$。

（1）辛卜生公式法计算 $Q_{k\sim}$。用辛卜生公式近似求曲线 $I_{k\sim}^2 = f(t)$ 下的定积分 $\int_0^{t_d} I_{k\sim}^2 dt$，可将积分区间（$0 \sim t_d$）等分为若干段，分段越多，结果越精确，但计算工作量也就越大。通常选取 4 段，则中间分点分别为 $\frac{1}{4}t_d$、$\frac{2}{4}t_d$、$\frac{3}{4}t_d$，代入辛卜生公式，可得

$$Q_{k\sim} = \frac{t_d}{12}(I''^2 + 4I_{\frac{1}{4}t_d}^2 + 2I_{\frac{2}{4}t_d}^2 + I_{\frac{3}{4}t_d}^2 + I_{t_d}^2)$$

为了进一步简化，假设 $I_{\frac{1}{4}t_d}^2 + I_{\frac{3}{4}t_d}^2 = 2I_{\frac{1}{4}t_d}^2$，则上式简化为

$$Q_k = \frac{t_d}{12}(I''^2 + 10I_{\frac{2}{4}t_d}^2 + I_{t_d}^2) \tag{5-30}$$

即只要算出短路电流的起始值、中间值和终值，就可以求出 $Q_{k\sim}$ 值。

（2）等值时间法计算 $Q_{k\sim}$。假设稳态短路电流 I_∞ 通过导体 $t_{k\sim}$ 的时间内所产生的热量与实际的周期分量 $I_{k\sim}$ 通过导体 t_d 的时间内所产生的热量相等，则称 $t_{k\sim}$ 为短路电流周期分量发热的等值时间，即

$$Q_{k\sim} = \int_0^{t_d} I_{k\sim}^2 dt = I_\infty^2 t_{k\sim} \tag{5-31}$$

式（5-31）的几何意义如图 5-5 所示。

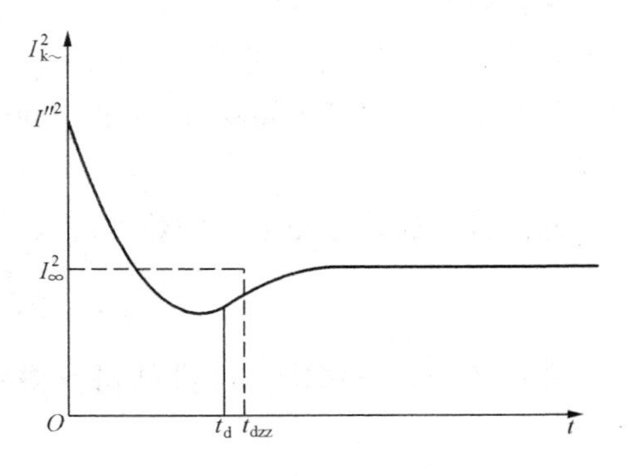

图 5-5 周期分量等值时间的概念

周期分量的发热等值时间与短路持续时间 t_d 有关，也与短路电流的衰减特性即短路起始值 I'' 与稳定值 I_∞ 之比 β'' 有关 $\left(\beta'' = \frac{I''}{I_\infty}\right)$，而且还与发电机的电压调节性能有关。为了计算上的方便，绘出 $t_{k\sim z} = f(t_d, \beta'')$ 曲线，如图 5-6 所示。图中只给出 $t_d \leqslant 5s$ 时的曲线来。若 $t_d > 5s$，认为短路电流已进入稳定值 I_∞，只要把超出 5s 的时间直接加到等值时间上去，即

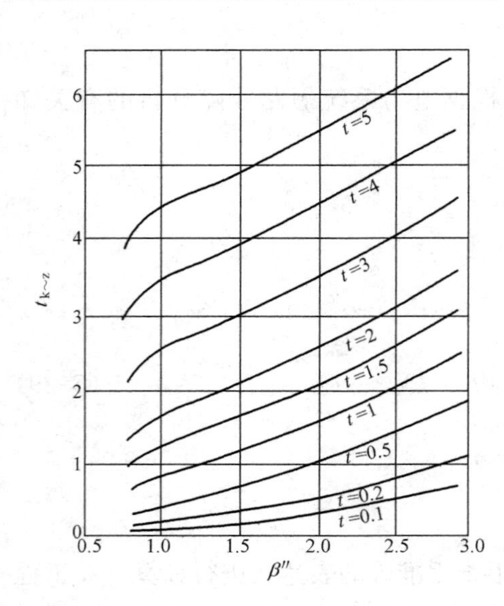

图 5-6　具有自动电压调整时周期分量等效时间曲线

$$t_{k\sim}=t_{k\sim(5)}+(t_d-5) \tag{5-32}$$

2. 非周期分量热效应值 Q_{k-} 的计算

由式（5-29）有

$$Q_k=\int_0^{t_d} I_{k-}^2 \mathrm{d}t$$

式中 $I_{k-}=\sqrt{2}I''\mathrm{e}^{-\frac{t}{T_f}}$，代入上式得

$$Q_{k-}=\int_0^{t_d}(\sqrt{2}I''\mathrm{e}^{-\frac{t}{T_f}})^2\mathrm{d}t$$

$$=T_1 I''^2(1-\mathrm{e}^{-\frac{2t_d}{T_f}})$$

式中，T_f 为非周期分量衰减时间常数，其值见表 5-3。当短路时间大于 0.1s 时，上式中的后一项可以忽略，故

$$Q_{k-}=T_f I''^2 \tag{5-33}$$

对非周期分量热效应值的计算也可以引入非周期分量等值时间的概念，令 $Q_{k-}=I_{\infty tk-}^2=T_f I''^2$，式中的 t_{k-} 称为非周期分量等值时间，故有

$$t_{k-}=T_f\left(\frac{I''}{I_\infty}\right)^2=T_f\beta' \tag{5-34}$$

所以，用等值时间法求短路电流的总热效应值为

$$Q_k=Q_{k\sim}+Q_{k-}=I_\infty^2 t_{ke}=I_\infty^2(t_{k\sim}+t_{k-}) \tag{5-35}$$

式中，t_{ke} 为总热效应的等值时间。当短路电流持续时间大于 1s 时，非周期分量的热效应值所占比例很小，可以忽略不计。

表 5-3　　非周期分量衰减时间常数

短路点位置	T_f	
	$t_d\leqslant 0.1$s	$t_d>0.1$s
发电机出口及母线	0.15	0.2
发电机升高电压母线及出线	0.08	0.1
变电站各级电压母线及出线		0.05

【例 5-1】 在某 10kV 配电装置中，三相母线通过的最大短路电流如下：次暂态短路电流 $I''=26$kA，稳态短路电流 $I_\infty=19.5$kA。短路电流持续时间 $t_d=0.9$s。短路前母线的运行温度为 70℃。若选用 50mm×4mm 的矩形铝母线，试计算短路电流的热效应和母线的最高温度。

解：（1）计算短路电流的热效应 Q_k。因为

$$\beta'=\frac{I''}{I_\infty}=\frac{26}{19.5}\approx 1.33$$

由 $t=0.9$s，根据图 5-4 曲线可查得周期分量等值时间 $t_{k\sim}=1.0$s，而非周期分量等值时间为

$$t_{k-}=0.05\beta''^2\approx 0.09(\text{s})$$

短路电流发热的等值时间为

$$t_{ke}=t_{k\sim}+t_{k-}=1.0+0.09=1.09(s)$$

所以短路电流的热效应为

$$Q_k=I_{\infty t}^2 t_{ke}=19.5^2\times1.09\approx414.5[(kA)^2\cdot s]$$

(2) 求母线最终发热温度 θ_z。因为 $\theta_k=70℃$，查曲线 5-4 得 $A_k=0.6\times10^{16}J/(\Omega\cdot m^4)$。根据式 (5-28) 计算，有

$$\begin{aligned}A_z&=\frac{1}{S^2}Q_k+A_k\\&=\left(\frac{1}{50\times4\times10^{-6}}\right)^2\times414.5\times10^6+0.6\times10^{16}\\&\approx1.64\times10^{16}\quad[J/(\Omega\cdot m^4)]\end{aligned}$$

由图 5-4 查曲线，得

$$\theta_z=256℃$$

故最终发热温度超过了铝母线短时最高允许温度，不满足母线热稳定的条件要求。

第四节 短路电流的电动力效应

一、两平行导体间电动力的计算

当两个平行导体通过电流时，由于磁场相互作用而产生电动力，电动力的方向与所通过电流的方向有关。如图 5-7 所示，当电流方向相反时，导体间产生斥力；而当电流方向相同时，则产生吸力。

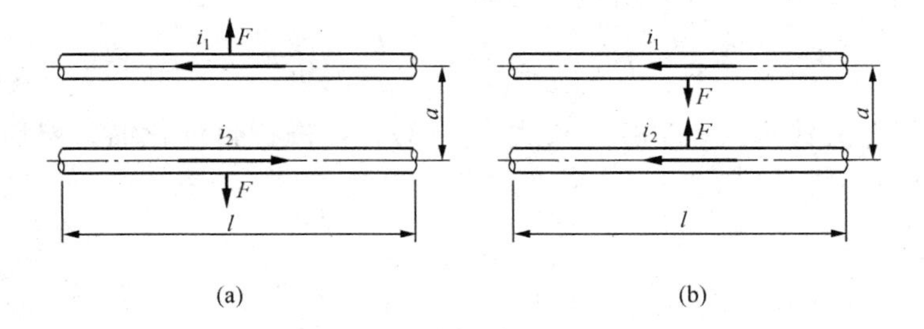

图 5-7 两根平行载流体间的作用力

(a) 电流方向相反；(b) 电流方向相同

根据比奥—沙瓦定律，导体间的电动力为

$$F=2K_x i_1 i_2\frac{l}{a}\times10^{-7}\quad(N)\tag{5-36}$$

式中 i_1、i_2——通过两平行导体的电流，A；

l——该段导体的长度，m；

a——两根导体轴线间的距离，m；

K_x——形状系数。

形状系数 K_x 表示实际形状导体所受的电动力与细长导体（把电流看作是集中在轴线上）电动力之比。实际上，由于相间距离相对于导体的尺寸要大得多，所以相间母线的 K_x

值取 1，但当一相采用多条母线并联时，条间距离很小，条与条之间的电动力计算时要计及K_x的影响，其取值可查阅有关技术手册。

二、三相短路时的电动力计算

发生三相短路时，每相导体所承受的电动力等于该相导体与其他两相之间电动力的矢量和。三相导体布置在同一平面时，由于各相导体所通过的电流相位不同，故边缘相与中间相所承受的电动力也不同。

图 5-8 为对称三相短路时的电动力示意图。

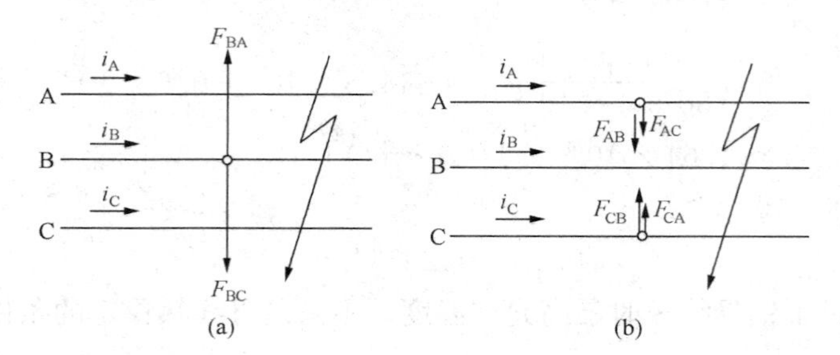

图 5-8　对称三相短路时的电动力
（a）作用在中间相（B 相）的电动力；
（b）作用在外边相（A 相或 C 相）的电动力

作用在中间相（B 相）的电动力为

$$F_B = F_{BA} + F_{AC} = 2 \times 10^{-7} \frac{l}{a}(i_B i_A - i_B i_C) \tag{5-37}$$

作用在外边相（A 相或 C 相）的电动力为

$$F_A = F_{AB} + F_{AC} = 2 \times 10^{-7} \frac{l}{a}(i_A i_B + 0.5 i_A i_C) \tag{5-38}$$

将三相对称的短路电流代入式（5-37）和式（5-38），并进行整理化简，然后作出各自的波形图，如图 5-9 所示。

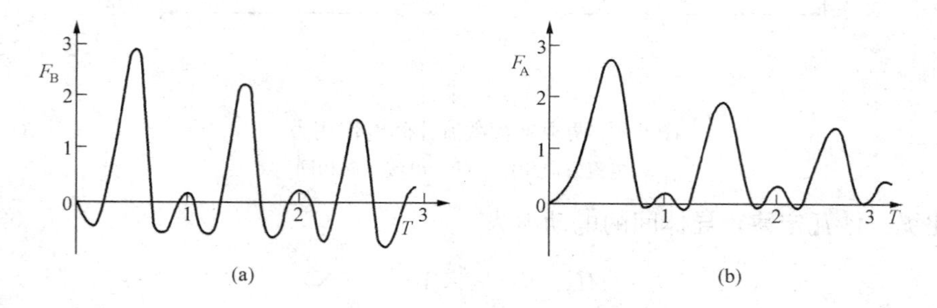

图 5-9　三相短路时的电动力波
（a）中间相 F_B；（b）外边相 F_A

从图中可见，最大冲击力发生在短路后 0.01s，而且以中间相受力最大。用三相冲击短路电流 i_{ch}（kV）表示中间相的最大电动力为

$$F_{Bmax} = 1.73 \times 10^{-7} \frac{l}{a} i_{ch}^2 \quad (N) \tag{5-39}$$

根据电力系统短路故障分析有

$$\frac{I''^{(2)}}{I''^{(3)}}=\frac{\sqrt{3}}{2}$$

故两相短路时的冲击电流为 $i_{ch}^{(2)}=\frac{\sqrt{3}}{2}i_{ch}^{(3)}$。发生两相短路时，最大电动力为

$$F_{max}^{(2)}=2\times10^{-7}\frac{l}{a}[i_{ch}^{(2)}]^2=1.5\times10^{-7}\frac{l}{a}[i_{ch}^{(3)}]^2 \tag{5-40}$$

可见，两相短路时的最大电动力小于同一地点三相短路时的最大电动力。所以，要用三相短路时的最大电动力校验电气设备的动稳定性。

三、考虑母线共振影响时对电动力的修正

如果把导体看成是多跨的连续梁，则母线的一阶固有振动频率为

$$F_1=\frac{N_f}{L^2}\sqrt{\frac{EI}{m}} \tag{5-41}$$

式中　N_f——频率系数；

L——跨距，m^4；

E——导体材料的弹性模量，Pa；

I——导体断面二次矩，m^4；

m——导体单位长度的质量，kg/m。

N_f根据导体连续跨数和支撑方式决定，其值见表 5-4。

表 5-4　　导体不同固定方式时的频率系数 N_f 值

跨数及支撑方式	N_f	跨数及支撑方式	N_f
单跨、两端简支	1.57	单跨、两端固定多单跨、简支	3.56
单跨、一端固定、一端简支两单跨、简支	2.45	单跨、一端固定、一端活动	0.56

当一阶固有振动频率 f_1 在 30～160Hz 范围内时，因其接近电动力的频率（或倍频）而产生共振，导致母线材料的应力增加，此时应以动态应力系数 β 进行修正。故考虑共振影响后的电动力的公式为

$$F_{max}=1.73\times10^{-7}\frac{l}{a}i_{ch}^2\beta \quad (N) \tag{5-42}$$

在工程计算中，可查电力工程手册获得动态应力系数 β，如图 5-10 所示。

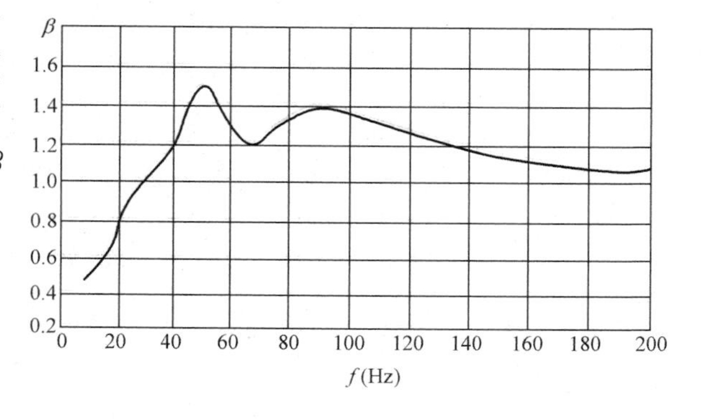

图 5-10　动态应力系数 β

由图 5-10 可见，固有频率在中间范围内变化时，$\beta>1$，动态应力较大；当固有频率较低时，$\beta<1$；当固有频率较高时，$\beta\approx1$。对户外配电装置中的铝管导体，取 $\beta=0.58$。

为了避免导体发生危险的共振，对于重要的导体，应使其固有频率在下述范围以外：

单条导体及一组中的各条导体　35～135Hz

多条导体及有引下线的单条导体　35～135Hz

槽形和管形导体　30～160Hz

如果固有频率在上述范围以外，可取 $\beta=1$。若在上述范围内，则电动力用式（5-42）计算。

第六章

高压电气设备的选择

第一节　高压电气设备选择的一般条件和原则

电气设备选择是发电厂和变电站设计的主要内容之一。在选择时应根据实际工作特点，按照有关设计规范的规定，在保证供配电安全可靠的前提下，力争做到技术先进，经济合理。为了保障高压电气设备的可靠运行，高压电气设备选择与校验的一般条件有：按正常工作条件包括电压、电流、频率、开断电流等选择；按短路条件包括动稳定性、热稳定性等校验；按环境工作条件如温度、湿度、海拔等选择。

由于各种高压电气设备具有不同的性能特点，选择与校验条件不尽相同。高压电气设备的选择与校验项目见表 6-1。

表 6-1　　高压电气设备的选择与校验项目

电气设备名称	额定电压	额定电流	开断能力	短路电流校验		环境条件	其他
				动稳定性	热稳定性		
断路器	✓	✓	✓	○	○	○	操作性能
负荷开关	✓	✓	✓	○	○	○	操作性能
隔离开关	✓	✓		○	○	○	上、下级间配合
熔断器	✓	✓	✓			○	二次负荷、准确等级
电流互感器	✓	✓		○	○	○	二次负荷、准确等级
电压互感器	✓					○	
支柱绝缘子	✓			○		○	
穿墙套管	✓	✓		○	○	○	
母线		✓		○	○	○	
电缆	✓	✓			○	○	

注　表中“✓”为选择项目，“○”为校验项目。

一、按正常工作条件选择高压电气设备

1. 额定电压和最高工作电压

高压电气设备所在电网的运行电压因调压或负荷的变化，常高于电网的额定电压，故所选电气设备允许最高工作电压 U_{alm} 不得低于所接电网的最高运行电压。一般电气设备允许的最高工作电压可达 1.1～1.15U_N，而实际电网的最高运行电压 U_{sm} 一般不超过 1.1U_{NS}。因此

在选择电气设备时，一般可按照电气设备的额定电压U_N不低于装置地点电网额定电压U_{NS}的条件选择，即

$$U_N \geqslant U_{NS} \tag{6-1}$$

2. 额定电流

电气设备的额定电流I_N是指在额定环境温度下，电气设备长期允许通过的电流值。I_N应不小于该回路在各种合理运行方式下的最大持续工作电流I_{max}，即

$$I_N \geqslant I_{max} \tag{6-2}$$

计算时有以下几个应注意的问题：

(1) 由于发电机、调相机或变压器在电压降低5%时，出力保持不变，故其相应回路的I_{max}为发电机、调相机或变压器额定电流的1.05倍。

(2) 若变压器有过负荷运行的可能时，I_{max}应按过负荷确定（1.3～2倍变压器额定电流）。

(3) 母联断路器回路一般可取母线上最大一台发电机或变压器的I_{max}。

(4) 出线回路的I_{max}除考虑正常负荷电流（包括线路损耗）外，还应考虑事故时由其他回路转移过来的负荷。

此外，还应按电气设备的装置地点、使用条件、检修和运行等要求，对电气设备进行种类（户内或户外）和结构形式的选择。

3. 按环境工作条件校验

在选择电气设备时，还应考虑电气设备安装地点的环境（尤其注意小环境）条件。当气温、风速、温度、污秽等级、海拔高度、地震烈度和覆冰厚度等环境条件超过一般电气设备使用条件时，应采取措施。例如：当地区海拔超过制造部门的规定值时，由于大气压力、空气密度和湿度相应减小，使空气间隙和外绝缘的放电特性下降。一般海拔在1000～3500m范围内，若海拔比厂家规定值每升高100m，则电气设备允许最高工作电压要下降1%。当最高工作电压不能满足要求时，应采用高原型电气设备，或采用外绝缘提高一级的产品。对于110kV及以下的电气设备，由于外绝缘裕度较大，可在海拔2000m以下使用。

当污秽等级超过使用规定时，可选用有利于防污的电瓷产品，当经济上合理时可采用户内配电装置。

当周围环境温度θ_0和电气设备额定环境温度不等时，其长期允许工作电流应乘以修正系数K，即

$$I_{al\theta} = KI_N = \sqrt{\frac{\theta_{max} - \theta_0}{\theta_{max} - \theta_N}} I_N \tag{6-3}$$

我国目前生产的电气设备使用的额定环境温度$\theta_N = 40$℃。如周围环境温度θ_0高于40℃（但低于60℃）时，其允许电流一般可按每增高1℃，额定电流减小1.8%进行修正；当环境温度低于40℃时，环境温度每降低1℃，额定电流可增加0.5%，但最大不得超过额定电流的20%。

顺便指出，式（6-3）也适用于求导体在实际环境温度下的长期允许工作电流，此时公式中的θ一般为25℃。

二、按短路条件校验

1. 短路热稳定校验

短路电流通过电气设备时，电气设备各部件温度（或发热效应）应不超过允许值。满足热稳态的条件为

$$I_t^2 t \geqslant I_{\infty}^2 t_{kz} \tag{6-4}$$

式中　I_t——由生产厂给出的电气设备在时间 t 内的热稳态电流；

I_{∞}——短路稳态电流值；

t——与 I_t 相对应的时间；

t_{kz}——短路电流热效应等值计算时间。

2. 电动力稳定校验

电动力稳定是电气设备承受短路电流机械效应的能力，也称动稳定。满足动稳定的条件为

$$i_{es} \geqslant i_{ch} \tag{6-5}$$

或

$$I_{es} \geqslant I_{ch} \tag{6-6}$$

式中　i_{ch}、I_{ch}——短路冲击电流幅值及其有效值；

i_{es}、I_{es}——电气设备允许通过的动稳定电流的幅值及其有效值。

下列几种情况可不校验热稳定或动稳定：

(1) 用熔断器保护的电气设备，其热稳定由熔断时间保证，故可不校验热稳定。

(2) 采用限流熔断器保护的电气设备，可不校验动稳定。

(3) 装设在电压互感器回路中的裸导体和电气设备可不校验动、热稳定。

3. 短路电流计算条件

为使所选电气设备有足够的可靠性、经济性和合理性，并在一定时期内适应电力系统发展的需要，作校验用的短路电流应按下列条件确定：

(1) 容量和接线。按工程设计最终容量计算，并考虑电力系统远景发展规划（一般考虑工程建成后 5～10 年）；其接线应采用可能发生最大短路电流的正常接线方式，但不考虑在切换过程中可能短时并列的接线方式（如切换厂用变压器时的并列）。

(2) 短路种类一般按三相短路验算，若其他种类短路较三相短路严重时，则应按最严重的情况验算。

(3) 选择通过电气设备的短路电流为最大的那些点为短路计算点。

4. 短路计算时间

校验热稳定的等值计算时间 t_{ke} 为周期分量等值时间 $t_{k\sim}$ 及非周期分量等值时间 t_{k-} 之和。对无穷大容量系统，$I''=I_{\infty}$，显然 $t_{k\sim}$ 和短路电流持续时间相等，按继电保护动作时间 t_{POP} 和相应断路器的全开断时间 t_{OP} 之和，即

$$t_{ke} = t_{POP} + t_{OP} \tag{6-7}$$

而

$$t_{OP} = t_{gf} + t_{h}$$

式中　t_{OP}——断路器全开断时间；

t_{POP}——保护动作时间；

t_{gf}——断路器固有分闸时间，可查附表 1；

t_h——断路器开断时电弧持续时间（对少油断路器为0.04～0.06s，对SF_6断路器和压缩空气断路器为0.02～0.04s）。

开断电器应能在最严重的情况下开断短路电流，考虑到主保护拒动等原因，按最不利情况取后备保护的动作时间。

第二节　高压断路器、隔离开关、重合器和分段器的选择

一、高压断路器的选择

高压断路器选择及校验条件除额定电压、额定电流、热稳定、动稳定校验（以上参见本章第一节）外，还应注意以下几点。

1. 高压断路器种类和结构形式的选择

高压断路器应根据安装地点、环境和使用条件等要求进行选择。由于少油断路器制造简单，价格便宜，维护工作量较少，故在3～110kV系统中应用较广。但近年来，真空断路器在35kV及以下电力系统中得到了广泛应用，有取代油断路器的趋势。SF_6断路器也已在向中压10～35kV系统发展，并在城乡电网建设和改造中获得了应用。

高压断路器的操动机构，大多数是由制造厂配套供应，仅部分少油断路器需由设计选定，有电磁式、弹簧式或液压式等几种形式的操动机构可供选择。一般电磁式操动机构需配专用的直流合闸电源，但其结构简单可靠；弹簧式结构比较复杂，调试要求较高；液压式操动机构加工精度要求较高。操动机构的结构形式，可根据安装调试方便和运行可靠性进行选择。

2. 额定开断电流的选择

在额定电压下，断路器能保证正常开断的最大短路电流称为额定开断电流。高压断路器的额定开断电流I_{Nbr}，不应小于实际开断瞬间的短路电流周期分量$I_{k\sim}$，即

$$I_{Nbr} \geqslant I_{k\sim} \qquad (6\text{-}8)$$

当高压断路器的I_{Nbr}较系统短路电流大很多时，为了简化计算，也可用次暂态电流I''进行选择，即

$$I_{Nbr} \geqslant I'' \qquad (6\text{-}9)$$

我国生产的高压断路器在做型式试验时，仅计入了20%的非周期分量。一般中慢速断路器，由于开断时间较长（>0.1s），短路电流非周期分量衰减较多，能满足国家标准规定的非周期分量不超过周期分量幅值20%的要求。使用快速保护和高速断路器时，其开断时间小于0.1s，当在电源附近短路时，短路电流的非周期分量可能超过周期分量的20%，因此需要进行验算。短路全电流的计算方法可参考有关手册，如计算结果非周期分量超过20%以上时，订货时应向制造部门提出要求。

对于装有自动重合闸装置的断路器，当操作循环符合厂家规定时，其额定开断电流不变。

3. 短路关合电流的选择

在断路器合闸之前，若线路上已存在短路故障，则在断路器合闸过程中，动、静触头间在未接触时即有巨大的短路电流通过（预击穿），更容易发生触头熔焊和遭受电动力的损坏。

另外，断路器在关合短路电流时，不可避免地在接通后又自动跳闸，此时还要求能够切断短路电流。因此，额定关合电流是断路器的重要参数之一。为了保证断路器在关合短路时的安全，断路器的额定关合电流 i_{NC1} 不应小于短路电流最大冲击值 i_{ch}，即

$$i_{NC1} \geqslant i_{ch} \tag{6-10}$$

二、隔离开关的选择

隔离开关选择及校验条件除额定电压、额定电流、热稳定、动稳定校验（以上参见本章第一节）外，还应注意其种类和型式的选择，尤其户外式隔离开关的型式较多，对配电装置的布置和占地面积影响很大，因此其型式应根据配电装置特点和要求以及技术经济条件来确定。表 6-2 为隔离开关选型参考表。

表 6-2　　隔离开关选型参考表

使用场合		特　　点	参考型号
户内	户内配电装置成套高压开关柜	三级，10kV 以下	GN2，GN6，GN8，GN19
	发电机回路，大电流回路	单级，大电流 3000～13 000A	GN10
		三级，15kV，200～600A	GN11
		三级，10kV，大电流 2000～3000A	GN18，GN22，GN2
		单级，插入式结构，带封闭罩 20kV，大电流 10 000～13 000A	GN14
户外	220kV 及以下各型配电装置	双柱式，220kV 及以下	GW4
	高型，硬母线布置	V 形，35～110kV	GW5
	硬母线布置	单柱式，220～500kV	GW6
	20kV 及以上中型配电装置	三柱式，220～500kV	GW7

【例 6-1】　图 6-1 所示为降压变电站中一台变压器。容量为 7500kVA，其短路电压百分值为 $U_k\%=7.5$，二次母线电压为 10kV，变电站由无限大容量系统供电，二次母线上短路电流为 $I''=I_\infty=5.5$kA。作用于高压断路器的定时限保护装置的动作时限为 1s，瞬时动作的保护装置的动作时限为 0.05s，拟采用高速动作的高压断路器，其固有开断时间为 0.05s，灭弧时间为 0.05s，断路器全开断时间则为 $t_{OP}=0.05s+0.05s=0.1s$，试选择高压断路器与隔离开关。

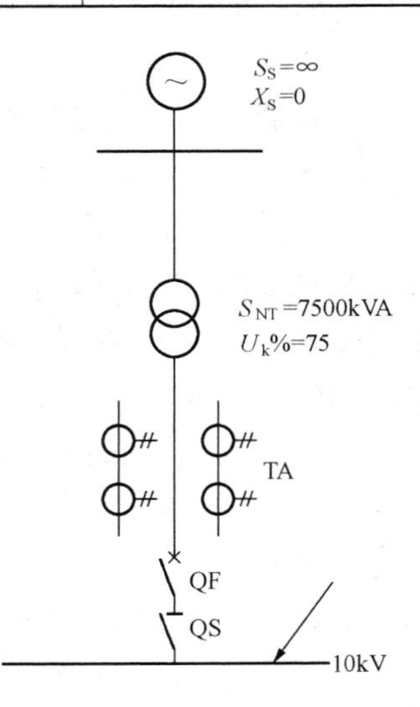

图 6-1　【例 6-1】图

解：通过所选断路器的工作电流为

$$I_{max}=\frac{7500}{\sqrt{3}U_N}=\frac{7500}{\sqrt{3}\times 10}\approx 433 \quad (A)$$

短路电流冲击值为

$$i_{ch}=2.55I''\approx 14(kV)$$

短路电流热效应的等值计算时间为

$$t_k=t=t_{POP}+t_{OP}=1+0.1=1.1s>1s，可忽略 t_{k-} 则有$$

$$t_{ke}=t_k=1.1s$$

根据上述计算数据结合具体情况和选择条件，由产品样本或附录Ⅰ中的附表1、附表2选择户内SN10-10Ⅰ-600型的高压断路器和GN7-10-600型的隔离开关，经短路稳定性校验，均合格。将计算数据和其额定数据列于表6-3中，并选取CD10与CS7-1T型操动机构。

表6-3　选用SN10-10I-600型的高压断路器和GN7-10-600型的隔离开关数据表

计算数据	SN10-10I-600型的高压断路器	GN7-10-600型的隔离开关
安装网络的额定电压10kV	$U_N=10kV$	$U_N=10kV$
通过电器的工作电流433A	$I_N=600A$	$I_N=600A$
短路电流 $I''=I_\infty=5.5kA$	$I_{N0h}=20.2kA$	
短路电流冲击值 $i_{ch}=14kA$	$I_{max}=52kA$	$I_{max}=52kA$
热校验计算值 $I_\infty^2 t_{ke}=5.5^2\times1.1\approx33.3$（$kA^2\cdot s$）	$I_t^2 t=20.2^2\times4\approx1632$（$kA^2\cdot s$）	$I_t^2 t=20^2\times5=2000$（$kA^2\cdot s$）

三、重合器和分段器的选择

（一）重合器的选择

选用重合器时，要使其额定参数满足安装地点的系统条件，具体要求如下。

1. 额定电压

重合器的额定电压应等于或大于安装地点的系统最高运行电压。

2. 额定电流

重合器的额定电流应大于安装地点的预期长远的最大负荷电流。除此以外，还应注意重合器的额定电流是否满足触头载流、温升等因素而确定的参数。为满足保护配合要求，还应选择好串联线圈和电流互感器的额定电流。通常，选择重合器额定电流时留有较大的裕度。选择串联线圈时应以实际预期负荷为准。

3. 确定安装地点最大故障电流

重合器的额定短路开断电流应大于安装地点的长远规划最大故障电流。

4. 确定保护区域末端最小故障电流

重合器最小分闸电流应小于保护区段最小故障电流。对液压控制重合器，这主要涉及选择串联线圈额定电流问题：电流裕度大时，可适应负荷的增加并可避免对涌流过于敏感；而电流裕度小时，可对小故障电流反应敏感。有时，可将重合器保护区域的末端直接选在故障电流至少为重合器最小分闸电流的1.5倍处，以保证满足该项要求。

5. 与线路其他保护设备配合

这主要比较重合器的电流-时间特性曲线、操作顺序和复归时间等特性，与线路上其他重合器、分段器、熔断器的保护配合，以保证在重合器后备保护动作或其他线路元件发生损坏之前，重合器能够及时分断。

（二）分段器的选择

选用分段器时，应注意以下问题。

1. 启动电流

分段器的额定启动电流应为后备保护开关最小分闸电流的80%。当液压控制分段器与液压控制重合器配合使用时，分段器与重合器选用相同额定电流的串联线圈即可。因为液压分段器的启动电流为其串联线圈额定电流的1.6倍，而液压重合器的最小分闸电流为其串联线圈额定电流的2倍。

电子控制分段器的启动电流可根据其额定电流直接整定，但必须满足上述“80%”原则。电子重合器整定值为实际动作值，应考虑配合要求。

2. 记录次数

分段器的计数次数应比后备保护开关的重合次数少一次。当数台分段器串联使用时，负荷侧分段器应依次比电源侧分段器的计数次数少一次。在这种情况下，液压分段器通常不用降低其启动电流值的方法来达到各串联分段器之间的配合，而是采用不同的计数次数来实现，以免因网络中涌流造成分段器误动。

3. 记忆时间

必须保证分段器的记忆时间大于后备保护开关动作的总累积时间，否则分段器可能部分地“忘记”故障开断的分闸次数，导致后备保护开关多次不必要的分闸或分段器与前级保护都进入闭锁状态，使分段器起不到应有的作用。

液压控制分段器的记忆时间不可调节，它由分闸活塞的复位速度所决定。复位速度又与液压机构中油黏度有关。

第三节 互感器的选择

一、电流互感器的选择

1. 电流互感器一次额定电压和额定电流的选择

电流互感器一次额定电压和额定电流选择应满足

$$U_{N1} \geqslant U_{NS} \tag{6-11}$$

$$I_{N1} \geqslant I_{max} \tag{6-12}$$

式中 U_{N1}、I_{N1}——电流互感器一次额定电压和额定电流。

为确保所供仪表的准确度，电流互感器的一次侧额定电流应尽可能与最大工作电流接近。

2. 电流互感器二次额定电流的选择

电流互感器的二次额定电流有5A和1A两种，一般强电系统用5A，弱电系统用1A。

3. 电流互感器种类和型式的选择

在选择电流互感器时，应根据安装地点（如户内、户外）和安装方式（如穿墙式、支持式、装入式等）选择相适应的类别和型式。选用母线型电流互感器时，应注意校核窗口尺寸。

4. 电流互感器准确级的选择

为保证测量仪表的准确度，互感器的准确级不得低于所供测量仪表的准确级。例如：装于重要回路（如发电机、调相机、变压器、厂用馈线、出线等）中的电能表和计费的电能表一般采用0.5～1级表，相应的互感器的准确度不应低于0.5级；对测量精度要求较高的大容量发电机、变压器、系统干线和500kV级宜用0.2级的。供运行监视、估算电能的电能表和控制盘上仪表一般皆用1～1.5级的，相应的电流互感器应为0.5～1级。供只需估计电参数仪表的互感器可用 3 级的。当所供仪表要求不同准确级时，应按相应最高级别来确定电流互感器的准确级。

5. 电流互感器二次容量或二次负载的校验

为了保证电流互感器的准确级，电流互感器二次侧所接实际负载 Z_{21} 或所消耗的实际负荷 S_{21} 应不大于该准确级的额定负载 Z_{N2} 或额定容量 S_{N2}（Z_{N2} 及 S_{N2} 均可从产品样本或附表 3 查到），即

$$S_{N2} \geqslant S_{21} = I_{N2}^2 Z_{21} \tag{6-13}$$

或

$$S_N \geqslant S_{21}^2 \approx R_{Wi} + R_{tou} + R_m + R_r \tag{6-14}$$

式中 R_m、R_r——电流互感器二次回路中所接仪表内阻的总和与所接继电器内阻的总和，可由产品样本或附表 9 中查得；

R_{Wi}——电流互感器二次连接导线的电阻；

R_{tou}——电流互感器二次连线的接触电阻，一般取为 0.1Ω。

将式（6-13）代入式（6-12）并整理得

$$R_{Wi} \leqslant \frac{S_{N2} - I_{N2}^2 (R_{tou} + R_m + R_r)}{I_{N2}^2} \tag{6-15}$$

因为

$$A = \frac{l_{ca}}{rR_{wi}}$$

所以

$$A \geqslant \frac{l_{ca}}{r(Z_{N2} - R_{tou} - R_m - R_r)} \tag{6-16}$$

式中 A、l_{ca}——电流互感器二次回路连接导线截面积（mm^2）及计算长度（mm）。

按规程要求连接导线应采用不小于 1.5mm^2 的铜线，实际工作中常取 2.5mm^2 的铜线。当截面积选定之后，即可计算出连接导线的电阻 R_{Wi}。有时也可先初选电流互感器，在已知其二次侧连接的仪表及继电器型号的情况下，利用式（6-16）确定连接导线的截面积。但必须指出，只用一只电流互感器时，电阻的计算长度应取连接长度的 2 倍；若用三只电流互感器接成完全星形接线，由于中线电流近于零，则只取连接长度为电阻的计算长度；若用两只电流互感器接成不完全星形接线，其二次公用线中的电流为两相电流之相量和，其值与相电流相等，但相位差为 60°，故应取连接长度的$\sqrt{3}$倍为电阻的计算长度。

6. 热稳定和动稳定的校验

（1）电流互感器的热稳定校验只对本身带有一次回路导体的电流互感器进行。电流互感器热稳定能力常以 1s 允许通过的一次额定电流 I_{N1} 的倍数 K_h 来表示，故热稳定应按下式校验：

$$(K_h I_{N1})^2 \geqslant I_{\infty}^2 t_{kc} \tag{6-17}$$

式中 K_h、I_{N1}——由生产厂给出的电流互感器的热稳定倍数及一次侧额定电流；

I_{∞}、t_{kc}——短路稳态电流值及热效应等值计算时间。

（2）电流互感器内部动稳定能力，常以允许通过的一次额定电流最大值的倍数 K_{m0} 表示，故内部动稳定可用下式校验：

$$\sqrt{2} K_{m0} I_{N1} \geqslant i_{ch} \tag{6-18}$$

式中 K_{m0}、I_{N1}——由生产厂给出的电流互感器的动稳定倍数及一次侧额定电流；

i_{ch}——故障时可能通过电流互感器的最大三相短路电流冲击值。

由于邻相之间电流的相互作用，使电流互感器绝缘瓷帽上受到外力的作用，因此对于瓷绝缘型电流互感器应校验瓷套管的机械强度。瓷套上的作用力可由一般电动力公式计算，故外部动稳定应满足

$$F_{a1} \geqslant 0.5 \times 1.73 \times 10^{-7} i_{ch}^{2} \frac{l}{a} \tag{6-19}$$

式中 F_{a1}——作用于电流互感器瓷帽端部的允许力，N；

l——电流互感器出线端至最近一个母线支柱绝缘子之间的跨距，m；

a——母线间距，m。

系数 0.5 表示互感器瓷套端部承受该跨上电动力的一半。

【例 6-2】试就【例 6-1】中已知条件，选择图中所示的电流互感器。拟将电流互感器装在 JYN2-10 型高压开关柜内，并选取两个铁芯级的，其中一个供给仪表，所接仪表的电路如图 6-2 所示；另一个供给继电保护。

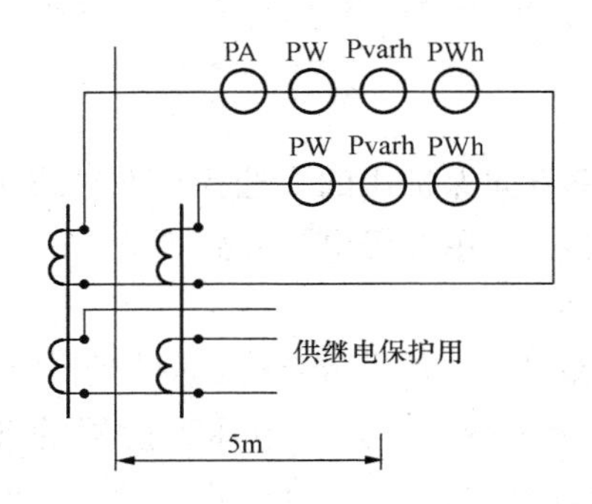

仪表名称	型号	每个电流线圈的负载值 (Ω)
电流表	1T1–A	0.12
有功功率表	1d1–W	0.058
有功电能表	DS864	0.02
无功电能表	DX863–2	0.02
连接线接触电阻		0.1

图 6-2 【例 6-2】图

解：根据 $U_N=10\text{kV}$、$I_{max}=433\text{A}$，选择户内型 0.5/P 级的 LZZJB6-10 型、一次额定电流为 600A 的电流互感器。其中 0.5 级供测量仪表，P 级供继电保护装置用。

根据附表 9 查得各种仪表每个电流线圈的负载值，分别列于图 6-2 表中。由表可知，A 相电流互感器的仪表线圈最多，其总负载值为 $R_m=0.12+0.058+0.02+0.02=0.218$ (Ω)，取导线的接触电阻 $R_{tou}=0.1\Omega$，如果连接导线采用 2.5mm^2 的铜线，则导线的电阻为

$$R_{Wi}=\frac{\sqrt{3}\times 5}{53\times 2.5}\approx 0.065 \quad (\Omega)$$

故 $$Z_{21}\approx R_{Wi}+R_{tou}+R_m=0.065+0.1+0.218=0.383 \quad (\Omega)$$

又根据附表 3 查得 LZZJB6-10 型电流互感器 0.5 级的 $Z_{N2}=0.4\Omega$。显然 $Z_{N2}>Z_{21}$，二次容量校验合格。

同时由附表 3 可查得 LZZJB6-10 型电流互感器的动稳定倍数 $K_{m0}=70$ 与 1s 的热稳定倍数 $K_h=55$，则短路的稳定性校验

$$(K_h I_{N1})^2=(55\times 0.6)^2=1089(\text{kA}^2\cdot\text{s})>I_{\infty}^2 t_{ke}=5.5^2\times 1.1\approx 33.3(\text{kA}^2\cdot\text{s})$$

$$\sqrt{2}K_{m0}I_{N1}=\sqrt{2}\times 70\times 0.6\approx 59.4(\text{kA})>i_{ch}=14(\text{kA})$$

故选取 LZZJB6-10-600-0.5/B 型的电流互感器完全适合。

二、电压互感器的选择

1. 电压互感器一次额定电压的选择

为了确保电压互感器安全和在规定的准确级下运行，电压互感器一次绕组所接电网电压应在（1.1～0.9）U_{N1}范围内变动，即满足下列条件：

$$1.1U_{N1} > U_{NS} > 0.9U_{N1} \tag{6-20}$$

式中 U_{N1}——电压互感器一次额定电压。

选择时，满足$U_{N1}=U_{NS}$即可。

2. 电压互感器二次额定电压的选择

电压互感器二次额定线间电压为100V，要和所接用的仪表或继电器相适应。

3. 电压互感器种类和型式的选择

电压互感器的种类和型式应根据装设地点和使用条件进行选择。例如：在6～35kV户内配电装置中，一般采用油浸式电压互感器或浇注式电压互感器；在110～220kV配电装置中，通常采用串级式电磁式电压互感器；在220kV及以上电压级配电装置中，当容量和准确级满足要求时，也可采用电容式电压互感器。

4. 准确级的选择

和电流互感器一样，供功率测量、电能测量以及功率方向保护用的应选择0.5级或1级的电压互感器，只供估计被测值的仪表和一般电压继电器的选用3级电压互感器为宜。

5. 按准确级和额定二次容量的选择

首先根据仪表和继电器接线要求选择电压互感器接线方式，并尽可能将负荷均匀分布在各相上，然后计算各相负荷大小。按照所接仪表的准确级和容量，选择电压互感器的准确级、额定容量。有关电压互感器准确级的选择原则，可参照电流互感器准确级选择。一般供功率测量、电能测量以及功率方向保护用的应选择0.5级或1级的电压互感器，只供估计被测值的仪表和一般电压继电器的选用3级电压互感器为宜。

电压互感器的额定二次容量（对应于所要求的准确级）S_{N2}，应不小于电压互感器的二次负荷S_2，即

$$S_{N2} \geqslant S_2 \tag{6-21}$$

$$S_2 = \sqrt{(\sum S_0 \cos\phi)^2 + (\sum S_0 \sin\phi)^2} = \sqrt{(\sum P_0)^2 + (\sum Q_0)^2} \tag{6-22}$$

式中 S_0、P_0、Q_0——各仪表的视在功率、有功功率和无功功率；

$\cos\phi$——各仪表的功率因数。

如果仪表和继电器的功率因数相近，或为了简化计算，也可以将各仪表和继电器的视在功率直接相加，得出大于S_2的近似值，它若不超过S_{N2}，则实际值更能满足式（6-21）的要求。

由于电压互感器三相负荷常不相等，为了满足准确级要求，通常以负荷最大相进行比较。

计算电压互感器各相的负荷时，必须注意电压互感器和负荷的接线方式。表6-4列出电压互感器和负荷接线方式不一致时每相负荷的计算公式。

表 6-4　　　　　　电压互感器二次绕组负荷计算公式

接线及相量			
A	$P_A=[S_{ab}\cos(\phi_{ab}-30°)]/\sqrt{3}$ $Q_A=[S_{ab}\sin(\phi_{ab}-30°)]/\sqrt{3}$	AB	$P_{AB}=\sqrt{3}S\cos(\phi+30°)$ $Q_{AB}=\sqrt{3}S\sin(\phi+30°)$
B	$P_B=[S_{ab}\cos(\phi_{ab}+30°)+S_{bc}\cos(\phi_{bc}-30°)]/\sqrt{3}$ $Q_B=[S_{ab}\sin(\phi_{ab}+30°)+S_{bc}\sin(\phi_{bc}-30°)]/\sqrt{3}$	BC	$P_{BC}=\sqrt{3}S\cos(\phi-30°)$ $Q_{BC}=\sqrt{3}S\sin(\phi-30°)$
C	$P_C=[S_{bc}\cos(\phi_{bc}+30°)]/\sqrt{3}$ $Q_C=[S_{bc}\sin(\phi_{bc}+30°)]/\sqrt{3}$		

【例 6-3】 已知某 35kV 变电站低压侧 10kV 母线上接有有功电能表 10 只、有功功率表 3 只、无功功率表 1 只、母线电压表及频率表各 1 只、绝缘监视电压表 3 只，电压互感器及仪表接线和负荷分配如图 6-3 和表 6-5 所示。试选择供 10kV 母线测量用的电压互感器。

图 6-3 所示为测量仪表与电压互感器的连接图。

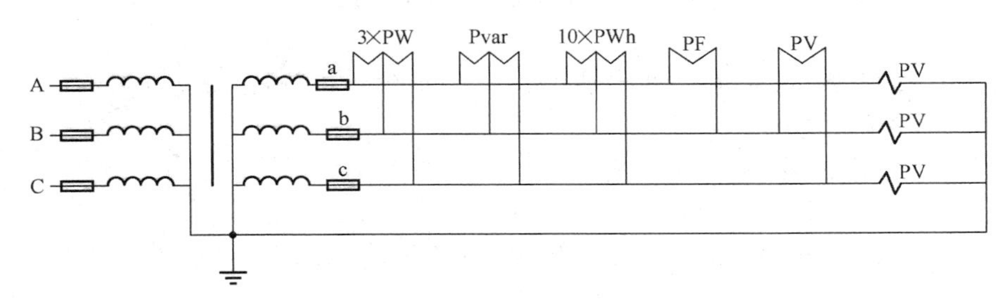

图 6-3　测量仪表与电压互感器的连接图

解： 鉴于 10kV 为中性点不接地系统，电压互感器除供测量仪表外，还用来作交流电网绝缘监视。因此，查附表 4，选用 JSJW-10 型三相五柱式电压互感器（也可选用 3 只单相 JDZJ-10 型浇注绝缘 TV，但不能用 JDJ 或 JDZ 型 TV 接成星形），由于回路中接有计费用电能表，故电压互感器选用 0.5 准确级。与此对应，电压互感器三相总的额定容量为 120VA。电压互感器接线为 $YNyn_0d11$。查附录Ⅰ中的附表 9 得各仪表型号及参数，连同初步计算结果列于表 6-5 中。

表 6-5　　　　　电压互感器各相负荷分配（不完全星形负荷部分）

仪表名称及型号	每线圈消耗功率 (VA)	仪表电压线圈		仪表数目	AB 相		BC 相	
		$\cos\phi$	$\sin\phi$		P_{ab}	Q_{ab}	P_{bc}	Q_{bc}
有功功率表 46D1-W	0.6	1		3	1.8		1.8	
无功功率表 46D1-var	0.5	1		1	0.5		0.5	
有功电能表 DS1	1.5	0.38	0.925	10	5.7	13.9	5.7	13.9
频率表 46L1-Hz	1.2	1		1	1.2			
电压表 16L1-V	0.3	1		1			0.3	
总计					9.2	13.9	8.3	13.9

根据表6-5可求出不完全星形连接部分的负荷为

$$S_{ab}=\sqrt{P_{ab}^2+Q_{ab}^2}=\sqrt{9.2^2+13.9^2}\approx 16.7(VA)$$

$$\cos\phi_{ab}=P_{ab}/S_{ab}=9.2/16.7=0.55(\phi_{ab}=56.6°)$$

$$S_{bc}=\sqrt{P_{bc}^2+Q_{bc}^2}=\sqrt{8.3^2+13.9^2}=16.2(VA)$$

$$\cos\phi_{bc}=P_{bc}/S_{bc}=8.3/16.2=0.51(\phi_{bc}=59.2°)$$

由于每相上还接有绝缘监视电压表PV（$P'=0.3W$，$Q'=0$），故A相负荷为

$$P_A=\frac{1}{\sqrt{3}}S_{ab}\cos(\phi_{ab}-30°)+P'_a$$

$$=\frac{1}{\sqrt{3}}\times 16.7\cos(56.6°-30°)+0.3\approx 8.62(W)$$

$$Q_A=\frac{1}{\sqrt{3}}S_{ab}\sin(\phi_{ab}-30°)$$

$$=\frac{1}{\sqrt{3}}\times 16.7\sin(56.6°-30°)\approx 4.3(var)$$

B相负荷为

$$P_B=\frac{1}{\sqrt{3}}[S_{ab}\cos(\phi_{ab}+30°)+S_{bc}\cos(\phi_{bc}-30°)]+P'_b$$

$$=\frac{1}{\sqrt{3}}[16.7\cos(56.6°+30°)+16.2\cos(59.2°-30°)]+0.3\approx 9.04(W)$$

$$Q_B=\frac{1}{\sqrt{3}}[S_{ab}\sin(\phi_{ab}+30°)+S_{bc}\sin(\phi_{bc}-30°)]$$

$$=\frac{1}{\sqrt{3}}[16.7\sin(56.6°+30°)+16.2\sin(59.2°-30°)]\approx 14.2(var)$$

显而易见，B相负荷较大，故应按B相总负荷进行校验，即

$$S_B=\sqrt{P_B^2+Q_B^2}=\sqrt{9.04^2+14.2^2}\approx 16.8<\frac{120}{3}(VA)$$

故所选JSJW-10型互感器满足要求。

第四节 高压熔断器的选择

高压熔断器按额定电压、额定电流、开断电流和选择性等项来选择和校验。

一、额定电压的选择

对于一般高压熔断器，其额定电压U_N必须大于或等于电网的额定电压U_{NS}。但是对于充填石英砂有限流作用的熔断器，则不宜使用在低于熔断器额定电压的电网中。这是因为限流式熔断器灭弧能力很强，在短路电流达到最大值之前就将电流截断，致使熔体熔断时因截流而产生过电压，其过电压倍数与电路参数及熔体长度有关，一般在$U_{NS}=U_N$的电网中，过电压倍数为2～2.5倍，不会超过电网中电气设备的绝缘水平；但如在$U_{NS}<U_N$的电网中，因熔体较长，过电压值可达3.5～4倍相电压，可能损害电网中的电气设备。

二、额定电流的选择

高压熔断器的额定电流选择，包括熔管额定电流和熔体额定电流的选择。

1. 熔管额定电流的选择

为了保证熔断器截流及接触部分不致过热和损坏，高压熔断器的熔管额定电流应满足式(6-23)的要求，即

$$I_{\mathrm{Nft}} \geqslant I_{\mathrm{Nfs}} \tag{6-23}$$

式中　I_{Nft}——熔管的额定电流；

I_{Nfs}——熔体的额定电流。

2. 熔体额定电流的选择

为了防止熔体在通过变压器励磁涌流和保护范围以外的短路及电动机自启动等冲击电流时误动作，保护35kV及以下电压级电力变压器的高压熔断器，其熔体的额定电流可按式(6-24)选择，即

$$I_{\mathrm{Nfs}} = KI_{\max} \tag{6-24}$$

式中　K——可靠系数（不计电动机自启动时K=1.1～1.3，考虑电动机自启动时K=1.5～2.0）；

$I_{\max}$——电力变压器回路最大工作电流。

用于保护电力电容器的高压熔断器熔体，当系统电压升高或波形畸变引起回路电流增大或运行过程中产生涌流时不应误熔断，其熔体容量按式(6-25)选择，即

$$I_{\mathrm{Nfs}} = KI_{\mathrm{Nc}} \tag{6-25}$$

式中　K——可靠系数（对限流式高压熔断器，当有一台电力电容器时K=1.5～2.0，当有一组电力电容器时K=1.3～1.8）；

I_{Nc}——电力电容器回路的额定电流。

三、熔断器开断电流校验

满足开断电流校验条件为

$$I_{\mathrm{Nbr}} \geqslant I_{\mathrm{ch}}(\text{或 } I'') \tag{6-26}$$

式中　I_{Nbr}——熔断器的额定开断电流。

对于没有限流作用的熔断器，选择时用冲击电流的有效值I_{ch}进行校验；对于有限流作用的熔断器，在电流达到最大值之前已截断，故可不计非周期分量影响，而采用I''进行校验。

四、熔断器选择性校验

为了保证前后两级熔断器之间或熔断器与电源（或负荷）保护装置之间动作的选择性，应进行熔体选择性校验。各种型号熔断器的熔体熔断时间可由制造厂提供的安秒特性曲线上查出。图6-4所示为两个不同熔体的安秒特性曲线（$I_{\mathrm{Nfs1}} < I_{\mathrm{Nfs2}}$），同一电流同时通过此两熔体时，熔体1先熔断。所以，为了保证动作的选择性，前一级熔体应采用熔体1，后一级熔体

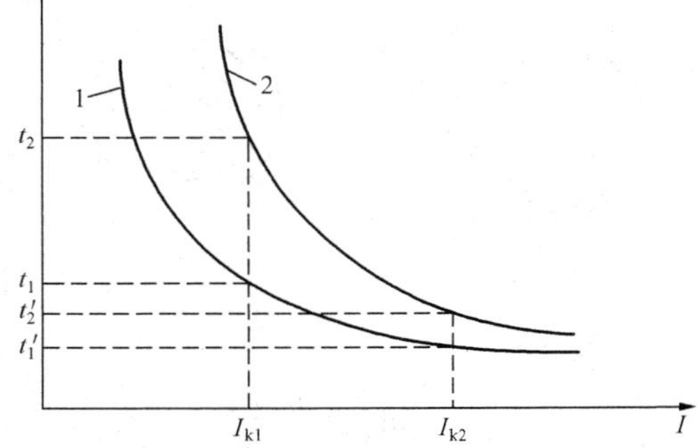

图6-4　熔体的安秒（保护）特性曲线

1—熔体1的特性曲线；2—熔体2的特性曲线

应采用熔体 2。

对于保护电压互感器用的高压熔断器，只需按额定电压及断流容量两项来选择。

第五节　支柱绝缘子和穿墙套管的选择

一、绝缘子简介

绝缘子俗称为绝缘瓷瓶，它广泛应用在发电厂和变电站的配电装置、变压器、各种电器以及输电线路之中。绝缘子用来支持和固定裸载流导体，并使裸导体与地绝缘，或者用于使装置和电气设备中处在不同电位的载流导体间相互绝缘。因此，要求绝缘子必须具有足够的电气绝缘强度、机械强度、耐热性和防潮性等。

绝缘子按安装地点，可分为户内（屋内）式和户外（屋外）式两种；按结构用途，可分为支柱绝缘子和套管绝缘子。

（一）支柱绝缘子

支柱绝缘子又分为户内式和户外式两种。户内式支柱绝缘子广泛应用在 3～110kV 各种电压等级的电网中。

1. 户内式支柱绝缘子

户内式支柱绝缘子可分为外胶装式、内胶装式及联合胶装式等三种。图 6-5（a）所示为外胶装式 ZA-10Y 型户内式支柱绝缘子的结构示意图。它主要由绝缘瓷体 1、铸铁底座 2 和铸铁帽 3 组成。绝缘瓷体为上小、下大的空心瓷件，它起着对地绝缘的作用。绝缘瓷体上端装有一个铸铁制成的铁帽，铸铁帽上平面内有螺孔，用于固定母线或其他导体。绝缘瓷体下端装有一个铸铁制成的底座（法兰盘），底座上有圆孔，以便于用螺栓将绝缘子固定在墙壁或架构之上。绝缘瓷体与铸铁帽、铸铁底座之间，均用水泥胶合剂胶合在一起。

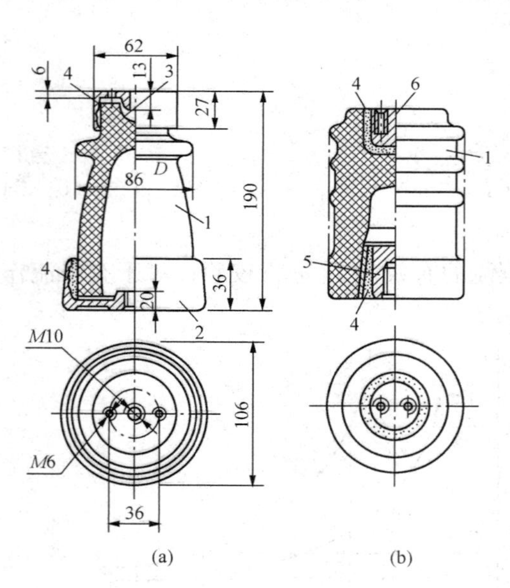

图 6-5　户内式支柱绝缘子

（a）外装式 ZA-10Y 型；（b）内装式 ZNF-20MM 型
1—瓷体；2—铸铁底座；3—铸铁帽；
4—水泥胶合剂；5—铸铁配件；6—螺孔

内胶装式支柱绝缘子绝缘瓷体的上下金属配件均胶装在绝缘瓷体孔内。它主要由绝缘瓷体和上下铸铁配件组成。铸铁配件用水泥胶合剂与绝缘瓷体黏合在一起。上下铸铁配件均有螺孔，分别用于导体和绝缘子自身的固定。内胶装式支柱绝缘子的结构如图 6-5（b）所示。

联合胶装式支柱绝缘子的上金属配件采用内胶装的结构方式，而下金属配件采用外胶装的结构方式。

内胶装式支柱绝缘子可以降低绝缘有效高度，重量一般要比外胶装式绝缘子轻。但是，金属配件安装在绝缘瓷体内时，因为几何尺寸受到限制，所以不能承受较大的扭矩，其机械强度较低。因此，对绝缘子的机械强度要求较高时，应采用外胶装式或联合胶装式结构。

2. 户外式支柱绝缘子

户外式支柱绝缘子有针式和实心棒式两种。图 6-6 所示为户外式支柱绝缘子结构图。它主要由绝缘体 2，上下附件 1、3 等组成。

（二）套管绝缘子

套管绝缘子简称为套管。套管绝缘子按安装地点可分为户内式和户外式两种。

1. 户内式套管绝缘子

户内式套管绝缘子根据载流导体的特征可分为以下三种形式：采用矩形截面的载流体、采用圆形截面的载流导体和母线型。前两种套管载流导体与绝缘部分制作成一个整体，使用时由载流导体两端与母线直接相连。而母线型套管本身不带载流导体，使用安装时，将原载流母线装于该套管的矩形窗口内。

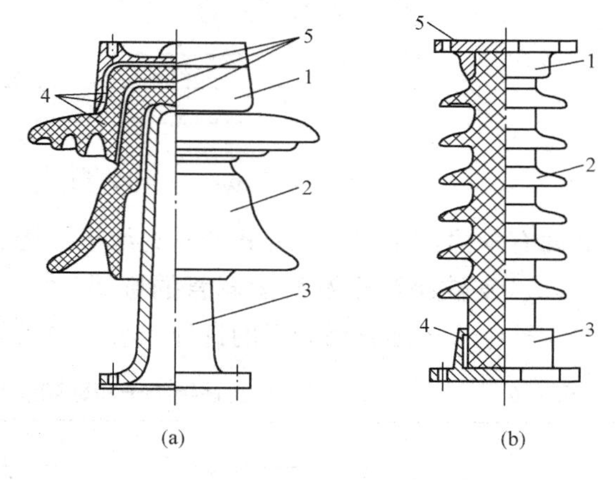

图 6-6　户外式支柱绝缘子

(a) 针式支柱绝缘子；(b) 实心棒式绝缘子

1—上附件；2—瓷件；3—下附件；4—胶合剂；5—纸垫

图 6-7 所示为 CME-10 型母线式套管绝缘子结构，主要由瓷壳 1、法兰盘 2、金属帽 3 等部分组成。金属帽 3 上有矩形窗口 4，窗口为穿过母线的地方，矩形窗口的尺寸取决于穿过套管母线的尺寸和数量。套管的额定电流由穿过母线的额定电流确定。

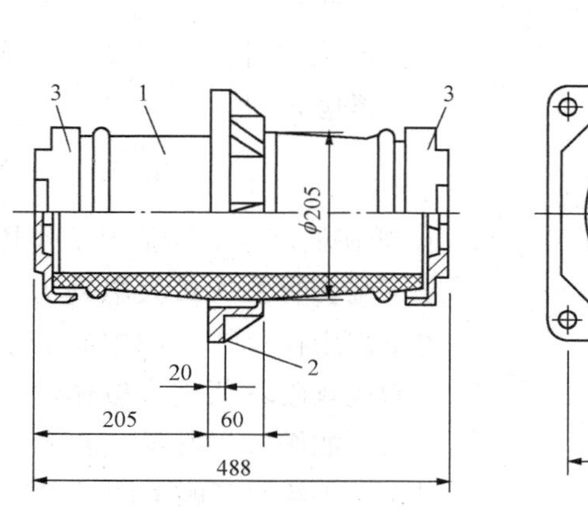

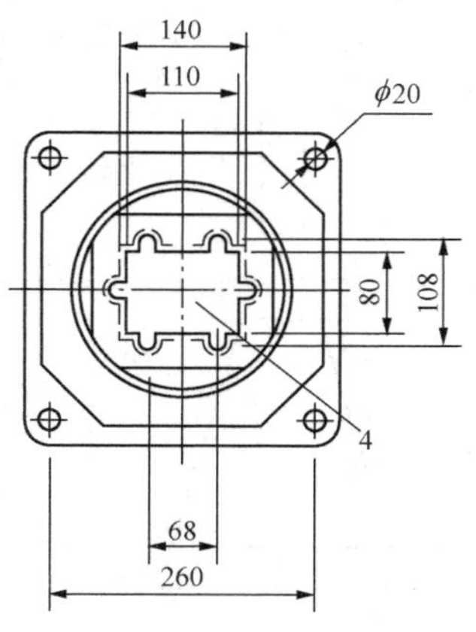

图 6-7　CME-10 型母线式套管绝缘子结构示意图

1—瓷壳；2—法兰盘；3—金属帽；4—矩形窗口

2. 户外式套管绝缘子

户外式套管绝缘子用于将配电装置中的户内载流导体与户外载流导体之间的连接处，例如线路引出端或户外式电器由接地外壳内部向外引出的载流导体部分。因此，户外式套管绝缘子两端的绝缘分别按户内外两种要求设计。图 6-8 所示为 CWC-10/1000 型户外式穿墙套管绝缘子结构，其额定电压为 10kV，额定电流为 1000A。它的右端为安装在户内部分，瓷

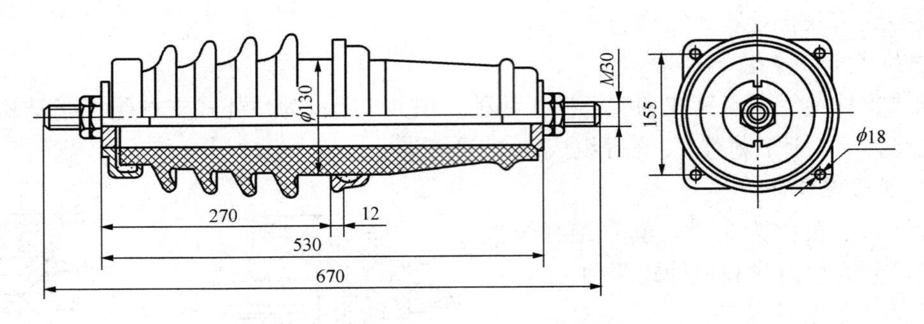

图 6-8　CWC-10/1000 型户外式穿墙套管绝缘子结构示意图

体表面有伞裙，左端为户外式套管绝缘子结构。

二、支柱绝缘子及穿墙套管的选择

支柱绝缘子和穿墙套管的选择和校验项目见表 6-6。

表 6-6　　支柱绝缘子和穿墙套管的选择及校验项目

项　目	额定电压	额定电流	热稳定	动稳定
支柱绝缘子	式（6-1）			式（6-27）
穿墙套管		式（6-2）	式（6-4）	

支柱绝缘子及穿墙套管的动稳定性应满足式（6-27）的要求：

$$F_{al} \geqslant F_{ca} \qquad (6\text{-}27)$$

式中　F_{al}——支柱绝缘子或穿墙套管的允许荷重；

F_{ca}——加于支柱绝缘子或穿墙套管上的最大计算力。

F_{al}可按生产厂家给出的破坏荷重 F_{ab} 的 60%考虑，即

$$F_{al} = 0.6F_{ab} \quad (\text{N}) \qquad (6\text{-}28)$$

F_{al}即在最严重短路情况下作用于支柱绝缘子或穿墙套管上的最大电动力。由于母线电动力是作用在母线截面中心线上，而支柱绝缘子的抗弯破坏荷重是按作用在绝缘子帽上给出的。如图 6-9 所示，两者力臂不等，短路时作用于绝缘子帽上的最大计算力为

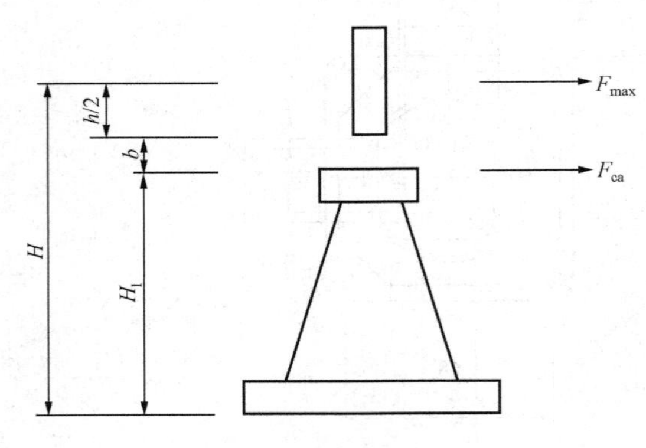

图 6-9　支柱绝缘子受力图

b—母线支持片的厚度（一般竖放矩形母线 b=18mm；平放矩形母线 b=12mm）

$$F_{ca} = \frac{H}{H_1}F_{max} \quad (\text{N}) \qquad (6\text{-}29)$$

式中　F_{max}——在最严重短路情况下作用于母线上的最大电动力，N；

H_1——支柱绝缘子高度，mm；

H——从绝缘子底部至母线水平中心线的高度，mm。

计算 F_{max}的说明如下。布置在同一平面内的三相母线（见图 6-10），在发生短路时，支柱绝缘子所受的力为

$$F_{max}=1.732i_{ch}^{2}\frac{L_{ca}}{a}\times10^{-7} \quad (6\text{-}30)$$

式中 a——母线间距，m；

L_{ca}——计算跨距（对母线中间的支柱绝缘子，L_{ca}取相邻跨距之和的一半；对母线端头的支柱绝缘子，L_{ca}取相邻跨距的一半；对穿墙套管，则取套管长度与相邻跨距之和的一半），m。

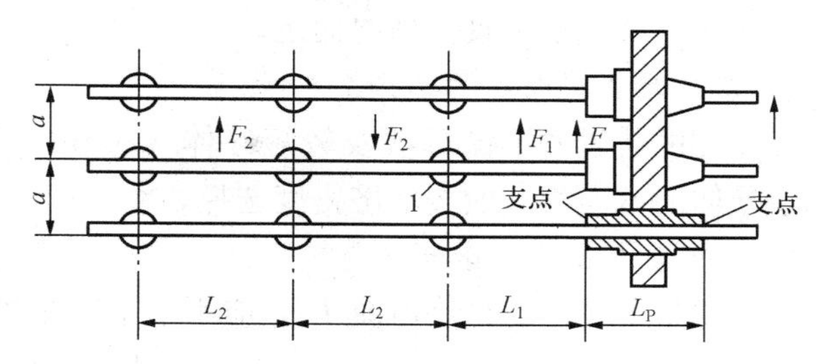

图 6-10 支柱绝缘子和穿墙套管所受的电动力

第六节 母线和电缆的选择

一、母线的选择与校验

母线选择的项目一般包括：①母线材料、类型和布置方式；②导体截面积；③热稳定、动稳定等项进行选型和校验；④对于 110kV 以上母线要进行电晕的校验；⑤对重要回路的母线还要进行共振频率的校验。本节仅对前四项加以介绍。

（一）母线材料、类型和布置方式

（1）配电装置的母线常用导体材料有铜、铝和钢。铜的电阻率低，机械强度大，抗腐蚀性能好，是首选的母线材料。但是铜在工业和国防上的用途广泛，还因储量不多，价格较贵，所以一般情况下，尽可能以铝代铜。只有在大电流装置及有腐蚀性气体的户外配电装置中，才考虑用铜作为母线材料。

（2）常用的硬母线截面形状有矩形、槽形和管形。矩形母线常用于 35kV 及以下、电流在 4000A 及以下的配电装置中。为避免集肤效应系数过大，单条矩形截面积最大不超过 1250mm²。当工作电流超过最大截面单条母线允许电流时，可用几条矩形母线并列使用，但一般避免采用 4 条及以上矩形母线并列。

槽形母线机械强度好，载流量较大，集肤效应系数也较小，一般用于 4000～8000A 的配电装置中。管形母线集肤效应系数小，机械强度高，管内还可通风和通水冷却，因此可用于 8000A 以上的大电流母线。另外，由于圆形母线表面光滑，电晕放电电压高，因此可用于 110kV 及以上配电装置。

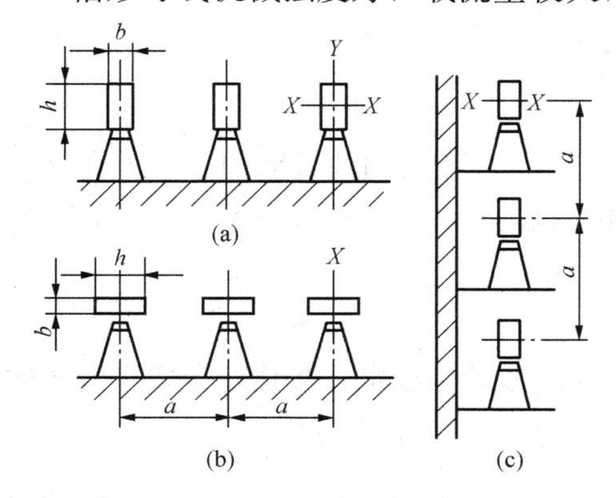

图 6-11 矩形母线的布置方式示意图
（a）、（b）水平布置；（c）垂直布置

（3）母线的散热性能和机械强度与母线的布置方式有关。图 6-11 为矩形母线的布置方式示意图。当三相母线水平布置时，图 6-11（a）与（b）相比，前者散热较好，载流量大，但机械强度较低，而后者情况正好相反。图 6-11（c）的布置方式兼顾了前两者的优点，但使配电装置的高度增加，所以母线的布置应根据具体情况而定。

（二）母线截面积的选择

除配电装置的汇流母线及较短导体（20m 以下）按最大长期工作电流选择截面积外，其余导体的截面积一般按经济密度选择。

1. 按最大长期工作电流选择

母线长期发热的允许电流 I_{al}，应不小于所在回路的最大长期工作电流 I_{max}，即

$$KI_{al} \geqslant I_{max} \tag{6-31}$$

式中 I_{al}——相对于母线允许温度和标准环境条件下导体长期允许电流；

K——综合修正系数，与环境温度和导体连接方式等有关，其中温度修正系数参考式（6-3）。

2. 按经济电流密度选择

按经济电流密度选择母线截面积可使年综合费用最低。年综合费用包括电流通过导体所生的年电能损耗费、导体投资和折旧费、利息等。从降低电能损耗角度看，母线截面积越大越好；而从降低投资、折旧费和利息的角度看，则希望截面积越小越好。综合这些因素，使年综合费用最小时所对应的母线截面积称为母线的经济截面积，对应的电流密度称为经济电流密度。表 6-7 为我国目前仍然沿用的经济电流密度值。

表 6-7　经济电流密度值　（A/mm²）

导体材料	最大负荷利用小时数 T_{max}（h）		
	3000 以下	3000～5000	5000 以上
裸铜导线和母线	3.0	2.25	1.75
裸铝导线和母线（钢芯）	1.65	1.15	0.9
钢芯电缆	2.5	2.25	2.0
铝芯电缆	1.92	1.73	1.54
钢线	0.45	0.4	0.35

按经济电流密度选择母线截面积按下式计算：

$$S_{ec} = \frac{I_{max}}{J_{ec}} \tag{6-32}$$

式中 I_{max}——通过导体的最大工作电流，A；

J_{ec}——经济电流密度，A/mm²。

在选取母线截面积时，应尽量选用接近按式（6-32）计算所得到的截面积。当无合适规格的导体时，为节约投资，允许选择小于经济截面积的导体，但要同时满足式（6-31）的要求。

（三）母线的热稳定校验

按正常电流及经济电流密度选出母线截面积后，还应校验热稳定。按热稳定要求的导体最小截面积为

$$S_{min} = \frac{I_{\infty}}{C}\sqrt{t_{dz}K_s} \tag{6-33}$$

式中 I_{∞}——短路电流稳态值，A；

K_s——集肤效应系数，对于矩形母线截面积在 100mm² 以下，$K_s=1$；

t_{dz}——热稳定计算时间，s；

C——热稳定系数。

热稳定系数 C 值与材料及发热温度有关。母线的 C 值见表 6-8。

表 6-8　导体材料短时发热最高允许温度（θ_{kal}）和热稳定系数 C

导体种类和材料	θ_{kal}（℃）	C
1. 母线及导线：钢	320	175
铝	220	95
钢（不和电器直接连接时）	420	70
钢（和电器直接连接时）	320	63
2. 油浸纸绝缘电缆：铜芯，10kV 及以下	250	165
铝芯，10kV 及以下	200	95
20～35kV	175	
3. 充油纸绝缘电缆：60～330kV	150	
4. 橡皮绝缘电缆	150	
5. 聚氯乙烯绝缘电缆	120	
6. 交联聚氯乙烯绝缘电缆：铜芯	230	
铝芯	200	
7. 有中间接头的电缆（不包括第 5 项）	150	

（四）母线的动稳定校验

各种形状的母线通常都安装在支柱绝缘子上，当冲击电流通过母线时，电动力将使母线产生弯曲应力，因此必须校验母线的动稳定性。

安装在同一平面内的三相母线，其中间相受力最大，即

$$F_{max}=1.732\times10^{-7}K_f i_{ch}^2\frac{l}{a}\quad(\mathrm{N})\tag{6-34}$$

式中　K_f——母线形状系数（当母线相间距离远大于母线截面周长时，$K_f=1$。其他情况可由有关手册查得）；

l——母线跨距，m；

a——母线相间距，m。

母线通常每隔一定距离由绝缘子自由支撑着。因此当母线受电动力作用时，可以将母线看成一个多跨距载荷均匀分布的梁。当跨距段在两段以上时，其最大弯曲力矩为

$$M=\frac{F_{max}l}{10}\tag{6-35}$$

若只有两段跨距时，则有

$$M=\frac{F_{max}l}{8}\tag{6-36}$$

式中　F_{max}——一个跨距长度母线所受的电动力，N。

母线材料在弯曲时最大相间计算应力为

$$\delta_{ca}=\frac{M}{W}\tag{6-37}$$

式中　W——母线对垂直于作用力方向轴的截面系数，又称抗弯矩，m³。

W 值与母线截面形状及布置方式有关，对常遇到的几种情况的计算式列于图 6-12 中。

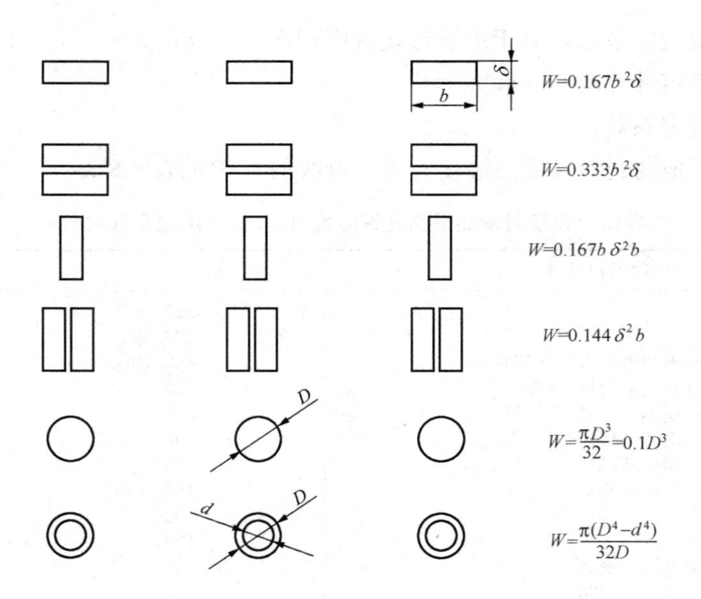

图 6-12　母线抗弯矩 W 计算式

要想保证母线不致弯曲变形而遭到破坏，必须使母线的计算应力不超过母线的允许应力，即母线的动稳定性校验条件为

$$\delta_{ca} \leqslant \delta_{al} \tag{6-38}$$

式中　δ_{al}——母线材料的允许应力（对硬铝母线，$\delta_{al}=69$MPa；对硬铜母线，$\delta_{al}=137$MPa），MPa。

如果在校验时，$\delta_{ca} \geqslant \delta_{al}$，则必须采取措施减小母线的计算应力，具体措施有：将母线由竖放改为平放；放大母线截面积，但会使投资增加；限制短路电流值能使 δ_{ca} 大大减小，但必须增设电抗器；增大相间距离 a；减小母线跨距 l 的尺寸。此时，可以根据母线材料最大允许应力来确定绝缘子之间最大允许跨距，即

$$l_{max}=\sqrt{\frac{10\delta_{al}w}{F_1}} \tag{6-39}$$

式中　F_1——单位长度母线上所受的电动力，N/m。

当矩形母线水平放置时，为避免导体因自重而过分弯曲，所选取的跨距一般不超过1.5～2m。考虑到绝缘子支座及引下线安装方便，常选取绝缘子跨距等于配电装置间隔的宽度。

【例 6-4】试就【例 6-1】已知条件选择 10kV 的矩形母线以及绝缘子。已知母线以及绝缘子拟装于 JYN2-10 型高压开关柜中，呈垂直布置，且矩形母线平放于支柱绝缘子上，母线相间距离为 $a=250$mm，跨距长取决于柜宽，即 $l=1000$mm，取母线的形状系数 $K_f=1$，年最大负荷利用小时数为 6000h。环境温度为 30℃。

解：在【例 6-1】中已求得通过母线的工作电流为 $I_{max}=433$A，根据允许发热条件，按附表 6 选取 40mm×5mm 的矩形铝母线，其允许电流为 515A，考虑到环境温度修正系数，实际允许载流量为

$$I_{al\theta}=KI_N=\sqrt{\frac{\theta_{max}-\theta_0}{\theta_0-25}}I_N=\sqrt{\frac{70-30}{70-25}}\times 515 \approx 485(\text{A}) > 433(\text{A})$$

如果母线较长，还应按经济电流密度选择母线截面积。据表 6-7 查得 $J_{ec}=0.9\text{A/mm}^2$，则经济截面积为

$$S_{ec}=\frac{I_{max}}{J_{ec}}=\frac{433}{0.9}\approx 481(\text{mm}^2)$$

为节省母线材料选取相邻较小的标准截面积 $S=63\text{mm}\times 6.3\text{mm}$，可见应初选 $S=63\text{mm}\times 6.3\text{mm}$ 的矩形铝母线，并按热、动稳定性进行校验。

从【例 6-1】已知短路电流 $I''=I_{\infty}=5.5\text{kA}$，短路电流热效应的计算时间为 $t_{ke}=1.1\text{s}$，并由表 6-8 查得计算系数 $C=95$，按式（6-33）并查附表 6 得集肤效应系数为 1.02，则可求得满足热稳定性的最小允许截面积为

$$S_{min}=\frac{I_{\infty}}{C}\sqrt{t_{ke}K_s}=\frac{5500}{95}\sqrt{1.1\times 1.02}\approx 61.3\text{mm}^2<63\text{mm}\times 6.3\text{mm}$$

可见，按短路电流的热稳定性校验是合格的。

三相母线中间相上最大受力为

$$F=1.732\times 10^{-7}i_{ch}^2\frac{l}{a}=1.732\times 10^{-7}\times(2.55\times 5500)^2\times\frac{1}{0.25}\approx 136(\text{N})$$

母线上如接有多条引出线，需多个开关柜，故其跨距数大于 2，则母线的弯曲力矩为

$$M=\frac{F_{max}l}{10}=\frac{136\times 1}{10}=13.6(\text{N}\cdot\text{m})$$

矩形铝母线的截面系数（抗弯矩）为

$$W=0.167b^2\delta=0.167\times 0.063^2\times 0.0063\approx 4.2\times 10^{-6}(\text{m}^3)$$

故母线的计算应力为

$$\delta_{ca}=\frac{M}{W}=\frac{13.6}{4.2}\times 10^6\approx 3.24\times 10^6(\text{Pa})$$

显然，计算应力 δ_{ca} 小于允许应力 $\delta_{al}=69\times 10^6\text{Pa}$，满足动稳定性要求。

最后，由附表 5 选取 ZA-10Y 型母线支柱绝缘子，并查得其破坏荷重为 3675N，允许荷重为 0.6×3675=2205N，此值大于计算力 136N。故选用 ZA-10Y 型支柱绝缘子是合适的。

二、电缆的选择与校验

电缆的基本结构包括导电芯、绝缘层、铅包（或铝包）和保护层几个部分。供配电系统中常用的电力电缆，按其缆芯材料分为铜芯电力电缆和铝芯电力电缆两大类，按其采用的绝缘介质分为油浸纸绝缘电力电缆和塑料绝缘电力电缆两大类。

电缆制造成本高，投资大，但是具有运行可靠、不易受外界影响、不需架设电杆、不占地面、不碍观瞻等优点。

电力电缆应根据结构类型、电压等级和经济电流密度来选择，并必须以其最大长期工作电流、正常运行情况下的电压损失以及短路时的热稳定进行校验。短路时的动稳定可以不必校验。

（一）按结构类型选择电缆（即选择电缆的型号）

根据电缆的用途、电缆敷设的方法和场所，选择电缆的芯数、芯线的材料、绝缘的种类、保护层的结构以及电缆的其他特征，最后确定电缆的型号。常用的电力电缆有油浸纸绝缘电缆、塑料绝缘电缆和橡胶电缆等。随着电缆工业的发展，塑料绝缘电缆发展很快，其中

交联聚氯乙烯电缆，由于有优良的电气性能和机械性能，在中、低压系统中应用十分广泛。

（二）按额定电压选择电缆

可按照电缆的额定电压U_N不低于敷设地点电网额定电压U_{NS}的条件选择，即

$$U_N \geqslant U_{NS} \tag{6-40}$$

（三）电缆截面积选择电缆

一般根据最大长期工作电流选择，但是对有些回路，如发电机、变压器回路，其年最大负荷利用小时数超过5000h，且长度超过20m时，应按经济电流密度来选择。

1. 按最大长期工作电流选择

电缆长期发热的允许电流I_{al}应不小于所在回路的最大长期工作电流I_{max}，即

$$KI_{al} \geqslant I_{max} \tag{6-41}$$

式中　I_{al}——相对于电缆允许温度和标准环境条件下导体长期允许电流；

K——综合修正系数（与环境温度、敷设方式及土壤热阻系数有关的综合修正系数，可由有关手册查得）。

2. 按经济电流密度选择

按经济电流密度选择电缆截面积的方法与按经济电流密度选择母线截面积的方法相同，即按下式计算：

$$S_{ec} = \frac{I_{max}}{J_{ec}} \tag{6-42}$$

按经济电流密度选出的电缆，还必须按长期工作电流校验。

按经济电流密度选出的电缆，还应决定经济合理的电缆根数，截面积$S \leqslant 150\text{mm}^2$时，其经济根数为一根。当截面积大于$150\text{mm}^2$时，其经济根数可按$S/150$决定。例如计算出$S_{ec}$为$200\text{mm}^2$，选择两根截面积为$120\text{mm}^2$的电缆为宜。

为了不损伤电缆的绝缘和保护层，电缆弯曲的曲率半径不应小于一定值（例如，三芯纸绝缘电缆的曲率半径不应小于电缆外径的15倍）。为此，一般避免采用芯线截面积大于185mm^2的电缆。

（四）热稳定校验

电缆截面热稳定的校验方法与母线热稳定校验方法相同。满足热稳定要求的最小截面积可按下式求得

$$S_{min} = \frac{I_\infty}{C}\sqrt{t_{ke}} \tag{6-43}$$

式中　C——与电缆材料及允许发热有关的系数，见表6-8。

验算电缆热稳定的短路点按下列情况确定：

(1) 对于单根无中间接头电缆，可选电缆末端短路；对于长度小于200m的电缆，可选电缆首端短路。

(2) 对于有中间接头电缆，短路点选择在第一个中间接头处。

(3) 对于无中间接头的并列连接电缆，短路点选在并列点后。

（五）电压损失校验

在正常运行时，电缆的电压损失应不大于额定电压的5%，即

$$\Delta U\% = \frac{\sqrt{3}I_{\max}\rho L}{U_{N}S} \times 100\% \leqslant 5\% \tag{6-44}$$

式中　S——电缆截面积，mm^2；

ρ——电缆导体的电阻率［铝芯 ρ=0.035Ω·mm^2/m（50℃），铜芯 ρ=0.020 6Ω·mm^2/m（50℃）］，Ω·mm^2/m。

配 电 装 置

第一节 概 述

配电装置是用来接受、分配和控制电能的装置。它主要包括开关设备、保护装置和辅助设备。本章主要介绍配电装置的安全净距、配电装置的基本类型和设计原则，以及各种配电装置的特点。

一、对配电装置的基本要求

户电装置是发电厂和变电站中的重要组成部分，它是按主接线的要求，由母线、开关设备、保护装置、测量设备和必要的辅助设备组成的电工建筑物。对配电装置的基本要求有以下几项：

（1）符合国家技术经济政策，满足有关规程要求：

（2）保证运行可靠。设备选择合理，布置整齐、清晰，保证有足够的安全距离。

（3）节约用地。

（4）运行安全和操作、巡视、检修方便。

（5）便于安装和扩建。

（6）节约用材，降低造价。

二、配电装置的类型及其特点

配电装置按电压等级的不同，可分为高压配电装置和低压配电装置；按安装地点的不同，可分为户内配电装置、户外配电装置；按结构形式，可分为装配式配电装置和成套配电装置。

1. 户内配电装置

户内配电装置的特点为如下几点：

（1）由于允许安全净距小和可以分层布置，因此占地面积小。

（2）维修、操作、巡视在室内进行，比较方便，且不受气候影响。

（3）外界污秽不会影响电气设备，减轻了维护工作量。

（4）房屋建筑投资较大，但采用价格较低的户内型电器设备，可以减少设备投资。

2. 户外配电装置

户外配电装置的特点为如下几点：

（1）土建工程量较少，建设周期短。

（2）扩建比较方便。

（3）相邻设备之间的距离较大，便于带电作业。

（4）占地面积大。

（5）受外界污秽影响较大，设备运行条件较差。

（6）外界气象变化使设备维护和操作不便。

3. 装配式配电装置

在现场将电器组装而成的配电装置称为装配式配电装置。装配式配电装置的特点为如下几点：

（1）建造安装灵活。

（2）投资较少。

（3）金属消耗量少。

（4）安装工作量大，施工工期较长。

4. 成套配电装置

在制造厂预先将开关电器、互感器等组成各种电路成套供应的配电装置称为成套配电装置。成套配电装置的特点为如下几点：

（1）电气设备布置在封闭或半封闭的金属外壳中，相间和对地距离可以缩小、结构紧凑、占地面积小。

（2）所有电器元件已在工厂组装成一个整体（开关柜），大大减少现场安装工作量，有利于缩短建设工期，也便于扩建和搬迁。

（3）运行可靠性高，维护方便。

（4）耗用钢材较多，造价较高。

三、配电装置型式的选择

配电装置型式的选择，应考虑所在地区的地理情况及环境条件，因地制宜，节约用地，并结合运行及检修要求，通过技术经济比较确定。一般情况下，在大中型发电厂和变电站中，110kV及以上电压等级一般多采用户外配电装置。35kV及以下电压等级的配电装置多采用户内配电装置。但110kV装置有特殊要求（如变电站深入城市中心）或处于严重污秽地区（如海边或化工区）时，经过技术经济比较，也可以采用户内配电装置。

第二节 配电装置的安全净距

配电装置的整个结构尺寸，是综合考虑设备外形尺寸、检修和运输的安全距离等因素而决定的。在各种间隔距离中，最基本的是带电部分对接地部分之间和不同相的带电部分之间的空间最小安全净距，即所谓的A_1和A_2值。最小安全净距，是指在此距离下，无论是处于最高工作电压之下，还是处于内外过电压之下，空气间隙均不致被击穿。我国《高压配电装置设计技术规程》规定的户内、户外配电装置的安全净距，见表7-1和表7-2，其中，B、C、D、E等类电气距离是在A_1值的基础上再考虑一些其他实际因素决定的，其含义如图7-1和图7-2所示。

表 7-1　　户内配电装置的安全净距　　(mm)

符号	适用范围	额定电压（kV）									
		3	6	10	15	20	35	60	110J	110	220J
A_1	1. 带电部分至接地部分之间； 2. 网状和板状遮栏向上延伸线距地面2.5m处，与遮栏上方带电部分之间	70	100	125	150	180	300	550	850	950	1800
A_2	1. 不同相的带电部分之间； 2. 断路器和隔离开关的断口两侧带电部分之间	75	100	125	150	180	300	550	900	1000	2000
B_1	1. 栅状遮栏至接地部分之间； 2. 交叉的不同时停电检修的无遮栏带电部分之间	825	850	875	900	930	1050	1300	1600	1700	2550
B_2	网状遮栏至接地部分之间	175	200	225	250	280	400	650	950	1050	1900
C	无遮栏裸导体至地（楼）面之间	2375	2400	2425	2450	2480	2600	2850	3150	3250	4100
D	平行的不同时停电检修的无遮栏裸导体之间	1875	1900	1925	1950	1980	2100	2350	2650	2750	3600
E	通向屋外的出线套管至屋外通道的路面	4000	4000	4000	4000	4000	4000	4500	5000	5000	5500

注　J指中性点直接接地系统。

表 7-2　　户外配电装置的安全净距　　(mm)

符号	适用范围	额定电压（kV）								
		3～10	15～20	35	60	110J	110	220J	330J	500J
A_1	1. 带电部分至接地部分之间； 2. 网状和板状遮栏向上延伸线距地面2.5m处，与遮栏上方带电部分之间	200	300	400	650	900	1000	1800	2500	3800
A_2	1. 不同相的带电部分之间； 2. 断路器和隔离开关的断口两侧带电部分之间	200	300	400	650	1000	1100	2000	2800	4300
B_1	1. 设备运输时，其外廓至无遮栏带电部分之间； 2. 栅状遮栏至绝缘体和带电部分之间； 3. 交叉的不同时停电检修的无遮栏带电部分之间； 4. 带电作业时的带电部分至接地部分之间	950	1050	1150	1400	1650	1750	2550	3250	4550
B_2	栅状遮栏至带电部分之间	300	400	500	750	1000	1100	1900	2600	3900
C	1. 无遮栏裸导体至地面之间； 2. 无遮栏导体至建筑物、构筑物顶部之间	2700	2800	2900	3100	3400	3500	4300	5000	7500

续表

符号	适用范围	额定电压（kV）								
		3～10	15～20	35	60	110J	110	220J	330J	500J
D	1. 平行的不同时停电检修的无遮栏带电部分之间 2. 带电部分与建筑物、构筑物的边缘部分之间	2200	2300	2400	2600	2900	3000	3800	4500	5800

注 J指中性点直接接地系统。

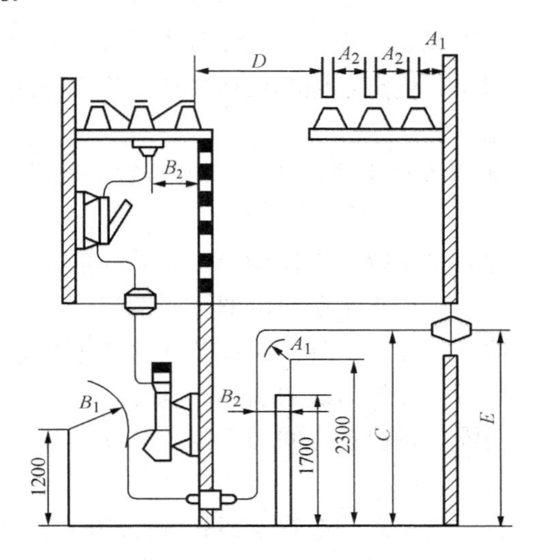

图 7-1 户内配电装置安全净距校验图

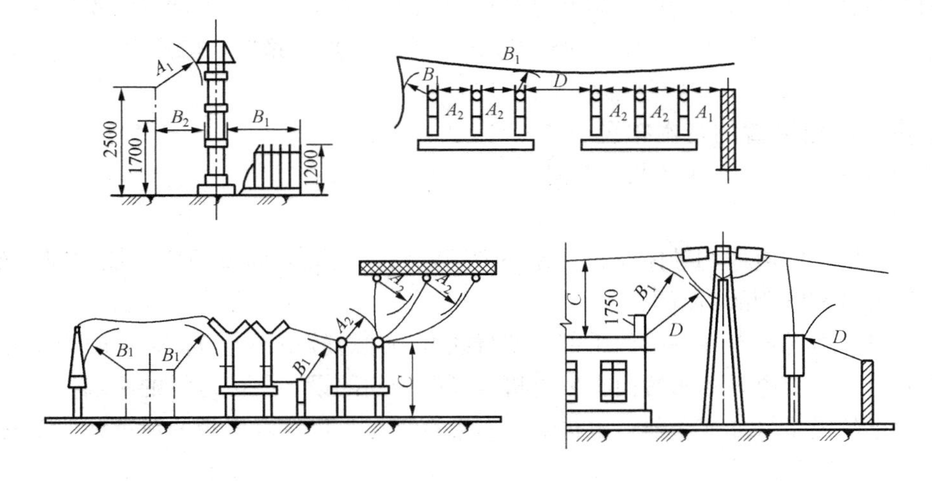

图 7-2 户外配电装置安全净距校验图

第三节 户内配电装置

一、户内配电装置的分类及特点

户内配电装置的结构形式，除与电气主接线及电气设备的型式（如电压等级、母线容量、断路器型式、出线回路数和方式、有无出线电抗器等）有密切关系外，还与施工、检修条件和运行经验有关。随着新设备和新技术的采用，运行、检修经验的不断丰富，配电装置的结构和形式将会不断发展。

发电厂和变电站的户内配电装置，按其布置形式不同，一般可分为单层式、二层式和三层式。单层式是将所有电气设备布置在一层建筑中，适用于线路无电抗器的情况。单层式占地面积较大，如容量不太大，通常采用成套开关柜，以减小占地面积。二层式是将母线、母线隔离开关等较轻设备放在第二层，将电抗器、断路器等较重设备布置在底层，与单层式相比占地面积小、造价较高。三层式是将所有电气设备依其轻重分别布置在三层建筑物中，其具有安全可靠性高、占地面积小等优点，但其结构复杂、施工时间长、造价较高、检修和运行不太方便，目前已较少采用。

常采用平面图、断面图和配置图来表示整个配电装置的结构，以及其中设备的布置和安装。

平面图是按比例画出房屋及其间隔、走廊和出口等处的平面布置轮廓，平面图上的间隔只是为了确定间隔数及排列，故可不表示所装电器。所谓间隔，是指为了将设备故障的影响限制在最小的范围内，以免波及相邻的电气回路以及在检修中的电器，避免检修人员与邻近回路的电器接触，而用砖或用石棉板等做成的墙体。

断面图是表明所取断面间隔中各设备之间的连接及其具体布置的结构图，断面图也按比例绘制。

通常用一种示意图来分析配电装置的布置方案和统计所用的主要设备，将这种示意图称为配置图。配置图中把进出线、断路器、互感器、避雷器等合理分配于各层间隔中，并表示出导线和电器在各间隔中的轮廓，但并不要求按比例尺寸绘出。户内配电装置的间隔，按照回路用途可分为发电机、变压器、线路、母联（或分段）断路器、电压互感器和避雷器等间隔。

二、户内配电装置的基本布置

（一）户内配电装置布置的基本原则

1. 总体布置

（1）同一回路的电器和导体应布置在一个间隔内，间隔之间及两段母线之间应分隔开，以保证检修安全和限制故障范围。

（2）尽量将电源布置在一段的中部，使母线截面通过较小的电流。但有时为了连接的方便，根据主厂房或变电站的布置而将发电机或变压器间隔设在一段母线的两端。

（3）较重的设备（如变压器、电抗器）布置在下层，以减轻楼板的荷重并便于安装。

（4）充分利用间隔的位置。

（5）布置对称，便于操作。

（6）有利于扩建。

2. 母线及隔离开关

母线通常装在配电装置的上部，一般呈水平、垂直和直角三角形布置。水平布置不如垂直布置便于观察，但建筑部分简单，可降低建筑物的高度，安装比较容易，因此在中小容量的配电装置中采用较多。垂直布置时，相间距离可以取得较大，无需增加间隔深度；支柱绝缘子装在水平隔板上，绝缘子间的距离可取较小值，因此母线结构可获得较高的机械强度。但垂直布置的结构复杂，并增加建筑高度，垂直布置可用于20kV以下、短路电流很大的装置中。直角三角形布置结构紧凑，可充分利用间隔高度和深度，但三相为非对称布置，外部短路时，各个母线和绝缘子机械强度均不相同。这种布置方式常用于6～35kV大中容量的配电装置中。

母线相间距离取决于相间电压，并考虑短路时的母线和绝缘子的电动力稳定与安装条件。在6～10kV小容量装置中，母线水平布置时，为250～350mm；垂直布置时，为700～800mm；35kV母线水平布置时，约为500mm。

双母线布置中的两组母线应以垂直的隔板分开，这样，在一组母线运行时，可安全地检修另一组母线。

母线隔离开关通常设在母线的下方。为了防止带负荷误拉隔离开关造成电弧短路，并延烧至母线，在双母线布置的户内配电装置中，母线与母线隔离开关之间宜装设耐火隔板。在两层以上的配电装置中，母线隔离开关宜单独布置在一个小室内。

为确保设备及工作人员的安全，户内外配电装置应设置闭锁装置，以防止带负荷误拉隔离开关、带接地线合闸、误入带电间隔等电气误操作事故。

3. 断路器及其操动机构

断路器通常设在单独的小室内。断路器小室的形式，按照油量多少及防爆的要求，可分为敞开式、封闭式及防爆式。四壁用实体墙壁、顶盖和无网眼的门完全封闭起来的小室称为封闭小室；如果小室完全或部分使用非实体的隔板或遮栏，则称为敞开小室；当封闭小室的出口直接通向户外或专设的防爆通道，则称为防爆小室。

户内的单台断路器、电压互感器、电流互感器，总油量超过600kg时，应装在单独的防爆小室内；总油量为60～600kg时，应装在有防爆隔墙的小室内；总油量在60kg以下时，一般可装在两侧有隔板的敞开小室内。

为了防火安全，户内的单台断路器、电流互感器、总油量在60kg以上及10kV以上的油浸式电压互感器，应设置储油或挡油设施。

断路器的操动机构设在操动通道内。手动操动机构和轻型远距离控制操动机构均装在壁上，重型远距离控制操动机构（如CD3型等）则落地装在混凝土基础上。

4. 互感器和避雷器

电流互感器无论是干式或油浸式，都可以和断路器放在同一个小室内。穿墙式电流互感器应尽可能作为穿墙套管使用。

电压互感器经隔离开关和熔断器（60kV及以下采用熔断器）接到母线上，它需占用专门的间隔，但在同一间隔内，可以装设几个不同用途的电压互感器。

当母线上接有架空线路时，母线上应装设阀型避雷器。由于其体积不大，通常与电压互感器共用一个间隔，但应以隔层隔开。

5. 电抗器

电抗器比较重，多布置在第一层的封闭小室内。电抗器按容量不同有三种不同的布置方式：三相垂直布置、品字形布置和三相水平布置，如图7-3所示。

通常线路电抗器采用垂直或品字形布置。当电抗器的额定电流超过1000A、电抗值超过

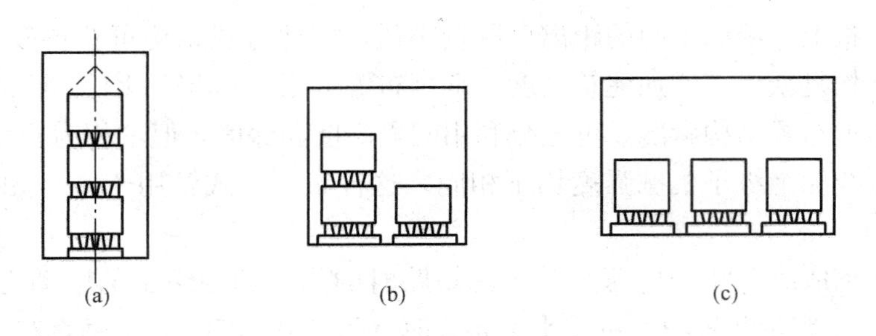

图 7-3　电抗器的布置方式

(a) 垂直布置；(b) 品字形布置；(c) 水平布置

5%～6%时，由于质量及尺寸过大，垂直布置会有困难，且使小室高度增加很多，故宜采用品字形布置；额定电流超过 1500A 的母线分段电抗器或变压器低压侧的电抗器，则采取水平布置。

安装电抗器必须注意：垂直布置时，V 相应放在上下两相的中间；品字形布置时，不应将 U、W 相重叠在一起。

6. 配电装置的通道和出口

配电装置的布置应便于设备操作、检修和搬运，故必须设置必要的通道（走廊）。用来维护和搬运配电装置中各种电气设备的通道，称为维护通道；如通道内设有断路器（或隔离开关）的操动机构、就地控制屏等，称为操作通道；仅和防爆小室相通的通道，称为防爆通道。配电装置室内各种通道的最小宽度，不应小于表 7-3 所示的数值。

表 7-3　　配电装置室内各种通道的最小宽度（净距，m）

通道分类 / 布置方式	维护通道	操作通道		防爆通道
		固定式	移开式	
一面有开关设备	0.8	1.5	单车长+1.2	1.2
二面有开关设备	1.0	2.0	双车长+0.9	1.2

为了保证配电装置中工作人员的安全及工作便利，不同长度的户内配电装置，应有一定数量的出口。长度小于 7m 时，再设一个出口；长度大于 7m 时，应有两个出口（最好设在两端）；当长度大于 60m 时，在中部适当的地方再增加一个出口。配电装置出口的门应向外开，并应装弹簧锁，相邻配电装置室之间如有门时，应能向两个方向开启。

7. 电缆隧道及电缆沟

电缆隧道及电缆沟是用来放置电缆的。电缆隧道为封闭狭长的构筑物，高 1.8m 以上，两侧设有数层敷设电缆的支架，可容纳较多的电缆，人在隧道内能方便地进行敷设和维修电缆工作。电缆隧道造价较高，一般用于大型发电厂。电缆沟为有盖板的沟道，沟深与宽不足 1m，敷设和维修电缆必须揭开水泥盖板，很不方便；沟内容易积灰，可容纳的电缆数量也较少；但土建工程简单，造价较低。电缆沟常为变电站和中小型发电厂所采用。

为确保电缆运行的安全，电缆隧道（沟）应设 0.5%～1.5%的排水坡度和独立的排水系统。电缆隧道（沟）在进入建筑物处，应设带门的耐火隔墙（电缆沟只设隔墙），以防发生火灾时烟火向室内蔓延扩大事故，同时也防止小动物进入室内。

为使电力电缆发生事故时不致影响控制电缆，一般将电力电缆与控制电缆分开排列在过道两侧。如布置在一侧，控制电缆应尽量布置在下面，并用耐火钢板与电力电缆隔开。

8. 户内配电装置的采光和通风

配电装置室可以开窗采光和通风，但应采取防止雨雪和小动物进入室内的措施。处于空气污秽、多台风和龙卷风地区的配电装置，可开窗采光而不可通风。配电装置室一般采用自然通风，如不能满足工作地点对温度的要求或发生事故而排烟有困难时，应增加机械通风装置。

（二）户内配电装置布置实例

1. 6～10kV 户内配电装置布置实例

为了简化配电装置的施工，当出线不带电抗器时，6～10kV 户内配电装置多采用高压开关柜。图 7-4 所示为采用 GG-1A 型高压开关柜单母线单层式户内配电装置的出线间隔断面图。GG-1A 型高压开关柜基本骨架结构由角钢焊接而成，其出线柜由钢板分成上、中、下三个部分。上部为母线及隔离开关，中部和下部之间的隔板上安装电流互感器和穿墙套管（此隔板是为了出线有反送电源时，保证工作人员进入中部检修的安全）。前视左上部之间的隔板，是为了在母线不停电的情况下，保证工作人员进入中部检修的安全。前视左上部为高 950mm 的仪表门，其上安装监视仪表、指示操作元件及继电器、电能表等；左中部为操作板、安装操动机构；左下角小门内安装有合闸接触器、熔断器；操作板右侧之长条门内安装二次回路端子排及柜内照明灯；右侧为上下两扇门，由此可进入检修电气设备。

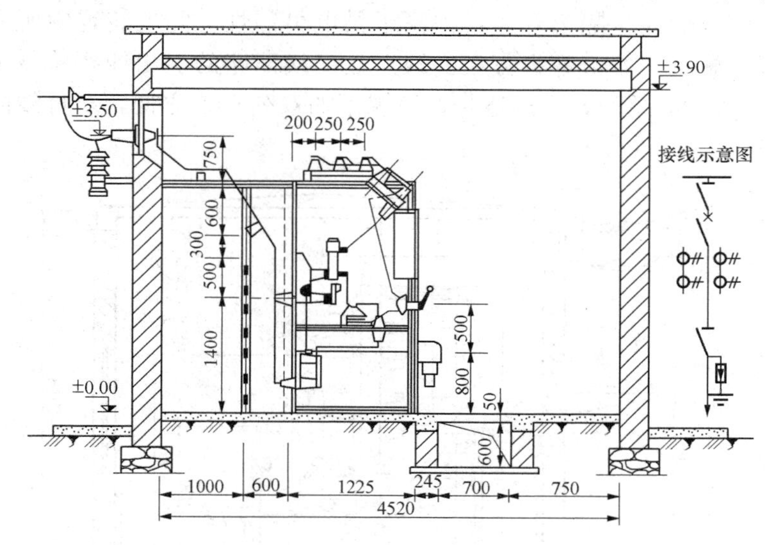

图 7-4 采用 GG-1A 型高压开关柜的户内配电装置（mm）

开关柜在配电装置室内，可以靠墙呈单排或双排对面布置，也可以不靠墙呈单排或双排背靠背布置。开关柜布置在中间，两面有走廊的称为独立式配电装置。图 7-5 所示为采用 GG-1A 型高压开关柜独立式间隔单列布置的配电装置配置图。

2. 35kV 户内配电装置

图 7-6 所示为单层二通道、单母线分段、35kV 户内配电装置布置断面图。母线采用

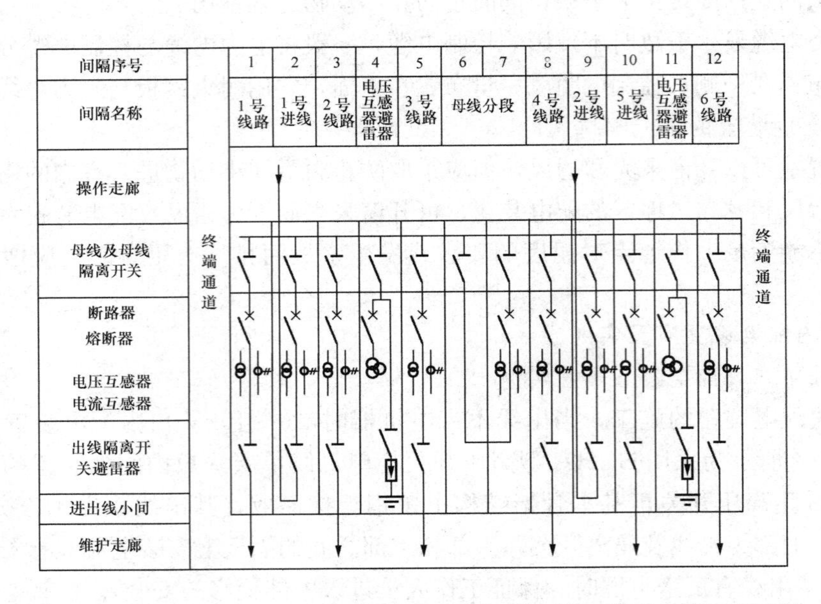

图 7-5 采用 GG-1A 型高压开关柜独立式间隔单列布置的配电装置配置图

垂直布置，挠度小，散热条件好。母线、母线隔离开关与断路器分别设在前后间隔内，中间用隔墙隔开，可缩小事故影响范围。间隔前后设有操作和维护通道，隔离开关、断路器均集中在操作通道内操作，操作比较方便。在隔离开关和断路器之间，设有机械闭锁装置，可防止带负荷误拉隔离开关，提高了供电可靠性。配电装置中所有的电器均布置在较低的地方，施工、检修都很方便。缺点是出线回路的引出线要跨越母线（指架空出线），需设网状遮栏；单列布置通道长，巡视不如双列布置方便，对母线隔离开关的开闭状态监视不便。

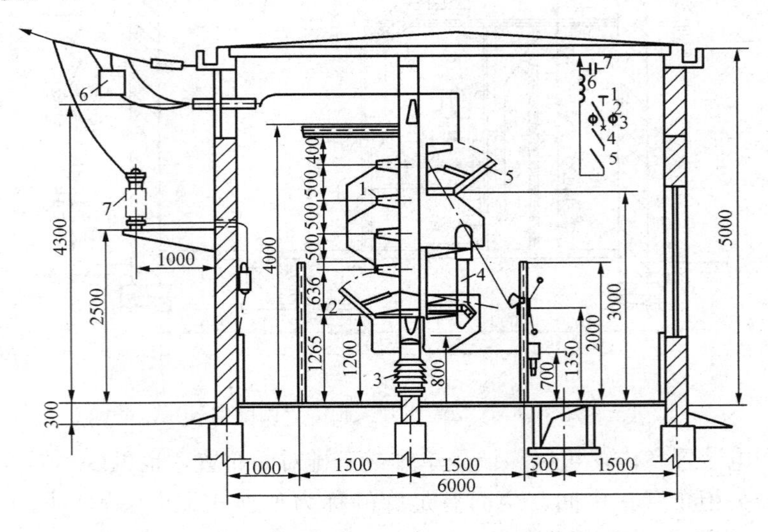

图 7-6 单层二通道、单母线分段、35kV 户内配电装置布置断面图（mm）

1—母线；2、5—隔离开关；3—电流互感器；4—断路器；6—阻波器；7—耦合电容器

3. 110kV 屋内配电装置

图 7-7 为二层二通道单母线分段带旁路母线 110kV 户内配电装置断面图。它的主母线和旁路母线平行布置在上层，主母线居中，旁路母线靠近出线侧。母线层的隔离开关均为竖装。底层每个间隔分前后两个小室，各布置有少油断路器及出线隔离开关。所有隔离开关均采用 V 形，并都在现场用手动机构操作。母线引下线均采用钢芯铝线。上下两层各设有两条操作维护走廊。楼层的母线隔离开关间隔采用轻钢丝网隔开，以减轻土建结构。间隔宽度为 7m，跨度为 15m，采用自然采光。

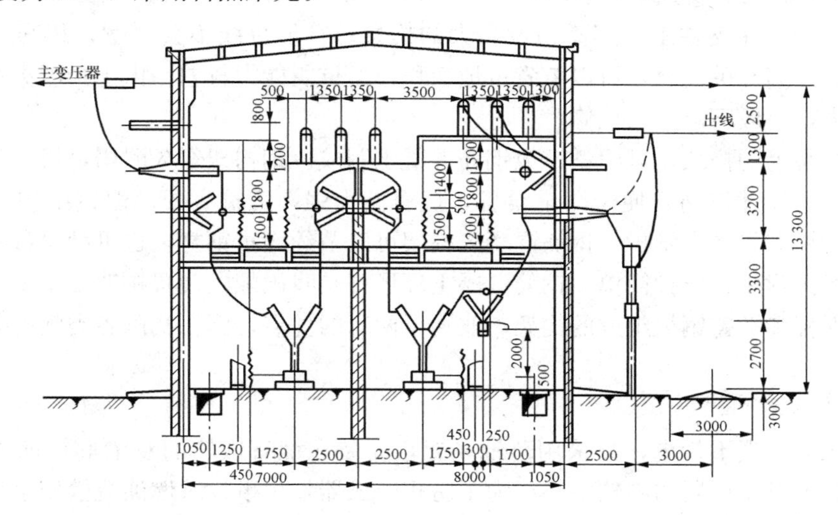

图 7-7 二层二通道单母线分段带旁路母线 110 kV 户内配电装置断面图（mm）

第四节 户外配电装置

户外配电装置是将所有电气设备和母线都装设在露天的基础、支架或构架上。户外配电装置的结构形式，除与主接线、电压等级和电气设备类型有密切关系外，还与地形地势有关。

一、户外配电装置的分类及特点

根据电气设备和母线的高度，户外配电装置可分为中型、半高型和高型等三类。

中型配电装置是将所有电器都安装在同一水平面内，并装在一定高度的基础上，使带电部分对地保持必要的高度，以便工作人员能在地面安全活动；在中型配电装置中，母线所在的水平面稍高于电器所在水平面。中型配电装置布置比较清晰，不易误操作，运行可靠，施工和维护方便，投资少，并有多年的运行经验；明显缺点是占地面积过大。

高型和半高型配电装置的母线和电器分别装在几个不同高度的水平面上，并重叠布置。凡是两组母线及母线间隔开关上下重叠布置的配电装置，就称为高型配电装置。高型配电装置可以节省占地面积 50%左右，但耗用钢材较多、投资增大、操作和维修条件较差。如果仅将母线与断路器、电流互感器、隔离开关进行上下重叠布置，则称为半高型配电装置。半高型配电装置介于高型和中型之间，其占地面积比普通中型减小 30%；除母线隔离开关外，其余部分与中型布置基本相同，运行维护仍较方便。

二、户外配电装置布置的基本原则

1. 母线及构件

户外配电装置的母线有软母线和硬母线两种。软母线为钢芯铝绞线、扩径软管母线和分裂导线，三相呈水平布置，用悬式绝缘子悬挂在母线构架上。软母线可选用软大的档距（一般不超过三个间隔宽度），但档距越大，导线弧垂也越大。因而，导线相间及对地距离就要增加，母线及跨越线构架的宽度和高度均需增加。硬母线常用的有矩形和管形两种，前者用于35kV及以下的配电装置中，后者用于110kV及以上的配电装置中。管形硬母线一般采用柱式绝缘子安装在支柱上，不需另设高大的构架；管形母线不会摇摆，相间距离可以缩小，与剪刀式隔离开关配合，可以节省占地面积，但抗震能力较差。由于强度关系，硬母线档距不能太大，一般不能上人检修。

户外配电装置的构架，可由型钢或钢筋混凝土制成。钢构架经久耐用，机械强度大，可以按任何负荷和尺寸制造，便于固定设备，抗震能力强，运输方便。但钢结构金属消耗量大，且为了防锈需要经常维护。钢筋混凝土构架可以节约大量钢材，也可满足各种强度和尺寸的要求，经久耐用，维护简单。钢筋混凝土环形杆是我国配电装置构架的主要形式。以钢筋混凝土环形杆和镀铸钢梁组成的构架，兼顾了两者的优点，已在我国各类配电装置中广泛采用。

2. 电力变压器

电力变压器外壳不带电，故采用落地布置，安装在铺有铁轨的双梁形钢筋混凝土基础上，轨距中心等于变压器的滚轮中心。为了防止变压器发生事故时燃油流散使事故扩大，单个油箱油量超过1000kg以上的变压器，按照防火要求，在设备下面设置储油池或挡油墙，其尺寸应比设备的外廓大1m，储油池内一般铺设厚度不小于0.25m卵石层。

主变压器与建筑物的距离不应小于1.25m，且距变压器5m以内的建筑物，在变压器总高度以下及外廓两侧各3m范围内，不应有门窗和通风孔。当变压器油重超过2500kg以上时，两台变压器之间的防火净距不应小于10m，如布置有困难，应设防火墙。

3. 断路器

断路器有低式和高式两种布置。低式布置的断路器放在0.5～1m的混凝土基础上。低式布置的优点是检修比较方便，抗震性能较好。但必须设置围栏，因而影响通道的畅通。一般中型配电装置的断路器采用高式布置，即把断路器安装在约高2m的混凝土基础上。断路器的操动机构必须装在相应的基础上。

按照断路器在配电装置中所占据的位置，可分为单列布置和双列布置。当断路器布置在主母线两侧时，称为双列布置；如将断路器集中布置在主母线的一侧，则称为单列布置。单、双列布置的确定，必须根据主母线、场地地形条件、总体布置和出线方向等多种因素合理选择。

4. 隔离开关和电流互感器、电压互感器

这几种设备均采用高式布置，其要求与断路器相同。隔离开关的手动操动机构装在其靠边一相基础的一定高度上。

5. 避雷器

避雷器也有高式和低式两种布置。110kV及以上的阀型避雷器由于本身细长，如安装在2.5m高的支架上，其上面的引线离地面已达5.9m，在进行试验时，拆装引线很不方便，稳定度也很差。因此，多采用落地布置，安装在0.4m的基础上，四周加围栏。磁吹避雷器及35kV的阀型避雷器形体矮小、稳定度较好，一般采用高式布置。

6. 电缆沟

户外配电装置中电缆沟的布置，应使电缆所走的路径最短。电缆沟可分为纵向电缆沟和横向电缆沟。一般横向电缆沟布置在断路器和隔离开关之间。大型变电站的纵向电缆沟，因电缆数量较多，一般分为两路。采用弱电控制和晶体管继电保护时，为了抗干扰，电缆沟应采用辐射形布置，并应缩短控制电缆沟与高压母线平行的长度，增大两者间的距离，从而减小电磁和静电耦合。

7. 道路

为了运输设备和消防需要，应在主要设备近旁铺设行车道路；此外，还应设置宽0.8～1m的巡视小道，以便运行人员巡视电气设备。电缆沟盖板可作为部分巡视小道。110kV以上户外配电装置应设置3m的环形道路。

三、户外配电装置布置实例

1. 中型配电装置布置实例

按照隔离开关的布置方式，中型配电装置可分为普通中型配电装置和分相中型配电装置。分相中型配电装置的主要特征是采用硬（铝）管母线，隔离开关分相直接布置在母线正下方。分相布置的缺点是：两组主母线隔离开关串联连接，检修时将出现同时停两组隔离开关的情况。

图7-8（a）、（b）为双列布置的110kV中型配电装置平面图及配置图，由图7-8（b）可见，该配电装置是单母线分段、出线带旁路、分段断路器兼作旁路断路器的接线。

图7-8（c）、（d）为双列布置的110kV中型配电装置变压器间隔断面图及出线间隔断面图。由图7-8（c）和（d）可见，母线采用钢芯铝绞线，用悬式绝缘子串悬挂在由环形断面钢筋混凝土杆和钢材焊成的三角形断面横梁上。间隔宽度为8m，采用少油断路器，所有电气设备都安装在地面的支架上，出线回路由旁路母线的上方引出，各净距数值如图7-8（a）所示，数值为中性点不接地的电网。变压器回路的断路器布置在母线的另一侧，距离旁路母线较远，变压器回路利用旁路母线较困难，所以这种配电装置只有出线回路带旁路母线。

2. 高型配电装置布置实例

图7-9为220kV双母线进出线带旁路、三框架、断路器双列布置的进出线断面图。这种布置方式除将两组主母线及其隔离开关上下重叠布置外，而且把两个旁路母线架提高，并列设在主母线两侧，而与双列布置的断路器和电流互感器重叠布置，使其在同一间隔内可设置两个回路。显然，该布置方式特别紧凑，纵向尺寸显著减小，占地面积一般只有普通中型的50%。此外，母线、绝缘子串和控制电缆的用量也比中型少。

高型配电装置的主要缺点是：①耗用钢材比中型多15%～60%（视改善检修条件而异）；②操作条件比中型差；③上层设备检修不方便，作业时还要特别仔细，若上层设备瓷件损坏或检修工具跌落，可能打坏下层设备。但由于本方案在上层隔离开关下方设置有3.6m宽的操作走道，并用天桥与控制室连接，而且选用具有电动遥控操动机构的隔离开关等，使运行及检修条件得到较大改善。

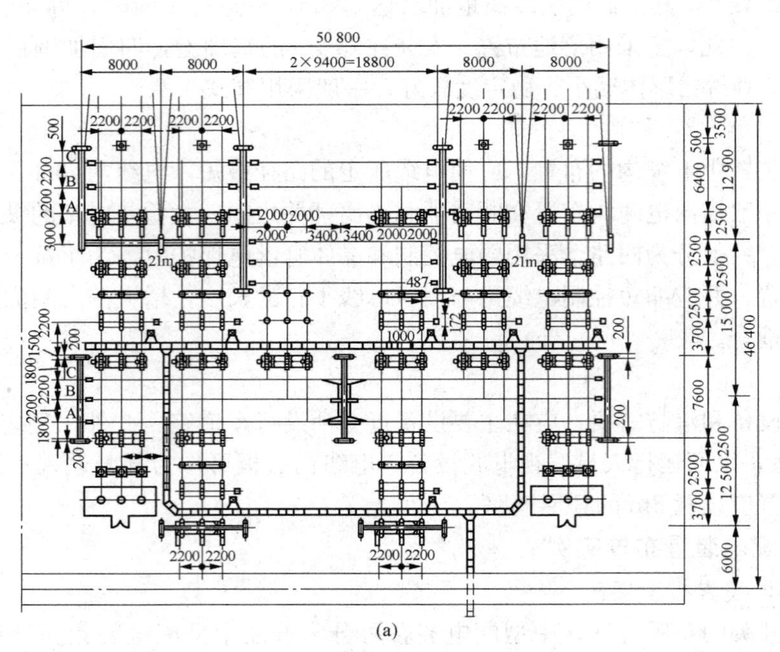

(a)

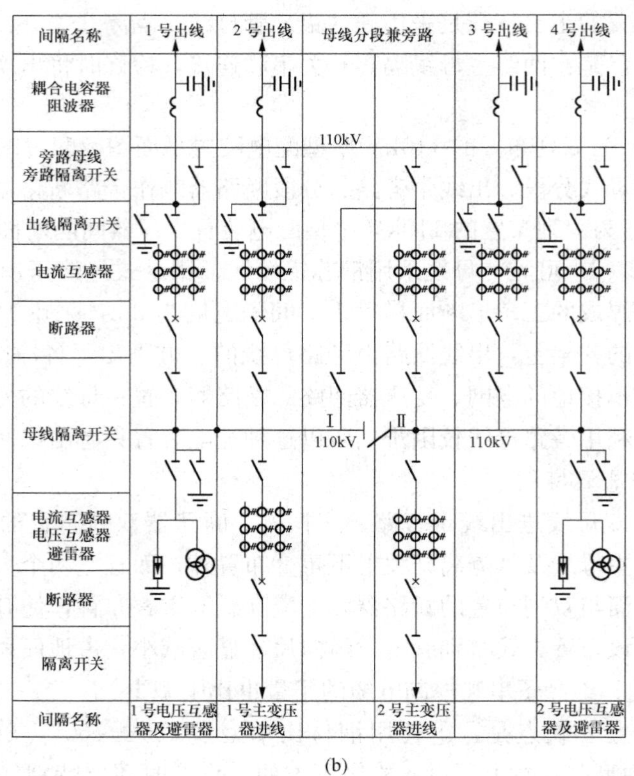

(b)

图 7-8 双列布置的中型配电装置（一）

（a）110kV 户外配电装置平面图；（b）配置图

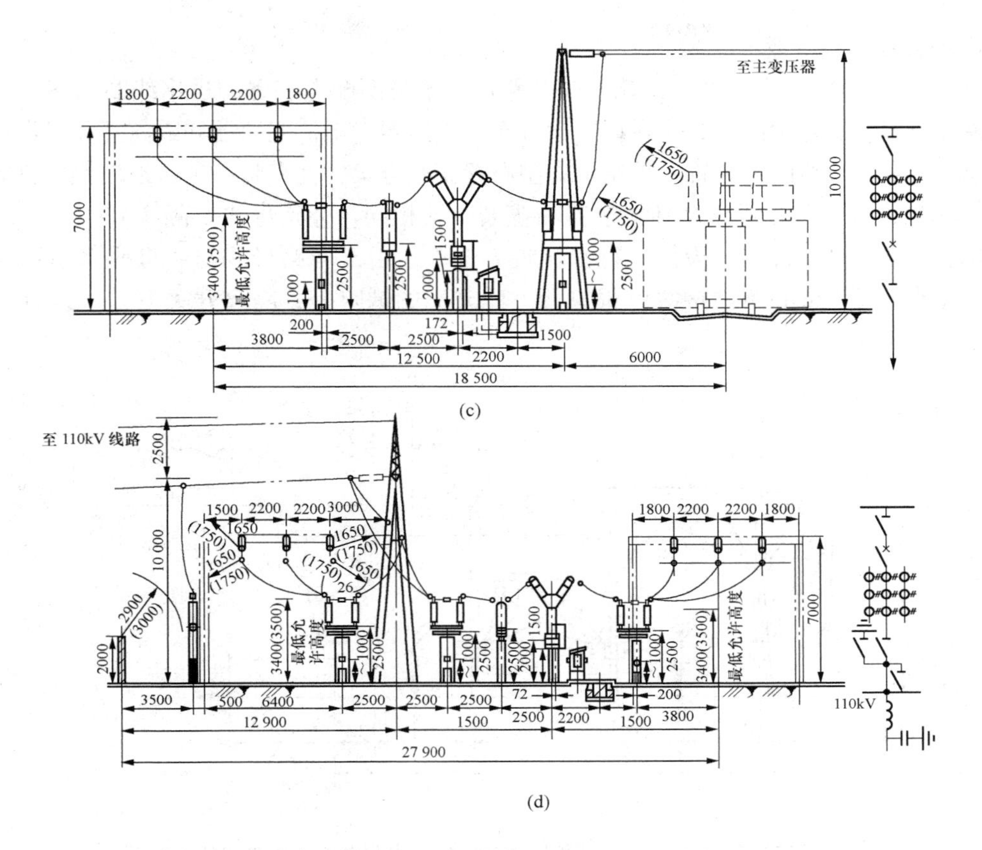

图 7-8　双列布置的中型配电装置（二）

（c）变压器间隔断面图；（d）出线间隔断面图

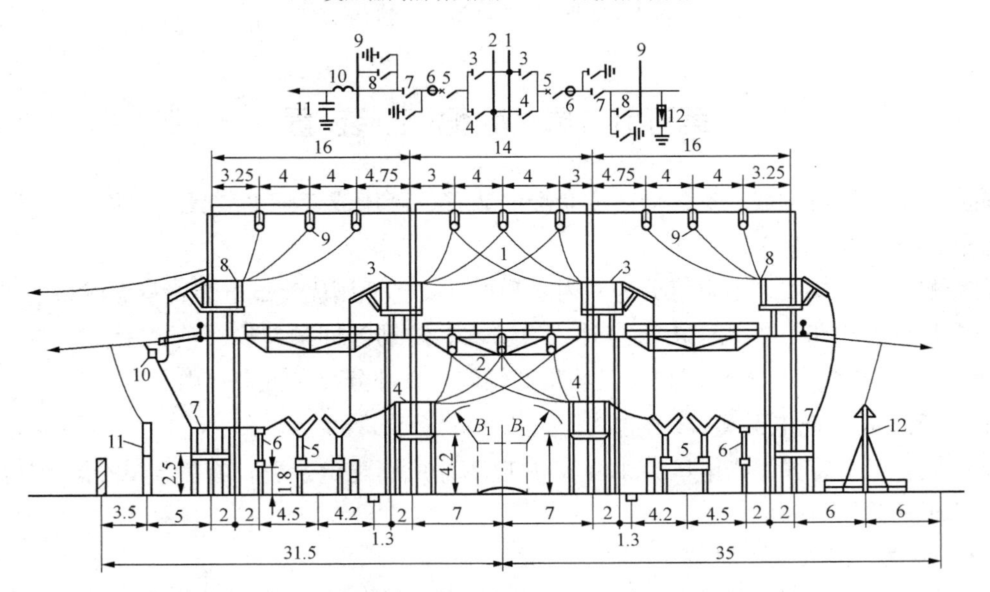

图 7-9　220kV 双母线进出线带旁路、三框架、断路器双列布置的进出线断面图（m）

1、2—主母线；3、4、7、8—隔离开关；5—断路器；6—电流互感器；9—旁路母线；

10—阻波器；11—耦合电容器；12—避雷器

3. 半高型配电装置布置实例

图 7-10 为 110kV 单母线、进出线带旁路母线半高型配电装置的进出线断面图。半高型配电装置布置特点是抬高母线，在母线下方布置断路器、电流互感器和隔离开关等设备。单母线分段带旁路母线配电装置，采用半高型布置。此方案的优点是：①占地面积比普通中型布置约减小 30%；②主母线及其他电器和普通中型相同，旁路母线及隔离开关位置均不很高，且不经常带电运行，故检修运行都比较方便；③由于旁路母线与主母线采用不等高布置，实现进出线均带旁路的接线就很方便。此方案的缺点是：隔离开关下方未设置检修平台，检修不够方便。

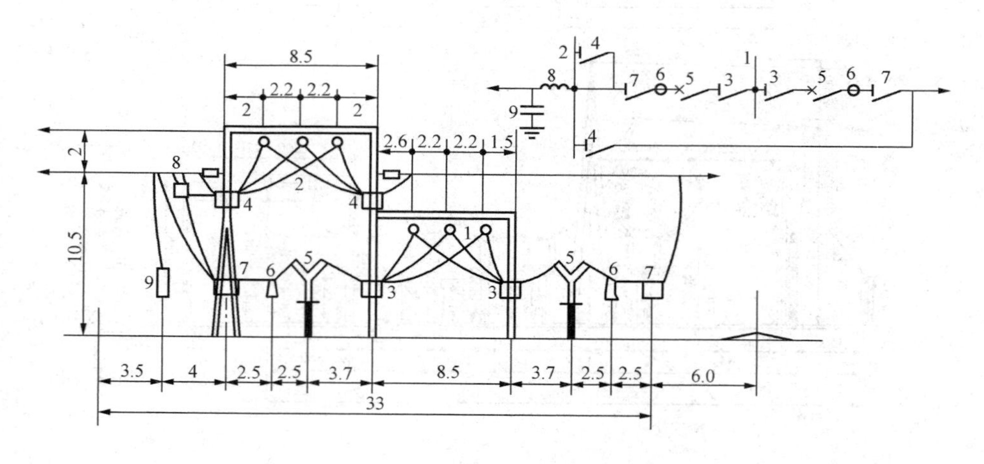

图 7-10　110kV 单母线、进出线带旁路母线半高型配电装置的进出线断面图（m）

1—主母线；2—旁路母线；3、4、7—隔离开关；5—断路器；

6—电流互感器；8—阻波器；9—耦合电容器

第五节　成套配电装置

成套配电装置可分成三类：低压成套配电装置、高压成套配电装置（也称高压开关柜）和 SF_6 全封闭式组合电器。

成套配电装置按安装地点可分为户内式和户外式。低压成套配电装置只做成户内式，高压开关柜有户内式和户外式。由于户外式有防水、防锈等问题，故目前大量使用的是户内式。SF_6 全封闭式组合电器也因户外气候条件较差，大部分都布置在户内。

一、低压成套配电装置

低压成套配电装置是指电压为 1000V 及以下的成套配电装置，有固定式低压配电屏和抽屉式低压开关柜两种。

1. GGD 型固定式低压配电屏

图 7-11 所示为 GGD 型固定式低压配电屏外形尺寸图。配电屏的构件为拼装式结合局部焊接。正面上部装有测量仪表，双面开门。三相母线布置在屏顶，隔离开关、熔断器、低压断路器、互感器和电缆端头依次布置在屏内，继电器、二次端子排也装设在屏内。主母线排

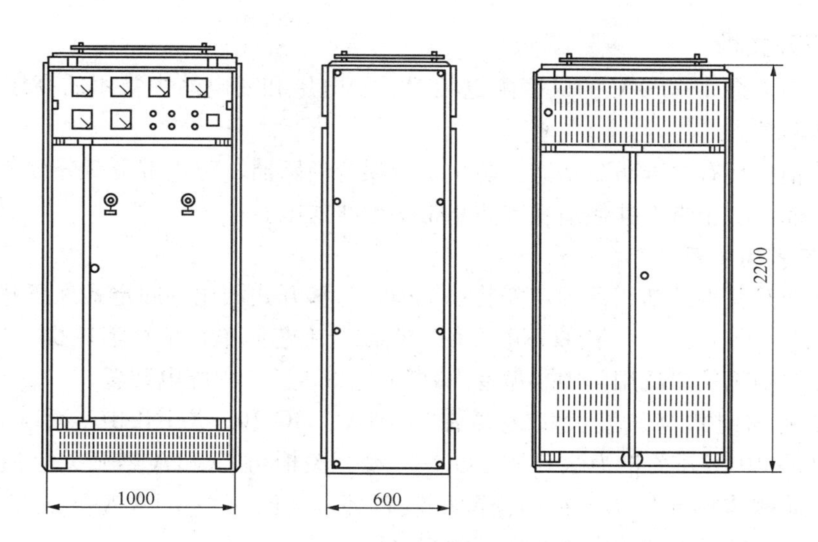

图 7-11　GGD 型固定式低压配电屏外形尺寸图

列在柜的上部后方，柜体下部、后上部和顶部均有通风、散热装置。

固定式低压配电屏结构简单、价格低，维护、操作方便，广泛应用于发电厂、变电站、工矿企业等电力用户。

2. GCS 型抽屉式低压开关柜

图 7-12 所示为 GCS 抽屉式低压开关柜外形及安装尺寸图。GCS 为密封式结构，内部分为功能单元室、母线室和电缆室。电缆室内为二次线和端子排。功能室由抽屉组成，主要低压设备均安装在抽屉内。若回路发生故障，可立即换上备用的抽屉，迅速恢复供电。开关柜前面门上装有仪表、控制按钮和低压断路器操作手柄。抽屉有联锁机构，可防止误操作。

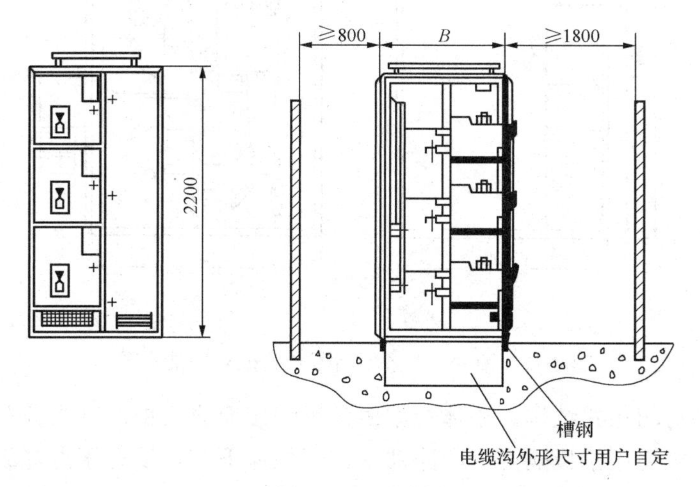

图 7-12　GCS 抽屉式低压开关柜外形及安装尺寸图

这种配电屏的特点是：密封性能好，可靠性高，占地面积小；但钢材消耗较多，价格较高。它将逐步取代固定式低压配电屏。

二、高压开关柜

高压开关柜是指3～35kV的成套配电装置。发电厂和变电站中常用的高压开关柜有移开式和固定式两种。

高压开关柜应具有“五防”功能：防止误分误合断路器、防止带负荷分合隔离开关、防止误入带电间隔、防止带电挂接地线和防止带接地线送电。

（一）固定式高压开关柜

固定式高压开关柜的断路器固定安装在柜内。与移开式相比，固定式高压开关柜的体积大、封闭性能差（GG系列）、检修不够方便，但制造工艺简单、钢材消耗少、价廉。因此，固定式高压开关柜仍较广泛用作中小型变电站的6～35kV户内配电装置。

我国生产的固定式高压开关柜主要有GG-1A、GG-10、XGN2-10、GBC-35等形式，GG-1A型和GG-10型开关柜为敞开式。GG-10型开关柜与GG-1A型开关柜相比，结构形式基本相同，而整体尺寸较小。在户内配电装置部分，已对GG-1A型开关柜作简单的介绍，下面再介绍一种常见的固定式高压开关柜。

图7-13所示为XGN2-10Z型高压开关柜外形结构图。XGN2-10Z的含义为：X—箱式开关设备；G—固定式；N—户内装置；2—设计序号；10—额定电压（kV）；Z—真空断路器。

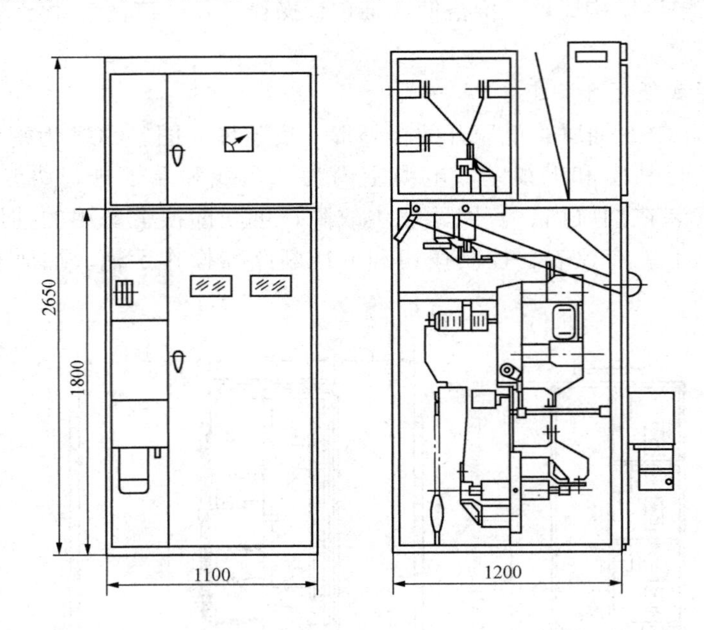

图7-13　XGN2-10Z型高压开关柜外形结构图

开关柜为金属封闭箱式结构。柜体骨架由角钢焊接而成。柜内分为断路器室、母线室和继电器室，室与室之间用钢板隔开。断路器室位于柜体下部，设有压力释放通道。母线室位于柜体后上部，为了减小柜体高度，母线呈品字形排列，母线与上隔离开关接线端子相连接。电缆室位于柜体的后下部，电缆室内支柱绝缘子可设有监视装置，电缆固定在支架上。继电器室位于柜体的前上部，室内安装板可安装各种继电器等，室内有端子排支架，安装指示仪表、信号元件等二次元件，顶部还可布置二次小母线。

断路器操动机构装在正面左边位置，其上方为隔离开关的操动机构及联锁机构。

开关柜为双面维护，前面可检修断路器及继电器的二次元件，维护操动机构、机械联锁部分，检修断路器；后面可维修主母线和电缆终端，断路器室和电缆室均装有照明灯。前门的下方设有与柜宽方向平行的接地铜母线。

开关柜采用机械联锁实现“五防”功能，机械联锁的动作原理如下：

（1）停电操作（运行→检修）。开关柜处于工作位置，即上、下隔离开关与断路器处于合闸状态，前后门已锁好，线路处于带电运行中，这时的小手柄处于工作位置。

先将断路器分断，再将小手柄扳到“分断闭锁”位置，这时断路器不能合闸；将操作手柄插入下隔离开关的操作孔内，从上往下拉，拉到下隔离开关分闸位置；将操作手柄拿下，插入接地开关操作孔内，从下往上推，使接地隔离开关处于合闸位置，这时可将小手柄扳至“检修”位置。先打开前门，取出后门钥匙打开后门，停电操作完毕，检修人员可对断路器及电缆室进行维护和检修。

（2）送电操作（检修→运行）。若检修完毕需要送电，其操作程序如下：

将后门关好锁定，取出钥匙后关前门；将小手柄从检修位置扳至“分断锁闭”位置，这时前门被锁定，断路器不能合闸；将操作手柄插入接地隔离开关操作孔内，从上往下拉，使接地隔离开关处于分闸位置；将操作手柄拿下，再插入上隔离开关的操作孔内，从下向上推，使上隔离开关处于合闸位置；将操作手柄拿下，插入下隔离开关的操作孔内，从下向上推，使下隔离开关处于合闸位置；取出操作手柄，将小手柄扳至工作位置，这时可将断路器合闸。

（二）移开式高压开关柜

移开式高压开关柜又称为手车式高压开关柜。我国生产的产品主要有 KYN□-10、JYN□-10、GFC-10、GFC-11、GC-2、JYN1-35、GBC-35 等形式。

1. JYN2-10 型移开式金属封闭高压开关柜

图 7-14 所示为 JYN2-10 型开关柜内部结构图。JYN2-10 的含义为：J—金属封闭间隔式开关设备；Y—移开式；N—户内装置；2—设计序号；10—额定电压（kV）。

开关柜由固体的壳体（以下简称外壳）和装有滚轮的可移开部件（以下简称手车）两部分组成。

一般情况，外壳用钢板或绝缘板分隔成手车室、母线室、电缆室和继电器仪表室四个部分，分述如下。

（1）手车室。柜前正中部为手车室，

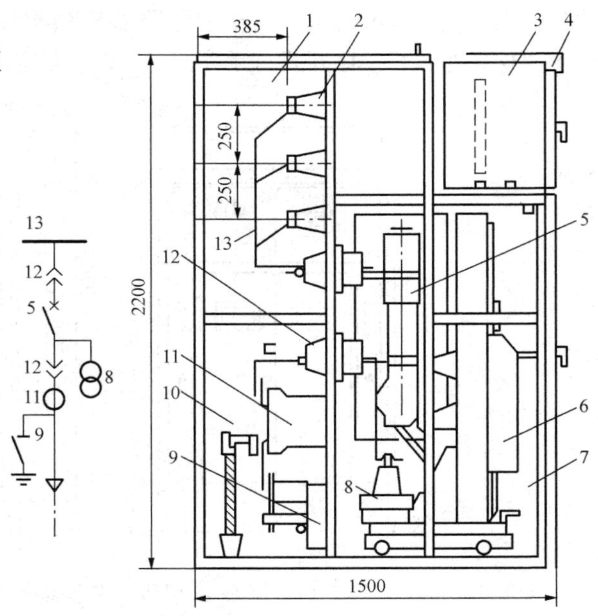

图 7-14　JYN2-10 型开关柜外形结构图示意图

1—母线室；2—母线及绝缘子；3—继电器仪表室；4—小母线室；5—断路器；6—手车；7—手车室；8—电压互感器；9—接地开关；10—出线室；11—电流互感器；12—一次接头罩；13—母线

断路器及操动机构均装在小车上，断路器手车正面上部为推进机构，用脚踩手车下部联锁脚踏板，车后母线室面板上的遮板提起，插入手柄，可使手车在柜内平稳前进或后移。当手车在工作位置时，断路器通过隔离插头与母线和出线相连通。检修时，将小车推出柜外，动、静触头分离，一次触头隔离罩自动关闭，起安全隔离作用。如果急需恢复供电，可换上备用小车，既方便检修又缩短停电时间。手车与柜相连的二次线采用插头连接。当断路器离开工作位置后，其一次隔离插头虽断开，而二次线仍可接通，以便调试断路器。手车两侧及底部设有接地滑道、定位销和位置指示等附件。

JYN2-10 型高压开关柜的手车，除上述断路器手车外，根据一次线路方案，还有电压互感器手车、电压互感器避雷器手车、电容器避雷器手车、站用变压器手车、隔离手车及接地手车等。

(2) 仪表继电器室。仪表的前上部分是继电器仪表室。继电器仪表室前门（简称仪表板，下同）可以装设指示仪表、操作开关、信号继电器、按钮和信号灯具等二次设备；室内装有摇门式继电器屏，继电器为凸装板后接线型；室内顶部能装多路小母线，底部为二次插座和端子排。整个小室底下用四组减振器与壳体连成一体，以达到避振效果。

(3) 母线室和电缆室。外壳的后上部分为主母线室，后下部分为电缆室，电流互感器和接地开关都装于其内。底部用绝缘板将电缆室与电缆沟隔离，后面封板上装有观察窗，通过观察窗可以了解设备运行情况。

2. GBC-35 型移开式金属封闭高压开关柜

图 7-15 所示为 GBC-35 型移开式金属封闭高压开关柜外形尺寸图。图 7-16 所示为 GBC-35 型移开式金属封闭高压开关柜油断路器柜结构尺寸图。GBC-35 的含义为：G—高压开关柜；B—保护型；C—移开式（手车式）；35—额定电压（kV）。

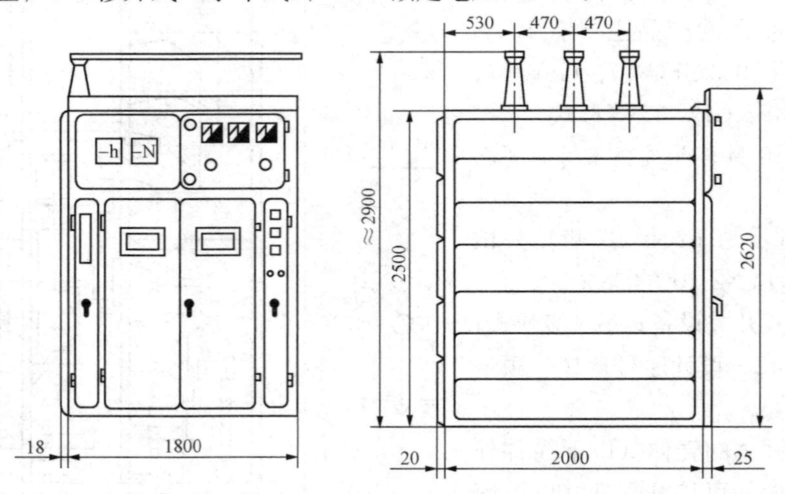

图 7-15　GBC-35 型移开式金属封闭高压开关柜外形尺寸图

开关柜为手车式结构，以空气绝缘为主。开关柜主母线采用矩形铝母线水平架空装于柜顶，前后可以观察。联络母线一般呈三角形布置在柜的下部。除柜后用钢网遮栏便于观察外，开关柜的正面、柜间及柜的两侧均采用钢板门或封板加以保护。

(1) 柜体。柜体骨架由角钢及钢板弯制焊接而成，分隔成手车室、隔离触头室、电缆头

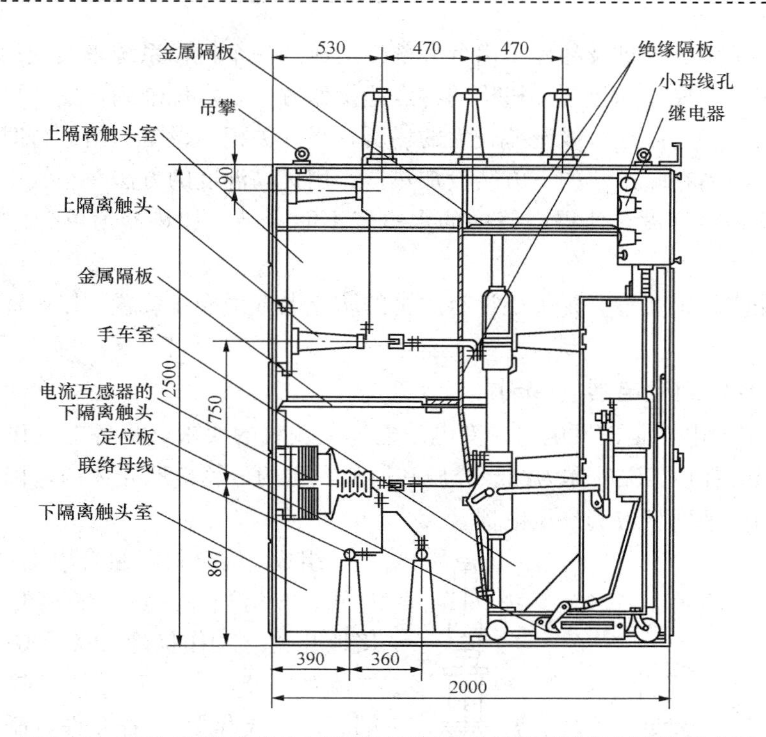

图 7-16　GBC-35 型移开式金属封闭高压开关柜油断路器柜结构尺寸图

室、继电器室、端子室及移动板等。

柜门中部为手车室，打开两扇中门，手车可以出入。门上设有观察窗。二次插头固定在右中门上，左中门上标有手车处于试验位置的标志。左侧小门上装有铭牌和指示柜内一次线路方案标志。门内一般不设小室，仅站用变压器柜（101 柜）设置小室，以安装供控制所用变供电用的低压断路器。右侧小门上，专供安装按钮和控制开关及需要手动复位的继电器等。该门内是端子室，装置二次接线端子组，端子组上方装有供柜内照明的灯具，下方设有接地螺栓。

柜前上部是两扇对开钢板门，门上可安装仪表、指示器等。门内为安装继电器的小室。柜间小母线沿小室上部敷设，小母线端子组设于小室的左侧。柜后下部为下隔离静触头室，柜后上部为上隔离静触头室。上、下一次静触头室均可根据需要装设支柱绝缘子触头座或电流互感器或穿墙套管；上部三相最多可装设电流互感器六台，下部最多装设三台电流互感器。

为了保证局部检修的安全，上、下一次静触头之间、手车室柜顶主母线之间均设有金属隔板。对于断路器柜，在手车室内侧顶部加设绝缘隔板，以防止断路器喷气造成相间闪络。下隔离触头与手车室之间也设有绝缘隔板。

开关柜设有保证同类型手车可以互换、不同类型手车不能推入的识别装置。

（2）手车。根据一次线路方案，共分为断路器、三相和单相电压互感器、避雷器、两种隔离开关及变压器等七种手车。

各种手车的操作面均有金属封闭加以保护。上部和下部的保护板上开有观察车内情况的观察窗；中部是操作板，用于装设操作把柄、联锁机构及二次插座等。手车的底部设有接地触头及车轮等。手车的推进及移出是由各种部件组成的一个机构系统来实现的。手车推进和移出由装于手车上的操作柄控制。机构的特点是操作省力，定位准确，安全可靠。

（3）加热器。在高湿地区或湿差较大的场所，当开关柜内设备退出运行时，有产生凝露的可能。为此，柜内在端子室的下方装设加热器，用提高温度的方法在空气中的绝对湿度不变的情况下降低相对湿度，使得空气中的水蒸气不能凝结。加热器为可变件，由用户按需装设。

（4）防误操作闭锁装置。开关柜设有周全的防止电气误操作装置，以确保人身和设备的安全。

三、SF_6全封闭组合电器（GIS）

SF_6全封闭组合电器是按发电厂、变电站电气主接线的要求，将各电气设备依次连接组成一个整体，封装在以 SF_6气体为绝缘介质和灭弧介质的金属接地壳体内，以优质环氧树脂绝缘子作支撑的一种新型成套高压电器。

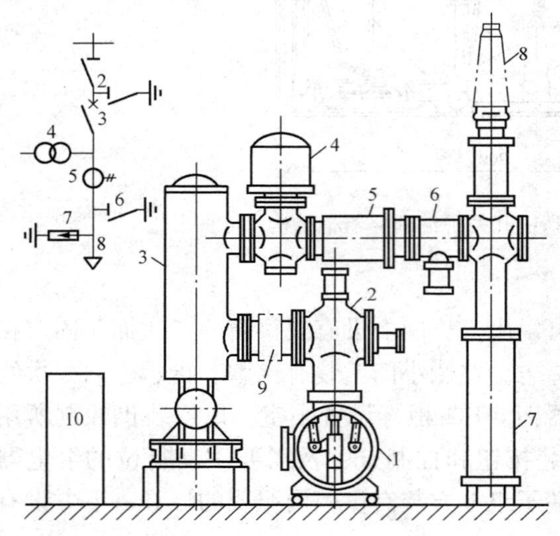

图 7-17　110kV 单母线接线的 SF_6全封闭组合电器配电装置的断面图

1—母线；2—隔离开关、接地开关；3—断路器；4—电压互感器；5—电流互感器；6—快速接地开关；7—避雷器；8—引线套管；9—波纹管；10—操动机构

组成 SF_6全封闭组合电器的标准元件有：母线、隔离开关（负荷隔离开关）、断路器、接地开关（工作接地开关和快速接地开关）、电流互感器、电压互感器、避雷器和电缆终端（或出线套管）。各元件可制成不同的标准独立结构，并辅以一些过渡元件（如弯头、三通、波纹管等），即可适应不同形式主接线的要求，组成成套配电装置。

图 7-17 为 110kV 单母线接线的 SF_6全封闭组合电器配电装置的断面图。为了便于支撑和检修，母线布置在下部。母线采用三相共箱式结构。配电装置按照电气主接线的连接顺序，布置成 π 形，使结构更紧凑，以节省占地面积和空间。该封闭组合电器内部分为母线、断路器以及隔离开关与电压互感器等四个互相隔离的气室，各气室内 SF_6压力不完全相同。封闭组合电器各气室相互隔离，这样可以防止事故范围的扩大，也便于各元件的分别检修与更换。

SF_6封闭式组合电器与其他类型配电装置相比，具有以下特点：

（1）大量节省配电装置占地面积与空间。

（2）运行可靠性高。

（3）土建和安装工作量小，建设速度快。

（4）检修周期长，维护工作量小。

（5）由于金属外壳接地的屏蔽作用，能消除对无线电的干扰，也无静电感应和噪声等。同时，也没有偶然触及带电体的危险，有利于工作人员的安全。

（6）抗震性能好。

（7）对材料性能、加工精度和装配工艺要求很高。

（8）需要专门的 SF_6 气体系统和压力监视装置，对 SF_6 气体的纯度要求严格。

（9）金属耗量大，造价较高。

SF_6 全封闭组合电器配电装置主要用于 110～500kV 的工业区、市中心、险峻山区、地下、洞内以及需要扩建而缺乏土地的发电厂和变电站，也适用位于严重污秽、海滨、高海拔以及气象环境恶劣地区的变电站，还可用于军用变电设施。

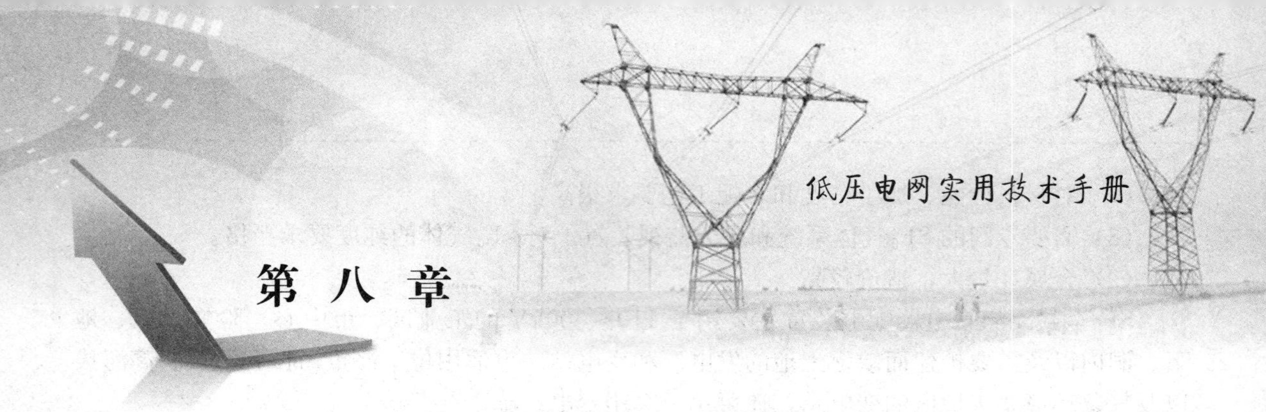

电 力 变 压 器

电力变压器是一种静止的电气设备，它利用电磁感应原理将一种电压等级的交流电能转变成另一种电压等级的交流电能。变压器可分为电力变压器、特种变压器及仪用互感器（电压互感器和电流互感器）。电力变压器按冷却介质可分为油浸式和干式两种。

在电力系统中，电力变压器（以下简称变压器）是一个重要的设备。发电厂的发电机输出电压由于受发电机绝缘水平限制，通常为6.3kV和10.5kV，最高不超过20kV。在远距离输送电能时，必须将发电机的输出电压通过升压变压器将电压升高到几万伏或几十万伏，以降低输电线电流，从而减少输电线路上的能量损耗。

输电线路将几万伏或几十万伏的高压电能输送到负荷区后，必须经降压变压器将高电压降低，以适合用电设备的使用。故在电力系统中需要大量的降压变压器，将输电线路输送的高压变换成不同等级的电压，以满足各类负荷的需要。

由多个电站联合组成电力系统时，要依靠变压器将不同电压等级的线路连接起来。所以，变压器是电力系统中不可缺少的重要设备。

第一节　变压器的工作原理与结构

一、变压器的工作原理

变压器是根据电磁感应原理工作的。图8-1是单相变压器的原理示意图。图中，在闭合的铁芯上，绕有两个互相绝缘的绕组，其中接入电源的一侧为一次绕组，输出电能的一侧为二次绕组。当交流电源电压U_1加到一次绕组后，就有交流电流I_1通过该绕组，在铁芯中产生交流磁通。这个交变磁通不仅穿过一次绕组，同时也穿过二次绕组，两个绕组分别产生感应电动势E_1和E_2。这时，如果二次绕组与外电路的负荷接通，便有电流I_2流入负荷，即二次绕组有电能输出。

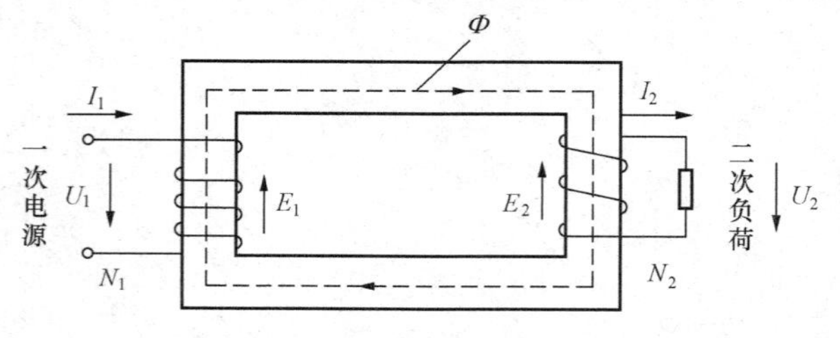

图8-1　单相变压器的原理示意图

根据电磁感应定律可以导出感应电动势。一次绕组感应电动势为

$$E_1=4.44fN_1\Phi_m \tag{8-1}$$

二次绕组感应电动势为

$$E_2 = 4.44 f N_2 \Phi_m \tag{8-2}$$

式中 f——电源频率，H_Z；

N_1——一次绕组匝数；

N_2——二次绕组匝数；

Φ_m——铁芯中主磁通幅值。

由式（8-1）、式（8-2）得出

$$\frac{E_1}{E_2} = \frac{N_1}{N_2} \tag{8-3}$$

由此可见，变压器一、二次感应电动势之比等于一、二次绕组匝数之比。

由于变压器一、二次侧的漏电抗和电阻都比较小，可以忽略不计，因此可近似地认为一次电压有效值 $U_1 = E_1$，二次电压有效值 $U_2 = E_2$，于是有

$$\frac{U_1}{U_2} = \frac{E_1}{E_2} = \frac{N_1}{N_2} = K \tag{8-4}$$

式中 K——变压器的变比。

变压器一、二次绕组因匝数不同将导致一、二次绕组的电压高低不等，匝数多的一侧电压高，匝数少的一侧电压低，这就是变压器能够改变电压的基本原理。

如果忽略变压器的内损耗，可认为变压器二次输出功率等于变压器一次输入功率，即

$$U_1 I_1 = U_2 I_2 \tag{8-5}$$

式中 I_1、I_2——变压器一次电流、二次电流的有效值。

由此可得出

$$\frac{I_1}{I_2} = \frac{N_2}{N_1} = \frac{1}{K} \tag{8-6}$$

由此可见，变压器一、二次电流之比与一、二次绕组的匝数成反比，即变压器匝数多的一侧电流小，匝数少的一侧电流大，也就是电压高的一侧电流小，电压低的一侧电流大。

二、变压器的结构

中小型油浸式电力变压器典型结构如图 8-2 所示。

1. 铁芯

（1）铁芯结构。变压器的铁芯是磁路部分，由铁芯柱和铁轭两部分组成。绕组套装在铁芯柱上，而铁轭则用来使整个磁路闭合。铁芯的结构一般分为芯式和壳式两类。

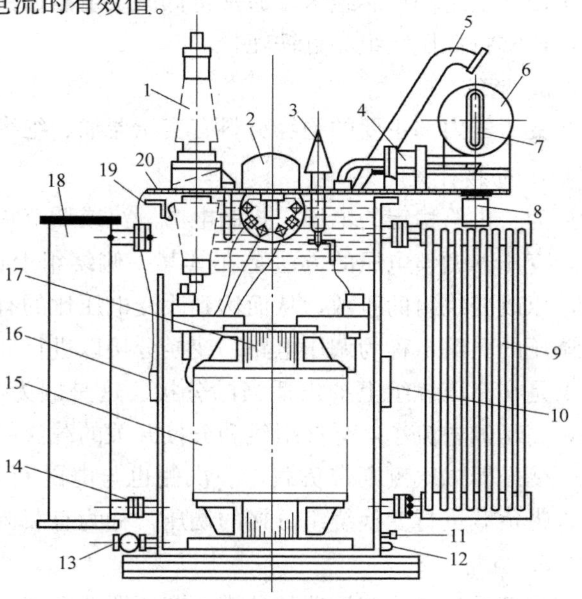

图 8-2 中小型油浸式电力变压器典型结构示意图

1—高压套管；2—分接开关；3—低压套管；4—气体继电器；5—安全气道（防爆管）；6—油枕（储油拒）；7—油表；8—呼吸器（吸湿器）；9—散热器；10—铭牌；11—接地螺栓；12—油样活门；13—放油阀门；14—活门；15—绕组（线圈）；16—信号温度计；17—铁芯；18—净油器；19—油箱；20—变压器油

芯式铁芯的特点是铁轭靠着绕组的顶面和底面，但不包围绕组的侧面；壳式铁芯的特点是铁轭不仅包围绕组的顶

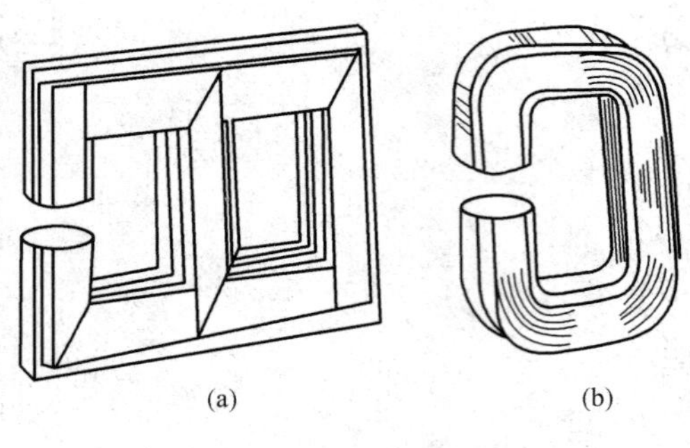

图 8-3　常用的芯式铁芯

面和底面，而且包围绕组的侧面。由于芯式铁芯结构比较简单，绕组的布置和绝缘也比较容易，因此我国电力变压器主要采用芯式铁芯，只在一些特种变压器（如电炉变压器）中才采用壳式铁芯。常用的芯式铁芯如图 8-3 所示。近年来，大量涌现的节能型配电变压器均采用卷铁芯结构。

（2）铁芯材料。由于铁芯为变压器的磁路，所以其材料要求导磁性能好，只有导磁性能好，才能使铁损小。故变压器的铁芯采用硅钢片叠制而成。硅钢片有热轧和冷轧两种。由于冷轧硅钢片在沿着辗轧的方向磁化时有较高的磁导率和较小的单位损耗，其性能优于热轧硅钢片，国产变压器均采用冷轧硅钢片。国产冷轧硅钢片的厚度为 0.35、0.30、0.27mm 等几种。片厚则涡流损耗大，片簿则叠片系数小，因为硅钢片的表面必须涂覆一层绝缘漆以使片与片之间绝缘。

2. 绕组

绕组是变压器的电路部分，一般由绝缘漆包、纸包的铝线或铜线绕制而成。

根据高、低压绕组排列方式的不同，绕组分为同心式和交叠式两种。对于同心式绕组，为了便于绕组和铁芯绝缘，通常将低压绕组靠近铁芯柱。对于交叠式绕组，为了减小绝缘距离，通常将低压绕组靠近铁轭。

3. 绝缘

变压器内部主要的绝缘材料有变压器油、绝缘纸板、电缆纸、皱纹纸等。

4. 分接开关

为了供给稳定的电压、控制电力潮流或调节负载电流，均需对变压器进行电压调整。目前，变压器调整电压的方法是在其某一侧绕组上设置分接，以切除或增加一部分绕组的线匝，以改变绕组的匝数，从而达到改变电压比的有级调整电压的方法。这种绕组抽出分接以供调压的电路，称为调压电路；变换分接以进行调压所采用的开关，称为分接开关。一般情况下是在高压绕组上抽出适当的分接。这是因为高压绕组常套在外面，引出分接方便；另外，高压侧电流小，分接引线和分接开关的载流部分截面小，开关接触触头也较容易制造。

变压器二次侧不带负载，一次侧也与电网断开（无电源励磁）的调压，称为无励磁调压；带负载进行变换绕组分接的调压，称为有载调压。

5. 油箱

油箱是油浸式变压器的外壳。变压器器身置于油箱中，箱内灌满变压器油。油箱结构，根据变压器的大小分为吊器身式油箱和吊箱壳式油箱两种。

（1）吊器身式油箱。多用于 6300kVA 及以上的变压器，其箱沿设在顶部，箱盖是平的。由于变压器容量小，所以重量轻，检修时易将器身吊起。

（2）吊箱壳式油箱。多用于 8000kVA 及以上的变压器，其箱沿设在下部，上节箱身做成罩形，故又称钟罩式油箱。检修时无需吊器身，只将上节箱身吊起即可。

6. 冷却装置

变压器运行时，由绕组和铁芯中产生的损耗转化为热量，必须及时散热，以免变压器过热造成事故。变压器的冷却装置是起散热作用的。根据变压器容量大小不同，采用不同的冷却装置。

对于小容量的变压器，绕组和铁芯所产生的热量经过变压器油与油箱内壁的接触，以及油箱外壁与外界冷空气的接触而自然地散热冷却，无需任何附加的冷却装置。若变压器容量稍大些，可以在油箱外壁上焊接散热管，以增大散热面积。

对于容量更大的变压器，则应安装冷却风扇，以增强冷却效果。

当变压器容量在5000kVA及以上时，则采用强迫油循环水冷却器或强迫油循环风冷却器。与前者的区别在于循环油路中增设一台潜油泵，对油加压以增加冷却效果。这两种强迫循环冷却器的主要差别为冷却介质不同，前者为水，后者为风。

7. 储油柜（又称油枕）

储油柜位于变压器油箱上方，通过气体继电器与油箱相通，如图8-4所示。

当变压器的油温变化时，其体积会膨胀或收缩。储油柜的作用就是保证油箱内总是充满油，并减小油面与空气的接触面，从而减缓油的老化。

8. 安全气道（又称防爆管）

安全气道位于变压器的顶盖上，其出口用玻璃防爆膜封住。当变压器内部发生严重故障，而气体继电器失灵时，油箱内部的气体便冲破防爆膜从安全气道喷出，保护变压器不受严重损害。

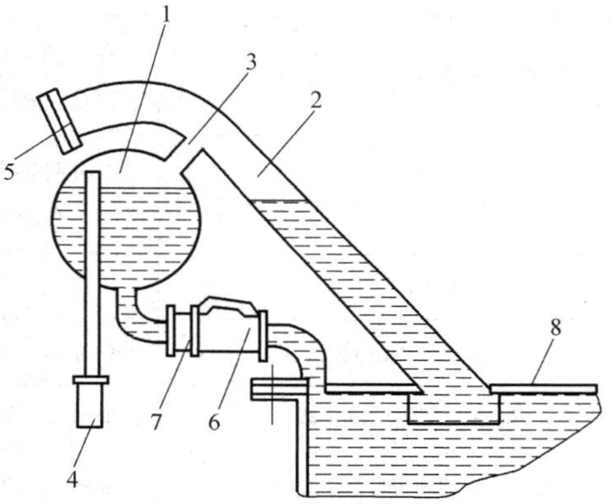

图8-4 防爆管与变压器储油柜间的连通
1—储油柜；2—防爆管；3—储油柜与安全气道的连通管；4—吸湿器；5—防爆膜；6—气体继电器；7—碟形阀；8—箱盖

9. 吸湿器

为了使储油柜内上部的空气保持干燥，避免工业粉尘的污染，储油柜通过吸湿器与大气相通。吸湿器内装有用氯化钙或氯化钴浸渍过的硅胶，硅胶能吸收空气中的水分。当硅胶受潮到一定程度时，其颜色由蓝色变为粉红色。

10. 气体继电器

气体继电器位于储油柜与箱盖的连管之间，在变压器内部发生故障（如绝缘击穿、匝间短路、铁芯事故等）产生气体或油箱漏油等使油面降低时，接通信号或跳闸回路来保护变压器。

11. 高、低压绝缘套管

变压器内部的高、低压引线是经绝缘套管引到油箱外部的，它起着固定引线和对地绝缘的作用。

套管由带电部分和绝缘部分组成。带电部分包括导电杆、导电管、电缆或铜排。绝缘部分分外绝缘和内绝缘。外绝缘为瓷管，内绝缘为变压器油、附加绝缘和电容器绝缘。

三、变压器的型号与技术参数

1. 型号

变压器的技术参数一般都标在铭牌上。按照国家标准，铭牌上除标出变压器名称、型号、产品代号、标准代号、制造厂名、出厂序号、制造年月以外，还需标出变压器的技术参数数据。电力变压器铭牌上标出的技术参数见表8-1。

表8-1　电力变压器铭牌上标出的技术参数

标注项目	附加说明
相数（单相、三相）	
额定容量（kVA或MVA）	多绕组变压器应给出各绕组的额定容量
额定频率（Hz）	
各绕组额定电压（V或kV）	
各绕组额定电流（A）	三绕组自耦变压器应注出公共线圈中长期允许电流
联结组标号、绕组联结示意图	6300kVA以下的变压器可不画联结示意图
额定电流下的阻抗电压	实测值，如果需要应给出参考容量，三绕组变压器应表示出相当于100%额定容量时的阻抗电压
冷却方式	有几种冷却方式时，还应以额定容量百分数表示出相应的冷却容量；强迫油循环变压器还应注出满载下停油泵和风扇电动机的允许工作时限
使用条件	户内、户外使用，超过或低于海拔1000m等
总质量（kg或t）	总质量（kg或t）
绝缘油质量（kg或t）	绝缘油质量（kg或t）
绝缘的温度等级	油浸式变压器A级绝缘可不注出
温升	当温升不是标准规定值时
联结图	当联结图标号不能说明内部连接的全部情况时
绝缘水平	额定电压在3kV及以上的绕组和分级绝缘绕组的中性端
运输重（kg或t）	8000kVA及以上的变压器
器身吊重，上节油箱重（kg或t）	器身吊重在变压器总重超过5t时标注，上节油箱重在钟罩式油箱时标出
绝缘液体名称	在非矿物油时
有关分接的详细说明	8000kVA及以上的变压器标出带有分接绕组的示意图，每一绕组的分接电压、分接电流和分接容量，极限分接和主分接的短路阻抗值，以及超过分接电压105%时的运行能力等
空载电流	实测值：8000kVA或63kV级及以上的变压器
空载损耗和负载损耗（W或kW）	实测值：8000kVA或63kV级及以上的变压器；多绕组变压器的负载损耗应表示各对绕组工作状态的损耗值

变压器除装设标有以上项目的主铭牌外，还应装设有关于附件性能的铭牌，需分别按所用附件（如套管、分接开关、电流互感器、冷却装置）的相应标准列出。

变压器的型号表示方法如下：

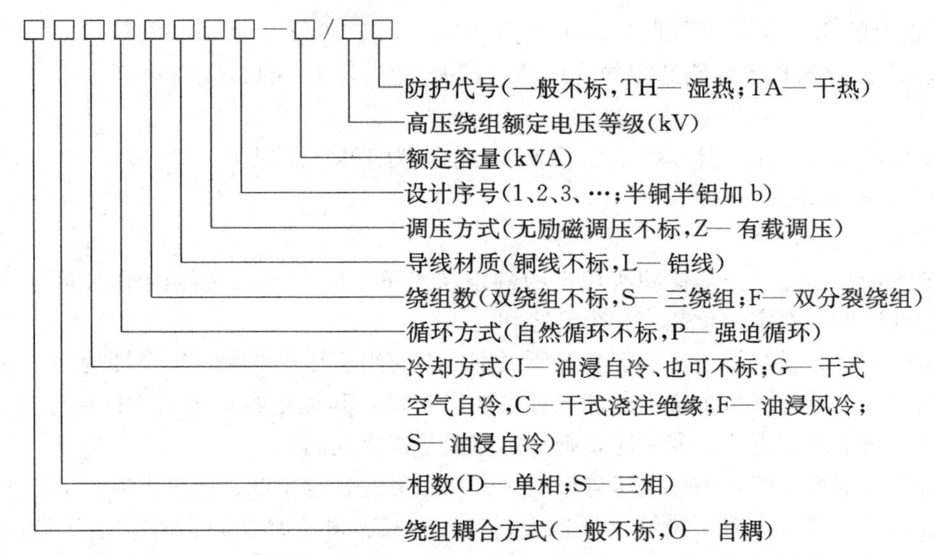

例如：SFZ-10 000/110 表示三相自然循环风冷有载调压、额定容量为 10 000kVA、高压绕组额定电压为 110kV 的电力变压器。

S9-160/10 表示三相油浸自冷式、双绕组无励磁调压、额定容量为 160kVA、高压绕组额定电压为 10kV 的电力变压器。

SC8-315/10 表示三相干式浇注绝缘、双绕组无励磁调压、额定容量为 315kVA、高压绕组额定电压为 10kV 的电力变压器。

S11-M(R)-100/10 表示三相油浸自冷式、双绕组无励磁调压、卷绕式铁芯（圆截面）、密封式、额定容量为 100kVA、高压绕组额定电压为 10kV 的电力变压器。

SH11-M-50/10 表示三相油浸自冷式、双绕组无励磁调压、非晶态合金铁芯、密封式、额定容量为 50kVA、高压绕组额定电压为 10kV 的电力变压器。

电力变压器可以按绕组耦合方式、相数、冷却方式、绕组数、绕组导线材质和调压方式分类。但是，这种分类还不足以表达变压器的全部特征，所以在变压器型号中除要把分类特征表达出来外，还需标记其额定容量和高压绕组额定电压等级。

一些新型特殊结构的配电变压器，如非晶态合金铁芯、卷绕式铁芯和密封式变压器，在型号中分别加以 H、R 和 M 表示。

2. 相数

变压器分单相和三相两种，一般均制成三相变压器以直接满足输配电的要求。小型变压器有制成单相的。特大型变压器做成单相后，组成三相变压器组，以满足运输的要求。

3. 额定频率

变压器的额定频率即是所设计的运行频率，我国为 50Hz。

4. 额定电压

额定电压是指变压器线电压（有效值），它应与所连接的输变电线路电压相符合。我国输变电线路的电压等级（即线路终端电压）为 0.38、3、6、10、35、63、110、220、330、500kV，故连接于线路终端的变压器（称为降压变压器）的一次额定电压与上例数值相同。

考虑线路的电压降，线路始端（电源端）电压将高于等级电压，35kV 以下的高 5%，

35kV及以上的高10%，即线路始端电压为0.4、3.15、6.3、10.5、38.5、69、121、242、363、550kV。故连接于线路始端的变压器（即升压变压器）的二次侧额定电压与上列数值相同。

变压器产品系列是以高压的电压等级区分的，为10kV及以下、20、35、66、110kV系列和220kV系列等。

5. 额定容量

额定容量是指在变压器铭牌所规定的额定状态下，变压器二次侧的输出能力（kVA）。对于三相变压器，额定容量是三相容量之和。

变压器额定容量与绕组额定容量有所区别：双绕组变压器的额定容量即为绕组的额定容量；多绕组变压器应对每个绕组的额定容量加以规定，其额定容量为最大的绕组额定容量；当变压器容量由冷却方式而变更时，则额定容量是指最大的容量。

变压器额定容量的大小与电压等级也是密切相关的。电压低、容量大时，电流大，耗损增大；电压高、容量小时，绝缘比例过大，变压器尺寸相对增大。因此，电压低的容量必小，电压高的容量必大。

6. 额定电流

变压器的额定电流为通过绕组线端的电流，即为线电流（有效值）。它的大小等于绕组的额定容量除以该绕组的额定电压及相应的相系数（单相为1，三相为3）。

单相变压器额定电流为

$$I_N=\frac{S_N}{U_N} \tag{8-7}$$

式中 I_N——一次侧、二次侧额定电流；

S_N——变压器额定容量；

U_N——一次侧、二次侧额定电压。

三相变压器额定电流为

$$I_N=\frac{S_N}{\sqrt{3}U_N} \tag{8-8}$$

三相变压器绕组为Y联结时，线电流为绕组电流；△联结时，线电流为$\sqrt{3}$倍绕组电流。

7. 绕组联结组标号

变压器同侧绕组是按一定形式联结的。

三相变压器或组成三相变压器组的单相变压器，则可以联结成星形、三角形等。星形联结是各相绕组的一端接成一个公共点（中性点），其接线端子接到相应的线端上；三角形联结是三个相绕组互相串联形成闭合回路，由串联处接至相应的线端。

星形、三角形和曲折形联结，现在对于高压绕组分别用符号Y、D、Z表示；对于中压绕组和低压绕组分别用符号y、d、z表示。有中性点引出时则分别用符号YN、ZN和yn、zn表示。

变压器按高压绕组、中压绕组和低压绕组联结的顺序组合起来就是绕组的联结组。例如：变压器按高压为D、低压为yn联结，则绕组联结组为Dyn（Dyn11）。

8. 调压范围

变压器接在电网上运行时，变压器二次电压将由于种种原因发生变化，影响用电设备的正常运行，因此变压器应具备一定的调压能力。根据变压器的工作原理，当高、低压绕组的匝数比变化时，变压器二次电压也随之变动，采用改变变压器匝数比即可达到调压的目的。变压器调压方式通常分为无励磁调压和有载调压两种方式。二次侧不带负载、一次侧又与电网断开时的调压为无励磁调压，在二次侧带负载下的调压为有载调压。

9. 空载电流

当变压器二次绕组开路且一次绕组施加额定频率的额定电压时，一次绕组中所流过的电流称为空载电流，变压器空载合闸时有较大的冲击电流。

10. 阻抗电压和短路损耗

当变压器二次侧短路，一次侧施加电压使其电流达到额定值，此时所施加的电压称为阻抗电压 U_Z，变压器从电源吸取的功率即为短路损耗，以阻抗电压以与额定电压 U_N 之比的百分数表示，即

$$p_k=\frac{U_Z}{U_N}\times100\% \tag{8-9}$$

11. 电压调整率

变压器负载运行时，由于变压器内部的阻抗压降，二次电压随负载电流和负载功率因数的改变而改变。电压调整率说明变压器二次电压变化的程度不大，为衡量变压器供电质量的数据。电压调整率的定义为：在给定负载功率因数下（一般取 0.8）二次空载电压和二次负载电压之差与二次额定电压的比，即

$$\Delta U\%=\frac{U_{2N}-U_2}{U_{2N}}\times100\% \tag{8-10}$$

式中 U_{2N}——二次额定电压，即二次空载电压；

U_2——二次负载电压。

12. 效率

变压器的效率为输出的有功功率与输入的有功功率之比的百分数。通常中小型变压器的效率在 95%以上。

第二节 变压器的运行

一、变压器运行方式

1. 允许温度与温升

变压器运行时，其绕组和铁芯产生的损耗转变成热量，一部分被变压器各部件吸收使之温度升高，另一部分则散发到介质中。当散发的热量与产生的热量相等时，变压器各部件的温度达到稳定，不再升高。

变压器运行时各部件的温度是不同的，绕组温度最高，铁芯次之，变压器油的温度最低。为了便于监视运行中变压器各部件的温度，规定以上层油温为允许温度。

变压器的允许温度主要取决于绕组的绝缘材料。我国电力变压器大部分采用 A 级绝缘材料，即油渍处理过的有机材料，如纸、棉纱、木材等。对于 A 级绝缘材料，其允许最高温度为 105℃。由于绕组的平均温度一般比油温度高 10℃，同时为了防止油质劣化，所以规

定变压器上层油温最高不超过 95℃；而在正常状态下，为了使变压器油不至于过速氧化，上层油温一般不应超过 85℃。对于强迫油循环的水冷变压器或风冷变压器，其上层油温不宜经常超过 75℃。

当变压器绝缘材料的工作温度超过允许值时，其使用寿命将缩短。

变压器的温度与周围环境温度的差称为温升。当变压器的温度达到稳定时的温升时称为稳定温升。稳定温升大小与周围环境温度无关，它仅取决于变压器损耗与散热能力。所以，当变压器负载一定（即损耗不变），而周围环境温度不同时，变压器的实际温度就不同。我国规定周围环境温度为 40℃。

对于 A 级绝缘的变压器，在周围环境最高温度为 40℃时，其绕组的允许温升为 65℃，而上层油温则为 55℃。所以变压器运行时上层油温及其温升不超过允许值，即可保证变压器在规定的使用年限安全运行。

2. 变压器过负荷能力

在不损害变压器绝缘和缩短变压器使用寿命的前提下，变压器在较短时间内所能输出的最大容量为变压器的过负载能力。一般以过负载倍数（变压器所能输出的最大容量与额定容量之比）表示。

变压器过负载能力可分为正常情况下的过负载能力和事故情况下的过负载能力。

（1）变压器在正常情况下的过负载能力。变压器正常运行时，允许过负载是因为变压器在一昼夜内的负载有高峰、有低谷。低谷时，变压器运行的温度较低。此外，在一年不同季节，环境温度也不同，所以变压器可以在绝缘及寿命不受影响的前提下，在高峰负载及冬季时可过负载运行。

有关规程规定，对户外变压器，总的过负载不得超过 30%；对户内变压器，总的过负载为 20%。

（2）变压器在事故情况下的过负载能力。当电力系统或用户变电站发生事故时，为保证对重要设备的连续供电，允许变压器短时过负载的能力称为事故过负载能力。

（3）变压器允许短路。当变压器发生短路故障时，由于保护动作和断路器跳闸均需一定的时间，因此难免不使变压器受到短路电流的冲击。

变压器突然短路时，其短路电流的幅值一般为额定电流的 25～30 倍。因而变压器铜损将达到额定电流的几百倍，故绕组温度上升极快。目前，对绕组短时过热尚无限制的标准。一般认为，对绕组为铜线的变压器温度达到 250℃是允许的，对绕组为铝线的变压器则为 200℃。而到达上述温度所需时间大约为 5s。此时继电保护早已动作，断路器跳闸。因此，一般设计允许短路电流为额定电流的 25 倍。

3. 允许电压波动范围

施加于变压器一次绕组的电压因电网电压波动而波动。若电网电压小于变压器分接头电压，对变压器本身无任何损害，仅使变压器的输出功率略有降低。

变压器的电源电压一般不得超过额定值的 5%。不论变压器分接头在任何位置，只要电源电压不超过额定值的 5%，变压器都可在额定负载下运行。

二、变压器并列运行

并列运行是将两台或多台变压器的一次绕组和二次绕组分别接于公共的母线上，同时向负载供电。变压器并列运行接线如图8-5所示。

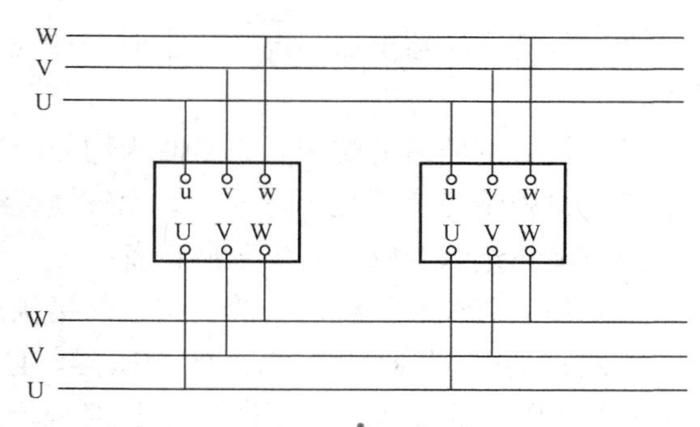

图 8-5 变压器并列运行接线图

变压器并列运行的目的为：

(1) 提高供电可靠性。并列运行时，如果其中一台变压器发生故障从电网中切除，其余变压器仍能继续供电。

(2) 提高变压器运行经济性。可根据负载的大小调整投入并列运行的台数，以提高运行效率。

(3) 减少总备用容量，并可随着用电量的增加分批增加新的变压器。

三、变压器油的作用与运行

1. 变压器油的作用

变压器油是流动的液体，可充满油箱内各部件之间的气隙，排除空气，从而防止各部件受潮而引起绝缘强度降低。

变压器油本身绝缘强度比空气大，所以油箱内充满油后，可提高变压器的绝缘强度。变压器油还能使木质及纸绝缘保持原有的物理性能和化学性能，并使金属得到防腐作用，从而使变压器的绝缘保持良好的状态。

此外，变压器油在运行中还可以吸收绕组和铁芯产生的热量，起到散热和冷却的作用。

2. 变压器油的运行

(1) 变压器油试验。新的和运行中的变压器油都需要做试验。按规定，变压器油每年要取样试验。试验项目一般为耐压试验、介质损耗试验和简化试验。

取油样应注意：应在天气干燥时进行。从变压器底部阀门处放油取样。首先将积水和底部积存的污油放掉，其次用净布将油阀门擦净，然后继续放少许油冲洗，并用清洁油将取样瓶洗涤干净，最后将油灌入瓶内，灌油时应严防泥土杂质混入。

(2) 变压器运行管理。应经常检查充油设备的密封性，储油柜、呼吸器的工作性能，以及油色、油量是否正常。另外，应结合变压器运行维护工作，定期或不定期取油样作油的气相色谱分析，以预测变压器的潜伏性故障，防止变压器发生事故。

变压器运行中补油注意事项如下：

1) 10kV 及以下变压器可补入不同牌号的油，但应做混油的耐压试验。

2) 35kV 及以上变压器应补入相同牌号的油，也应做耐压试验。

3) 补油后要检查气体继电器，及时放出气体。若在 24h 后无问题，可重新将气体保护接入掉闸回路。

对在运行中已经变质的油应及时进行处理，使其恢复到标准值，具有良好的性能。

四、变压器运行巡视检查

1. 变压器巡视检查

变压器运行巡视检查内容和周期如下：

(1) 检查储油柜和充油绝缘套管内油面的高度和封闭处有无渗漏油现象，以及油标管内的油色。

（2）检查变压器上层油温。正常时一般应在85℃以下，对强迫油循环水冷却的变压器为75℃。

（3）检查变压器的响声，正常时为均匀的嗡嗡声。

（4）检查绝缘套管是否清洁，有无破损裂纹和放电烧伤痕迹。

（5）清扫绝缘套管及有关附属设备。

（6）检查母线及接线端子等连接点的接触是否良好。

（7）容量在630kVA及以上的变压器，且无人值班的，每周应巡视检查一次。容量在630kVA及以下的变压器，可适当延长巡视周期，但变压器在每次合闸前及拉闸后应检查一次。

（8）有人值班的变配电站，每班都应检查变压器的运行状态。

（9）对于强迫油循环水冷或风冷变压器，不论有无人员值班，都应每小时巡视一次。

（10）负载急剧变化或变压器发生短路故障后，都应增加特殊巡视。

2. 变压器异常运行和常见故障分析

（1）变压器声音异常原因。

1）当启动大容量动力设备时，负载电流变大，使变压器声音加大。

2）当变压器过负载时，发出很高且沉重的“嗡嗡”声。

3）当系统短路或接地时，通过很大的短路电流，变压器会产生很大的噪声。

4）若变压器带有晶闸管整流器或电弧等设备，由于有高次谐波产生，变压器声音也会变大。

（2）绝缘套管闪络和爆炸原因。

1）套管密封不严进水而使绝缘受潮损坏。

2）套管的电容芯子制造不良，使内部游离放电。

3）套管积垢严重或套管上有大的裂纹和碎片。

五、变压器油色谱在线监测系统简介

实施电力变压器故障诊断，对于提高整个电力系统安全运行的可靠性是非常必要的。变压器存在局部过热或局部放电时，故障部位的绝缘油或固体绝缘物将会分解出小分子烃类气体（如CH_4、C_2H_4、C_2H_2等）和其他气体（如H_2、CO等）。上述每种气体在油中的浓度和油中可燃气体的总浓度（TCG）均可作为变压器设备内部故障诊断的指标。

结合色谱分析技术开发的变压器油色谱在线监测系统，可同时检测H_2、CO、CH_4、C_2H_6、C_2H_4、C_2H_2等六种故障特征气体。通过对故障特性气体的分析诊断，能及时捕捉到变压器故障信息，科学指导设备运行检修。

基本原理是溶解于变压器油中的故障特性气体经脱气装置脱气后，在载气的推动下通过色谱柱，由于色谱柱对不同的气体具备不同的亲和作用，导致故障特性气体被逐一分离出来，传感器对故障气体（如H_2、CO、CH_4、C_2H_6、C_2H_4、C_2H_2）按出峰顺序分别进行检测，并将气体的浓度特性转换成电信号。数据处理器对电信号进行处理转化成数字信号，并存储在数据处理器内嵌的大容量存储器上。主控计算机模块，通过现场总线获取日常监测数据，智能系统对数据进行分析处理，分别计算出故障气体各组分和总烃的含量。故障诊断系统对变压器故障进行综合分析诊断，实现变压器故障的在线监测功能。

第九章

电　动　机

电动机是一种能量转换的机器，电动机分为交流电动机和直流电动机。交流电动机又分为同步电动机和异步电动机。在电力系统的用户中，常用到直流电动机和异步电动机。本章简单介绍直流电动机的结构、原理、维护及故障检修，重点介绍异步电动机。

第一节　直流电动机的结构与工作原理

一、直流电动机的结构

直流电动机的结构主要分为定子和转子两部分。由于直流电动机需要换向，故以定子为磁场，用来产生磁场；转子为电枢，用以产生或吸收电能。直流电动机剖面图如图 9-1 所示，结构示意图如图 9-2 所示。

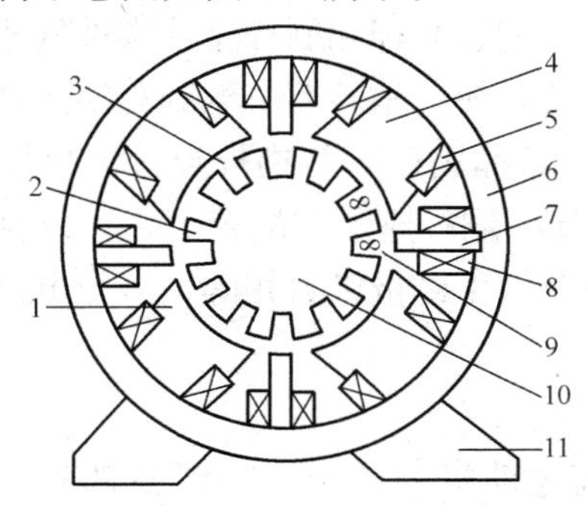

图 9-1　直流电动机剖面图

1—主磁极极靴；2—电枢齿；3—电枢槽；4—主磁极极身；5—励磁绕组；6—定子铁轭；7—换向极；8—换向极绕组；9—电枢绕组；10—电枢铁芯；11—底座

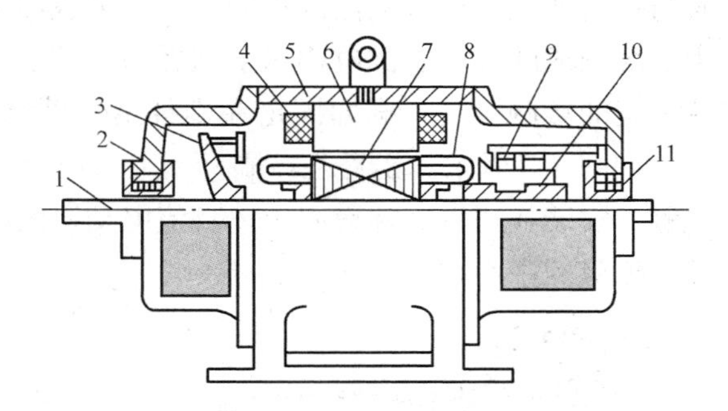

图 9-2　直流电动机结构示意图

1—转轴；2—端盖；3—风扇；4—励磁绕组；5—机座；6—主磁极；7—电枢铁芯；8—电枢绕组；9—电刷；10—换向器；11—轴承

1. 定子

直流电动机的定子包括机座、主磁极、换向器、端盖和电刷装置。

（1）机座和端盖。机座由铸铁或厚钢板制成。机座既是构成直流电动机磁路的一部分（磁轭），又是电动机的机械支架。主磁极和换向器都固定于机座的内壁，机座的两侧各有一个端盖。端盖的中心处装有轴承，用以支撑转轴。中小型电动机一般采用滚动轴承，大型电动机采用麻座式轴承。

（2）主磁极。主磁极是产生磁通的部件，各主磁极依 N、S 顺序均匀分布，固定在机座内圆周上。主磁极由铁芯和励磁绕组两部分组成，如图 9-3 所示。主磁极铁芯用 0.5～1.0mm 厚的低碳钢板冲片叠装而成，再铆成一整体。为了使气隙内磁通有较好的分布波形，主磁极非固定端有极靴，极靴面积较极身面积大。励磁绕组套装在磁极极身上，各磁极的励磁绕组通常采用串联。大型直流电动机常在主磁极极靴槽内装置补偿绕组，用以改善换向条件。

(3) 换向极。在主磁极之间装了换向极，主要是为了改善换向条件。换向极也由磁极铁芯和套装在此铁芯上的绕组构成。铁芯常用厚钢板叠装。换向极绕组匝数不多，总与电枢绕组串联，通过电流较大，因此常用较大截面的扁铜线绕成，如图 9-4 所示。

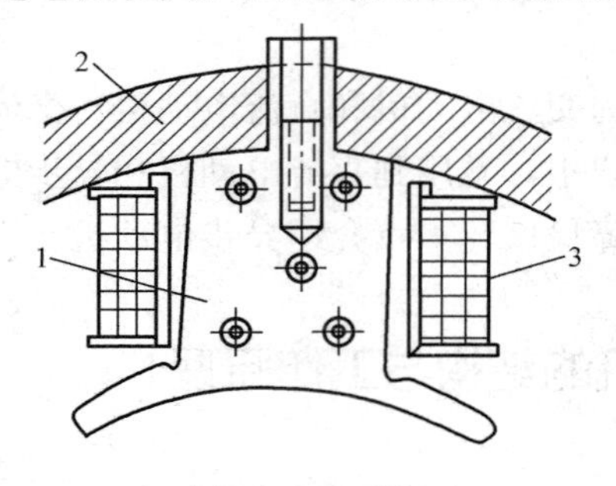

图 9-3　主磁极

1—铁芯；2—机座；3—励磁绕组

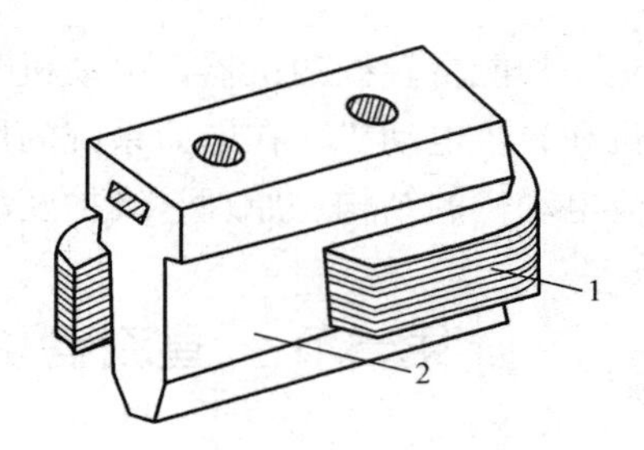

图 9-4　换向极

1—换向极绕组；2—铁芯

(4) 电刷装置。电刷的作用是将旋转的电枢绕组和外电路接通，以引出线引入电流，同时与换向器配合进行电流的换向。电刷装置由电刷、刷握、刷杆和刷杆座等零件构成。电刷为石墨制成的导电块。电刷置于刷握内，其上压以弹簧，使电枢转动时电刷与换向器表面保持一定的接触压力。刷握固定在刷杆上，借铜辫线（又称刷辫）与刷杆连接，再用导线引出，如图 9-5 所示。刷杆装在刷杆座上，彼此之间绝缘。刷杆座装在端盖上，可以移动电刷位置，安装找正后用螺钉固定。直流电动机的电刷排数与主磁极极数相等，一般电刷轴线对准主磁极的中心线。

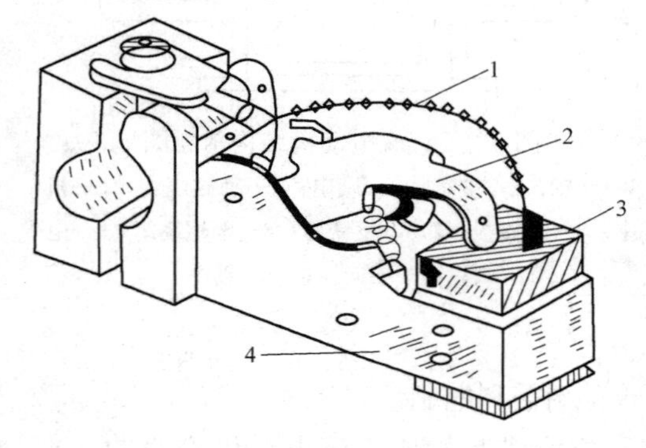

图 9-5　电刷与刷握

1—铜辫线；2—压紧弹簧；3—电刷；4—刷握

2. 转子

直流电动机的转子包括电枢铁芯、电枢绕组和换向器及风扇。

(1) 电枢铁芯。电枢铁芯是磁路的一部分。电枢绕组固定在电枢铁芯的槽内。为了减小磁滞和涡流损耗，电枢铁芯通常用 0.35mm 厚且冲有齿、槽的硅钢片叠成，装在转轴或转子支架上。大型电动机的电枢铁芯沿轴向分成若干段，段间留有间隙，称为通风沟，用以改善冷却条件。

(2) 电枢绕组。电枢绕组是电动机的电路部分，用以生成感应电动势和通过电流。它由圆形或矩形的绝缘铜线绕制，并嵌放在电枢铁芯的槽中，每个绕组元件的首末端分别与换向片连接。

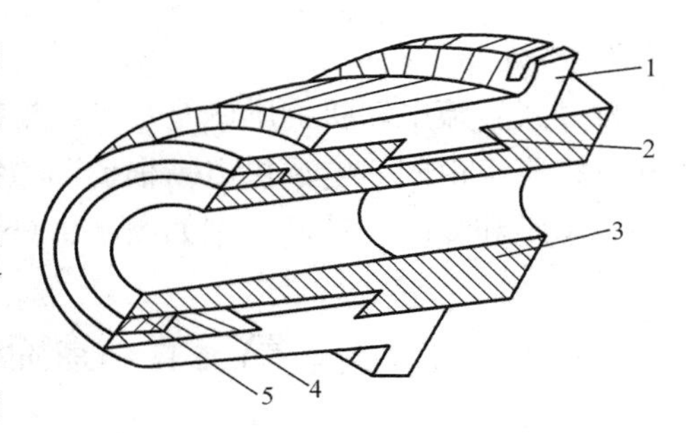

图 9-6　换向器
1—换向片；2—云母环；3—轴套；
4—V 形环；5—压环

（3）换向器。换向器是直流电动机特有的装置，其作用是将电枢绕组内的交流电动势通过机械整流方式在电刷上成为直流电动势。换向片用硬质电解铜制作，带有鸠尾，相邻的两片间用云母绝缘。整个圆筒的端部用 V 形环夹紧，换向片与 V 形环轴套间亦用云母绝缘，如图 9-6 所示。每个换向片一端的凸起部分有焊线头的小槽，用以焊接绕组元件的线端。

3. 气隙

同其他旋转电动机一样，气隙是直流电动机的重要组成部分，气隙的大小和形状对电动机的性能有很大影响。一般小型电动机的气隙为 0.7～5mm，大型电动机的气隙为 5～12mm。

二、直流电动机的工作原理

直流电动机的结构和直流发电机的相同。它的工作原理是载流导体在磁场中受力的作用而移动。图 9-7 所示为直流电动机工作原理图，若在 A、B 电刷上加直流电压 U，则绕组内有电流通过 ab 和 cd 边要受到电磁力作用并产生电磁转矩 M。电磁力的方向由左手定则确定，如图 9-7 所示。电磁转矩将使电枢克服摩擦、风阻产生的阻力矩和轴上机械阻力矩 M_1，沿 n 所指的顺时针方向旋转。当绕组转过 180°后，ab 和 cd 边内电流方向改变而磁极极数未变，故电磁力和电磁转矩方向始终不变。电磁转矩克服机械阻力矩做动，实现了电能与机械能的转换。

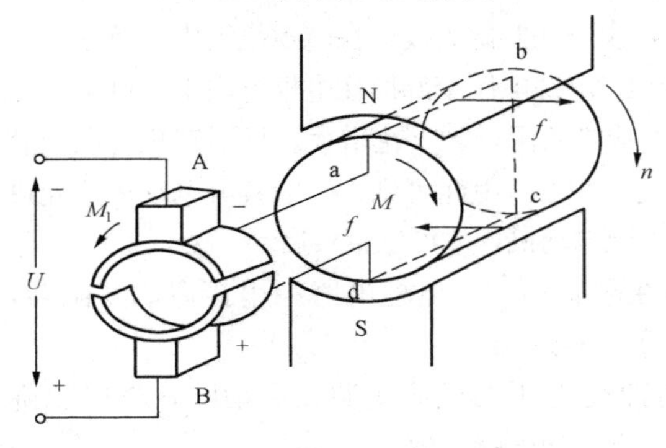

图 9-7　直流电动机工作原理图

三、直流电动机的励磁方式

励磁绕组获得电流的方式称为励磁方式。励磁绕组与电枢绕组连接方式不同，电动机特性也会有明显的不同。直流电动机的励磁方式有他励式和自励式两大类。

1. 他励式

他励式直流电动机的励磁绕组与电枢绕组没有电的联系，励磁绕组由其他直流电源供电。他励式直流电动机接线图如图 9-8（a）所示。图中，U 为电源电压，I 为总电流，I_f 为励磁电流。

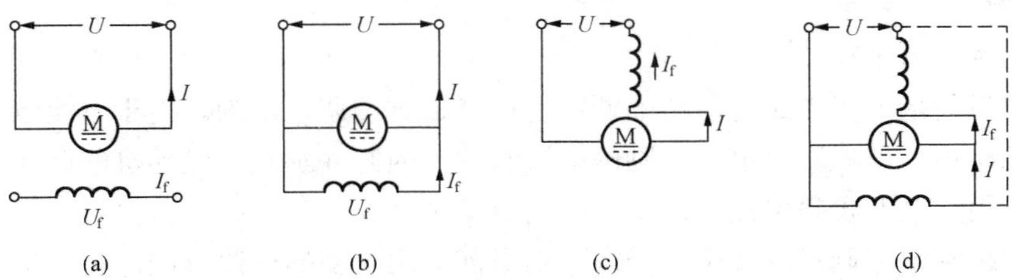

图 9-8　直流电动机的励磁方式
（a）他励；（b）并励；（c）串励；（d）复励

2. 自励式

自励式直流电动机的励磁绕组与电枢绕组按一定的方式连接。在直流电动机中，励磁绕组和电枢绕组由同一电源供电。根据励磁绕组和电枢绕组连接方式的不同，自励式又可分为并励、串励和复励三种，分别如图 9-8（b）～（d）所示。

第二节　直流电动机的启动与调速

一、直流电动机的启动

直流电动机的转速从零到达稳定转速的过程称为启动过程。对电动机启动的要求是：①启动转矩足够大；②启动电流要尽量小；③启动设备要简单、可靠、经济。

1. 直流电动机的启动方法

直流电动机的启动方法有直接启动、电枢回路串电阻启动和降压启动三种。

（1）直接启动。直接启动的电枢绕组在转动时，由于切割磁力线，在电枢绕组中会感应出与流过电流方向相反的反电动势。刚启动时，转速 $n=0$，电源电压全部加在电枢电阻上，则电枢电流会很大，可达额定电流的十几倍至几十倍，这会造成换向困难，火花增大。且因转矩与电流有关系，电流大，转矩也大，启动转矩过大，会造成机械冲击。由此可见，一般直流电动机不允许直接启动。只有功率小、电压低、电枢电阻较大的直流电动机，才可以直接启动。

（2）电枢回路串电阻启动。这种启动方法是在刚启动时，电枢电路中串接启动变阻器，这样可以限制启动电流。当转速上升时，逐渐将变阻器退出。

（3）降压启动。这种启动方法需要有一个可改变电压的直流电源。启动时，将电压降低，这样可减小启动电流；然后，逐渐升高电压，转速也逐渐升高。

2. 改变直流电动机转向的方法

改变直流电动机的旋转方向，实质上是改变电动机电磁转矩的方向。因为电磁转矩的方向由主磁通的方向和电枢电流的方向决定，两者之中任意改变一个，就可以改变电磁转矩的方向，故改变电动机转向的方法有：

（1）对调励磁绕组接入电源的两个线端，改变励磁电流的方向。

（2）对调电枢绕组接入电源的两个线端，改变电枢电流的方向。

通常采用后者较多。若两者同时改变，则电动机转向不变。

有换向器的并励电动机改变转向时，要注意换向器的极性。如果改变电枢电流的方向，则换向极绕组的电流方向必须同时改变；如果改变励磁电流的方向，电枢绕组和换向极绕组的电流方向则都不必改变。

二、直流电动机的调速

直流电动机的最大优点是有平滑的调速特性和很宽的调速范围。由于直流电动机的转速与所加的电源电压、电枢回路电阻及励磁电流有关，因此并励直流电动机的调速方法有改变电枢回路的电阻、改变励磁电流、改变电枢电压三种。

其中改变励磁电流调速既安全又经济，是目前应用最多的调速方法。

应当注意，在调速中励磁电流不宜过小，且励磁绕组绝对不能开路，否则电动机因转速过高而损坏。

第三节　直流电动机的维护

一、直流电动机运行维护

直流电动机使用前应试转动电枢，检查有无卡死，定、转子是否相擦，转动是否灵活；检查刷架固定位置是否合适，电刷的压力是否正常均匀，电刷与换向器的接触是否良好；检查换向器表面是否清洁；检查绕组绝缘是否良好。

直流电动机在运行中必须经常检查换向状态、温度、绝缘、声音、气味、振动等。重点应检查换向状态，观察火花状况，判断火花等级。火花等级见表 9-1。

表 9-1　　火花等级

火花等级	电刷下的火花程度	换向器和电刷的状态
1	无火花	换向器上没有黑痕，电刷上没有灼痕
$1\frac{1}{4}$	电刷边缘有微弱的点状火花	
$1\frac{1}{2}$	电刷边缘有微弱的火花	换向器上有黑痕出现，用汽油擦去表面，极易除去，同时电刷上有轻微灼痕
2	电刷边缘大部分有较强烈的火花	换向器上有黑痕出现，用汽油不能擦除，同时电刷上有灼痕
3	电刷的整个边缘有强烈的火花，同时有大火花飞出	换向器上的黑痕相当严重，用汽油不能擦除，同时电刷上有灼痕；如在这一火花等级下短时运行，则换向器上将出现灼痕；同时电刷被烧坏

二、直流电动机的常见故障及排除方法

表 9-2 列出直流电动机的一些常见故障及排除方法。

表 9-2　　直流电动机的常见故障及排除方法

故障现象	可能原因	排除方法
电动机转速不正常	1. 电动机转速过高； 2. 电刷不在正常位置； 3. 电枢及励磁绕组短路	1. 检查磁场绕组与启动器（或调速器）连接是否良好，是否接错，内部是否断路； 2. 调整刷杆座位置，即调准中性线位置； 3. 检查是否短路（励磁绕组每极分别测量直流电阻）；增加负载；纠正接线；检查磁场变阻器和励磁绕组电阻，并检查接触是否良好
电枢冒烟	1. 长时间过载； 2. 换向器或电枢短路； 3. 发电机负载短路； 4. 电动机端电压过低； 5. 电动机直接启动或反向运转过于频繁； 6. 定转子铁芯相擦	1. 立即恢复正常负载； 2. 用毫伏表检查是否短路，是否有金属屑落入换向器沟槽； 3. 检查线路是否有短路； 4. 恢复电压至正常值； 5. 使用适当的启动器，避免频繁地反复运转； 6. 检查电动机气隙是否均匀，轴承是否磨损

续表

故障现象	可能原因	排除方法
励磁绕组电压偏高	1. 并励励磁绕组部分短路； 2. 电动机转速太低； 3. 电动机端电压长期超过额定值	1. 分别测量每一绕组直流电阻，修理或调换电阻特别低的绕组； 2. 提高转速至额定值； 3. 恢复电压至额定值
机壳漏电	1. 电动机绝缘电阻过低； 2. 出线头碰壳； 3. 出线板、绕组绝缘损坏； 4. 接地装置不良	1. 测量绕组对地绝缘电阻，如低于 0.5MΩ，应加以烘干； 2. 修理； 3. 修复绝缘； 4. 予以检修
并励电动机启动时反转，启动后又变为正转	串联绕组接反	互换串励绕组两个出线头
轴承漏油	润滑脂加得太多或润滑脂质量不符合要求	更换润滑脂；轴承如有杂声，应取出清洗检查，钢珠钢圈有裂纹的，应予以更换
电动机不能启动	1. 无电源； 2. 过载； 3. 启动电流太小； 4. 电刷接触不良； 5. 励磁回路断路	1. 检查线路是否完好，启动器连接是否准确，熔丝是否熔断； 2. 降低负载； 3. 检查所用启动器是否合适； 4. 检查刷握弹簧是否松弛，设法改善接触面； 5. 检查变阻器及励磁绕组是否断路

第四节　异步电动机的工作原理、分类与结构

一、异步电动机的工作原理

三相交流电动机的定子三相绕组，通过三相对称电流时，会在电动机的定、转子组成的磁路中产生一个旋转磁场。异步电动机的转子转速与定子产生的旋转磁场的转速存在差异，即不同步（或称异步），故称异步电动机。

异步电动机又称感应电动机。它是由定子产生的旋转磁场与转子绕组中的感应电流相互作用产生电磁转矩而转动，从而实现机电能量转换的一种交流电动机。

异步电动机同其他类型电动机相比较，具有结构简单、制造方便、运行可靠、维护方便、价格低廉等优点，在工农业生产、科学试验和日常生活中应用最为广泛。据统计，动力负载的用电量占电网总负载的60%以上，而异步电动机的用电量则占总动力负载的85%以上。但异步电动机存在着功率因数较低、调速性能较差等缺点，所以在某些场合，例如大功率、要保持转速恒定的一些机械，异步电动机的应用就受到了一定的限制。

图 9-9 为三相异步电动机工作原理示意图。异步电动机由定子和转子两个基本部分组成。定子铁芯槽内嵌有三相对称绕组 U1U2、V1V2、W1W2，转子铁芯槽内放置一闭合绕组。当定子三相绕组通以三相对称电流时，在气隙中（是定、转子组成磁路中的一部分）

便产生旋转磁场（用图 9-9 中的磁通 Φ_m表示），其转速为

$$n_1=\frac{60f_1}{p} \tag{9-1}$$

式中 n_1——同步转速，r/min；

f_1——定子电流频率，Hz；

p——旋转磁场磁极对数。

由于旋转磁场与转子绕组存在着相对运动，旋转磁场切割转子绕组，转子绕组中便产生感应电动势。因为转子绕组自成闭合回路，所以就有感应电流通过。转子绕组感应电动势的方向由右手定则确定，若略去转子绕组电抗，则感应电动势的方向即是感应电流的方向。转子绕组中的感应电流与旋转磁场相互作用，在转子导体上产生电磁力 F，电磁力的方向按左手定则判定。电磁力所形成的电磁转矩，驱动电动机转动，其转向（图 9-9 中 n 所示）与旋转磁场的转向（图 9-9 中 n_1所示）相同。

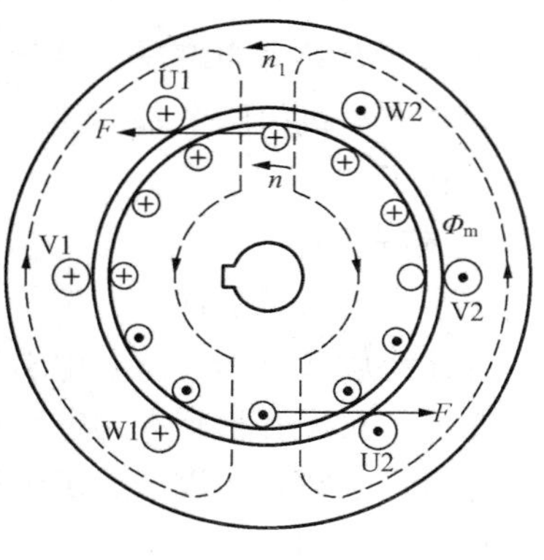

图 9-9 三相异步电动机工作原理示意图

转子转动的方向与旋转磁场转动的方向相同，但转子的转速 n 不可能达到同步转速，即 $n<n_1$。因为两者如果相等，转子与旋转磁场就不存在相对运动，转子绕组中也就不会感应出电动势和电流，这样转子不会受到电磁转矩的作用，当然不可能继续转动。由此可见，异步电动机转子的转速 n 总是和同步转速 n_1存在一定差异，“异步”因而得名。n 和 n_1的差异是异步电动机产生电磁转矩的必要条件。

同步转速 n_1与转子转速 n 之差称为转差。通常将转差（n_1-n）与同步转速 n_1的比值称为异步电动机的转差率，用 s 表示，即

$$s=\frac{n_1-n}{n_1} \tag{9-2}$$

转差率 s 是分析异步电动机运行时的一个极其重要的概念和变量。

电动机在启动瞬间转子未转动，即 $n=0$，$s=1$。假如转子不带机械负荷，而且处于没有空载损耗的理想空载状态，转子将以同步转速旋转，即 $n=n_1$，则 $s=0$（这种状态，在电动机的实际运行中是不存在的），异步电动机的转速范围为 $n=0\sim n_1$，n_1在实际中达不到，所以相应的转差率范围为 $0<s<1$。异步电动机额定运行时的转差率一般为 0.02～0.06。

异步电动机运行时，由于需激励自身的磁场，要从电网吸取滞后无功电流，故属感性负载，因而它使电网的功率因数降低。由于转子旋转方向与定子旋转磁场方向一致，所以只要改变电源相序，即改变定子旋转磁场的转动方向，便可使电动机反转。

二、异步电动机的分类

异步电动机的品种、规格很多。异步电动机按照转子结构形式可分为笼型异步电动机和绕线式异步电动机，按照机壳防护形式可分为防护式、封闭式和开启式。

（1）防护式。能防止水滴、尘土、铁屑或其他物体从任意方向侵入电动机内部（但不密封），适用于灰沙较多的场所，如拖动碾米机、球磨机等。

（2）封闭式。电动机机壳是封闭的，只在机壳外的轴端上装有外风扇。在机壳外表铸造有许多条散热片，它用于空气潮湿或有腐蚀性气体的场合。

（3）开启式。电动机除必要的支撑结构外，转动部分及绕组没有专门的防护，与外界空气直接接触，散热性能好。

异步电动机按定子的相数可分为单相异步电动机、三相异步电动机两类。

除上述分类外，还可按电动机尺寸、安装条件、绝缘等级、工作定额等进行分类。

三、异步电动机的基本结构

异步电动机由两个基本部分组成，即静止部分和旋转部分，静止部分称为定子，旋转部分称为转子。

1. 定子

定子主要由定子铁芯、定子绕组和机座三部分组成，定子铁芯是电动机主磁路的一部分。为减小旋转磁场在铁芯中引起的涡流和磁滞损耗，铁芯一般由 0.5mm 厚的硅钢片叠装压紧制成。对于容量较大的电动机，硅钢片两面涂绝缘漆作为片间绝缘。每张硅钢片的内圆均匀冲有定子槽，用以嵌放定子绕组。绕组与铁芯之间隔以聚酯薄膜或青壳纸、黄蜡绸等绝缘材料。槽口用竹制或木制的槽楔嵌压，以防绕组松脱。

定子绕组是电动机的电路部分，由绝缘铜导线制的线圈连接而成。小型电动机通常采用漆包线绕制的散下线圈，称为软绕组；大中型电动机多采用扁线成型线圈，称为硬绕组。按照在槽中的布置，定子绕组可分为单层绕组和双层绕组。10kV 以下的小容量异步电动机常用单层同心式绕组、链式绕组或交叉式绕组；容量较大的异步电动机都采用双层短距绕组，上、下层之间用层间绝缘隔开。

机座主要用来固定和支撑定子铁芯。中小型异步电动机一般都采用铸铁机座。绕组的出线端连接到机座外壳上的接线盒内。对于 Y 型系列电动机，定子三相绕组的始端用 U1、V1、W1表示，末端用 U 2、V 2、W 2表示。

2. 转子

异步电动机的转子由铁芯、转轴和绕组等部件组成。转子铁芯也是电动机磁路的一部分，一般用 0.5mm 厚的硅钢片叠成，铁芯固定在转轴或转子支架上。整个转子铁芯的外表面呈圆柱形。转子铁芯槽内嵌有转子绕组，转子分为笼形和绕线式两种。

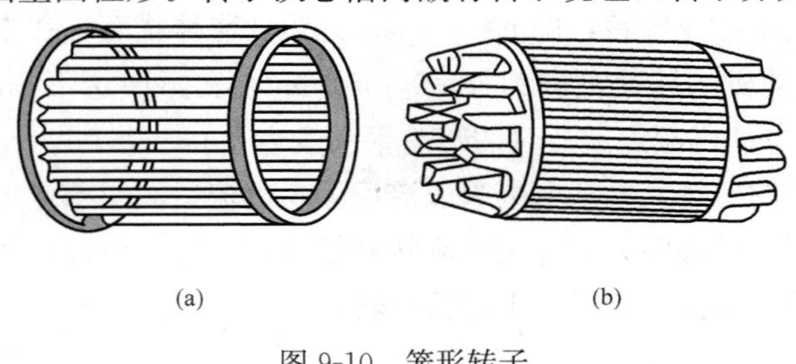

图 9-10　笼形转子
（a）笼形绕组；（b）铸铝笼形转子

（1）笼形转子。笼形转子绕组由插入每个转子槽中的导条和两端的圆形端环组成。如果去掉铁芯，整个绕组的外形就像一个鼠笼，故称鼠笼绕组，如图 9-10（a）所示。小型笼形转子电动机一般采用铸铝转子，如图 9-10（b）所示。铸铝转子的导条、端环均由铝液一次浇铸而成。笼形转子形成一个坚实整体，结构简单而牢固，所以应用最为广泛。笼型异步电动机的整体结构如图 9-11 所示。

（2）绕线式转子。绕线式转子绕组是指转子铁芯槽内放置的用绝缘导线制成的三相对称绕组，其相数、磁极对数和定子绕组相同。转子三相绕组一般采用星形联结，末端接在一起，始端分别引至轴上三个彼此绝缘的铜制集电环。集电环固定在转轴上，并与转轴绝缘，靠电刷与外加变阻器相连，如图 9-12 所示。转子电路中接入外加电阻是为了改善电动机的启动性能或调节电动机转速。有的绕线式异步电动机还装有一种举刷短路装置，当电动机启动完毕而又不需要调节转速时，移动手柄，使电刷被举起而与集电环脱离接触，同时使三只集电环彼此短接起来，这样可以减小电刷和集电环间的摩擦损耗。与笼形转子相比较，绕线式转子的缺点是结构复杂、价格贵，运行的可靠性亦稍差。因此只用在要求启动电流小、启动转矩大或需要调节转速的场合。绕线式异步电动机整体结构如图 9-13 所示。

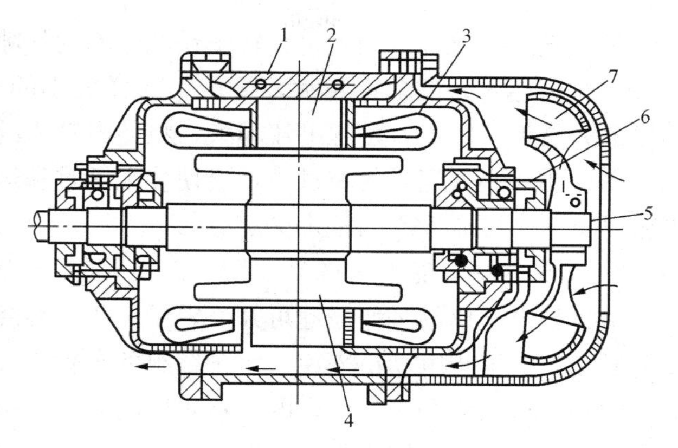

图 9-11　笼型异步电动机的整体结构

1—电动机外壳；2—定子铁芯；3—定子绕组；4—转子；5—转子轴；6—轴承保护盖；7—风扇

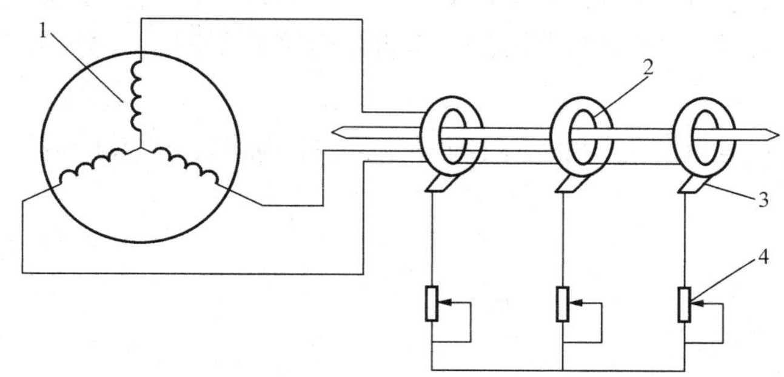

图 9-12　绕线式转子绕组与外加变阻器的连接

1—转子绕组；2—集电环；3—电刷；4—变阻器

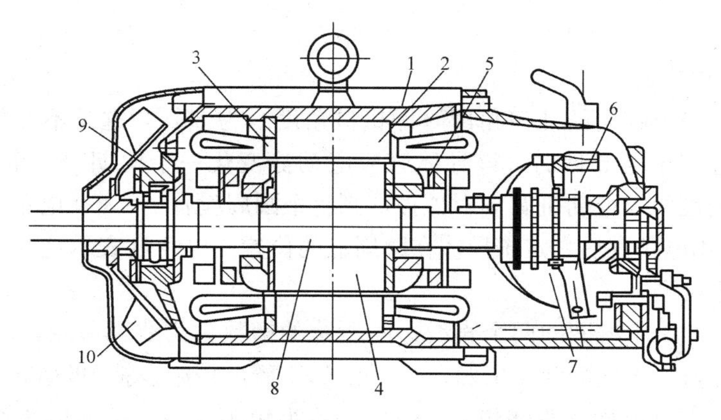

图 9-13　绕线式异步电动机的整体结构

1—电动机外壳；2—定子铁芯；3—定子绕组；4—转子铁芯；5—转子绕组；6—转子轴；7—集电环；8—短路装置；9—轴承保护盖；10—风扇

（3）气隙。异步电动机定、转子铁芯之间的气隙是很小的，中小型电动机一般为0.2～2mm。气隙越大，磁阻也越大，要产生同样大小的旋转磁场，就需要较大的励磁电流，而励磁电流是无功电流，励磁电流越大，将使电动机的功率因数越低。为了减小励磁电流，气隙应尽可能地小。但是气隙过小，会使装配困难和运转不安全，因此气隙的最小值常由制造工艺以及安全可靠性等因素来决定。

3. 异步电动机绕组

由异步电动机的工作原理可知，定子三相对称绕组中通入三相对称电流后，便产生一个旋转磁场。对异步电动机来说，定子绕组的布置不仅要做到三相对称，而且要能够获得尽可能大的旋转磁动势和满足一定的磁极对数的要求。由于绕组种类很多，本节仅举三相双层绕组叠绕一种为例，了解绕组的一般知识。

4. 交流绕组有关概念

（1）双层绕组。双层绕组即为每个定子槽中嵌入两个线圈边，并分为上下两层，而且是每个线圈的一个边置于某槽的上层，另一边就置于另一槽的下层。这种绕组的线圈节距相同，绕组的线圈数应等于定子总槽数。

三相双层绕组有叠绕组和波绕组两种。

（2）单层绕组。单层绕组的每个槽内放置一个线圈边，因此整个绕组的线圈数为定子总槽数的一半，异步电动机常用的单层绕组按其端部连接的不同，可分为同心式、链式和交叉式等几种。

（3）极距。极距 r 是指沿定子铁芯内圆每极所占的圆周长度或槽数，用圆周长度表示的表达式为

$$r=\pi\frac{D_1}{2p} \tag{9-3}$$

式中 D_1——定子铁芯内径；

p——磁极对数。

用槽数表示的表达式为

$$r=\frac{Z}{2p} \tag{9-4}$$

式中 Z——定子总槽数。

（4）电角度。一个圆周的几何角度（即机械角度）为360°，这是不变的。当旋转磁场一对磁极转动掠过定子某导体时，该导体感应电动势变化一个周期，一个周期也为360°，这个360°称为电角度。若电动机有 p 对磁极，则整个圆周应有 $p\times360°$电角度。故电角度＝$p\times$机械角度。使用电角度后，定子导体在圆周上的位置用电角度表示这与感应电动势的相位对应，便于绕组排列。

（5）线圈节距。一个线圈的两个直线边间所跨的槽数称为线圈节距，用 y_1 表示。从绕组的感应电动势尽可能大些的观点出发，y_1 一般要求等于或接近等于极矩 r。$y_1=r$，称为整距绕组（后面讲绕组时也称整距绕组）；$y_1<r$，称为短距绕组（后面讲绕组时也称短距绕组）；$y_1>r$ 的长距绕组一般不采用。

（6）槽距电角。槽距电角 a 是指定子铁芯相邻两槽对应点之间的电角度。若电极磁极对

数为 p，定子总槽数为 Z，则槽距电角度为

$$a=\frac{p\times360^{\circ}}{Z} \tag{9-5}$$

（7）每极每相槽数、相带、极相组。每相在每个磁极下连续占有的槽数称为每极每相槽数，用 q 表示

$$q=\frac{Z}{2mp} \tag{9-6}$$

式中　m——相数。

每极每相槽数 q 连续占有的区域称为相带，相带也可用电角度表示。对于三相绕组，定子总槽数 Z 应按极数均分为 $2p$ 个部分，每一部分占 180°电角度，再将每部分按相数均分为三个区段，每一区段的槽数为 q，占 60°电角度称为 60°相带。交流电动机绕组通常采用 60°相带。根据每极每相槽数 q，把相邻的 q 个线圈串联成组，就称为极相组。

5. 三相双层叠绕组

双层叠绕用得较多，故介绍双层叠绕组。

叠绕组的外形特点是，任何两个相邻的线圈均为后一个叠在前一个上面。现以 4 磁极、24 槽、$y_1=5/6r$ 的电动机为例，说明三相双层短距叠绕组的一般连接规律，如图 9-14 所示。

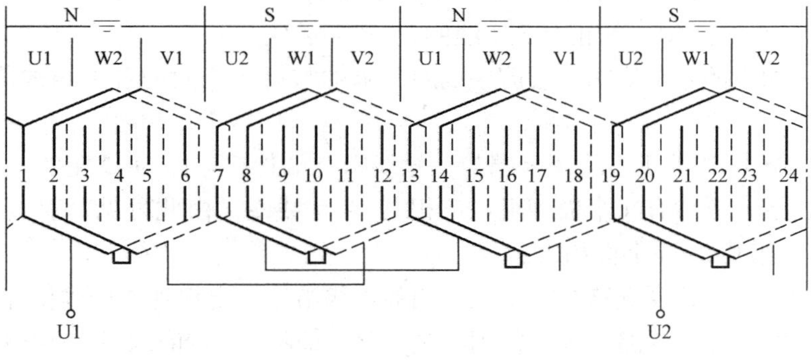

(a)

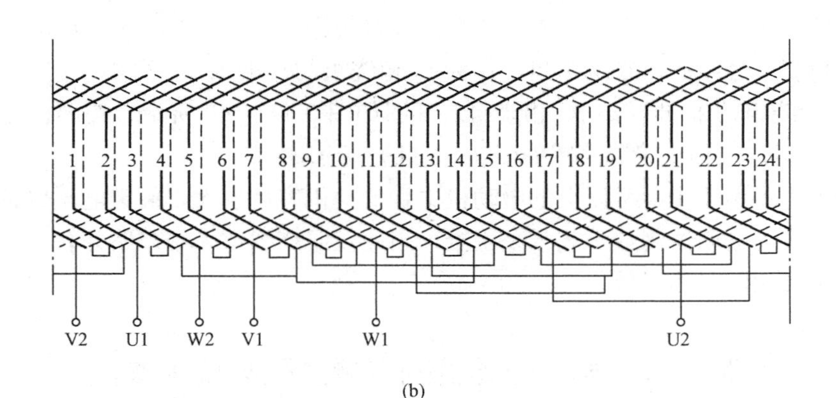

(b)

图 9-14　三相双层叠绕组（$Z=24$，$2p=4$）

（a）U 相绕组展开图；（b）三相绕组展开图

通常用绕组展开图来表示绕组的连接规律。绕组展开图是假想从定子某齿中心线处沿轴向切开，而展成平面的绕组连接示意图。

下面是画绕组展开图的具体步骤：

（1）根据所给条件，求 r、a 和 q。

$$r=Z/2p=24/4=6\text{（槽）}$$

$$a=\frac{p\times360^\circ}{Z}=\frac{2\times360^\circ}{24}=30^\circ$$

$$q=\frac{Z}{2mp}=\frac{24}{2\times3\times2}=2\text{（槽）}$$

（2）画槽、编号并划分各相所属槽号。将整个定子表面的 24 个槽按极数划分为四部分。依次相间标上 N、S、N、S 极性，如图 9-14（a）所示。再将每部分划分为三相带，整个定子共划分为 12 个相带。相带按 U 1、W 2、V 1、U 2、W 1、V 2…标注，可见，属 U 相的槽号为 1、2、7、8、13、14、19、20。

（3）根据分相结果和线圈节距连接线圈。以 U 相为例，将 1、2、7、8、13、14、19、20 槽的上层放置 U 相绕组的上层边，根据节距 $y_1=5/6r$（一般采用短距绕组，可改善电性能和减小电磁噪声），将对应的下层边放在 6、7、12、13、18、19、24、1 槽的下层，其中 1 槽上层圈边与 6 槽下层圈边为一个线圈，2 槽上层圈边与 7 槽下层圈边为一个线圈，以此类推，如图 9-14（a）所示，每相有 8 个线圈，三相共 24 个线圈。

（4）把同一相带的 q 个线圈，按前一线圈的末端与后一线圈的首端相连接的规则串联，组成一个极相组。

例如，N 极下 U 相的 1 号线圈末端与 2 号线圈首端连接，即为 U 相的一个极相组，其余均按此规则连接，每相有 4 个极相组，三相共 12 个线圈。由此可见，双层叠绕组每相有 $2p$ 个极相组，三相共 $2pm$ 个极相组。

（5）根据所要求的并联支路数，将同一相的极相组按一定规则连接成相绕组。

本例确定每相为一条支路。为了得到一条支路，应把同一相的 4 个极相组串联起来。由于 N 极和 S 极下的极相组电动势方向相反。为避免电动势抵消，极相组 U 1和极相组 U 2应反向串联，即采用“首接首”或“末接末”的连接规则。如图 9-14（a）所示，所有 U 相线圈连成后，再将 1 号线圈的首端引出，作为 U 相绕组的首端 U 1，再把 19 号线圈的首端引出，作为 U 相绕组的末端 U 2。U 相绕组展开图如图 9-14（a）所示。按同样方法，可以构成 V、W 相绕组。三相绕组展开图如图 9-14（b）所示。

双层绕组主要用于 10kW 以上的电动机中，电动机容量越大，额定电流也越大，导线的截面也相应增大，这就给制造工艺带来困难。因此双层绕组常采用多路并联，其最大可能并联支路数等于每相的极相组数。

第五节　异步电动机的主要系列与技术参数

1. 异步电动机的主要系列

三相异步电动机系列中，产量最大、用途最广的系列，称为基本系列。目前，我国的基本系列为 Y2 系列，其较 Y 系列效率较高，启动转矩大，并提高了防护等级和绝缘等级，降低了噪声，电动机的结构更加合理，外观更加美观。

为适应拖动系列和环境条件的某些要求，在基本系列的基础上，进行部分改变而导出的系列，称为派生系列。表 9-3 中的 YX 系列属于电气派生系列，YR 系列属于结构派生系列，YB 系列是特殊环境派生系列。具有特殊使用要求或特殊防护条件的系列电动机，称为专用系列，如表中的 YZ、YZR 系列为冶金及起重用异步电动机系列。

表 9-3　　小型三相异步电动机的主要系列

系列代号	系列名称	用　途	系列类别
Y2	小型三相异步电动机	适用于启动性能、调速性能及转差无特殊要求的场合	基本系列
YX	高效率三相异步电动机	适用于连续运行时间较长、负荷率较高的场合，可较大幅度地节约电能	派生系列
YD	变极多速三相异步电动机	用于机床、印染机、印刷机等需要变速的设备上	派生系列
YH	高转差率异步电动机	用在惯性力矩较大并有冲击性负荷机械设备上，如剪床、冲床、锻压机等	派生系列
YR	绕线转子三相异步电动机	适用于启动转矩高或需要小范围调速的场合	派生系列
YZC	低振动、低噪声三相异步电动机	与精密机床、低噪声风机等配套用	派生系列
YB	防爆型三相异步电动机	用于含可燃性气体或爆炸性混合物的场所，如石油化工、煤矿等	派生系列
YA	增安型三相异步电动机	用于正常情况下没有爆炸危险，仅在不正常或事故情况下爆炸性混合物可达到爆炸浓度的场所	派生系列
YF	化工防腐蚀型三相异步电动机	适合在化学腐蚀型介质环境下使用	派生系列
YW	户外型三相异步电动机	用于与户外轻腐蚀环境下的各种机械配套，如户外用水泵、油泵、矿山机械等	派生系列
YLB	立式深井泵用异步电动机	驱动立式深井泵专用，适合用于农村及工矿提取地下水之用	派生系列
Y. H	船用三相异步电动机	用于海洋、江河上的船舶，能适应环境温度并伴有盐雾、油雾及雾菌的场合，能经受冲击振动及颠簸	派生系列
YZ、YZR	起重冶金用三相异步电动机（YZR 为绕线式电动机）	适用于起重运输机械及冶金辅助设备的电力传动	专用系列
YQS2	井用潜水三相异步电动机	用于驱动井用潜水泵，可潜入井下水中长期工作	专用系列

2. 异步电动机的技术参数

(1) 额定功率（P_N）。它是指电动机在额定运行时，轴端输出的机械功率，单位为 W。

（2）额定电压（U_N）。它是指电动机额定运行时，加在定子绕组上的线电压，单位为 V。

（3）额定电流（I_N）。它是指电动机在额定电压下，轴端输出额定功率时，定子绕组中的线电流，单位为 A。

（4）额定频率（f_N）。我国规定电网的频率为 50Hz。除出口电动机外，国内用的异步电动机的额定频率都是 50Hz。

（5）额定功率因数（$\cos\varphi_N$）。它是指电动机额定运行时，定子边的功率因数。

（6）额定转速（n_N）。它是指电动机在额定频率、额定电压下，且轴端输出额定功率时，转子的转速，单位为 r/min。

此外，铭牌上标明定子绕组接法及绝缘等级、温升等。对绕组式异步电动机，还要标明转子绕组接法、转子额定电压（指定子绕组加额定电压，转子绕组开路时集电环间的电压）和转子额定电流等数据。

三相异步电动机的型号表示含义如下（以 YD 系列为例）：

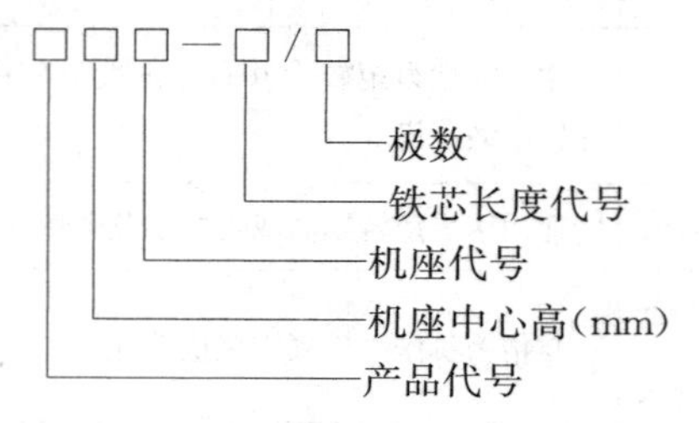

第六节　异步电动机的启动、调速与制动

异步电动机要投入运行，首先遇到的是启动问题。电动机从静止状态开始转动，直至升速到稳定的转速，这个过程称为启动过程，简称启动。启动过程虽短暂（仅数秒），但启动时电动机内的电磁状态与正常运转时有些不同。如果启动方法不当，易损坏电动机，并对电网有影响。为了安全，必须重视启动问题。

一、异步电动机的启动性能

电动机的启动性能，主要指启动电流倍数$\frac{I}{I_N}$（I_N为启动电流）、启动转矩倍数$\frac{M_{st}}{M_N}$、启动时间、启动设备和简易性、可靠性等。其中，最重要的是启动电流和启动转矩的大小。

对于电动机的启动，基本要求有两点：一是要有足够大的启动转矩，二是启动电流不要太大。在电动机的实际启动过程中，以上两个要求往往是互相矛盾的。因为在启动瞬间，转差很大，转子电路中的感应电流很大，引起定子电流即启动电流剧增，通常定子启动电流可达额定电流的 4～7 倍。另外，启动时转子电路的功率因数很低，尽管转子电流很大，而启动转矩并不大，一般只有额定转矩的 0.8～2.0 倍。

由此可见，异步电动机启动时存在的主要问题是启动电流太大，启动电流过大将造成下列不良影响：

（1）电网电压降低。

（2）使电动机绕组过热，加速绝缘老化。

（3）过大的电动力将使中大型异步电动机定子绕组端部变形，还可能使笼形转子断条等。

减小启动电流的途径有两个：一是增大转子阻抗，二是减小转子电动势。对绕线式异步电动机来说，可以用在转子电路中接入附加电阻的方法限制启动电流。但笼型异步电动机则做不到这一点，因此笼型异步电动机只能用减小转子电动势的方法减小启动电流。由于转子电动势与主磁通成正比，而主磁通又由外施电压所决定，所以转子电动势与外施电压成正比。这说明，要减小启动电流就必须降低外施电压。

二、笼型异步电动机启动

由于笼型异步电动机只能靠降低外施电压减小启动电流，所以笼型异步电动机的启动性能是比较差的。下面介绍笼型异步电动机常用的几种启动方法。

（1）直接启动。直接启动又称全压启动。直接启动的方法是用断路器（或接触器）将电动机的定子绕组直接接到相应额定电压的电源上。这种启动方法简单，应尽可能首先考虑采用，其缺点是启动电流大。

电动机是否直接启动，主要取决于电网容量的大小、电动机的形式、启动次数以及线路上允许干扰的程度。允许直接启动的电动机容量大致可按下述原则确定：

1）电动机由变压器直接供电时，不经常启动的电动机容量不宜超过变压器容量的30%，经常启动的电动机容量则不宜超过变压器容量的20%。

2）电动机由发电机直接供电时，允许直接启动的电动机容量可按发电机每千伏安0.1kW计算。当然，这里所说的原则不是绝对的，要根据具体情况，在保证安全的前提下通过试验确定。

（2）降压启动。容量较大的笼型电动机启动电流比较大，不允许直接启动，则可采用降低外施电压的方法降压启动。不过，降低电压，也减小了启动转矩，故这种方法也只适用于对启动转矩要求不高的场合。常用的降压启动方法有以下几种：

1）自耦变压器降压启动。这种方法的原理接线图如图9-15所示。启动时，合上开关Q1，并将转换开关Q2合向“启动”位置。这时，利用自耦变压器降压加在电动机定子绕组端头上的电压起动。启动完毕，再将Q2合向“运行”位置。

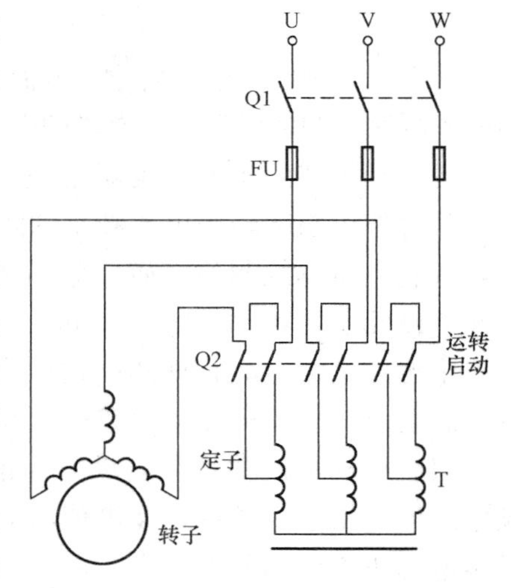

图9-15　自耦变压器降压启动原理接线图

自耦变压器的二次绕组通常有几个抽头，使二次电压为一次电压的40%、60%、80%，根据不同启动转矩的要求可以选用。这种启动设备的缺点是投资大，且易损坏。

2）星形—三角形换接启动。凡正常运行时三相定子绕组为三角形接法的电动机，可采用这种方法启动，即启动时将定子绕组按星形接法，启动完毕再转换为三角形接法。这种方法的原理接线图如图9-16所示。

启动时，合刀熔开关 Q1，并把转换开关 Q2 合向“启动”位置，定子绕组为 Y 接线。启动完毕，将 Q2 合向“运转”位置，定子绕组换成△接线。

三、绕线式异步电动机启动

绕线式异步电动机的启动通常采用在转子电路中串联变阻器的方法，如图 9-17 所示。启动时，先将启动变阻器调到电阻最大的位置，然后合上电源开关 Q，使电动机启动。随着转速升高，逐步将启动变阻器的电阻值减小，直到转速接近额定转速时，再将启动变阻器的全部电阻切除，转子电路直接短接。

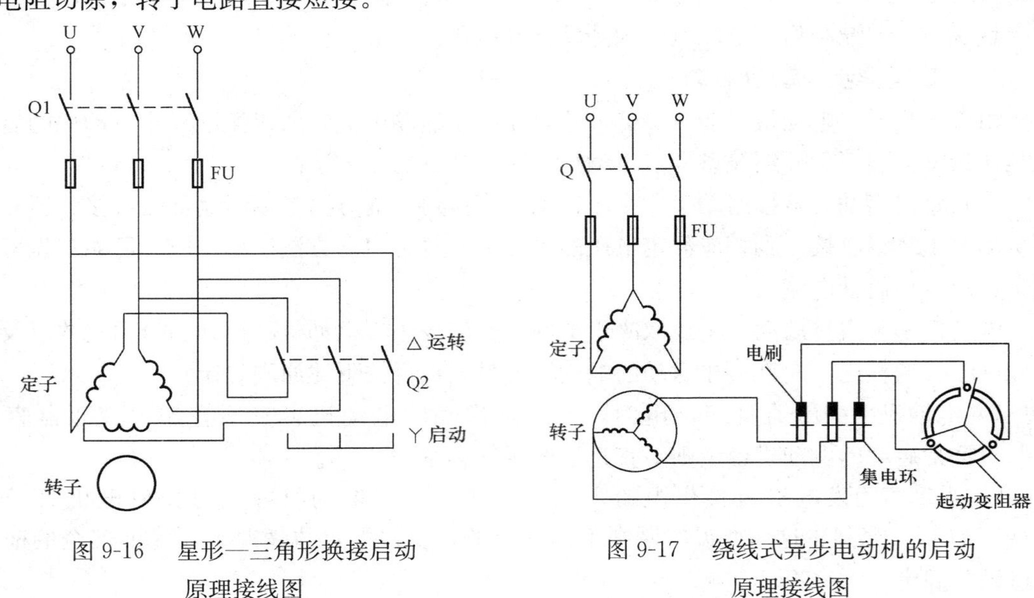

图 9-16　星形—三角形换接启动原理接线图

图 9-17　绕线式异步电动机的启动原理接线图

转子电路中串入电阻后，一方面是将转子电流减小，从而减小启动电流；另一方面可提高转子电路的功率因数，若串联的电阻值适当，还可增大启动转矩。

近年来生产的频敏变阻器是绕线式异步电动机的新型启动设备。频敏变阻器的特点是：其等值电阻随转子电流频率的降低而自动减小，这样就可免去启动过程中的人工操作，或省去自动控制的装置。频敏变阻器实际上是一个特殊的三相铁芯电抗器，其铁芯由几片或几十片较厚（30～50mm）的钢板或铁板制成，三个铁芯柱上绕有三相绕组。当绕组中通过交流电时，铁芯中便产生交变磁通，从而产生铁耗，其等值电阻为 r_m。电动机刚启动时，转子电流频率较高，频率变阻器的涡流损耗较大，等值电阻 r_m 也较大，从而起限制启动电流并增大启动转矩的作用。转子转动以后，随着转速的上升，转子电流频率降低，铁芯中的损耗及等值电阻 r_m 也跟着减小。因此，频率变阻器完全符合绕线式异步电动机启动的要求。

综上所述，绕线式异步电动机在转子电路中串联电阻启动，不仅可限制启动电流，而且可增大启动转矩，因而使启动性能大大得到改善。所以，对于启动次数频繁且要求启动时间短和启动转矩较大的生产机械，常采用绕线式异步电动机。

功率大于 100kW 的笼型异步电动机常制成双笼型或深槽的，这类电动机属笼型结构，但有接近绕线式的启动性能的优点。

四、异步电动机的软启动

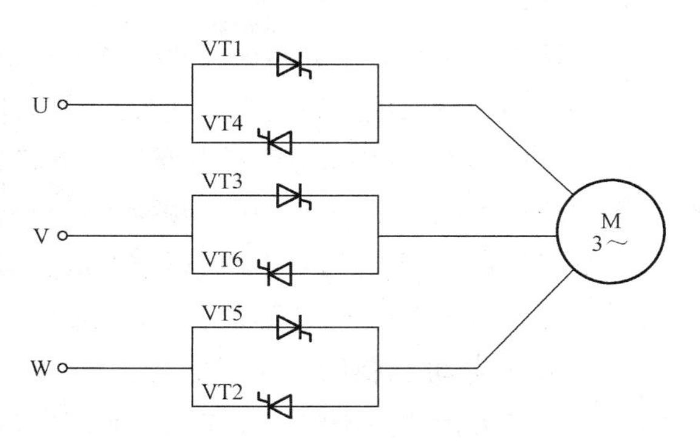

图 9-18 电子器件组成的软启动器示意图

如前所述，笼型异步电动机的启动方式和绕线式异步电动机的启动方法，都无法避免电动机启动瞬间电流冲击，也无法避免启动过程中进行电压切换。这样，由于启动设备触点多，发生故障机会也多。一种叫做软启动器（或固态软启动器）的新型设备已经问世，并已推广应用。这种软启动器使得电动机启动平衡，对电网冲击小，可以实现电动机软停车、软制动，以及电动机的过载、短路、缺相等保护，还可以使电动机轻载节能运行。软启动器具有良好的启动控制性能及保护性能。

图 9-18 是以电子器件组成的软启动器示意图，图中电子器件 VT1 和 VT4、VT3 和 VT6、VT2 和 VT5 串联在电动机的三相电路中，M 为电动机。

在电动机启动过程中通过电子控制电路控制，使电动机的启动电流根据工作要求所设定的规律进行变化。这样，电动机启动电流大小、启动方式均可任意控制与选择，使电动机有最佳的启动过程，同时还可以减小启动功率损耗。软启动设备大大提高了电动机工作的可靠性，但有产生谐波的缺点。

五、异步电动机调速

在工农业生产中某些机械需要变速，也要求拖动这些机械的电动机能调速。虽然异步电动机的调速性能不如直流电动机，但是近年来对异步电动机调速问题的研究已有很大进展。

调速是指在一定负载下，根据生产机械的需要，人为地改变电动机的转速。电动机调速性能往往影响到生产机械的工作效率和产品质量。电动机的调速性能和特点，通常用调速范围、调速的平滑性、经济性、稳定性和调速方向以及高速时允许负载等指标来描述。不同的生产机械所需要的功率和转矩是不同的，有的生产机械要求电动机在各种转速下都能输出同样的机械功率，这时电动机应具有所谓恒功率调速；有的生产机械要求电动机在各种转速下都能输出同样的机械转矩，这时电动机应具有所谓恒转矩调速。

从转速率的定义可知，异步电动机的转速为

$$n=(1-s)n_1=(1-s)\frac{60f_1}{p} \tag{9-7}$$

由此可看出，异步电动机的调速方法有以下几种：

（1）变频调速。改变电源频率 f_1。

（2）变极调速。改变定子绕组的极对数 p。

（3）变转差率调速。改变电动机的转差率 s。

前两种方法有时又统称为改变同步转速的调速方法，后一种方法称为不改变同步转速的调速方法。改变转差率调速方法又有以下几种：

（1）转子串电阻调速。绕线式异步电动机转子回路串接可变电阻。

（2）串级调速。绕线式异步电动机转子串接电动势。

（3）调压调速。改变异步电动机定子电源电压。

此外，还有不属于上述基本调速方法的，如电磁调速电动机等。

改变电源频率 f_1 可以得到平滑而且范围较大的调速。近年来，由于利用电子控制实现交流变频的技术取得新进展，用变频装置进行交流调速得到一定程度的推广。

改变三相定子绕组的接法，可以改变旋转磁场的磁极对数，从而改变电动机的转速，这是变极调速。由于磁极只能按极对数变化，所以这种调速方法为有级调速。

六、异步电动机制动

在交流电力拖动系统中，如果三相异步电动机的电磁转矩与转子转动方向相反，那么电动机转矩便处于制动状态。异步电动机制动时，电动机转矩起反抗旋转的作用，为制动转矩。此时，电动机将从轴上吸收机械能，并把机械能转换成电能，而转换的电能或者回馈给电网，或者消耗在转子回路中。

通常，异步电动机制动有两个目的：①为了使拖动系统迅速减速及停车，这时制动是指电动机从某一稳定转速下降到零的过程；②为了限制位能性负载的下降速度，这时制动是指电动机从某一稳定的制动运行状态，电动机的转矩与负载转矩相平衡，系统保持匀速运行。三相异步电动机的制动方法有回馈制动、反接制动、倒拉反转和能耗制动四种。

1. 回馈制动

当三相异步电动机的实际转速高于同步转速（即 $n>n_1$）时，异步电动机便处于回馈制动状态。这时电动机转子导体切割旋转磁场的方向与电动机状态的方向相反。相应地，转子感应电动势和转子电流的方向与电动机状态的方向相反，则电磁转矩也改变方向，这样转矩的方向与转速 n 的方向相反，起到制动的作用。

2. 反接制动

三相异步电动机反接制动就是在电动机稳态运行时，突然改变异步电动机的三相电源相序，由此产生的制动。当异步电动机在三相电源正相序稳定运行时突然改变为负相序的制动，称为正向反接制动；反过来，异步电动机在三相电源负相序稳定运行时突然改变为正相序的制动，称为反向反接制动。

3. 倒拉反转运行

三相绕线式异步电动机拖动位能性恒转矩负载运行，当转子回路串入一定的电阻时，电动机的转速会下降。如果所串的电阻超过某一数值后，电动机的电磁转矩小于负载转矩，使得电动机反转。此时，电动机旋转磁场的方向与转子转动的方向相反，若电动机旋转磁场的方向为正，同步转速为 n_1，则电动机转速 n 为负，于是电动机转差率 $s>1$。倒拉反转运行主要用于下放重物的场合，转子回路串入的电阻越大，倒拉反转运行的速度越高，重物下放得越快。

4. 能耗制动

把异步电动机的定子绕组从交流电源上切断，并立即按一定接线方式把它接在直流电源上，此时电动机也处于制动状态。

能耗制动时，制动转矩的大小与通入定子绕组中的直流电流大小有关，也与转子回路中的电阻有关。

第七节　异步电动机的选择、使用与维护

一、异步电动机的选择

1. 选用电动机一般步骤

在选用电动机之前，一般应首先了解以下几个问题：

(1) 负荷的工作类型（如连续工作、短时工作、变负荷工作和断续工作等）。

(2) 负荷的转速。

(3) 负荷的工作转速以及是否需要调速（定速、有级调速和无级调速等）。

(4) 启动频率。

(5) 驱动负荷所需功率。

(6) 启动方式。

(7) 制动方式（是否要快速制动）。

(8) 是否要反转。

(9) 工作环境条件（温度高低，湿度大小，有无腐蚀性、爆炸性液体或气体、灰尘或粉尘，户内还是户外等）。

根据对负荷的了解，应考虑电动机以下几个技术要求：

(1) 电动机的机械特性。

(2) 电动机的转速以及是否能调速。

(3) 工作定额（连续、短时或断续周期定额等）。

(4) 电动机的启动转矩、最大转矩。

(5) 电动机的类型。

(6) 电动机的额定输出功率、效率、功率因数。

(7) 电源容量、电压、相数。

(8) 绝缘等级。

(9) 外壳防护形式。

(10) 安装形式、轴伸尺寸、附件。

(11) 使用的控制器。

2. 电动机种类选择

电动机种类选择的原则是在满足生产机械对稳态和动态特性要求的前提下，优先选用结构简单、运行可靠、维护方便、价格低廉的电动机。电动机种类选择时应考虑的主要内容有：

(1) 电动机的机械特性。它应与所拖动生产机械的机械特性相匹配。

(2) 电动机的调速性能。它包括调速范围、调速平滑性、调速系统经济性等几个方面，它们都应该满足生产机械的要求。对调速性能的要求在很大程度上决定了电动机的种类、调速方法以及相应的控制方法。

(3) 电动机的启动性能。不同的生产机械对电动机的启动性能有着不同的要求，电动机的启动性能主要是启动转矩的大小，同时还应注意电网容量对电动机启动电流的限制。

（4）电源种类。采用交流电源比较方便。

（5）经济性。一是电动机及其相关设备（如启动设备、调速设备等）的经济性，也就是要考虑电动机及其拖动系统的经济性，应该在满足生产机械对电动机各方面运行性能要求的前提下，优先选用价格低廉、运行可靠、维护方便的电动机拖动系统；二是电动机拖动系统运行的经济性，主要是效率高，节省电能。

3. 电动机容量选择

电动机的容量要根据机械负载所需要的功率和运行情况来确定。怎么才能正确选择呢？必须经过以下计算和比较：

（1）对于恒定负载连续工作的方式，如果知道负载的功率 P_1，可按下式计算出所需电动机的功率 P：

$$P=\frac{P_1}{\eta_1\eta_2} \tag{9-8}$$

式中 η_1——机械负载的效率；

η_2——传动机构的效率。

根据所计算的 P，使所选电动机额定功率 $P_N \geqslant P$ 即可。

（2）短时工作定额的电动机与功率相同的连续工作定额的电动机相比，最大转矩大、重量轻、价格便宜。在条件许可时，选用短时定额的电动机比较经济。

（3）对于断续工作定额的电动机容量的选择，要根据负载持续率的大小，选用专门用于断续定额运行方式的电动机。负载持续率的计算公式为

$$负载持续率=\frac{t_g}{t_g+t_0}\times 100\% \tag{9-9}$$

式中 t_g——工作时间；

t_0——停机时间；

t_g+t_0——一个工作周期。

二、异步电动机的使用与维护

1. 异步电动机使用前的准备工作

异步电动机安装后第一次启动前，或电动机检修后投入运行送电前，应进行必要的检查、测量及试验，检验电动机有无问题，可否投入运行。

（1）电动机外部部件完整、清洁，运行名称编号清楚、正确。保护接地完好，靠背轮防护罩已装好，四周整洁、无杂物。

（2）电动机电缆相色齐全整洁，电缆与电动机接线压紧良好。

（3）若是调速电动机，调速的增减方向、增减后的速度要和调速装置相对应，符合调速要求。

（4）测量绕组相间及对地绝缘电阻和吸收比（相间绝缘只有在各相绕组断开时才能测量）。合格后，方可送电。

（5）所带机械具备启动条件。

（6）继电保护装置完好。

（7）空转合格。旋转方向符合转动机械的旋转方向。

2. 电动机启动时的注意事项

电动机送电前经检查符合送电条件，按照接受命令、开操作票等操作程序进行送电操作。在启动过程中，应注意以下问题：

（1）电动机操作的基本原则是不能带负荷拉合刀熔开关，以防止发生设备和人身事故。

（2）启动时应先试启动一次，观察电动机能否启动，转动方向是否正确。

（3）合闸后如无故障，电动机应能很快地进入稳定运行。如发现转速不正常或声音不正常，应进行详细检查。

（4）由于电动机在启动时，启动电流很大，虽时间很短，但会使电动机绕组的绝缘老化加剧，同时使绕组的导线间产生机械力压挤绝缘。因此，电动机的启动次数过于频繁会使绝缘过早损坏。为此规定，电动机在冷状态下允许连续启动两次，在热状态下允许再启动一次。

3. 异步电动机运行中的监视与维护

电动机在运行中应定期进行巡视点检，要注意电压、电流、温度、声音及气味等几个方面。具体监视项目如下：

（1）监视电动机的电流是否超过额定值。如果没有装电流表，应当用钳形电流表定期进行测量。

（2）检查运行中的大中容量电动机接线端子处有无过热现象，电缆引线绝缘有无过热变色，有无异常气味，有无冒出的轻烟等。

（3）检查轴承是否良好，对于滚动轴承应检查有无过热流油现象，用听针检查轴承声音是否正常。

（4）检查电动机振动是否超过允许值，必要时用振动表进行测量。

（5）对装有温度计、温度表的电动机要检查进、出口风温。对未装温度表的电动机，可用手触电动机上部外壳处检查电动机是否超温。

（6）对大容量电动机停运时间超过规定时（如给水泵），在启动前应测验绝缘，是否受潮。查看电动机启动、升速过程中的电流变化，直到进入正常运行状态。

（7）保持电动机及周围环境的整洁，不得有杂物、水、油等落入电动机内，要定期拭抹电动机。

（8）发现有可能发生人身事故或电动机和被驱动机械损坏至危险程度时，应立即切断电源。当电动机发生不允许继续运行的故障（如内部有火花、绝缘有焦味，电流或温度超出规定值，特别响声及强烈振动）时，则可以首先启动备用机组，然后停机。

（9）如电动机起火，应先切断电源，再进行灭火。灭火时应使用电气设备专用灭火器。

4. 异步电动机常见故障、原因及处理

异步电动机的故障一般可分为电气故障和机械故障两大类。电气故障除了电动机绕组或导电部件的错接、接触不良及损坏以外，还包括控制保护设备的故障。机械故障主要是轴承、风叶、靠背轮、端盖、铁芯、转轴、紧固件等损坏。

当电动机发生故障时，应仔细观察所发生的异常现象，并测量有关数据，然后分析其原因，找出故障部件，并采取措施加以排除。

异步电动机的常见故障、产生原因及处理方法见表 9-4。

表 9-4　异步电动机的常见故障、产生原因及处理方法

常见故障	产生原因	处理方法
电动机不能转动或转速低于额定转速	1. 熔断器熔件烧断，电源未接通或电压过低； 2. 定子绕组或外部电路有一相断线； 3. 绕线式转子电路断路，接触不良或脱焊； 4. 笼形转子鼠笼条断裂； 5. 三角形联结的电动机引线错接成星形； 6. 负载过大或被所传动的机械卡住	1. 检查电源电压和开关工作情况； 2. 自电源起逐段检查，找出断头并接通； 3. 消除断路点； 4. 修复断条； 5. 改正接线； 6. 减小负载更换容量大的电动机，检查被带动机械，消除故障
电动机三相电流不对称	1. 定子绕组匝间短路； 2. 更换定子绕组后，部分线圈数有错误； 3. 重换定子绕组后，部分线圈之间的接线有错误	1. 检修定子绕组，消除短路； 2. 严重时，测出匝数有错的线圈并更换； 3. 改正接线
电动机全部过热或局部过热	1. 电动机过载； 2. 定子铁芯硅钢片之间绝缘漆不良或有毛刺； 3. 电源电压较电动机额定电压过低或过高； 4. 定子和转子在运行中摩擦（扫膛）； 5. 电动机通风不良； 6. 定子绕组有匝间短路故障； 7. 运行中的电动机一相断线； 8. 烧线式转子绕组的焊点脱焊； 9. 重换线圈后的电动机由于接线错误或绕制线圈的匝数不符，或浸漆后未彻底烘干	1. 应降低负载或换一台容量较大的电动机； 2. 检修定子铁芯，处理铁芯绝缘； 3. 调整电源电压； 4. 查明原因，消除摩擦； 5. 检查风扇，疏通风孔道； 6. 局部或全部更换线圈； 7. 停机检查，修复断线； 8. 将脱焊点重焊； 9. 校正绕组接线，更换匝数不符的线圈，将电动机彻底烘干
电刷冒火、集电环过热或烧坏	1. 电刷的型号尺寸不符； 2. 电刷压力过大或不足； 3. 电刷与集电环的接触面磨得不好； 4. 集电环表面不平、不圆或有油污； 5. 电刷质量不好或电刷总面积不够	1. 更换电刷； 2. 调整各电刷的压力； 3. 打磨电刷； 4. 消除集电环表面的脏污，必要时开车旋转； 5. 更换质量好的电刷或增加电刷的数量
电动机有不正常的振动和响声	1. 电动机的地基不平，电动机安装得不好； 2. 滑动轴承的电动机轴颈与轴承的间隙过大； 3. 滚动轴承在轴上装配不良或滚动轴承本身的缺陷； 4. 电动机转子和轴上所附的带轮、飞轮、齿轮等不平衡； 5. 转子铁芯变形或轴弯曲； 6. 定子绕组局部短路或接地； 7. 绕线式转子局部短路； 8. 定子铁芯硅钢片压得不紧； 9. 定子铁芯外径与机座内径之间的配合不够紧密	1. 检查地基情况及电动机安装情况； 2. 检查调整滑动轴承间隙； 3. 检查滚动轴承的装配情况或更换轴承； 4. 做静平衡或动平衡试验，调整平衡； 5. 在车床上找正，并处理； 6. 寻找短路或接地故障点，进行局部修理或更换绕组； 7. 寻找短路点并进行处理； 8. 重新压紧后用电焊数处； 9. 可用电焊点焊或在机座

续表

常见故障	产 生 原 因	处 理 方 法
轴承过热	1. 滚动轴承中润滑脂加得过多； 2. 润滑脂变质、老化、干涩或缺油； 3. 润滑脂中有杂物、灰尘、砂等； 4. 轴与轴承有偏心，如端盖与机座不同心； 5. 滑动轴承间隙过小或油环不转动，油位过低； 6. 润滑脂使用不当； 7. 传动带张力太紧或靠背轮装配不正； 8. 轴承端盖过紧或机械负荷过重； 9. 轴间间隙过小； 10. 轴承损坏	1. 检查油量，一般只装到轴承室容积的 1/3 或 1/4； 2. 清洗后换新润滑脂，或补注润滑脂； 3. 洗净轴承后，换洁净润滑脂； 4. 调整端盖或止口车大，对正同心度后，加定位销定位； 5. 调整间隙或使油环转动，补注润滑脂； 6. 根据不同使用环境，更换润滑脂； 7. 适当放松传动带，调整靠背轮； 8. 适当松盖，减轻负荷； 9. 调整间隙； 10. 更换同型号轴承，修理轴瓦

第十章

互 感 器

第一节 电流互感器

一、电流互感器的作用、原理与接线方式

电流互感器是电力系统中测量仪表、继电保护等二次设备获取电气一次回路信息的传感器。电流互感器是一次系统和二次系统之间的联络元件，将一次侧的大电流变为二次侧的小电流（5A或1A），这样仪表或其他测量装置就可以小型化、标准化。同时由于电流互感器与高压电器隔离，以及电流互感器二次绕组中性点的接地，也保证了测量的安全，使二次电路正确反映一次系统的正常运行和故障情况。

电流互感器（TA）的工作原理与变压器完全相同，主要结构由一次绕组、二次绕组和铁芯组成。一次绕组串联于要测量的电流电路，而电流互感器的负载是仪表或继电器电流线圈，它们全部串联后与电流互感器的二次绕组连接。当电流互感器一次绕组（匝间为 N_1）通以交流电流 I_1时，在铁芯中产生交变的磁通并沿铁芯形成闭合的回路，同时绕在铁芯中二次绕组（匝间为 N_2）产生感应电压和感应电流 I_2。而电流互感器的一次电流 I_1由一次主回路决定，不受二次回路的影响；而二次电流 I_2则主要取决于一次电流，但也受负载阻抗的影响。由于负载电流线圈的阻抗极小，故电流互感器在正常工作时，二次绕组接近于短路状态。此时，二次绕组产生的磁动势 $F_2(I_2N_2)$ 与一次绕组磁动势（I_1N_1）趋于平衡，所需的工作磁动势很小，一、二次绕组产生的磁动势在数值上近似相等。所以电流互感器的变化可看成是一、二次绕组的匝数比（$K=I_1/I_2\approx N_2/N_1$）。

1. 电流互感器的技术参数

（1）额定电压。它是指一次绕组主绝缘能长期承受的工作电压等级，主要有0.22、0.38、6、10、35、110、220kV等。

（2）额定电流比。它是指一次额定电流与二次额定电流之比。一次额定电流是指一次绕组按长期发热条件允许通过的工作电流，而二次额定电流系标准化的二次电流，一般为5A或1A。如某一电流互感器的变流比为100/5，表示一次额定电流为100A时二次电流为5A。当一次绕组分段时，通过分段间的串、并联得到几种电流比时，则表示为：一次绕组段数×每段的额定电流/二次额定电流（A），例如2×100/5A。当二次绕组具有抽头，借以得到几种电流比时，则分别标出每一对二次出线端子及其对应的电流比。电流互感器一次额定电流标准值有1、5、10、15、20、30、40、50、60、75、100、160、200、315A，大于315A时，其数值与 R_{10}优先数列完全相同。

（3）二次额定负载。当二次绕组通过额定电流时，与规定的准确度等级相对应的负载阻抗限额值。

（4）额定短时热电流，就是电流互感器的热稳定电流，是电流互感器在 1s 内所能承受而无损伤的一次电流有效值，这时其二次绕组是短路的。

（5）额定动稳定电流。动稳定电流为峰值电流，电流互感器的额定动稳定电流通常为额定短时热电流的 2.5 倍。

2. 电流互感器的额定功率和相应的准确级

电流互感器的额定输出功率很小，标准值有 5、10、15、20、30、40、50、60、80、100VA。

电流互感器的准确级根据额定功率的变化误差命名，误差又与一次电流、二次负载等使用条件有关。电流互感器的用途不同，对准确级的要求也不同。

（1）测量用电流互感器的准确级。

测量用电流互感器的标准准确级有 0.1、0.2、0.5、1、3、5 共 6 级，都是以规定条件下电流的最大比值差命名的，也称为变比误差，其相对百分值 $f_1=(KI_2/I_1)\times100\%$。对于 0.1～1 级，在二次负载为额定负载的 25%～100%之间时，对于 3 级和 5 级，在二次负载为额定负载的 50%～100%时，各准确级对应的误差限值表见表 10-1。

表 10-1　　测量用电流互感器的误差限值表

准确级	电流误差（±%）（在下列额定电流百分数时）				相位差（在下列额定电流百分数时）							
					±（′）				±crab			
	5	20	100	120	5	20	100	120	5	20	100	120
0.1	0.4	0.2	0.1	0.1	15	8	5	5	0.45	0.24	0.15	0.15
0.2	0.75	0.35	0.2	0.2	30	15	10	1	0.9	0.45	0.3	0.3
0.5	1.5	0.75	0.5	0.5	90	45	30	30	2.7	1.35	0.9	0.9
1	3.0	1.5	1.0	1.0	180	90	60	60	5.4	2.7	1.8	1.8
	50		120									
3	3		3									
5	5		5									

注　crab=10^{-2}rab。

在测量用电流互感器中有一种特殊使用要求的电流互感器，它用于与特殊电能表相连接。这些电能表在 0.01～1.2 倍二次额定电流（5A）之间的某一电流下能准确测量。与这种电能表的电流线圈连接的电流互感器有 0.2S 和 0.5S 两个级别（S 表示特殊），它们的电流误差（%）的最大值在前述的二次负载条件下，当 $I=0.2\sim1.2$ 倍额定电流时，相应为 0.2 与 0.5。详细要求未在表 10-1 中列出。

每一电流互感器有一最高准确级，对应于此准确级有一额定输出功率。当负载功率超过此额定值时，误差超过规定值，电流互感器的准确级就降低，则又有一较大的相应的额定功率，即每一电流互感器随着输出功率不同可以有不同的准确级。电流互感器在铭牌中将最高准确级标在相应的额定输出功率之后，如 15VA0.5 级。有时在其后还标有 FSX，如

15VA0.5级FS10，FS表示仪表的保安系数，10为其数值。FS的定义为额定仪表保安电流/一次额定电流。FS值越小，对由该互感器供电的仪表越安全。

（2）继电保护用电流互感器的准确级。

接有保护用电流互感器的电流发生过载或短路时，要求电流互感器能将过载或短路电流的信息传给继电保护装置。由于电流互感器铁芯的非线性特性，使这时的励磁电流和二次电流中出现较大的高次谐波，故保护用电流互感器的准确级不是以电流误差命名，而是以复合误差的最大允许百分值命名，其后再标以字母P（表示保护）。复合误差包括了比值误差和相位差，它是在稳定时一次电流瞬时值对折算后的二次电流瞬时值的差值的有效值，并用一次电流有效值的百分数表示。

保护用电流互感器的标准准确级有5P和10P。和测量用电流互感器每一准确级有相应的额定功率一样，5P和10P也有相应的额定输出功率。在额定负载的条件下能使电流互感器的复合误差达到5%或10%的一次电流，称为额定准确限值一次电流。它与一次额定电流的比值，称为准确限值数。准确级和准确限值系数都要标在额定输出功率之后，如15VA5P10。保护用电流互感器的误差限值见表10-2。

表10-2　保护用电流互感器的误差限值

准确级	电流误差（±%）（在一次额定电流下）	相位差（在一次额定电流时）		复合误差（在额定准确限值一次电流时）
		±（′）	±crab	
5P	1	60	1.8	5
10P	3	—	—	10

3．电流互感器的接线

电流互感器是单相电器，其一次绕组串接在被测电路中，它的接线主要是指二次侧的接线。电流互感器的接线首先要注意其极性，极性接错时，功率表和电能表将不能正确测量，这些保护装置也会误动作。电流互感器的一次绕组首、尾两端标有L1、L2字样，分别与二次绕组的K1、K2端子同极性。若一次电流由L1流向L2，则相同相位的二次电流由绕组K1端流出至外接回路，再从K2端流入绕组。也就是说，L1和K1为同名端，L2和K2为同名端。若一次绕组为分段式，用字母C表示中间出线端子，则L1－C1为一段，C1－L2为另一段。若同一个一次绕组具有两个二次绕组，每个绕组有自己的铁芯，则两个绕组的端子分别标以1K1、1K2、2K1、2K2。若二次绕组有抽头，则顺次标以K1、K2、K3…

电流互感器常用的几种接线方式如图10-1所示。

图10-1（a）为单相接线，只能测量一相电流，一般用于负载平衡的三相电力系统中一相电流的测量。

图10-1（b）为不完全星形接线，两台电流互感器分别接于A、C两相。在35kV及以下三相三线小电流接地系统中测量三相功率或电能时，这种接线用得最多。这种接线除了能测A、C两相电流外，还可在公共导线上测得B相的电流，因为在电流二次回路中I_a、I_b、I_c三相电流相位相差120°，而幅值相等，所以三相电流相量为零，而据相量图可知$\dot{I}_a+\dot{I}_c=-\dot{I}_b$。所以两台电流互感器同样可反映出中性点不接地系统（满足$\dot{I}_a+\dot{I}_b+\dot{I}_c=0$）的三相

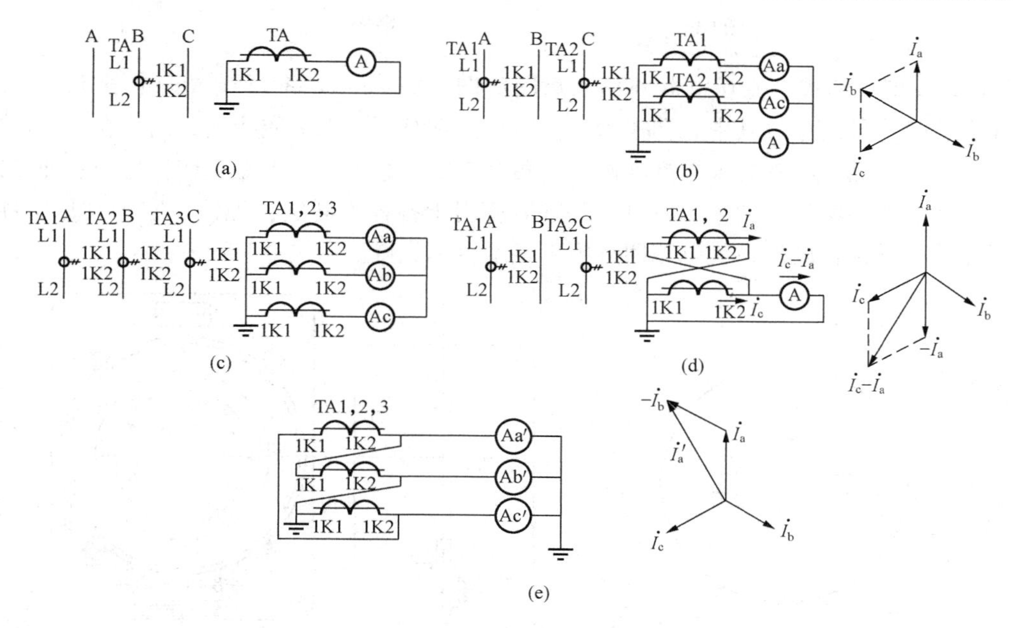

图 10-1 电流互感器的接线方式

(a) 单相接线；(b) 不完全星形接线；(c) 完全星形接线；(d) 两相电流差接线；(e) 三角形接线

电流。

图 10-1 (c) 为完全星形接线，三相各装一台电流互感器，其二次侧为星形联结，可测量三相三线制或三相四线制中各相的电流，中性线中的电流为零序电流。这种接线在继电保护中用得很多。

图 10-1 (d) 为 A、C 两相电流差接线。此时流过负载的电流为电流互感器二次电流的$\sqrt{3}$倍，相位则超前 C 相位 30°或滞后 A 相 30°，视负载二次回路的正方向而定。

图 10-1 (e) 为三角形接线，也是三相电流差接线。此时流至负载的三相电流为电流互感器二次电流的$\sqrt{3}$倍，相位则相应超前 30°，也可改变三角形串联顺序使负载二次电流滞后于互感器电流 30°。该接线常用于变压器高压侧的差动保护回路，以补偿该侧的电流相位。

二、电流互感器的产品类型

电流互感器总是做成单相电器。按一次绕组的匝数可分为单匝式和多匝式，而单匝式又可分为贯穿式和母线式；按安装方式分为穿墙式、支柱式和套管式；按安装地点可分为户外式和户内式；按照绝缘结构分为干式、瓷绝缘式、浇注式和油浸式。

下面介绍几种常用的电流互感器。

1. LMKB1-0.5 型户内低压母线式电流互感器

该互感器应用于交流 500V 及以下回路中测量线路中的电流、电量及继电保护用。该互感器铁芯用带状矽钢片绕制成环形，用绝缘包扎后绕上二次绕组，用酚醛塑料热压形成外壳，既作为绝缘又对线圈起保护作用。整个互感器呈环形，环形中间的圆孔作为一次绕组的软导线缠绕之用。额定一次电流较大的为扁孔兼圆孔，LMKB1-0.5 型电流互感器外形示意图如图 10-2 所示，扁孔可供相应截面的铜铝母线穿过。该电流互感器的一次额定电流有 5、10、15、20、30、40、50、75、100、150、200、300、400、500、600、800A 等。

2. LMZ-10 型穿墙式电流互感器

LMZ-10 型穿墙式电流互感器外形示意图如图 10-3 所示，系母线式，本身不带一次绕组，在安装时将母线穿过其中心孔作为一次绕组。它有两个由优质冷轧硅钢片卷成的环形铁芯，同时还采用辅助小铁芯来提高准确度。两个二次绕组分别均匀地绕在各自的主环形铁芯上，再用环氧树脂浇注成一体。该电流互感器适用于各种不同气候地区，它的动稳定性好，本身又无接触连接，应用在大电流回路中更显示出其优点。

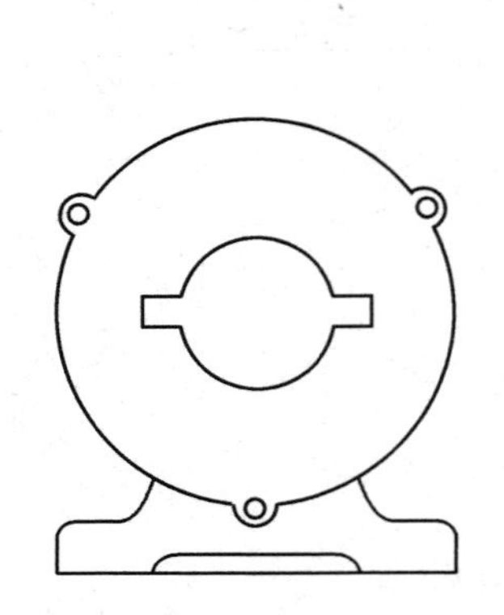

图 10-2　LMKB1-0.5 型电流互感器外形示意图

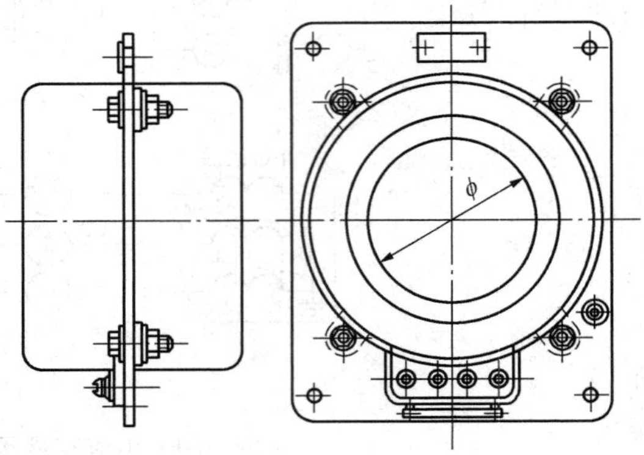

图 10-3　LMZ-10 型穿墙式电流互感器外形示意图

3. LQJ-10 型半封闭浇注绝缘户内支柱式电流互感器

LQJ-10 型支柱式电流互感器外形示意图如图 10-4 所示。

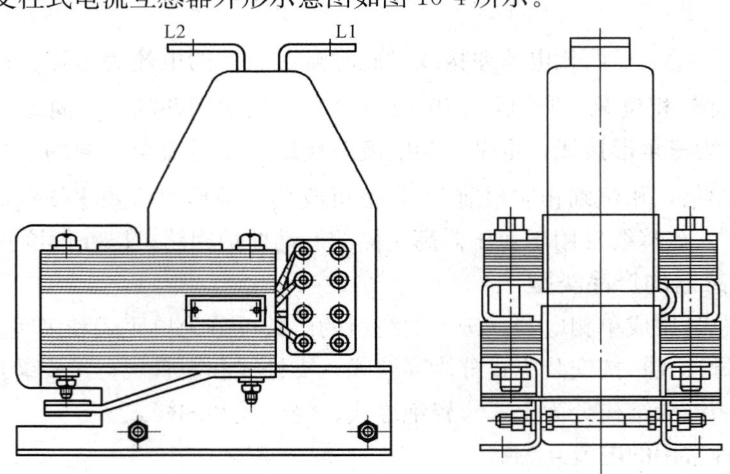

图 10-4　LQJ-10 型支柱式电流互感器外形示意图

它有两个条形硅钢片叠装成的铁芯，准确度高的还采用辅助小铁芯。一次绕组和部分二次绕组段用环氧树脂浇注成一个整体组件，大部分二次绕组和铁芯外露。铁芯处于平放位置，一次绕组引出端 L1、L2 在最顶部，两组二次绕组引出端 1K1、1K2 和 2K1、2K2 在侧面。该电流互感器的电气性能好，且体积小、重量轻，常用于不需穿墙过板的 10kV 及以下户内配电装置中。

4. LCW-35 型支柱式电流互感器

LCW-35 型为油浸绝缘、多匝链式绕组的户外支柱式电流互感器，其结构示意图如图 10-5 所示。

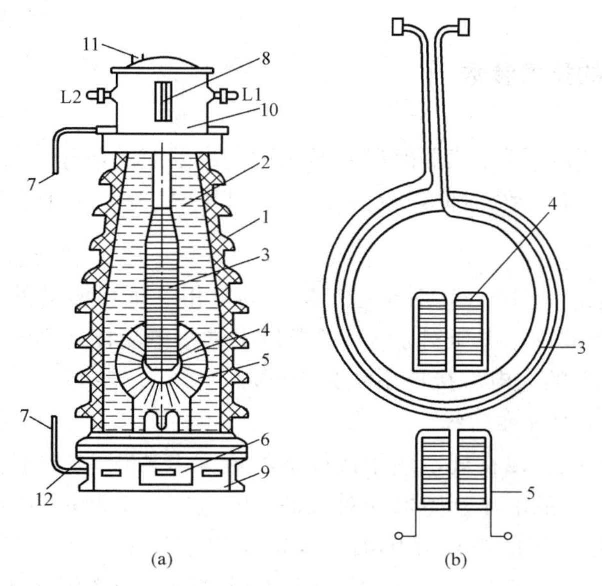

图 10-5　LCW-35 型支柱式电流互感器结构示意图

(a) 整体结构图；(b) 铁芯与一、二次绕组剖视图

1—瓷箱；2—变压器油；3—一次绕组；4—铁芯；5—二次绕组；6—二次接线盒；7—保护间隙；8—油位表；9—底座；10—储油柜；11—安全气道；12—接地螺栓

该电流互感器有两个硅钢片卷成环形的铁芯，两个二次绕组分别均匀地绕在每个铁芯圆周上，一次绕组套着铁芯构成“8”字形，一起浸泡在瓷箱内的变压器油里。瓷箱下端安装在由钢材焊成的底座上，底座正面有二次接线盒；瓷箱上端有金属体的储油柜，其对称两侧有一次绕组的首、尾两端，首端 L1 与金属柜体绝缘，尾端 L2 与柜体相接通。储油柜上还设置油位表以便观察油位。储油柜顶盖上还设置安全气道，可排出因故障产生的气体。在储油柜与底座之间设有保护间隙，保护瓷箱不致受过电压的损伤。

第二节　电 压 互 感 器

一、电压互感器的作用、原理与接线方式

电压互感器（TV）是一种容量很小的变压器，但它的作用不是将高电压的功率变成低电压的功率分配给电力用户，而是将高电压或低电压变成测量仪表等使用的标准电压，是为了传递信息而变化电压的电器。

测量仪器、仪表和保护、控制装置的电压线圈是电压互感器的负载，这些线圈并联后接于电压互感器的二次绕组，它们的额定电压一般都是 100V，故能标准绕制。电压互感器将仪器、仪表与高电压隔离，同时与仪器、仪表相连接的二次绕组接地，故保证了测量时的安全。

电压互感器的用途不同，其二次绕组的数量也不同，可能有一个、两个或三个绕组。在供三相系统继电保护用的电压互感器中，可能每相有一个供三相接成开口三角形的二次绕组，以便在发生单相接地故障时，得到剩余电压（零序电压），该二次绕组称为剩余电压绕组。

二、电压互感器的技术参数

1. 额定电压

一次额定电压是指使电压互感器的误差不超过允许限值的最佳一次工作电压等级，并与相应的电网额定电压等级一致，即 3、6、10、35、110kV 等，对于高压侧采用星形接线的单相电压互感器还应除以$\sqrt{3}$。

基本二次侧额定电压为 100V，对于星形接线的单相电压互感器还应除以$\sqrt{3}$。

附加二次每相绕组的额定电压对于 35kV 及以下的小电流接地系统的电压互感器为 100/3V，对于 110kV 及以上的大电流接地系统为 100V。

2. 额定输出功率及相应准确级

电压互感器的准确级也以在规定使用条件下的最大电压误差（比差值）的百分值命名。规定使用条件对供测量用的电压互感器和对保护用的电压互感器是不同的，这两种互感器的准确级也不同。对于测量用的电压互感器，规定使用条件是：在额定频率，电压在 0.8～1.2 倍额定电压之间，负载在 0.25～1.0 倍额定负载之间，功率因数为 0.8。对于保护用的电压互感器，规定使用条件是：在额定频率，电压为 0.05 额定电压与额定电压因数相对应的电压，负载在 0.25～1.0 倍额定负载之间，功率因数为 0.8。电压互感器的准确级和在规定使用条件下的误差限值见表 10-3。

表 10-3　电压互感器的准确级和在规定使用条件下的误差限值

准确级		电压误差（±%）	相位差	
			±（′）	±crab
测量用	0.1	0.1	5	0.15
	0.2	0.2	10	0.3
	0.3	0.5	20	0.6
	1	1.0	40	1.2
	3	3.0	不规定	不规定
保护用	3P	3.0	120	3.5
	6P	6.0	240	7.0

每一台电压互感器有一个它的最高准确级，与此对应有一额定负载。由于电压互感器的误差受其负载的影响，当负载超出额定负载时，误差加大，准确级降低。与低一级的准确级对应的又有一额定负载。电压互感器从最高准确级起，每一准确级都有相应的额定负载，也称额定输出。电压互感器的负载常以视在功率的伏安值来表示。准确级标在相应的输出之后，例如某保护用互感器的准确级为 3P，相应的额定负载为 100VA，则标为 100VA3P。

电压互感器的额定输出功率（容量）的标准值为 10、15、30、50、75、100、150、200、250、300、400、500、1000VA。

电压互感器具有剩余电压绕组时，该绕组也有准确级和相应的额定功率。用于中性点有效接地系统的互感器，剩余电压绕组的标准准确级为 3P 或 6P；用于中性点非有效接地系统的为 6P。当二次绕组和剩余电压绕组所带负载都在各自的 0.25～10 倍额定负载时，彼此对对方的准确级都没有影响。

3. 额定电压因数及其相应的额定时间

电压互感器在一次电压升高时，励磁电流增大，铁芯趋于饱和，铁芯损耗增加，同时绕组的铜损也增加，这使得发热加剧，温度上升。时间越长，温度越大。电压高到一定程度，或时间长到一定程度，温度可能达到不能允许的数值。电压互感器在规定时间内仍能满足热性能和准确级要求的最高一次电压与额定一次电压的比值，就称为额定电压因数。它有其对应的额定时间，同时电压互感器一次绕组接法和系统接地方式也有关系。对于所有一次绕组接法和系统接地方式以及任意长的时间，电压互感器的额定电压因数都为 1.2，即使电压互感器能在 1.2 倍额定电压下长期工作。此外，还有其他的电压因数值和额定时间值。

电压互感器的接线方式应根据负载的需要来确定，其二次侧主要用于向测量、保护、同期等二次回路提供所需的二次电压。由于所供二次回路对其功能的具体要求不同，电压互感器主要有以下几种接线方式，如图 10-6 所示。

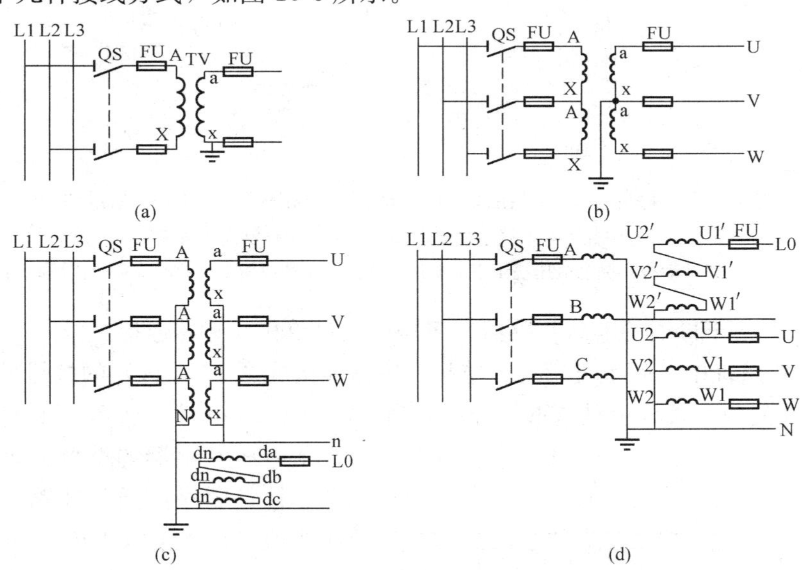

图 10-6 电压互感器的接线方式

(a) 一台单相电压互感器的接线；(b) 两台单相电压互感器接成不完全星形的接线；

(c) 三台单相电压互感器的接线；(d) 三相五芯柱式电压互感器的接线

图 10-6 (a) 是一台单相电压互感器的接线，一次绕组接于线电压，二次绕组可接入电压表、频率表及电压继电器及阻抗继电器；适用于中性点不接地系统的小电流接地系统，主要用于 3～35kV 系统中简单的场合。

图 10-6 (b) 是两台单相电压互感器接成不完全星形的接线，简称 Vv。三相三线制系统测量功率或电能时多用这种接线，也可接入需要线电压的其他仪表与继电器，当负载为计费电能表时，所用的电压互感器为 0.5 级或 0.2 级。

图 10-6（c）是三台单相电压互感器的接线，一、二次绕组都接成星形，中性点接地，剩余电压绕组接成开口三角形。这种互感器因为接在相电压上，故一次额定电压为该级系统额定电压的 $1/\sqrt{3}$。至互感器供给仪表等负载的电压在额定情况下是标准电压 100V，故二次绕组的额定电压为 $100/\sqrt{3}$V。

剩余电压绕组的额定电压与系统接地方式有关。在中性点有效接地系统，当发生单相金属接地短路时，在短路处短路对地电压为零。非故障相对地电压不变，三相剩余电压绕组的电压中，也是一相电压为零，另两相电压不变。图 10-7 为剩余电压绕组在系统正常运行与单相故障时的电压相量图。由图 10-7（a）可看出，c 相短路后，输出电压为 U，要求 U 为标准电压 100V，故 U_a或 U_b也应是 100V。在中性点非有效接地系统，当 c 相完全接地时，b 相和 c 相剩余电压绕组中的电压为 U_a和 U_b，数值上是$\sqrt{3}U_b$，如图 10-7（b）所示。开口三角形出口的电压 U 又为 U_a、U_b的$\sqrt{3}$倍。U 应为 100V，故剩余电压绕组的额定电压 U_a、U_b 和 U_c都应是 100/3V。

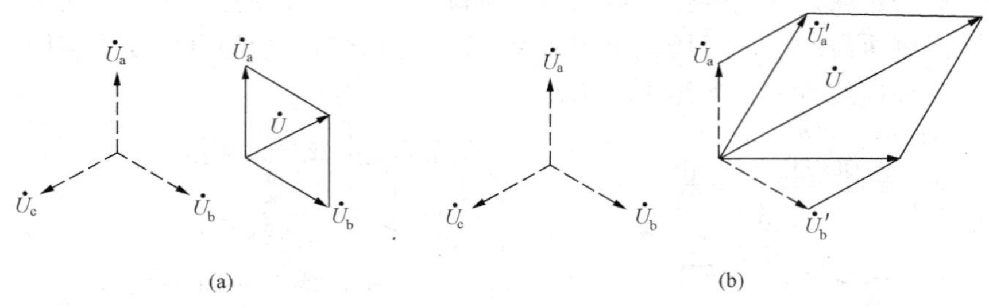

图 10-7 剩余电压绕组在系统正常运行与单相故障时的电压相量图

（a）中性点有效接地系统；（b）中性点非有效接地系统

注：虚线是系统正常运行时剩余电压绕组中的电压；实线是系统 c 相发生短路或完全接地时的电压。

35kV 及以上接于母线的电压互感器，多是用三台单相互感器连接。

在 6～10kV 系统中，除了可用三台单相互感器连接成图 10-6（c）的接线外，三相五芯柱式电压互感器的内部接线也是星形、开口三角形，如图 10-6（b）所示。图 10-8 是三相五芯柱式电压互感器的结构原理图，边上的两个芯柱是零序磁通的通路。当系统发生单相接地时，零序磁通 Φ_{A0}、Φ_{B0}、Φ_{C0}有了通路，磁阻小，磁通增多，则互感器的零序阻抗大，零序电流小，发热不严重，不会危害互感器，作为三相电源，从图 10-6（d）可以看出，其一次额定电压为系统的额定电压，二次额定电压为 100V，开口三角形正常时电压为零；当一次侧单相金属性接地时，开口三角形处电压为标准电压 100V，即剩余电压绕组的额定相电压为 100/3V。

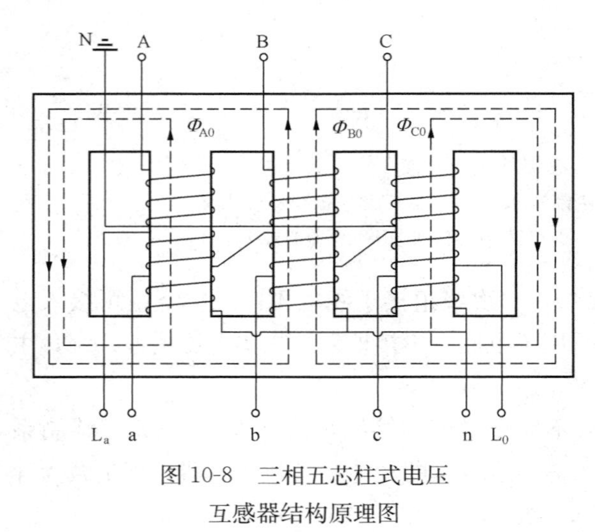

图 10-8 三相五芯柱式电压互感器结构原理图

电压互感器在接于电网时，除低压的

可只经熔断器外，高压电压互感器都经隔离开关和熔断器接入电网，在110kV以上的则只以隔离开关接入。电压互感器一次侧装熔断器的作用是：当电压互感器本身或引线上发生故障时，自动切除故障，但高压侧的熔断器不能作二次侧过负荷的保护，因为熔断器熔体是根据机械强度选择的，其额定电流比电压互感器额定电流要大很多，二次侧过负荷时可能熔断不了。所以，为了防止电压互感器二次侧过负荷或短路引起的持续过电流，在电压互感器的二次侧应装设低压熔断器。

电压互感器二次绕组也必须接地，其原因和电流互感器相同，是为了防止当一次绕组和二次绕组之间的绝缘损坏时，危及二次设备及工作人员的安全。在变电站中，电压互感器二次侧一般是中性点接地。

在电压互感器的接线图上有了线端子标记，单相电压互感器的一次绕组为A、X，或A、N，N表示接地端，相应的二次绕组的出线端标记为a、x和a、n，剩余电压绕组出线端为da、dn或L_s、L_0三相电压互感器的端子标记为一次绕组L1、L2、L3、N，二次绕组标为a、b、c、n或u、v、w、n。

三、电压互感器的产品类型

电压互感器按安装地点分为户内式和户外式，按相数分为单相式和三相式，按每相的绕组数分为双绕组式和三绕组式，按绝缘方式分为干式、浇注式和油浸式。以上分类都受电压的制约：20kV的电压范围内，单相浇注绝缘的占明显优势；电压35kV及以上的制成单相油浸户外式。无论电压等级的高低均有双绕组和三绕组的产品供选用。现按绝缘结构分类简述如下。

1. 干式电压互感器

该产品主要用于低压，最高电压可达6kV，只限于户内且空气干燥的场所。优点是重量轻，便于装入低压配电屏内。有单相的JDG和三相五柱三绕组的JSGW等型，JDG-0.5型和JSGW-0.5型干式电压互感器外形图分别如图10-9和图10-10所示。

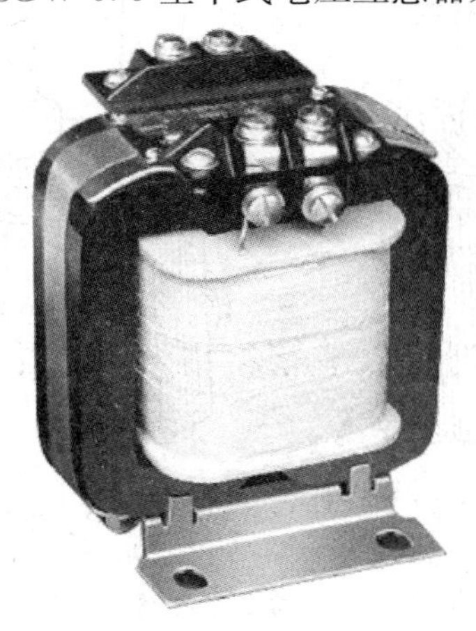

图10-9　JDG-0.5型干式电压互感器外形图

图10-10　JSGW-0.5型干式电压互感器外形图

2. 浇注绝缘电压互感器

该类产品做成单相户内式，其体积小，无着火、无爆炸危险，广泛应用于3～20kV户内配电装置。它们又分为双绕组和三绕组两类。前者有 JDZ 系列，选用 1～3 台并适当选择其一、二次侧额定电压可构成多种接线方式。后者有 JDZJ 等系列，可用三台代替三相五柱式产品。

以上两类除铁芯柱上相差一个附加绕组以外，结构基本相同。图 10-11 所示为 JDZJ-10 型浇注绝缘电压互感器结构示意图。其铁芯由优质硅钢片叠装成方形（有的卷成 C 形）。一次绕组和两个二次绕组绕制成同心柱体，连同一次绕组的引出线一起用环氧树脂浇注成型，然后装上铁芯。因铁芯外露，称为半浇注式。浇注体下面涂有半导体漆，并与金属底板和铁芯相连，还在一次绕组的两端设置屏蔽层，以改善电场的不均匀性，防止在冲击电压作用下发生局部发电。

3. 油浸绝缘电压互感器

油浸绝缘电压互感器的绝缘性能好，使用电压范围广，3～110kV 及以上各级电压均有其产品。油浸式绝缘电压互感器品种较多，总的可分为 35kV 及以下的普通油浸式电压互感器、110kV 及以上的串激式电压互感器以及 10～35kV 的电压-电流组合型油浸式互感器等。

（1）普通油浸式电压互感器。

1）JDJ 型电压互感器。20kV 及以下的做成户外式，图 10-12 为 JDJ-10 型户外式电压互感器结构示意图。它由铁芯和一、二次绕组组成的器身放在充满油的钢制圆筒形壳体内，并固定在箱盖下，与小型油浸式变压器相似。铁芯由条形硅钢片叠成三柱式，一、二次绕组套在中间柱上。箱盖上有带呼吸孔的注油塞。而 JDJ-35 型户外式电压互感器内部结构与上述 JDJ-10 型相似。但因电压高引起尺寸增大和油量增多，加上户外温差较大，故该互感器油箱设有较完善的储油柜、油标和呼吸器等。其瓷套管内腔也基本充满油，可消除内部空气放电。

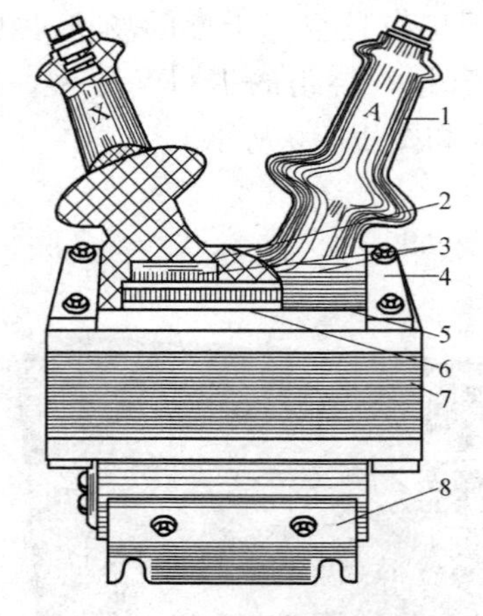

图 10-11 JDZJ-10 型浇注绝缘电压互感器结构示意图

1—浇注套管；2—静电屏蔽；3—一次绕组；4—一、二次绕组间绝缘；5—基本二次绕组；6—附加二次绕组；7—铁芯；8—支架

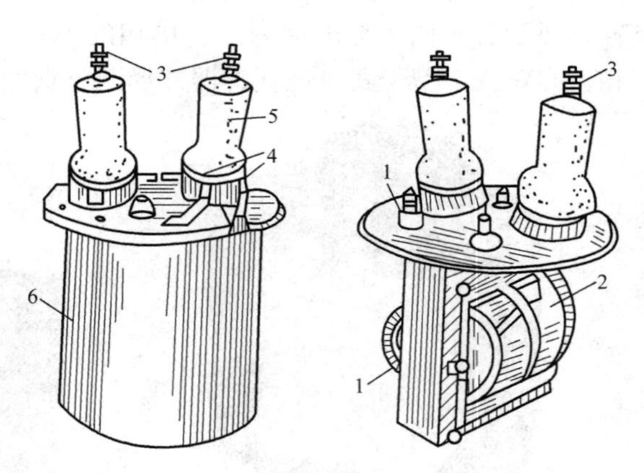

图 10-12 JDJ-10 型户外式电压互感器结构示意图

1—铁芯；2—一次绕组；3—一次引出端；4—二次引出端；5—套管绝缘子；6—外壳

2）JSJW-10 型电压互感器。JSJW-10 型电压互感器由五个铁芯和两个铁箍组成磁路系统，一次侧三个绕组接成星形，两个二次绕组分别接成星形与开口三角形。二次侧星形接线

的绕组用来测量线电压和相电压以及相对地电压，开口三角形用来测量单相接地后的零序电压。JSJW-10 型电压互感器外形图如图 10-13 所示。

3）JDJJ2-35 型油浸式电压互感器。该互感器系三相绕组的单相户外油浸式，与 JDJ-35 型的内部结构相似，但在铁芯上增设一个附加二次绕组。图 10-14 所示为 JDJJ2-35 型油浸式电压互感器结构示意图，一次绕组的首端（A 端）经 35kV 充油瓷套管，从储油柜的上端引出，末端（X 端）经 0.5kV 等级瓷套管引出接地。

图 10-13 JSJW-10 型电压互感器外形图

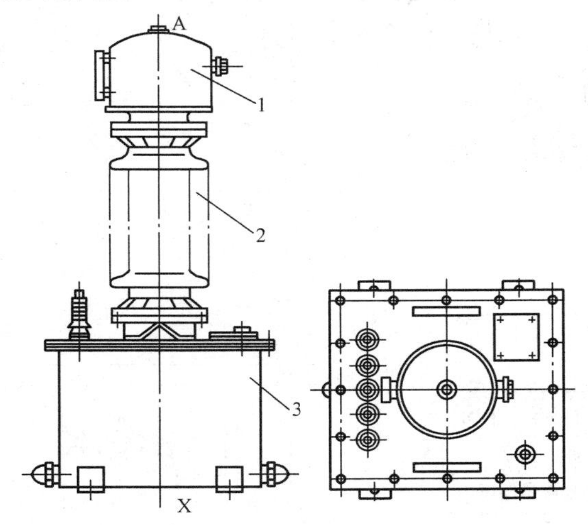

图 10-14 JDJJ2-35 型油浸式电压互感器结构示意图

1—储油柜；2—瓷套管；3—箱体

（2）串级式电压互感器。JCC1-110 型电压互感器是 110kV 串级式电压互感器，如图 10-15 所示。一次绕组平分为两段，分别绕在上、下铁芯柱上，尾端 X 引出后再接地。两个二次绕组只绕在铁芯下柱上，置于一次绕组段的外面。铁芯不接地，但与一次绕组中性点相连。一次绕组承受相电压时地电压 U_1。故铁芯对地电位为 $1/2U_1$，因而可降低绕组对铁芯的绝缘要求。

由于二次负荷电流的去磁作用和铁芯漏磁的影响，使上、下铁芯柱中的磁通不平衡，造成上、下两段一次绕组的电压分配不均匀，影响互感器的准确度。为此，在两铁芯柱上加设匝数相同、极性相反的串接的平衡绕组，在不平衡磁通下出现平衡电流，使铁芯上柱去磁，下柱增磁，自动达到两柱中的磁通基本平衡。平衡绕组置于铁芯的最内层，并与铁芯一点相连。

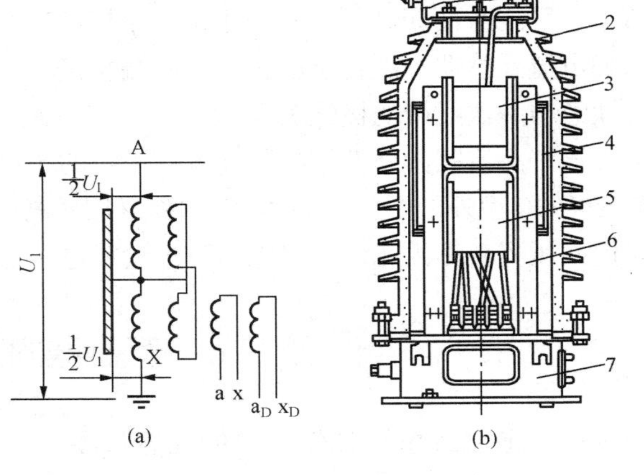

图 10-15 JCC1-110 型电压互感器原理和结构示意图

（a）原理图；（b）结构图

1—油扩张器；2—瓷箱；3—上段一次绕组；4—铁芯；5—下段一次绕组；6—支撑电木板；7—底座

器身置于充满变压器油的瓷箱 2 内。

铁芯 4 为方形结构。由四根支撑电木板 6 支撑对底座绝缘。瓷箱上部设置油扩张器 1，其上面装有油标和吸湿器的呼吸器。一次绕组的首端从油扩充器顶盖上引出，尾端和两个二次绕组从底座 7 中的端子板接出。一次绕组尾端的接地必须可靠，一旦发生开断将使尾端电位升高为相电压，危及一、二次绕组间的绝缘，进而造成高压窜入低压的严重后果。一次/基本二次/附加二次三绕组的额定电压按序为（$110/\sqrt{3}$）/（$0.1\sqrt{3}$）/0.1kV。用三台该型互感器可构成不同的接线方式。串级式电压互感器的体积小、重量轻、内部结构的通用性强、生产方便、成本低，但准确度不高。

（3）电压-电流组合式互感器。电压-电流组合式互感器是为了满足高压供电用户在高压侧进行计量的要求而设计的产品。

JLSJW 系列电压-电流组合式互感器为三相户外油浸式，包含接成 Vv 接线的两台单相电压互感器和接成不完全星形接线的两台电流互感器。JLSJW 系列电压-电流组合式互感器如图 10-16 所示。该型互感器的电压电流的额定参数分别为 10～35/0.1kV 和 5～200/5A，准确度等级可达 0.5 级，适用于工业、企业的小型变、配电站，既经济又简化配电装置布置。

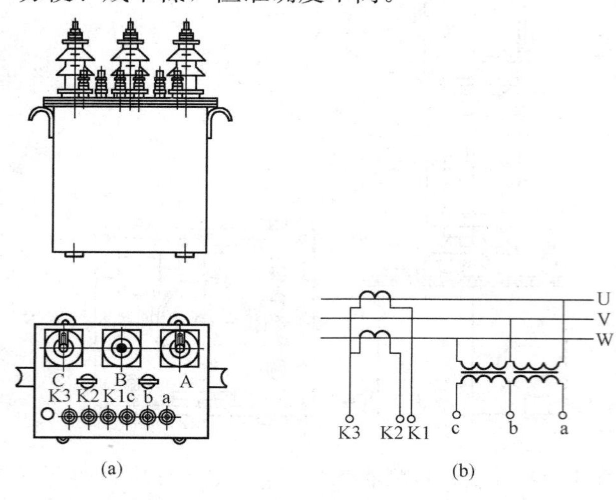

图 10-16　JLSJW 系列电压-电流组合式互感器
（a）JLSJW-10 型外形图；（b）JLSJW 系列电压-电流组合式互感器原理接线图

该产品系列的内部结构基本一致，两台单相电压互感器安装在箱内下部，并悬挂固定在箱盖下面。两台电流互感器安装在箱内上部，其一次绕组与环形铁芯交链成“8”字形，分别固定在 U、W 两相高压套管下面的箱盖上。U、W 两相高压套管采用特殊结构，它有两根相互绝缘的导电芯棒 L1 和 L2，分别与该相电流互感器一次绕组的首、尾两端相接。电压电流二次线端也从顶盖 0.5kV 套管引出，并注意与一次线端的极性关系。

该产品系列的外部结构与同电压等级的小容量三相油浸式变压器相似，图 10-16（a）为 JLSJW-10 型外形图。JLSJW-35 型除电压增高引起绝缘和尺寸增大外，还增设了油扩张器，并使高压瓷套管内充油以消除内腔空气放电。

第三节　互感器的运行与故障处理

一、电流互感器在使用中的注意事项

电流互感器除在接线时要注意极性正确外，外壳和二次绕组的一端必须接地；在电流互感器的一次绕组有电流流过时，二次绕组绝对不允许开路，因为运行中电流互感器所需工作磁动势很小。由于二次绕组磁动势对一次绕组的磁动势起到去磁作用，而一旦二次侧回路开路时，一次电流所产生的磁动势不再被去磁的二次磁动势所抵消而全部用作励磁。如果此时

一次电流较大，会在二次侧感应出很高的电压，这对工作人员的安全构成严重的威胁；还可能造成二次回路绝缘击穿，甚至烧毁二次设备，引发火灾。同时，很大的励磁磁动势作用在铁芯中，使铁芯过度饱和而严重发热，导致互感器烧坏。所以，在运行中的电流互感器二次回路严禁开路。电流互感器二次绕组一端接地，是防止在一次绕组绝缘损坏时，高电压使二次绕组的绝缘损坏而带上高压，危及人身及其他二次设备的安全。如果需要接入仪表测试电流或功率，或更换表计或其他装置，应先将二次电流回路进线一侧短路并接地，确保工作过程中无瞬间开路。此外，电流回路的导线或电缆芯线必须用截面积不小于 2.5mm^2 的铜线，以保持必要的机械强度的可靠性。

1. 投入运行前的检查

（1）检查绝缘电阻是否合格。

（2）检查二次回路有无开路现象。

（3）检查二次绕组接地线是否完好无损伤，接地牢固。

（4）检查外表是否清洁，瓷套管有无破损、有无裂纹，周围有无杂物。

（5）检查充油式电流互感器的油位、油色是否正常，有无渗漏油现象。

（6）检查各连接螺栓是否紧固。

2. 运行后定期的巡视检查

（1）检查瓷质部分。瓷质部分应清洁、无破损、无裂纹、无放电痕迹。

（2）检查油位。油位应正常，油色应正常，油色应透明不发黑，无渗漏油现象。

（3）检查声音等。电流互感器应无声音和焦臭味。

（4）检查引线接头。一次侧引线接头应牢固，压接螺栓无松动，无过热现象。

（5）检查接地。二次绕组接地线应良好，接地牢固，无松动、断裂现象。对电容式电流互感器的末屏应接地。

（6）检查端子箱。端子箱应清洁、不受潮、二次端子接触良好，无开路、放电或打火现象。

（7）检查仪表指示。二次侧仪表指示应正常。

3. 电流互感器二次回路带电工作时的安全措施

（1）严禁在电流互感器二次侧开路。

（2）短路电流互感器的二次绕组，必须使用短路片和短路线，短路应妥善可靠，严禁用导线缠绕。

（3）严禁在电流互感器与短路端子之间的回路和导线上进行任何工作。

（4）工作时，必须认真仔细，不得将回路中永久接地点断开。

（5）工作时，必须有专人监护，使用绝缘工具，并站在绝缘垫上。

二、电压互感器在使用中的注意事项

电压互感器在使用中一定要注意严防二次侧短路，因为电压互感器是一个内阻极小的电压源，正常运行时负载阻抗很大，相当于开路状态，二次侧仅有很小的负载电流。当二次侧短路时，负载阻抗为零，将产生很大的短路电流，会将电压互感器烧坏。为此，在带电的电压互感器二次回路上工作要注意以下两点：①严格防止电压互感器二次回路短路或接地，工作时应使用绝缘工具，戴手套；②二次侧接临时负载时，必须装有专用的刀闸或熔断器。

1. 投入运行前的检查

(1) 送电前，应将有关工作票收回，拆除全部临时检修安全措施，恢复固定安全措施，并测量其绝缘电阻合格。

(2) 定相。大修后的电压互感器（包括二次回路变动）或新安装的电压互感器投入运行前应定相。所谓定相，就是将两台电压互感器的一次侧接在同一电源上，测定它们的二次侧电压相位是否相同。若相位不正确，造成的后果是：①破坏同期的正确性；②倒母线时，两母线的电压互感器会短时并列运行，此时二次侧会产生很大的环流，导致二次侧熔断器熔断，使保护装置误动或拒动。

(3) 检查一次侧中性点接地和二次绕组一点接地是否良好。

(4) 检查一、二次侧熔断器，二次侧快速空气开关是否完好和接触正常。

(5) 检查外观是否清洁，绝缘子、套管有无破损，有无裂纹，周围无杂物；充油式电压互感器的油位、油色是否正常，有无渗漏油现象；各接触部分连接是否良好。

2. 运行后定期的巡视检查

(1) 检查绝缘子。绝缘子表面是否清洁，有无破损，有无裂纹，有无放电现象。

(2) 检查油位。油位是否正常，油色是否透明不发黑，有无渗漏油现象。

(3) 检查内部。内部声音是否正常，有无吱吱放电声，有无剧烈电磁振动声或其他异声，有无焦臭味。

(4) 检查密封情况。密封装置是否良好，各部位螺栓是否牢固，有无松动。

(5) 检查一次侧引线接头。接头连接是否良好，有无松动，有无过热；高压熔断器限流电阻是否良好；二次回路的电缆及导线有无腐蚀和损伤，二次接线有无短路现象。

(6) 检查接地。电压互感器一次侧中性点及二次绕组接地是否良好。

(7) 检查端子箱。端子箱是否清洁，是否受潮。

(8) 检查仪表指示。二次侧仪表应指示正常。

三、电流互感器的常见故障及处理

1. 二次回路开路或短路

由于电流互感器二次回路中是允许带很小的阻抗，所以它在正常工作情况下接近于短路状态，声音极小，一般认为无声。电流互感器的故障常常伴有声音或其他现象发生。若铁芯穿芯螺栓夹得不紧，硅钢片就会松动，铁芯里交变磁通就会发生变化。随着铁芯里交变磁通的变化，硅钢片振动幅度增大而发出较响的“嗡嗡”声，此声音不随负荷变化，会长期保持。

轻负荷或空负荷时，某些离开叠层的硅钢片端部发生振荡，会造成一定的“嗡嗡”声。此声音时有时无，且随线路负荷的增加而消失。

当二次回路开路、电流为零时，阻抗无限大，二次绕组产生很高的电动势，其峰值可达几千伏。因为在电流互感器正常运行时，二次回路呈闭路状态，所以二次侧磁动势产生的磁通对一次侧产生的磁通起去磁作用。当二次侧开路时，去磁的磁通消失，使铁芯里磁通急剧增加，处于严重饱和状态。这时磁通随时间的变化，波形呈平顶坡。由于二次绕组的感应电动势与磁通变化的速度成正比例，显然可能造成铁芯过热而烧坏电流互感器。因磁通密度的增加和磁通的非正弦性，使硅钢片振荡不均匀，从而发出大的噪声。

电流互感器二次侧开路时，值班人员应穿上绝缘鞋和戴好绝缘手套，在配电柜上将事故电流互感器的二次回路的试验端子短路，进行检查处理。若采取上述措施无效，则认为电流互感器内部可能产生故障，此时应将其停止使用。若电流互感器可能引起保护装置动作，应停用有关保护装置。

电流互感器二次绕组或回路发生短路时，能使电能表、功率表等指示为零或减小，同时也可能使继电保护装置误动作或不动作。若运行值班人员未及时发现而仍按正常情况加负荷，则将引起设备不允许的过负荷而损坏。发生这种故障以后，应保持负荷不变，停用可能误动作的保护装置，通知检修人员迅速消除。

若发现电流互感器内部冒烟或着火，应用断路器将其切除，并用沙子或干式灭火器灭火。

2. 电流互感器爆炸

电容式电流互感器常见的故障之一就是爆炸，引起电容式电流互感器爆炸的常见原因如下：

（1）电容式主绝缘击穿。导致电容屏主绝缘击穿的原因如下：

1）线圈绕制质量差，电容屏严重错位，绝缘浸渍不彻底，电容屏间有空气、水分杂质存在。例如，某变电站一台 LCLWD3-220 型电流互感器在运行中发生爆炸，事故后解体发现，该电流互感器内部有四处放电痕，其中最严重处一导线有破口，而且绝缘凹凸不平。电容屏铝箔上打孔处可见毛刺，主屏铝箔包扎不均匀并有错位。

2）绕制电容芯棒用的电缆纸含水量偏高，在电流互感器运行的热状态下产生热击穿，没有经过干燥处理的绝缘纸中含水量为 7%～10%，一般运行中电流互感器绝缘纸的含水量不大于 2%。例如某台 LCLWD3-220 型电流互感器，1992 年 5 月发现油中色谱分析结果异常，退下来进行局部放电试验，局部放电起始电压为 98kV，在 160kV 下的局部放电量为 150pC，吊瓷套解体发现该电流互感器的电容屏击穿约 86%，最大烧伤面积为100mm×90mm。

3）进水受潮。由于电流互感器进水，导致绝缘受潮而引起爆炸。例如某台 LGL-WD3-220 型电流互感器，1991 年 8 月发生爆炸，其直接原因是油柜内积水突然灌入器身。

4）电流互感器的末屏未接地或接地不良，使末屏出现悬浮电位，而引起长时间的局部放电，烧毁末端绝缘，进一步发展引起主屏击穿。

5）在真空干燥过程中，由于绝缘纸的收缩引起铝箔撕裂，造成局部电场集中，烧坏绝缘。

（2）绝缘油质量不良。虽然不合格的绝缘油经过脱水、脱气处理后，油的绝缘程度将会有很大提高，但是对 5μm 以下的杂质处理目前尚有困难，杂质的存在对油的高温介质损耗有很大的影响。运行中的电流互感器油质下降的常见原因如下：

1）电流互感器密封不良，引起进水受潮。

2）补充油时，加入不合格的绝缘油或混油。

3）电流互感器一次绕组出线接触不良或接触面积不够，引起该处过热，绝缘油裂解、老化。

4）雷电或隔离开关在空载线路过程中产生的高频电流在电流互感器的一次绕组出线端

子之间产生的过电压，使电流互感器顶部的绝缘油发生火花放电。

（3）其他原因。

1）污秽引起主瓷套对地闪络。

2）电流互感器外部变化切换板未拧紧或变化切换板载流容量不够，引起变化切换板烧熔，高温使电流互感器的外瓷套熔化。例如，某台220kV电流互感器瓷套突然破裂，事故的原因仅仅是该电流互感器的外部一次串并联换接板在检修试验中拆开后，复装时没有将螺栓拧紧就投入运行。结果导电部位接触不良，运行电流长期流过后，由于过热造成串并联换接板烧熔，高温作用又使瓷套逐渐损伤，直至突然开裂。

3）电流互感器二次绕组开路。引起过电压，使油中气体急剧增加，瓷套内压力迅速增加直至爆炸。

为防止电容式电流互感器爆炸，在日常的运行与维护中应采取以下措施：

1）认真进行预防性试验。DL/T 596—1996《电气设备预防性试验规程》规定，电流互感器的预防性试验项目有：测量绕组及末屏的绝缘电阻、介质损耗因数 tanδ 和油中溶解气体的色谱分析等。对这些项目的测试结果进行综合分析，可以发现进水受潮及制造工艺不良等方面的缺陷。表10-4列出了油纸电容式电流互感器的油中溶解气体色谱分析结果和判断检测缺陷的实例。

表10-4　油纸电容式电流互感器的油中溶解气体色谱分析结果和判断检测缺陷的实例

设备名称		LCLWD3-220					
油中气体含量，$\times10^{-6}$	H_2	14 800	8	8	0	5420	75	650
	CH_4	1505	5	9.7	3.5	1620	0.43	0.46
	C_2H_6	27.7	4	3.9	4.7	180	0.21	0.45
	C_2H_4	511	8	13.8	25	0.9	3.2	2.6
	C_2H_2	3.2	2	12	3.5	1.4	0	0
	总烃	2046.9	19	39.4	42	1802.3	5.7	4.8
判断故障性质		内部过热，并有放电故障	内部可能存在放电性故障		内部存在过热性故障	内部存在过热性故障	氢气单独增大，但在试验报告中结论不明确，根据导则规定应判定可能进水受潮	
电气诊断情况		互感器末屏与地的连接线焊接不良、烧伤、脱落，处理后情况正常	绝缘电阻 整体：2500MΩ； 末屏：1000MΩ； tanδ：0.7% C_x：861pF，正常			tanδ：2.7%；在138kV时，tanδ值增大至4.25%，在电热稳定试验中，经9h后，tanδ值为12.79%，且继续上升，说明不合格	主绝缘（电容芯棒）的tanδ值正常，但未能检测末屏对地的绝缘情况	

续表

设备名称	LCLWD3-220				
吊芯检查内部情况	互感器末屏与地连线焊接不良、烧伤、脱落，处理后情况正常	误补加仅经过滤处理后的原断路器用油，经换新油处理，投运后恢复正常	发现互感器端部储油柜侧引出线端子的绝缘上有烧伤痕迹	电容芯棒的10个电容器中有4个屏，tanδ值为7%～8%，且纸层和铝箔上有明显的蜡状物，并发现一对电屏间的端屏位置放错	互感器爆炸损坏，互感器的电容芯棒在U形导线底部距中心15cm处被击穿
分析结论	绝缘不合格	绝缘不合格	绝缘不合格	绝缘不合格	绝缘不合格

2）测试值异常应查明原因。当投运前和运行中测得的介质损耗因数 tanδ 值异常时，应综合分析 tanδ 与温度、电压的关系；当 tanδ 随温度明显变化或试验电压由 10kV 上升到 $U_m/\sqrt{3}$，tanδ 增量超过±0.3%时，应退出运行。对色谱分析结果异常时，要跟踪分析，考察其增长趋势，若数据增长较快，应引起重视，将事故消灭在萌芽状态。

3）一次端子引线接头要接触良好。电流互感器的一次端子引线接头部位要保证接触良好，并有足够的接触面积，以防止产生过热性故障。L 端子与膨胀器外罩应注意做好等电位连接，防止电位悬浮。另外，对二次线引出端子应有防转动措施，防止外部操作造成内部引线扭断。

4）保证母线差动保护正常投入。为避免电流互感器电容芯底部发生击穿事故时扩大事故影响范围，应注意一次端子 L1与 L2的安装方向及二次绕组的极性连接方式要正确，以确保母线差动保护正常投入运行。

5）验算短路电流。根据电网发展情况，注意验算电流互感器所在地点的短路电流，超过互感器铭牌的动热稳定电流值时，要及时安排更换。

6）积极开展在线监测和红外测温。目前电流互感器开展的在线监测项目主要有：测量主绝缘的电容量和介质损耗因数；测量末屏绝缘的绝缘电阻和介质损耗因数。测试经验表明，它对检测出绝缘缺陷是有效的。目前针对红外测温，有的单位已在开展，就现有测试结果表明，它对检测电流互感器内部接头松动是有效的，但仍需积累经验。

3. 电流互感器受潮

（1）轻度受潮。进潮量较少，时间不长，又称初期受潮。特征是：主屏介损值无明显变化，末屏绝缘电阻降低，介损值增大，油中含水量增加。

（2）严重进水受潮。进水量较大，时间不太长。特征是：底部往往能放出水分，油耐压降低；末屏绝缘电阻较低，介损值较大；主屏若水分向下，渗透过程中介损有较大增量，否则不一定有明显变化。

（3）深度进水受潮。进潮量不一定很大，但受潮时间较长。特征是：长期渗透潮气进入电容芯部使主屏介损增大，末屏绝缘电阻较低，介损值较大，油中含水量增加。

另外，试验判定受潮的互感器，一般都能发现密封缺陷，主要是：密封胶垫没有压紧，胶垫外沿有积水，呼吸器堵塞或出口失去油封，呼吸管与上盖连接处密封不良，硅胶变色规律也可反映端部密封状况，若较长时间硅胶不变色，端部一般都有密封缺陷。抽取微水油样应注意油温影响，尽量在运行中取得。

4. 电流互感器干燥处理

电流互感器受潮后对其进行干燥处理，由于电容型绝缘既紧又厚，具有受潮不易、排潮难的特点，所以干燥过程工艺要求高，应慎重对待。

从现场条件、工期、安全等多方面考虑，热油循环干燥方式是一种最适宜的处理方式，它是通过真空滤油机升温对互感器进行热油循环，绝缘受潮后介质内部水分子热运动加剧，水汽蒸发加速，其中一部分克服油阻从互感器顶部排出，一部分被循环油带至真空滤油机排出；油温升高，使绝缘纸中含水比例下降，油的含水比例上升，通过不断对油的干燥处理，达到干燥目的；热油浸入绝缘材料，在内外层间起到桥接作用，使热传导和绝缘内层的水分排散比较容易，得到较好的排潮效果。本方式主要优点是不需吊出和分解器身，节省时间，工期较短，处理后器身内部洁净。

电流互感器干燥的要点如下：

（1）干燥技术措施规定，所监视部位绝缘电阻稳定12h后停止循环处理。试验表明此时的绝缘电阻只是一个相对稳定值，它出现的时间和大小主要由抽潮强度即油温和强部压强决定，不同的抽潮强度可得到不同的绝缘电阻。因此正确选择抽潮强度是一次干燥成功的关键。

油温高固然对干燥有利，但过高则会加速一次导线内残油或绝缘纸的劣化，此时，一般现场使用的真空滤油机长期工作油温不宜超过65℃，所以平均油温控制在65～70℃对互感器绝缘寿命和真空滤油机的运行都是有利的。互感器内部压强越低，水分汽化温度越低。当油温高于汽化温度时，绝缘内水分产生气泡，开始汽化。过热度越大，汽水化越激烈和迅速。水的汽化温度与压强的关系见表10-5。

表10-5　水的汽化温度与压强的关系

压强（Pa）	101×10^3	98.12×10^3	49.06×10^3	25.02×10^3	19.86×10^3	12.36×10^3	4.91×10^3
汽化温度（℃）	100	99	81	65	60	50	33

将上盖换为专门盖板后，电流互感器即可承受一个以上的大气压力，使循环系统密封得当，将内部空气残压控制在2.7×10^3Pa以下是可能的，而绝缘所受压强是空气残压与油自重压强的叠加，1m油柱产生的自重压强约为8.4×10^3Pa，以LCWD3-220为例，现场全油位循环时油位高度约2.3m，最大压强在下部油箱中约有$2.3\times8.4\times10^3\approx22\times10^3$Pa，参见表10-5，油温采用65℃可以满足汽化要求。这只是一个静态估算，实际上液体在流动时压强进一步降低。

和温度不同，真空度的高低本身对互感器绝缘没有副作用，因此应尽可能地提高真空度来达到提高抽潮强度的目的，具体讲就是使真空表指示值接近大气压力，两者之差就是互感器内空气残压。

（2）在循环升温开始前，对一次绕组施加30%～40%的额定电流，目的是建立一定温差防止潮气向芯内扩散。此电流宜在循环结束数小时后切断。

（3）首先逐步升温循环，待温度上升到控制值并经一定时间后可缓慢地提高真空度，在干燥开始阶段，由于绝缘内部潮气较多，相应产生较大的蒸气压力，过早、过快地减小外层压强可能会使绝缘层间遭受损伤。

（4）U形一次绕组弯处绝缘包扎最厚，绝缘外部压强最大，在循环方向上又属油温偏低部分，因此是排潮最难的部位。可以在全油位循环到某一时间后，适当降低油位循环，减小底部压强，增加对该绝缘部位的抽潮强度。

（5）循环油宜用新油也可用原互感器油，但要先作单独干燥处理。为提高绝缘浸油程度，必须重视以下几个方面：

1）坚持预抽真空，不应低于6h。

2）残压降低时，浸油程度加大，对于220kV以上互感器尽量使其压力不大于133.3Pa。

3）研究确定最大浸油程度是在油温70℃左右时达到，故尽量用热油注入，并可在注油过程中对一次绕组施加40%额定电流以助热。

4）油应从互感器上部注入，注入油应经真空干燥脱气处理，注油前油箱下部放油嘴处密封应可靠，防止从底部抽入空气。

5）进油速度不能过快。根据经验，油位每增长1m的时间不宜低于3h。可根据互感器油量的多少选择注油内孔，一般为$\phi1.5$mm或$\phi2$mm，内孔长度5mm，管口呈喇叭形以利喷洒均匀。

四、电压互感器的常见故障及处理

电压互感器实际上就是一种容量很小的降压变压器，其工作原理、构造及连接方式都与电力变压器相同。正常运行时，应有均匀的轻微“嗡嗡”声，运行异常时常伴有噪声及其他现象。

线路单相接地时，因未接地两相电压升高及零序电压产生，使铁芯饱和而发出较大的噪声，主要是沉重且高调的“嗡嗡”声。

铁磁谐振，发出较高的“嗡嗡”或“哼哼”声，这声音随电压和频率的变化。而且，工频谐振时，三相电压上升很高，使铁芯严重饱和，发出很响而沉重“嗡嗡”声。分频谐振时，三相电压升高，铁芯饱和，且分频谐振时频率不到50Hz，只发出较响的“哼哼”声。

（一）电压互感器本身故障

电压互感器本身故障在电力系统也不断发生。由于制造工艺不良，防患措施不利，曾发生多起工厂电压互感器爆炸的重大事故。值班人员在巡回检查中，在发现充油式和充胶式的互感器有下列故障征象之一时应立即停用。因为内部发生故障时，常会引起火灾或爆炸。

（1）高压熔断器熔体连续熔断2～3次。

（2）互感器本体温度过高。

（3）互感器内部有“噼啪”声或其他噪声。

（4）在互感器内部或引线出口处有漏油或流胶的现象。

（5）从互感器内发出臭味或冒烟。

（6）绕组与外壳之间有火花放电。

如果发现电压互感器高压侧绝缘有损伤（如已冒烟等）的征象，应使用断路器将故障的电压互感器切除，禁止使用隔离开关或取下熔断器等方法停用故障的电压互感器。因为它们都没有灭弧装置，若使用它们断开故障电压互感器，故障电流将引起母线短路、设备损坏或者可能发生人身事故等。像这类事故在电力系统中发生过，因此应引以为戒。电压互感器的回路上都不装设断路器，如直接拉开电源断路器，就要影响对用户的供电，所以可根据下列具体情况进行处理：若时间允许，先进行必要的倒闸操作，使拉开该故障设备时不致影响工厂的供电。若为双母线系统，即可将各元件倒换到另一母线上，然后用母联断路器来拉开；若110kV及以上的电压互感器已冒烟着火，来不及进行倒换母线等操作时，应立即停用该条母线，然后拉开故障互感器的隔离开关，再恢复母线运行。

电压互感器二次负荷回路的故障，在实际运行中，电压互感器二次熔断器或隔离开关辅助触头常因接触不良而使回路电压消失，或者因负荷回路中有故障而使二次熔断器熔断。此时，将使控制室或配电盘上的电压表、功率表、功率因数表、电能表、周波表等指示发生异常，同时将使保护装置的电压回路失去电压。

仪表指示消失或不正确时，值班人员应保持清醒的头脑，不应盲目调整或进行有关操作，那样会把异常状态扩大为事故。因此，在发现上述表针指示不正常且系统又无冲击时，值班人员要迅速观察电流表及其他表计指示是否正常。若正常，则说明是电压互感器及其二次回路有故障。这时，值班人员应根据电流表及其他表计的指示，对设备进行监视并尽可能不变动设备的运行方式，以免发生误操作。若这类故障可能引起保护装置的误动作（如低电压闭锁过电流保护中失去电压），应按照继电保护运行规程中的有关规定，退出相应的保护装置。在采取上述措施后，应快消除这些故障。若因熔断器接触不良所致，则可及时修复；若发现互感器二次熔体熔断，则可以换上同样规格的熔断器试送电，如再次熔断则要查明原因，消除故障后才可以换上。若发现一次熔断器的熔体熔断，则应对电压互感器一次侧进行检查，并且存在有限流电阻时，不允许更换试送电，否则可能引起更大的事故。有时只有个别仪表如电压表等指示不正常，则可判断为该仪表本身有故障，应通知检修人员处理。电压互感器二次回路发生故障的现象可能是多种多样的，特别是大中型发电厂中，由于发电机或主变压器的电压互感器二次回路接线不一致，故障现象也不完全相同，因此值班人员要熟悉本厂电气运行规程中关于互感器事故处理，以便在发生以上故障现象时，正确地排除。

（二）电磁式电压互感器的谐振故障

对于中性点不接地系统中装设的电磁式电压互感器，在一定条件下，极易引起谐振过电压事故。而10kV电力系统谐振事故多由于接地故障激发而引起。其中引起各种谐波谐振过电压的幅值，根据有关资料介绍一般为相电压的2～3.5倍，其中分频谐振不超过2倍，基波谐振不超过3倍，高次谐波不超过3.5倍。

在中性点不接地电网中，为了监视系统各相对地的绝缘情况，在变电站的母线上，均装有三相五柱式电压互感器或单相电压互感器三台。设每相对地接有互感器电感L和线路对地电容C的三相电网，其等值电路如图10-17所示。在L和C并联的电路里有一个特点是：当电压较低时，互感器铁芯尚未饱和，使 $X_L > X_C$，即 $I_C > I_L$（电容电流大于电感电流），此时相当于一个等值电容 C；当电压突然升高后，由于铁芯逐渐饱和，使 X_L 逐渐下降，达到一定程度时，会使 $X_L < X_C$，即电感电流大于电容电流（$I_L > I_C$），此时相当于一个等值

电感 L。

根据以上特点分析其谐振过程：系统三相电压正常时，$E_a=E_b=E_c=E_\Phi$，三相对地阻抗呈现三个等值电容 C 电源中性点 O 对地电位。当 A 相发生瞬间接地，突然使 B 相和 C 相电压升高为 $\sqrt{3}U_\Phi$ 时，由于互感器铁芯磁饱和而使 B 相和 C 相对地的阻抗变成等值电感 L，而 A 相对地仍保持为一个等值电容 C，三相对地导纳失去对称性，电源的中性点 O 不再是地电位，电网中性点出现零序电压。

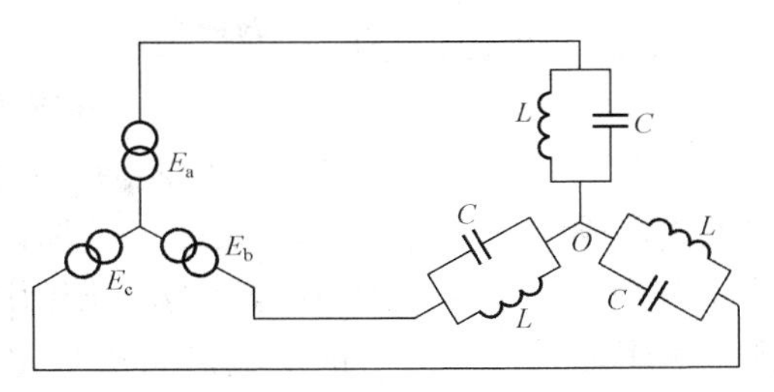

图 10-17 电压互感器与对地电容等值电路示意图

此时的等值电路如图 10-18 所示。图中，B 相和 C 相变为电感性导纳，$Y_B=Y_C=-JI/L$ 时，A 相为电容性导纳，$Y_A=j\omega_C$，其等值电路如图 10-19 所示。

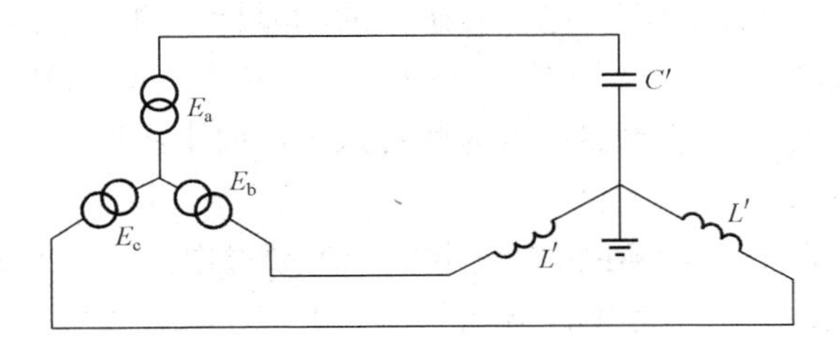

图 10-18 电压互感器与铁芯饱和时等值电路示意图

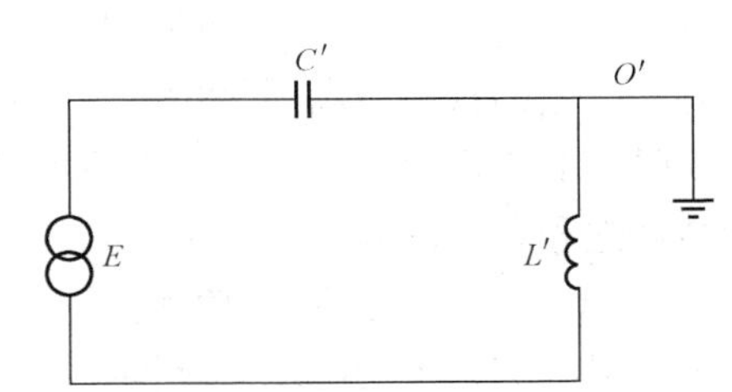

图 10-19 电压互感器与对地电容串联谐振等值电路示意图

从图 10-19 可看出，在 $\omega_L>1/\omega_C$ 时，电路不具备谐振条件。但当铁芯饱和时，其感抗 X_L 逐渐减小，以致降到 $\omega_L=1/\omega_C$，满足谐振条件，于是在电感和电容两端出现高压。电路中励磁电流急剧增大，可达到额定电流的几十倍以上，引起电压互感器一次熔断器熔断或者造成互感器烧损。根据以上分析得知，引起谐振过电压的主要原因是电压互感器的铁芯磁饱和使感抗 X_L 逐渐减小而与线路对地容抗 L_C 相等，从而引起串联谐振所致。

根据目前我国各方面有关资料介绍，消除电磁式电压互感器谐振的方法如下：

（1）调整系统对地电容与互感器的电感使其相适合。

（2）在互感器开口三角绕组并接 200～500W 灯泡。

（3）在互感器的开口三角绕组，投入有效电阻。

根据实际 10kV 系统运行情况，虽在开口三角形处并接 500W 灯泡，但仍然发生过多次谐振过电压，给系统安全供电造成严重威胁。通过对各种型式的电压互感器的励磁阻抗进行试验表明，当电压升高时，均处于饱和状态。

为了防止由于电压升高使铁芯饱和，经现场试验证明，如将两台电压互感器串联就能使其励磁阻抗提高一倍以上，使感抗 X_L 远远大于容抗 X_C。当系统发生单相接地的铁芯不处在饱和区时，就可以从根本解决谐振过电压的老大难问题。

（三）串级式电压互感器发生事故的原因及其预防措施

1. 串级式电压互感器发生事故的原因

（1）在过电压时损坏。

1）铁磁谐振过电压。它是导致串级式电压互感器损坏或爆炸的一种常见过电压。它是由断路器均压电容与母线电磁式电压互感器在某些运行状态下产生的串联铁磁谐振过电压。这种过电压大多数在有空母线的变电所（站），当打开最后一条线路的断路器时发生。这种过电压造成电压互感器损坏或爆炸的原因是：①过电压幅值高。现场实测到的过电压为1.65～3倍额定电压，在这样高的电压作用下，电压互感器的励磁电流急剧增加，有时可达几十倍额定励磁电流，这个电流将破坏绝缘。同时高压使得绝缘击穿，造成互感器事故。②过电流数值大。当断路器的均压电容与母线电磁式电压互感器引起分频谐振时，虽然电压幅值并不高，但是磁通密度可达额定电压下的3倍，产生数值甚大的过电流，使得高压绕组发热严重，绝缘严重受烤，从而损坏电压互感器。国内目前对前一种过电压研究较多，已引起充分重视，而对后一种过电压还很少引起重视。

研究表明，铁磁谐振过电压与断路器的均压电容、电压互感器的励磁特性、线路的分布电容有关。均压电容越大时，谐振越严重，过电压越高。电压互感器的励磁特性曲线越容易饱和时，谐振的频率越高，但过电压较低。有关部门曾做对比试验，结果发现ICC2-110型电压互感器的谐振发生概率远大于JCC-110型电压互感器，因为前者铁芯截面小、磁通密度高、容易饱和，因而其事故居多。

2）其他过电压。运行经验表明，电压互感器也有在雷电过电压、工频过电压下损坏或爆炸的情况。例如有的电压互感器在单相接地事故引起电压升高的作用下，不到几分钟就爆炸了。按理，电压互感器应当能承受这些过电压，然而它爆炸只能说明这些电压互感器内部有隐患，如设计裕度小、材质和工艺差，若再加受潮，则很难承受这些过电压。

（2）线圈绝缘不良。线圈绝缘不良多半是由于电磁线材质差、设计的绝缘裕度小、工艺不严格造成的。电压互感器在较长时间内采用漆包线，由于上漆工艺不良，漆包线掉漆，在表面形成较多针孔缺陷，绕制时导线露铜处未处理，线匝排列不均匀，有沟槽或重绕，导线“打结”，磨伤漆皮，引线焊接粗糙、掉锡块，层间绝缘绕包不够，线圈端部处理不好或采用层压纸板端圈等，很容易发生匝间短路，层间和主绝缘击穿，运行中引起互感器事故。例如某互感器厂生产的JCC1型电压互感器，在总共73台产品中先后有4台次发生爆炸事故，而且运行时间都很短。

（3）支架绝缘不良。国产的110～220kV电压互感器一般均为串级式结构，用绝缘支架夹紧铁芯，并支撑整个器身及相应电位。支架材料一般选用酚醛层压板或层压环氧玻璃布板，由于加工、处理不当，有分层、开裂现象，水分和气泡不易排除，故极易发生闪络和内层击穿。另外，由于结构设计不当，装配中使支架内侧穿芯螺杆的螺母与铁芯的金属压接处脱开，致使运行中穿芯螺杆的电位悬浮而放电，不仅使油分解劣化，也直接影响支架的绝缘强度。

（4）运行中进水受潮。进水受潮是历来引起电压互感器事故的重要原因，约占事故总数的1/3。这类事故大多发生在雨季，主要由于结构密封不合理，尽管不少互感器也装有胶囊密封，但质量较差，易漏气渗水。另外，有些互感器的端部法兰用螺杆直接穿透胶垫，密封胶垫变形，雨水很容易通过螺纹沿胶垫上侧流入胶囊内，或顺着胶垫孔渗入瓷套内部，导致事故。

（5）安装、检修和运行疏忽。造成这类事故的主要原因是责任心不强，技术素质较差。

例如某工厂有一台电压互感器，在事故前半年，色谱分析结果已表明其不正常，但是并未引起重视，结果造成爆炸事故；再如某厂一台串级式电压互感器，在进行预防性试验时，已发电其介质损耗因数明显上升，也未及时处理，结果造成爆炸事故。

另外，还有因接线失误引起的爆炸或烧损事故。例如，在试验结束后恢复接线时，误将电压互感器的二次接线短接，投运后数分钟即爆炸；再如，应该接地的 X 端，在投入运行时未可靠接地，致使电位升高烧损。

2. 预防串级式电压互感器事故的措施

（1）防止串联铁磁谐振过电压。为防止由于串联铁磁谐振过电压引起的电压互感器烧损或爆炸，在系统运行方式和倒闸操作中应避免用带断口电容器的断路器投切带电磁式电压互感器的空母线，如运行方式不能满足要求，应采取其他预防措施，如装设稳压消谐装置等。

（2）严格选材。对绕制线圈的导线，应选用 SQ 单丝漆包线并加强制造过程中的质量监督，这是目前消除匝间短路隐患的唯一有效方法。

对绝缘支架也应严格选择，并控制其介质损耗因数值。

（3）选用全密封型产品。选用全密封型产品是防止进水受潮十分有效的措施。在新建的变电站中应首选这类产品，防止劣质产品或已淘汰的品种进入电力系统。

对运行中的老旧互感器应加强管理，应根据具体情况，分期分批逐步改造为金属全密封型结构。尚未改造的互感器每年应利用预防性试验或停电检修机会，对各部位密封进行检查，对老化的胶垫与隔膜应及时更换；对隔膜上有积水的互感器，应对本体绝缘及油进行有关项目试验，不合格的应退出运行；对充氮密封的互感器，应定期检测其压力；对运行 20 年以上绝缘性能与密封结构均不理想的老旧互感器，应考虑分期分批进行更换，或安排进行更换内绝缘及其他先进结构的技术改造，以提高其运行可靠性。在进行密封改造前，应按规程进行有关试验，当绝缘性能良好时，方可进行改造，以保证改造质量。

（4）新安装和大修后的电压互感器应进行检查或测试。对国产的电压互感器，在投运前应进行油中溶解气体分析及油中微量水分、本体的绝缘支架（宜在互感器底座下垫绝缘）的介质损耗因数的测量，同时还应进行额定电压下及 1.5 倍（中性点有效接地系统）或 1.9 倍（中性点非有效接地系统）最高运行电压下的空载电流测量，并将测量结果与出厂值和标准值进行比较，必要时还应增加试验项目，以查明原因，不合格的互感器不得投入运行。在投运前要仔细检查密封和油位情况，有渗漏油的互感器不得投运，对多次取油样后油量不足的互感器要补足油量（防止假油位）。当补油较多时，应按规定进行混油试验。

电压互感器在安装、检修和试验后，投运前应注意检查电压互感器高压绕组的 X（或 N，B）端及底座等接地是否牢固可靠，应直接明显接地，不应通过二次端子排过渡，防止出现悬空和假接地现象。此外电压互感器构架应有两处与接地网可靠连接。

（5）及时处理或更换有严重缺陷的互感器。对试验确认存在严重缺陷的互感器，应及时处理或更换。对怀疑存在缺陷的互感器，应缩短试验周期，进行追踪检查和综合分析，以查明原因。对全密封型互感器，当油中溶解气体分析氢气单值超过注意值时，应考察其增长趋势，如多次测量数据平稳则不一定是故障的反映，如数据增长较快，则应引起重视。

当发现运行中互感器某处冒烟或膨胀器急剧变形（如明显向上升起）等危及情况时，应立即切断互感器的有关电源。

(6) 开展在线监测和红外测温。积极开展电压互感器的在线监测和红外测温工作，及时发现运行中互感器的绝缘缺陷，减少事故发生。目前开展的在线监测项目主要有测量高压绕组中的电流和介质损耗因数。对红外测温工作，目前有的单位已在现场应用，对发现电压互感器发热异常很有效。

(四) 电容式电压互感器产生故障的原因及其处理

1. 电容式电压互感器产生故障的原因

(1) 制造质量不佳致使铁芯气隙变化。例如，变电站一台电容式电压互感器投入电网运行时，测量二次电压为3V、辅助二次电压为5V，电磁装置外壳无发热现象。由于二次电压值及辅助二次电压值偏离正常值太多，只好临时停电，将该电容式电压互感器退出运行。吊芯检查发现，谐振阻尼器Z中的电感L0的铁芯有松动现象。该阻尼器Z由电感L0与电容器C0并联，再与电阻r串联组成，并接在辅助二次绕组内部端子上，L0电感的大小通过调整铁芯气隙距离进行整定。气隙变化后，X_{L0}不等于X_{C0}，阻尼器Z流过很大的电流，致使辅助二次端有了一个很大负荷，输出电压迅速下降，导致一、二次电压比相差很大。由于该台电容式电压互感器的投产试验是在单位车间内进行的，试验后经过长途运输到达施工现场，途中受到多次强烈振动，导致电感L0的铁芯松动，改变原来的铁芯气隙距离，使电容式电压互感器阻尼器的调谐工作条件遭到破坏，因此产生了上述不正常情况。

类似上述电容式电压互感器引起的故障在其他用电部门也多次发生过。为此，应提高铁芯的抗振性。

(2) 安装错误引起的谐振。某厂将电容式电压互感器投入运行不到两个月的时间内，先后有七台次电容式电压互感器发生故障，其现象大多数为中间变压器响声异常、漏油，并出现了严重的不平衡电压，而测试结果除电抗值的一些误差外，其他各参数均属正常。因此可以认为上述现象是由于电容式电压互感器的耦合电容及分压电容与中间变压器组合不当产生铁磁谐振引起的。为避免这种现象发生，鉴于电容式电压互感器中的耦合电容器、分压电容器、中间变压器及补偿电抗器在出厂时已经组合好，所以安装和使用时不允许互换。

(3) 匝间短路。现场运行中发生过中间变压器和补偿电抗器匝间、层间短路的故障。故障的原因：一是匝间绝缘不良，二是过电压。例如某工厂一台TYD/10/$\sqrt{3}$-0.01型电容式电压互感器投入电网运行，工作人员在投运4h后测量其二次绕组电压及辅助二次绕组电压分别为10V和17V，用手触及油箱外壳，外壳发烫，将其退出运行并进行复试，结果是二节电容器数据与出厂报告相符；对电容式电压互感器施加110/$\sqrt{3}$kV电压，测得二次绕组电压为10kV、辅助二次绕组电压为17V；测量中间变压器抽头引出端子A′对地电压只有1400V，分压比完全不对。将电容式电压互感器电磁装置进行吊芯检查，发现中间变压器高压侧内部存在匝间短路现象。投运前由于试验设备限制，所加试验电压低，没有把绝缘缺陷暴露出。因此，在投运前没有条件加高压进行试验时，要在投运后立即测量电容式电压互感器的二次绕组电压与辅助二次绕组电压，以便及时发现存在的缺陷或故障。

2. 预防电容式电压互感器发生故障的措施

(1) 对220kV及以上的电容式电压互感器，必要时进行局部放电测量，同时还应进行二次绕组绝缘电阻、直流电阻测量，并将测量结果与出厂值和标准值进行比较，差别较大时应分析原因，必要时还应增加试验项目，以查明原因，不合格的互感器不得投入运行。

（2）对电容式电压互感器，如发现渗漏油或压力指标下降，应停止使用。

（3）当电容式电压互感器介损值增长时，应尽快予以处理或更换，避免发生事故。

（4）应注意对电压互感器电磁单元部分进行认真检查，当阻尼器未接入时不得投入运行。当发现有异常响声时，应将互感器退出运行，进行详细试验、检查，并立即予以处理；当测试电磁单元对地绝缘电阻时，应注意内接避雷器绝缘电阻的影响；当采用电磁单元作电源测量电容分压器 C1 和 C2 的电容量和介损值时，应注意控制电磁单元一次侧电压不超过 3kV 或二次辅助绕组的供电电流不超过 10A，以防过载。

（5）运行期间应经常注意阻尼装置的工作状况，发现损坏或阻值变化并超过制造厂所允许的范围时，应停止使用，立即更换。

（6）不要使二次侧短路，以免因短路造成保护间隙连续火花放电，并造成过电压而损坏设备。

（7）电容式电压互感器在 1.2 倍额定电压下长期连续运行，1.3 倍额定电压下运行 8h，1.5 倍额定电压下运行 30min。

（8）运行期间应经常检查电容式电压互感器的电气连接及机械连接是否可靠与正常。

第四节 互感器的试验与检修

一、电流互感器的试验及其结果分析

1. 绝缘试验

（1）测量绝缘电阻。此项试验的周期为：①在大修时进行；②对于 35kV 及以下的，1～3年进行一次；③对于 63～110kV 的，1～2 年进行一次。

测量时，一次绕组用 2500V 的绝缘电阻表进行测量，二次绕组用 1000V 或 2500V 的绝缘电阻表进行测量，非被试绕组应短路接地。测量时应考虑湿度、温度和套管表面脏污对绝缘电阻的影响。规程上对绝缘电阻值未作规定，试验中可将绝缘电阻值与同一条件下的历史试验结果进行比较，再与其他试验项目一起综合比较。

（2）测量介质损失角正切值 $\tan\delta$ 参考值。对于 20kV 及以上的互感器，应测量一次绕组连同套管的介质损失角正切值 $\tan\delta$。此项试验的周期为：①在大修时进行；②对于 35kV 及以下的，1～3 年进行一次；③对于 63～110kV 的，1～2 年进行一次。

测量时采用反接法，二次绕组应短路接地，测量结果不应低于表 10-6 所示。

表 10-6 电流互感器介质损失角正切值 $\tan\delta$ 参考值

电 压		35kV 以下	35kV 以上
充油式电流互感器	大修后	3	2
	运行中	6	3
充胶式电流互感器	大修后	2	2
	运行中	4	3

（3）交流耐压试验。对于电压等级为 10kV 及以下的电流互感器，由于它们都是固体综

合绝缘结构，要求1～3年对绕组连同套管一起对外壳进行交流耐压试验。其试验接线及注意事项详见有关交流试验的章节。电流互感器交流耐压试验的标准见表10-7。

表10-7　电流互感器交流耐压试验电压标准

额定电压（kV）		3	6	10	15	20	35
试验电压（kV）	出厂	24	32	42	55	65	95
	交接及在修	22	28	28	50	59	85

2. 特性试验

（1）测量直流电阻。直流电阻的测量，可以发现绕组层间绝缘有无短路、绕组是否断线、接头有无松脱等缺陷。在交接和大修更换绕组时，都要测量绕组的直流电阻。用单臂电桥测量绕组的直流电阻，是最简单且准确的方法。测量结果与制造厂数据比较，不应有显著差别。

（2）极性检查。检查电流互感器极性在交接和大修时都要进行，这是继电保护和电气计量的共同要求。当运行中的差动保护、功率方向保护误动作或电能表反转或计量不准确时，都要检查电流互感器的极性。

现场最常用的是直流法，其试验接线如图10-20所示，在电流互感器的一次侧接入3～6V的直流电源（通常是用干电池），在其二次侧接入毫伏表。试验时，将刀闸开关瞬间投入、切除，观察电压表的指针偏转方向。如果投入瞬间指针向正方向，则说明电流互感器正端与电压表接的正端是同极性。由于使用电压较低，可能仪表偏转方向不明显，可将刀闸开关多投切几次以防止误判断。

（3）变比试验。电流互感器的变比试验采用比较法，其接线如图10-21所示。将标准电流互感器与被试验电流互感器的一次绕组互相串联，用调压器慢慢将电压升起，观察A1和A2两只电流表的指示情况。当达到额定电流时，同时读取两只电流表的数值，此时被试电流互感器的实际变比为

$$K_X = \frac{K_0 I_0}{I_X}$$

式中　K_0——标准电流互感器的变比；

I_0——标准电流互感器二次电流值，A；

K_X——被试电流互感器变比；

I_X——被试电流互感器二次电流值，A。

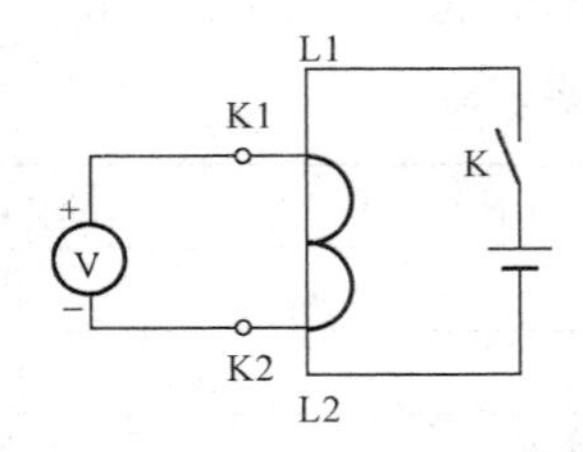

图10-20　用直流法检查电流互感器极性接线示意图

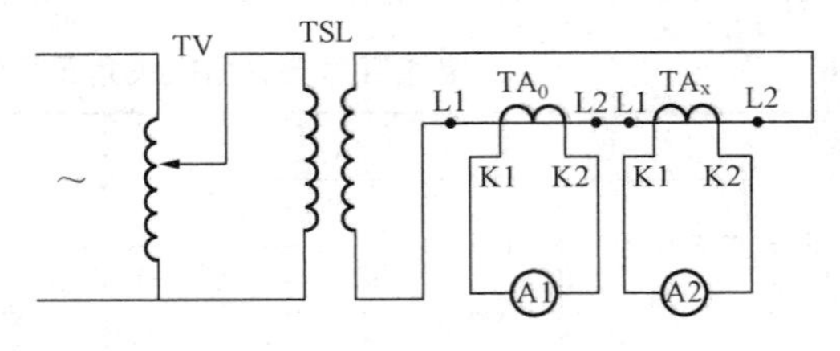

图10-21　电流互感器的变比试验接线示意图

TV—调压器；TSL—升流器；TA_0—标准电流互感器；TA_x—被试电流互感器

变比差值为

$$K\% = \frac{K_N - K_X}{K_N} \times 100\%$$

式中 K_N——被试电流互感器的额定变比。

在试验时，被试电流互感器和标准电流互感器变比应相同或接近，使用的电流表应在0.5级以上为止。当电流升至很大时，应特别注意二次侧不能开路。对所有的一、二次绕组都要进行试验。

(4) 伏安特性试验。电流互感器的伏安特性试验，是指一次侧开路时，二次电流与所加电压的关系试验，实际上就是铁芯的磁化曲线试验。做这项试验的主要目的是检查电流互感器二次绕组是否有层间短路，并为继电保护提供数据。

在现场一般都采用单相电源法，其试验接线如图10-22所示。试验时电流互感器一次侧开路，在二次侧加压读取电流值。为了绘制曲线，电流应分段上升，直至饱和为止。一般电流互感器的饱和电压为100～200V。在试验时要注意以下事项：如果电流互感器的二次接线已经接好，应将二次侧接地线拆除，以免造成短路。升压过程中应均匀地由小到大升上去，中途不能降压后再升压，以免因磁滞回线的影响使测量准确度降低；读数以电流为准。试验仪表的选择，对测量结果有较大影响。如果电压表的内阻较大，应采用图10-22（b）的接线，因为此时电压表的分流较小，电流表测得的电流只包括电压表的分流，测出电流的精度较高。如果电压表的内阻较小，则宜采用图10-22（a）的接线。

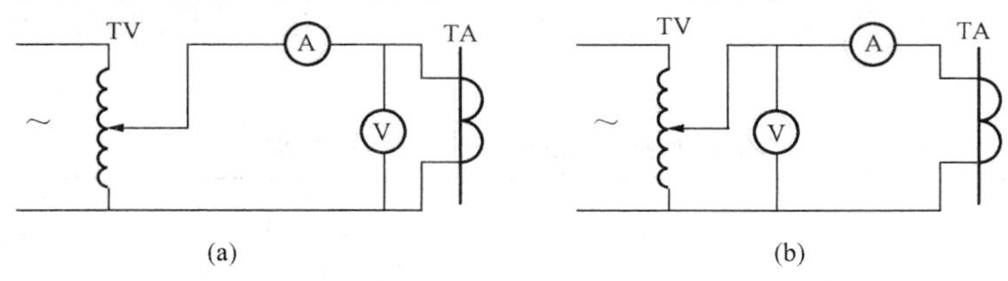

图10-22 电流互感器伏安特性试验接线示意图
(a) 用低内阻电压表接线；(b) 用高内阻电压表接线

如果电流互感器有两个以上二次绕组，非被试绕组均应开路；若两个绕组不在同一铁芯上，则非被试绕组应短路或接电流表。

将测得的电流、电压值，绘成励磁特性曲线，再与制造厂给出的曲线相比较。如果在相同的电流值下，测得的电压值偏低，则说明电流互感器有层间短路，应认真检查。

(5) 电流互感器的退磁。电流互感器在运行中若二次侧开路且通过短路电流时或在试验中切断大电流之后，都有可能在铁芯中残留剩磁，从而使电流互感器的变比误差和角误差增大。因此，在做各项工作试验之前和做完全部试验之后，均应对电流互感器进行退磁。退磁的方法很多，现场常用的方法是将一次绕组开路，从二次侧通入0.2～0.5额定电流，由最高值均匀降到零，时间不少于10s，并且在切断电源之前将二次绕组先短路，如此重复2～3次即可。

二、电压互感器的试验及其结果分析

1. 绝缘试验

对于电压为35kV的电压互感器，它的绝缘多为分级绝缘结构，故一般仅以测量绝缘电阻和介质损失角正切值 tanδ 为主，必要时才测量绕组的绝缘电阻。

（1）绝缘电阻的测量。测量电压互感器的绝缘电阻时，一次绕组使用 2500V 的绝缘电阻表，二次绕组使用 1000V 的绝缘电阻表，并将所有非被试绕组短路接地。绝缘电阻值规程上没有规定，可与历次试验结果比较，或与同型号电压互感器相互比较，以判断绝缘的情况。

（2）介质损失角正切值 tanδ 的测量。只对 35kV 电压互感器进行一次绕组连同套管的测量，它是检测电压互感器绝缘状况有效方法。试验数据不应大于表 10-8 规定的相应数值。

表 10-8　　电压互感器介质损失角正切值 tanδ 参考值

温　度（℃）		5	10	20	30	40
35kV 及以上	交接及大修后	2.0	2.5	3.5	5.5	8
	运行中	2.5	3.5	5.0	7.5	10.5
35kV 及以下	交接及大修后	1.5	2.0	2.5	4.0	6.0
	运行中	2.0	2.5	3.5	5.0	8.0

（3）交流耐压试验。电压互感器的交流耐压试验是指绕组连同套管对外壳的工频交流耐压试验。对于分级绝缘的电压互感器不进行此项试验。

电压互感器一次侧的交流耐压试验可以单独进行，也可以与相连接的一次设备如母线、隔离开关等一起进行。试验时二次绕组应短路接地，以免绝缘击穿时在二次侧产生危险的高电压。试验电压应采用相连接设备的最低试验电压。电压互感器单独进行交流耐压时的试验电压标准见表 10-9。

表 10-9　　电压互感器交流耐压试验电压标准　　（kV）

额定电压	3	6	10	15	20	35
出厂试验电压	24	32	42	55	65	95
交接及大修试验电压	22	28	38	50	59	85
运行中非标准产品及出厂试验电压不明的且未全部更换绕组的试验电压	15	21	30	38	47	72

2. 特性试验

（1）直流电阻试验。测量电压互感器的直流电阻，一般只测量一次绕组的直流电阻，因为它的导线较细致使发生断线和接触不良的机会较二次绕组多。测量时使用单臂电桥，测量结果与制造厂的测量数据进行比较应无显著差别。

（2）极性和接线组别测定。电压互感器的极性和接线组别测定方法，与电力变压器完全相同，在此不再重复。但对精度较高的电压互感器，为了防止铁芯磁化对测量结果的影响，最好不用直流法试验。

此外，按现场试验规程要求还应进行电压互感器的变比试验、空载电流试验、误差试验等。

三、互感器的检修

1. 电流互感器的小修内容

（1）检查电流互感器的紧固情况且清除灰尘。

（2）检查通电连接部分和电流互感器铁芯是否有过热烧焦痕迹。
（3）检查瓷瓶是否清洁完好。
（4）检查接地是否可靠。
（5）检查二次回路是否完好。
2. 电压互感器小修的内容
（1）检查紧固情况。
（2）检查是否漏油，必要时补充加油。
（3）检查绝缘子是否清洁完好。
（4）检查接地是否完整可靠。
（5）清扫电压互感器上的尘垢。
（6）测量绝缘并检查励磁回路。
（7）解决检查中发现的问题。
3. 电流互感器、电压互感器大修的内容
（1）抽芯检修，换油，必要时刷漆。
（2）必要时重绕绕组。
（3）检查铁芯。
（4）必要时更换套管。
（5）按试验规程进行相关项目的试验。

绝 缘 子

第一节 绝缘子的运行与维护

一、绝缘子的作用与分类

在电气装置中，用于支持、固定裸带电体，并使其对地或使其他不同电位部分保持绝缘的一类装置部件，称为绝缘子。它必须具有足够的机械强度和电气强度，并有良好的耐热、防潮、防化学腐蚀等性能。绝缘子广泛应用于各类电气装置中，按其应用领域的不同，分为以下三类。

1．电器绝缘子

该类绝缘子应用于各种电器产品中，成为其结构的零部件。绝缘子多为专用特殊设计，且名目繁多，一般有套管式、支柱式及其他多种形式（如柱、牵引杆、杠杆等）。前者一般用来将载流导体引出电器的外壳，其外露部分构成电器的外部绝缘，如变压器、断路器等的出线套管。其他则用于电器内部，构成内绝缘结构的一部分。

2．线路绝缘子

线路绝缘子用来固定架空输电线的导线和户外配电装置的软母线，并使其保持对地绝缘。线路绝缘子结构形式包含针式、棒式和悬式三种，但都是户外型。

3．电站绝缘子

电站绝缘子是指在工厂和变电站中，用来支持和固定配电装置硬母线并使其保持对地绝缘的一类绝缘子。电站绝缘子分为支柱绝缘子和套管绝缘子，后者在硬母线需要穿墙过板时，特别是由户内引出户外时给予支持和绝缘。

电站绝缘子按硬母线所处的环境分为户内式和户外式两种。户外式绝缘子有较大的伞裙，用以增大表面爬电距离，并阻断雨水，使绝缘子能在恶劣的户外气候环境中可靠工作。在多尘、盐雾和腐蚀性气体的污秽环境中，还需使用防污型户外绝缘子。户内绝缘子无伞裙结构，也无防污型。

各类绝缘子均由绝缘体和金属配件两部分组成。目前高压绝缘子的绝缘体多为电瓷，其结构紧密，机械强度高，耐热性能和介电性能好；此外，在表面涂硬质釉层以后，表面光滑美观，不吸水分，故电瓷具有良好的机械性能和电气性能。为了将绝缘子固定在接地的支架上和将硬母线安装到绝缘子上，需要在绝缘体上牢固地胶结金属配件。电站绝缘子与支架固定的金属配件称为底座和法兰，与母线连接的金属配件称为顶帽。底座和顶帽均做镀锌处理，以防锈蚀。瓷件的胶结处不涂釉层，胶合后涂以防锈层。胶合剂一般采用高标号水泥。

二、支柱绝缘子

支柱绝缘子有户内式和户外式两类。

1. 户内式支柱绝缘子

户内式支柱绝缘子由瓷件、铸铁底座和铸铁帽三部分组成。按照金属附件对瓷件的胶装方式分为外胶装（Z 系列）、内胶装（ZN 系列）和联合胶装（ZL 系列）三种，如图 11-1 所示。

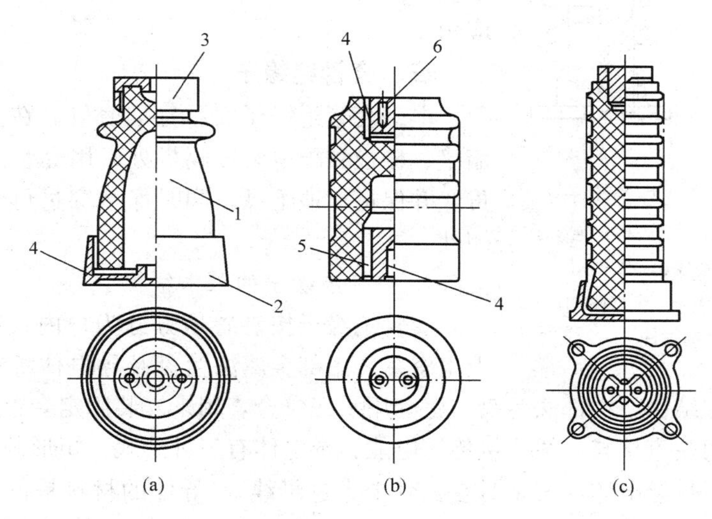

图 11-1 户内式支柱绝缘子

（a）外胶装 ZA-10Y 型；（b）内胶装 ZN-6/400 型；（c）联合胶装 ZLB-35F 型

1—瓷件；2—铸铁底座；3—铸铁帽；4—水泥胶合剂；

5—铸铁配件；6—铸铁配件螺孔

（1）外胶装。图 11-1（a）所示为外胶装的 ZA-10Y 型支柱绝缘子，其上下金属附件均用水泥胶合剂胶装于瓷件两端的外面。该型绝缘子的机械强度高，但高度尺寸大，上帽附近的瓷表面处电场应力较集中。

（2）内胶装。图 11-1（b）所示为内胶装的 ZN-6/400 型支柱绝缘子，其上下金属附件均用水泥胶合剂胶装在瓷体两端的孔内。该绝缘子与同电压等级的外胶装比较，高度尺寸小，质量轻。而且瓷件端部附近表面的电场分布大有改善，故电气性能也较优。但该绝缘子下端的机械抗弯强度较差。

（3）联合胶装。图 11-1（c）所示为联合胶装的 ZLB-35F 型支柱绝缘子，其上下金属附件采用内胶装方式以降低高度和改善顶部表面的电场分布，下部金属附件采用外胶装方式以获得较高的抗弯强度，因而兼具内、外胶装的优点。此外，该型瓷件采用实心体，提高了安全可靠性，也减少了维护测试工作量。

2. 户外式支柱绝缘子

户外式支柱绝缘子有针式和实心棒式两种。

针式绝缘子如图 11-2（a）所示。

它由两个瓷件、铸铁帽、具有法兰盘的铁脚组成，并用水泥胶合在一起。6～10kV 的

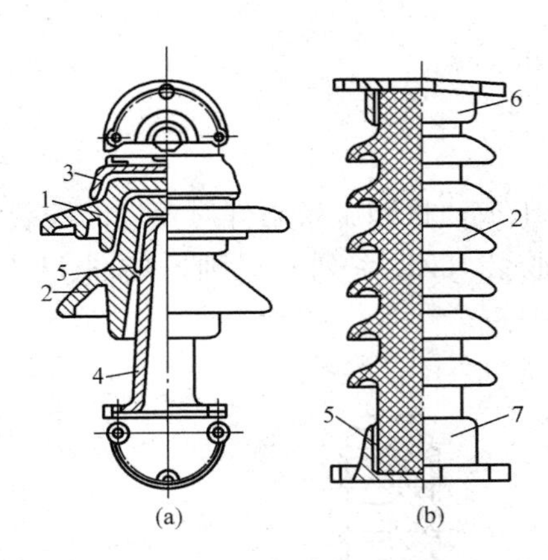

图 11-2　户外式支柱绝缘子

(a) 针式绝缘子；(b) 实心棒式绝缘子

1、2—瓷件；3—铸铁帽；4—铁脚；

5—水泥胶合剂；6—上金属附件；

7—下金属附件

针式绝缘子只有一个瓷件。目前针式绝缘子在户外 35kV 以下仍有应用，但在 35kV 及以上因结构较笨重、老化率高、制造不方便，已很少被新建工程选用。

实心棒式绝缘子如图 11-2（b）所示，它由实心瓷件和上、下金属附件组成。瓷件采用实心不可击穿多伞形结构，电气性能好，尺寸小，不易老化，现已被广泛应用。

三、套管绝缘子

电站套管绝缘子又称穿墙套管。在高压硬母线穿过墙壁、楼板和配电装置隔板处，用套管绝缘子支持固定母线并保持对地绝缘，同时保持穿过母线处墙、板的封闭性。

1. 套管绝缘子的基本结构

套管绝缘子按装置地方分为户内式和户外式，基本上由瓷套、中部金属法兰盘及导电体等三部分组成。瓷套采用纯空心绝缘结构。中部法兰盘与瓷套用水泥胶合，用来安装固定套管绝缘子。套管内设置导电体，其两端直接与母线连接传送电能。导电体有三种形式：矩形截面、圆形截面和母线导体（本身不带导电体，安装时在瓷套中穿过母线）。导体的材料是铜。圆形截面导体两端制成细牙螺杆与铜母线做接触连接。矩形截面导体的集肤效应小，材料利用率较高，而且与矩形母线连接方便。但矩形截面导体易产生电晕，故在 10kV 及以下最为适用。

图 11-3 所示为 CA-6/400 型户内式套管绝缘子，采用矩形截面铜导体，两端用金属圈与瓷套固结。法兰盘至右端的距离较长，显然被穿过的墙、板连同安装基础板应在法兰盘的右侧。图 11-4 为户外式套管绝缘子，其法兰盘左侧的瓷套较长，伞裙较大、较多，应置于户外，墙面与安装基础也应在法兰盘左侧面。图中两种户外式套管绝缘子都采用圆形截面铜杆作为导电体，其两端有螺纹螺母，利用螺母端面对母线的接触压力和螺纹之间的接触压力进行接触传电。

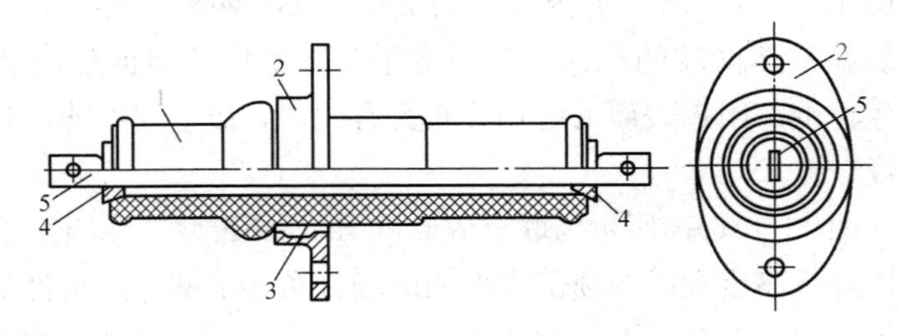

图 11-3　CA-6/400 型户内式套管绝缘子

1—瓷套；2—中部法兰；3—水泥胶合剂；4—金属圈；5—导电体

2. 套管绝缘子电场与磁场的改善

(1) 内外电场的改善。

1) 套管绝缘子的沿表面电场不同于一般支柱绝缘子，其内部导电体对接地法兰盘及瓷套外表面构成分布电容，有少量的电容电流通过，瓷套外表面形成不均匀的表面电流分布，

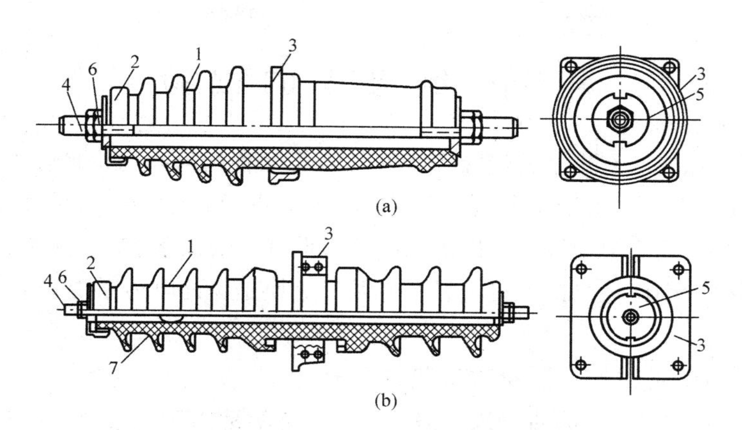

图 11-4　户外式套管绝缘子

（a）CWC-10 型；（b）CWB-35 型

1—瓷套；2—帽；3—法兰盘；4—导电体；5—垫圈；6—螺母；7—接触弹簧

如图 11-5（a）所示。如果瓷的表面电阻 R_0的分布是均匀的，则表面电场分布不均匀，如图 11-5（c）所示，在靠近法兰盘附近有强电场 E_0的存在，易引起沿面滑闪放电。为此，对 20～35kV 的套管绝缘子，法兰盘附近的伞裙适当放大、加厚，并在该处表面涂一层逐渐加厚的半导体釉，直到与法兰盘相连接。

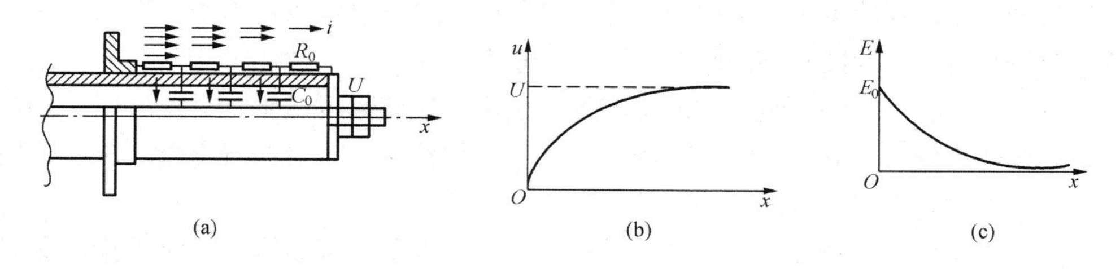

图 11-5　套管绝缘子的沿面电场

（a）沿面电流分布；（b）沿面电压分布；（c）沿面电场分布

2）套管绝缘子的导电体中段与接地法兰盘之间系经过内腔空气间隙与瓷套层电介质串联。有关理论证明，两串联电介质中的电场强度与其电介系数成正比，而中段内空气间隙的电场强度为法兰盘下瓷套场强的 6～7 倍。可见导电体的对地电压主要不由电瓷层承受，而是加在内腔空气间隙上，容易造成内腔空气间隙放电。在交变电场作用下的长期放电将造成导电体和瓷套内壁的强烈电腐蚀，使套管绝缘子遭到破坏。为了防止内腔放电，通常在20～35kV 套管绝缘子的瓷套内壁均匀涂一层半导体釉，并利用接触弹簧［见图 11-4（b）之 7］将内腔空气间隙短接。

（2）磁场的改善。套管绝缘子的导电体流过单相电流，在铁帽、法兰盘和安装基础板等到铁磁体中产生较大的交变磁场。为了防止铁磁体中的涡流滞引起过热，额定电流小于 1500A 的套管法兰盘以及额定电流小于 1000A 的套管帽都用导磁板低的灰铸铁制成。额定电流再大的采用非磁性铸铁制成。某些套管的法兰盘留有径向缝隙以增大磁阻。电流较大的套管的安装基础板也应割出间隙，以增大单相磁路中的磁阻，并在法兰盘和基础板之间加装非磁性垫。

第二节 绝缘子的试验

对于绝缘子，除要求有良好的绝缘性能外，还要求有相当高的机械强度（抗拉、抗压、抗弯）。绝缘子在运行中，由于受电压、温度、机械力以及化学腐蚀等的作用，绝缘性能会劣化，出现一定数量的零值绝缘子，即绝缘电阻很低（一般低于3000MΩ）的绝缘子。零值绝缘子易形成闪络。因此检测出不良绝缘子并及时更换是保证电力系统安全运行的一项重要工作。

一、绝缘电阻试验目的、测量方法和结果分析

测量绝缘子绝缘电阻可以发现绝缘子裂纹或瓷质受潮等缺陷。绝缘良好的绝缘子的绝缘电阻一般很高，劣化绝缘子的绝缘电阻明显下降，仅为数十兆欧、数百兆欧甚至几兆欧，用绝缘电阻表可以明显检出。由于绝缘子数量多，用绝缘电阻表摇测其绝缘电阻工作量太大，因此仅在带电检测出零值绝缘子位置后停电更换零值绝缘子前，为保证准确性才摇测绝缘电阻。

用2500V及以上绝缘电阻表摇测其绝缘电阻，多元件支柱绝缘子的每一元件的每片悬式绝缘子的绝缘电阻不应低于300MΩ。

应当指出，当带电测出绝缘子为零值绝缘子，但其绝缘电阻大于300MΩ时，应摇测其相邻良好绝缘子，比较两者绝缘电阻，若绝缘电阻值相差较大仍应视为不合格。

二、交流耐压试验目的、测量方法和结果分析

厂家产品出厂前、现场安装前一般均对绝缘子进行交流耐压试验，交流耐压试验是判断绝缘子耐电强度的最直接方法。对支柱绝缘子等单元件绝缘子一般进行交流耐压试验是最有效的试验方法。试验中应注意以下问题：

（1）根据试验变压器容量，可选择一只或多只相同电压等级绝缘子同时试验。交流耐压时间规定为1min。

（2）在耐压过程中，绝缘子无闪络、无异常声响为合格。

（3）对于35kV多元件支柱绝缘子，若试验电压不够的，可分节进行；由两个胶合元件组成的，每节试验电压为50kV/min；由三个胶合元件组成的，每节试验电压为34kV/min。

非标准型号的绝缘子按制造厂家规定的该型号绝缘子干闪电压的75%进行交流耐压试验。

各种电压等级的支柱绝缘子和悬式绝缘子的交流耐压试验电压标准分别见表11-1、表11-2。

表11-1　　支柱绝缘子的交流耐压试验电压标准

额定电压（kV）		3	6	10	20	35
最高工作电压（kV）		3.5	6.9	11.5	23.0	40.5
纯瓷	出厂	25	32	42	68	100
	交接大修	25	32	42	68	100
固体有机绝缘	出厂	25	32	42	68	100
	交接大修	22	28	38	59	90

表 11-2 悬式绝缘子的交流耐压试验电压标准

型号（新型号）	XP-4C (X-3C)	XP-6 XP-7 XP-10 XP-16 LXP-6 LXP-7 LXP-10	XP-21 XP-20 LXP-16 LXP-21	LXP-30	XWP1-6 XWP2-6 XWP1-7 XWP2-7 (XW-4.5) (XW1-4.5)	XWP1-16
试验电压（kV）	45	56	60	67.5	60	67.5
型号（新型号）	X-3 X-3C	X-1-4.5 (n=4.5) X-4.5 (C-105) X-4.5C (C-5)	X-7 (n=7)	X-11 (n=11)	X-16	XF-4.5 (HC-2)
试验电压（kV）	45	56	60	64	70	80

第三节 绝缘子的主要缺陷与更换的施工方法

一、绝缘子的主要缺陷

绝缘子在运行中老化损坏的主要是由电气的、机械的、气候影响、大气污秽以及绝缘子本身的缺陷等复杂地交叉作用而引起的，因此呈现的异常现象也是多种多样的，主要有：

（1）裙边缺损。

（2）凸缘破坏。

（3）球头锈蚀、变形。

（4）表面闪络痕迹。

（5）紧固件脱落。

（6）零值。

当发现有上述缺陷的绝缘子时，应针对具体情况分析研究、安排时间处理。对于瓷质裂纹、破碎、瓷釉烧坏、钢脚和钢帽裂纹及零值的绝缘子，应尽快更换，以防止事故发生。

二、更换绝缘子的施工方法

更换绝缘子的作业可以在停电情况下进行，也可以带电作业。作业方法、准备工作、人员组织分工要根据线路杆塔形式而定。现就更换 110kV 线路直线杆塔整串绝缘子，介绍其施工方法。

（1）作业方式：停电作业。

（2）人员组织：6 人。其中，杆塔上 2 人，地面 3 人，监护工作 1 人。

（3）主要工具及材料见表 11-3。

（4）操作程序。

杆上作业电工相继登杆作业点适当位置，系好安全带，挂好起吊滑轮与吊绳。

表 11-3　　更换绝缘子需用工具材料

工具名称	型号及规格	单位	数量	用　途
双钩紧线器	1.5t	把	1	用于导线垂直荷载过度
导线保安绳	ϕ1.3mm×2500mm	根	1	防止导线坠落保护
千斤套	ϕ12mm	根	1	双钩与横担连接
吊绳	ϕ12mm	根	1	工器具传递
吊绳	ϕ14mm	根	1	更换绝缘子吊绳
铁滑车	不小于 1t（单开口）	个	2	更换绝缘子承重
绝缘子	XP-7	片	7	
保安绳	16mm^2	套	1	后备保护线

第十二章

防雷及接地装置

第一节　雷电的种类

一、按照雷电的危害方式分类

（1）直击雷。大气中带有电荷的雷云对地电压可高达几亿伏。当雷云同地面凸出物之间的电场强度达到空气击穿的强度时，会发生激烈放电，并出现闪电和雷鸣现象称为直击雷。每一次放电过程分为先导放电、主放电和余光三个阶段。雷电放电发展过程如图12-1所示。

先导放电是雷云向大地发展的一种不太明亮的放电。当先导放电接近大地时，立即从大地向雷云发展成极明亮的主放电，主放电后有微弱的余光。大约有50%的直击雷有重复放电的性质。平均每次雷击有三四个冲击，第一次主放电电流最大。主放电时间很短，只有50～100μs。第一次主放电结束后，经过0.03～0.05s间隔时间后，沿第一次放电通路出现第二次放电。第二次放电不再分级进行，而是连续发展出现主放电。图12-1的上半部阴影部分是主放电之后的余光放电，电流很小，因此发光微弱，但时间较长。图12-1下半部是雷电放电时的雷电流曲线。主放电时的电流很大，能达几千安甚至几十、上百千安。地面上和物体被雷击中时，有强大的雷电流快速流过被击物体，产生很高的冲击电压，冲击电压与雷电流大小和被击物体冲击电阻大小有关。

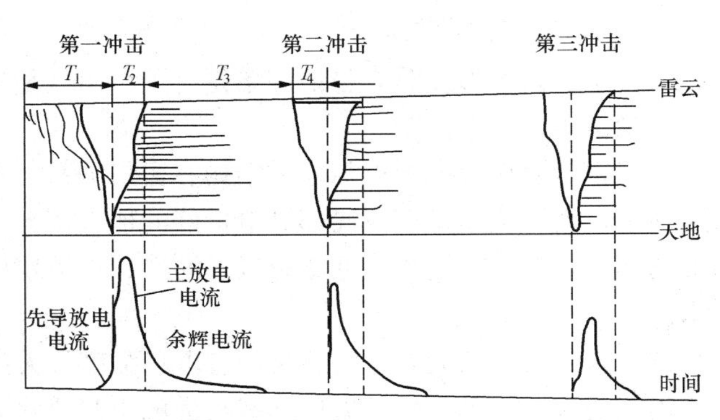

图12-1　雷电放电发展过程

（2）感应电。感应电也称作雷电感应或感应雷过电压。感应雷过电压是指在电气设备（如架空电力线路）的附近不远处发生闪电，虽雷电没有直接击中线路，但在导线上会感应出大量的和雷云极性相反的束缚电荷，形成雷电过电压。在输电线路附近有雷云，当雷云处于先导放电阶段时，先导通道中的电荷对输电线路产生静电感应，将与雷云异常的电荷由导线两端拉到靠近先导放电的一段导线上成为束缚电荷。雷云在主放电阶段先导通道中的电荷迅速中和，这时输电线路导线上原有束缚电荷立即转为自由电荷，自由电荷向导线两侧流动而造成的过电压为感应过电压。

（3）雷电侵入波。因直接雷击或感应雷击在输电线路导线中形成迅速流动的电荷称之为雷电侵入波。雷电进行波对其前进道路上的电气设备构成威胁，因此也称为雷电侵入波。对于一般的变电站，如果有架空进出线，则必须考虑对雷电侵入波的预防。雷电侵入波对电气设备的严重威胁还在于：当雷电侵入波前行时，例如遇到处于分闸状态的线路开关，或者来到变压器绕组尾端中性点处，则会产生进行波的全反射。这个反射与侵入波叠加，过电压增大一倍，极容易造成击穿事故。

二、按雷的形状分类

雷的形状有线形、片形和球形三种。最常见的是线形雷，片形雷很少，个别情况下会出现球形雷。

球形雷简称球雷，与线形雷或片形雷不同的是，球形雷表现为光亮火球。球形雷直径一般为 10～30cm。在雷雨季节，球形雷常沿着地面滚动或在空气中飘荡，能够通过烟囱、门窗或很小的缝隙进入房内，有时又能从原路返回。大多数球形雷消失时，伴有爆炸，会造成建筑物和设备等的损坏以及人畜伤亡事故。

第二节　雷电的危害

一、雷击的主要对象

（1）雷击区的形成首先与地理条件有关。山区和平原相比，山区有利于雷云的形成和发展，易受雷击。

（2）雷云对地放电地点与地质结构有密切关系。不同性质的岩石分界地带、地质结构的断层地带、地下金属矿床或局部导电良好的地带都容易受到雷击。雷电对电阻率小的土壤有明显选择性，所以在湖沼、低洼地区、河岸、地下水出口处以及山坡与稻田水交界处常遭受雷击。

（3）雷云对地的放电途径总是朝着电场强度最大的方向推进，因此如果地面上有较高的尖顶建筑物或铁塔等，由于尖顶处有较大的电场强度，所以易受雷击。在农村，虽然房屋、凉亭和大树等不高，但是由于它们孤立于旷野中，也往往成为雷击的对象。

（4）从工厂烟囱中冒出的热气常有大量导电微粒和游离子气团，它比一般空气容易导电，所以烟囱较易受雷击。

（5）一般建筑物受雷击的部位为屋角、檐角和屋脊等。

二、雷电的破坏效应

（1）电作用的破坏。雷电数十万伏至百万伏的冲击电压可能毁坏电气设备的绝缘，造成大面积、长时间停电。绝缘损坏引起的短路火花和雷电的放电火花可能引起火灾和爆炸事故。电器绝缘的损坏及巨大的雷电流流入地下，在电流通路上产生极高的对地电压和在流入点周围产生强电场，还可能导致触电伤亡事故。

（2）热作用的破坏。巨大的雷电流通过导体，在极短的时间内转换成大量的热能，使金属熔化飞溅而引起火灾和爆炸。如果雷击发生在易燃物上，更容易引起火灾。

（3）机械作用的破坏。巨大的雷电流通过被击物时，瞬间产生大量的热，使被击物内部的水分或其他液体急剧汽化，剧烈膨胀为大量气体，致使被击物破坏或爆炸。此外，静电作用力、电动力和雷击时的气浪也有一定的破坏作用。

上述破坏效应是综合出现的，其中以伴有的爆炸和火灾最严重。

第三节 防 雷 与 接 地 装 置

防雷装置的种类很多，避雷针、避雷线、避雷网、避雷带、避雷器都是经常采用的防雷装置。一套完整的防雷装置应由接闪器、引下线和接地装置三部分组成。避雷针主要用来保护露天的变配电设备、建筑物和构筑物。避雷线主要用来保护电力线路。避雷网和避雷带主要用来保护建筑物。避雷器主要用来保护电力设备。

一、接闪器

避雷针、避雷线、避雷网、避雷带、避雷器以及建筑物的金属屋面（正常时能形成爆炸性混合物，电火花会引起爆炸的工业建筑物和构筑物的除外）均可作为接闪器。接闪器是利用其高出被保护物的突出部位，把雷电引向自身，接受雷击放电。

接闪器所用材料的尺寸应能满足机械强度和耐腐蚀的要求，还要有足够的热稳定性，以能承受雷电流的热破坏作用。避雷针、避雷网（或带）一般采用圆钢或扁钢制成：最小尺寸应符合表 12-1 的规定。

表 12-1　接闪器常用材料的最小尺寸

类别	规　格	直径（mm）		扁　钢	
		圆　钢	钢　管	截面积（mm^2）	厚度（mm）
避雷针	针长 1m 以下	12	20		
	针长 1～2m	16	25		
	针在烟囱上方	20			
避雷网（或带）	网格① 6m×6m～10m×10m（或带）	8		48	4
	在烟囱上方	12		100	4

① 对于避雷带，应为邻带条之间的距离。

避雷线一般采用截面积不小于 35mm^2 的镀锌钢绞线。为防止腐蚀，接闪器应镀锌或涂漆；在腐蚀性较强的场所，还应适当增大其截面或采取其他防腐蚀措施，接闪器截面锈蚀 30%以上时应更换。

接闪器的保护范围可根据模拟实验及运行经验确定。由于雷电放电途径受很多因素的影响，一般要求保护范围内被击中的概率在 0.1%以下即可。

二、避雷针

避雷针是防止直接雷击电力设备的防雷保护装置，其作用是引雷于自身，并通过良好的接地装置把雷云的电荷泄入大地，从而使其附近的电气设施或建筑物免遭直接雷击。

避雷针的保护效能通常用保护范围来表示。所谓保护范围是指避雷针近旁的空间，在此空间以内遭受雷击的概率极小，一般不超过 0.1%。一般认为其保护是足够可靠的。

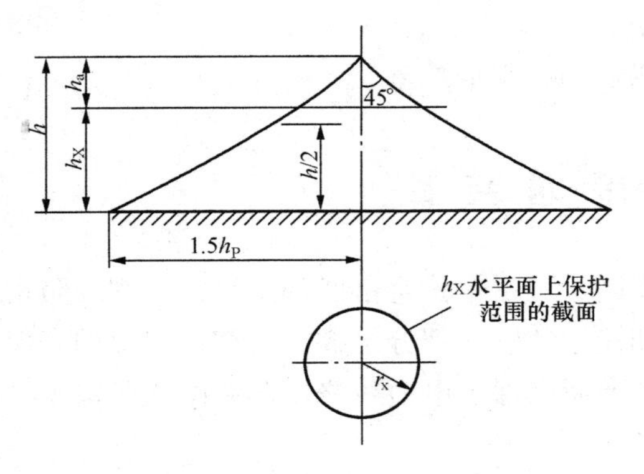

图 12-2 单支避雷针的保护范围

1. 单支避雷针的保护范围

单支避雷针的保护范围如图 12-2 所示。

在图 12-2 中，避雷针高为 h，避雷针在地面上的保护半径为 $1.5h_P$；在被保护物高度为 h_X 时，h_X 水平面上的保护半径 r_X 按以下公式计算确定。

（1）当 $h_X \geqslant h/2$ 时，保护半径为

$$r_X = (h - h_X)p = h_a p \tag{12-1}$$

（2）当 $h_X < h/2$ 时，保护半径为

$$r_X = (1.5h - 2h_X)p \tag{12-2}$$

式中 r_X——避雷针在高度为 h_X 水平面上的保护半径，m；

h_X——被保护物的高度，m；

h_a——避雷针的有效高度，m；

p——高度影响系数。

当 $h \geqslant 30$m 时，$p=1$；当 30m$<h \leqslant 120$m 时，$p=\frac{5.5}{\sqrt{h}}$；当 $h>120$m 时，有 $p=\frac{5.5}{\sqrt{h}}$，取 $h=120$m。

2. 两支等高避雷针保护范围

若两支避雷针的高度都等于 h，两支等高避雷针的保护范围如图 12-3 所示。

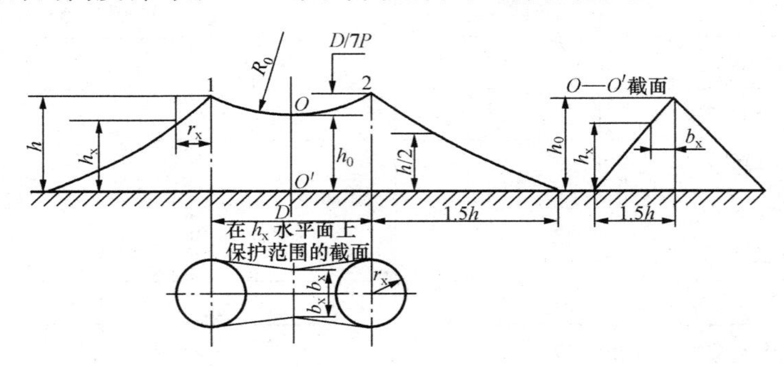

图 12-3 高度为 h 的两等高避雷针的保护范围

图 12-3 中 1、2 为两支等高避雷针，其保护范围按下列方法确定。

（1）两针外侧的保护范围应该按单支避雷针的计算方法确定。

（2）两针间的保护范围应按通过两针顶点及保护范围上部边缘的最低点 O 的圆弧确定，圆弧的半径为 R_0，O 点离地高度为 h_0，计算方式如下：

$$h_0 = h\frac{D}{7p} \tag{12-3}$$

式中 h_0——两针间保护范围上部边缘的最低点的高度，m；

D——两避雷针间的距离，m；

p——高度影响系数，见式（12-1）和式（12-2）；

h——避雷针高度，m。

两针间 b_X 水平面上保护范围一侧的最小宽度（见图 12-3）可按下式近似计算，精确数据应从有关规程查取。

$$b_X = 1.5(h - h_X) \tag{12-4}$$

两针间距离 D 与针高 h 之比 D/h 不宜大于 5。

3. 三支等高避雷针的保护范围

由三支避雷针构成的三角形外侧的保护范围，可分别按两支等高避雷针的计算方法确定。在三角形内侧，如果在被保护物最大高度 h_X 水平面上，各相邻避雷针间保护范围的一侧最小宽度 $b_X \geqslant 0$ 时，则全部面积即受到保护。

4. 四支及以上等高避雷针的保护范围

四支及以上等高避雷针所形成的四边形或多边形，可先将其分成两个或几个三角形，然后分别按三支等高避雷针的方法计算，如各边保护范围的一侧最小宽度 $b_X \geqslant 0$，则全部面积受到保护。

三、避雷线

1. 单根避雷线保护范围

单根避雷线保护范围应按下列方法确定，如图 12-4 所示。

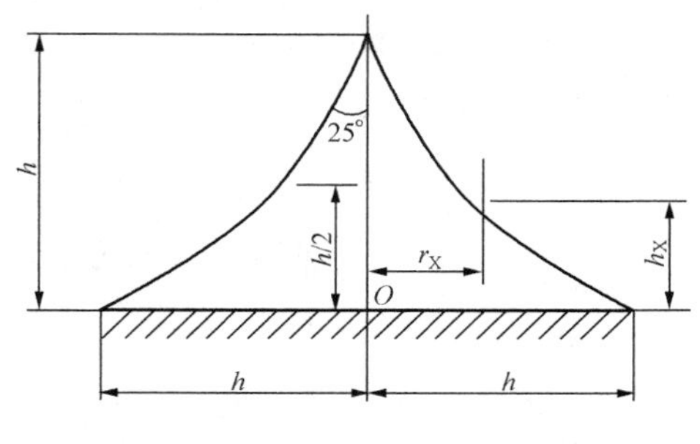

图 12-4　单根避雷线的保护范围

（1）在高度为 h_X 的水平线上，避雷线每侧保护范围的宽度应按下式确定。

1）当 $h_X \geqslant \frac{h}{2}$ 时，保护宽度为

$$r_X = 0.47(h - h_X)p \tag{12-5}$$

2）当 $h_X < \frac{h}{2}$ 时，保护宽度为

$$r_X = (h - 1.53h_X)p \tag{12-6}$$

式中　h_X——保护高度，m；

r_X——h_X 水平面沿避雷线向两侧保护范围的宽度，m；

h——避雷线的高度，m；

p——高度影响系数，见式（12-1）和式（12-2）。

（2）在 h_X 水平面上，避雷线起末端端部的保护半径 r_X 也按式（12-5）和式（12-6）确定，即两端的保护范围是以 r_X 为半径的半圆。

2. 两根避雷线保护范围

两根平行避雷线保护范围按下列方法确定：

（1）两避雷线的外侧保护范围，按单根避雷线的计算方式确定。

（2）避雷线间的保护计算方式与图 12-4 相似。由通过两避雷线 1、2 及保护范围上部边缘最低点 O 的圆弧确定，这时 O 点的高度 h_0 应按下式计算：

$$h_0 = h - D/4p \tag{12-7}$$

式中　h——避雷线的高度，m；

D——两避雷线间的距离，m。

第四节　变电站进线、母线及其他防雷保护

一、变电站进线段保护

变电站进线段保护的目的是防止进入变电站的架空线路在近处遭受直接雷击，并对由远方输入波通过避雷器或电缆线路、串联电抗器等将其过电压数值限制到一个对电气设备没有危险的较小数值。具体措施如下：

（1）对于3～10kV配电装置（或电力变压器），其进线防雷保护和母线防雷保护的接线方式如图12-5所示。

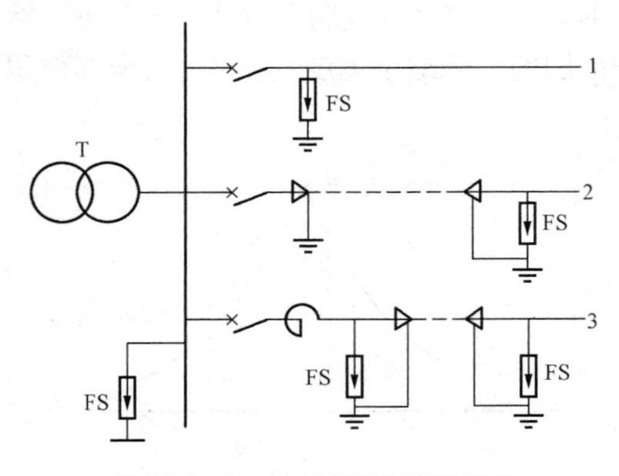

图12-5　3～10kV配电装置雷电侵入波的保护接线

从图12-5中可见，配电装置的每组母线上装设站用阀型避雷器FS一组；在每路架空进线上也装设配电线路（图12-5中线路1）；对于有电缆段的架空线路（图12-5中线路2），避雷器应装设在电缆头附近，其接地端应和电缆金属外皮相连；如果进线电缆与母线相连时串接有电抗器（图12-5中线路3），则应在电抗器和电缆头之间增加一组阀型避雷器，如图12-5所示。实际上无论电缆进线或架空进线，只要与母线之间的隔离开关或断路器在夏季雷雨季节时经常处于断路状态，而线路侧又带电时，则靠近隔离开关或断路器处必须在线路侧装设一组阀型避雷器，以防止雷电侵入波遇到断口时无法行进，出现反射波而使绝缘击穿造成事故。

由上述可知，对于变电站来说，凡正常处于分闸状态的高压进出线，必须在断路器（或隔离开关）的断口外侧（线路侧）加装避雷器或保护间隙。而对于配电线路，如果线路上有正常处于分闸状态的分段开关，则在开关两侧也都应装设避雷器或防雷间隙。

在图12-5中，母线上避雷器与主变压器的电气距离不宜超过表12-2的规定。

表12-2　避雷器与3～10kV主变压器的最大电气距离

雷季经常运行的进线路数	1	2	3	4及以上
最大电气距离（m）	15	20	25	30

（2）对于35～110kV架空送电线路，如果未沿全线架设避雷器，则应在变电站1～2km的进线段架设避雷线，其保护角不超过20°，最大不应超过30°。

（3）对于35～110kV线路，如果有电缆进线段，在电缆与架空线的连接处应装设阀型避雷器，其接地端应与电缆的金属外皮连接。对三芯电缆，其末端（靠近母线侧）的金属外皮应直接接地；对单芯电缆，其末端应经保护器或保护间隙接地。

如果进线电缆段不超过50m，则电缆末端可不装避雷器；如果进线电缆段超过50m，且进线电缆段的断路器在雷季经常断路运行，则电缆末端（靠近母线侧）必须装设避雷器。

连接进线电缆段的1km架空线路，应装设避雷线。

二、变电站母线防雷保护

3～10kV 变电站应在每组母线和架空进线上都装设阀型避雷器，如图 12-7 所示。35kV 及以上变电站具有架空进线的每组母线上都必须装设避雷器。避雷器与主变压器及其他被保护电气设备的电气距离应不超过有关规程的要求。

三、变压器中性点防雷保护

（1）在中性点直接接地系统中，对于中性点不接地的变压器，如变压器中性点的绝缘按线电压设计，但变电站为单进线且为单台变压器运行，则中性点应装设防雷保护装置；如变压器中性点的绝缘没有按线电压设计，则无论进线多少，均应装设防雷保护装置。

（2）对于中性点小接地电流系统中的变压器，一般不装设中性点防雷保护装置；但对于多雷区单进线变电站，宜装设保护装置；对于中性点接有消弧线圈的变压器，如有单进线运行可能，也应在中性点装设保护装置。

变电站内所有阀型避雷器应以最短的接地线与主接地网连接，同时应在其附近装设集中接地装置。

四、配电变压器防雷保护

（1）3～10kV 配电变压器应装设阀型避雷器保护。避雷器应尽量靠近变压器，接地线与变压器低压侧中性点以及金属外壳连在一起。

（2）35/0.4kV 配电变压器的高低压侧均应装设阀型避雷器保护，以防止低压侧雷电侵入波击穿高压侧绝缘。3～10kV 配电变压器如为 Y、yn 接线，宜在低压侧也装设一组阀型避雷器。

第五节 接 地 装 置

由于运行和安全的需要，常将电力系统及电气设备的某些导电部分和非导电部分（如电缆外皮），经接地线接至接地极称为接地。埋入大地并直接与土壤接触的金属导体称为接地体，电气设备的接地部分同接地体相连接的金属导体称为接地线，接地体与接地线合称为接地装置。按用途不同，接地可分为工作接地、保护接地、雷电保护接地和防静电接地四种。

（1）工作接地。根据电力系统正常运行的需要而设置的接地，称为工作接地。例如三相系统的中性点接地，配电变压器低压侧中性点接地等。通常要求工作接地的接地电阻为 0.5～10Ω。

（2）保护接地。电气设备的金属外壳、配电装置的构件和线路杆塔等，由于绝缘损坏有可能带电，为防止其危及人身和设备的安全而设置的接地，称为保护接地。例如电动机、变压器以及高、低压电器等外壳接地。这种接地只是在故障条件下才发挥作用。保护接地的接地电阻，对高压设备要求为 1～10Ω，对低压设备要求为 10～100Ω。

（3）雷电保护接地。为雷电保护装置向大地泄放雷电流而设置的接地，称为雷电保护接地或防雷接地。例如避雷针、避雷线、避雷器的接地。它是防雷保护装置不可缺少的组成部分，是特殊的工作接地。雷电保护接地的接地电阻通常为 1～30Ω。

（4）防静电接地。为防止静电对易燃油、天然气罐和管道等危险作用而设置的接地，称为防静电接地。防静电接地的接地电阻不应大于 30Ω。

第六节　防雷保护装置的运行与维护

一、防雷保护装置的日常巡视

防雷保护装置的日常巡视项目如下：

（1）避雷器的瓷套、法兰无裂纹、破损及放电现象；内部无放电声，引出线完整，接头牢固；放雷计数器有否动作。

（2）避雷针有无摇晃摆动，接地是否可靠。

（3）放电间隙有无击穿放电痕迹。

（4）接地扁钢连接牢固，无损伤和锈蚀。

二、避雷器的运行与维护

（1）受潮。受潮原因往往是密封不良，瓷套管上有裂纹，外部的潮气侵入内腔而使绝缘下降。

（2）火花间隙绝缘老化。这是在间隙内放电时从电极产生的金属蒸发物附在绝缘物上而导致逐渐老化。

（3）并联电阻的老化。

（4）瓷套表面污染，造成表面闪络和恶化串联间隙的电压分布。

（5）端子紧固不良，造成断线故障。

（6）固定不好，造成故障。

（7）阀片制造质量不良，造成特性变化。

第七节　防雷保护装置试验及其结果分析与判断

一、阀型避雷器试验

阀型避雷器投入运行前要进行如下试验项目：测量绝缘电阻、测量电导电流和串联组合元件的非线性因数值和测量工频放电电压。

1. 绝缘电阻测量

测量绝缘电阻除检查内部受潮、瓷套裂纹等缺陷以外，还可以检查并联电阻的接触是否良好，是否老化变质和断裂。若并联电阻的绝缘电阻升高很多，则说明并联电阻可能断裂。测量绝缘时应尽量提高测试电压，建议用5000V绝缘电阻表测量。对于多元件组成的避雷器，应对每个元件单独测量对地（底座）的绝缘电阻值，如图12-6所示。

2. 测量电导电流

在火花间隙带有并联电阻的阀型避雷器（如FZ、FCZ、FCD型等）进行此项试验，目的是为了检查避雷器的密封性能是否良好、电阻有无断开等情况。若密封不好，电阻元件受潮，因而电导电流急剧增大；若并联电阻断线，则电导电流显著降低。另外，避雷器在运输、安装及拆卸之后，如果测得电导电流显著升高，则可能由于火花间隙的顶盖移动及并联电阻部分短路所致。

（1）阀型避雷器电导电流测量试验接线示意图如图12-7所示。

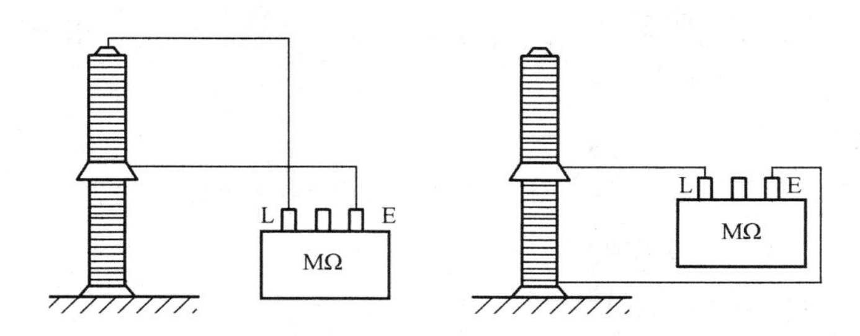

图 12-6　测量多元件组成的避雷器绝缘电阻接线图

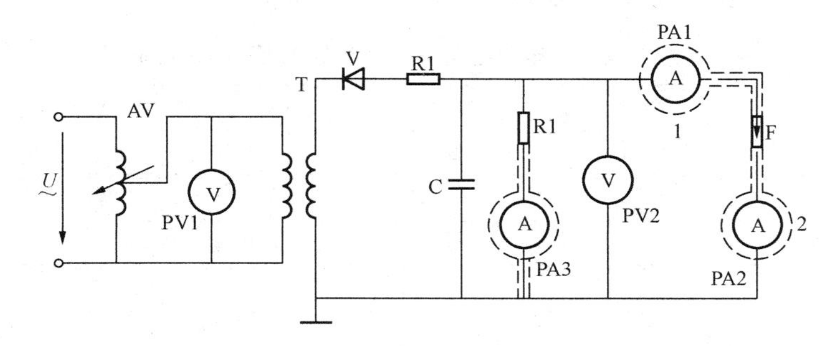

图 12-7　阀型避雷器电导电流测量试验接线示意图

PA1、PA2、PA3—电流表；AV—调压器；T—试验变压器；V—高压硅堆；R1—保护电阻；PV1—低压侧电压表；PV2—直接测量试验电压的静电电压表；C—滤波电容器；F—避雷器（被试品）

（2）试验注意事项如下：

1）由于并联电阻的非线性，所施加的高压整流电压的脉动对测量结果影响较大，一般要求电压脉动不超过±1.5%，因此在高压整流回路中，应加电容量在 0.1nF 以上的滤波电容器。如果没有合适的电容器，可用移相电容器代替，此时电容器可按其交流额定电压的 3 倍用于直流高压回路中。

2）应在高压侧直接测量试验电压，以保证试验结果的可靠性。常采用静电电压表直接测量直流试验电压，也可用高阻器串电流表（或用电阻分压器接电压表）测量，应注意对测量系统的校验，使测量误差不大于 2%。

3）电导电流的测量，应尽量避免导线等设备的电晕电流和其他杂散电流的影响。如果避雷器接地端可以断开，则电流表在避雷器的接地端，即图 12-7 中 2 的位置；如果避雷器接地端不能断开，则电流表接在图 12-7 中 1 的位置，并从电流表至避雷器的引线需加屏蔽。读数时应注意安全，电流表准确度应大于 1.5 级。

4）阀型避雷器电导电流及串联组合元件的非线性因数值的试验电压按表 12-3 中 U_2 的值确定。

表 12-3　阀型避雷器电导电流及串联组合元件的非线性因数值的试验电压　(kV)

元件额定电压	3	6	10	15	20	30
试验电压 U_1	—	—	—	8	10	12
试验电压 U_2	4	6	10	16	20	24

5）电导电流的温度换算。电导电流与温度有关，试验时应记录室温。电导电流的标准是温度为20℃时的数值，当测试时温度与标准温度相差超过5℃时，应换算至20℃时的数值。电导电流的温度换算式为

$$I_{20} = It[I + K(20 - t)/10] = ItK_t \tag{12-8}$$

式中 I_{20}——换算到20℃时的电导电流，μA；

t——测量时的实测室温，℃；

K——温度每变化10℃时电导电流变化的百分数，一般取 K=0.05；

K_t——电导电流的温度换算系数，见表12-4。

表12-4　阀型避雷器电导电流在各种温度时的 K_t 值（K=0.05）

t（℃）	10	11	12	13	14	15	16	17	18
K_t	1.050	1.045	1.040	1.035	1.030	1.025	1.020	1.015	1.010
t（℃）	19	20	21	22	23	24	25	26	27
K_t	1.005	1.000	0.995	0.990	0.985	0.980	0.975	0.970	0.965
t（℃）	28	29	30	31	32	33	34	35	36
K_t	0.960	0.955	0.950	0.945	0.940	0.935	0.930	0.925	0.920
t（℃）	37	38	39	40	—	—	—	—	—
K_t	0.915	0.910	0.905	0.900	—	—	—	—	—

（3）试验结果的分析判断。

1）在规定的试验电压下，有并联电阻的阀型避雷器的电导电流数值应在一定范围内。若电导电流明显增加，说明内部有受潮现象；若电导电流明显下降，可能是并联电阻发生断裂或开焊。发生上述情况，都应查明原因，进行处理。

2）阀型避雷器的电导电流标准由制造厂家规定，其标准随厂家、型式、出厂时间的不同而不同。交流试验标准和预防性试验规程中规定了一般参考标准。试验后，应查明标准值，除与标准值比较外，还应与历年数据比较，不应有明显变化。

3. 非线性因数测量

阀型避雷器的阀片电阻是非线性的，之所以采用非线性电阻，是因为它在大气过电压作用时电阻很小，它能把很大的雷电引入大地，保护电气设备。当雷电流流过后，它又能呈现很高的电阻，限制工频续流的数值，从而有利于避雷器火花间隙电弧的熄灭。阀片电阻非线性的特性可表示为

$$U = CIa \tag{12-9}$$

式中 C——材料系数，与阀片的材料性质、尺寸有关；

a——阀片电阻的非线性因数，主要与阀片的本专业性质及烧制温度有关。

4. 工频放电电压测量

通过测量阀型避雷器的工频放电电压，能够反映其火花间隙结构及特性是否正常、检验其保护性能是否正常。工频放电电压不能过高，否则意味着避雷器的冲击电压太高（因为避雷器的冲击系数是一定的）。这样，当大气过电压袭来时，避雷器不能可靠动作，影响避雷器的保护性能。所以在试验规程中都规定了工频放电电压的上限值，要求工频放电电压值不

能超过上限值。同时，工频放电电压也不能太低，否则灭弧电压也随之降低，以致在某些情况下不能切断工频续流，甚至引起避雷器爆炸。另外，还可能在内部过电压下出现误动（普通阀型避雷器的通流能力小，一般不允许在内部过电压下动作）。所以试验规程中规定了工频放电电压的下限值，要求工频放电电压值不得低于下限值。

此外，DL/T 596—1996《电力设备预防性试验规程》中规定，只对不带非线性并联电阻的FS系列阀型避雷器进行工频放电电压试验。对带有非线性电阻的阀型避雷器只在解体大修后进行工频放电电压试验。

以下工频放电电压试验接线及步骤主要针对不带非线性并联电阻的FS系列阀型避雷器。

（1）试验接线。阀型避雷器工频放电电压试验接线如图12-8所示。

（2）试验步骤。

1）合上电源，调整单相调压器AV均匀升高电压，升压速度控制在从刚开始升压至避雷器放电接触器脱扣时为3.5～7s的时间为宜，以便于读表。

2）升压时，注意电压表指示。当电压表指向零值，且接触器脱扣时，则电压表摆向零值前的指示值，即为避雷器的工频放电电压值。

3）对每个避雷器按以上操作试验三次，每次试验时间不得小于1min，工频放电电压取三次试验的平均值。

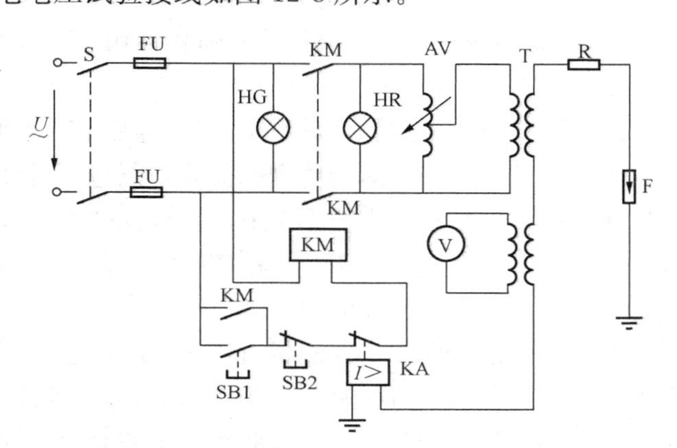

图12-8　阀型避雷器工频放电电压试验接线图

S—电源开关；FU—熔断器；KM—交流接触器；SB1、SB2—按钮开关；HG、HR—电源指示灯；AV—单相调压器；T—试验变压器；KA—过流继电器；R—限流电阻；F—被试品

（3）试验注意事项。

1）尽量保证试验电压波形为正弦波，消除高次谐波的影响，为此调压器的电源应取线电压或在试验变压器低压侧加滤波回路。

2）保护电阻的选择。保护电阻R是用来限制避雷器放电时短路电流的。对于不带并联电阻的FS系列避雷器，一般取0.1～0.5Ω/V。保护电阻不宜太大，否则间隙中建立不起电弧，使测得的工频放电电压偏高。

对有并联电阻的普通阀型避雷器，应在间隙放电后0.5s内切断电源，为此回路中装设了过电流速断保护装置KA，并使通过被试品的工频电流限制在0.2～0.7A范围之内。由于并联电阻的泄漏电流较大，在接近放电电压时，保护电阻上压降较大，这时可以选用较低电阻或不用保护电阻。有串联间隙的金属氧化物避雷器，由于阀片电阻值较大，放电电流较小，过电流速断保护装置中的过电流继电器应调整得灵敏些，并将放电电流控制在0.05～0.2A之间，放电后0.2s内切断电源。

3）对升压速度的要求。对于无并联电阻的FS系列阀型避雷器，升压速度不宜太快（以免由于表计机械惯性引起读数误差），以3～5kV/s为宜。对于有并联电阻的避雷器，必须严格控制升压速度，因为并联电阻热容量在接近放电时，如果升压时间较长，会使并联电阻发热烧坏。因此，技术条件中规定，超过灭弧电压以后到避雷器放电的升压时间不得超过0.2s，通常改造调压装置使之达到要求。

4）工频放电电压的测量。对于不带并联电阻的FS系列阀型避雷器，可以采用电压互感器、静电电压表等方法直接测量，也可以在试验变压器低压侧测量，通过变比换算求得。

对于有并联电阻的避雷器，应在被试避雷器两端直接测量它的工频放电电压，可用0.5级及以上的电压互感器或分压器配合示波器或其他记录仪测量。

二、金属氧化物避雷器试验

1. 绝缘电阻测量

通过测量金属氧化物避雷器的绝缘电阻，可以发现内部受潮及瓷质裂纹等缺陷。对35kV及以下的金属氧化物避雷器用2500V绝缘电阻表摇测每节绝缘电阻，应不低于1000MΩ；对35kV以上金属氧化物避雷器用2500V绝缘电阻表摇测每节绝缘电阻，应不低于2500MΩ。

2. 测量直流电阻 I、电压 U 及75%电压下的泄漏电流

为了设计、生产和运行监测的需要，制造厂对金属氧化物电阻片或整台（无间隙）的金属氧化物避雷器规定了直流参考电压。我国和许多国家大都使用在直流电压作用下流过电阻或避雷器的泄漏电流等于 I_{MA} 的电压降 U_{1MA} 作为金属氧化物避雷器的直流参考电压，以此来进行其设计、计算和性能测试。

在预防性试验中，要求测量直流 I 下的电压 U 和75%电压下的泄漏电流，其试验接线及直流电压、泄漏电流的测量如图12-10所示。测量电导电流的导线应使用屏蔽线；若天气潮湿，可用加装屏蔽环的方法来防止由于瓷套表面受潮而影响测量的结果。

试验时，调整调压器的输出电压，使泄漏电流为 I，并记录对应的直流试验电压 U；然后，将直流试验电压调整为 U，记录对应的泄漏电流值：①测量值不得低于GB 11032—2010的规定值；②电压实测值与初始值（即交接试验或投产试验时的测量值）或制造厂规定值相比较，变化不大于±5%；③75%电压下的泄漏电流不应大于50μA。

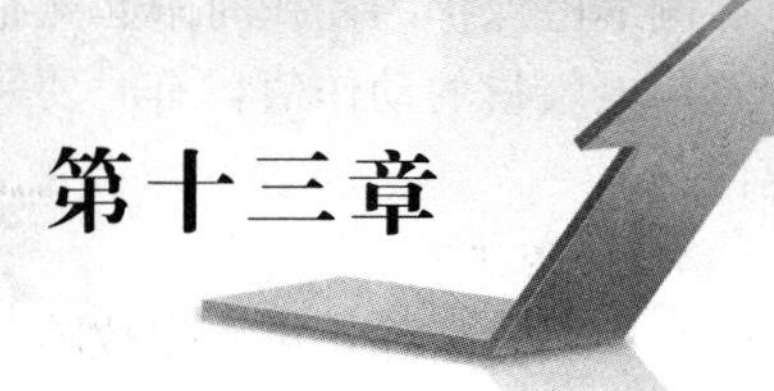

第十三章

继电保护与二次回路

为保证一次系统的安全稳定运行，继电保护与二次系统起着十分重要的作用。特别是当一次系统发生故障或出现异常状态时，要依靠继电保护和自动装置将故障设备迅速切除，把事故控制、限制在最小范围内，保证其他设备的运行。

第一节　继电保护的任务与基本要求

一、继电保护的任务

电气设备在运行中，由于外力破坏、内部绝缘击穿，或过负荷、误操作等原因，可能造成电气设备故障或异常工作状态。在各种故障中最多见的是短路，其中包括三相短路、两相短路、大电流接地系统的单相接地短路，以及变压器、电动机类设备的内部线圈匝间短路。

继电保护是当电气设备发生短路故障时，能自动迅速地将故障设备从电力系统切除，将事故尽可能限制在最小范围内。当正常供电的电源因故突然中断时，通过继电保护和自动装置还可以迅速投入备用电源，使重要设备能继续获得供电。

二、继电保护的基本要求

电气设备发生短路故障时，产生很大的短路电流；电网电压下降，电气设备过热烧坏；充油设备的绝缘油在电弧作用分解产生气体，出现喷油甚至着火；导线被烧断，供电被迫中断。特别严重时，电力系统的稳定运行被破坏，发电厂的发电机被迫解列，甚至可能引起电网瓦解。

针对电气设备发生故障时的各种形态及电气量的变化，设置了各种继电保护方式：电流过负荷保护、低电压保护、过电压保护、过电流保护、电流速断保护、电流方向保护、电流闭锁电压速断保护、差动保护、距离保护、高频保护等，此外还有反映非电气量的瓦斯保护等。

为了能正确无误而又迅速地切断故障，使电力系统以最快速度恢复正常运行，要求继电保护具有足够的选择性、快速性、灵敏性和可靠性。

1. 选择性

当电力系统发生故障时，继电保护装置应该有选择性地切断故障部分，让非故障部分继续运行，使停电范围尽量缩小。继电保护动作的选择性，可以通过正确地整定电气量的动作值和上下级保护的动作时限来达到互相配合。一般上下级保护的时限差取 0.3～0.7s，如果只依靠动作时限级差来达到选择性，则由于从电源侧到负荷侧要经过多级电压变换和传输，电源侧继电保护的动作时限必然很长，这样不利于切除故障设备的快速性。因此必须通过合理整定电气量的动作值，有时要利用各类不同保护等来取得继电保护的选择性、灵活性和快速性。

2. 快速性

快速切除故障，可以把故障部分控制在尽可能轻微的状态，缩短系统电压因短路故障而降低的时间，提高电力系统运行的稳定性。但快速性有时会与选择性发生矛盾，这时就要根据具体情况，通过选取最佳保护配合方式以达到在确保所需选择性的基础上，达到令人满意的快速性。

3. 灵敏性

继电保护动作的灵敏性是指继电保护装置对其保护范围内故障的反应能力，即继电保护装置对被保护设备可能发生的故障和不正常运行方式应能灵敏感受和灵敏反映。上、下级保护之间灵敏性必须配合，这也是保证选择性的条件之一。

4. 可靠性

继电保护动作的可靠性是指需要动作时不拒动，不需要动作时不误动，这是继电保护装置正确工作的基础。为保证继电保护装置具有足够的可靠性，应力求接线方式简单、继电器性能可靠、回路触点尽可能少。还必须注意安装质量，并对继电保护装置按时进行维护和校验。

三、继电保护与二次回路常用电气符号

在绘制继电保护二次回路图时，需要用图形符号来表示继电器和触点。表 13-1 是几种常用继电器图形符号，表 13-2 是常用继电器触点图形符号。

表 13-1　常用继电器图形符号

序　号	1	2	3	4	5	6	7	8	9
表示符号	□	[符号]	KA	KV	KT	KM	KS	KD	KG

表 13-2　常用继电器触点图形符号

序号	名　称	图形符号	序号	名　称	图形符号
1	动合触点	[符号]	7	延时断开的动断触点	[符号]
2	动断触点	[符号]	8	延时返回的动断触点	[符号]
3	切换触点（先断后合）	[符号]	9	位置开关和限制开关的动合触点	[符号]
4	延时闭合的动合触点	[符号]	10	位置开关和限制开关的动断触点	[符号]
5	延时返回的动合触点	[符号]	11	按钮开关（动合按钮）	[符号]
6	延时闭合和延时返回的动合触点	[符号]	12	按钮开关（动断按钮）	[符号]

第二节 变压器保护

一、电力变压器保护设置要求

3～10kV配电变压器的继电保护主要有过电流保护、电流速断保护。变电站单台油浸式变压器容量在800kVA及以上，或车间内装设的容量在400kVA及以上的油浸式变压器应装设气体保护。

对于大容量变压器（如单台容量在10 000 kVA及以上）或者单台容量在6300kVA及以上的并列运行变压器，根据规程规定应装设电流差动保护，以代替电流速断保护。对于大容量、高电压的降压变压器，为了提高灵敏度，常采用复合电压闭锁的过电流保护。

二、变压器过电流保护

当电气设备发生短路事故时，将产生很大的短路电流，利用这一特点可以设置过电流保护和电流速断保护。

过电流保护的动作电流是按照避开被保护设备（包括线路）的最大工作电流来整定的。考虑到可能由于某种原因会出现瞬间电流波动，为避免频繁跳闸，过电流保护一般都具有动作时限。为了使上下级各电气设备继电保护动作具备选择性，过电流保护在动作时间整定上采取阶梯原则，即位于电源侧的上一级保护的动作时间要比下一级保护时间长。因此过电流保护动作的快速性受到一定限制。

过电流保护的动作时限有两种实现方法：一种方式是采用时间继电器，其动作时间一经整定后就固定不变，即构成定时限过电流保护；另一种方式是动作时间随电流的大小而变化，电流越大、动作时间越短，由这种继电器构成的过电流保护装置称为反时限过电流保护。

图13-1（a）为定时限过电流保护的原理图，当被保护变压器电流超过继电器KA的整定电流时，KA1和KA2两只继电器无论是一只动作或两只动作，继电器KA1或KA2的动合触点闭合，接通时间继电器KT的线圈电源；时间继电器KT启动，经过预先整定的时间

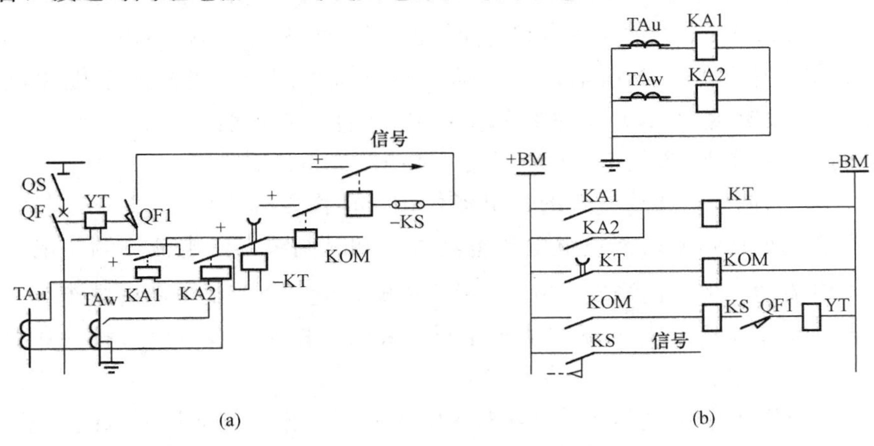

图13-1 定时限过电流保护接线图

（a）原理接线图；（b）展开图

后，时间继电器延时闭合的动合触点闭合，接通中间继电器 KOM 的线圈电源；中间继电器 KOM 动作，KOM 的触点闭合，经信号继电器 KS 电流线圈，断路器 QF 辅助触点 QF1 接跳闸线圈 Y 的电源，断路器 QF 跳闸，将故障线路停电。接通 Y 的同时，使信号继电器 KS 启动，其手动复归动合触点闭合，给出信号。

图 13-1（b）为展开图。图中＋BM、－BM 为直流操作电源，QF1 为断路器 QF 的动合辅助触点。当 QF 跳闸后，QF1 断开，保证 YT 断电，避免长时间通电而烧坏跳闸线圈 YT。

图 13-2 为有限反时限过电流保护接线方式，采用的电流继电器型号为 GL 型，是一种感应式电流互感器，后面还将介绍其工作原理。

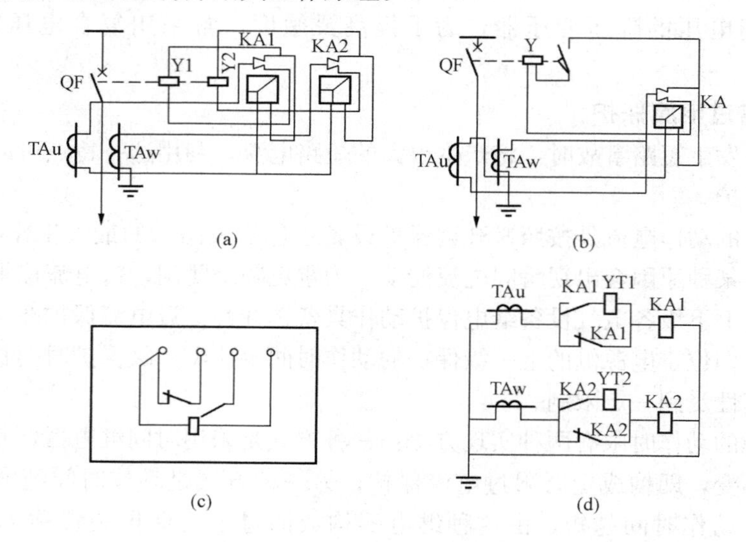

图 13-2　有限反时限过电流保护接线方式

（a）两相不完全星形接线；（b）两相差接线；

（c）GL 型继电器内部接线图；（d）两相不完全星形接线展开图

由图 13-2 可见，当被保护设备发生短路事故时，电流互感器一、二次侧流过很大电流，二次侧电流经 KA1、KA2 的动断触点和电流线圈形成回路。当继电器电流线圈流过的电流达到继电器的整定电流后，继电器动作，动合触点首先闭合，动断触点随之断开。于是 TAu、TAw 的二次电流经过闭合的 KA1、KA2 动合触点，跳闸线圈 Y1、Y2 和继电器 YT1、YT2 的电流线圈形成回路，于是 Y1、Y2 动作，断路器跳闸。

图 13-2（b）为两相差接线方式的过电流保护，动作原理与图 13-2（a）相似，只是当被保护设备发生三相短路时，流过继电器电流线圈和跳闸线圈的电流为两相电流的相量之差，等于一相电流的$\sqrt{3}$倍。而当发生 u、w 相短路时，流过电流继电器的电流为一相电流的 2 倍。其余情况与图 13-2（a）的动作情况相同。采用两相差接线可以节省一只继电器和一个跳闸线圈。

对于 35kV 及以上联结组为 Yb 的电力变压器采用两相不完全星形接线的过电流保护，为提高动作灵敏度，要接三只继电器，在电流互感器二次回路中性线上也接有电流继电器。

三、常用继电器介绍

1. 电磁型电流继电器

（1）动作原理。图 13-3 所示为 DL 型电磁式过电流继电器。

当线圈 2 中通过交流电流时，铁芯 1 中产生磁通，对可动舌片 3 产生一个电磁吸引转动力矩，欲使其顺时针转动。但弹簧 4 产生一个反作用的弹力，使其保持原来位置。当流过线圈的电流增大时，使舌片转动的力矩也增大。当流过继电器的电流达到整定值时，电磁转动力矩足以克服弹簧 4 的反作用力矩，于是可动舌片 3 顺时针旋转。这时，与可动舌片 3 位于同一转轴上的可动触点桥 5 也跟着顺时针旋转，与静触点 6 接通，继电器动作。

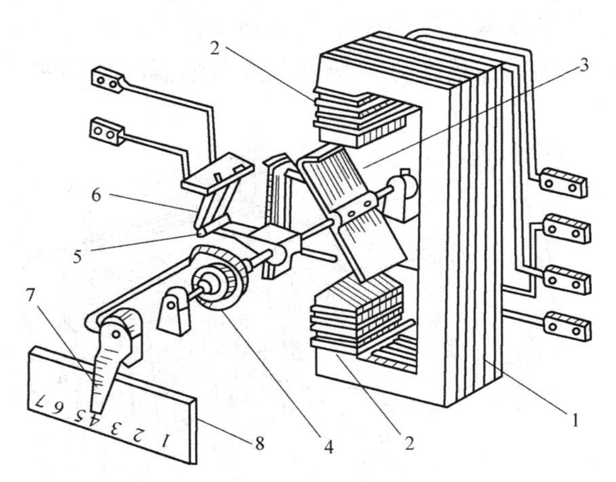

图 13-3 DL 型电磁式过电流继电器结构图
1—铁芯；2—线圈；3—可动舌片；4—弹簧；5—可动触点桥；6—静触点；7—调整把手；8—刻度盘

当电流减小时，电磁转动力矩减小，在弹簧 4 反作用力矩的作用下，可动舌片 3 逆时针往回旋转，于是可动触点桥与静触点 6 分离，继电器从动作状态返回到不动作的原来状态。

（2）动作电流和返回电流。使过电流继电器开始动作的最小电流称为过电流继电器的动作电流。在继电器动作之后，当电流减小时，使继电器可动触点开始返回原位的最大电流称为过电流继电器的返回电流。

（3）返回系数。过电流继电器的返回电流除以动作电流，得到返回系数，即

$$K_{\mathrm{f}}=\frac{I_{\mathrm{f}}}{I_{\mathrm{DZ}}} \tag{13-1}$$

式中 K_{f}——返回系数；

I_{f}——继电器的返回电流，A；

I_{DZ}——继电器的动作电流，A。

因为电流继电器的返回电流总是小于动作电流，所以返回系数总是小于 1。电磁型电流继电器的返回系数要求在 0.85～0.9 之间。如低于 0.85，则返回电流太小，容易引起误动作；如大于 0.9，应注意可动触点与静触点闭合时接触压力是否足够。如果压力不够，接触不良，影响工作可靠性，必须进行调整。

2. 电磁型电压继电器

在一些电压保护回路中，常要利用电磁型电压继电器作为主要元件。它的工作原理和结构与电磁型电流继电器完全相似，外形也一样，只是将电流线圈更换成电压线圈。

电磁型电压继电器的型号为 DJ，电压继电器有过电压继电器和低电压继电器之分，型号 DJ-111、DJ-121、DJ-131 为过电压继电器，而型号 DJ-112、DJ-122、DJ-132 则为低电压继电器。

3. GL 系列感应型过电流继电器

GL 系列感应型过电流继电器既具有反时限特性的感应型元件，又具有电磁速断元件。触点容量大，不需要时间继电器和中间继电器，即可构成过电流保护和速断保护。因此，该系列电流继电器在中小变电站中得到广泛应用，而且特别适用于交流操作的保护装置中。图 13-4 为 GL 系列感应型过电流继电器的结构图。

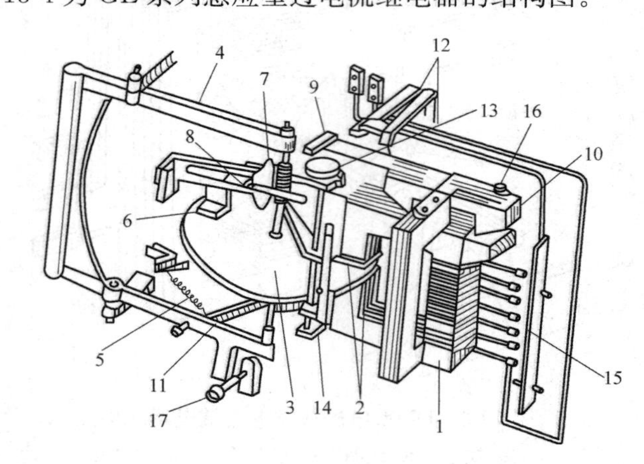

图 13-4　GL 系列感应型过电流继电器结构图
1—主铁芯；2—短路环；3—铝质圆盘；4—框架；5—拉力弹簧；6—永久磁铁；7—蜗母轮杆；8—扇形齿轮；9—挑杆；10—可动衔铁；11—感应铁片；12—触点；13—时间整定旋钮；14—时间指针；15—电流整定端子；16—速断整定旋钮；17—可动方框限制螺钉

GL 系列继电器包括电磁元件和感应元件两部分。电磁元件构成电流速断保护，感应元件为带时限过电流保护。

这种继电器的感应元件部分动作时间与电流的大小有关；电流大，动作时间短；电流小，动作时间长。

4. 电磁型时间继电器

电磁型时间继电器用以在继电器回路中建立所需要的动作延时。在直流继电保护装置中使用的电磁型时间继电器型号为 DS-110。DS-110 型时间继电器的外形尺寸和电磁型电流继电器相仿，其内部结构包括一个电磁铁和一套机械型钟表机构，以及动合触点、动断触点。当电源电压加到电磁铁的线圈上时，产生电磁力，吸引铁芯，带动钟表机构开始动作。在钟表机构启动的同时，带动动合触点的动触点向静触点移动，经过预定的时间后动、静触点闭合，时间继电器动作完成。时间继电器动作时间只与动、静触点之间的距离有关，调整这个距离即可调整时间继电器的动作时间。

5. 电磁型中间继电器

在继电保护装置中，中间继电器用以增加触点数量和触点容量，也可使触点闭合或断开时带有不大的延时，或者通过继电器的自保持，以适应保护装置动作程序的需要。

电磁型中间继电器的结构如图 13-5 所示。当线圈 2 加上工作电压后，电磁铁 1 产生电磁力，将衔铁 3 吸合带动触点 5，使其中的动合触点闭合、动断触点断开。当外施电压消失后，衔铁 3 受反作用弹簧 6 的拉力作用而返回原来位置，动触点也随之返回到原来状态，使动合触点断开、动断触点闭合。

有的中间继电器还具有触点延时闭合或延时断开功能。这是通过在继电器电磁铁的铁芯上套上若干片铜质短路环，当短路环中产生感应电流时，此感应电流将阻止继电器电磁铁中磁通的变化，从而使继电器动作或返回带有延时。

还有的中间继电器具有电流自保持或电压自保持功能，在工作电压或工作电流消失后，通过自保持电流或自保持电压，使继电器铁芯照样保持吸合，触点依旧处于动作状态。直到自保持电流或自保持电压消失后，继电器铁芯才释放，触点才返回。

6．电磁型信号继电器

在继电保护回路中，信号继电器用来发出保护动作信号。根据信号继电器所发出的信号，值班人员能够很方便地发现事故和统计保护装置动作的次数。

常见的DX-11型信号继电器的结构如图13-6所示。在正常情况下，继电器线圈中没有电流通过，衔铁3被弹簧6拉住，信号将由衔铁的边缘支持着保持在水平位置。当线圈中流过电流达到整定值时，电磁力吸引衔铁，信号将被释放，在本身质量作用下而下降，并且停留在垂直位置。

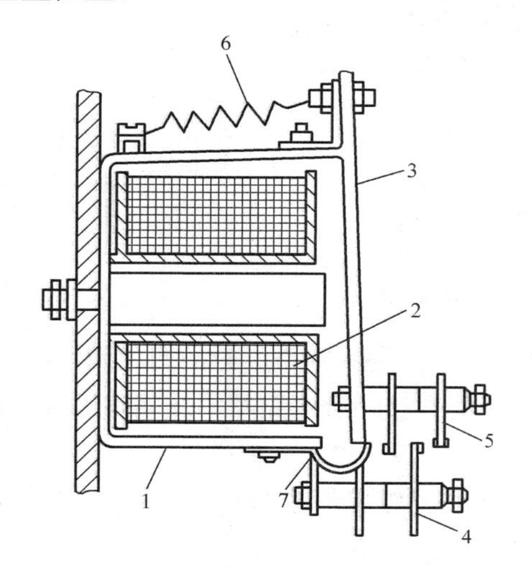

图13-5 电磁型中间继电器结构图

1—电磁铁；2—线圈；3—衔铁；4—静触点；5—动触点；6—反作用弹簧；7—衔铁行程限制器

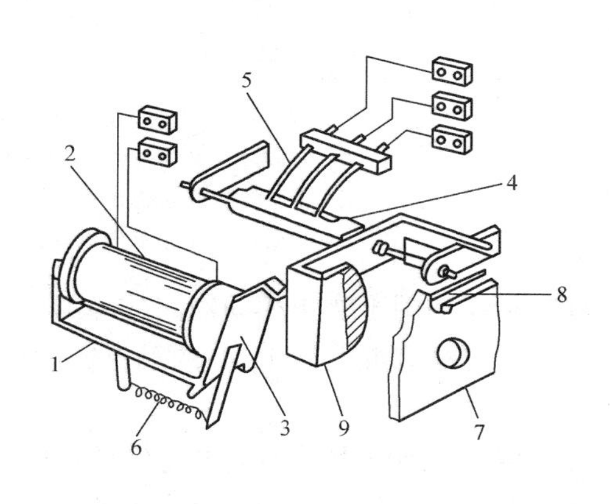

图13-6 DX-11型信号继电器的结构图

1—电磁铁；2—线圈；3—衔铁；4—动触点；5—静触点；6—弹簧；7—看信号牌小窗；8—手动复归旋钮；9—信号

这时在继电器外面的玻璃孔上可以看见带颜色标志的信号牌。在信号牌落下的同时，固定信号牌的轴随之转动，带动动触点4与静触点5闭合，接通灯光或音响信号。落下的信号牌和已动作的触点用手动复归按钮8复位。

在选用信号继电器时，除了应考虑采用串联电流型还是采用并联电压型之外，如果没有其他规定，还应注意以下两点：

（1）电流型信号继电器线圈中通过电流时，该工作电流在线圈上的压降应不超过电源额定电压的10%。

（2）为保证信号继电器可靠动作，在保护装置动作时，流过继电器线圈的电流必须不小于信号继电器额定工作电流的1.5倍。当有几套保护装置同时动作时，各信号继电器都应满足这一要求。

对于多套保护启动同一出口中间继电器的保护装置，为了同时满足上述两个条件，有时必须在中间继电器线圈两端再并联一个适当阻值的电阻，以保证信号继电器中流过的电流达到规定的数值。

四、变压器电流速断保护

电流速断保护的接线图如图13-7所示。

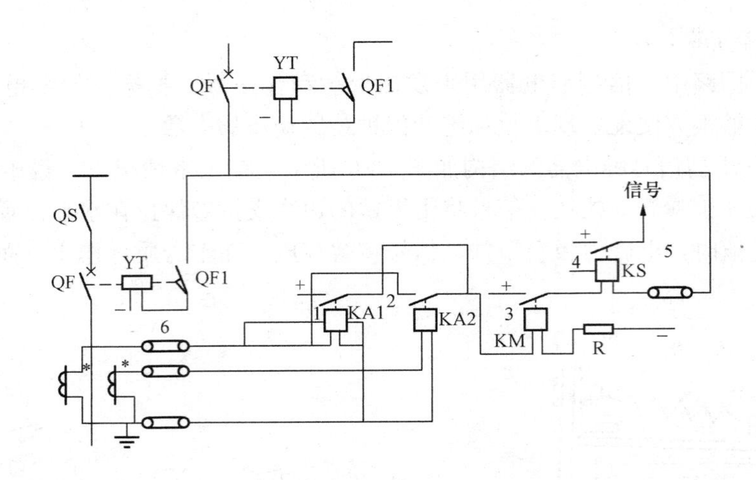

图 13-7　电流速断保护接线图

1、2—DL-11 型电流继电器 KA1、KA2；3—DZ-17/110 型中间继电器 KM；
4—DX-11/1 型信号继电器；5—连接片；6—电流试验端子

电流速断保护用于防止相间短路故障的保护，所以都按不完全星形的两相两继电器接线方式构成。由于电流继电器 1、2 的触点容量小，不能直接闭合断路器的跳闸线圈 YT 回路，必须经过中间继电器 3。

如果采用 GL 型继电器构成电流保护，则由于 GL 型继电器本身兼有速断元件，因此电流速断保护和过电流保护共用一套继电器，不必另装电流速断保护装置。

五、变压器电流差动保护

电力变压器是电力系统中十分重要的设备，它的故障将对供电可靠性和系统的正常运行带来严重影响。变压器内部的某些故障，虽然最初故障电流较小，但是产生的电弧将引起变压器内部绝缘油分解，产生可燃性气体；严重时引起喷油、爆炸。为了避免变压器事故的扩大，要求变压器内部发生故障时应迅速切断电源，使变压器退出运行。变压器过电流保护具有一定时限，动作不够迅速。变压器速断保护虽然动作迅速，但是动作电流整定较大，对于轻微的内部故障不能反应；而且在变压器内部，靠近二次出线还存在死区，即速断保护不起作用的地方。因此规程规定对于大容量变压器应装设电流差动保护。

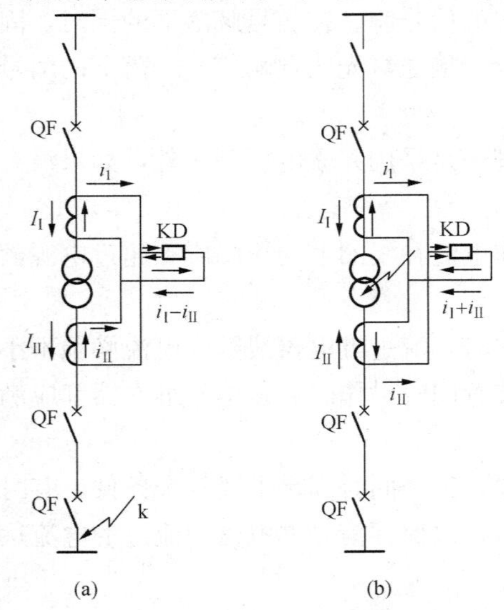

图 13-8　变压器电流差动保护的动作原理图
(a) 外部故障；(b) 内部故障

变压器电流差动保护的动作原理如图 13-8 所示。从图中可见，当变压器发生外部故障时，流入继电器的电流是变压器一、二次侧的两个电流之差。如果适当选择一、二次侧电流互感器，使变压器流过穿越性电流时，在一、二次电流互感器的二次侧出现接近相等的电流，则流入继电器的电流仅为 $i_{\rm I}-i_{\rm II}$ 接近为零，继电器不动作。

当变压器内部发生故障时，可能有两种情况，一种情况是变压器是一侧加有电源，流入继电器的电流仅为 i_{I}，如果故障电流足够大，则电流 i_{II} 足以使差动继电器动作。

另一种情况是，如果变压器两侧都有电源，则就有两个流动方向相反的电流流入变压器。从图 13-8 (b)可见，这两个电流通过变压器后，流入差动继电器时方向相同，两个电流相加足以使继电器动作。

电力变压器差动保护的动作电流按躲过二次回路断线、变压器空载投运时励磁涌流和互感器二次电流不平衡，防止由此出现误动作来整定。动作时间取 0s。

六、变压器气体保护

电力变压器利用变压器油作绝缘和冷却介质，当油浸式变压器内部发生故障时，短路电流产生的电弧使变压器油和其他绝缘物分解，产生大量气体，利用这些气体动作于保护装置。气体产生的主要元件是气体继电器。气体继电器安装在变压器油箱与储油柜之间的连接管道中。

气体继电器具有灵敏度高、动作迅速、接线简单的特点，它和电流速断保护、电流差动保护都是变压器的快速保护，属于主要保护；而过电流保护具有延时，不能满足快速切除故障的要求，属于后备保护。

第三节　电力线路与设备保护

一、过电流保护与电流速断保护

6～10kV 电力线路的继电保护比较简单，只有过电流保护和电流速断保护两种保护方式，接线与图 13-1、图 13-2 和图 13-7 完全相同。

电力线路过电流保护的动作时间按选择性要求整定。考虑到作为后面相邻区段的后备保护，当后面相邻区段发生短路故障时，如果该相邻区本身的继电保护因故拒动，才由本区段过电流保护动作跳闸，因此需设置 $\Delta t=0.5\sim0.7\mathrm{s}$ 的时间段差。过电流保护的动作时间一般为 1.0～1.2s。

二、限时电流速断保护

电力线路电流速断保护是按躲过本线路末端三相最大短路电流整定计算的。因此，在靠近线路末端附近发生短路故障时，短路电流达不到动作值，电流速断保护不会启动。在本线路上电流速断保护不到的区域称为死区。在电流速断保护死区内发生短路故障时，一般由过电流保护动作跳闸，因此过电流保护是电流速断保护的后备保护。

由于电流速断保护不能保护全线路，过电流保护能保护全线路，但达不到快速性的要求，这时可以加一套限时电流速断保护装置。对于高压电力线路，限时电流速断保护的动作时间一般取 0.5s，动作电流按下式整定：

$$I_{\mathrm{DZ}}=K_{\mathrm{K}}I_{\mathrm{DZ}}^{1} \tag{13-2}$$

式中　I_{DZ}——限时电流速断保护动作电流；

K_{K}——可靠系数，取 1.1～1.15；

I_{DZ}^{1}——相邻线路的瞬间电流速断保护动作电流。

三、低电压保护与方向电流保护

除了限时电流速断保护外，35kV 及以上的电力线路有时还设置低电压保护。因为电力线路发生短路事故时，线路电压不正常，下降很多，三相电压严重不平衡，利用这一现象通过低电压继电器来反映，以达到快速跳闸。

对于两侧都有电源，而且能同时供电的电力线路，例如两侧都有电源的环网线路，通常都设置方向继电器，用以判别电流方向，使事故停电范围限制在最小区域内。这类保护称为方向电流保护，如方向过电流保护或方向电流速断保护等。

四、高压电动机保护

高压电动机常用的电流保护为电流速断保护（或电流纵差保护）和过负荷保护。高压电动机保护的接线方式与变压器保护类似，如图 13-1、图 13-2、图 13-7 和图 13-8 所示；也可以采用差接线，如图 13-2（b）所示，只需一只过电流继电器。

电动机的过负荷保护根据需要可动作于跳闸或作用于信号。有时同时设置两套过负荷保护：一套保护动作于跳闸，另一套保护动作于信号。

对于 2000kW 及以上大容量的高压电动机，普遍采用纵联差动保护代替电流速断保护。对于 2000kW 以下的电动机，如果电流速断保护灵敏度不能满足要求，也可采用纵联差动保护代替电流速断保护。

电动机差动保护的工作原理与变压器差动保护的相似。

除了上述保护外，高压电动机有时还装设反映单相接地故障的零序电流保护，反映电压降低的欠电压保护和同步电动机的失压保护等。

五、3～10kV 电力电容器组继电保护

中小容量的高压电容器组普遍采用电流速断或延时电流速断作为相间短路保护。其接线方式一般如图 13-1、图 13-2 和图 13-7 所示。如为电流速断保护，动作电流可取电容器组额定电流的 2～2.5 倍，动作电流为 0；如为延时电流速断保护，动作电流可取电容器组额定电流的 1.5～2 倍，动作时限可取 0.2s，以便避开电容器的合闸涌流。

六、变电站继电保护自动装置新技术应用

随着电子信息技术日新月异的发展，变电站继电保护自动装置与二次系统新技术新设备得到广泛应用。除了上面已经介绍的机电型继电器之外，整流型继电器、静态型继电器早已广泛应用。目前综合保护仪（微机继电保护）以及微机综合自动化装置也在日益普及推广。

变电站采用微机综合自动化能实现以下功能：

（1）对变电站正常运行时各项主要参数的自动采集、处理和打印、显示。这些参数包括电流、电压、有功、无功、频率、功率因数等。

（2）定时打印电量和负荷率。

（3）自动投切电容器，以实现功率因数自动调整。

（4）具有带负载调压的变压器，可以实现自动调压。

（5）可以实现负荷自动控制。当高峰负荷超过规定值时，能自动发出信号，并切除部分次要负荷。

（6）当系统发生短路事故时，能自动记录事故发生的时间、短路电流大小、开关跳闸情况及继电保护动作情况。

(7) 能对故障线路在故障前、后的一些数据进行采集和处理，便于对事故进行分析。

(8) 变电站倒闸操作票的自动填写打印等。

实际上采用微机综合自动化的变电站，其继电保护均为微机保护。微机保护具有体积小、功能全、动作灵敏、快速的特点，并可对故障时的电流、电压各种参数自动记录、储存，以便随时查验。

除了上述微机保护新技术外，变电站的操作电源系统也开始广泛推广新技术，高频开关电源 EPS 可实现蓄电池运行维护的自动化和智能化，大大提高了变电站安全运行的可靠性。

七、继电保护动作与故障判断

根据继电保护动作情况，正确判断变电站事故发生部位，对于避免事故扩大，迅速恢复正常供电，具有十分重要的意义。

为了能正确作好故障判断，在发现继电保护动作跳闸后，应立即弄清楚是什么继电保护动作，是哪一组断路器跳闸；然后根据继电保护动作情况，迅速准确地判断出发生故障部位。

1. 电流速断保护动作、断路器跳闸时的故障判断

当出现电流速断保护动作、断路器跳闸时，说明发生了短路事故。由于电流速断保护的启动电流是按照短路故障电流整定的，因此一旦出现电流速断保护动作，就说明出现了严重的短路故障。

例如，如果变压器电流速断保护动作、断路器跳闸，则说明变压器内部或变压器电源侧引线出现了短路事故。如果出现线路发生电流速断保护动作、断路器跳闸，则说明出线线路上存在短路故障。

当出现电流速断保护动作、断路器跳闸时，应该根据具体情况分别进行处理。例如，如果被保护设备是架空电力线路，考虑到架空电力线路常有可能发生瞬时性短路故障，如由于刮风或鸟类碰撞，或者遭受雷击，短路故障瞬间自动消失，因此电流速断保护动作，根据具体需要，可以合闸试送。如果合闸试送失败，继电保护再次动作跳闸，则说明故障不是瞬时性的，而是永久性的，需要查清故障部位进行处理。在将缺陷消除后，经检查试验合格后方能恢复送电。

如果被保护设备是电力变压器、电力电容器、电力电缆或室内电力线路，则一旦发生电流速断保护动作跳闸，就不允许合闸试送电。因为这一类被保护设备和架空电力线路不一样，它们一旦发生短路故障，绝缘立即遭受击穿破坏，不可能瞬间恢复。如果盲目合闸送电，必然再次出现更严重的击穿短路，使事故进一步扩大，造成更大的损失，有时甚至会引起电气火灾。

2. 变压器差动保护动作、断路器跳闸故障判断

如图 13-8 所示，变压器差动保护的保护范围包括变压器一、二次侧电流互感器之间的所有设备，其中除了被保护设备电力变压器之外，还有变压器一、二次连接线。因此一旦发生差动保护动作跳闸，其原因可能有：

(1) 电力变压器内部发生事故，如相间短路或匝间短路。

(2) 电力变压器一、二次连接线发生相间短路。

(3) 电流互感器发生匝间短路或者二次回路出现断线、短路。

上面所说的第三种情况属于差动保护误动作，但是常有发生。由于差动保护的启动电流

通常大于变压器的满负荷电流，因此这一类误动作在正常情况下不会发生。通常发生在变压器流过穿越性冲击电流的时候，例如在二次配出线发生短路故障时，如果配出线的电流速断保护和电力变压器的差动保护同时动作，则应检查差动保护是否存在误动作的可能。

八、继电保护与二次回路对变电站安全运行的重要意义

继电保护和二次回路是变电站的重要部分，它直接关系到对一次设备的保护、监测和控制。如果继电保护和二次回路发生故障，将严重影响运行人员对一次设备状况的正确控制，无法进行正常操作。一旦发生设备事故，继电保护无法有选择性地快速、灵敏、可靠动作，会造成事故扩大，甚至引发电气火灾，酿成严重后果，这类例子已有沉痛教训。为了使继电保护和二次回路安全运行，应注意以下事项：

（1）相关人员应根据工作需要熟练掌握继电保护与二次回路的工作原理、接线方式和运行注意事项。

（2）变电站应做到备有全部继电保护和二次回路的有关图纸，并与实际相符。继电保护和二次回路的验收试验资料齐全。

（3）继电保护的整定值和投入使用情况应详细列表写明，放置在明显便于查找的地方。

（4）继电保护的投运或退出应根据调度部门的命令执行，并做好记录。具体执行时要填写操作票，并执行操作监护制度。

（5）操作电源必须保证安全可靠、容量足够。在变电站运行状态时，不允许出现操作电源间断供电的情况，以免由于直流电源间断供电造成继电保护和自动装置拒动，引发其他不可预测的重大事故。

第四节　电力系统自动装置

一、自动重合闸装置

由于发生事故，继电保护动作、断路器自动跳闸后，能使断路器自动合闸的装置称为自动重合闸装置。运行经验证明，电力系统中有不少短路事故是瞬时性的，特别是架空线路由于落雷引起的短路，或者因刮风或鸟类碰撞引起导线舞动造成的短路。在继电保护动作、断路器跳闸切断电源后，故障点的电弧很快熄灭，绝缘会自动恢复。这时如能将断路器自动重新投入，电力系统将继续保持正常供电。自动重合闸所实现的就是这一功能。

此外，利用自动重合闸，还可以弥补继电保护选择性的不足。例如6～10kV配电线路，沿线向许多高压用户的降压变电站供电。其中，有的用户变电站靠近线路始端，有的用户变电站位于线路中间或末端。当靠近线路始端的用户变电站发生高压短路故障时，其故障电流很大，与线路短路无异，这时线路的瞬时速断保护立即无选择性动作跳闸，线路全线停电。而发生事故用户变电站本身的速断保护也必然同时跳闸，将故障切除。经过预定时间（1～3s）后，线路始端的自动重合闸装置将已跳闸断路器迅速合闸，使线路恢复正常供电。这样，除发生事故的变电站，线路上其他用户仍然正常用电，从而最大限度地减少了停电损失。

对于电力电缆专线供电的馈线，由于没有上述两种情况，因此不采用自动重合闸。

自动重合闸应符合以下基本要求：

（1）在下列情况下，重合闸不应动作：

1）值班人员人为操作断路器断开，自动重合闸不应动作。

2）值班人员操作断路器合闸，由于线路上有故障，引起断路器随即跳闸，这时自动重合闸不应动作。

（2）除了上述两种情况之外，当断路器由于继电保护动作，或者其他原因而跳闸（断路器的状态与操作把手的位置不对应）时，都应动作。

（3）对于同一次故障，自动重合闸的动作次数应符合预先的规定。如一次式重合闸就应只动作一次。

（4）自动重合闸动作之后，应能自动复归，以备下一次线路故障时再动作。

（5）当断路器处于不正常状态（例如气压或液压机构中使用的气压、液压降低到允许数值以下）时，自动重合闸应退出运行。

二、备用电源自动投入装置

备用电源自动投入装置，是指当工作电源因故障自动跳闸后，备用电源自动投入。备用电源自动投入装置可以用于动作合上备用电源线路的断路器，也可以用于动作合上备用变压器的断路器。

为了使备用电源自动投入装置能安全可靠工作，应满足以下要求：

（1）只有在正常工作电源断路器跳闸后，方能自动投入备用电源断路器。

（2）当正常工作电源断路器跳闸后，备用电源自动投入装置应只动作一次。如果备用电源合闸后又自动跳闸，不得再次自动合闸。

（3）当备用电源无电压时，自动装置不应动作。

（4）当电压互感器的熔丝熔断时，自投装置不应误动作。

第五节　二次回路的基本知识

一、二次回路概述

在发电厂和变配电站中直接与生产和输配电能有关的设备称为一次设备，包括发电机、变压器、断路器、隔离开关、母线、互感器、电抗器、移相电容器、避雷器、输配电线路等。对一次电气设备进行监视、测量、操纵、控制和启动保护作用的辅助设备，称为二次设备，如各种继电器、信号装置、测量、仪表、控制开关、控制电缆、操作电源和小母线等。由二次设备按一定顺序和要求相互连接构成的电气回路称为二次回路。如按照二次设备的用途来分，则可分为继电保护、自动装置、控制系统、测量系统、信号系统和操作电源二次回路等。

二、二次回路图

二次回路图包括原理接线图、展开接线图和安装接线图。

1. 原理接线图

原理接线图（简称原理图）是将各种电器以集合整体的形式表示，用直线画出它们之间的相互联系，因而清楚、形象地表明了接线方式和动作原理。在原理图中各电器触点都是按照它们的正常状态表示的。所谓正常状态，是指开关电器在断开位置和继电器线圈中没有电流时的状态。图 13-1(a)、图 13-2(a)和图 13-2(b)以及图 13-7 都是原理接线图。

原理接线图的特点是一、二次回路画在一起，对所有设备具有一个完整的概念。阅读顺序是：从一次接线看电流的来源；从电流互感器的二次侧看短路电流出现后，能使哪个电流继电器动作，该继电器的触点闭合（或断开）后，又使哪个继电器启动。依次看下去，直至看到使继电器跳闸及发出信号为止。

2. 展开接线图

展开接线图的特点是将交流回路与直流回路分开来表示。交流回路又分为电流回路与电压回路。直流回路分为直流操作回路与信号回路等。同一仪表或继电器线圈和触点分别画在上述不同的电路内。为了避免混淆，对同一元件的线圈和触点用相同的文字符号表示。

展开接线图的右侧通常有文字说明，以表明回路的作用。阅读展开接线图的顺序是：

（1）先读交流回路，后读直流回路。

（2）直流回路的流通方向是从左到右，即从正电源经触点到线圈再回到负电源。

（3）元件的动作顺序是从上到下，从左到右。

3. 安装接线图

除了原理接线图和展开接线图外，尚须绘制安装接线图。安装接线图包括屏面布置图、屏背面接线图和端子排图。

屏面布置图表示屏上设备的布置情况，按照实际尺寸一定的比例绘制。

屏背面接线图标明屏上各设备在屏背面引出端子间以及与端子排间的连接情况。

端子排图是表示屏上设备与屏顶设备、屏外设备连接情况的图纸。

在安装接线图中，各种仪表、电器、继电器及连接导线等按照实际图形、位置和连接关系绘制。

三、二次回路编号

1. 一般要求

为了便于安装施工和运行维护，在展开接线图中对回路应进行编号。在安装接线图中除编号外，尚须对设备进行标记。

二次回路的编号按照等电位的原则进行，即回路中连接在一点的全部导线都用同一个数码来表示。当回路经过开关或继电器触点隔开后，因为触点断开时，其两端已不是等电位，故应给予不同的编号。

安装接线图上对二次设备、端子排等进行标记的内容有：

（1）与屏面布置图相一致的安装单位编号及设备顺序号。

（2）与展开接线图相一致的设备文字符号。

（3）与设备表相一致的设备型号。

2. 展开接线图回路编号

交直流回路在展开接线图中采用不同方法进行编号。

直流回路编号是从正电源出发，以奇数序号编号，直到最后一个有压降的元件为止。如最后一个有压降的元件后面不是直接接在负极，而是通过连接片、开关或继电器触点接在负极上，则下一步应从负极开始以偶数顺序编号至上述已有编号的回路为止，如图 13-9 所示。

交流回路电流互感器二次出线用 A401、B401、C401、N401；A411、B411、C411、N411；A421、B421、C421、N421、…编号，以此类推。电压互感器二次出线用 A601、B601、C601、N601；A611、B611、C611、N611；A621、B621、C621、N621、…编号。

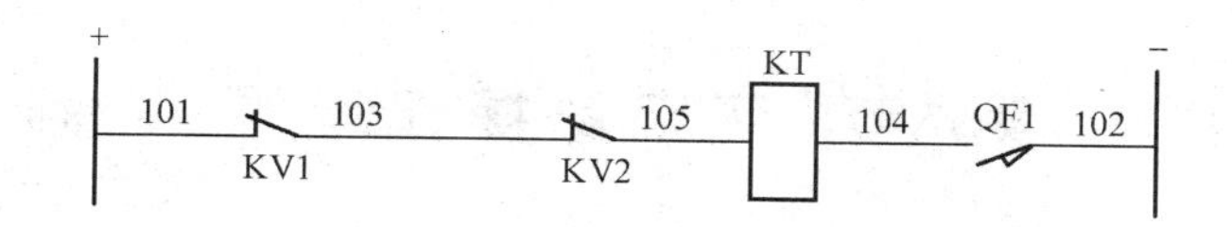

图 13-9　直流回路编号实例

其他特定回路也都有各自的特定编号，例如跳闸回路编号为 33、133、233、…信号回路编号为 701、702、703…

3. 安装接线图设备标志和编号

屏背面设备接线图标志方法如图 13-10 所示，在图形符号内部标出接线用的设备端子号，所标端子号必须与制造厂家的编号一致。

在设备图形符号上方画一个小圆，该圆分为上、下两个部分。小圆上部分标出安装单位编号，用罗马字母Ⅰ、Ⅱ、Ⅲ等来表示；在安装单位编号右下角标出设备的顺序号，如 1、2、3 等。小圆下部分标出设备的文字符号（如 KA、KT、KS、W、A、uar 等）和同型设备的顺序号（如 1、2、3 等）。

4. 端子排标志方法

端子排垂直布置时，由上而下排列；水平布置时，由左而右排列。其顺序是交流电流回路、交流电压回路、控制回路、信号回路和其他回路。每一安装单位的端子排应编有顺序号。

四、相对编号法

如果甲乙两个设备的接线端子需要连接起来，在甲设备接线端子上标出乙设备接线端子的编号，同时在乙设备接线端子上标出甲设备接线端子的编号，即两个接线端子的编号相对应，这表明甲乙两设备的相应接线端子应该连接起来。这种编号称为相对编号法，目前在二次回路中已得到广泛应用。

如图 13-11 所示，电流继电器 KA 的编号为 4，时间继电器 KT 的编号为 8。KA 的 3 号接线端子与 KT 的 7 号接线端子相连，KA 的 3 号接线端子旁标上（8-7），亦即与第 8 号元件的第 7 个端子相连。而第 8 号元件正是 KT。与之对应，在 KT 第 7 号端子旁标上（4－3），这正是 KA 的第 3 个端子。这样查起来十分方便。

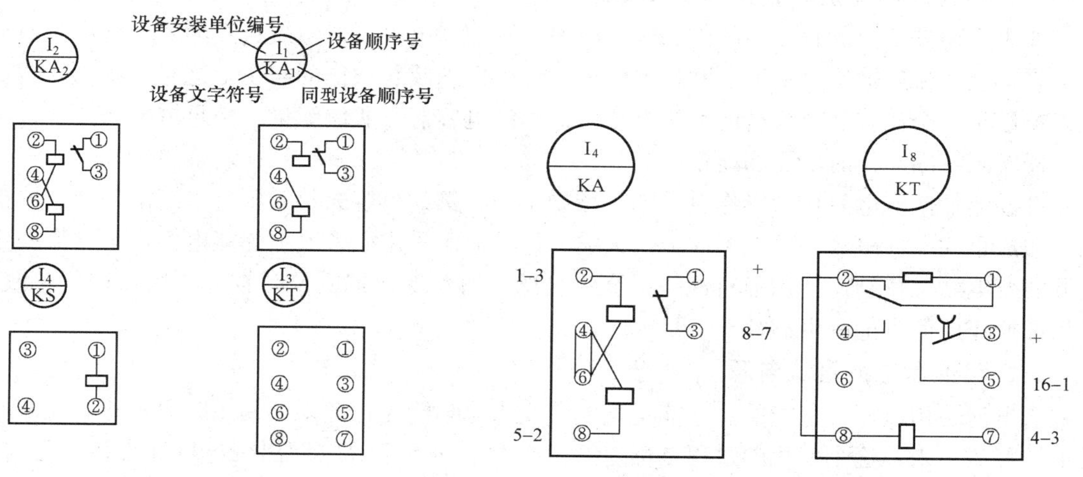

图 13-10　屏背面设备接线图标志方法

图 13-11　设备屏后编号表示方法

第六节 变电站操作电源

变电站开关控制、继电保护、自动装置和信号设备所使用的电源称为操作电源。操作电源的基本要求是要有足够的可靠性，特别是当变电站发生短路事故后，母线电压降到零，操作电源也不允许出现中断，仍应保证有足够的电压和足够的容量。

操作电源可分为两大类：对于接线方式较为简单的小容量变电站，常常采用交流操作电源；对于较为重要、容量较大的变电站，一般采用由蓄电池供电的直流操作电源。根据电气设备发生的事故不同，相应采取如下各种操作电源。

一、交流操作电源

1. 电流互感器供给操作电源

当电气设备发生短路事故时，可以利用短路电流经电流互感器供给操作回路作为跳闸操作电源。图 13-12 所示为 GL 系列过电流继电器去分流跳闸的连接图。

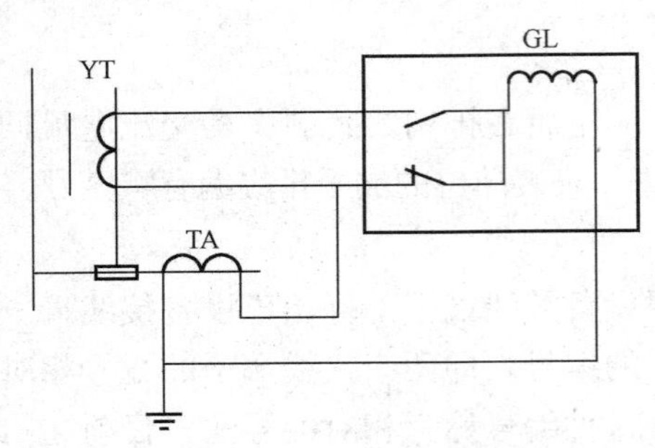

图 13-12 GL 系列过电流继电器去分流跳闸的连接图

正常时，跳闸线圈 YT 与过电流继电器的动断触点形成并联分流电路。当被保护区域发生短路故障时，过电流继电器 GL 启动，动合触点合上，动断触点断开，于是电流互感器的二次绕组与过电流继电器 GL 的电流线圈和跳闸线圈组成串联回路，电流互感器的二次回路流过的电流使开关跳闸。

2. 交流电压供给操作电源

上面介绍的电流互感器供给操作电源，只是用作事故跳闸时的跳闸电流。如果要合闸操作，则必须具有交流操作电源或直流操作电源。例如采用弹簧操动机构操作断路器合闸时，必须先采用交流电源或直流电源作为弹簧操动机构的储能电源。如果没有储能所需电源，则需手动储能，十分不便。

二、硅整流加储能电容作为操作电源

如果采用硅整流的直流系统作为操作电源，则当受电电源发生短路故障时，交流电源电压下降，经整流后输出直流电压常常不能满足继电保护装置动作的需要，这时采用电容器蓄能来补偿是一个比较简单可行的解决办法。选用的电容器，所储能量应满足继电保护装置和断路器跳闸线圈动作时所需的能量。

硅整流加储能电容作为操作电源如果维护不当，例如电容失效，则有可能出现断路器拒动，酿成重大电气事故，甚至引起电气火灾。因此对于采用硅整流加储能电容作为直流操作电源的变电站，特别需要加强对这一系统的监视。如发现异常应及时查清原因，进行整改，以保证操作电源供电的可靠性。

三、铅酸蓄电池直流电源

蓄电池是用以储蓄电能的。它能把电能转变为化学能储存起来，使用时再把化学能转变为电能释放出来，这个变化的过程是可逆的。当蓄电池由于放电而出现电压和容量不足时，可以适当地通入蓄电池反向电流，使蓄电池重新充电。充电就是将电能转变为化学能储存起

来。蓄电池的充电放电过程可以重复循环，所以蓄电池又称为二次电池。

为了克服铅酸蓄电池的一些缺点，目前已生产出各种性能优良、使用安全的铅酸蓄电池，如防酸隔爆式铅酸蓄电池、消氢式铅酸蓄电池以及目前得到广泛应用的阀控式全密封铅酸蓄电池。这种蓄电池在正常使用时保持气密和液密状态，硫酸和氢、氧气体不会外泄。当内部压力超过预定值时，安全阀自动开启，释放气体，内部气压降低后安全阀自动闭合，同时防止外部空气进入蓄电池内部，保持密封状态。该蓄电池在正常使用寿命期间，无需补加电解液。

四、镉镍蓄电池直流电源

镉镍蓄电池由塑料外壳、正负极板、隔膜、顶盖、气塞帽以及电解液等组成。与铅酸蓄电池比较，镉镍蓄电池放电电压平稳、体积小、寿命长、机械强度高、维护方便、占地面积小，但是价格昂贵。

架空配电线路

电力线路是电网的主要组成部分，其作用是输送和分配电能。电力线路一般可分为输电线路（又称送电线路）和配电线路。架设在发电厂升压变电站与地区变电站之间的线路以及地区变电站之间的线路，是用于输送电能的，称为输电线路。输电线路输送容量大，送电距离远，线路电压等级高，是电网的骨干网架。输电线路电压一般在110kV及以上，220kV以上的也称超高压输电线路。从地区变电站到用户变电站或城乡电力变压器之间的线路，是用于分配电能的，称为配电线路。配电线路又可分为高压配电线路(电压为35kV或110kV)、中压配电线路（电压为6～10kV）和低压配电线路(电压为220/380V)。

电力线路按架设方式可分为架空电力线路和电力电缆线路两大类。由于架空电力线路结构具有造价低、建设速度快、运行维护方便等显著优点，因此除特殊情况外，电力线路一般均采用架空电力线路。目前我国的输（送）电线路基本是架空电力线路，配电线路特别是农村配电线路也基本以架空电力线路为主。但在城市中心地带、居民密集的地方，高层建筑、工厂厂区内部，重要负荷及一些特殊的场所，考虑到安全方面和城市美观的问题，以及受地面位置的限制，配电线路除采用架空电力线路外，大都采用电力电缆线路。

第一节　架空电力线路构成及其作用

架空电力线路的结构主要包括杆塔及其基础、导线、绝缘子、拉线、横担、金具、防雷设施及接地装置等。

架空电力线路是输送、分配电能的主要通道和工具。架空电力线路在运行中要承受自重、风力、温度变化、覆冰、雷雨、污秽等自然条件的影响。架空电力线路利用杆塔的固定和支撑把导线布置在离地面一定的高度。直线杆塔对导线进行支撑，导线伸展后把张力传递到耐张杆塔上，杆塔上的反向拉力又对导线所传递的张力进行平衡。这样整条线路就形成一个索状钢体结构。空气是架空电力线路导线之间及导线对地的绝缘介质，导线在杆塔上则通过绝缘子与杆塔、横担电气隔离，绝缘子又通过金具分别和导线、横担相连接并固定在杆塔上。

架空配电线路是电压等级较低的架空电力线路，应用极为普遍，其基本模型如图14-1所示。

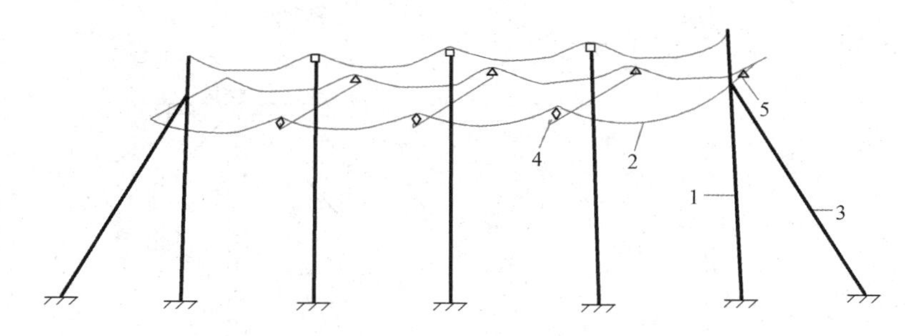

图 14-1 架空配电线路基本模型

1—杆塔；2—导线；3—拉线；4—绝缘子；5—横担

1. 杆塔种类及使用特点

杆塔是架空电力线路的重要组成部分，其作用是支持导线、避雷线和其他附件。杆塔的型式和尺寸应能使导线与导线之间、导线与避雷线之间、导线与杆塔本身之间以及导线对大地和交叉跨越物之间，有足够的电气安全距离。

（1）杆塔按材质分类。

1）木杆。木杆的优点是绝缘性能好、重量轻、运输及施工方便；缺点是机械强度低、易腐朽、使用年限短、维护工作量大。鉴于我国木材资源紧张，故不推广使用，目前仅用于部分地区农网内的低压配电线路上。

2）水泥杆。水泥杆即钢筋混凝土杆，是由钢筋和混凝土在离心滚杆机内浇制而成，一般可分为锥形杆（也称拔梢水泥杆，锥度一般为 1/75）和等径杆。水泥杆的优点是结实耐用、使用年限长、美观、维护工作量小，缺点是比较笨重、运输及施工不便。水泥杆使用最多的是锥形杆，低压配电线路绝大部分采用锥形杆，梢径一般为 150mm，杆高 8～10m；中高压配电线路大部分也采用锥形杆，梢径一般为 190mm 和 230mm，杆高有 10、11、12、13、15m 等几种；送电线路采用的水泥杆有锥形杆和等径杆两种，锥形杆的梢径有 190、230、310、350mm 等几种，等径杆的直径一般为 300mm 和 400mm，工程中需连杆时可采用焊接加长。

水泥杆又分普通型和预应力型两种。预应力杆在制造过程中将钢筋拉伸，浇灌混凝土后钢筋内仍保留拉应力，使混凝土受压，提高了强度，故预应力杆使用的钢筋截面比普通杆的可略小，杆身壁厚也较薄。

3）金属杆。金属杆有铁塔、钢管杆和型钢杆等。金属杆的优点是机械强度高、搬运组装方便、使用年限长，缺点是耗用钢材多、投资大、维修中除锈及刷漆工作量大。

（2）杆塔按在线路上作用分类。

1）直线杆塔。直线杆塔主要用于线路直线段中。在正常运行情况下，直线杆塔一般不承受顺线路方向的张力，而是承受垂直荷载（即导线、绝缘子、金具、覆冰的重量）和水平荷载（即风压力等）。只有在电杆两侧档距相差悬殊或一侧发生断线时，直线杆塔才承受相邻两档导线的不平衡张力。直线杆塔用符号 Z 表示，杆型如图 14-2 所示。

2）耐张杆塔。耐张杆塔又称承力杆塔，主要用于线路分段处。在正常情况下，耐张杆塔除了承受与直线杆塔相同的荷载外，还承受导线的不平衡张力。在断线情况下，耐张杆塔还要承受断线张力，并能将线路断线、倒杆事故控制在一个耐张段内，便于施工和检修。耐张杆塔用符号 N 表示，杆型如图 14-3 所示。

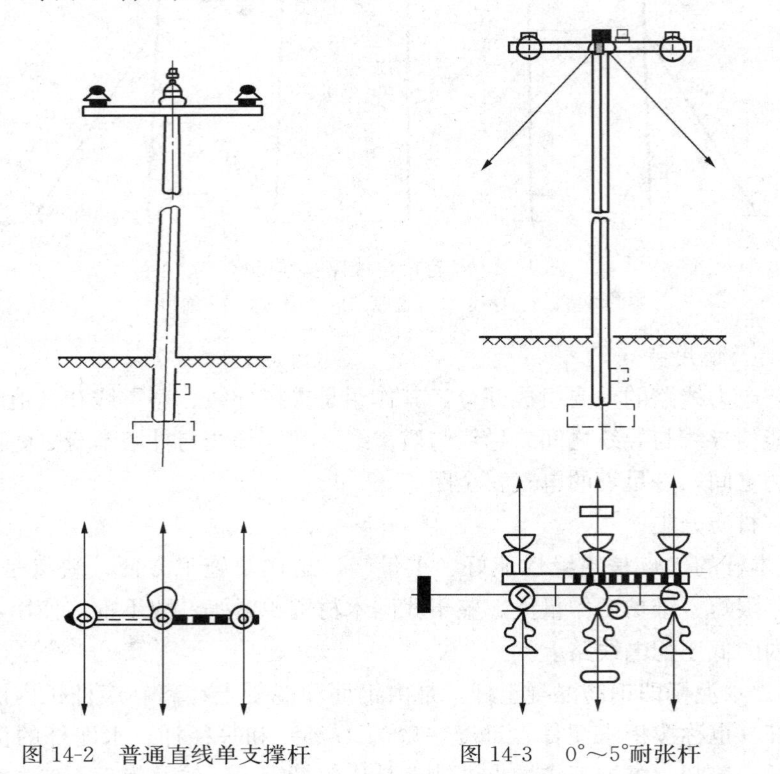

图 14-2　普通直线单支撑杆　　　　图 14-3　0°～5°耐张杆

3）转角杆塔。转角杆塔主要用于线路转角处，线路转向内角的补角称为线路转角。转角杆塔除承受导线等的垂直荷载和风压力外，还承受导线的转角合力，合力的大小取决于转角的大小和导线的张力。由于转角杆塔两侧导线拉力不在一条直线上，一般用拉线来平衡转角处的不平衡张力。转角杆塔用符号 J 表示，杆型如图 14-4、图 14-5 所示。

4）终端杆塔。终端杆塔位于线路首、末段端。发电厂或变电站出线的第一基杆塔是终端杆塔，线路最末端一基杆塔也是终端杆塔，它是一种能承受单侧导线等的垂直荷载和风压力，以及单侧导线张力的杆塔。终端杆塔用符号 D 表示，杆型如图 14-6 所示。

5）特殊杆塔。特殊杆塔具体包括以下两种：

①跨越杆塔。跨越杆塔一般用于当线路跨越公路、铁路、河流、山谷、电力线、通信线等情况。跨越杆塔用符号 K 表示，杆型如图 14-7 所示。

②分支杆塔。分支杆塔一般用于当架空配电线路中间需设置分支线时。分支杆塔用符 F 表示，杆型如图 14-8 所示。

6）多回同杆架设杆塔。由于线路空间走廊限制，多回架空线路需在同一个杆塔上架设。杆型如图 14-9 所示。

2. 杆塔基础作用及分类

杆塔基础是指架空电力线路杆塔地面以下部分的设施。杆塔基础的作用是保证杆塔稳定，防止杆塔因承受导线、冰、风、断线张力等的垂直荷重、水平荷重和其他外力作用而产生的上拨、下压或倾覆。

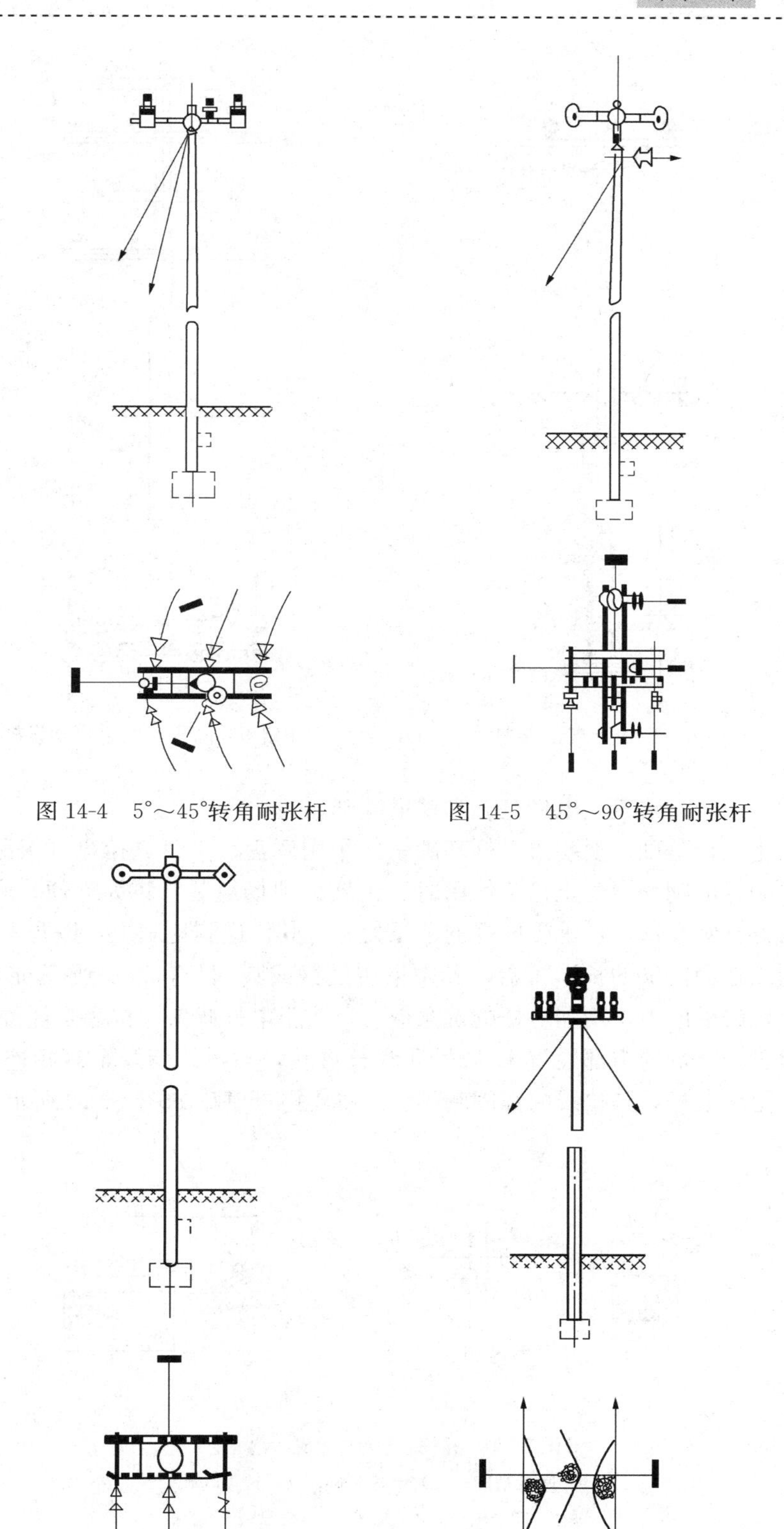

图 14-4 5°～45°转角耐张杆

图 14-5 45°～90°转角耐张杆

图 14-6 终端杆

图 14-7 双支撑直线跨越杆

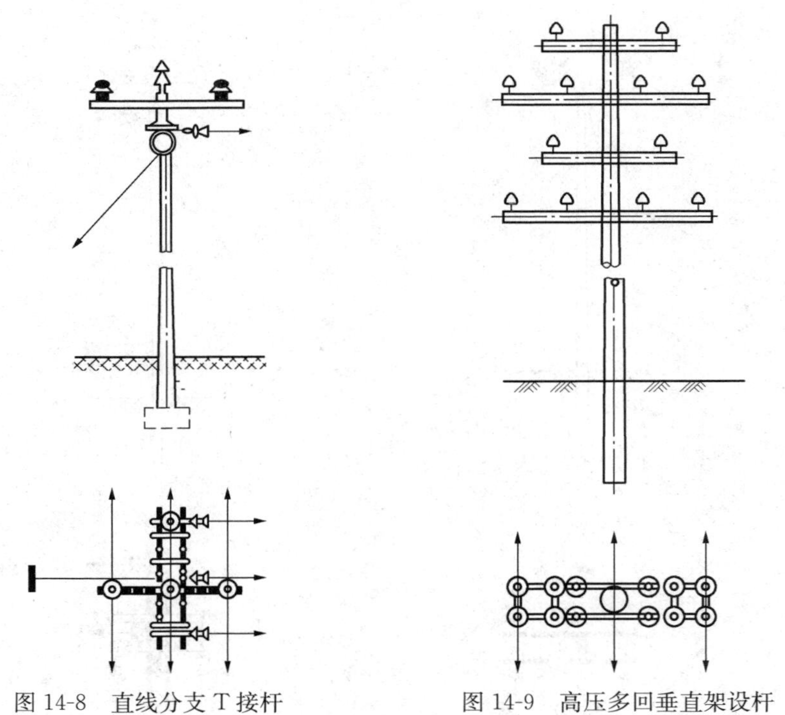

图 14-8　直线分支 T 接杆　　　　图 14-9　高压多回垂直架设杆

杆塔基础一般分为混凝土电杆基础和铁塔基础。

(1) 混凝土电杆基础。混凝土电杆基础一般采用底盘、卡盘、拉盘（俗称三盘）基础，通常是事先预制好的钢筋混凝土盘，使用时运到施工现场组装，较为方便。底盘是埋（垫）在电杆底部的方（圆）形盘，承受电杆的下压力并将其传递到地基上，以防电杆下沉。卡盘是紧贴杆身埋入地面以下的长形横盘，其中采用圆钢或圆钢与扁钢焊成 U 形抱箍与电杆卡接，以承受电杆的横向力，增加电杆的抗倾覆力，防止电杆倾斜。拉盘是埋置于土中的钢筋混凝土长方形盘，在盘的中部设置 U 形吊环和长形孔，与拉线棒及金具相连接，以承受拉线的上拔力，稳住电杆，是拉线的锚固基础。混凝土电杆基础如图 14-10 所示。

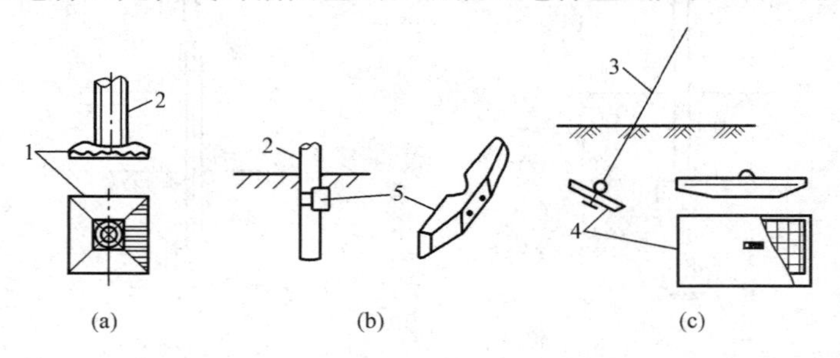

图 14-10　混凝土电杆基础示意图

(a) 底盘基础；(b) 卡盘基础；(c) 拉盘基础

1—底盘；2—电杆；3—拉线；4—拉盘；5—卡盘

在线路设计施工基础时，应根据当地土壤特性和运行经验，决定是否需用底盘、卡盘、拉盘。若水泥杆立在岩石或土质坚硬地区，可以直接埋入基坑而不设底盘或卡盘，也可用条石代替卡盘和拉盘，用块石砌筑底盘以及垒石稳固杆基。

（2）铁塔基础。铁塔基础型式一般根据铁塔类型、塔位地形、地质及施工条件等实际情况确定。根据铁塔根开大小不同，大体可分为宽基和窄基两种。宽基是将铁塔的每根主材（每条腿）分别安置在一个独立基础上。这种基础稳定性较好，但占地面积较大，常被用在郊区和旷野地区。窄塔是将铁塔的四根主材（四条腿）均安置在一个基础上。这种基础出土占地面积较小，但为了满足抗倾覆能力要求，基础在地下部分较深、较大，常被用在市区配电线路上或地形较窄地段。

（3）对基础一般要求。对于杆塔基础，除根据杆塔荷载及现场的地质条件确定其合理经济的型式和埋深外，要考虑水流对基础的冲刺作用和基土的冻胀影响。基础的埋深必须在冻土层深度以下，且不应小于 0.6m，在地面应留有 300mm 高的防沉土台。

3. 架空导线材料、结构与种类

架空导线是架空电力线路的主要组成部件，其作用是传输电流，输送电功率。由于架设在杆塔上面，导线要承受自重及风、雪、冰等外加荷载，同时还会受到周围空气所含化学物质的侵蚀。因此，不仅要求导线有良好的电气性能、足够的机械强度及抗腐蚀能力，还要求尽可能质轻且价廉。

（1）架空导线材料。架空导线的材料有铜、铝、钢、铝合金等。其中铜的电导率高、机械强度高，抗氧化抗腐蚀能力强，是比较理想的导线材料。但由于铜的蕴藏量相对较少，且用途广泛，价格昂贵，故一般不采用铜导线。铝的电导率次于铜，密度小，也有一定的抗氧化抗腐蚀能力，且价格也较低，故广泛应用于架空线路中。但由于铝的机械强度低，不适应大跨度架设，因此采用钢芯铝绞线或钢芯铝合金绞线，可以提高导线的机械强度。

（2）架空导线结构。架空导线的结构可以分为三类：单股导线、多股绞线和复合材料多股绞线。单股导线由于制造工艺上的原因，当截面积增加时，机械强度下降，因此单股导线截面积一般都在 $10mm^2$ 以下，目前广泛使用最大到 $6mm^2$。多股绞线由多股细导线绞合而成，多层绞线相邻层的绞向相反，防止放线时打卷扭花。多股绞线的优点是机械强度较高、柔韧、适用于弯曲；由于股线表面氧化电阻率增加，使电流沿股线流动，集肤效应较小，电阻较相同截面单股导线略有减小。复合材料多股绞线是指两种材料的多股绞线，常见的是钢芯铝绞线。钢芯铝绞线的线芯部位由钢线绞合而成，外部再绞合铝线，综合了钢的机械性能和铝的电气性能，成为目前广泛应用的架空导线。钢芯铝绞线结构如图 14-11 所示。

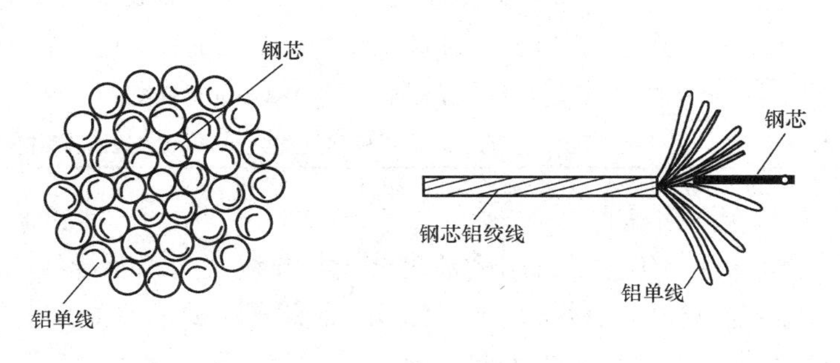

图 14-11 钢芯铝绞线结构图

（a）断截；（b）结构图

（3）架空导线种类。

1）裸导线

① 铜绞线（TJ）。铜绞线常用于人口稠密的城市配电网、军事设施及沿海易受海水潮气腐蚀的地区电网。

② 铝绞线（LJ）。铝绞线常用于35kV以下的配电线路，且常作分支线使用。

③ 钢芯铝绞线（LGJ）。钢芯铝绞线广泛应用于高压线路上。

④ 轻型钢芯铝绞线（LGJQ）。轻型钢芯铝绞线一般用于平原地区且气象条件较好的高压电网中。

⑤ 加强型钢芯铝绞线（LGJJ）。加强型钢芯铝绞线多用于输电线路中的大跨越地段或对机械强度要求很高的场合。

⑥ 铝合金绞线（LHJ）。铝合金绞线常用于110kV及以上的输电线路上。

⑦ 钢绞线（GJ）。钢绞线常用作架空地线、接地引下线及杆塔的拉线。

2）绝缘导线。架空电力线路一般都采用多股裸导线，但近几年来城区内的10kV架空配电线路逐步改用架空绝缘导线。运行证明其优良较多，线路故障明显降低，一定程度上解决了线路与树木间的矛盾，降低了维护工作量，线路的安全可靠性明显提高。

架空绝缘导线按电压等级可分为中压（10kV）绝缘线和低压绝缘线，按绝缘材料可分为聚氯乙烯绝缘线、聚乙烯绝缘线和交链聚乙烯绝缘线。

① 聚氯乙烯绝缘线（JV）。有较好的阻燃性能和较高的机械强度，但介电性能差、耐热性能差。

② 聚乙烯绝缘线（JY）。有较好的介电性能，但耐热性能差，易延燃、易龟裂。

③ 交链聚乙烯绝缘线（JKYJ）。是理想的绝缘材料，有优良的介电性能，耐热性好，机械强度高。

架空导线型号表示方法见表14-1。

表14-1　　架空导线型号表示方法举例

导线种类	代表符号	型号含义
铝绞线	LJ	LJ-16表示标称截面积为16mm²铝绞线
钢芯铝绞线	LGJ	LGJ-35/6表示铝线部分标称截面积为35mm²、钢芯标称截面积为6mm²的钢芯铝绞线
铜绞线	TJ	TJ-50表示标称截面积为50mm²的铜绞线
钢绞线	GJ	GJ-25表示标称截面积为25mm²的钢绞线
铝芯交链聚乙烯绝缘线	JKLYJ	JKLYJ-120表示标称截面积为120mm²的铝芯交链聚乙烯绝缘线

4. 常用绝缘子的种类与用途

绝缘子是一种隔电部件。绝缘子的用途是使导线与导线之间以及导线与大地之间绝缘，支持、悬吊导线，并固定于杆塔的横担之上。因此，绝缘子应具有良好的电气性能和机械性能。另外，绝缘子长期暴露在大气中，因此对雨、雪、雾、风、冰、气温骤变以及大气中有害物质的侵蚀也应具有较强的抗御能力。下面介绍架空配电线路中几种常用的绝缘子。

（1）针式绝缘子。针式绝缘子主要用于直线杆塔或角度较小的转角杆塔上，也有在耐张杆塔上用以固定导线跳线。导线采用扎线绑扎，使其固定在针式绝缘子顶部的槽中。针式绝缘子为内胶装结构，制造简易、价格便宜，但承受导线张力不大，耐雷水平不高，较易闪络，因此输电线路上不被采用，在35kV以下线路应用较多。针式绝缘子外形如图14-12（a）所示。

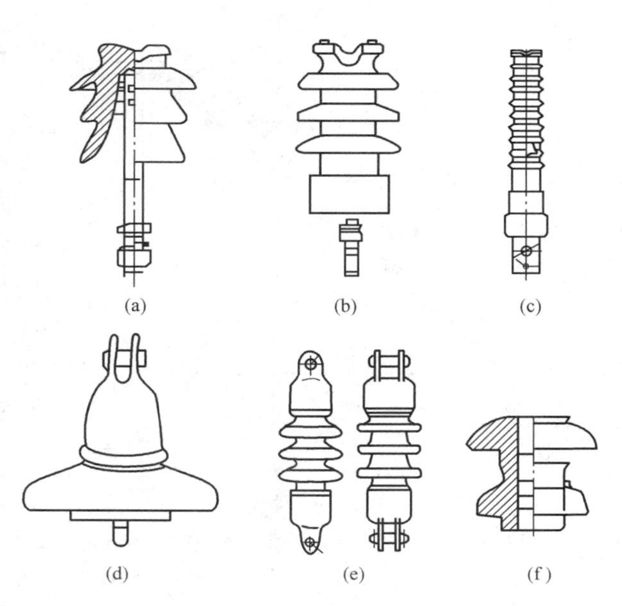

图14-12　架空配电线路常用绝缘子外形
（a）针式绝缘子；（b）柱式绝缘子；（c）瓷横担绝缘子；（d）悬式绝缘子；（e）棒式绝缘子；（f）蝶式绝缘子

（2）柱式绝缘子。柱式绝缘子的用途与针式绝缘子大致相同。但由于柱式绝缘子是外胶装结构，温度聚变等原因不会使绝缘子内部击穿、爆裂，并且浅槽裙边使其自洁性能良好，抗污闪能力要比针式绝缘子强，因此在配电线路上应用非常广泛。柱式绝缘子外形如图14-12（b）所示。

（3）瓷横担绝缘子。瓷横担绝缘子为外浇装结构实心瓷体，其一端装有金属附件。一般用于10kV配电线路直线杆，导线的固定是用扎线将其绑扎在瓷横担绝缘子另一端的瓷槽内。由于结构上的特点，能起到绝缘子和横担的双重作用，当断线时，不平衡张力使瓷横担转动到顺线路位置，由抗弯变成承受拉力，起到缓冲作用并可限制事故范围。瓷横担绝缘子的实心结构使其不易老化、击穿，自洁性能良好，抗污闪能力强，因此在10kV配电线路上应用非常广泛。瓷横担绝缘子外形如图14-12（c）所示。

（4）悬式绝缘子。悬式绝缘子具有良好的电气性能和较高的机械强度，按防污性能分为普通型和防污型两种，按制造材料分为瓷悬式和钢化玻璃悬式两种。悬式绝缘子一般安装在高压架空线路耐张杆塔、终端杆塔或分支杆塔上，作为耐张绝缘子串或终端绝缘子串使用，少量也用于直线杆塔为直线绝缘子串使用。悬式绝缘子外形如图14-12（d）所示。

（5）棒式绝缘子。棒式绝缘子为外胶装结构的实心瓷体，可以代替悬式绝缘子串或蝶式绝缘子用于架空配电线路的耐张杆塔、终端杆塔或分支杆塔，作为耐张绝缘子使用。但由于棒式绝缘子在运行过程中容易遭震动等原因而断裂，一般只能用在一些应力比较小的承力杆，且不宜用于跨越公路、铁路、航道或市中心区域等重要地区的线路。棒式绝缘子外形如图14-12（e）所示。

（6）蝶式绝缘子。蝶式绝缘子常用于低压配电线路上，作为直线绝缘子或耐张绝缘子，也可同悬式绝缘子配套，用于10kV配电线路耐张杆塔、终端杆塔或分支杆塔上。蝶式绝缘子外形如图14-12（f）所示。

绝缘子的材质一般为电瓷和玻璃两种。近几年来，我国成功研制了500kV及以下各电压等级的合成绝缘子和合成横担，并已在电网中运行，使用效果良好。合成绝缘子具有体积小、质轻、机械强度高、抗污闪性能强等优点。在国内，最典型的合成绝缘子是由玻璃纤维与环氧树脂制成的玻璃钢引拨棒作芯棒，并由硅橡胶绝缘材料制成伞裙和护套，其两端由特殊的连接方式构成的棒形悬式结构。

5. 拉线作用、形式及选用

（1）拉线作用。拉线的作用是为了在架设导线后能平衡杆塔所承受的导线张力和水平风力，以防止杆塔倾倒、影响安全正常供电。拉线与地面的夹角一般为45°，若受环境限制可适当增减，一般不超出30°～60°。拉线距杆上导线的距离应符合规程要求，穿越带电线路时应在上下两侧加装圆瓷套管，拉盘应垂直于拉线。

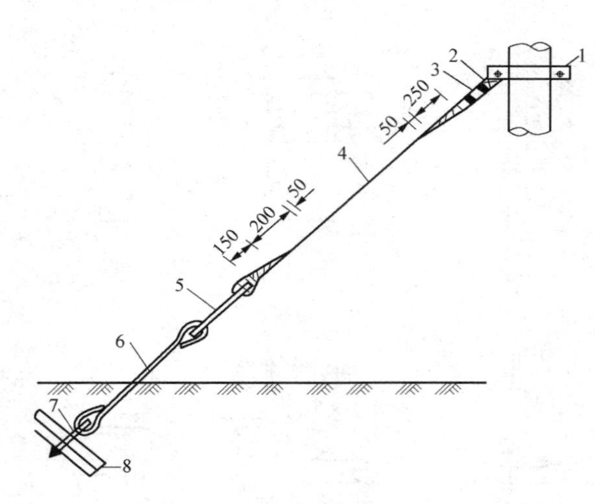

图 14-13 普通拉线

1—拉线抱箍；2—延长环；3—楔形线夹；4—钢绞线；5—UT型线夹；6—拉线棒；7—地锚拉环；8—拉盘

（2）拉线形式。拉线按其作用可分为张力拉线（如转角杆塔拉线、耐张杆塔拉线、终端杆塔拉线、分支杆塔拉线等）和风力拉线（如在土质松软的线路上设置拉线，增加电杆稳定性）两种，按拉线的形式可分为普通拉线、水平拉线、弓形拉线、共同拉线和V形拉线等。

1）普通拉线。普通拉线用于线路的转角杆塔、耐张杆塔、终端杆塔、分支杆塔等处，起平衡拉力的作用。普通拉线的详图如图14-13所示。

2）水平拉线。当电杆离道路太远，不能就地装设拉线时，需在路的另一侧立一基拉线杆，过路拉线应保持一定高度，确保交通安全。水平拉线的详图如图14-14所示。

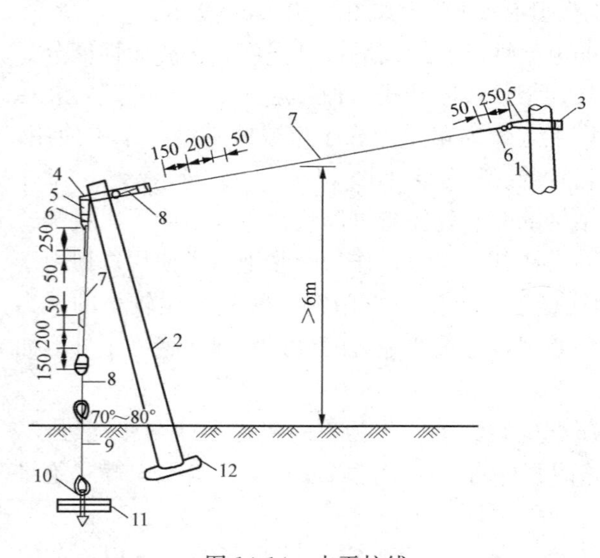

图 14-14 水平拉线

1、2—水泥杆；3、4—拉线抱箍；5—延长环；6—楔型线夹；7—钢绞线；8—UT型线夹；9—拉线棒；10—拉环；11—拉盘；12—底盘

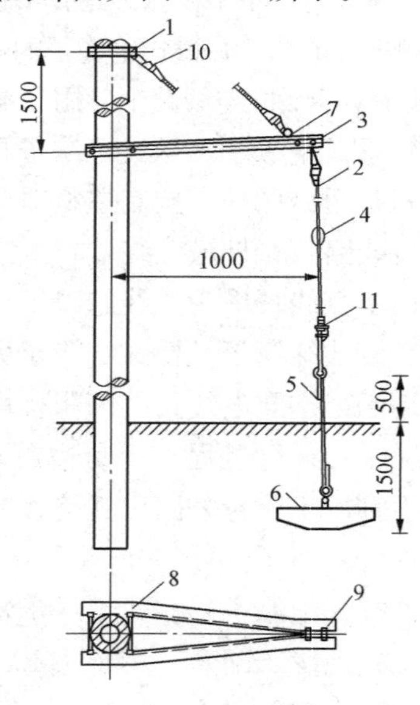

图 14-15 弓形拉线

1—拉线抱箍；2—钢绞线；3—自身拉横担；4—拉线绝缘子；5—拉线棒；6—拉线盘；7—连板；8—销螺栓；9—接螺栓；10—型线夹；11—T形楔型线夹

3）弓形拉线。因地形限制不能装设拉线时，可以采用弓形拉线，在电杆中部加以自柱，在其上下加装拉线，以防电杆弯曲。弓形拉线的详图如图 14-15 所示。

4）共同拉线。因地形限制不能装设拉线时，可将拉线固定在相邻电杆上，以平衡拉力。

5）V 形拉线。当电杆较高、横担较多、导线多回时，常在拉力的合力点上、下两处各装设一条拉线，其下部则合为一条，构成 V 形。

（3）拉线的选用。对于 10kV 及以下架空配电线路的拉线，当强度要求较低时，采用多股直径为 4mm 的镀锌铁线制作；当强度要求超过 9 股时，要采用镀锌钢绞线。拉线的选用与导线的线径及杆型等相关。拉线的选用见表 14-2。

表 14-2　拉线的选用配合表

杆型 / 导线规格	直线杆、30°以下转角杆拉线	45°以下转角杆拉线	45°～90°转角杆、终端杆、分支杆拉线
LGJ-35、LJ-70 及以下	GJ-35	GJ-35	GJ-35
LGJ-50、LJ-120	GJ-35	GJ-50	GJ-50
LGJ-70、LJ-150、JKLYJ-70-120	GJ-35	GJ-70	GJ-70
LGJ-95-185、LJ-185、JKLYJ-150	GJ-50	GJ-70	GJ-100
JKLYJ-240	GJ-70	GJ-100	GJ-100

6. 横担的规格要求

横担定位在电杆上部，用来支持绝缘子和导线等，并使导线间有规定的距离。转角杆的横担应根据受力情况而定，15°以下转角杆宜采用单横担，15°～45°转角杆宜采用双横担，45°以上转角杆宜采用十字横担。在一般情况下，直线杆横担和杆顶支架在受电侧，分支终端杆的单横担应装在拉线侧；对于两棚横担的转角杆，电源侧作上棚，受电侧作下棚。

横担按材质的不同可分为木横担、铁横担和瓷横担。

（1）木横担。木横担采用坚固硬木制成，取材方便、加工容易、成本较低，但需进行防腐处理。木横担的截面及长度按线路要求而定。

（2）铁横担。铁横担采用角钢制成，容易制造、坚固耐用，故广为使用。中高压配电线路常用∠60mm×6mm 的镀锌角钢，低压配电线路常用∠50mm×5mm 的镀锌角钢。若角钢无镀锌处理，则需涂樟丹油和灰色油漆，以防锈蚀。

（3）瓷横担。瓷横担具有良好的绝缘性能，可代替悬式绝缘子或针式绝缘子和木横担、铁横担，维护方便，造价低，故在中、高压配电线路中广为使用。

7. 线路金具分类及其用途

线路金具是指连接和组合线路上各类装置，以传递机械、电气负荷以及起到某种防护作用的金属附件。金具必须有足够的机械强度，并能满足耐腐蚀的要求。线路金具种类很多，用途各不相同，按其作用分主要有五大类。

（1）支持金具。支持金具的作用是支持导线或避雷线，使导线和避雷线固定于绝缘子或杆塔上，一般用于直线杆塔或耐张杆塔的跳线上，又称线夹。

1）悬垂线夹。悬垂线夹用于直线杆塔上固定导线、换位杆塔支持换位导线及耐张转角杆塔固定跳线。悬垂线夹有固定型和释放型两种。

2）耐张线夹。耐张线夹用于耐张、终端、分支等杆塔上紧固导线或避雷线，使其固定在绝缘子串或横担上。耐张线夹有螺栓型、压接型、楔型和楔型与螺栓混合型四种。

① 螺栓型耐张线夹。它有正装和倒装两种结构，由于受握着力的限制，一般只能用于240mm^{2}及以下中小截面的导线上，实用中较多地采用倒装式螺栓型耐张线夹。

② 压接型耐张线夹。它分为液压和爆压两种形式，由于握着力较大，适用于240mm^{2}以上大截面的导线上。

③ 楔型耐张线夹。它主要用于与避雷线的配合，靠楔形块产生的压力紧固，施工极为方便。

④ 楔型与螺栓混合型耐张线夹。将楔形块与螺栓配合构成混合型节能耐张线夹，既减少电能损耗、方便施工，又可以增加其握着力。

(2) 连接金具。连接金具的作用是将悬式绝缘子组装成串，并将一串或数串绝缘子连接起来悬挂在横担上。常用的连接金具有以下几种。

1）球头挂环。球头挂环用于连接球形绝缘子上端碗头铁帽，主要有圆形连接的Q型和螺栓平面连接的QP型。

2）碗头挂板。碗头挂板用于连接球形绝缘子下端球头铁脚，分为单连碗头和双连碗头两种。

3）U形挂环。U形挂环是最常用的金具，可单独使用，又可组装使用。

4）直角挂板。直角挂板是一种转向金具，其连接方向成直角，故可按使用要求改变绝缘子串的连接方向。

5）平行挂板。平行挂板用于单板与单板、单板与双板的连接，以及与槽形悬式绝缘子的连接。

6）平行挂环。平行挂环用于加大绝缘子串长度，改善导线张力、增大跳线间隙。

7）二联板。用于将两串绝缘子组装成双联悬垂绝缘子串、耐张绝缘子串及转角绝缘子串。

8）直角环。用于连接XP-7C型槽形悬式绝缘子。

(3) 连续金具。连续金具的作用是用于导线和避雷线的接续和修补等。它分为承力接续金具和非承力接续金具两种。

1）承力接续金具。承力接续金具主要有导线、避雷线的接续管等，用于导线连接的接续管主要有爆压管、液压管和钳压管三种。爆压管、液压管呈圆形，爆压管适用于240mm^{2}及以上裸导线的承力连接，液压管适用于架空绝缘导线或240mm^{2}及以上裸导线的承力连接。钳压管呈椭圆形，适用于240mm^{2}及以下裸导线的承力连接。避雷线的连接用压接管，一般采用液压进行承力连接。承力接续金具的握着力不应小于该导线、避雷线计算拉断力的95%。

2）非承力接续金具。非承力接续金具主要有并沟线夹（用于导线作为跳线、T接线时的接续）、带电装卸线夹（用于导线带电拆、搭头）、安普线夹（用于导线作为跳线和分支搭接的接续）和异径并沟线夹等。非承力接续金具的握着力不应小于该导线计算拉断力的10%。

接续金具的外形如图14-16所示。

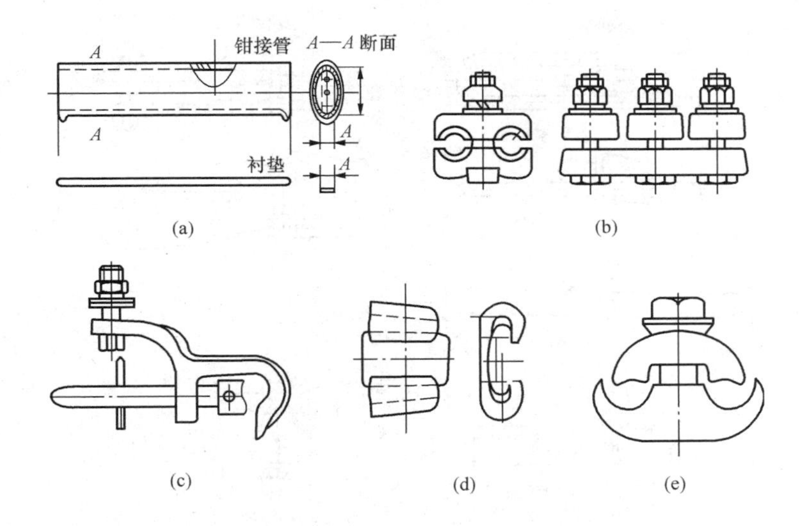

图 14-16 接续金具的外形

(a) 接线管；(b) 并沟线夹；(c) 带电装卸线夹；(d) 安普线夹；(e) 异形沟线夹

(4) 保护金具。保护金具分电气和机械两大类。

1) 电气类保护金具。该类金具用于防止绝缘子串上的电压分布过分不均而损坏绝缘子，主要有均压环等。

2) 机械类保护金具。该类金具用于减轻导线、避雷线的振动或减轻振动损伤，主要有以下几种。

① 防震锤、护线条、预绞丝。它们用于防止导线、避雷线断股。

② 间隔捧。它用于防止导线在档距中间互相吸引、鞭击。

③ 重锤。它用于防止直线杆塔的悬式绝缘子串摇摆角过大，避免寒冷天气中导线出现“倒拔”现象。

(5) 拉线金具。拉线金具用于作拉线的连接、紧固和调节。拉线金具主要有以下几类：

1) 连接金具。连接金具用于使拉线与杆塔、其他拉线金具连接成整体，主要有拉线 U 形挂环、二联板等。

2) 紧固金具。紧固金具用于紧固拉线端部，与拉线直接接触，要求有足够的握着力度，主要有楔型线夹、预绞丝和钢线卡子等。

3) 调节金具。调节金具用于施工和运行中固定与调整拉线的松紧，要求调节方便、灵活的性能，主要有可调式和不可调式两种 UT 型线夹。

拉线金具外形如图 14-17 所示。

8. 架空电力线路的防雷措施

雷击架空电力线路，会引起线路绝缘闪络、跳闸，甚至产生导线断股、断线事故。因此，为确保安全供电，必须做好架空电力线路的防雷措施。

架设避雷线是架空线路最基本的防雷措施。避雷线架设在导线上方，其主要作用是防雷。当遭受雷击时，雷电流通过避雷线迅速传入大地，从而保护线路免遭直接雷击，保证线路的安全送电。避雷线架设在导线上方的杆塔顶部，并在每基杆塔底部进行接地，因此避雷线又称架空地线。此外，避雷线对雷电流有分流作用，能减小流经杆塔的雷电流，降低塔顶

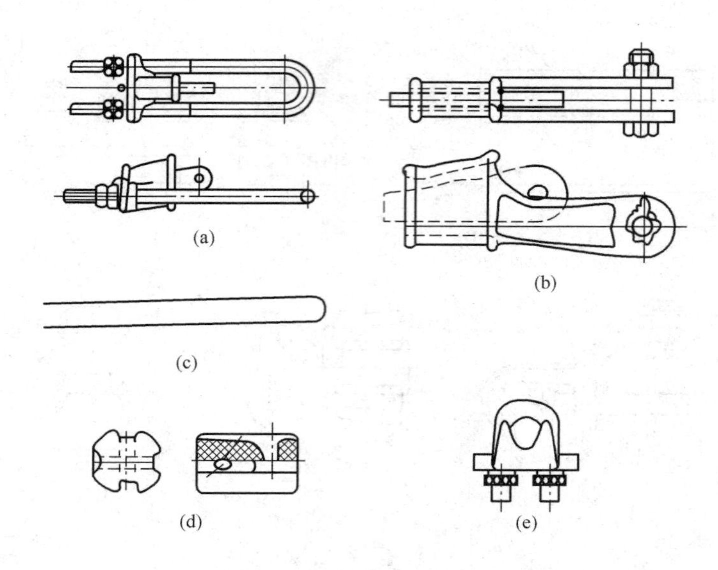

图 14-17　拉线金具的外形

(a) UT 型线夹；(b) 楔型线夹；(c) 预绞丝；(d) 拉线绝缘子；(e) 钢线卡子

电位；对导线有耦合作用，能降低雷电击杆塔时绝缘子串上的电压；对导线有屏蔽作用，能降低导线上的感应过电压。避雷线大多采用镀锌钢绞线，个别线路或地段由于特殊需要，也可采用钢芯铝绞线、铝镁合金绞线等良导体，兼有通信功能要求的，可采用复合架空地线光缆等。

9. 接地装置

接地装置是指埋设于土壤中并与每基杆塔的避雷线及杆塔体有电气连接的金属装置。接地装置的作用是将雷电流引入大地并迅速扩散，以保护线路免遭雷击。当落雷时，避雷线上将作用有很高的雷电压，由于避雷线通过每基杆塔的接地线和接地体与大地相连，可迅速将雷电流在大地中扩散泄导，从而降低杆塔电位，保护线路绝缘不被击穿闪络。接地装置主要包括接地引下线和接地体。

(1) 接地引下线。接地引下线是连接避雷线、避雷器或架空电力线路杆塔与接地体的金属导线，常用材料为镀锌钢绞线。对于非预应力钢筋混凝土电杆和铁塔，可利用电杆内部钢筋和铁塔塔体代替接地引下线，而对于预应力钢筋混凝土电杆，则可通过爬梯或从避雷线上另接引下线作接地线。

(2) 接地体。接地体是指埋入地面以下直接与大地接触的金属导体。接地体可分为自然接地体和人工接地体两种。自然接地体是指直接与大地接触的金属构件、拉线和杆塔基础等。人工接地体是指专门敷设的金属导体。按敷设方式不同，接地体又可分水平接地体和垂直接地体两种。水平接地体一般采用圆钢或扁钢，其长度和根数根据接地电阻值的要求确定。接地体的埋深不应小于 0.8m。

接地装置的规格，既要满足热稳定的要求，又要能耐受一定年限的腐蚀。在南方潮湿地区、盐碱地带或其他严重腐蚀地区，应适当加大截面，或采取热镀锌、热镀锡和涂刷沥青油等防腐措施。接地引下线和接地体的连接点应牢固可靠，接触良好。接地装置的最小规格见表 14-3。

表 14-3 接地装置的最小规格

名称		地上	地下	名称	地上	地下
钢管直径（mm）		6	8	角钢厚度（mm）	2.5	4
扁钢	截面积（mm^2）	48	48	钢管厚度（mm）	2.5	3.5
	厚度（mm）	4	4	镀锌钢绞线或铜绞线截面积（mm^2）	25	—

第二节 架空电力线路技术要求

一、架空导线截面积选择

架空导线的选择应使所选导线具有足够的导电能力与机械强度，能满足线路的技术，确保安全、经济、可靠地传输电能。

（1）导线截面积选择条件如下：

1）满足发热条件。在最高环境温度和最大负荷的情况下，保证导线不被烧坏，导线中通过的持续电流始终是允许电流。

2）满足电压损失条件。保证线路的电压损失不超过允许值。

3）满足机械强度条件。保证线路在电气安装和正常运行过程中导线不被拉断。

4）满足保护条件。保证自动开关或熔断器能对导线起保护作用。

5）满足合理经济条件。保证投资、运行费用综合经济性最好。

（2）导线截面积选择方法如下：

1）按经济电流密度选择导线截面积。电流密度是指单位导线截面积所通过的电流值，其单位是 A/mm^2。经济电流密度是指通过各种经济、技术方面的比较而得出的最合理电流密度。采用经济电流密度可使线路投资、电能损耗、运行维护费用等综合效益为最佳。我国现在采用的经济电流密度值见表 14-4。

表 14-4 经济电流密度值 （A/mm^2）

导线材质	年最大负荷利用小时数 T_L（h）		
	3000 以下	3000～5000	5000 以上
铜线	3.00	2.25	1.75
铝线	1.65	1.15	0.90

按经济电流密度选择导线截面积时，必须首先确定电网的计算传输容量（电流）及相应的年最大负荷利用小时数。在确定传输容量时，一般应考虑电网投运后 5～10 年发展的需要，年最大负荷利用小时数一般根据电网输送负荷的性质确定。当已知最大负荷电流 I_L 和相应的年最大负荷利用小时数 T_L 后，可在表 14-4 中查出不同材料导线的经济电流密度 J，并按下式计算导线经济截面积 S，即

$$S = I_L/J(mm^2) \tag{14-1}$$

根据计算所得的导线截面积，再选择最适当的导线标称截面积。

【例 14-1】某变电站负荷为 40MW，功率因数 $\cos\phi=0.8$，年最大负荷利用小时数 $T_L=6000h$，由 100km 外的发电厂以 110kV 的双回线路供电，试用经济电流密度选择钢芯铝绞线的截面积。

解：线路输送的负荷电流为

$$I_L = P/(\sqrt{3}U\cos\phi) = 40\ 000/(\sqrt{3} \times 110 \times 0.8) \approx 262.44(\text{A})$$

当 $T_L=6000h$ 时，由表 14-4 查得 $J=0.9\text{A/mm}^2$，即

$$S=I_L/J=262.44/0.9=291.6\ (\text{mm}^2)$$

因采用双回线路供电，每回线路的导线截面积应为 291.6/2=145.8（mm^2），对应的钢芯铝绞线标称截面积可选 LGJ-150。

2）按发热条件校验导线截面积。当导线通过电流时，会产生电能损耗，使导线发热、温度上升。如果导线温升过高，超过其最高容许温度，将出现导线连接处加速氧化，导线的接触电阻增加，接触电阻的增大又使连接处温升更高，形成恶性循环，致使导线烧断，发生断线事故。对于架空导线，温度过高将使导线弛度过大，致使导线对地安全距离不足，危及安全；对于绝缘导线或电缆，温度过高将加速导线周围介质老化、绝缘损坏。因此，为使电网安全可靠运行，对按经济电流密度选择的导线截面积，还应根据不同的运行方式以及事故情况下的线路电流，按发热条件进行校验。

规程规定，铝绞线及钢芯铝绞线在正常情况下运行的最高温度不得超过 70℃，在事故情况下不得超过 90℃。为方便使用，表 14-5 提供在导线允许长期运行的最高温度为 70℃和周围环境温度为 25℃的条件下的导线允许载流量。

表 14-5　　裸铜、铝及钢芯铝绞线的允许载流量
（环境温度+25℃，最高容许温度+70℃）

铜绞线（TJ 型）			铝绞线（LJ 型）			钢芯铝绞线（LGJ 型）	
导线截面积（mm^2）	载流量（A）		导线截面积（mm^2）	载流量（A）		导线截面积（mm^2）	室外载流量（A）
	室外	室内		室外	室内		
4	50	25	10	75	55	35	170
6	70	35	16	105	80	50	220
10	95	60	25	135	110	70	270
16	130	100	35	170	135	95	335
15	180	140	50	215	170	120	380
35	220	175	70	265	215	150	445
50	270	220	95	325	260	185	515
70	340	280	120	375	310	240	610
95	415	340	150	440	370	300	700
120	485	405	185	500	425	400	800
150	570	480	240	610	—	LGJQ-300	690
185	645	550	300	680	—	LGJQ-400	825
240	770	650	400	830	—	LGJQ-500	945

续表

铜绞线（TJ型）			铝绞线（LJ型）			钢芯铝绞线（LGJ型）	
导线截面积（mm^2）	载流量（A）		导线截面积（mm^2）	载流量（A）		导线截面积（mm^2）	室外载流量（A）
	室外	室内		室外	室内		
300	890	—	500	980	—	LGJQ-600	1050
400	1085	—	625	1140	—	LGJJ-300 LGJJ-400	705 850

如果导线周围环境温度不是25℃，则应将表14-5中对应的导线允许载流量乘以校正系数 K 值。校正系数 K 值大小见表14-6。

表14-6　环境温度（非25℃时）允许载流量校正系数 K 值

环境温度（℃）	−5	0	+5	+10	+15	+20	+25	+30	+35	+40	+45	+50
校正系数 K	1.29	1.24	1.2	1.15	1.11	1.05	1.0	0.94	0.88	0.81	0.74	0.67

在电网发生事故情况下，导线最高允许为90℃，允许的载流量应比表14-5中相应数值提高20%。

【例14-2】已知条件同【例14-1】，试按发热条件选择导线截面积。

解：负荷电流 $I_L = P/(\sqrt{3}U\cos\phi) = 40000/(\sqrt{3}\times 110 \times 0.8) \approx 262.44(A)$

在正常供电情况下，每回线路的输送电流为131.22A。为保证供电可靠性，当一回线发生事故而断开时，另一回应能输送全部电流。查表14-5，已选定的LGJ-150导线的允许载流量为445A，在发生事故情况下的允许载流量为534A，均远大于262.44A，故能满足发热条件的要求。

3）按允许电压损失校验导线截面积。按允许电压损失选择导线截面积应满足下列原则条件：线路电压损失≤允许电压损失。

线路电压损失可按下式计算：

$$\Delta U = \frac{PR + QX}{U_N} = \frac{Pr_0 + Qx_0}{U_N}L \tag{14-2}$$

式中 P——有功负荷，kW；

Q——无功负荷，kvar；

R——线路电阻（$R=r_0 l$），Ω；

X——线路电抗（$X=x_0 l$），Ω；

U_N——线路额定电压，kV；

r_0——每千米线路的电阻，Ω/km；

x_0——每千米线路的电抗，Ω/km；

L——线路长度，km。

根据已选的线路导线的 r_0、x_0 和线路长度 L、额定电压 U_N，用已知的负荷功率便可计算线路的电压损失。如果线路电压损失≤允许电压损失，则所选导线截面可用，否则应另选导线截面，并重新进行核算。

4）按机械强度求导线最小允许截面积。架空导线在运行中除了要承受导线自重，还要承受环境温度及运行温度变化产生的应力、风力、覆冰重力等作用力。当作用力过大时，可能造成断线事故。因此，为了保证安全，使导线有一定的抗拉强度，在大风、覆冰或低温等不利气象条件下不致造成断线事故，有关规程规定了架空线路导线的最小允许截面积，选用导线时不得小于表14-7所列数值。

表14-7　　架空线路导线最小允许截面积　　（mm^2）

导线种类	35kV线路	10kV线路		1kV及以下线路
		居民区	非居民区	
铝绞线	35	35	25	25
钢芯铝绞线	35	25	25	25
铜线	35	16	16	直径4.0mm

对于小负荷矩（线路传送功率与线路长度的乘积）的架空线路，选择导线截面积时，要特别注意机械强度问题。

5）按电晕损耗条件求导线最小允许直径。导线发生电晕时要消耗电能，增加线路电能损失，严重时还导致导线和金具表面烧毁。由于电晕放电具有高频振荡的特性，对线路附近的通信设施将发生干扰。导线发生电晕情况与气候条件、海拔高度及导线截面积有关。因此，对海拔较高地区的超高压线路导线截面积选择，主要取决于电晕条件。有关规程规定，在海拔高度不超过1000m的地区，如果导线直径不小于表14-8所列数值，一般可不验算电晕，反之则应进行电晕校验。

表14-8　　不验算电晕的导线最小直径

额定电压（kV）	60以下	110	220	330		500
导线外径（mm）	不限制	9.6	21.28	33.2	2×21.28	
参考截面积（mm^2）	—	50	240	600	2×240	2×500

综上，根据所要求的供电能力选择架空导线的截面积，对于送电线路，主要是按经济电流密度和允许电压损失来确定，同时应满足发热条件和机械强度的要求，此外还应满足避免产生电晕现象的最小导线直径的要求；对于配电线路，一般按允许电压损失来确定，但必须按发热条件进行校验，同时应满足规程规定的最小导线截面积的要求。

二、架空配电线路的导线排列、档距与线间距离

（1）架空配电线路的导线排列。对于10～35kV架空线路的导线，一般采用三角排列或水平排列；对于多回线路同杆架设的导线，一般采用三角、水平混合排列或垂直排列。

（2）架空配电线路的档距。架空配电线路的档距，应根据运行经验确定，如无可靠运行资料，一般采用表14-9所列数值。

35kV架空线路耐张段的长度不宜大于3～5km，10kV及以下架空线路耐张段的长度不宜大于2km。

表 14-9　架空配电线路的档距　(m)

地　区	线路电压	
	高压	低压
城镇	40～50	40～50
郊区	60～100	40～60

(3) 架空配电线路导线的线间距离。

1) 架空配电线路的线间距离，应结合运行经验确定，如无可靠运行资料，一般采用表14-10所列数值。

表 14-10　架空配电线路导线的最小线间距离　(m)

线路电压	档　距 (m)						
	40及以下	50	60	70	80	90	100
高压	0.6	0.65	0.7	0.75	0.85	0.9	1.0
低压	0.3	0.4	0.45	—	—	—	—

对于由变电站引出长度在1km的高压配电线路主干线，导线在杆塔上的布置，宜采用三角排列，或适当增大线间距离。

2) 同杆架设的双回线路或高、低压同杆架设的线路横担间的垂直距离，不应小于表14-11所列数值。

表 14-11　同杆架设线路横担之间的最小垂直距离　(m)

电压类型	杆　型	
	直线杆	分支杆或转角杆
高压与高压	0.8	0.45/0.60
高压与低压	1.20	1.0
低压与低压	0.60	0.30

注　表中0.45/0.60是指距上面的横担取0.45m，距下面的横担取0.6m。

3) 10kV及以下线路与35kV线路同杆架设时，导线间的垂直距离不应小于2.0m；35kV双回或多回线路的不同回路不同相导线间的距离不应小于3.0m。

4) 高压配电线路每相的过引线、引下线与邻相的过引线、引下线或导线之间的净空距离不应小于0.3m；高压配电线路的导线与拉线、电杆或构件间的净空距离不应小于0.2m；高压引下线与低压线间的距离不宜小于0.2m。

三、架空导线的弧垂及对地交叉跨越允许距离

(1) 弧垂。弧垂是相邻两杆塔导线悬挂点连线的中点对导线铅垂线的距离。弧垂的大小直接关系到线路的安全运行，弧垂过小，容易断线或断股；弧垂过大，则可能影响对地限距，在风力作用下容易混线短路。弧垂大小和导线的重量、气温、导线张力及档距等因素有关。导线重量越大，弧垂越大；温度增高，弧垂增加；导线张力越大，弧垂越小；档距越

大，弧垂越大。在同一档距中，各相导线的弧垂应力求一致，其允许误差不应大于0.2m。

（2）架空线路对地及交叉跨越允许距离。

1）导线与地面或水面的距离，在最大计算弧垂情况下，不应小于表14-12所列数值。

表14-12　导线与地面或水面的最小距离　(m)

线路经过地区	线路电压（kV）		
	35	3～10	3以下
居民区	7.0	6.5	6.0
非居民区	6.0	5.5	5.0
不能通航及不能浮运的河、湖的冬季冰面	6.0	5.0	5.0
不能通航及不能浮运的河、湖的最高水位	3.0	3.0	3.0
交通困难地区	5.0	4.5	4.0

2）导线与山坡、峭壁、岩石之间的净空距离，在最大计算风偏情况下，不应小于表14-13所列数值。

表14-13　导线与山坡、峭壁、岩石之间的最小净空距离　(m)

线路经过地区	线路电压（kV）		
	35	3～10	3以下
步行可以到达的山坡	5.5	4.5	3.0
步行不能到达的山坡、峭壁、岩石	3.0	1.5	1.0

3）3～35kV架空电力线路不应跨越屋顶为燃烧材料做成的建筑物，对耐火屋顶的建筑物应尽量不跨越，如需跨越应与有关单位协商或取得当地政府的同意。导线与建筑物的垂直距离在最大计算弧垂情况下，35kV线路不应小于4.0m，3～10kV线路不应小于3.0m，3kV以下线路不应小于2.5m。

4）架空电力线路边导线与建筑物的距离，在最大风偏情况下，35kV线路不应小于3.0m，3～10kV线路不应小于1.5m，3kV以下线路不应小于1.0m。

5）架空电力线路通过公园、绿化区和防护林带，导线与树木之间的净空距离，在最大风偏情况下，35kV线路不应小于3.5m，10kV以下线路不应小于3.0m。架空电力线路通过果林、经济作物以及城市灌木林，不应砍伐通道，导线至树梢的距离，在最大计算弧垂情况下，35kV线路不应小于3.0m，10kV以下线路不应小于1.5m。导线与街道行道树之间的距离不应小于表14-14所列数值。

表14-14　导线与街道行道树之间的最小距离　(m)

线路电压（kV）	35	3～10	3以下
在最大计算弧垂情况下的垂直距离	3.0	1.5	1.0
在最大计算风偏情况下的水平距离	3.5	2.0	1.0

6）架空电力线路跨越架空弱电线路时，其交叉角对于一级弱电线路，应≥45°；对于二级弱电线路，应≥30°。

第三节　架空电力线路运行维护

一、架空电力线路运行标准

（1）杆塔位移与倾斜的允许范围：杆塔偏离线路中心线的距离不应大于0.1m；对于木杆与混凝土杆倾斜度（包括挠度），直线杆、转角杆不应大于15‰，转角杆不应向内侧倾斜，终端杆不应向导线侧倾斜，向拉线侧倾斜应小于200mm；50m以下铁塔倾斜度不应大于10%，50m及以上铁塔倾斜度不应大于5‰。

（2）混凝土杆不应有严重裂纹、流铁锈水等现象，保护层不应脱离、酥松、钢筋外露，不宜有纵向裂纹，横向不宜超过1/3周长，且裂纹宽度不宜大于0.5mm；木杆不应严重腐朽；铁塔不应严重腐蚀，主材弯曲度不得超过5‰，各部位螺栓应紧固，混凝土基础不应有裂纹、酥松、钢筋外露。

（3）横担与金具应无锈蚀、变形、腐朽。铁横担、金具腐蚀不应起皮和出现严重麻点，锈蚀表面积不宜超过1/2，木横担腐朽深度不应超过横担宽度的1/3。

（4）横担上下倾斜、左右偏歪不应大于横担长度的2%。

（5）导线通过的最大负荷电流不应超过其允许电流。

（6）导（地）线接头无变色和严重腐蚀，连接线夹螺栓应紧固。导（地）线应无断股；7股线的其任一股导线损伤深度不得超过该股导线直径的1/2，19股以上的其某一处的损伤不得超过3股。

（7）导线过引线、引下线对电杆的构件、拉线、电杆间的净空距离，对于1～10kV不应小于0.2m，对于1kV以下不应小于0.1m。每相导线过引线、引下线对邻相导体、过引线、引下线的净空距离，对于1～10kV不应小于0.3m，对于1kV以下不应小于0.15m。1～10kV引下线与低压线间的距离，不应小于0.2m。

（8）三相导线的弧垂应力求一致，误差不得超过设计值的－5%～＋10%；档距内各相导线弧垂相差不应超过50mm。

（9）绝缘子应根据地区污秽等级和规定的泄漏比距选择其型号，验算表面尺寸。绝缘子、瓷横担应无裂纹，釉面剥落面积不应大于100mm^2，瓷横担线槽外端头釉面剥落面积不应大于200mm^2，铁脚无弯曲，铁件无严重腐蚀。

（10）拉线应无断股、松弛和严重腐蚀。水平拉线对通车路面中心的垂直距离不应小于6m。拉线棒应无严重腐蚀、变形、损伤及上拔等现象。拉线基础应牢固，周围土壤无突起、沉陷、缺土等现象。

（11）接户线的绝缘层应完整，无剥落、开裂等现象，导线不应松弛，每根导线接头不应多于一个，且必须用同一型号导线相连接。接户线的支持构件应牢固，无严重腐蚀、腐朽。导线、接户线的限距及交叉跨越距离应符合规程规定。

二、架空电力线路巡视

架空电力线路巡视是指巡视人员较为系统和有序地查看线路设备，是线路设备管理工作的重要环节和内容，是运行工作中最基本的工作。巡视是为了及时掌握线路及设备的运行状况，包括沿线的环境状况；发现并消除设备缺陷，预防事故发生；提供详实的线路设备检修内容。

按巡视的性质和方法不同，线路巡视一般可分为定期巡视、夜间巡视、特殊巡视、故障巡视、登杆塔巡视和监察性巡视。

（1）巡视种类。

1）定期巡视。定期巡视也称正常巡视，其目的是为了全面掌握线路各部件的运行情况及沿线环境情况，根据岗位责任制，每条线路都必须设专人负责按规定周期巡视上线路。定期巡视可由一个人进行，但巡视中不得攀登杆塔及带电设备，并应与带电设备保持足够的安全距离。

规程规定，定期巡视周期为公网及专线每月一次，其他线路每季至少一次。

2）夜间巡视。夜间巡视能有效地发现白天巡视中不能发现的线路缺陷，如电晕现象；绝缘子污秽严重而发生表面闪络前的局部火花放电现象；因导线连接器接触不良，在线路负荷电流较大时使导线温度升高导致导线连接器烧红现象等。

规程规定，夜间巡视周期为公网及专线每半年一次，其他线路每年一次。

3）特殊巡视。特殊巡视是在气候有较大变化（如大风、大雪、大雾、暴风、冰雹、粘雪），发生自然灾害（如地震、河水泛滥、山洪暴发、火灾等）及线路过负荷和其他特殊情况（如开挖、修路、建房等）出现之后，对线路全线或某几段或某些部件进行的巡视检查，查明线路在经过上述情况之后有无异常现象和部件损坏变形等情况，以便及时采取必要的补救措施。

特殊巡视的周期不作规定，根据实际情况随时进行。

4）故障巡视。故障巡视是为了及时查明线路发生故障的地点和原因，以便排除。无论线路断路器重合与否，均应在故障跳闸或发现接地后立即进行巡视，以便及时消除故障，恢复线路供电。

5）登杆塔巡视。登杆塔巡视是为了弥补地面巡视的不足，全面准确掌握杆塔情况。较高的杆塔上各部件在地面检查时若有看不清或发生疑问时，可在保持足够的带电安全距离情况下登杆塔进行观察。如绝缘子顶部有无多雷击闪络痕迹、裂纹，开口销、弹簧销、螺母等是否缺少，导线和线夹接合处是否烧伤等现象，均需登上杆塔检查。这种巡视可根据需要进行，但登杆塔巡视必须有专人进行监护，以防发生触电伤人。

6）监察性巡视。由运行部门领导和线路专责技术人员进行，也可由专责巡线人员互相交叉进行。目的在于了解线路和沿线情况，检查专责人员巡线工作质量，并提高工作水平。巡线可在春季、秋季安全检查及高峰负荷时进行，可全面巡视，也可抽巡。

规程规定，监察性巡视周期为每年至少一次。

（2）巡视内容。

1）杆塔巡视检查。

① 杆塔是否倾斜、弯曲、下沉、上拔，杆塔基周围土壤有无挖掘或沉陷。

② 电杆有无裂缝、酥松、露筋、冻鼓，杆塔构件、横担、金具有无变形、锈蚀、丢失，螺栓、销子有无松动。

③ 杆塔上有无鸟巢或其他异物。

④ 电杆有无杆号等明显标志，各种标志牌是否齐全、完备。

2）绝缘子巡视检查。

① 绝缘子有无破损、裂纹，有无闪络放电现象，表面是否严重脏污。

② 绝缘子有无歪斜，紧固螺栓是否松动，扎线有无松、断。

③ 瓷横担装设是否符合要求，倾斜角度是否符合规定。

3）导线巡视检查。

① 导线的三相弧垂是否一致，对各种交叉跨越距离及对地垂直距离是否符合规定，过引线对邻相及对地距离是否符合要求。

② 裸导线有无断股、烧伤、锈蚀，连接处有无接触不良、过热现象。

③ 绝缘导线外皮有无磨损、变形、龟裂等，绝缘护罩扣是否紧密；沿线树枝有无刮蹭绝缘导线；红外监测技术检查触点是否发热。

4）避雷器巡视检查。

① 绝缘裙有无损伤、闪络痕迹，表面是否脏污。

② 固定件是否牢固，金具有无锈蚀。

③ 引线连接是否良好，上下压线有无开焊、脱落，触点有无锈蚀。

④ 有无防害空白点。

5）接地装置的巡视检查。

① 接地引下线有无断股、损伤，接地线夹是否丢失。

② 接头接触是否良好，接地线有无外露和严重腐蚀。

6）拉线巡视检查。

① 拉线有无锈蚀、松弛、断股。

② 拉线棒有无偏斜、损坏。

③ 水平拉线对地距离是否符合要求。

三、架空电力线路常见故障与反事故措施

（1）架空电力线路常见故障。

1）导线损伤、断股、断裂。导线损伤、断股会降低导线的机械强度、减少导线的安全载流量，情况严重时造成导线断裂，致使供电中断。因此应及时进行处理。

2）倒杆。因外界原因（如杆基失土、洪水冲刷、外力撞击等）使杆塔的平衡状态失去控制，造成倒杆塔，致使供电中断。有时，电杆严重倾斜，虽还在继续运行，但由于各种电气距离发生很大变化，继续供电将会危及设备和人身安全，必须停电予以修复。

3）接头发热。导线接头在运行过程中，常因氧化、腐蚀等产生接触不良，使接头处的电阻远远大于同长度导线的电阻，电流的热效应使接头处导线的温度升高，造成接头处发热。

检查导线接头过热的方法，一般是观察导线有无变色现象，也可以用贴“示温蜡片”的方法。发现导线接头过热，首先应设法减小该线路的负荷，同时增加夜间巡视，观察导线接头处有无发红的现象，发现导线接头发热严重，应将该线路停电进行处理。

4）导线对被跨越物放电事故。当气温升高、负荷电流过高或导线覆冰时，导线弧垂将增大，使交叉跨越距离和对地限距减小。当带电导线对被跨越物的安全距离不满足规范要求时，就容易发生对被跨越物的放电现象，给线路的安全运行带来威胁。

5）单相接地。线路中某相导线的一点对地绝缘性能丧失，该相电流便会经由该接地点流入大地，形成单相接地。单相接地是较常见的一种故障，其危害主要在于使三相平衡系统受到破坏，非故障相的电压将会升高到原来的$\sqrt{3}$倍，可能会引起非故障相绝缘的破坏。造成单相接地的因素主要有树枝碰触导线、一相导线的断线落地、跳线因风偏造成对杆塔放电、避雷器单相击穿等。

6）两相短路。线路的任意两相之间发生直接放电，使通过导线的电流比正常时增大了许多倍，并在放电点形成强烈电弧烧坏导线，中断供电。造成两相短路的因素主要有发生混线、遭受雷击、外力破坏等。

7）三相短路。在线路的同一地点三相导线之间发生直接放电。它是线路上最严重的电气故障。造成三相短路的因素主要有线路带地线合闸、线路倒杆造成三相接地等。

8）缺相。架空导线断落后未造成接地，便形成缺相运行。此时送电端三相有电压，但受电端一相无电流，用户的三相设备如电动机便无法运转。造成缺相运行的因素主要有熔丝一相烧断、杆塔一相跳线接头不良或烧断等。

（2）反事故措施。为保证线路的安全运行，防止事故的发生，除定期对线路进行巡视检查外，还要采取下述反事故措施。

1）防雷。每年雷雨季节前，要更换已损坏的绝缘子及零值绝缘子；将防雷装置检查、试验并安装好；对接地装置进行检查、维修，测试其接地电阻值。

2）防暑。高温季节前，做好弧垂、交叉跨越距离的检查和调整，防止弧垂过大导致事故；对大负荷线路和设备要加强温度监视，并注意各连接点的温度情况。

3）防寒。严冬前，检查弧垂，防止弧垂过小导致断线；注意覆冰情况。

4）防风。多风季节前，在线路两侧剪除过近的树枝，清除线路附近杂物；检查杆基，必要时加固。

5）防汛。雨季前，对易受河水冲刷或因挖土造成杆基不稳的电杆采取加固措施。

6）防污闪。在容易发生污闪事故的季节到来前，对绝缘子进行测试、清扫；在空气污染地区选用防污绝缘子取代普通绝缘子。

四、架空电力线路防污闪

（1）污闪形成原因。由于架空线路周围的大气环境污染，线路绝缘子表面附着许多污秽物质。在雾、小雨或天气比较潮湿情况下，积附在绝缘子表面上的污秽物质呈湿润状态，其中的可溶性盐类被水溶解，形成电解层。在电压作用下，表面泄漏电流开始流过，该电流产生的热量使水分蒸发，引起电阻局部改变。由于绝缘子表面污秽分布不均匀，电流密度较大的部位首先干燥，形成的部分干燥带又使泄漏电流减小，此时该部分的电压会急剧升高，电位差增大，产生局部的火花放电，形成很小的电弧。当电流较小时，电弧在交流电流过零时会熄灭。但在湿润污层电导率较高时，泄漏电流较大，并有大量电弧产生的游离气体存在，在电流过后，电弧仍可不断延伸和扩大，使绝缘子电极间产生连续放电，以至于发展为运行电压下的完全闪络。

（2）污闪的特点。

1）污闪一般发生在运行电压下。

2）污闪通常在一段相当长的时间内多次发生，不易为重合闸所消除。

3）污闪与绝缘子表面附着物有关。

4）污闪有季节性，气候条件与污闪关系密切。

5）污闪多发生在日出前的短暂时间或刚日出的那个时刻。

（3）绝缘配置。

1）绝缘子的泄漏距离。绝缘子外绝缘的泄漏是指正常承受运行电压的二极间沿绝缘子外表面轮廓的最短距离。如图 14-18 所示，a 点至 b 点的距离就是绝缘子的泄漏距离。

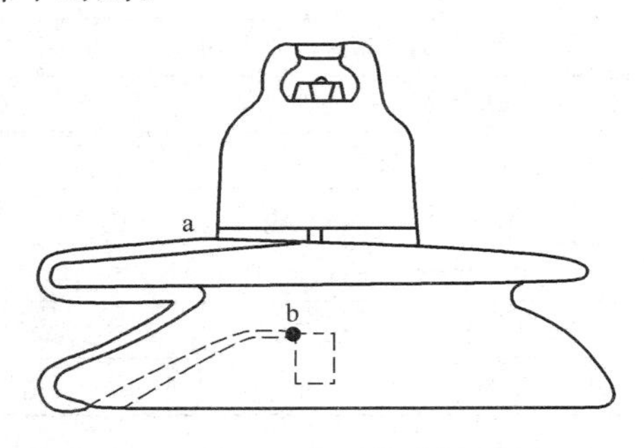

图 14-18　绝缘子的泄漏距离

外绝缘的泄漏距离对系统额定电压之比称外绝缘的泄漏比值。

2）绝缘子配置。污区闪络的绝缘子爬距要根据线路经过地区的污秽等级来配置。电瓷外绝缘爬距的配置要符合其所处地区污秽等级的要求，考虑大气污秽的情况并留有适当的余地。重要线路、厂、矿可适当提高外绝缘爬距。配电系统一般都是中性点非直接接地系统，当一相接地，其他两相在线电压下较长时间运行，所以配电线路对绝缘子爬距的配置要求更高。

3）绝缘子形状的选择。绝缘子结构形状与其防护性能关系很大，形状选择不当，即使外绝缘的泄漏比距已达到污区分布图的要求，也可能发生污闪。

（4）防污闪措施。

1）根据污区分布图，合理配置绝缘子的爬距。

2）根据运行经验，选用造型合适的绝缘子。

3）定期清扫绝缘子，加强运行维护。

4）采用防污涂料，改善瓷质绝缘子抗污性能。

5）定期测试，及时更换不良绝缘子。

6）采用合成绝缘子，提高抗污能力。

五、架空电力线路检修

（1）线路维护、检修的标准项目和周期。为提高线路的健康水平，达到线路安全运行的目的，以保证对社会安全供电，要经常对线路进行维护和检修，及时发现、处理线路存在的缺陷和威胁线路安全运行的薄弱环节，预防事故的发生。

线路的维护、检修项目应按照设备的状况及巡视和测试结果确定，其标准项目及周期见表 14-15。

表 14-15　　线路维护、检修的标准项目和周期

序号	项　目	周　期	备　注
1	绝缘子清扫 （1）定期清扫 （2）污秽区清扫	每年一次 每年两次	根据线路的污秽情况，采取防污措施，可适当延长或缩短周期
2	镀锌铁塔紧固螺栓	每五年一次	新线路投入运行一年后需紧一次
3	混凝土杆、木杆各部紧固螺栓	每五年一次	新线路投入运行一年后需紧一次

续表

序号	项　目	周　期	备　注
4	铁塔刷油	每3～5年一次	根据其表层状况决定
5	木杆杆根刷防腐油漆	每年一次	
6	金属基础防腐处理		根据检查结果决定
7	杆塔倾斜扶正		根据巡视测量结果决定
8	混凝土杆内排水	每年一次	结冻前进行（不结冻地区不进行）
9	并沟线夹紧固螺栓	每年一次	结合检修进行
10	防护区内砍伐树、竹	每年至少一次	根据巡视结果决定
11	巡线道、桥的修补	每年一次	根据巡视结果决定

（2）线路维护工作主要内容。线路维护是一种较小规模的检修项目，一般是处理和解决一些直接影响线路安全运行的设备缺陷，原则上不包括线路大型检修和线路技术改进工程，只是进行一些小的修理工作，其目的是保证线路安全运行到下一个检修周期。线路维护工作主要有以下内容：

1）清扫绝缘子，提高绝缘水平。

2）加固杆塔和拉线基础，增加稳定性。

3）混凝土电杆损坏修补和加固，提高电杆强度。

4）杆塔倾斜和挠曲调整，以防挠曲或倾斜过大造成倒杆断杆。

5）混凝土电杆铁构件及铁塔刷漆、喷锌处理，以防锈蚀。

6）金属基础和拉线棒地下部分抽样检查，及时作好锈蚀处理。

7）导线、避雷线烧伤、断股检查，及时修复。

8）补加杆塔材料和部件，尽快恢复线路原有状态。

9）做好线路保护区清障工作，确保线路安全运行。

10）进行运行线路测试（测量）工作，掌握运行线路的情况。

11）向沿线群众广泛深入地宣传《电力法》及《电力设施保护条例》，使其家喻户晓，从而能自觉保护电力线路及设备。

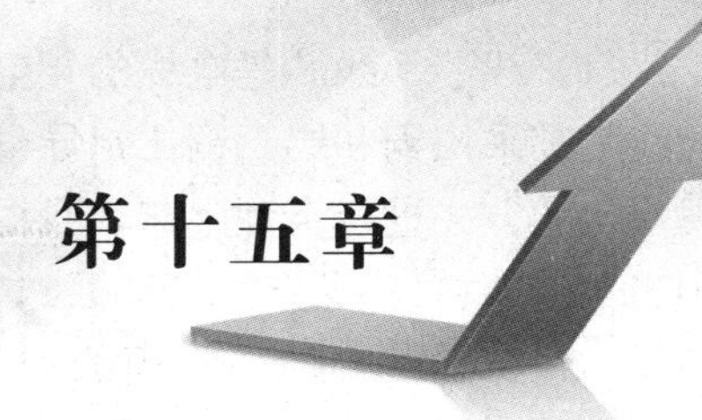

第十五章

电 力 电 缆 线 路

第一节　电力电缆线路的特点

电力电缆是一种地下敷设的送电线路，在应用中具有以下特点。

一、电缆线路的优点

（1）不占用地上空间。地下敷设电缆不占用地上空间，一般不受地上建筑物的影响。

（2）供电可靠性高。直埋电缆及沟、隧道敷设电缆，不受雷电、风害、鸟害、挂冰、人为故障等外界因素的影响，供电可靠性高。

（3）电击可能性小。电缆线路敷设于地下，无论发生何种故障，由于带电部分在接地屏蔽部分内，只会造成跳闸，不会伤害人畜，比较安全。

（4）分布电容较大。电缆的结构相当于一个电容器，无功输出非常大。

（5）维护工作量少。电缆线路在地下，一般情况（充油电缆线路除外）只需定期进行路面观察防止外损及2～3年做一次预防性试验即可。

二、区别于架空线路的缺点

（1）投资费用大。同样的导线截面积，电缆的输送容量比架空线路小。但电缆线路的综合投资费用为相同输送容量架空线路的几倍。

（2）引出分支线路比较困难。电缆线路如需分支供电，则需增添一定的设备才能达到分支的目的，如分支箱或T形接头等。

（3）故障测寻比较困难。电缆线路在地下，故障点无法看到，必须使用专用仪器进行测量。

（4）电缆头制作工艺要求高。为保证电缆线路的绝缘强度和密封保护的要求，电缆头制作工艺要求较高，费用高。

第二节　电力电缆的基本结构与种类

电力电缆是指外包绝缘的绞合导线，有的还包有金属外皮并加以接地。因为是三相交流输电，必须保证三相送电导体相互间及对地的绝缘，必须有绝缘层。为了保护绝缘和防止高电场对外产生辐射干扰通信等，又必须有金属护层。另外，为了防止外力损坏还必须有铠装和护套等。

一、电力电缆基本结构

电力电缆的基本结构由线芯（导体）、绝缘层、屏蔽层和保护层四部分组成。

（1）线芯。线芯是电缆的导电部分，用来输送电能，是电缆的主要部分。目前电力电缆的线芯都采用铜和铝，铜比铝导电性能好、机械性能高，但铜比铝价高。电缆的截面积采用规范化的方式进行定型生产，我国目前的规格是：10～35kV电缆的导电部分截面积为35、50、70、95、120、150、185、240、300、400、500、630、800mm^2等19种规格，目前16～400mm^2之间的12种是常用的规格。110kV及以上电缆的截面积规格为100、240、400、600、700、845、920$mm^2$7种规格，现已有1000mm^2及以上规格。线芯按数目可分为单芯、双芯、三芯和四芯。按截面形状又可分为圆形、半圆形和扇形。根据电缆不同品种与规格，线芯可以制成实体，也可以制成绞合线芯，绞合线芯由圆单线和成形单线绞合而成。

（2）绝缘层。绝缘层是将线芯与大地以及不同相的线芯间在电气上彼此隔离，保证电能输送，是电缆结构中不可缺少的组成部分。绝缘层材料要求选用耐压强度高、介质损耗低、耐电晕性能好、化学性能稳定、耐低温、耐热性能好、机械加工性能好、使用寿命长、价格便宜的材料。

（3）屏蔽层。6kV及以上的电缆一般都有导体屏蔽层和绝缘屏蔽层。导体屏蔽层的作用是消除导体表面的不光滑（多股导线绞合产生的尖端）所引起导体表面电场强度的增加，使绝缘层和电缆导体有较好的接触。同样，为了使绝缘层和金属护套有较好的接触，一般在绝缘层外表面均包有外屏蔽层。油纸电缆的导体屏蔽材料一般用金属化纸带或半导电纸带。绝缘屏蔽层一般采用半导电纸带。塑料绝缘电缆、橡皮绝缘电缆的导体或绝缘屏蔽材料分别为半导电塑料和半导电橡皮。对于无金属护套的塑料电缆、橡胶电缆，在绝缘屏蔽外还包有屏蔽铜带或铜丝。

（4）保护层。保护层的作用是保护电缆免受外界杂质和水分的侵入，以及防止外力直接损坏电缆。保护层材料的密封性和防腐性必须良好，并且有一定机械强度。

二、常用电力电缆种类与适用范围

按电缆结构和绝缘材料种类的不同进行分类如下。

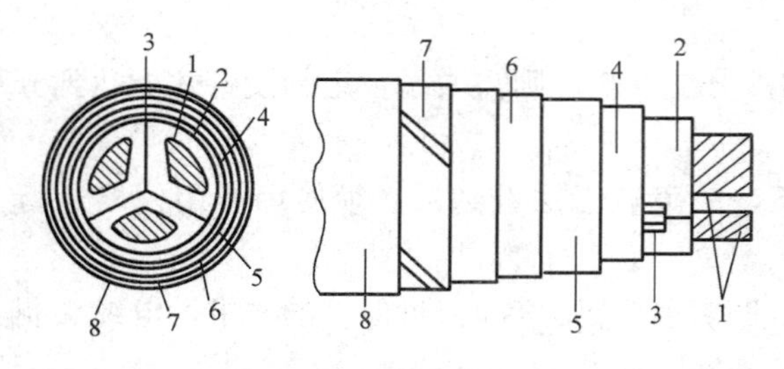

图15-1　不滴漏油浸纸带绝缘型（统包型）电缆基本结构图

1—线芯；2—线芯绝缘；3—填料；4—带（统包）绝缘；5—内护套；6—内衬层；7—铠装层；8—外被层（外护套）

（1）不滴漏油浸纸带绝缘型电缆。该电缆三线芯的电场在同一屏蔽内，电场的叠加使电缆内部的电场分布极不均匀，电缆绝缘层的绝缘性能不能充分利用，因此这种结构的电缆只能用在10kV及以下的电压等级。不滴漏油浸纸带绝缘型（统包型）电缆基本结构如图15-1所示。

（2）不滴漏油浸纸绝缘分相型电缆。该电缆结构上使内部电场分布均匀和气隙减小，绝缘性能比带绝缘型结构好，因此适用于20～35kV电压等级，个别可使用在66kV电压等级上。不滴漏油浸纸绝缘分相型电缆基本结构如图15-2所示。

（3）橡塑电缆。橡塑电缆具体包括以下三种：

1）交联聚乙烯绝缘电缆。该电缆容许温升高，允许载流量较大，耐热性能好，适合用于高落差和垂直敷设，介电性能优良；但抗电晕、游离放电性能差。接头工艺虽严格，但对技工的工艺技术水平要求不高，因此便于推广，是一种比较理想的电缆。交联聚乙烯绝缘电缆基本结构如图 15-3 所示。

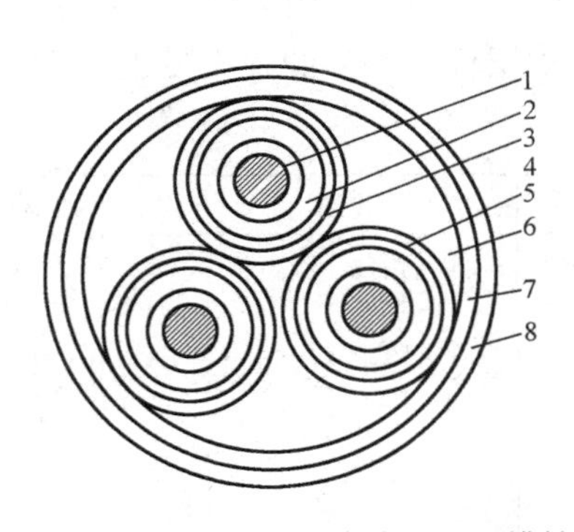

图 15-2 不滴漏油浸纸绝缘分相型电缆结构图

1—线芯；2—线芯屏蔽；3—线芯纸绝缘；4—绝缘屏蔽；5—铅护套；6—内垫层及填料；7—铠装层；8—外被层（或外护套）

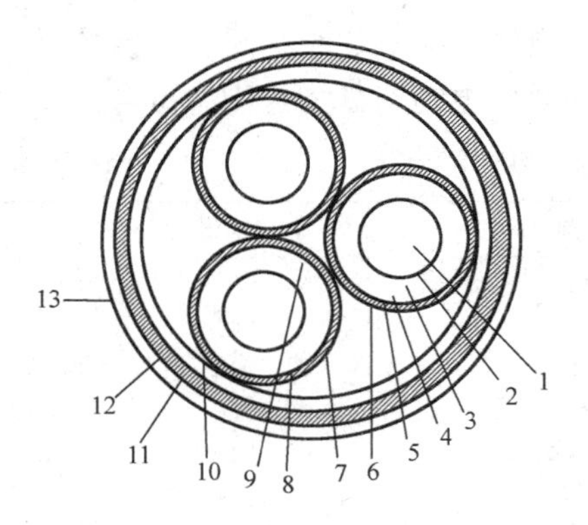

图 15-3 交联聚乙烯绝缘电缆基本结构图

1—线芯；2—线芯屏蔽；3—交联聚乙烯绝缘；4—绝缘屏蔽；5—保护带；6—铜丝屏蔽；7—螺旋铜带；8—塑料带；9—中心填芯；10—填料；11—内护套；12—铠装层；13—外护层

2）聚氯乙烯绝缘电缆。该电缆化学稳定性高，安装工艺简单，材料来源充足，能适应高落差敷设，敷设维护简单方便。但因其绝缘强度低、耐热性能差、介质损耗大，并且在燃烧时会释放氯气，对人体有害和对设备有严重的腐蚀作用，所以一般只在 6kV 及以下电压等级中应用。聚氯乙烯绝缘电缆基本结构如图 15-4 所示。

3）橡胶绝缘电缆。该电缆柔软性好，易弯曲，有较好的耐寒性能、电气性能、机械性能和化学稳定性，对气体、潮气、水的渗透性较好；但耐电晕、臭氧、热、油的性能较差。因此一般只用在 138kV 以下的电力电缆线路中。由于橡胶绝缘电缆具有良好抗水性，因此适合作海底电缆，由于橡胶绝缘电缆具有很好的柔软特性，因此更适合在矿井和船舶上敷设使用。橡胶绝缘电缆的基本结构如图 15-5 所示。

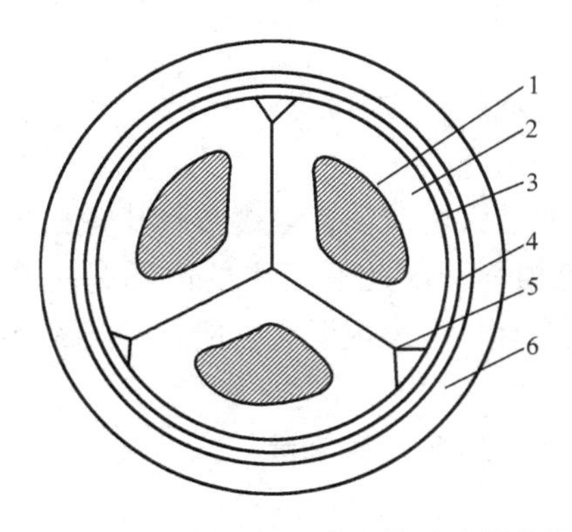

图 15-4 聚氯乙烯绝缘电缆基本结构图

1—线芯；2—聚氯乙烯绝缘；3—聚氯乙烯内护套；4—铠装层；5—填料；6—聚氯乙烯外护套

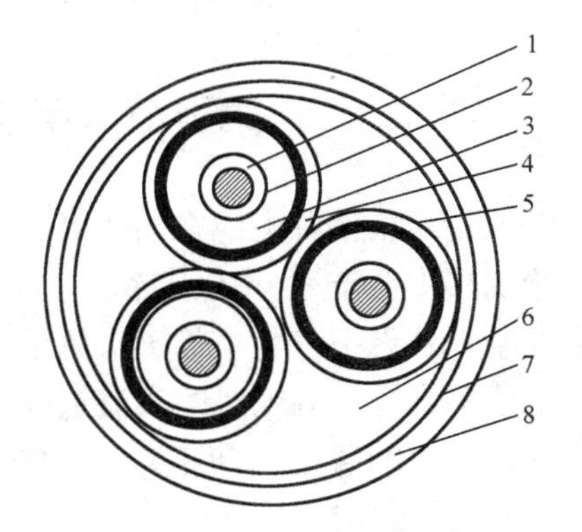

图 15-5 橡胶绝缘电缆基本结构图

1—线芯；2—线芯屏蔽层；3—橡皮绝缘层；4—半导电屏蔽层；5—铜带屏蔽层；6—填料；7—橡皮布带；8—聚氯乙烯外护套

三、电力电缆型号

（1）电缆型号。我国电缆产品的型号由几个大写的汉语拼音字母和阿拉伯数字组成。用字母表示电缆的类别、绝缘材料、导体材料、内护层材料、特征，用数字表示铠装层和外被层类型。我国电缆产品型号中字母含义见表15-1，外护层代号数字的含义见表15-2。

表15-1　电缆产品型号中字母含义

类别、特征	绝缘	导体	内护层	其他特征
电力电缆（省略） K—控制 C—船用 P—信号 B—绝缘电缆 ZR—阻燃	Z—纸 X—橡胶 V—PVC Y—PE YJ—XLPE	T—铜芯（省略） L—铝芯	Q—铅包 L—铅包 Y—PE V—PVC	D—不滴漏 F—分相金属套 P—屏蔽 CY—充油

表15-2　外护层代号数字含义

代号	加强层	铠装层	外被层或外护套
0	—	无	—
1	径向铜带	联锁钢带	纤维外被
2	径向不锈钢带	双钢带	聚氯乙烯外护套
3	径、纵向钢带	细圆钢丝	聚乙烯外护套
4	径、纵向不锈钢带	粗圆钢丝	
5		皱纹钢带	
6		双铝带或铝合金带	

注　一般情况型号由两位数字组成，顺序接铠装层和外被层。特制外护套由三位数字组成，如充油电缆。

（2）电缆型号规范表示法。一般一条电缆的规格除标明型号外，还应说明电缆的芯数、截面积、工作电压和长度，如ZQ22-3×70-10-300表示铜芯、纸绝缘、铅包、双钢带铠装、聚氯乙烯外护套，3芯、截面积70mm²，电压为10kV，长度为300m的电力电缆。又如YJLV22-3×150-10-400表示铝芯、交联聚乙烯绝缘、双钢带铠装、聚氯乙烯外护套，3芯、截面积150mm²，电压为10kV，长度为400m的电力电缆。

第三节　电力电缆载流能力

电缆载流量是指某种电缆在输送电能时允许传送的最大电流值。电缆导体中流过电流时会发热，绝缘层中会产生介质损耗，护层中有涡流等损耗。因此运行中的电缆是一个发热体。如果在某一状态下发热量等于散热量，电缆导体就有一个稳定温度。刚好使导线的稳定温度达到电缆最高允许温度时的载流量或安全载流量。

在实际运用中的载流量有三类：一是长期工作条件下的允许载流量，二是短时间允许通过的电流，三是短路时允许通过的电流。

一、电缆长期允许载流量

当电缆导体温度等于电缆最高长期工作温度，而电缆中的发热与散热达到平衡时的负载电流，称为电缆长期允许载流量。表15-3及表15-4分别给出了部分电缆长期允许载流量。当环境温度变化时，电缆埋设环境温度不一样，允许载流量也不同，应乘以校正系数。电缆载流量的校正系数见表15-5。对不同截面电缆，当埋于地下的土壤热阻系数不同时的载流量校正系数见表15-6。当电缆直接埋地多根并列敷设时的载流量校正系数见表15-7。电缆导体的长期允许工作温度不应超过表15-8所规定的值。

表15-3 铝芯纸绝缘、聚氯乙烯绝缘铠装电缆和交联聚乙烯绝缘电缆长期允许载流量（直埋地下25℃，土壤热阻系数为80℃·cm/W）

导体截面积（mm²）	长期允许载流量（A）													
	1kV						3kV	6kV			10kV		20～35kV	
	两芯		三芯		四芯									
	纸绝缘	聚氯乙烯绝缘	纸绝缘	聚氯乙烯绝缘	纸绝缘	聚氯乙烯绝缘	纸绝缘	纸绝缘	聚氯乙烯绝缘	交联聚乙烯绝缘	纸绝缘	交联聚乙烯绝缘	纸绝缘	交联聚乙烯绝缘
2.5	29.7		28		28		28							
4	39	35	37	30	37	29	37							
6	50	43	46	38	46	37	46							
10	66	56	60	51	60	50	60	55	46	70				
16	86	76	80	67	80	65	80	70	63	90	65	90		
25	112	100	105	88	105	85	105	95	81	110	90	105	80	90
35	135	121	130	107	130	110	130	110	102	135	105	130	90	115
50	168	147	160	133	160	135	160	135	127	165	130	150	115	135
70	204	180	190	162	190	162	190	165	154	205	150	185	135	165
95	243	214	230	190	230	196	230	205	182	230	185	215	165	185
120	275	247	265	218	265	223	265	230	209	260	215	245	185	210
150	316	277	300	248	300	252	300	260	237	295	245	275	210	230
185			340	279	340	284	340	295	270	345	275	325	230	250
240			400	324	400		400	345	313	395	325	375		
300	—	—	—	—	—	—	—	—	—	—	—	—	—	—

注 1. 铜芯电缆载流量为表中数值乘以校正系数1.3。
2. 本表为单根电缆容量。
3. 单芯塑料电缆为三角排列，中心距等于电缆外径。

表15-4 铝芯纸绝缘、聚氯乙烯绝缘铠装电缆和交联聚乙烯绝缘电缆在空气中（25℃）长期允许载流量

导体截面积（mm²）	长期允许载流量（A）													
	1kV						3kV	6kV			10kV		20～35kV	
	两芯电缆		三芯电缆		四芯电缆									
	纸绝缘	聚氯乙烯绝缘	纸绝缘	聚氯乙烯绝缘	纸绝缘	聚氯乙烯绝缘	纸绝缘	纸绝缘	聚氯乙烯绝缘	交联聚乙烯绝缘	纸绝缘	交联聚乙烯绝缘	纸绝缘	交联聚乙烯绝缘
2.5	26		24		24		24							
4	34	27	32	23	32	23	32							
6	44	35	40	30	40	30	40			48				
10	60	46	55	40	55	40	55	48	43	60		60		
16	80	62	70	54	70	54	70	60	56	85	60	80		
25	105	81	95	73	95	73	95	85	73	100	80	95	75	85
35	128	99	115	88	115	92	115	100	90	125	95	120	85	110
50	160	123	145	111	145	115	145	125	114	155	120	145	110	135
70	197	152	180	138	180	141	180	155	143	190	145	180	135	165
95	235	185	220	167	220	174	220	190	168	220	180	205	165	180
120	270	215	255	194	255	201	255	220	194	255	205	235	180	200
150	307	246	300	225	300	231	300	255	223	295	235	270	200	230
185			345	257	345	266	345	295	256	345	270	320	230	
240			410	305	410		410	345	301		320			
300	—	—	—	—	—	—	—	—	—	—	—	—	—	—

注 1. 铜芯电缆载流量为表中数值乘以校正系数1.3。
2. 本表为单根电缆容量。
3. 单芯塑料电缆为三角排列，中心距等于电缆外径。

表 15-5　　环境温度变化时载流量的校正系数

导体工作温度（℃）	环境温度（℃）								
	5	10	15	20	25	30	35	40	45
80	1.17	1.13	1.09	1.04	1.0	0.954	0.905	0.853	0.798
65	1.22	1.17	1.12	1.06	1.0	0.935	0.865	0.791	0.707
60	1.25	1.20	1.13	1.07	1.0	0.926	0.845	0.756	0.655
50	1.34	1.26	1.18	1.09	1.0	0.895	0.775	0.633	0.447

注　环境温度变化时，载流量的校正系数也可按下式计算：

$$校正系数 = (\Delta\theta_2/\Delta\theta_1)^{1/2}$$

式中　$\Delta\theta_1$——导体工作温度与载流量表中规定的环境温度之间的温差，℃；

$\Delta\theta_2$——导体工作温度与实际环境温度之间的温差，℃。

表 15-6　　土壤热阻系数不同时载流量的校正系数

导体截面积（mm^2）	土壤热阻系数（℃·cm/W）				
	60	80	120	160	200
2.5～16	1.06	1.0	0.9	0.83	0.77
25～95	1.08	1.0	0.88	0.80	0.73
120～240	1.09	1.0	0.86	0.78	0.71

注　土壤热阻系数划分为：潮湿地区（指沿海、湖、河畔地区、雨量多地区，如华东、华南地区等），取60～80；普通土壤（指一般平原地区，如东北、华北等），取120；干燥土壤（指高原地区、雨量少的山区、丘陵等干燥地带），取160～200。

表 15-7　　电缆直接埋地多根并列敷设时载流量校正系数

并列根数 / 电缆间净距(mm)	1	2	3	4	5	6	7	8	9	10	11	12
100	1.00	0.90	0.85	0.80	0.78	0.75	0.73	0.72	0.71	0.70	0.70	0.69
200	1.00	0.92	0.87	0.84	0.82	0.81	0.80	0.79	0.79	0.78	0.78	0.77
300	1.00	0.93	0.90	0.87	0.86	0.85	0.85	0.84	0.84	0.83	0.83	0.83

表 15-8　　电缆导体长期允许工作温度　　（℃）

额定电压（kV） / 电缆种类	3及以下	6	10	20～35	110～330
天然橡皮绝缘	65	65			
黏性纸绝缘	80	65	60	50	
聚氯乙烯绝缘	65	65			
聚乙烯绝缘		70	70		
交联聚乙烯绝缘	90	90	90	80	
充油纸绝缘				75	75

二、电缆允许短路电流

若电缆线路和发生短路故障，电缆导体中通过的电流可能达到其长期允许载流量的几倍或几十倍。但短路时间很短，一般只有几秒或更短时间。由短路电流所产生的损耗热量使导体发热、温度升高，由于时间短暂，绝缘层温度升高很少，因此规定当系统短路时，电缆导体的最高允许温度不宜超过下列规定。

（1）电缆线路中无中间接头时，按表15-9规定。

表15-9　电缆线路无中间接头时最高允许温度　（℃）

绝缘种类	短路时导体最高允许温度		
天然橡皮绝缘			150
黏性纸绝缘	10kV及以下	铜导体	220
		铝导体	220
	20～35kV		175
聚氯乙烯绝缘			120
聚乙烯绝缘			140
交联聚乙烯绝缘	铜导体		230
	铝导体		200
充油纸绝缘			160

（2）电缆线路中有中间接头时最高允许温度如下：

锡焊接头　　120℃

压接接头　　150℃

电焊或气焊接头与无接头时相同。

第四节　电力电缆的运行、巡视与检查

一、电力电缆投入运行

（1）新装电缆线路，必须经过验收检查合格，并办理验收手续方可投入运行。

（2）对于停电超过一个星期但不满一个月的电缆，重新投入运行前，应摇测其绝缘电阻值，与上次试验记录比较（换算到同一温度下）不得降低30%，否则必须做直流耐压试验。而对于停电超过一个月但不满一年的电缆，则必须做直流耐压试验，试验电压可为预防性试验电压的一半。如油浸纸绝缘电缆，试验电压为电缆额定电压的2.5倍，时间为1min；停电时间超过试验周期的，必须做标准预防性试验。

（3）对于重做终端头、中间头和新做中间头的电缆，必须核对相位，摇测绝缘电阻，并做耐压试验，全部合格后才允许恢复运行。

二、电力电缆线路巡视检查

电力电缆线路投入运行后，经常性的巡视检查是及时发现隐患、组织维修和避免引发事故的有效措施。

（1）日常巡视检查的周期。有人值班的变（配）电站，每班应检查一次；无人值班的变（配）电站，每周至少检查一次。遇有特殊情况，则根据需要进行特殊巡视。

（2）日常巡视检查的内容如下：

1）观察电缆线路的电流表，看实际电流是否超出了电缆线路的额定载流量。

2）电缆终端头的连接点有无过热变色。

3）油浸纸绝缘电力电缆及终端头有无渗漏油现象。

4）并联使用的电缆有无因负荷分配不均匀而导致某根电缆过热。

5）有无打火、放电声响及异常气味。

6）终端头接地线有无异常。

（3）定期检查周期如下：

1）敷设在土壤、隧道以及沿桥梁架设的电缆，发电厂、变电站的电缆沟，电缆井电缆架及电缆段等的巡查，每三个月至少一次。

2）敷设在竖井内的电缆，每半年至少一次。

3）电缆终端头，根据现场运行情况每1～3年停电检查一次；户外终端头每月巡视一次，每年二月及十一月进行停电清扫检查。

4）对挖掘暴露的电缆，酌情加强巡视。

5）雨后，对可能被雨水冲刺的地段，应进行特殊巡视检查。

（4）定期检查内容如下：

1）直埋电缆线路。线路标桩是否完整无缺；路径附近地面有无挖掘；沿路径地面上有无堆放重物、建筑材料及临时建筑，有无腐蚀性物质；户外露出地面电缆的保护设施有无移位、锈蚀，其固定是否可靠；电缆进入建筑物处有无漏水现象。

2）敷设在沟道、隧道及混凝土管中的电缆线路。沟道的盖板是否完整无缺；人孔及手孔井内积水坑有无积水，墙壁有无裂缝或渗漏水，井盖是否完好；沟内支架是否牢固，有无锈蚀；沟道、隧道中是否有积水或杂物；在管口和挂钩处的电缆铅包有无损坏，衬铅是否失落；电缆沟进出建筑物处有无渗漏水现象；电缆外皮及铠装有无锈蚀、腐蚀、鼠咬现象。

3）户外电缆终端头。终端头的绝缘套管应完整、清洁、无闪络放电痕迹，附近无鸟巢；连接点接触应良好，无发热现象；绝缘胶有无塌陷、软化和积水；终端头是否漏油，铅包及封铅处有无电裂；线芯、引线的相间及对地距离是否符合规定，接地线是否完好；相位颜色是否明显，是否与电力系统的相位相符。

三、电力电缆试验

（1）新电缆敷设前应做交接试验，安装竣工后和投入运行前也应做交接试验。

（2）接于电力系统的主进电缆及重要电缆每年应进行一次预防性试验，其他电缆一般每1～3年试验一次。预防性试验宜在春、秋季土壤中水分饱和时进行。

（3）新敷设的带有中间接头的电缆线路，在投入运行三个月后，应进行预防性试验，以后按试验周期进行。

第五节　电力电缆线路常见故障与检修

一、运行中的电力电缆线路常见故障与处理办法

（1）短路性故障。有两相短路和三相短路，多为制造过程中留下的隐患造成。

（2）接地性故障。电缆某一芯或数芯对地击穿，绝缘电阻低于 10kΩ 称为低阻接地，高于 10kΩ 称为高阻接地。主要由于电缆腐蚀、铅皮裂纹、绝缘干枯、接头工艺和材料等造成。

（3）断线性故障。电缆某一芯或数芯全断或不完全断。电缆受机械损伤、地形变化的影响或发生过短路，都能造成断线情况。

（4）混合性故障。上述两种以上的故障。

二、电力电缆线路常见故障的原因与防止措施

（1）外力损伤。在电缆的保管、运输、敷设和运行过程中都可能遭受外力损伤，特别是已运行的直埋电缆，在其他工程的地面施工中易遭损伤。这类事故往往占电缆事故的 50%。为避免这类事故，除加强电缆保管、运输、敷设等各环节的工作质量外，更重要的是严格执行动土制度。

（2）保护层腐蚀。地下杂散电流的电化腐蚀或非中性土壤的化学腐蚀使保护层失效，失去对绝缘的保护作用。防止措施是，在杂散电流密集区安装排流设备；当电缆线路上的局部土壤含有损害电缆铅包的化学物质时，应将这段电缆装于管内，并用中性土壤作电缆的衬垫及覆盖，还要在电缆上涂以沥青。

（3）铅包疲劳、龟裂、胀裂。造成的原因是该电缆品质不良，这可以通过加强敷设前对电缆的检查；如电缆安装质量或环境条件很差，安装时局部电缆受到多次弯曲，弯曲半径过小，终端头、中间头发热导致附近电缆段过热，周围电缆密集不易散热等，这要通过抓好施工质量得以解决。

（4）过电压、过负荷运行。电缆电压选择不当、在运行中突然在高压窜入或长期超负荷，都可能使电缆绝缘强度遭破坏，将电缆击穿。这需通过加强巡视检查、改善运行条件来及时解决。

（5）户外终端头浸水爆炸。因施工不良，绝缘胶未灌满，致终端头浸水，最终发生爆炸。因此要严格执行施工工艺规程，认真验收；加强检查和及时维修。对已爆炸的终端头要截去重做。

（6）户内终端头漏油。终端头漏油，破坏了密封结构，使电缆端部浸渍剂流失干枯，热阻增加，绝缘加速老化，易吸收潮气，造成热击穿。发现终端头漏油时应加强巡视，严重时应停电重做。

第十六章

低 压 电 力 线 路

低压电力线路是指0.38/0.22kV线路，是电网的重要组成部分。一般从配电变压器把电力送到用电点的线路称为低压电力线路，其作用是用于分配电能的线路。低压电力线路按架设方式不同，可分为低压架空电力线路和低压电力电缆线路。

第一节 低压架空配电线路

一、低压架空配电线路的基本要求

低压架空配电线路通常是以杆塔为支架，借助于横担、金具（或铁件）及绝缘子将导线架设于空中而成的。对它主要有以下基本要求：

(1) 绝缘强度。架空线路必须能满足相间绝缘与对地绝缘的要求。其绝缘要能经受得起工频过电压、大气过电压、操作过电压及污秽条件的考验。为此，应保持足够的线间距离并采用相应电压的绝缘子予以架设。

(2) 机械强度。架空线路的机械强度不但要能担负它本身重量所产生的拉力，而且要能经得起风雪等负荷，以及由于气温影响，使弧垂变化而产生的内应力。

(3) 导电能力。导线截面必须满足发热和电压损失的要求。如果负荷太大，用电设备将得不到足够的电压，不能正常运转，也可能造成事故。在380/220V保护接零系统中，导线还必须满足单相短路电流对其阻抗的要求。

二、低压架空配电线路的结构

低压架空配电线路主要由杆塔、绝缘子、导线、横担、金具、接地装置及基础等构成。

(1) 杆塔。杆塔按所用材质的不同可分为木杆、水泥杆和金属杆三种。

(2) 低压架空配电线路杆塔。按作用不同可以分为直线杆、耐张杆、转角杆、终端杆、分枝杆和跨越杆，还有带预留孔的水泥杆等。

1) 直线杆。直线杆位于架空线路的直线段上，用来支撑导线，承受导线、绝缘子、金具的自重及载冰重和侧向风力。直线杆正常运行时不受导线的拉力，因此一般不装拉线。但在多风多雨地区，可每隔几档在线路两侧打几对拉线，以防电杆倾倒。直线杆的结构尺寸如图16-1所示。

2) 耐张杆。耐张杆又称承力杆，用于限制线路发生断线、倒杆事故时的波及范围。每隔若干基直线杆，设一基耐张杆，两基耐张杆之间的线路为一耐张段，其间距离称为耐张档距。耐张杆可加装高压跌落开关或油断路器、真空断路器、隔离开关等，以缩小停电范围。

由于耐张杆要承受邻档导线拉力差所引起的顺线路方向的拉力及发生断线时断线的张力，因此在电杆顺线路方向两侧各装设一根拉线。耐张杆两侧导线固定于耐张杆上，两侧导线用跳线（弓子线）连接，如图 16-2 所示。

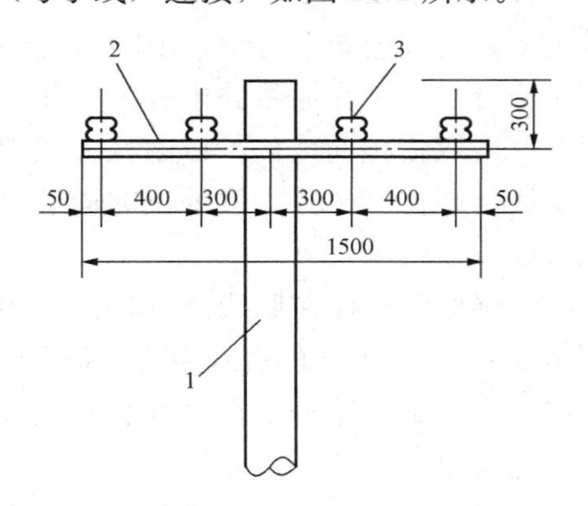

图 16-1　低压直线杆

1—水泥电杆；2—角钢横担；3—蝶式绝缘子

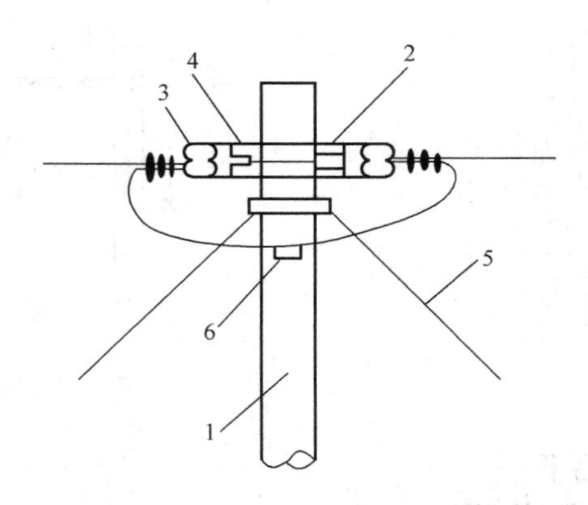

图 16-2　低压耐张杆跳线接法

1—水泥电杆；2—双角钢横担；3—蝶式绝缘子；4—绝缘子拉板；5—拉线；6—跳线接头

3）转角杆。转角杆用在线路的改变方向处，分为直线型和耐张型两种：对于 0.4kV 线路，30°以下转角杆为直线杆时，采用双担、双针式绝缘子；30°以上转角杆为耐张杆时，可采用蝶式绝缘子。转角杆承受双向侧导线的合力，合力随转角增大而增大，因此在合力的反方向应加设拉线。

低压线路转角杆外形如图 16-3 所示，线路偏转的角度在 15°以内时，可用一根横担的直线杆来承担转角，如图 16-3（a）所示。线路偏转的角度在 15°～30°时，可用双横担的直线杆来承担转角。30°以内的转角杆，应在导线合成拉力的反方向装设一根拉线，用来平衡两侧导线导线的拉力，如图 16-3（b）所示。

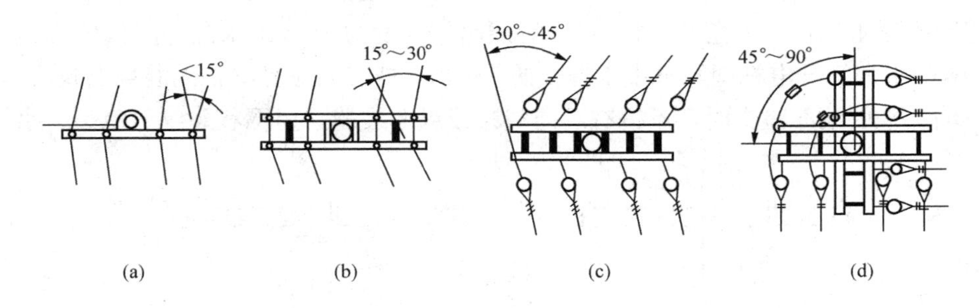

图 16-3　低压转角杆杆顶组装示意图

（a）15°以下转角；（b）15°～30°转角；（c）30°～45°转角；（d）45°～90°转角

线路偏转的角度在 30°～45°时，除用双横担外，两侧导线应进行耐张固定并用跳线（弓子线）连接，在导线拉力的反方向各装设一根拉线，如图 16-3（c）所示。

线路偏转的角度在 45°～90°时，应用两层双横担，两侧导线分别进行耐张固定在上下两层的双横担上，并用跳线连接两侧导线，在导线拉力的反方向各装设一根拉线，如图 16-3（d）所示。

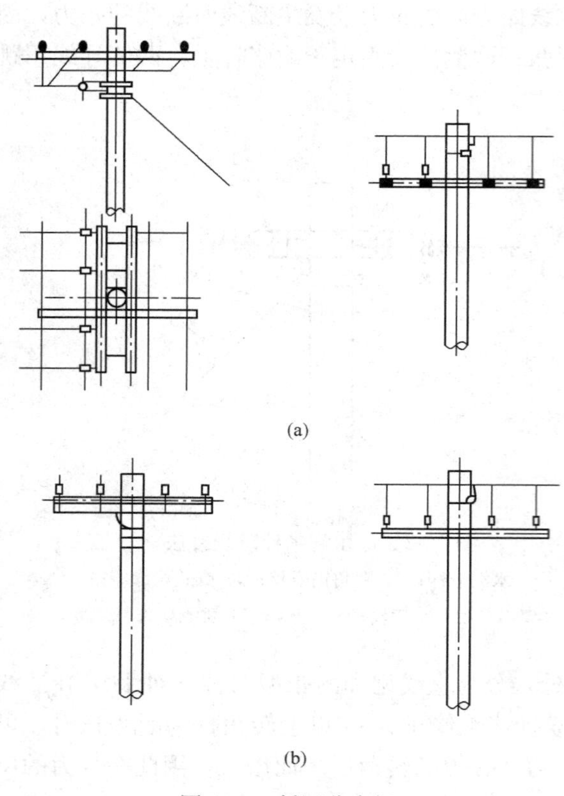

图 16-4　低压分支杆

(a) 丁字形分支杆；(b) 十字形分支杆

4) 分支杆。分支杆由两种杆型组成，向一侧分支为丁字形，两侧分支为十字形。分支杆大多用在 0.4kV 以下线路干线向外分支处。分支杆外形结构如图 16-4 所示。丁字形分支杆是在原线路电杆的横担下部增加一层双横担而成的，以耐张方式引出分支线，并在引出分支线的反方向装设一根拉线。

十字形分支杆在原线路电杆的横担下部增加一层 90°方向的直线型或耐张型横担而成。若是耐张型分支杆，则必须在导线的反方向加装一根拉线。

5) 终端杆。设置在线路终端处的电杆称为终端杆，如图 16-5 所示。终端杆除承受导线的垂直荷重和水平风力外，还要承受单侧顺线路方向的导线拉力。因此，终端杆分支杆的无线路导线侧必须安装拉线。

三、低压配电线路器材的选择

架空配电线路器材如图 16-6 所示。

(1) 电杆。低压电力架空线路电杆的选择，要从电杆的材质、杆型、杆高和强度等几方面来考虑。目前，木杆基本上不用了，金属电杆投资较高，很少应用，主要使用水泥杆。在选择电杆时要考虑架设场所及使用条件，即城市、乡村、建筑物、地形、交叉跨越、档距、导线截面以及当地气候条件等重要因素。在地势平坦的地区，低压架空线路大多选用单基圆锥形水泥杆，配角铁横担。10kV 线路用高度为 12m 的水泥杆，低压线路用高度为 8～10m 的水泥杆，电杆埋深不小于杆长的 1/6。电杆表面应光滑，无混凝土脱落、露筋、跑浆等缺陷。平放地面检查时，不得有环向裂缝或纵向裂缝，但网状裂纹、龟裂、水纹不在

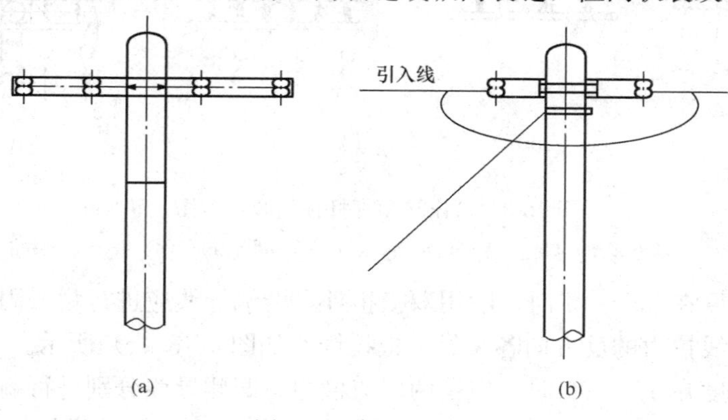

图 16-5　低压终端杆

(a) 正视图；(b) 侧视图

此限。杆身弯曲不应超过杆长的 1/1000，电杆的端部应用混凝土密封。

(2) 绝缘子。绝缘子用电瓷制成，它用来使导线之间以及导线和大地之间绝缘，还用来固定导线，承受导线的垂直荷重和水平荷重。因此，绝缘子应有足够的绝缘强度和机械强度。同时，对化学腐蚀应具有足够的抗御能力，并能适应周围大气条件的变化，如温度、湿度等。

低压架空线路常用的绝缘子有针式绝缘子、蝶式绝缘子、拉线绝缘子和悬式绝缘子。

(3) 导线。导线是架空配电线路的主体，通过绝缘子架设在电杆的横担上面，担负着传导电流的作用。

导线有铜导线和铝导线两种。目前架空线大多用铝导线。铝导线分为铝绞线（LJ）及钢芯铝绞线（LGJ）两种，钢芯铝线弥补了铝导线机械强度不高的缺陷。

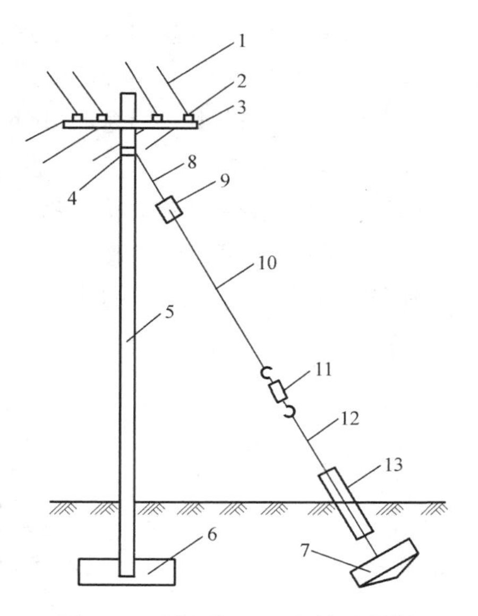

图 16-6 低压架空配电线路器材

1—导线；2—绝缘子；3—横担；4—拉线抱箍；5—电杆；6—底盘；7—拉线盘；8—（拉线）上把；9—拉线绝缘子；10—（拉线）腰把；11—花篮螺栓；12—（拉线）拉把；13—（拉线）防护装置

目前，我国低压电网大多采用架空电力线路，选用的导线有裸导线和绝缘导线之分。裸导线散热条件比绝缘导线好，所以可以传输较大的电流。此外，裸导线比绝缘导线造价低且施工比较方便。架空绝缘导线在经济比较发达地区应用比较多。与裸导线比，绝缘导线可以避免采用导线搭接的窃电现象，减少雷电造成的损失，降低事故率，大大提高了安全供电的可靠性。此外，绝缘导线隐患极少，不仅可以防止断线、人身感应触电事故的发生，而且有效地避免了漏电现象。

架空配电线路的结构说可以分三大类：单股导线、多股绞线和复合材料导线。

导线在杆上的排列方式，低压线路大多为水平排列，特殊情况下用垂直排列。三相导线排列的次序：面对负荷侧从左至右，10kV 线路为 L1、L2、L3；低压线路为 L1、N、L2、L3，垂直排列时零线在相线下方。

(4) 横担。横担用来固定绝缘子，支撑导线并保持一定的线间距离，承受导线的重力与拉力。横担有角铁横担、木横担、瓷横担三种。低压线路大多用角铁横担。横担与电杆间用铁抱箍连接。当横担上架设的导线较重或两侧导线质量不平衡时，要加装横担支撑。

横担的长度根据导线的截面积和线间距离来确定。目前农村低压架空配电线路大多采用绝缘导线，使得线间距离缩小。横担端头与固定绝缘子的中心孔距离，一般铁横担所用的角钢规格不宜小于 50mm×5mm。铁横担应镀锌，以防生锈。

单横担在电杆上的安装位置一般在线路编号的大号侧（负荷侧）；承力杆单横担在张力反侧。直线杆、终端杆的横担与线路方向垂直；30°及以下转角杆横担应与角平分线方向一致。

横担安装应平直，上下歪斜或左右（前后）扭斜的最大偏差应不大于横担长度的 1%。上层横担中心与水泥杆顶的距离为 200mm。横担中心与杆顶距离为 300mm。

（5）金具。线路导线的自身连接及绝缘子连接成串，导线与绝缘子连接，电杆与横担连接，拉线、杆桩的固定，导线、绝缘子自身保护等所用的金属附件，统称为架空线路金具。

按照线路金具的不同用途，可分为悬垂线夹、耐张线夹、接续金具、连接金具、防护金具和拉线金具六大类。

（6）拉线。拉线用来平衡导线拉力和风压力，以加强电杆的稳定性。拉线的结构如图16-6所示。拉线用钢绞线可按实际需要自制，拉线盘以石、钢筋混凝土或木制成。

凡是转角杆、分支杆、耐张杆、终端杆和跨越杆均应装设拉线。按用途不同拉线的种类如图16-7所示。

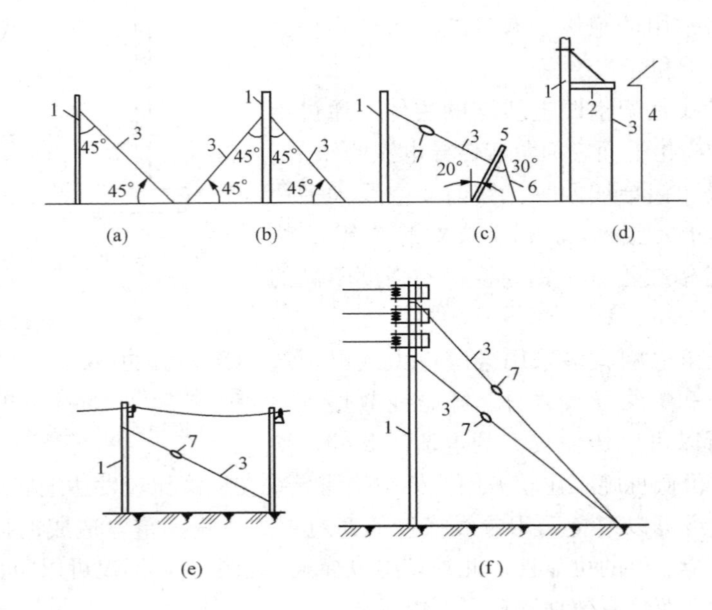

图16-7　拉线种类

（a）普通拉线；（b）人字形拉线；（c）水平拉线；（d）自身拉线；（e）共用拉线；（f）V形拉线

1—电杆；2—横木；3—拉线；4—房屋；5—拉桩；6—坠线；7—拉线绝缘子

四、低压架空配电线路的架设

架空线路路径要尽量短，要减少跨和转角。选择地质条件好、运行施工较为方便的地段。要与本地区发展规划相结合，尽量少占农田，避开防护林、山洪易发生等地区。尽可能靠近道路两侧，少拆迁房屋和其他建筑物，以便于线路施工、运输、维护和检修等。要考虑对其他电力设施、通信线路的影响。严禁跨越可燃物、爆炸物的场院和仓库等，以免发生火灾和爆炸事故。

（1）杆位的确定。

1）首先确定线路首端杆和终端杆的位置，然后根据地形条件确定跨越杆和转角杆的位置。

2）根据首端杆、转角杆和终端杆的位置，把整个线路分成几个直线段，然后测出每个直线段的长度，均匀分配档距。有障碍时，杆位可前后移动，必要时可调整杆高，然后一一确定直线杆的位置。

3）当新架的线路从被交叉跨越物上面通过时，在保证倒杆距离的情况下，电杆应尽量靠近被交叉跨越物。

4）杆位确定后，杆型也就确定了。跨越铁路、河流、公路及重要通信线路时，跨越杆应采用耐张杆或打拉线的加强直线杆。

（2）档距。相邻两根电杆之间的水平距离称为档距。线路的档距应根据导线对地距离、电杆的高度和地形的特点确定。低压架空配电线路的档距，一般在：城镇人员密集地区，采用铝绞线，档距为 40～50m；在田间耕种地区人员来往较少，采用铝绞线，档距为 50～70m。

上述地区如采用绝缘线，其档距为 30～40m，最大不能超过 50m；高低压同杆架设的线路，档距选择应满足下层低压线路的技术要求。

（3）导线排列。

1）水平排列。低压架空配电线路一般采用水平排列。为了防导线间短路事故，导线之间应保持一定的距离，导线间的距离与线路的档距有关。根据实际经验总结出低压架空配电线路，导线在水平排列时，不同档距最小的线间距离见表 16-1。

表 16-1　　低压架空配电线路不同档距时的最小线间距离　　（m）

档距	40 及以下		50		60	70
导线类型	铝绞线	绝缘线	铝绞线	绝缘线	铝绞线	
线间距离	0.35～0.40	0.30～0.40	0.40～0.50	0.35～0.45	0.50～0.55	

2）三角排列。三角排列用于 10kV 及以上架空线路。此外，当高、低压线路同杆架设时，其高压线路在低压线路的上面，而采用三角排列。

3）垂直排列。当架空线路采用多回路供电时，导线用垂直排列方式。垂直排列即在一根电杆上装有三个横担，左边上、中、下为一路供电，右边上、中、下为另一路供电。

（4）导线最大使用应力选择。导线的最大应力是指弧垂最低点的应力。为了保证线路的安全运行，要考虑导线的最大使用应力和导线的安全系数，不至于在运行中发生异常情况使导线断裂。

（5）导线弧垂确定。导线弧垂是指在平坦地面上，相邻两电杆上导线悬挂高度相同时，导线最低点与两悬挂点之间连接的垂直距离，或档距中央导线至悬点连线的铅垂距离。导线的弧垂如图 16-8 所示。

导线弧垂决定了导线拉力、电杆高度和导线对地距离。同时，导线的弧垂与导线的截面积、气象条件和电杆的档距有关。

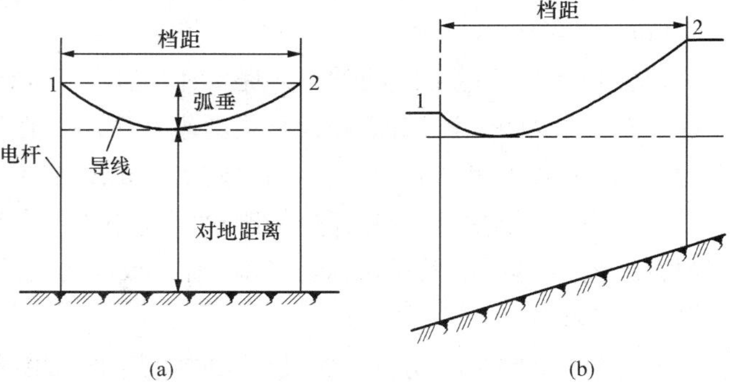

图 16-8　导线弧垂示意图
（a）悬挂点等高；（b）悬挂点不等高

（6）线间距离。架空电力线路两导线之间的距离，称为线间距离。导线线间距离不应小于表 16-1 中所列数值。

0.4kV 以下的配电线路，不

应小于 0.15m。3～10kV架空电力线路的导线与拉线、导线与电杆、导线与架构间的净空距离，不应小于 0.2m；3kV 以下时，不应小于 0.05m。3～10kV 架空电力线路的引下线与低压架空线间的距离，不宜小于 0.2m。10kV 及以下线路的拉线从两相导线之间穿过时，应装设拉线绝缘子。

五、接户线与进户线

用计量装置在室内时，从低压电力线路到用户室外第一支持物的一段线路为接户线，从用户室外第一支持物一至用户室内计量装置的一段线路为进户线。

用户计量装置在室外时，从低压电力线路到用户室外计量装置的一段线路为接户线，从用户室外计量装置出线端至用户室内第一支持物或配电装置的一段线路为进户线。

接户线、进户线装置的具体要求如下：

(1) 接户线的相线和中性线或保护线应从同一基电杆引下，其档距不应大于 25m，应加装接户杆，但接户线的总长度（包括沿墙敷设部分）不宜超过 50m。

(2) 接户线与低压线如系铜线与铝线连接，应采取加装铜铝过渡接头的措施。

(3) 接户线和室外导线应采用耐气候型绝缘电线，导线截面积应按允许载流量选择，其最小截面积应符合表 16-2 的规定。

表 16-2　接户线和室外导线最小允许截面积　(mm^2)

敷设方式	档距	铜线	铝线
自电杆引下	10m 及以下	2.5	6.0
	10～25m	4	10.0
沿墙敷设	6m 及以下	2.5	6.0

(4) 沿墙敷设的接户线以及进户线两支持点间的距离，不应大于 6m。

(5) 接户线和室外导线最小线间距离一般不小于：①自电杆引下为 150mm；②沿墙敷设 100mm。

(6) 接户线两端均应绑扎在绝缘子上，绝缘子和接户线支架按下列规定选用：

1) 电线截面积在 16mm^2 及以下时，可采用针式绝缘子，支架宜采用不小于 50mm×5mm 的扁钢或 40mm×40mm×4mm 的角钢，也可采用 50mm×50mm 的方木。

2) 电线截面积在 16mm^2 以上时，应采用蝶式绝缘子，支架宜采用 50mm×50mm 的角钢或 60mm×60mm 的方木。

(7) 接户线进户端对地面的垂直距离不宜小于 2.5m。

(8) 接户线对公路、街道和人行道的垂直距离，在导线最大弧垂时，不应小于：①公路路面为 6m；②通车困难的街道、人行道为 3.5m；③不通车的人行道、胡同 3m。

(9) 接户线与建筑物有关部分的距离不应小于：①与下方窗户的垂直距离 0.3m；②与上方阳台或窗户的垂直距离 0.8m；③与窗户或阳台的水平距离为 0.75m；④与墙壁、构架的水平距离 0.05m。

(10) 接户线与通信线、广播线交叉时，其垂直距离不应小于：①接户线、进户线在上方时为 0.6m；②接户线、进户线在下方时为 0.3m。

(11) 进户线穿墙时，应套装硬质绝缘管，电线在室外应做滴水弯，穿墙绝缘管应内高外低，露出墙壁部分的两端不应小于10mm；滴水弯最低点距地面小于2m时，进户线应加装绝缘护套。

（12）进户线与弱电线路必须分开进户。

六、低压架空配电线路的运行检修

低压架空配电线路的运行检修，是为了经常掌握线路的运行情况及其状态，及时发现缺陷，防止事故的发生，同时通过巡视提供维护检修内容。因此巡视时要仔细认真，并填好巡视记录。在正常情况下，按规定每1～3个月至少对线路进行一次巡视。当有恶劣的天气出现时，要进行特殊巡视。根据线路所带负荷情况，可适当进行夜巡。

（1）低压架空线路的巡视检查。低压架空线路的巡视可分为定期巡视、特殊巡视、事故巡视和夜间巡视等。

1）正常巡视。正常巡视检查的主要内容是线路的运行状况，查看电杆、导线、横担、绝缘子、金具、拉线以及各种附件的运行状况及有无异常、危险情况发生。

2）特殊巡视。在下列情况时要进行特殊巡视：

① 设备过负荷或负荷有显著增加时。

② 设备长期停运或经检修后初次投运，以及新设备投运时。

③ 复杂的倒闸操作后或是运行方式有较大的变化时。

④ 在雷雨、大风、霜雪、冰雹、洪水等气候有显著变化时。

3）事故巡视。架空配电线路发生故障后，应根据故障情况查明原因。故障巡视的内容有：导线有无打结、烧伤或断线；绝缘子有无破损放电，电杆、拉线等有无被车撞坏；导线上有无金属悬挂物；线路下面有无被烧伤的导体；有无其他外力破坏的痕迹。当线路发生单相接地、相间短路故障时，以及触电保护器动作时，应立即组织巡视，查明故障情况，组织检修。

4）夜间巡视。夜间巡视可发现白天巡视中不易发现的缺陷，如导线接头和绝缘子的缺陷。夜间巡视应由两人进行。

在巡视时，禁止攀登电杆和配电变压器台，巡视检查的安全距离应满足规程的要求。夜间巡视时，应沿线路外侧进行；遇有大风时应沿线路的上风侧进行，以免触及断落的导线。如发现倒杆、断线，应立即阻止行人，不得靠近故障点4m以内，并派人看守，同时应尽快切除故障点的电源。

不管是何种巡视，巡视人员应始终认为线路处于带电状态。在巡视检查设备时，不得越过设备的围栏。

（2）低压架空线路的防护。低压架空线路防护主要包括以下几个方面：

1）防污。线路绝缘子由于长期受到灰尘、油污、盐类的污染，其表面常出现泄漏电流的现象，严重时会造成闪络。因此，必须定期地清扫绝缘子，除去其表面的油污及污垢，保持良好的绝缘状态。

2）防风。运行单位要掌握当地季节风的特点。在大风到来之前，采取加固电杆基础、增加和加固拉线、清理沿线树木等措施，以防因大风引起的倒杆、断线等事故。

3）防雷。在雷雨季节到来之前，应做好线路的防雷设备的检查与试验，提前将防雷设施安装完毕。

4）防洪。在汛期到来之前，在易受洪水冲刷的地段，应打好围桩、增加护堤、加固基础和拉线，以防山洪引起大批电杆倾倒。

5）防暑。在夏季的高温季节，常因导线温度增高，弧垂增大，而引起距地面距离得不到保证。为此，在高温季节应检查线路交叉跨越处的距离。

（3）低压架空线路的维护。根据农业生产的要求，架空电力线路每年在春灌和秋收之前应进行一次全国性的维护与检修。

其内容有：

1）对倾斜的电杆，应予以扶正，对杆基进行培土和夯实；对于承力不够的电杆，应予以补强和更换。

2）更换不合适的横担和接户线支架，对于倾斜的横担应予以调整扶正。

3）清扫和更换不合格的绝缘子，调整松弛的拉线，紧固各部件的所有连接螺栓。

4）更换和补强断股导线，处理不良的接头，修复松脱的绑线。

5）调整导线的弧垂、跳线、引下线，以保证线路对地面和相邻部件之间的安全距离，修剪影响线路运行的树枝。

6）修补和更换绝缘损坏的接户线。

（4）低压架空线路的检修：

1）日常检修。为了防患于未然，应做好日常检修工作。例如，检修线路两边的树木，夯实下沉的电杆和拉线坑，修整松弛的拉线等。

2）检修要求。根据巡视、检查所发现的问题，进行定期或不定期的线路检修。线路检修前应做好组织工作，如制订计划、检修设计、材料准备、组织施工及竣工验收的准备工作。检修中应做好安全措施，分工要明确。

检修工作结束后，必须查明所有工作人员及材料工具等，确已全部从杆塔、导线及绝缘子上撤下，然后才能拆除接地线。一旦拆除接地线即认为线路已有电，检修人员不得再登杆。工作人员在清点接地线组数无误，并按有关规定交接后，即可向调度汇报，联系恢复送电。

第二节 低压电力电缆线路

一、低压电力电缆线路的特点

低压电力电缆线路是将电缆敷设于地下、水中、沟槽等处的电力线路。低压电力电缆线路具有以下特点：

（1）供电可靠，不受外界影响，不会因雷击、风害、挂冰、风筝和鸟害等造成断线、短路与接地等故障。

（2）不占地面和空间，不受路面建筑物的影响，适合城市与工厂使用。

（3）地线敷设，有利于人身安全。

（4）不使用电杆，节约木材、钢材、水泥。不影响市容和交通。

（5）运行维护简单，节省线路维护费用。

由于电力电缆线路有以上优点，所以得到越来越多使用。虽然电力电缆的价格贵，线路分支难，故障点较难发现，不便及时处理事故，而且电缆接头工艺较复杂。但在城市中心地带、居民密集的地方，高层建筑、工厂厂区内部，重要负荷及一些特殊的场所，考虑到安全方面和城市美观的问题，以及受地面位置的限制，一般都采用电力电缆线路。

二、低压电力电缆的型号与种类

（1）低压电力电缆的型号。我国电缆产品的型号由几个大写的汉语拼音字母和阿拉伯数字组成。用字母表示电缆类别、导体材料、绝缘种类、内护套材料、特征，用数字表示铠装层类型和外被层类型。符号含义参照表15-1、表15-2。

电缆的规格除标明型号外，还应说明电缆的芯数、截面、工作电压和长度，如ZQ_{21}-3×50-250即表示铜芯、纸绝缘、铅包、双钢带铠装、纤维外被层（如油麻），3芯$50mm^2$，长度为250m的电力电缆。又如$YJLV_{22}$-3×120-10-300即表示铝芯、交联聚乙烯绝缘、聚氯乙烯丙护套、双钢带铠装、聚氯乙烯外护套，3芯$120mm^2$，电压为10kV，长度为300m的电力电缆。

（2）低压电力电缆的种类与特点。

1）油纸绝缘电缆。

① 黏性浸渍纸绝缘电缆。成本低；工作寿命长；结构简单，制造方便；绝缘材料来源充足；易于安装和维护；油易滴流，不适合做高落差敷设；允许工作场强较低。

② 不滴流浸纸绝缘电缆。浸渍剂在工作温度下不滴流，适合高落差敷设；工作寿命较黏性浸渍电缆更长；有较高的绝缘稳定性；成本较黏性浸渍纸绝缘电缆稍高。

2）塑料绝缘电缆。

① 聚氯乙烯绝缘电缆。安装工艺简单；聚氯乙烯化学稳定性高，具有非燃性，材料来源充足；难适应高落差敷设；敷设维护简单方便；聚氯乙烯电气性能低于聚乙烯；工作温度高低对其有明显的影响。

② 聚乙烯绝缘电缆。有优良的介电性能，但抗电晕、游离放电性能差；工艺性能好，易于加工；耐热性差，受热易变形；易燃，易发生应力龟裂。

③ 交联聚乙烯绝缘电缆。允许温升较高，故电缆的允许载流量较大；有优良的介电性能，但抗电晕、游离放电性能差；耐热性能好；适合用于高落差垂直敷设；接头工艺虽严格，但对技工的工艺技术水平要求不高，因此便于推广。

④ 橡胶绝缘电缆。柔软性好，易弯曲，橡胶在很大的温差范围内具有弹性，适合作多次拆装的线路；耐寒性能较好；有较好的电气性能、机械性能和化学稳定性；对气体、潮气、水的渗透性较好；耐电晕、耐臭氧、耐热、耐油的性能差；只能作低压电缆使用。

选择电缆时，一般应优先交联聚乙烯电缆，其次是不滴油纸绝缘电缆，最后为普通油浸纸绝缘电缆。尤其是敷设路径环境好坏差别较大时，不应选用黏性油浸纸绝缘电缆。

（3）低压电力电缆的结构。低压电力电缆的结构主要包括导体、绝缘层和保护层三部分，如图16-9所示。

1）导体。导体通常采用多股铜绞线或铝绞线制成。根据电缆中导体的数量，电缆可分为单芯、四芯等种类。

单芯电缆的导体截面为圆形，三芯、四芯电缆的导体除了圆形外，还有扇形和卵圆形。

2）绝缘层。电缆的绝缘层用来使导体间及导体与包皮之间相互绝缘。一般电缆的绝缘

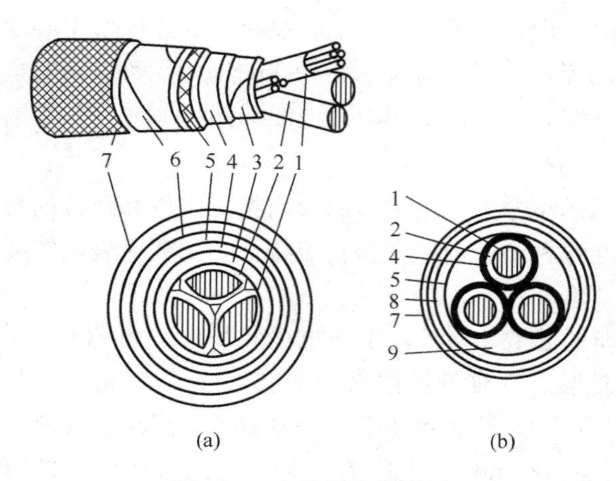

图 16-9 电缆结构示意图

(a) 三相统包层；(b) 分相铅包层

1—导体；2—相绝缘；3—纸绝缘；4—铅包皮；5—麻衬；6—钢带铠甲；7—麻被；8—钢丝铠甲；9—填充物

包括芯绝缘与带绝缘两部分，芯绝缘层包裹着导体芯；带绝缘层包裹着全部导体，空隙处填以充填物。电缆所用的绝缘材料一般有油浸纸、橡胶、聚乙烯、交联聚氯乙烯等。

3）保护层。电缆的保护层用来保护绝缘物及芯线，分为内保护层和外保护层。内保护层由铅或铝制成筒形，它增加电缆绝缘的耐压作用，并且防水防潮、防止绝缘油外渗。外保护层由衬垫层（油浸纸、麻绳、麻布等）、铠装层（钢带、钢丝）及外被层组成，其作用是防止电缆在运输、敷设和检修过程中免受机械损伤。

电缆除按芯数和导体截面形成分类外，还可按内保护层的结构分为统包型。

三、低压电力电缆线路的敷设

电缆线路的敷设有直接埋地敷设、电缆沟敷设、沿墙敷设或吊挂敷设、排管敷设及隧道敷设等多种方式。

电缆敷设前，应先查核电缆的型号、规格，并检查有无机械损伤及受潮。对 6～10kV 电缆，应用 2500V 绝缘电阻表测量，每千米电缆的绝缘电阻（20℃时）不低于 100MΩ；对于 3kV 及以下的电缆，可用 1000V 绝缘电阻表测量，每千米电缆的绝缘电阻不低于 50MΩ。

采用直接埋地或电缆沟敷设方式时，均需首先挖好沟，即按施工图要求在地面用白粉划出电缆敷设的路径和沟的宽度，然后按电缆的敷设方法和埋深要求挖沟。

1. 直接埋地敷设

在地面上挖一条深度为 0.8m 以上的沟，沟宽应视电缆的数量而定，一般取 600mm 左右，10kV 以下的电缆，相互的间隔要保证在 100mm 以上，每增加一根电缆，沟宽加大170～180mm，电缆沟的横断面呈上宽（比沟底宽 200mm）下窄形状，如图 16-10 所示。沟底应平整，清除石块后，铺上 100mm 厚筛过的松土或细沙土作为电缆的垫层。电缆应松弛地敷在沟底，以便伸缩。然后在电缆上面再铺上 100mm 厚软土或砂层，盖上混凝土或石保护板，覆盖宽度应超过电缆直径两侧 50mm。最后在电缆沟内填土，覆土

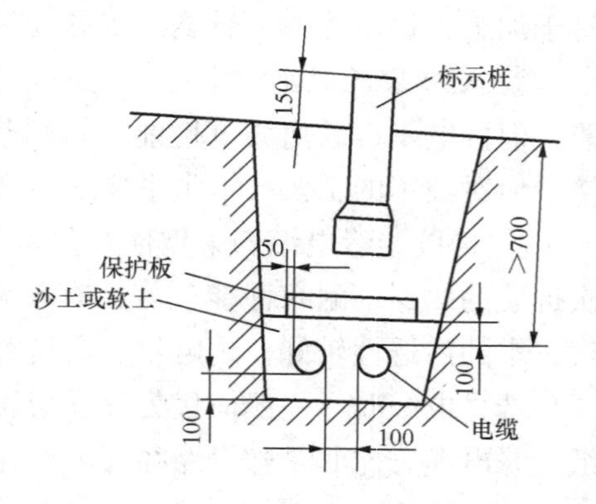

图 16-10 直接埋地敷设图

要高于地面 150～200mm，并在电缆线路的两端、转弯处和中间接头处均竖一根露出地面的混凝土标示桩，在桩上注明电缆的型号、规格、敷设日期和线路走向等，便于日后检修。这种敷设方式施工简便投资少，且散热良好，适用于厂区路径较长而电缆数量不多的情况。但其检修更换不便、易受外来机械损伤及腐蚀，故凡土壤具腐蚀性且未经处理时，不能采用直

埋方式。

2. 电缆沟敷设

先在地面上做好一条电缆沟，沟的尺寸视电缆数量而定，沟壁要用防水水泥砂浆抹面，电缆敷设在沟壁的角钢支架上，电缆间平行距离不小于 100mm，垂直距离不小于 150mm，如图 16-11 所示。最后再盖上水泥盖板。这种敷设方式较直埋式投资高，但检修方便，能容纳较多的电缆，在工厂变、配电室中应用很广。在容易积水的地方，应考虑排水沟。

3. 沿墙敷设或吊挂敷设

这种敷设方式就是把电缆明敷在（预埋）墙壁或屋顶板的角钢支架上（见图 16-12）。其特点是结构简单、维护检修方便，但易积灰及受外界影响，也不够美观。

以上介绍了电缆主要敷设方式的适用条件，在选择电缆线路路径和敷设方式时，还应同时根据当地的发展规划，现有建筑物的密度、电缆线路的长度、敷设电缆数量及周围环境的影响等，进行综合分析，合理选择电缆的安装方式。

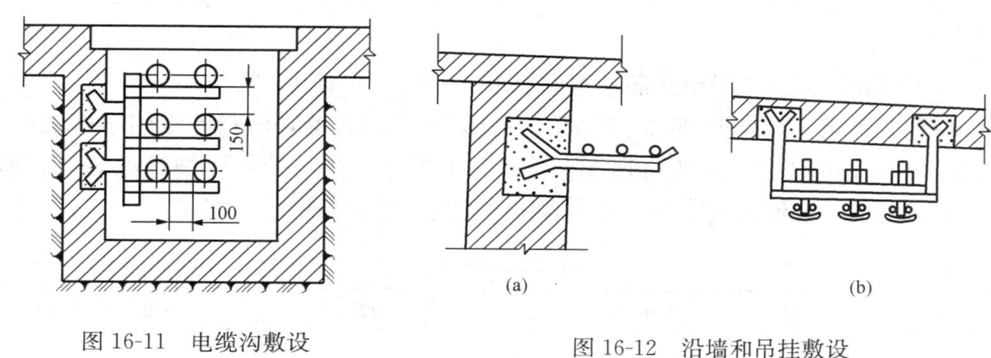

图 16-11　电缆沟敷设

图 16-12　沿墙和吊挂敷设
（a）沿墙敷设；（b）吊挂敷设

四、地埋线

低压地埋线是利用铝线或铜线作为线芯，用塑料作为绝缘层和保护层直接埋在地下的低压单芯简易塑料电力电缆，作为额定电压 200V 和 380V 照明与动力用电的供电线路，简称地埋线。

（1）地埋线特点。

1）安全可靠性高，不受雷电、大风、冰雪、冰雹等自然灾害的侵袭或外力破坏，断线和人畜触电事故大大减少，可避免与电话线交叉跨越的矛盾。

2）少占农田，便于机耕、造林绿化、平整土地，有利于发展农业生产。

3）地埋线不用电杆、绝缘子、横担、拉线等部件，可以节省大量的钢材、水泥和金属。

4）施工较简单，安全可靠，运行维护工作量小。

5）地埋线的单位电抗比较小，每千瓦千米负荷距的电压损失小。

地埋线的缺点是拆迁和更换不方便，出现故障时肉眼看不到故障点，必须用专用仪器检测。

为了加强地埋线的机械强度，并起保护绝缘层的作用，在绝缘层的外面，又增加一层塑料，这种电线称为农用地下直埋铝芯塑料绝缘塑料护套电线。农用地下直埋铝芯塑料绝缘塑料护套电线，主要由铝导电线芯和塑料绝缘层组成铝芯用于导电，塑料用于绝缘和保护。目前生产的产品有聚乙烯绝缘聚氯乙烯护套和聚乙烯绝缘聚乙烯护套两种电线。

（2）地埋线的型号。地埋线可分为六种型号，见表 16-3。一般第三个字母表示绝缘层所用的塑料，第四个字母表示护套所用的塑料。

表 16-3　　地埋线型号和名称

型号	名　称	适用地区
NLYV	农用直埋铝芯聚乙烯绝缘，聚氯乙烯护套电线	一般地区
NLYV-H	农用直埋铝芯聚乙烯绝缘，耐寒聚氯乙烯护套电线	一般及寒冷地区
NLYV-Y	农用直埋铝芯聚乙烯绝缘，防蚁聚氯乙烯护套电线	白蚁活动地区
NLYY	农用直埋铝芯聚乙烯绝缘，黑色聚乙烯护套电线	一般及寒冷地区
NLVV	农用直埋铝芯聚氯乙烯绝缘，聚氯乙烯护套电线	一般地区
NLVV-Y	农用直埋铝芯聚氯乙烯绝缘，防蚁聚氯乙烯护套电线	白蚁活动地区

注　表中汉语拼音字母的含义：N—农用地下直埋；L—铝芯；H—耐寒；V—聚氯乙烯；Y—聚乙烯（横线后表示防蚁）。

地埋线的规格，是用铝导电线芯的截面积来划分的，共有 4、6、10、16、25、35、50、70、95mm^{2}等九个规格，见表 16-4。地埋线有良好的绝缘性能，塑料绝缘的耐电强度也很好，它每毫米厚度可以耐受交流电压 20kV 而不被击穿。塑料的耐腐蚀性能好，它遇水、酸、碱、盐、溶剂、汽油、气体等一般不起化学变化，性能稳定。

表 16-4　　地埋线的规格

型号	额定电压（V）	芯数	标称面积（mm^2）
NLYV NLYV-H NLYV-Y	450/750	1	4～95
NLYY NLVV NLVV-Y	450/750	1	4～95

地埋线的性能和技术要求必须符合 JB/T 2171—1999《农用地下直埋铝芯塑料绝缘塑料护套电线》的要求。地埋线的规格和主要电气性能见表 16-5。

表 16-5　　地埋线的规格和主要电气性能

标称面积（mm^2）	根数/单线标称直径（mm）	绝缘标称厚度（mm）		护套标称厚度（mm）		平均外径（mm）				20℃时导体电阻（Ω/km）	绝缘电阻（MΩ·km）不小于			
						非紧压导电线芯		紧压导电线芯			NLYY NLYV NLYV-H NLYV-Y		NLVV NLVV-Y	
		PE	PVC	PVC	FE	下限	上限	下限	上限		20℃	70℃	20℃	70℃
4	1/2.25	0.8		1.2		6.0	6.9			7.39			8	0.0085
6	1/2.76	0.8		1.2		6.4	7.4			4.91			7	0.0070

续表

标称面积（mm^2）	根数/单线标称直径（mm）	绝缘标称厚度（mm）		护套标称厚度（mm）		平均外径（mm）				20℃时导体电阻（Ω/km）	绝缘电阻（MΩ·km）不小于			
						非紧压导电线芯		紧压导电线芯			NLYY NLYV NLYV-H NLYV-Y		NLVV NLVV-Y	
		PE	PVC	PVC	FE	下限	上限	下限	上限		20℃	70℃	20℃	70℃
10	7/1.35	1.0		1.4		8.2	9.8			3.08			7	0.0065
16	7/1.70	1.0		1.4		9.2	10.9	9.1	10.9	1.91			6	0.0050
25	7/2.14	1.2		1.4		10.8	12.8	10.5	12.6	1.20	600	300	5	0.0050
35	7/2.52	1.2		1.6		12.2	14.4	11.8	14.1	0.868			5	0.0040
50	19/1.78	1.4		1.6		13.5	16.2	13.2	15.7	0.641			5	0.0045
70	19/2.14	1.4		1.6		15	18.5	14.8	17.4	0.443			5	0.0035
95	19/2.52	1.6		2.0		18.2	21.5	17.6	20.5	0.320			5	0.0035

从表 16-5 可以看出：

1）由于地埋线导电线芯结构与同截面裸铝线国家标准的规定相同，故地埋线的导电性能可按裸铝线考虑。地埋线与架空裸铝线长期允许载流量比较表和温度校正系数表见表16-6和表 16-7。

表 16-6　地埋线与架空裸铝线允许载流量比较表

（系土壤温度为 25℃，导线线芯最高允许温度为 65℃ 时）

电线标称截面积（mm^2）	地埋线长期连续负荷允许载流量（A）						架空裸铝线路长期连续负荷允许载流量（A）
	埋地敷设				室内照明		
	$P_r=80$（℃·cm/W）		$P_r=120$（℃·cm/W）		NLV	NLVV NLYV	
	NLV	NLVV NLYV	NLV	NLVV NLYV			
4	45	45	43	43	32	31	
6	65	60	60	55	40	40	
10	90	85	80	65	55	55	
16	120	110	105	100	80	80	75
25	150	140	130	125	105	105	105
35	185	170	160	150	130	135	135
50	230	210	195	175	165	165	215

注　P_r—土壤热阻系数，一般情况下长江以北取 $P_r=120$℃·cm/W，长江以南取 $P_r=80$℃·cm/W。当实际土壤温度不是 25℃时，允许载流量应按表 16-7 进行校正。

2）地埋线的绝缘电阻标准要求，一般用途的聚乙烯绝缘地埋线 20℃时，每千米绝缘电阻为 600MΩ。由于其绝缘电阻与线路长度成反比，绝缘电阻的比较标准采用绝缘电阻矩（MΩ·km）。塑料的绝缘电阻受温度的影响极大。聚氯乙烯绝缘几乎温度每增加 5℃，绝缘电阻就会降低一半，因此地埋线应放在阴凉、干燥的地方，切忌暴晒，存放时间不宜过长。下面是20℃标准条件下的绝缘电阻矩 M_R 的计算公式：

$$M_R = KR_C L(\text{M}\Omega \cdot \text{km}) \qquad (16\text{-}1)$$

式中 K——绝缘电阻温度校正系数，见表16-7；

R_C——实测绝缘电阻；

L——被测线路长度。

表16-7　　温度校正系数

实际土壤温度（℃）	5	10	15	20	25	30	35	40	45
校正系数 K	1.22	1.17	1.12	1.06	1.0	0.935	0.865	0.791	0.707

五、低压电力电缆线路的运行检修

电缆的运行检修工作包括线路巡视、预防性试验、负荷温度测量以及缺陷处理等项内容。

1. 巡视

电缆内部故障虽不能通过巡视直接发现，但通过对电缆敷设环境条件的巡视、检查、分析，仍能发现缺陷和其他影响安全运行的问题。因此，加强巡视检查对电缆安全运行和检修有着重要意义。巡视周期如下：

（1）敷设在土中、隧道中以及沿桥梁架设的电缆，每三个月至少一次。根据季节及基建工程特点，应增加巡视次数。

（2）电缆竖井内的电缆，每半年至少检查一次。

（3）对于水底电缆线路，根据现场规定，如水底电缆直接敷于河床上，可每年检查一次水底线路情况。在潜水条件允许情况下，应派潜水员检查电缆情况；当潜水条件不允许时，可测量河床的变化情况。

（4）发电厂、变电站的电缆沟、隧道、电缆井、电缆架以及电缆线段等的检查，至少每三个月一次。

（5）对挖掘暴露的电缆，应加强巡视。

（6）电缆终端头，根据现场运行情况每1～3年停电检查一次。污秽地区的电缆终端头的巡视与清扫的期限，可根据当地的污秽程度决定。

2. 巡视注意事项

（1）对敷设在地下的每一电缆线路，应查看路面是否正常，有无挖掘痕迹及路线标桩是否完整无缺等。

（2）电缆线路上不应堆置瓦砾、矿渣、建筑材料、笨重物件、酸碱性排泄物或堆砌石灰坑等。

（3）对于通过桥梁的电缆，应检查两端是否拖拉过紧，保护管或槽有无脱落开或锈烂现象。

（4）对于备用排管应该用专用工具疏通，检查其有无断裂现象。

（5）人井内电缆铅包在排管口及挂钩处，不应有磨损现象，需检查衬铅是否失落。

(6) 对在户外与架空线连接的电缆和终端头应检查终端头是否完整，引出线的接点有无发热现象和电缆铅包有无龟裂漏油，靠近地面一段电缆是否被车辆碰撞等。

(7) 多根并列电缆要检查电流分配和电缆外皮的温度情况，防止因接点不良而引起电缆过负荷或烧坏接点。

(8) 隧道内的电缆要检查电缆位置是否正常，接头有无变形漏油，温度是否正常，构件是否失落，通风、排水、照明等设施是否完整。

(9) 应经常检查临近河岸两侧的水底电缆是否有受潮水冲刷现象，电缆盖板有无露出水面或移位，同时检查河岸两端的警告牌是否完好，瞭望是否清楚。

(10) 查看电缆是否过负荷，电缆原则上不允许过负荷。

(11) 敷设在房屋内、隧道内和不填土的电缆沟内的电缆，要特别检查防火设施是否完整。

3. 检修

检查出来的缺陷、电缆在运行中发生的故障以及在预防性试验中发现的问题，都要采取对策予以及时消除。下面是一般的检修项目：

(1) 为防止在电缆线路上面挖掘损伤电缆，挖掘时必须有电缆专业人员在现场守护，并告知施工人员有关施工的注意事项。特别是在揭开电缆保护板后，就不应再用镐、铁棒等工具，应使用较为迟钝的工具将表面土层轻轻挖去。用铲车时更应随时提醒司机注意，以防损伤电缆。

(2) 对于户外电缆及终端头要定期清扫电缆沟、终端头及瓷套管，并检查电缆情况；检查终端头内有无水分并添加绝缘剂；检查终端头引出线接触是否良好，接触不良者应予以处理；用绝缘电阻表测量电缆绝缘电阻；油漆支架及电缆夹；修理电缆保护管；检查接地电阻；电缆钢甲涂防腐漆。

(3) 隧道及电缆沟，抽除积水清除污泥；油漆电缆支架挂钩；检查电缆及接头情况，要特别注意接头有无漏油，接地是否良好。

(4) 防止电缆腐蚀。当电缆线路上的局部土壤含有损害电缆铅包的化学物质时，应将该段电缆装于管子内，并用中性的土壤作电缆的衬垫及覆盖，并在电缆上涂以沥青等；当发现土壤中有腐蚀电缆铅包的溶液时，应立即调查附近工厂排除废水情况，并采取适当改善措施和防护办法；为了确定电缆的化学腐蚀，必须对电缆线路上的土壤作化学分析，并有专档记载腐蚀物及土壤等的化学分析资料。

(5) 电缆线路发生故障（包括电缆预防性击穿的故障）后必须立即修理，以免水分大量侵入，扩大损坏后的范围。处理步骤主要包括故障测寻、故障情况的检查及原因分析、故障的修理和修理后的试验等。消除故障务必做得彻底，电缆受潮气侵入的部分应予以割除，绝缘剂有炭化现象者应全部更换。否则，修复后虽可投入使用，但短期内仍会重发故障。

六、低压配电线路的常见故障与处理方法

(1) 低压架空线路故障原因及防止措施如下：

1) 瞬时相间短路可能是由于同一档距内导线弛度不同或弧垂太大，刮大风时导线摆动造成的。所以，必须严格注意导线的张力，及时调整弧垂。

2) 在外力作用下，如大风刮断树枝掉落在线路上或吊车在线路下面作业，吊臂碰到线路引起相间短路，甚至断线。应及时清理线路走廊的树木，严禁在线路下面作业。

3）断股、破股导线引起相间短路或因机械强度不够而被拉断。应及时用绑线将断股、破股导线绑绕好。

（2）低压电缆线路电缆故障探测及处理如下：

1）电缆故障的探测。电缆故障一般无法通过巡视直接发现，必须采用测试电缆故障的仪器进行测量，才能确定故障点的位置。由于电缆故障类型很多，测寻方法也因故障性质不同而不同。

电缆故障原则上可分为以下四种类型：

① 接地故障——电缆一芯或多芯接地。

② 短路故障——电缆两芯或三芯短路。

③ 断线故障——电缆一芯或多芯被故障电流烧断或外力破坏弄断，形成完全或不完全断线。

④ 闪络性故障——这种故障大多数在预防性试验中发生，并多数出现在电缆中间接头和终端头。当所加电压达某一值时击穿，电压降低至某一值时又恢复。

2）电缆故障的处理。发现电缆故障部分后，应按《电力安全工作规程》的规定进行工作。

① 排除电缆故障部分后，必须进行电缆绝缘潮气试验和绝缘电阻试验。检验潮气用油的温度为150℃。对于油纸绝缘电缆，不能以半导体有无气泡来判断电缆绝缘的潮气，而应以绝缘纸有无水分作为判断潮气的标准；对于橡胶电缆，则以导线内有无水滴作为判断标准。

② 电缆故障修复后，必须核对相位，并做耐压试验，经合格后，才可恢复运行。

③ 电缆无论是运行或试验，其故障部分经发现割除后，应妥善保存，进行研究并分析原因，采取防止对策。如故障属于制造缺陷的，应提出证实缺陷资料及报告，以便必要时交制造厂。如修理电缆故障不需要割断故障段，则应在现场进行详细分析。

④ 修理电缆线路故障，除更改有关装置资料外，必须填写故障测试记录及修理记录，并分别存档。

第三节 导线截面积选择

选择导线截面积时，低压动力线路因负荷电流较大，所以一般首先按发热条件来选择导线截面积，然后验算其电压损耗和机械强度。低压照明线路因对电压水平要求较高，所以一般首先按允许电压损失条件来选择导线截面积，然后验算其发热条件和机械强度。

一、按发热条件选择导线截面积

负荷电流流经导线时，由于导线有一定的电阻，在导线上有一定的功率损耗，故使导线发热，温度升高。按发热条件选择导线截面积时，应使导线的计算电流 I_C 不大于其允许载流量（允许持续电流）I_{tim}，即

$$I_{tim} \geqslant I_C \tag{16-2}$$

表16-8列出了LJ型铝绞线的主要技术数据，从中可查到允许载流量 I_{tim}。

表 16-8 LJ 型铝绞线的主要技术数据

标称截面积（mm^2）		16	25	35	50	70	95	120
外径（mm）		5.10	6.36	7.50	9.00	10.65	12.50	14.00
气温 20℃时的直流电阻（Ω/km）		1.847	1.188	0.854	0.593	0.424	0.317	0.253
线间几何均距（mm）		线路电抗（Ω/km）						
600		0.358	0.345	0.366	0.326	0.315	0.303	0.297
800		0.377	0.363	0.352	0.341	0.331	0.319	0.313
1000		0.391	0.377	0.366	0.355	0.345	0.334	0.327
1250		0.405	0.391	0.380	0.369	0.359	0.347	0.341
1500		—	0.402	0.391	0.380	0.370	0.358	0.352
气温 25℃最高允许温度 70℃时允许载流量	户内	80	110	135	170	215	260	310
	户外	105	135	170	215	265	325	375

二、按允许电压损失条件来选择导线截面积

1. 线路电压损失计算

由于线路导线存在阻抗，所以在负荷电流通过时要在线路导线上产生电压降。按规范要求，用电设备的端电压偏移有一定的允许范围，因此对线路有一定的允许电压损失的要求。如线路的电压损失值超过了允许值，则应适当加大导线的截面积，使之满足允许电压损失值的要求。线路导线电压损失值的计算式如下：

$$\Delta U=\sqrt{3}(IR\cos\varphi+IX\sin\varphi)(\mathrm{V}) \tag{16-3}$$

式中 I——线路的负荷电流，A；

R——线路导线的电阻，Ω；

X——线路导线的电抗，Ω；

φ——线路负荷电流的功率因数角。

将 $I=\dfrac{P}{\sqrt{3}U_{\mathrm{N}}\cos\phi}=\dfrac{Q}{\sqrt{3}U_{\mathrm{N}}\sin\phi}$ 代入上式，即可得用线路负荷功率计算线路电压损失的公式：

$$\Delta U=\frac{PR+QX}{U_{\mathrm{N}}}=\frac{Pr_0+Qx_0}{U_{\mathrm{N}}}L \tag{16-4}$$

式中 U_{N}——线路额定电压，kV；

P——有功负荷，kW；

Q——无功负荷，kvar；

X——线路电抗（$X=x_0L$），Ω；

x_0——每千米线路的电抗，Ω/km；

R——线路电阻（$X=r_0L$），Ω；

r_0——每千米线路的电阻，Ω/km；

L——线路长度，km。

根据已选的线路导线的 r_0、x_0 和线路长度 L、额定电压 U_{N}，用已知的负荷功率便可计算线路的电压损失。如果线路电压损失等于或略小于允许值，则所选导线截面积可用，否则

应另选导线截面积，并重新进行核算，使之满足要求。

对于低压照明架空线路，由于导线截面积小，线间距离小，感抗的作用也小，这时电压损失可以简化计算，即

$$\Delta U=(PL/CS)\times 100\% \tag{16-5}$$

式中 P——输送的有功功率，kW；

L——输送距离，m；

C——常数；

S——导线截面积，mm^2。

常数 C 的取值，对于380/220V照明线路，铝导线三相四线制取46，单相制取8.3；铜导线三相四线制取77，单相制取12.8。

【例16-1】已知380V线路，输送有功功率30kW，输送距离200m，导线为LJ-35，求电压损失是多少？

解：根据式（16-5），有

$$\Delta U=(30\times 200)/(50\times 35)\times 100\%\approx 3.43\%$$

即电压损失为 $\Delta U=380\times 3.43\%\approx 13$（V）

2. 最小允许截面积

按机械强度要求校验导线的最小允许截面积。只要导线的截面积不小于其最小允许截面积，就可满足机械强度的要求。导线线芯的最小允许截面积见表16-9、表16-10。

表16-9　导线的最小允许截面积（mm^2）

导线种类	10kV		380/220V
	居民区	非居民区	
铝线及铝合金线	35	25	16
钢芯铝线	25	16	16
铜线	16	16	ϕ3.2mm

表16-10　线芯的最小允许截面积（mm^2）

用途		线芯的最小允许截面积		
		多股铜芯软线	单根铜线	单根铝线
灯头下引线		0.4	0.5	1.5
移动式电气引线		生活用：0.2 生产用：1.0	不宜使用	不宜使用
固定敷设导线支持点间距离	1m以内	不宜使用	1.0	1.5
	2m以内		1.0	2.5
	6m以内		2.5	4.0
	12m以内		2.5	6.0
管内穿线		不宜使用	1.0	2.5

三、按经济电流密度选择导线截面积

经济电流密度是既考虑线路运行时的电能损耗，又考虑线路建设投资等多方面经济效益，而确定导线截面的电流密度。我国规定的导线经济电流密度 J 和LJ型铝绞线的允许载

流量温度校正系数见表 16-11、表 16-12。表 16-13 中年最大负荷利用小时数可按表 16-11 确定。

按经济电流密度选择的导线截面积称为经济截面积，用 S 表示，可由下式求得

$$S=\frac{I_C}{J} \tag{16-6}$$

表 16-11　我国规定的导线经济电流密度 J　(A/mm²)

线路类型	导线材质	年最大负荷利用小时		
		3000h 以下	3000～5000h	5000h 以上
架空线路	铝	1.65	1.15	0.90
	铜	3.00	2.25	1.75

表 16-12　LJ 型铝绞线的允许载流量温度校正系数（最高允许温度为 70℃）

实际环境温度（℃）	5	10	15	20	25	30	35	40	45
允许载流量校正系数	1.20	1.15	1.11	1.05	1.00	0.94	0.885	0.815	0.745

表 16-13　各类负荷的年最大负荷利用小时数

负荷类型	户内照明及生活用电	单班制企业用电	两班制企业用电	三班制企业用电	农业用电
年最大负荷利用小时数 T（h）	2000～3000	1500～2200	3000～4500	6000～7000	2500～3000

第十七章

常用的低压电器与成套装置

低压电器通常指工作在交流1200V、直流1500V及以下电路中起控制、保护、调节、转换和通断作用的电器。低压电器广泛用于输配电系统和电力拖动系统中，在工农业生产、交通运输和国防工业中起着十分重要的作用。

本章主要介绍常用低压电器的用途、结构、原理以及选择、安装、使用、维护和检修等基本知识。此外，本章还介绍了光电源的种类、特性以及电气照明、照明施工的基础知识。

第一节 低压电器概述

一、低压电器的分类

1. 按用途和控制对象不同分类

（1）低压配电电器。低压配电电器包括隔离开关、组合开关、熔断器、断路器等，主要用于低压配电系统及动力设备中接通与分断。

（2）低压控制电器。低压控制电器包括接触器、启动器和各种控制继电器等，用于电力拖动与自动控制系统中。

2. 按动作方式不同分类

（1）自动切换电器。自动切换电器依靠电器本身参数的变化或外来信号的作用，自动完成电路的接通或分断等操作，如接触器、继电器等。

（2）非自动切换电器。非自动切换电器依靠外力（如人力）直接操作来完成电路的接通、分断、启动、反转和停止等操作，如隔离开关、转换开关和按钮等。

二、低压电器的型号表示方法

我国对各种低压电器产品型号的表示方法如下：

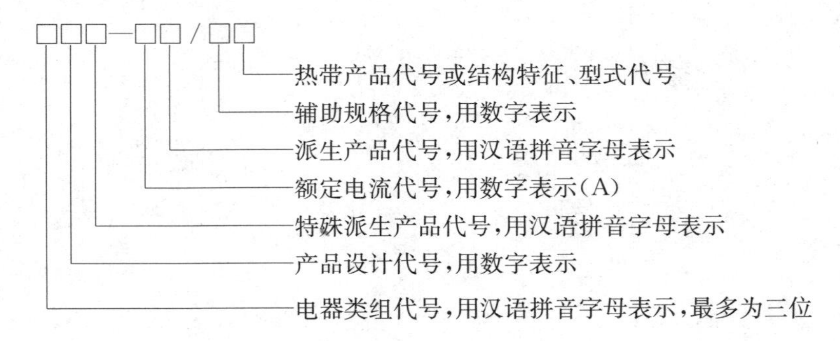

三、低压电器的主要技术指标

1. 额定电压

额定电压分为额定工作电压和额定绝缘电压。额定工作电压是指电器长期工作承受的最高电压。在任何情况下，最大额定工作电压不应超过额定绝缘电压。额定绝缘电压是电器承受的最大额定工作电压。

2. 额定电流

额定电流是指在规定的环境条件下，允许长期通过电器的最大工作电流，此时电器的绝缘和载流部分长期发热温度不超过规定的允许值。

3. 额定频率

国家标准规定交流电额定频率为50Hz。

4. 额定接通和分断能力

在规定的接通或分断条件下，电器能可靠接通或分断的电流值。

5. 额定工作制

在正常条件下，额定工作制分为8h工作制、不间断工作制、断续周期工作制或断续工作制、短时工作制。

6. 使用类别

根据操作负载的性质和操作的频繁程度将低压电器分为A类和B类。A类为正常使用的低压电器；B类则为操作次数不多的，如只用作隔离开关使用的低压电器。

四、开关电器中的电弧

1. 开关电弧的危害

电路的接通和开断是靠开关电器实现的，开关电器是用触点来分断电路的。只要触点间的电压达10～20V、电流达80～100mA，在分断时就会在触点间产生电弧，此时电路中继续有电流流过，直到电弧熄灭，触点间隙成为绝缘介质后，电路才被开断。

开关电器中的电弧如果不能及时熄灭，将产生严重的后果。首先，电弧的存在使电路不能断开，开关电器不能开断电路；其次，电弧的高温可能会烧坏触点或触点周围的其他部件，造成设备损坏。如果电弧长时间不能熄灭，将使触点周围的空气迅速膨胀形成巨大的爆炸力，会烧毁开关电器并严重影响周围设备的安全运行。

2. 开关电器电弧的产生和熄灭

开关电器开断电路时，在动、静触点刚分离的瞬间，触点间隙距离很小，触点间的电场强度很高。当电场强度达到一定值时，触点间因强电场发射而产生热电子发射，温度升高，在外加电压的作用下，触点间介质被击穿，形成电弧。虽然开关触点距离逐渐拉开，但是由于两触点之间绝缘能力降低，只要两触点之间存在一定的电压就可以使电弧继续存在，致使开关不能切断电路。

要使开关断开电路，就必须使电弧熄灭。目前主要采用的办法有：

（1）将电弧拉长，使电源电压不足以维持电弧燃烧，从而使电弧熄灭，断开电路。

（2）有足够的冷却表面，使电弧与整个冷却表面接触而迅速冷却。

（3）限制电弧火花喷出的距离，防止造成相间飞弧。

低压开关广泛采用狭缝灭弧装置。狭缝灭弧装置一般由采用绝缘及耐热的材料制成的灭弧罩和磁吹装置组成。触点间产生电弧以后，磁吹装置产生的电磁力，将电弧拉入由灭弧片组成的狭缝中，使电弧拉长和利用自然产生的气体吹弧，将电弧分割为短弧，可有利于电弧的快速熄灭，保证开关电器有效断开。对额定电流较大的开关电器，也采用灭弧罩加磁吹线圈的结构，利用磁场力拉长电弧，增强了灭弧效果，提高了分断能力。

第二节 低压配电电器

本节主要介绍低压电器中隔离开关、组合开关、熔断器、断路器、剩余电流动作保护器的结构、工作原理及使用和维护方法。

一、低压隔离开关

电气设备维护检修时，需要切断电源，使之与带电部分隔离，并保持足够的安全距离。低压隔离开关的主要用途是隔离电源，保证检修人员的人身安全。低压隔离开关可分为不带熔断器式和带熔断器式两大类。不带熔断器式开关属于无载通断电器，只能接通或开断“可忽略的”电流，起隔离电源作用；带熔断器式开关具有短路保护作用。隔离开关和熔断器串联组合成一个单元时，称为隔离开关熔断器组；隔离开关的可动部分由带熔体的载熔件组合时，称为熔断器式隔离开关。隔离开关和熔断器组合并加装部分辅助元件如操作杠杆、弹簧、弧刀等，可组成负荷开关。负荷开关具有在非故障情况下接通或开断负荷电流的能力，并具有一定的短路保护作用。常见的低压隔离开关有：HD、HS系列隔离开关，HR系列熔断器式隔离开关，HG系列熔断器式隔离器，HX系列旋转式隔离开关熔断器组、抽屉式隔离开关，HH系列封闭式开关熔断器组等。

1. HD、HS系列隔离开关

HD、HS系列隔离开关适用于交流50Hz、额定电压380V或直流440V、额定电流可达1500A的成套配电装置中，作为不频繁地手动接通和分断交、直流电路作隔离开关用。其中，HD11、HS11系列中央手柄式的单投和双投隔离开关，正面手柄操作，主要作为隔离开关使用；HD12、HS12系列侧面操作手柄式隔离开关，主要用于动力箱中；HD13、HS13系列中央正面杠杆操动机构隔离开关主要用于正面操作、后面维修的开关柜中，操动机构装在正前方；HD14系列侧方正面操动机械式隔离开关主要用于正面两侧操作、前面维修的开关柜中，操动机构可以在柜的两侧安装；装有灭弧室的隔离开关可以切断小负荷电流，其他系列隔离开关只作隔离开关使用。

（1）型号及含义如下：

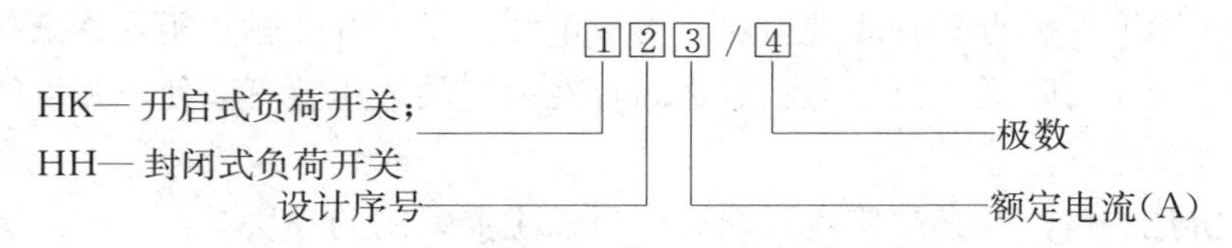

（2）选用。根据隔离开关的使用场所，只作隔离电源的开关可选用不带灭弧罩的；用于不频率动作的隔离开关，则要选用带灭弧罩的。隔离开关的额定电流应大于或等于总负荷电流，同时还应考虑不同用途时启动电流的影响。

（3）安装及使用注意事项如下：

1）隔离开关的刀片应垂直安装，只作隔离电源用时，允许水平配置。

2）双投开关在分闸位置时，应将刀片可靠固定，不能使刀片有自行合闸的可能。

3）动触点与静触点间应有足够大的接触压力，以免过热损坏。

4）合闸操作时，各刀片应同时顺利地投入固定触点的钳口，不应有卡阻现象。

5）隔离开关的底板绝缘良好，隔离开关的接线端子应接触良好。

6）带有快分触点的隔离开关，各相的分闸动作迅速一致。

7）隔离开关垂直安装时，手柄向上时为合闸状态，向下时为分闸状态。手柄操作应灵活、可靠。

2. HR 系列熔断器式隔离开关

HR 系列熔断器式隔离开关是用熔体或带有熔体的载熔件作为动触点的一种隔离开关。它常以侧面手柄式操动机构来传动，熔断器装于隔离开关的动触片中间，其结构紧凑。在正常情况下，电路的接通、分断由隔离开关完成；在故障情况下，由熔断器分断电路。熔断器式隔离开关适用于工业企业配电网中不频繁操作的场所，作为电气设备及线路的过负载及短路保护用。

（1）型号及含义如下：

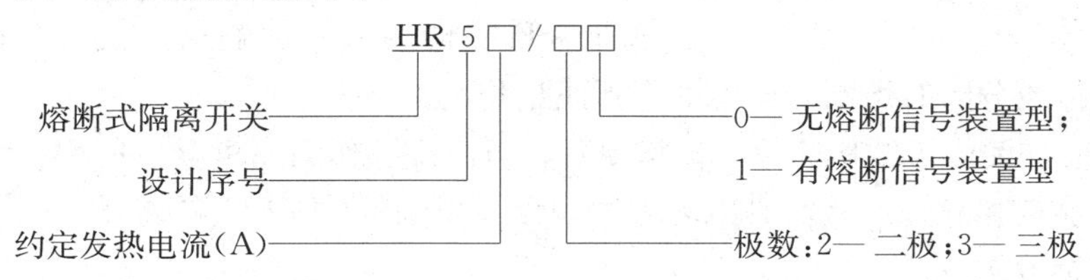

（2）结构特点。熔断器式隔离开关有 HR3、HR5、HR6、HR17 系列等。HR3 系列熔断器式隔离开关是由 RTO 系列有填料熔断器和隔离开关组成的组合电器，具有 RTO 系列有填料熔断器和隔离开关的基本性能，当线路正常工作时，接通和切断电源由隔离开关来担任；当线路发生过载或短路故障时，熔断器式隔离开关的熔体烧断，及时切断故障电路。前面操作前检修的熔断器式隔离开关，中央有供检修和更熔断器的门，主要供 BDL 配电屏上安装。侧面操作前检修的熔断器式隔离开关可以制成封闭的动力配电箱。熔断器式隔离开关的熔断器固定在带有弹簧锁板的绝缘横梁上。正常运行时，保证熔断器不动作。当熔体因线路故障而熔断后，只需要按下锁板即可更换熔断器。

额定电流在 6000A 及以下的熔断器式隔离开关带有安全挡板，并有灭弧室。灭弧室是由酚醛布板和钢板冲件铆合而成的。

（3）选用及安装。HR 系列熔断器式隔离开关的选用及安装与 HD、HS 系列隔离开关相同。

3. HG 系列熔断器式隔离器

熔断器式隔离器用熔体或带有熔体的载熔件作为动触点的一种隔离器。HG1 系列熔断器式隔离器用于交流 50Hz、额定电压 380V、具有高短路电流的配电回路和电动机回路中，作为电路保护之用。

隔离器由底座、手柄和熔体支架组成，并选用高分断能力的圆筒帽型熔体。操作手柄能使熔体支架在底座内上下滑动，从而分合电路。隔离器的辅助触点先于主触点断开，后于主电路而接通，这样只要把辅助触点串联在线路接触器的控制回路中，就能保证隔离器无载接通和断开电路。如果不与接触器配合使用，就必须在无载状态下操作隔离器。

当隔离器使用带撞击器的熔体时，任一极熔断器熔断后，撞击器弹出，通过横杆触动装在底板上的微动开关，使微动开关发出信号或切断接触器的控制回路，这样就能防止电动机单相运行。

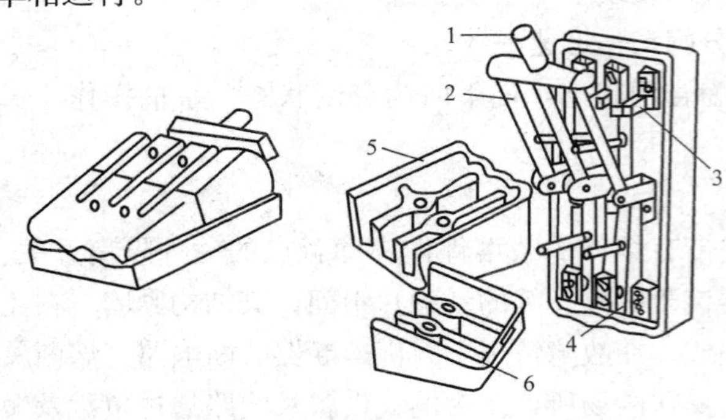

图 17-1　HK2 系列开启式负荷开关结构示意图

1—手柄；2—闸刀；3—静触座；4—安装熔丝的接头；5—上胶盖；6—下胶盖

4. HK 系列开启式负荷开关

（1）用途及结构。开启式负荷开关是隔离开关的一极或多极与熔断器串联构成的组合电器，结构如图 17-1 所示。它广泛用于照明、电热设备及小容量电动机的控制线路中，手动不频繁地接通和分断电路的场所，与熔体配合起短路保护的作用。HK2 系列开启式负荷开关由隔离开关和熔体组合而成，瓷底座上装有进线座、静触点、熔体、出线座及带瓷质手柄的刀片动触点，上面装有胶盖以防操作时触及带电体或分断时熔断器产生的电弧飞出伤人。

HK 系列开启式负荷开关由于结构简单、价格便宜，目前广泛作为隔离电器使用。但由于这种开关体积大、动触点和静触点易发热出现熔蚀现象，新型的 HY122 隔离开关正逐步取代 HK 系列开启式负荷开关。

HY122 系列隔离开关与 HK 系列开启式负荷开关相比较具有如下优点：

1）HY122 隔离开关的静触点和出线端子的连接采用焊接，而开启式负荷开关采用铆钉铰接。HY122 隔离开关的动触点和出线端子间用软铜线焊接，接触良好，连接点不会出现过热现象。

2）HY122 隔离开关的静触点采用硬铜制成，用弹簧箍住，以保证开关的动、静触点接触压力，减小接触电阻。开启式负荷开关的静触点采用弹性铜制成，开始使用时接触良好；但使用一段时间后，弹性逐渐消失，触点接触电阻增大，易发热出现熔蚀现象。

3）HY122 隔离开关有明显的断口。隔离开关分闸后，将印有“禁止合闸”字样的绝缘销插入刀座内，不易发生误合闸。

4）HY122 隔离开关是一种数模化电器，使用、维修方便。

（2）型号及含义如下：

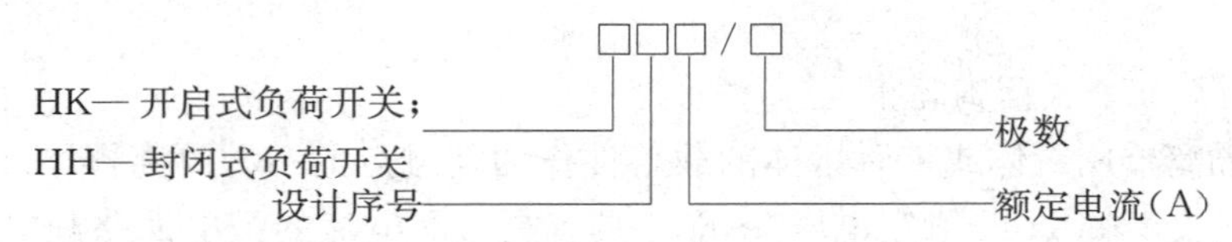

（3）选用。开启式负荷开关结构简单、价格便宜，在一般的照明电路和功率小于 5.5kW 的电动机控制线路中广泛采用。开启式负荷开关由于没有专门的灭弧装置，其动触点和静触点易被电弧灼伤而引起接触不良，故不宜用于操作频繁的电路。

1）用于照明和电热负载时，负荷开关的额定电流应不小于电路所有负载额定电流的总和。

2）用于电动机负载时，负荷开关的额定电流应不小于电动机额定电流的3倍。

（4）安装。

1）开启式负荷开关必须垂直安装，且合闸操作时，手柄的操作方向应从下向上；分闸操作时，手柄的操作方向应从上向下。

2）接线时，电源进线应接在开关上部的进线端上，用电设备应接在开关下部熔体的出线端上。这样开关断开后，闸刀和熔体上都不带电。

3）开关用作电动机控制开关时，应将开关的熔体部分用导线直连，并在出线端另加装熔断器作短路保护。

4）安装后应检查闸刀和静插座的接触是否良好，合闸位置时闸刀和静插座是否成直线。

5）更换熔体时，必须在闸刀断开的情况下按原规格更换。

二、低压组合开关

组合开关又称转换开关，一般用于交流380V、直流220V以下的电气线路中，供手动不频繁地接通与分断电路以及小容量异步电动机的正、反转和星-三角降压启动的控制。它具有体积小、触头数量多、接线方式灵活、操作方便等特点。

1. 组合开关的结构特点

HZ系列组合开关有HZ1、HZ2、HZ3、HZ4、HZ5以及HZ10等系列产品，常用的HZ10系列组合开关的结构如图17-2所示。开关的动、静触点都安放在数层胶木绝缘座内，胶木绝缘座可以一个接一个地组装起来，多达六层。动触点由两片铜片与具有良好灭弧性能的绝缘纸板铆合而成，其结构有90°与180°两种。动触点连同与它铆合一起的隔弧板套在绝缘方轴上，两个静触点则分置在胶木座边沿的两个凹槽内。动触点分断时，静触点一端插在隔弧板内；当接通时，静触点一端则夹在动触点的两片铜片当中，另一端伸出绝缘座外边以便接线。当绝缘方轴转过90°时，触点便接通或分断一次。而触点分断时产生的电弧，则在隔弧板中熄灭。由于组合开关操动机构采用扭簧储能机构，使开关快速动作，且不受操作速度的影响。组合开关按不同形式配置动触点与静触点，以及绝缘座堆叠层数不同，可组合成几十种接线方式。

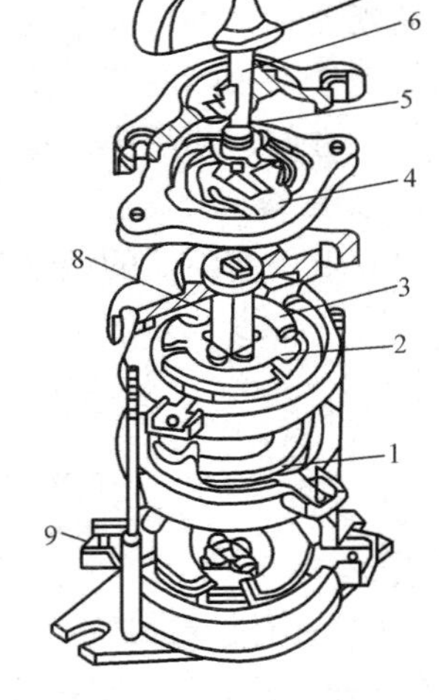

图17-2　HZ10系列组合开关结构图

1—静触点；2—动触点；3—绝缘垫板；4—凸轮；5—弹簧；6—转轴；7—手柄；8—绝缘杆；9—接线柱

2. 组合开关的型号含义

组合开关的型号含义如下：

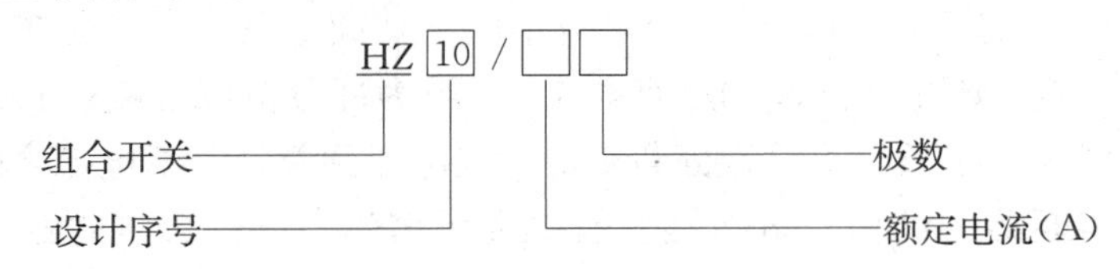

3. 组合开关的选用

组合开关应根据电源种类、电压等级、极数及负载容量选用。组合开关用于直接控制电动机时，开关额定电流应不小于电动机额定电流的1.5～2.5倍。

4. 组合开关的安装及使用注意事项

(1) 安装时使手柄保持水平旋转位置为宜。HZ10系列组合开关应安装在控制箱内，其操作手柄最好伸出在控制箱的前面或侧面；开关为断开状态时，应使手柄在水平旋转位置。HZ3系列组合开关的外壳必须可靠接地。

(2) 组合开关的操作不要过于频繁。每小时应少于300次，否则会缩短组合开关的寿命。

(3) 不允许接通或开断故障电流。组合开关用作电动机控制时，必须在电动机完全停转后，才允许反向接通。组合开关的接线方式很多，要注意规格性能，如是否带保护功能等。

(4) 当功率因数低时，组合开关要降低容量运行，否则会影响寿命。功率因数小于0.5时，不宜采用HZ系列组合开关。

(5) 要经常维护，注意清除开关内的尘埃、油垢，始终保持三相动、静触点接触良好。

三、低压熔断器

熔断器是一种最简单的保护电器。它串联于电路中，当电路发生短路或过负荷时，熔体熔断自动切断故障电路，使其他电气设备免遭损坏。低压熔断器具有结构简单、价格便宜、使用维护方便、体积小、重量轻等优点，因而得到广泛应用。

1. 低压熔断器的型号、种类及结构

(1) 低压熔断器的型号含义如下：

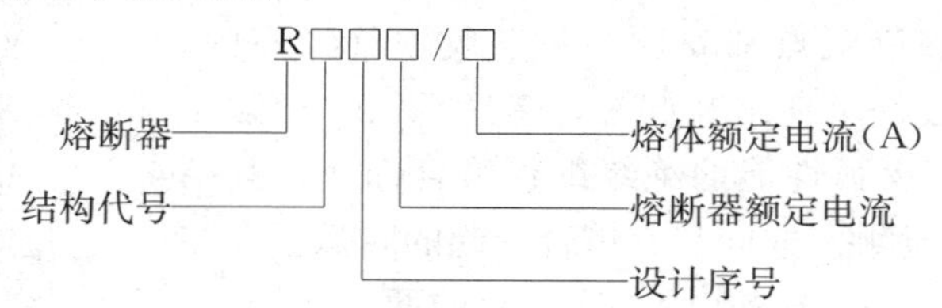

其中结构代号含义：M—无填料封闭管式；T—有填料密闭管式；L—螺旋式；S—快速式；C—瓷插式；R—熔断器。

(2) 低压熔断器的使用类别及分类。低压熔断器按结构形式不同，可分为专职人员使用和非熟练人员使用两大类。专职人员使用的熔断器多采用开启式结构，如触刀式熔断器、螺栓连接熔断器、圆筒帽熔断器等；非熟练人员使用的熔断器安全要求比较严格，其结构多采用封闭式或半封闭式，如螺旋式、圆管式、瓷插式等。专职人员使用的熔断器按用途不同可分为一般工业用熔断器、半导体保护用熔断器和自复式熔断器等。

按使用类别不同，熔断器可分为G型和M型。G型为一般用途熔断器，可用于保护包括电缆在内的各种负载；M型为电动机保护用熔断器。熔断器按工作类型不同，可分为g类和a类。g类为全范围分断，其连续承载电流不低于其额定电流，并能在规定条件下分断从最小熔化电流到额定分断电流之间的所有电流；a类为部分范围分断，其连续承载电流不低于其额定电流，但在规定条件下只能分断4倍额定电流到额定分断电流之间的所有电流。

(3) 常用低压熔断器的结构。熔断器一般由金属熔体、连接熔体的触点装置和外壳组成。常用低压熔断器外形如图 17-3 所示。

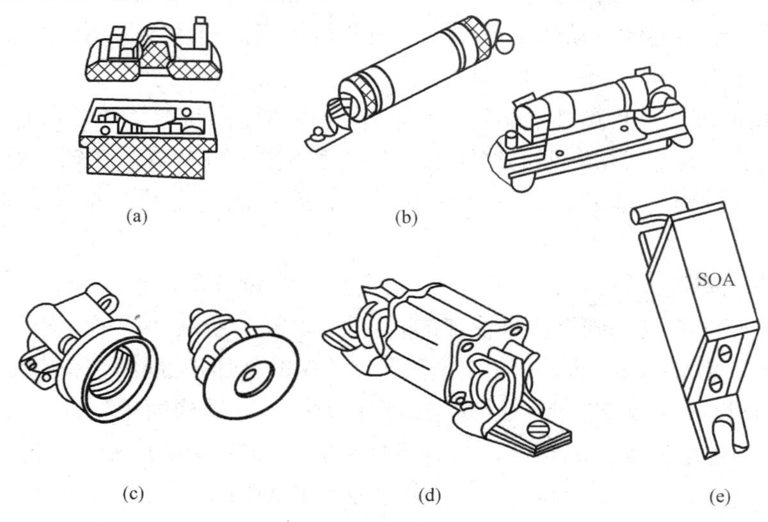

图 17-3　常用低压熔断器

（a）RC1A 系列瓷插式熔断器；（b）RM10 系列无填料封闭管式熔断器；（c）RL6 系列螺旋式熔断器；（d）RTO 系列有填料封闭管式熔断器；（e）RS3 系列快速熔断器

低压熔断器的产品系列、种类很多，常用的产品系列有 RL 系列螺旋管式熔断器、RM 系列无填料封闭管式熔断器、RT 系列有填料封闭管式熔断器、NT（RT）系列高分断能力熔断器、RLS/RST/RS 系列半导体保护用快速熔断器、HG 系列熔断器式隔离器等。

1）螺旋管式熔断器。RL 系列螺旋管式熔断器是一种有填料封闭管式熔断器，一般用于配电线路中作为过载和短路保护。由于它具有较大的热惯性和较小的安装面积，故常用于机床控制线路中，作为电动机的保护。常用的产品系列有 RL5、RL6 等。

2）无填料封闭管式熔断器。RM10 系列无填料封闭管式熔断器主要由熔管、熔体、夹头皮夹座等部分组成。该熔断器具有如下特点：一是采用钢纸管作熔管，当熔体熔断时，钢纸管内壁在电弧热量的作用下产生高压气体，使电弧迅速熄灭；二是采用变截面锌片作熔体，当电路发生故障时，锌片几处狭窄都应同时熔断，形成大空隙，使电弧更容易熄灭。RM 系列无填料封闭管式熔断器主要用于交流 500V、直流 440V 及以下配电线路和成套配电装置中。该熔断器熔管由绝缘耐温纸等材料压制而成，熔体多数采用铅、铅锡、锌、铝金属材料。

3）有填料封闭管式熔断器。RT 系列有填料封闭管式熔断器又称石英砂熔断器。熔管为绝缘瓷制成，内填石英砂，以加速灭弧。熔体采用紫铜片，冲压成网状多根并联形式，上面熔焊锡桥。当被保护电路发生过载或短路时，熔体被熔化，熔断点电弧将熔体全部熔化并喷溅到石英砂缝隙中，由于石英砂的冷却与复合作用使电弧迅速熄灭。该熔断器的灭弧能力强，且具有限流作用，使用十分广泛。常用的产品系列有 RTO（NATO）、RT6、RT18、RT19 等。

4）半导体器件保护熔断器。半导体器件保护熔断器是一种快速熔断器，广泛用于半导体功率元件的过电流保护。由于半导体元件承受过电流能力很差，只允许在较短时间内承受一定的过载电流，因此要求短路保护元件应具有快速动作的特征。快速熔断器能满足这一要求，且结构简单、使用方便、动作灵敏可靠，因此得到广泛使用。常用的产品系列有RLS、RST、RS3、NGT等。

5）自复式熔断器。常用熔断器熔体一旦熔断，必须更换新的熔体，而自复式熔断器可重复使用一定次数。自复式熔断器的熔体采用非线性电阻元件制成，在较大短路电流产生的高温下，熔体汽化，阻值剧增，即瞬间呈现高阻状态，从而将故障电流限制在较小的范围内。

6）RC1A系列瓷插式熔断器。RC1A系列瓷插式熔断器由底座、瓷盖、动静触点及熔丝组成。它是在RC1系列基础上改进设计的，可取代RC1系列老产品。RC1A系列瓷插式熔断器主要用于交流380V及以下、电流不大于200A的低压电路中，起过载和短路保护作用。RC1A系列熔断器用瓷质制成，插座与熔管合为一体，结构简单，拆装方便。RC1A系列瓷插式熔断器额定电流为5～200A，但极限分断能力较差。由于该熔断器为半封闭结构，熔丝熔断时有声光现象，在易燃易爆的工作场所应禁止使用。

（4）熔体材料及特性。熔体是熔断器的核心部件，一般由铅、铅锡合金、锌、铝、铜等金属材料制成。由于熔断器是利用熔体熔化切断电路，因此要求熔体的材料熔点低、导电性能好、不易氧化和易于加工。

铅锡合金、铅和锌的熔点较低，分别为200、327℃和420℃，但导电性能差，用这些材料制成的熔体截面较大，熔断时产生的金属蒸气多，不利于灭弧。因此，这些材料主要用于500V及以下的低压熔断器中。铜和银的导电性能良好，可以制成截面较小的熔体，熔断时产生的金属蒸气少，电弧容易熄灭，有利于提高熔断器的开断能力。但铜和银的熔点较高，分别为1080℃和960℃。当熔断器长期通过略小于熔体熔断电流的过负荷电流时，熔体发热高达900℃而未熔化，这样的高温可能损坏触点系统或其他部件。

为了克服上述缺点，通常采用（冶金效应）来降低熔点。即在难熔的熔体表面焊上小锡（铅）球，当熔体温度达到锡或铅的熔点时，难熔金属和熔化了的锡或铅形成电阻大、熔点低的合金，结果熔体首先在小球处熔断，继而产生电弧使熔体全部熔化。铜是一种理想的熔体材料，广泛地应用于高压熔断器和低压熔断器中，银熔体的价格较贵，一般用于高压小电流的熔断器中。

2. 低压熔断器的工作原理

当电路正常运行时，流过熔断器的电流小于熔体的额定电流，熔体正常发热温度不会使熔体熔断，熔断器长期可靠运行；当电路过负荷或短路时，流过熔断器的电流大于熔体的额定电流，熔体熔化切断电路。熔体熔化时间的长短，取决于所通过电流的大小和熔体熔点的高低。当熔体通过很大的短路电流时，熔体将爆熔化并汽化，电路迅速切断；当熔体通过过负荷电流时，熔体的温度上升较慢，熔化时间较长。熔体的熔点越高，熔体熔化就越慢，熔断时间就越长。

3. 低压熔断器的技术参数及工作特性

（1）熔断器的技术参数。熔断器性能的主要技术参数有额定电压、额定电流及极限分断能力。

1）熔断器的额定电压。它是指熔断器长期能够承受的正常工作电压。选择熔断器时，熔断器的额定电压应不小于熔断器安装处电网的额定电压。对于以石英砂作为填充物的限流型熔断器，熔断器的额定电压应等于熔断器安装处电网的额定电压。如果熔断器的工作电压低于其额定电压，熔体熔断时可能会产生危险的过电压。

2）熔断器的额定电流。它是指在一般环境温度（不超过40℃）下，熔断器外壳和载流部分长期允许通过的最大工作电流。

3）熔体的额定电流。它是指熔体允许长期通过而不熔化的最大电流。一种规格的熔断器可以装设不同额定电流的熔体，但熔体的额定电流应不大于熔断器的额定电流。

4）极限开断电流。它是指熔断器能可靠分断的最大短路电流。

（2）熔断器的工作特性。

1）电流-时间特性。熔断器熔体的熔化时间与通过熔体电流之间的关系曲线，称为熔体的电流-时间特性，又称为安秒特性。熔断器的安秒特性由制造厂家给出，通过熔体的电流和熔断时间呈反时限特性，即电流越大，熔断时间就越短。图17-4所示为额定电流不同的两个熔体1和熔体2的安秒特性曲线，熔体2的额定电流小于熔体1的额定电流，熔体2的截面积小于熔体1的截面积，同一电流通过不同额定电流的熔体时，额定电流小的熔体先熔断，例如同一短路电流 I_d 流过两熔体时，$t_2<t_1$，熔体2先熔断。

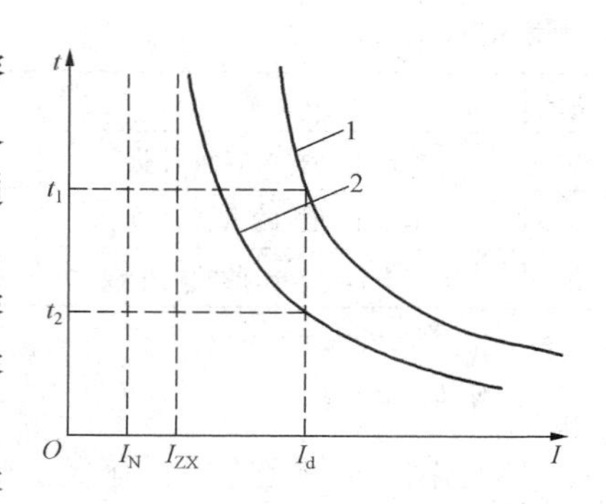

图17-4　熔断器的安秒特性

2）熔体的额定电流与最小熔化电流。熔体的额定电流是指熔体长期工作而不熔化的电流，由安秒特性曲线可以看出，随着流过熔体电流逐渐减小，熔化时间不断增加。当电流减小到一定值时，熔体不再熔断，熔化时间趋于无穷大，该电流值称为最小熔化电流，用 I_{ZX} 表示。考虑到熔体的安秒特性的不稳定，熔体不能在最小熔化电流长期工作，熔体的额定电流 I_N 应比最小熔化电流小。最小熔化电流与额定电流的比值称为熔断系数，大多数熔体的熔断系数在1.3～2.0之间。

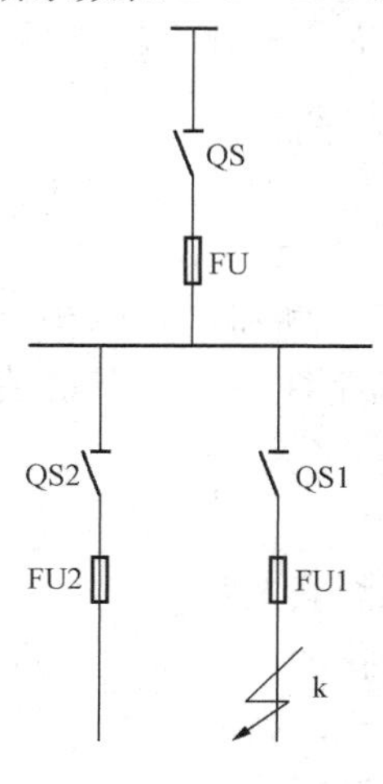

图17-5　熔断器配合接线图

3）熔断器短路保护的选择性。选择性是指当电网中有几级熔断器串联使用时，如果某一线路或设备发生故障，应当由保护该设备的熔断器动作，切断电路，即为选择性熔断；如果保护该设备的熔断器不动作，而由上一级熔断器动作，即为非选择性熔断。发生非选择性熔断时，扩大了停电范围，会造成不应有的损失。在图17-5所示的熔断器配合接线图中，在k点发生短路时，FU1应该熔断，FU不应该动作。为了保证电路中串联使用的几级熔断器能够实现选择性熔断，应根据安秒特性曲线检查在电路中可能的最大短路电流下各级熔断器的熔断时间。在一般情况下，如果上一级熔断器的熔断时间为下一级熔断器熔断时间的3倍，就可能保证选择性熔断。当熔体为同一材料时，上一级熔体的额定电流为下一级熔体额定电流的2～4倍。

4. 低压熔断器的选用

(1) 熔断器类型的选择。根据使用环境和负载性选择合适的熔断器。如对于容量较小的照明电路或电动机的保护，应采用 RC1A 系列熔断器或 RM10 系列无填料封闭管式熔断器；对于短路电流较大或有易燃气体的地方，应采用 RL1 或 RTO 系列有填料封闭管式熔断器；用于硅元件和晶闸管保护时，应采用 RS 系列快速熔断器。

(2) 熔体额定电流的确定。

1) 对于照明及电热设备，熔体的额定电流应等于或稍大于负载的额定电流。

2) 用熔断器保护电动机时，熔体额定电流的确定方法见表 17-1。

表 17-1　　熔体额定电流

序号	类　别	计算方式	备　注
1	单台电动机的轻载启动	$I_{FN}=I_{MS}/$ (2.5～3.0)	启动时间小于 3s
2	单台电动机的重载启动	$I_{FN}=I_{MS}/$ (1.6～2.0)	启动时间小于 8s
3	接有多台电动机的配电干线	$I_{FN}=$ (2.5～3.0) $(I_{MS1}+I_{n-1})$	

注　I_{FN}—熔体的额定电流；I_{MS}—电动机的启动电流；I_{MS1}—最大一台电动机的启动电流；I_{n-1}—除最大一台电动机外的计算电流。

(3) 熔断器额定电流的确定。熔断器的额定电流应大于或等于熔体的额定电流。

(4) 熔断器的配合。电路中上级熔断器的熔断时间一般为下级熔断器熔断时间的 3 倍；若上下级熔断器为同一型号，其额定电流等级一般应相差 2 倍；不同型号熔断器的配合应根据保护特性校验。

5. 低压熔断器的运行维护事项

(1) 低压熔断器运行维护：

1) 检查熔断器的熔管与插座的连接处有无过热现象，接触是否紧密。

2) 检查熔断器熔管的表面，表面应完整无损；如有破损则要进行更换。

3) 检查熔断器熔管的内部烧损是否严重，有无炭化现象。

4) 检查熔体的外观是否完好，压接处有无损伤，压接是否紧固，有无氧化腐蚀现象等。

5) 检查熔断器底座有无松动，各部位压接螺母是否紧固。

6) 检查熔断器的熔管和熔体的配合是否齐全。

(2) 低压熔断器使用注意事项：

1) 在单相线路的中性线上，应装熔断器；在线路分支处，应加装熔断器；在两相三线或三相四线制线路的中性线上，不允许装熔断器；在采用保护接零的中性线上，严禁装熔断器。

2) 熔体不能受机械损伤，尤其是较柔软的铅锡合金熔体。

3) 螺旋式熔断器的进线应接在底座的中心点桩上，出线应接在螺纹壳上。

4) 更换新熔体时，必须和原来的熔体同型号、同规格，以保证动作的可靠性。

5) 更换熔体或熔管时，必须切断电源。禁止带负荷操作，以免产生电弧。

四、低压断路器

低压断路器又称自动空气开关、自动开关，是低压配电网和电力拖动系统中常见的一种配电电器。低压断路器的作用是在正常情况下，不频繁地接通或开断电路；在故障情况下，切除故障电流，保护线路和电气设备。低压断路器具有操作安全、安装使用方便、分断能力较强等优点，因此在各种低压电路中得到广泛应用。

1. 低压断路器的分类及型号

低压断路器是利用空气作为灭弧介质的开关电器。低压断路器按用途分为配电用和保护用，按结构形式分为万能式（也称塑壳式）、框架式。

目前我国万能式断路器主要有 DW15、DW16、DW17（ME）、DW45 等系列，塑壳式断路器主要有 DZ20、CM1、TM30 等系列。下面以 DZ20 型断路器为例，介绍其型号及技术参数。

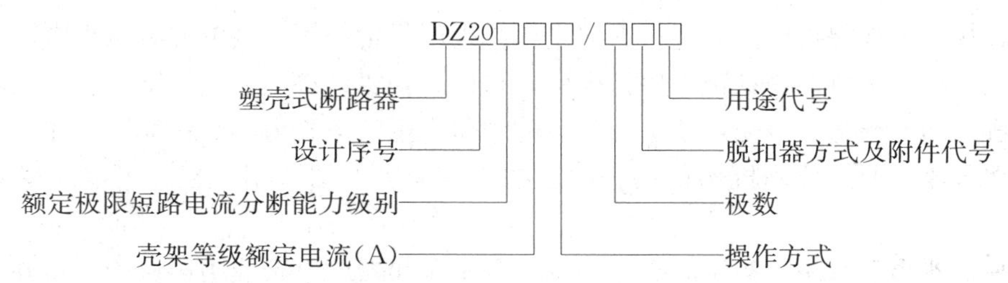

额定极限短路分断能力级别分为经济型（C）、一般型（Y）、较高型（J）和最高型（G）。用途代号：配电断路器无代号，电动机保护型用 2 表示。操作方式：手柄操作无代号，电动操作用 P 表示，转动手柄用 Z 表示。脱扣器方式及附件代号用阿拉伯数字表示脱扣器方式（瞬时脱扣、复式脱扣）和辅助触点代号。

低压断路器的主要特性及技术参数有额定电压、额定频率、极数、壳架等级额定电流、额定运行分断能力、极限分断能力、额定短时耐受电流、过电流保护脱扣器时间-电流曲线、安装形式、机械寿命及电寿命等。

2. 低压断路器的基本结构及工作原理

常用低压断路器是由脱扣器、触点系统、灭弧装置、传动机构和外壳等部分组成的。脱扣器是低压断路器中用来接受信号的元件，用它来释放保持机构而使开关电器断开或闭合的电器。当低压断路器所控制的线路出现故障或非正常运行情况时，由操作人员或继电保护装置发出信号，则脱扣器会根据信号通过传动元件使触点动作跳闸，切断电路。触点系统包括主触点、辅助触点。主触点用来分、合主电路，辅助触点用于控制电路，用来反映断路器的位置或构成电路的联锁。主触点有单断口指式触点、双断口桥式触点、插入式触点等几种形式。低压断路器的灭弧装置一般为栅片式弧罩，灭弧室的绝缘壁一般用钢板纸压制或用陶土烧制。

低压断路器脱扣器的种类有热脱扣器、电磁脱扣器、失压脱扣器、分励脱扣器等。热脱扣器起过载保护作用，热脱扣器按动作原理不同分为热动式和液压式。热动式脱扣器由发热元件和双金属片组成，当过载电流流过发热元件时，发热元件发热使双金属片弯曲，通过传动机构推动自由脱扣机构释放主触点。主触点在分闸弹簧的作用下切断电路，起到过载保护的作用。液压式脱扣器又称电磁式脱扣器，由铁芯、衔铁、线圈等组成。铁芯置于油管内，油管内灌注硅油，铁芯上装有复位弹簧，油管外绕上线圈，衔铁上钩住一个反作用力弹簧，当线圈过载时，铁芯受电磁力的作用，缓慢上升，经一定延时后，铁芯上升到一定位置。当其克服衔铁上反作用力弹簧的作用力完全吸引衔铁时，衔铁推动断路器的牵引杆，使断路器跳闸。复位弹簧和硅油起阻尼作用，这种过载保护呈反时限特性，即电流越大，电磁力越大，铁芯上升速度越快，动作时间越短。

电磁脱扣器又称短路脱扣器或瞬时过电流脱扣器，起短路保护作用。电磁脱扣器与保护电路串联。当线路中通过正常电流时，电磁铁产生的电磁力小于反作用力弹簧的拉力，衔铁不能被电磁铁吸引，断路器正常运行。当线路中出现短路故障时，电磁铁产生的电磁力大于反作用力弹簧的作用力，衔铁被电磁铁吸引，通过传动机构推动自由脱扣机构释放主触点。主触点在分闸弹簧的作用下，切断电路起到短路保护作用。低压断路器采用液压式脱扣器时，过载和短路保护共用一个脱扣器。

失压脱扣器与被保护电路并联，起欠电压或失压保护作用。当电源电压正常时，扳动操作手柄，电磁线圈得电，衔铁被电磁铁吸引，自由脱扣机构将主触点锁定在合闸位置，断路器投入运行。当电源电压过低或停电时，电磁铁所产生的电磁力不足以克服反作用力弹簧的拉力，衔铁释放，通过传动机构推动自由脱扣机构使断路器跳闸，起到欠电压或失压保护作用。

分励脱扣器用于远距离控制断路器跳闸，分励脱扣器的电磁线圈被保护电路并联。当电磁线圈得电时，衔铁被吸引，通过传动机构推动自由脱扣机构，使低压断路器跳闸。

低压断路器的工作原理示意图如图 17-6 所示。

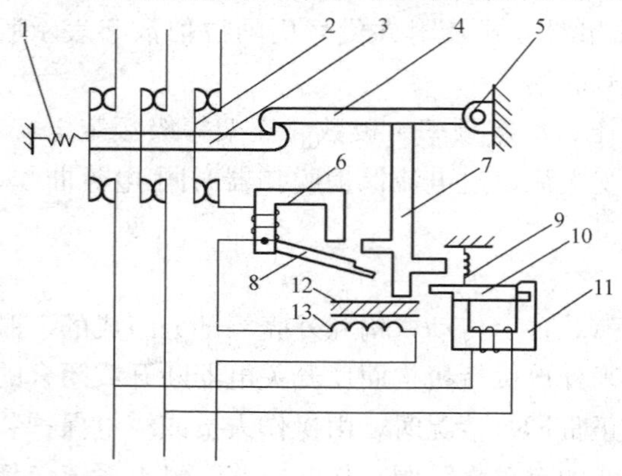

图 17-6　低压断路器的工作原理示意图

1、9—弹簧；2—触点；3—锁扣；4—搭钩；5—轴；6—电磁脱扣器；7—杠杆；8、10—衔铁；11—欠电压脱扣器；12—双金属片；13—电阻丝

断路器正常工作时，主触点串联于三相电路中，合上操作手柄，外力使锁扣克服反作用力弹簧的拉力，将固定在锁扣上的动、静触点闭合，并由锁扣扣住牵引杆，使断路器维持在合闸位置。当线路发生短路故障时，电磁脱扣器产生足够的电磁力将衔铁吸合，通过杠杆推动搭钩与锁扣分开，锁扣在反作用力弹簧的作用下，带动断路器的主触点分闸，从而切断电路；当线路过载时，过载电流流过发热元件使双金属片受热向上弯曲，通过杠杆推动搭钩与锁扣分开，锁扣在反作用力弹簧的作用下，带动断路器的主触点分闸，从而切断电路。

3. 常用低压断路器

（1）塑壳式断路器。塑壳式断路器的主要特征是所有部件都安装在一个塑料壳中，没有裸露的带电部分，提高了使用的安全性。塑壳式断路器多为非选择型，一般用于配电馈线控制和保护、小型配电变压器的低压侧出线总开关、动力配电终端控制和保护，以及住宅配电终端控制和保护，也可用于各种生产机械的电源开关。小容量（50A 以下）的塑壳式断路器采用非储能式闭合，手动操作；大容量断路器的操动机构采用储能式闭合，可以手动操作，也可由电动机操作（电动机操作可实现远方遥控操作）。

（2）框架式断路器。对于框架式断路器，可以在一个框架结构的底座上，装设所有组件。由于框架式断路器可以有多种脱扣器的组合方式，而且操作方式较多，故又称为万能式断路器。框架式断路器容量较大，其额定电流为630～5000A，一般用于变压器400V侧出线总开关、母线联络开关或大容量馈线开关和大型电动机控制开关。

（3）智能断路器。智能断路器由触点系统、灭弧系统、操动机构、互感器、智能控制器、辅助开关、二次接插件、欠电压脱扣器和分励脱扣器、传感器、显示屏、通信接口、电源模块等部件组成。智能断路器功能框图如图17-7所示。智能断路器的保护特性有过载长延时保护，短路短延时保护，反时限、定时限、短路瞬时保护，接地故障定时限保护。

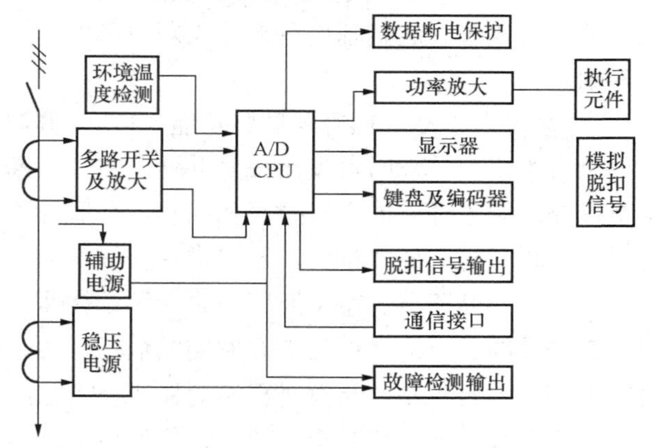

图17-7 智能断路器功能框图

智能断路器的核心部分是智能脱扣器。它由实时检测、微处理器及其外围接口和执行元件三个部分组成。

1）实时检测。智能断路器要实现控制和保护作用，电压、电流等参数的变化必须反映到微处理器上。电压参数通常用电压传感器，而电流参数常用电流传感器。获取电流信号的电流互感器有实心和空心两种，实心互感器在大电流时铁芯易于饱和，线性区狭小，测量范围小，当出现高倍数短路电流时，它感应的信号幅度很高，常造成对脱扣器自身的损坏；而空心互感器线性度宽，并能获得短路电流出现时的最初半波电流输出信号，有助于断路器的快速分断，因此应用较多。

2）微处理器系统。这是智能脱扣器的核心部分，由微处理器与外围接口电路组成，对信号进行实时处理、存储、判别，对不正常运行进行监控等。

3）执行部分。智能脱扣器的执行元件是磁通变换器，其磁路全封闭或半封闭，正常工作时靠永磁体保证铁芯处于闭合状态，脱扣器发出脱扣指令时，线圈通过的电流产生反磁场抵消了永磁体的磁场，动铁芯靠反作用力弹簧动作推动脱扣件脱扣。

智能断路器与普通低压断路器相比具有如下特点：

1）保护功能多样化。普通低压断路器一般采用双金属片式热脱扣器作为过载保护，用电磁脱扣器作为短路保护来构成长延时、瞬时两段保护，因而实现保护功能一体化较难。智能断路器除了可同时具有长延时、短延时、瞬时的三段保护功能以外，还具备过电压、欠电压、断相、反相、三相不平衡、逆功率及接地保护（第四段保护）、屏内火灾检测报警等功能。

2）选择性强。智能断路器由于采用微处理器，惯性小、速度快，其保护的选择性可以全范围调节，因此可实现多种选择性：可任意选择动作特性；可任意选择保护功能；便于实现级联保护协调，实施区域选择性联锁，实现良好的级间协调配合。

3）具备通信功能。智能断路器除了和各种物理量打交道以外，还能和人打交道，既能从操作者那里得到各种控制命令和控制参数，又能通过连续巡回检测对各种保护特性、运行参数、故障信息进行直观显示，还可与中央计算机联网实现双向通信，实施遥测、遥信、遥控，人机对话功能强，操作人员易于掌握，避免误动作。

4）显示与记忆。智能断路器能显示三相电压、电流、功率因数、频率、电能、有功功率、动作时间、分断次数以及预示寿命等，能将故障数据保存，并指示故障类型、故障电压、故障电流等，起到辅助分析、诊断故障的作用，还可通过光电耦合器的传输，进行远距离显示。

5）故障自诊断、预警与试验功能。可对构成智能断路器的电子元器件的工作状态进行自诊断，当出现故障时可发出报警并使断路器分断。预警功能使操作人员能及时处理电网的异常情况。微处理器能进行“脱扣”和“非脱扣”两种方式试验，利用模拟信号进行延时、短延时、瞬时整定值的试验，还可进行在线试验。

（4）微型断路器。微型断路器是一种结构紧凑、安装便捷的小容量塑壳式断路器，主要用来保护导线、电缆和作为控制照明的低压开关，所以也称导线保护开关。一般均带有传统的热脱扣、电磁脱扣，具有过载和短路保护功能。微型断路器基本形式为宽度在 20mm 以下的片状单极产品，将两个或两个以上的单极组装在一起，可构成联动的二、三、四极断路器。微型断路器广泛应用于高层建筑、机床工业和商业系统。随着家用电器的发展，现已深入到民用领域。国际电工委员会（IEC）已将此类产品划入家用断路器。

微型断路器具有技术性能好、体积小、用料少、易于安装、操作方便、价格适中及经久耐用等特点，受到国内外用户的普遍欢迎。近年来国内外的中小型照明配电箱，已广泛应用这类小型低压电器元件，实现了导轨安装方式，并在结构尺寸方面模数化，大多数产品的宽度都选取 9mm 的倍数，使电气成套装置的结构进一步规范化和小型化。

目前我国生产的微型断路器有 K 系列和引进技术生产的 S 系列、C45 和 C45N 系列、PX 等系列。

4. 低压断路器的选用

选用低压断路器的基本要求如下：

（1）低压断路器的额定电压和额定电流应不小于线路的正常工作电压和计算负荷电流。

（2）低压断路器的额定短路开通断能力应不小于线路可能出现的最大短路电流，同时能承受短路电流的电动力效应及热效应。

（3）断路器欠压脱扣器额定电压等于线路额定电压，分励脱扣器额定电压等于控制电源电压。

（4）线路末端单相接地短路电流不小于 1.25 倍断路器脱扣器的额定电流。

（5）电动机保护用断路器的瞬时动作电流应考虑电动机的启动条件。

（6）断路器选用时，应考虑使用场所、使用类别、防护等级以及上下级保护匹配等方面的问题。

5. 低压断路器的运行维护

（1）低压断路器的安装。

1）低压断路器一般应垂直安装，电源引线接到上端，负载引线接到下端，以保证操作的安全。不允许将电源引线接到下端，负载引线接到上端，此种接法将使断路器减少 30% 开断容量。

2）低压断路器用作电源总开关或电动机的控制开关时，在电源侧加装隔离开关等，以形成明显的断开点，保证检修人员的安全。

(2) 低压断路器的运行维护。低压断路器在投入运行前，应进行一般性外观及触点检查。在运行一段时间经过多次操作或故障跳闸后，必须进行适当的维修，以保持其正常工作状态。

1) 低压断路器运行中巡视和检查项目如下：

① 检查正常运行的负荷是否超过断路器的额定值。

② 检查触点和连接处有无过热现象（特别对有发热元件保护装置的，更应注意检查）。

③ 检查分、合闸状态下，辅助触点与所串联的指示灯信号是否相符合。

④ 监听断路器在运行中有无异常响声。

⑤ 检查传动机构主轴有无变形、锈蚀、销钉松脱等现象，相间距离有无裂痕、表层脱落和放电现象。

⑥ 检查断路器的脱扣器工作状态，如整定值指示位置是否变动、电磁铁表面及间隙是否正常、弹簧的外观有无锈蚀、线圈有无过热现象及异常声响等。

⑦ 检查灭弧器的工作状态，如外观是否完整、有无喷弧痕迹和受潮情况等；灭弧罩损坏时，必须停止使用，以免开断时发生飞弧现象而扩大事故。

⑧ 当负荷发生变化时，应相应调整过电流脱扣器的整定值，必要时应更换设备或附件。

⑨ 发生短路故障使低压断路器跳闸或遇有喷弧现象时，应安排解体检修。

2) 低压断路器定期维护和检修项目如下：

① 取下灭弧罩，检查灭弧栅片的完整性及清擦表面的烟痕和金属细末。

② 检查触点表面，清擦烟痕，用细锉或细砂布打平接触面。触点的银钨合金面烧伤超过 1mm 时，应更换触点。

③ 检查触点、弹簧的压力，并调节触点的位置和弹簧的压力，保证触点的接触压力相同，接触良好。

④ 用手动慢分、慢合，检查辅助触点的分、合是否合乎要求。

⑤ 检查脱扣器的衔铁和弹簧是否正常，动作有无卡劲，磁铁工作面是否清洁、平整、光滑，有无锈蚀、毛刺和污垢，发热元件的各部位有无损坏，间隙是否正常。

⑥ 机构各个接触部分应定期涂润滑油。

⑦ 结束所有检修工作后，应做几次分、合闸试验，检查低压断路器动作是否正常，特别是对于闭锁系统，要确保动作准确无误。

五、剩余电流保护装置

剩余电流保护装置是指电路中带电导体对地故障所产生的剩余电流超过规定值时，能够自动切断电源或报警的保护装置，包括各类剩余电流动作保护功能的断路器、移动式剩余电流动作保护装置和剩余电流动作电气火灾监控系统、剩余电流继电器及其组合电器等。在低压电网中安装剩余电流保护装置是防止人身触电、电气火灾及电气设备损坏的一种有效的防护措施。国际电工委员会通过制定相应的规程，在低压电网中大力推广使用剩余电流保护装置。

1. 剩余电流保护装置的工作原理

剩余电流保护装置的工作原理如图 17-8 所示。

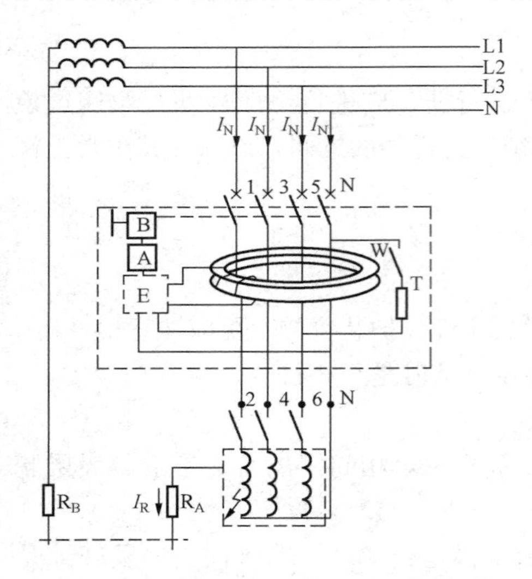

图 17-8 剩余电流保护装置的工作原理图
A—判别元件；B—执行元件；E—电子信号放大器；R_A—工作接地的接地电阻；R_B—电源接地的接地电阻；T—试验装置；W—检测元件

在电路中没有发生人身触电、设备漏电、接地故障时，通过剩余电流保护装置、电流互感器一次绕组电流的相量和等于零，即

$$I_{L1}+I_{L2}+I_{L3}+I_N=0$$

则电流 I_{L1}、I_{L2}、I_{L3} 和 I_N 在电流互感器中产生磁通的相量和等于零，即

$$\Phi_{L1}+\Phi_{L2}+\Phi_{L3}+\Phi_{N}=0$$

这样在电流互感器的二次绕组中不会产生感应电动势，剩余电流保护装置不动作。

当电路发生人身触电、设备漏电、接地故障时，接地电流通过故障设备、设备的接地电阻、大地及直接接地的电源中性点构成回路，通过电流互感器一次电流的相量和不等于零，即

$$I_{L1}+I_{L2}+I_{L3}+I_N\neq 0$$

$$\Phi_{L1}+\Phi_{L2}+\Phi_{L3}+\Phi_{N}\neq 0$$

在电流互感器的二次绕组中产生感应电动势，此电动势直接或通过电子信号放大器加在脱扣线圈上形成电流。二次绕组中产生感应电动势的大小随着故障电流的增加而增加，当接地故障电流增加到一定值时，脱扣线圈中的电流驱使脱扣机构动作，使主开关断开电路，或使报警装置发出报警信号。

2. 剩余电流保护装置的结构

剩余电流保护装置的结构包括检测元件（剩余电流互感器）、判别元件（剩余电流脱扣器）、执行元件（机械开关电器或报警装置）、试验装置和电子信号放大器（电子式）等部分。

（1）剩余电流互感器。剩余电流互感器是一个检测元件，其主要功能是把一次回路检测到的剩余电流变换成二次回路的输出电压 E_2，E_2 施加到剩余电流脱扣器的脱扣线圈上，推动脱扣器动作，或通过信号放大装置，将信号放大以后施加到脱扣线圈上，使脱扣器动作。

剩余电流互感器是剩余电流保护装置的一个重要元件，其工作性能将直接影响剩余电流保护装置的性能和工作可靠性。剩余电流保护装置的电流互感器一般采用空心式环形互感器，即主电路的导线（一次回路导线 N1）从互感器中间穿过，二次回路导线（N2）缠绕在环形铁芯上，通过互感器的铁芯实现一次回路和二次回路之间的电磁耦合。

（2）脱扣器。剩余电流保护装置的脱扣器是一个判别元件，用它来判别剩余电流是否达到预定值，从而确定剩余电流保护装置是否应该动作。动作功能与电源电压无关的剩余电流保护装置采用灵敏度较高的释放式脱扣器，动作功能与电源电压有关的剩余电流保护装置采用拍合式脱扣器或螺管电磁铁。

（3）信号放大装置。剩余电流互感器二次回路的输出功率很小，一般仅达到毫伏安的等级。在剩余电流互感器和脱扣器之间增加一个信号放大装置，不仅可以降低对脱扣器的灵敏度要求，而且可以降低对剩余电流互感器输出信号的要求，减轻互感器的负担，从而可以大大地缩小互感器重量和体积，使剩余电流保护装置的成本大大降低。信号放大装置一般采用

电子式放大器。

（4）执行元件。根据剩余电流保护装置的功能不同，执行元件也不同。对于剩余电流断路器，其执行元件是一个可开断主电路的机构开关电器。对于剩余电流继电器，其执行元件一般是一对或几对控制触点，输出机械开闭信号。

剩余电流断路器有整体式和组合式。整体式电流断路器的检测、判别和执行元件在一个壳体内，或由剩余电流元件模块与断路器接装而成。组合式剩余电流断路器采用剩余电流继电器与交流接触器或断路器组装而成，剩余电流继电器的输出触点控制线圈或断路器分励脱扣器，从而控制主电路的接通和分断。

剩余电流继电器的输出触点执行元件，通过控制可视报警或声音报警装置和电路，可以组成剩余电流报警装置。

3. 剩余电流保护装置的作用

在低压配电系统中装设剩余电流动作保护装置是防止直接接触电击事故和间接接触电击事故的有效措施之一，也是防止电气线路或电气设备接地故障引起电气火灾和电气设备损坏事故的技术措施。但安装剩余电流动作保护装置后，仍应以预防为主，并应同时采取其他各项防止电击事故和电气设备损坏事故的技术措施。

4. 剩余电流保护器的应用

（1）分级保护。在低压供用电系统中为了缩小发生人身电击事故和接地故障切断电源对引起的停电范围，剩余电流保护装置应采用分级保护。分级保护一般分为一至三级，第一、二级保护是间接接触电击保护，第三级保护是防止人身电击的直接接触电击保护，也称末端保护。

（2）必须安装剩余电流保护装置的设备和场所。

1）末端保护：①属于Ⅰ类的移动式电气设备及手持式电动工具；②生产用的电气设备；③施工工地的电气机械设备；④安装在户外的电气装置；⑤临时用电的电气设备；⑥机关、学校、宾馆、饭店、企事业单位和住宅等除壁挂式空调电源插座外的其他电源插座或插座回路；⑦游泳池、喷水池、浴池的电气设备；⑧安装在水中的供电线路和设备；⑨医院中可能直接接触人体的电气医用设备；⑩其他需要安装剩余电流保护装置的场所。

2）线路保护：低压配电线路根据具体情况采用二级或三级保护时，在总电源端、分支线首端或线路末端（农村集中安装于电表箱、农业生产设备的电源配电箱）安装剩余电流保护装置。

（3）剩余电流保护器运行。

1）剩余电流保护装置不允许在 TN-C 系统中使用，只允许在中性线和保护线分开的 TN-C-S、TN-S 系统中使用，或在 TT 系统中使用。使用时负荷侧的 N 线，只能作为中性线，不得与其他回路共用，且不能重复接地。

2）根据电气线路的正常剩余电流，选择剩余电流保护器的额定剩余动作电流。选择剩余电流保护器的额定剩余动作电流值时，应充分考虑到被保护线路和设备可能发生的正常泄漏电流值，必要时可通过实际测量取得被保护线路和设备的泄漏电流值；选用的剩余电流保护器的额定剩余不动作电流，应不小于电气线路和设备的正常泄漏电流的最大值的两倍。

3）退出运行的剩余电流保护器再次使用前，应按规定的项目进行动作特性试验。

4）剩余电流保护器进行动作特性试验时，应使用经国家有关部门检测合格的专用测试仪器，严禁利用相线直接对地短路或利用动物做试验物的试验方法。

5）剩余电流保护器动作后，经检查未发现事故原因时，允许试送电一次。如果再次动作，应查明原因找出故障，必要时对其进行动作特性试验，不得连续强行送电；除经检查确认为剩余电流保护器本身发生故障外，严禁私自撤除剩余电流保护器强行送电。

6）定期分析剩余电流保护器的运行情况，及时更换有故障的剩余电流保护器。

第三节　低压控制电器

本节主要介绍低压控制电器中的接触器、热继电器、启动器、主令电器的结构、工作原理及使用、维护和检修方法。

一、交流接触器

接触器是一种自动电磁式开关，用于远距离频繁地接通或开断交、直流主电路及大容量控制电路。接触器的主要控制对象是电动机，能完成启动、停止、正转、反转等多种控制功能。接触器也可用于控制其他负载，如电热设备、电焊机以及电容器组等。接触器按主触点通过电流的种类，分为交流接触器和直流接触器。本节主要介绍交流接触器。

1. 交流接触器的型号

交流接触器的型号及含义如下：

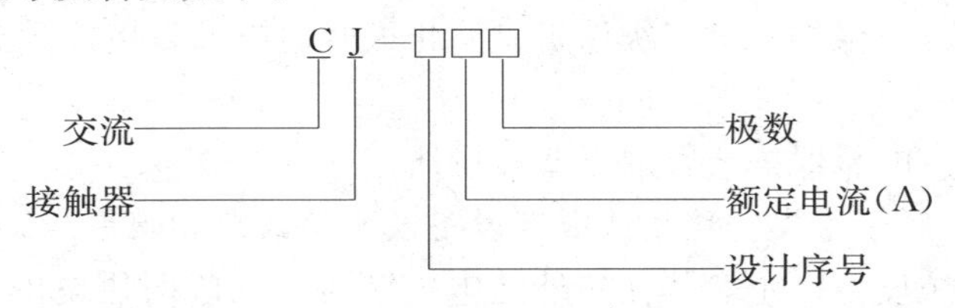

常用交流接触器的型号有 CJ20 等系列，它的主要优点是动作快、操作方便、便于远距离控制，广泛用于电动机及机床等设备的控制；其缺点是噪声偏大，寿命短，只能通断负载电流，不具备保护功能，使用时要与熔断器、热继电器等保护电器配合使用。

2. 交流接触器的结构及工作原理

(1) 交流接触器基本结构。交流接触器主要由电磁系统、触点系统、灭弧装置及辅助部件组成。电磁系统由电磁线圈、铁芯、衔铁等部分组成，其作用是利用电磁线圈的得电或失电，使衔铁和铁芯吸合或释放，实现接通或关断电路的目的。交流接触器在运行过程中，会在铁芯中产生交变磁场，发出噪声。为减轻接触器的振动和噪声，一般在铁芯上套一个短路环。

交流接触器的触点可分为主触点和辅助触点。主触点用于接通或开断电流较大的主电路，一般有三对接触面较大的动合触点组成。辅助触点用于接通或开断电流较小的控制电路，一般有两对动合触点和动断触点组成。动合和动断是指电磁线圈得电以后的工作状态，当线圈得电时，动断触点先断开，动合触点再合上；当线圈失压时，动合触点先断开，动断触点再合上。两种触点在改变工作状态时，有一个时间差。交流接触器的触点按其结构形式可分为桥式触点和指形触点两种。CJ 系列接触器一般采用双断点桥式触点。触点上装有压力弹簧，以增加触点间的压力从而减小接触电阻。交流接触器在开断电路时，动、静触点间会产生电弧，由灭弧装置使电弧迅速熄灭。交流接触器有双断口电动力灭弧、纵缝灭弧、栅片灭弧等灭弧方法。

（2）交流接触器工作原理。交流接触器的工作原理如图17-9所示，当按下按钮7，接触器的线圈6得电后，线圈中流过的电流产生磁场，使铁芯产生足够的吸力，克服弹簧的反作用力，将衔铁吸合，通过传动机构带动主触点和辅助触点闭合，辅助动断触点断开。当松开按钮，接触器的线圈失电后，衔铁在反作用力弹簧的作用下返回，带动各触点恢复到原来状态。

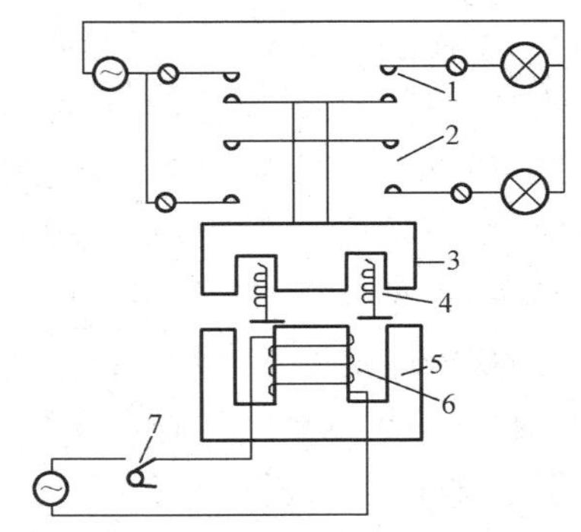

图17-9　交流接触器的结构及原理示意图
1—静触点；2—动触点；3—衔铁；4—反作用力弹簧；5—铁芯；6—线圈；7—按钮

常用的CJ20等系列交流接触器在85%～105%额定电压时，能保证可靠吸合；电压降低时，电磁吸力不足，衔铁不能可靠吸合。对于运行中的交流接触器，当工作电压明显下降时，由于电磁力不足以克服弹簧的反作用力，衔铁返回，使主触点断开。

当接触器线圈施加控制电源电压时，电磁铁励磁，电磁吸力克服反作用弹簧力使触点支持件动作，触点闭合，主电路接通。当线圈断电或控制电源电压低于规定的释放值时，运动部分受反作用弹簧力影响使触点分断，产生电弧。电弧在电动力和气动力共同作用下进入灭弧装置，受强烈冷却去游离而熄灭，主电路即被切断。

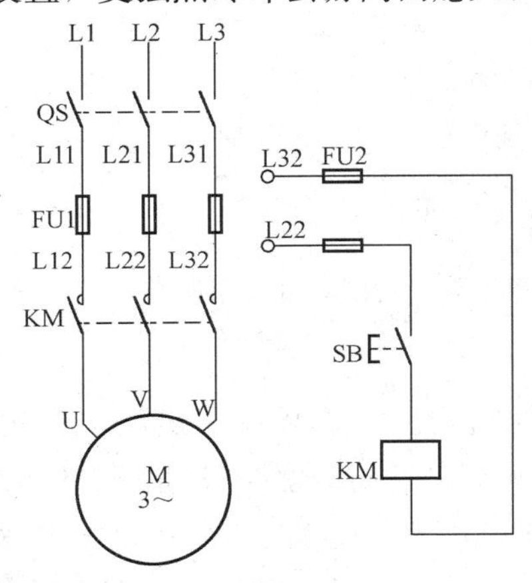

图17-10　电动机点动控制线路的原理接线图

由隔离开关、熔断器、接触器、按钮组成的电动机点动控制线路的原理接线如图17-10所示。所谓“点动”控制，是指按下按钮，电动机通电运转；松开按钮，电动机断电停转。这种控制方法常用于电动葫芦起重电动机的控制和车床工作台快速移动电动机的控制。在点动控制线路中，隔离开关QS作为电源开关，熔断器FU1、FU2分别作为主电路和控制电路的短路保护。主电路由QS、FU1、接触器KM的主触点及电动机M组成，控制电路由FU2、启动按钮SB的动合触点及接触器KM的线圈组成。

点动控制线路的工作原理如下：启动时，按下SB→KM线圈得电→KM主触点闭合→电动机M运转；停止时，松开SB→KM线圈失电→KM主触点断开→电动机M停转。

3. 接触器的运行维护

（1）接触器的运行巡视。

1）检查最大负荷电流是否超过接触器的规定负荷值。

2）检查接触器的电磁线圈温升是否超过规定值（65℃）。

3）监听接触器内有无放电声以及电磁系统有无过大的噪声和过热现象。

4）检查触点系统和连接点有无过热现象。

5）检查防护罩是否完整，如有损坏应更换（或修理），修复后方可运行。

（2）接触器的维护和检修。

1）检修触点系统，用细锉或细砂布打光接触面，保持触点原有形状，调整接触面及接触压力，保持三相同时接触，触点过度烧伤应更换。

2）检查灭弧罩内部附件的完好性，并清擦烟痕等杂质。

3）检查联动机构的绝缘状况和机构附件的完好程度，是否有变形、位移及松脱情况。

4）检查吸合铁芯的接触表面是否光洁，短路环是否断裂或过度氧化。

5）检查由辅助触点构成的接触器二次电气联锁系统的作用是否正常，检修后应做传动试验；检查吸引线圈的工作电压是否在正常范围内。

二、电磁启动器

电磁启动器是由交流接触器和热继电器组成，用来控制电动机启动、停止、正反转的一种启动器，与熔断器配合使用具有短路、欠电压和过载保护作用。

1. 热继电器

热继电器是根据控制对象的温度变化来控制电流流过的继电器，即利用电流的热效应而动作的电器，它主要用于电动机的过载保护。常用的热继电器有 JR20T、JR36、3UA 等系列。

（1）热继电器的型号及含义如下：

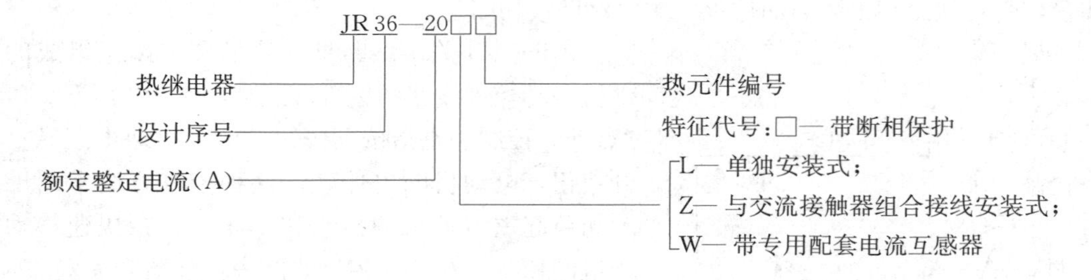

（2）热继电器的结构及工作原理。热继电器由发热元件、触点系统、动作机构、复位按钮和定值装置组成。热继电器的工作原理如图 17-11 所示，图中发热元件 1 是一段电阻不大的电阻丝，它缠绕在双金属片 2 上。双金属片由两片膨胀系数不同的金属片叠加在一起制成。如果发热元件中通过的电流不超过电动机的额定电流，其发热量较小，双金属片变形不大。当电动机过载，流过发热元件的电流超过额定值时，发热量较大，为双金属片加温，使双金属片变形上翘。若电动机持续过载，经过一段时间之后，双金属片自由端超出扣板 3，扣板会在弹簧 4 拉力的作用下发生角位移，带动辅助动断触点 5 断开。在使用时，热继电器

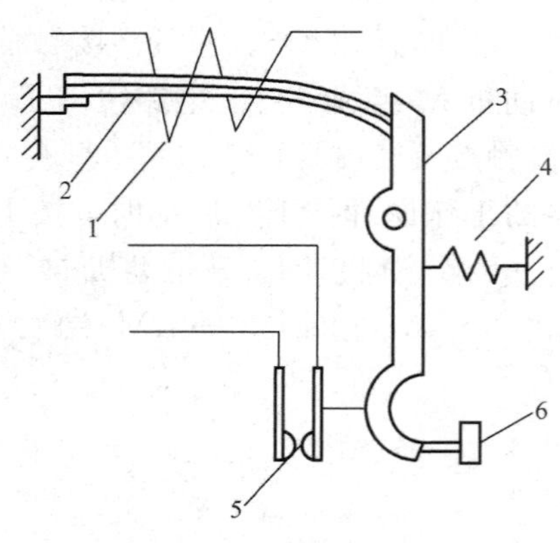

图 17-11　热继电器工作原理示意图

1—发热元件；2—双金属片；3—扣板；4—弹簧；5—辅助触点；6—复位按钮

的辅助动断触点串联在控制电路中，当它断开时使接触器线圈失电，电动机停止运行。经过一段时间之后，双金属片逐渐冷却，恢复原状。这时，按下复位按钮，使双金属片自由端重新抵住扣板，辅助动断触点重新闭合，接通控制电路，电动机可重新启动。热继电器有热惯性，不能用于断路保护。

（3）热继电器的运行。热继电器应安装在其他发热电器的下方。整定电流装置的一般应安装在右边，并保证在进行调整和复位时的安全和方便。接线时应使连接点紧密可靠，出线端的导线不应过粗或过细，以防止轴向导线过快或过慢，使热继电器动作不准确。热继电器的安装及使用注意事项如下：

1）安装方向、方法应符合说明书要求，倾斜度应小于5°，最好安装在其他电器下面。出线端导线应按表17-2选用，以保证准确动作。

表17-2　热继电器出线端连接导线选用

热继电器额定电流（A）	连接导线截面积（mm^2）	连接导线种类	热继电器额定电流（A）	连接导线截面积（mm^2）	连接导线种类
10	2.5	单股铜芯塑料线	60	16	多股铜芯橡皮软线
20	4	单股铜芯塑料线	150	35	多股铜芯橡皮软线

2）对点动、重载启动、反接制动等电动机，不宜用热继电器作过载保护。安装时要盖好外盖，接线牢靠，消除一切污垢，并定期进行。

3）检查发热元件的额定值或调整旋钮的刻度值是否与电动机的额定值相配。拨动4～5次，观察动作机构是否正常可靠，复位是否灵活，并调整部件不得松动。

4）检查发热元件是否良好，不得拆下，必要时进行通电实验。发热元件容量与被保护电路负载相适应，各部件位置不得随意变动；检查发热元件周围环境温度与电动机周围环境温度，如前者较后者高出15～25℃，则应选用高一级发热元件；如低出15～25℃，则应选用低一级发热元件。

5）热继电器运行时除温差要求外，要求其环境温度在—30～＋40℃范围内；检查连接端有无不合理的发热现象等。

2. 电磁启动器的应用

电磁启动器控制电动机正反转的原理接线如图17-12所示。图中SB1为停止按钮，SB2、SB3为控制电动机正、反转的启动按钮，接触器KM1、KM2分别用于正转和反转控制。当接触器KM2的主触点闭合时，三相电源按L3、L2、L1接入电动机，电动机反转。启动按钮SB2、SB3下方并联的动合辅助触点

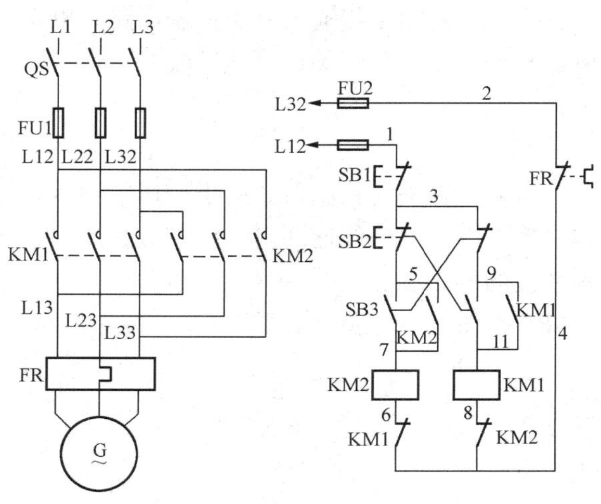

图17-12　电动机正反转的原理接线图

KM1、KM2 的作用是：当电动机启动后，并联在 SB2 下方的动合辅助触点闭合，松开 SB2 控制电路仍能接通，保持电动机的连续运行。通常将这种作用称为自锁或自保持作用。

在电磁起动器正反转控制线路中，接触器 KM1、KM2 不能同时动作，否则会造成相间短路。为了实现电气和机械闭锁，在 KM1、KM2 线圈各自的支路中相互串联了对方的一对动断辅助触点，以保证接触器 KM1、KM2 不能同时得电；KM1、KM2 的两对辅助触点在线路中所起的作用称为闭锁，依靠接触器辅助触点实现的闭锁称为电气闭锁或接触器闭锁。按钮闭锁或机械闭锁是将正转启动按钮 SB2 的一对动断触点串入反转接触器 KM2 的控制电路中，同时将反转启动按钮 SB3 的一对动断触点串入正转接触器 KM1 的控制电路中。

电磁启动器控制电动机的工作原理如下（合上电源开关 QS）：

（1）正转控制。电动机的正转控制如下：

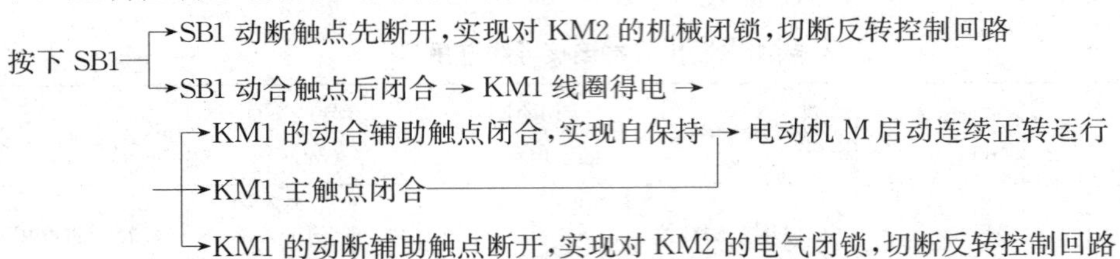

（2）反转控制。电动机的反转控制如下：

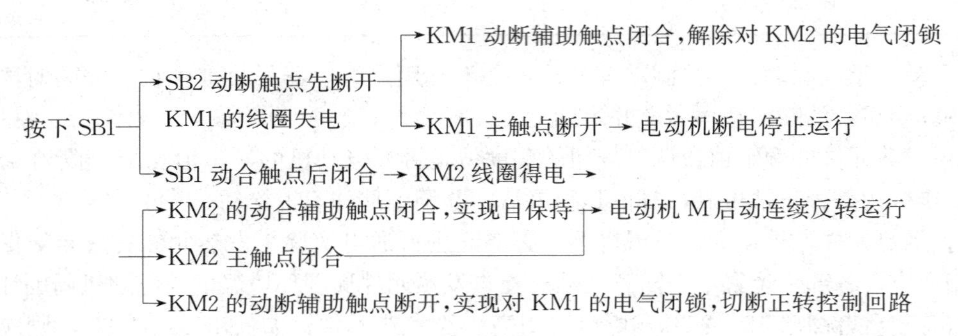

三、主令电器

主令电器是用于接通或开断控制回路，以发出指令或作程序控制的开关电器。常用的主令电器有按钮、行程开关、万能转换开关、主令控制器等。主令电器是小电流开关，一般没有灭弧装置。

1. 按钮

按钮是一种手动控制器。由于按钮的触点只能短时通过 5A 及以下的小电流，因此按钮不宜直接控制主电路的通断。按钮通过触点的通断在控制电路中发出指令或信号，改变电气控制系统的工作状态。

（1）按钮的型号及含义如下：

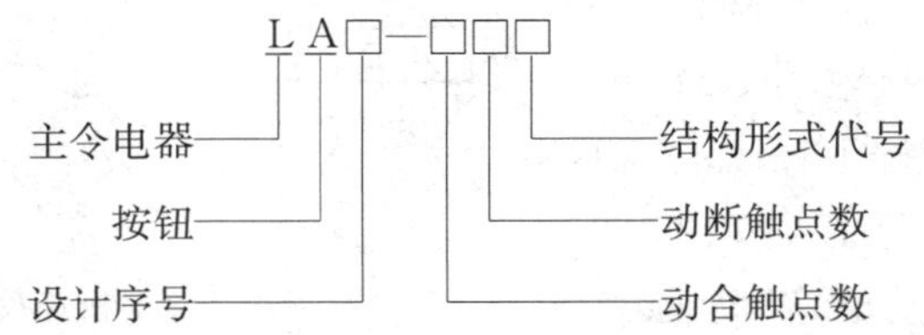

其中结构形式代号的含义如下：K—开启式；H—保护式；S—防水式；F—防腐式；J—紧急式；X—旋钮式；Y—钥匙操作式；D—光标式。

（2）按钮的种类及结构。按钮一般由钮帽、复位弹簧、桥式动静触点、支持连杆及外壳组成。常用按钮的外形如图 17-13 所示。

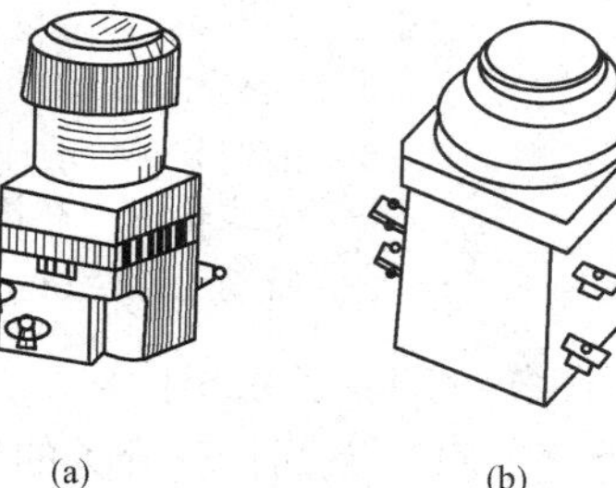
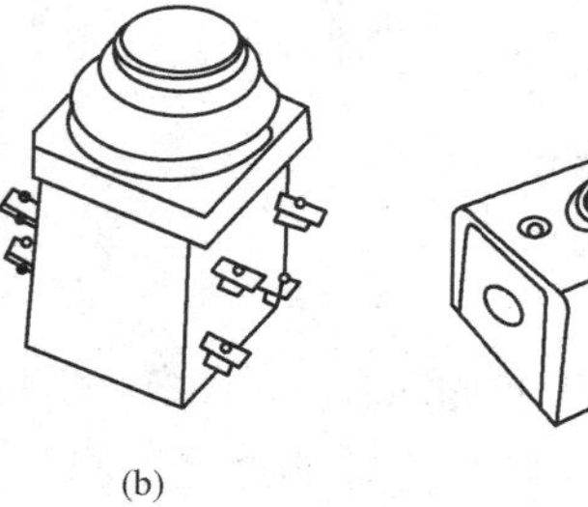

图 17-13　常用按钮的外形图

（a）LA19-11 外形图；（b）LA18-22 外形图；（c）LA10-2H 外形图

按钮根据触点正常情况下（不受外力作用）分合状态分为启动按钮、停止按钮和复合按钮。

1）启动按钮。在正常情况下，触点是断开的；按下按钮时，动合触点闭合；松开时，按钮自动复位。

2）停止按钮。在正常情况下，触点是闭合的；按下按钮时，动断触点断开；松开时，按钮自动复位。

3）复合按钮。由动合触点和动断触点组合为一体，按下按钮时，动合触点闭合，动断触点断开；松开按钮时，动合触点断开，动断触点闭合。复合按钮的动作原理如图 17-14 所示。

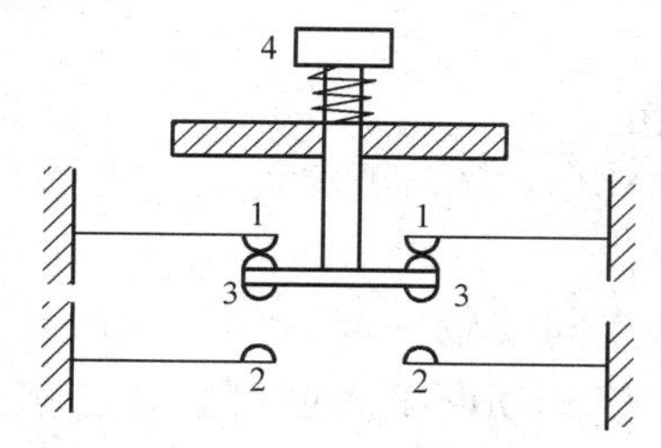

图 17-14　复合按钮的动作原理图

图 17-14 中 1-1 和 2-2 是静触点，3-3 是动触点，图中各触点位置是自然状态。静触点 1-1 由动触点 3-3 接通而闭合，此时静触点 2-2 断开。按下按钮时，动触点 3-3 下移，首先使静触点 1-1（称动断触点）断开，然后接通静触点 2-2（称动合触点），使之闭合；松手后在弹簧 4 作用下，动触点 3-3 返回，各触点的通断状态又回到图 17-14 所示位置。

为了便于操作人员识别，避免发生误操作，生产中用不同的颜色和符号标志来区分按钮的功能及作用。各种按钮的颜色规定如下：启动按钮为绿色，停止或急停按钮为红色；启动和停止交替动作的按钮为黑色、白色或灰色，点动按钮为黑色，复位按钮为蓝色（若还具有停止作用时为红色），黄色按钮用于对系统进行干预（如循环中途停止等）。由于按钮的结构简单，所以对按钮的测试主要集中在触点的通断是否可靠，一般采用万用表的欧姆挡测量。测试过程中对按钮进行多次操作并观察按钮的操作灵活性，是否有明显的抖动现象。需要时可测量触点间的绝缘电阻和触点的接触电阻。

2. 行程开关

行程开关称叫限位开关，其作用与按钮相同。不同的是按钮是靠手动操作，而行程开关是靠生产机械的某些运动部件与它传动部位发生碰撞，使其触点通断，从而限制生产机械的行程、位置或改变其运行状态。行程开关的种类很多，但结构基本一样，不同的仅是动作的转动装置。行程开关有按钮式、旋转式等，常用的行程开关有 LX19、JLXK1 等系列。

（1）行程开关的型号及含义如下：

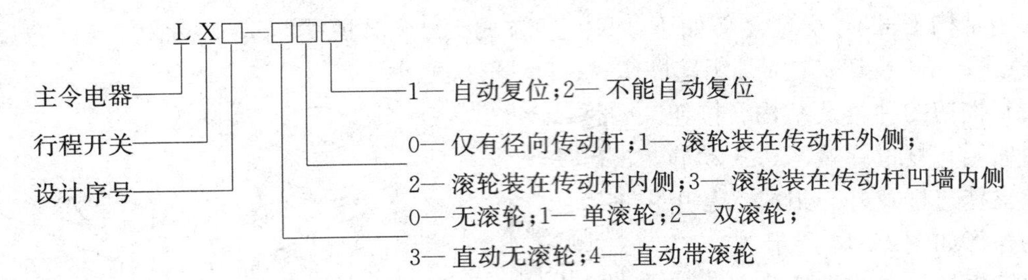

(2) 行程开关的结构及工作原理。各系统行程开关的基本结构大体相同，都是由触点系统、操动机构和外壳组成的。JLXK1 系列行程开关的外形如图 17-15 所示。

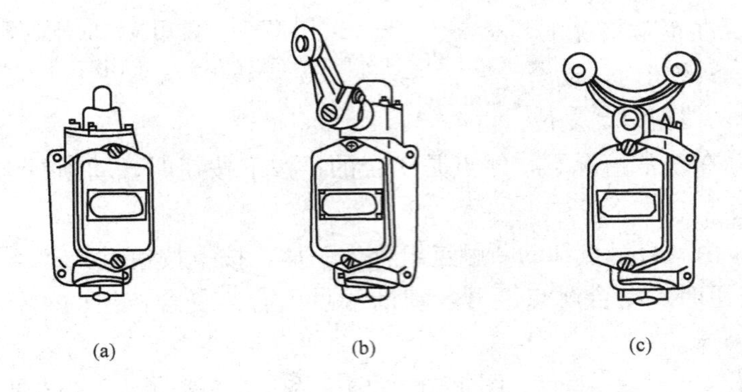

图 17-15　JLXK1 系列行程开关的外形图
(a) JLXK1-311 型按钮式；(b) JLXK1-111 型单轮旋转式；(c) JLXK1-211 型双轮旋转式

当运动机械的挡铁压到行程开关的滚轮上时，传动杠杆连同转轴一起转动，使凸轮推动撞块，当撞块被压到一定位置时，推动开关快速动作，使其动断触点断开、动合触点闭合；当滚轮上的挡铁移开后，复位弹簧就使行程开关各部分恢复原始位置。这种单轮自动恢复式行程开关是依靠本身的复位弹簧来复原，在生产机械的自动控制中应用较广泛。

3. 万能转换开关

万能转换开关是由多组相同结构的触点组件叠装而成的多回路控制电器，主要用于控制线路的转换及电气测量仪表的转换，也可用来控制小容量异步电动机的启动、换向及调速。常用的万能转换开关有 LW2、LW5、LW6、LW8 等系列，LW5 系列万能转换开关适用于交流 50Hz、电压 500V 及直流电压 440V 的电路中，作电气控制线路转换之用和电压 380V、5.5kW 及以下的三相笼型异步电动机的直接控制之用。LW5 系列万能转换开关的外形小凸轮通断触点示意图如图 17-16 所示。

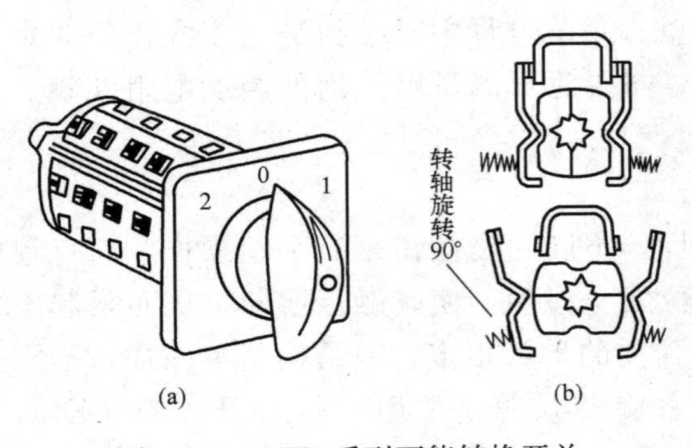

图 17-16　LW5 系列万能转换开关
(a) 外形图；(b) 凸轮通断触点示意图

（1）万能转换开关的型号及含义如下：

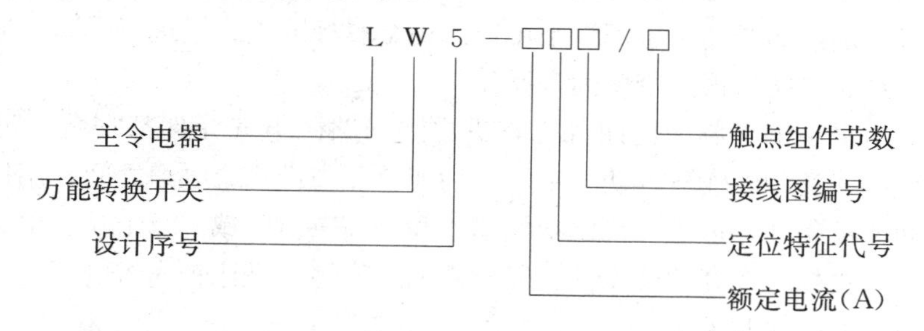

（2）万能转换开关的结构及工作原理。万能转换开关主要由接触系统、操作机构、转轴、手柄、定位机构等部件组成。接触系统由许多接触元件组成，每一接触元件均有一绝缘基座，每节绝缘基座有三对双断点触点，分别由凸轮通过支架操作。操作时，手柄带动转轴和凸轮一起旋转，凸轮推动触点接通或断开。由于凸轮的形状不同，当手柄处在不同位置时，触点的分合情况不同，从而达到转换电路的目的。

LW5 系列万能转换开关的图形符号和触点通断表如图 17-17 所示。图形符号中有六个回路，三个挡位连线下有黑点“•”的，表示这条电路是接通的。在触点通断表中用“×”表示被接通的电路，空格表示转换开关在该位置时此路是断开的。

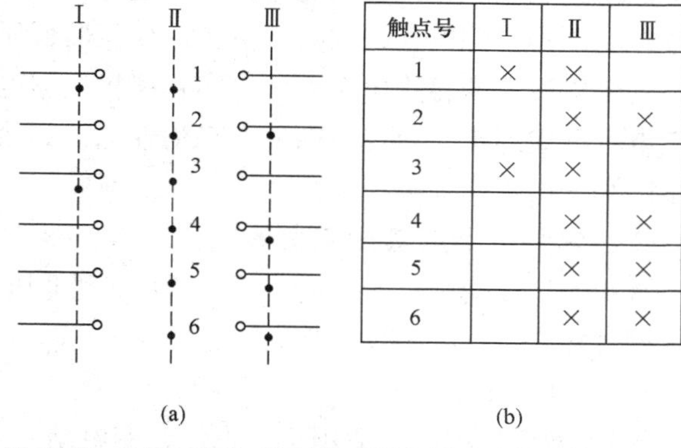

触点号	Ⅰ	Ⅱ	Ⅲ
1	×	×	
2		×	×
3	×	×	
4		×	×
5		×	×
6		×	×

图 17-17　LW5 系列万能转换开关的图形符号和触点通断表

（a）图形符号；（b）触点通断表

（3）万能转换开关的选用。万能转换开关根据用途、接线方式、所需触点挡数及额定电流来选择。

第四节　低压成套配电装置

将一个配电单元的开关电器、保护电器、测量电器和必要的辅助设备等电器元件安装在标准的柜体中，就构成了单台配电柜。将配电柜按照一定的要求和接线方式组合，并在柜顶用母线将各单台柜体的电气部分连接，则构成了成套配电装置。配电装置按电压等级高低分为高压成套配电装置和低压成套配电装置，按电气设备安装地点不同分为户内配电装置和户外配电装置，按组装方式不同分为装配式配电装置和成套式配电装置。本节主要介绍低压成套配电装置。

一、低压成套配电装置的分类

低压成套配电装置按结构特征和用途的不同，分为固定式低压配电柜（又称屏）、抽屉式低压配电柜以及动力、照明配电控制箱等。

固定式低压配电柜按外部设计不同可分为开启式和封闭式。开启式低压配电柜正面有防护作用面板遮栏，背面和侧面仍能触及带电部分，防护等级低，目前已不再提倡使用。封闭式低压配电柜，除安装面外，其他所有侧面都被封闭起来。配电柜的开关、保护和监测控制等电气元件，均安装在一个用钢或绝缘材料制成的封闭外壳内，可靠墙或离墙安装。柜内每条回路之间可以不加隔离措施，也可以采用接地的金属板或绝缘板进行隔离。通常门与主开关操作有机械联锁，以防止误入带电间隔操作。

抽屉式开关柜采用钢板制成封闭外壳，进出线回路的电气元件都安装在可抽出的抽屉中，构成能完成某一类供电任务的功能单元。功能单元与母线或电缆之间，用接地的金属板或塑料制成的功能板隔开，形成母线、功能单元和电缆三个区域。每个功能单元之间也有隔离措施。抽屉式开关柜有较高的可靠性、安全性和互换性，是比较先进的开关柜。目前生产的开关柜、多数是抽屉式开关柜。

动力、照明配电控制箱多为封闭式垂直安装。因使用场合不同，外壳防护等级也不同。它们主要作为工矿企业生产现场的配电装置。

低压配电系统通常包括受电柜（即进线柜）、馈电柜（控制各功能单元）、无功功率补偿柜等。受电柜是配电系统的总开关，从变压器低压侧进线，控制整个系统。馈电柜直接控制用户的受电设备的各用电单元。电容补偿柜根据电网负荷消耗的感性无功量自动地控制并联补偿电容器组的投入，使电网的无功消耗保持到最低状态，从而提高电网电压质量，减少输电系统和变压器的损耗。

二、常用低压成套配电装置

常用低压成套配电装置有 PGL、GGD 型低压配电柜和 GCK（GCL）、GCS、MNS 型抽屉式开关柜等。

1. GGD 型低压配电柜

GGD 型低压配电柜适用于发电厂、变电站、工业企业等电力用户作为交流 50Hz、额定工作电压为 380V、额定电流为 3150A 的配电系统中，作为动力、照明及配电设备的电能转换、分配与控制之用。它具有分断能力高、动热稳定性好、结构新颖合理、电气方案灵活、系列性适用性强、防护等级高等特点。

（1）GGD 型低压配电柜的型号及含义如下：

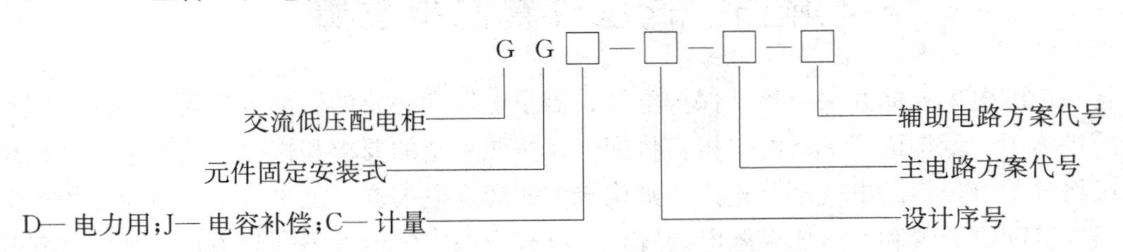

GGD 型低压配电柜按分断能力不同可分为 1、2、3 型，1 型的最大开断能力为 15kA，2 型为 30kA，3 型为 50kA。

（2）GGD 型低压配电柜的结构特点。GGD 型低压配电柜的柜体框架采用冷弯型钢焊接而成，框架上分别有钢板的厚度 E=20mm 和 E=100mm 模数化排列的安装孔，可适应各种元器件装配。柜门的设计考虑到标准化和通用化，柜门采用整体单门和不对称双门结构，清晰美观。柜体上部留有一个供安装各类仪表、指示灯、控制开关等元件用的小门，便于检查和维修。柜体下部、后上部与柜体顶部均留有通风孔，并加网板密封，使柜体在运行中自然形成一个通风道，达到散热的目的。

GGD 型低压配电柜使用的 ZMJ 型组合式母线卡由高阻燃 PPO 材料热塑成型，采用积木式组合，具有机械强度高、绝缘性能好、安装简单、使用方便等优点。

GGD 型低压配电柜根据电路分断能力要求可选用 DW15（DWX15）～DW45 等系列断路器，选用 HD13BX（或 HS13BX）型低压配电柜的主、输电路采用标准化方案，主电路方案和辅助电路方案之间有固定的对应关系，一个主电路方案应对应若干个辅助电路方案。GGD 型低压配电柜主电路一次接线方案举例见表 17-3。

表 17-3　　GGD 型低压配电柜主电路一次接线方案举例

方案编号	09	35	52	58
一次接线方案图				
用　途	受电、联络	馈电	照明	馈电（电动机）

GGD 型低压配电柜的外形尺寸为长×宽×高＝（400、600、800、1000）mm×600mm×2000mm。每一柜既可作为一个独立单元使用，也可与其他柜组合各种不同的配电方案，因此使用比较方便。GGD 型低压配电柜的外形安装尺寸示意图如图 17-18 所示。

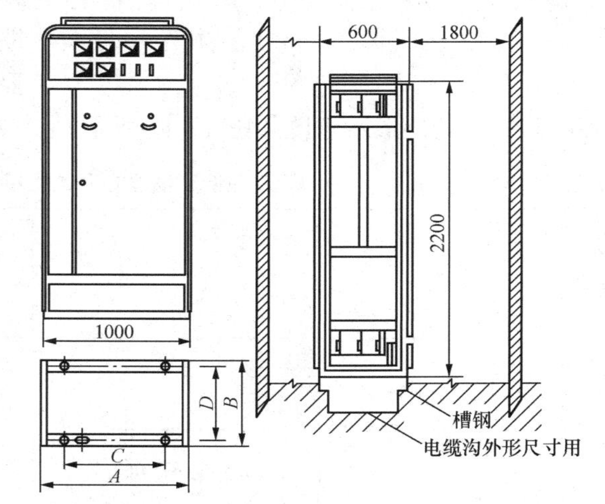

产品代号	A	B	C	D
TGGD06	600	600	450	556
TGGD08	800	600	650	556
TGGD08	800	800	650	756
TGGD10	1000	600	850	556
TGGD10	1000	800	850	756
TGGD12	1200	800	1050	756

图 17-18　GGD 型低压配电柜外形安装尺寸示意图

2. GCL 型低压抽屉式开关柜

GCL（GCK）型低压抽屉式开关柜用于交流 50（60）Hz、额定工作电压 660V 及以下、额定电流 400～4000A 的电力系统中，作为电能分配和电动机控制使用。型号中 G 表示柜式结构、C 表示抽屉式、L 表示动力配电中心（PC），K 表示电动控制中心（MCC），J 表示电容补偿，后续数字表示设计序号。

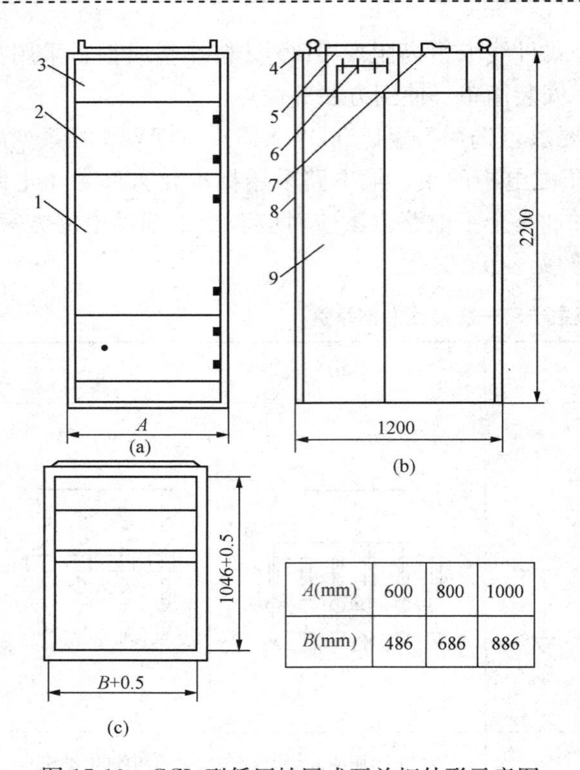

图 17-19 GCL 型低压抽屉式开关柜外形示意图

1—隔室门；2—仪表门；3—控制室封板；4—吊环；5—防尘盖；6—主母线室；7—压力释放装置；8—后门；9—侧板

开关柜属间隔型封闭结构，一般由薄钢板弯制、焊接组装，也可采用异型钢材、角板固定、螺栓连接的无焊接结构。选用时，可根据需要加装底部盖板。内外部结构件分别采取镀锌、磷化、喷涂等处理手段。

GCL 型低压抽屉式开关柜柜体分为母线区、功能单元区和电缆区，一般按上、中、下顺序排列。母线室、互感器室内的功能单元均为抽屉式，每个抽屉均有工作位置、试验位置、断开位置，为检修、试验提供方便。每个隔室用隔板分开，以防止事故扩大，保证人身安全。GCL 型低压抽屉式开关柜根据功能需要，可选用 DZX10（或 DZ10）等系列断路器、CJ20 系列接触器、JR 系列热继电器、QM 系列熔断器等电器元件。GCL 型低压抽屉式开关柜的主电路有多种接线方案，以满足进线受电、联络、馈电、电容补偿及照明控制等功能需要。GCL 型低压抽屉式开关柜接线方案举例见表 17-4，其外形示意图如图 17-19 所示。

表 17-4　　GCL 型低压抽屉式开关柜接线方案举例

一次接线方案编号	09	35	73	77
一次接线方案图	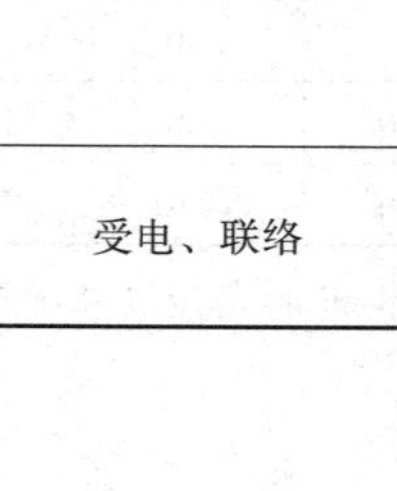	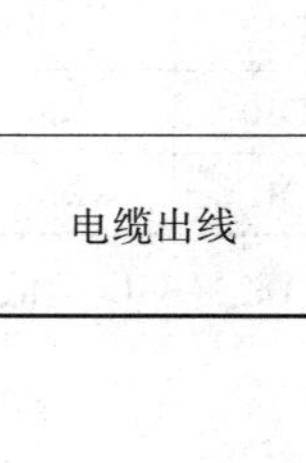	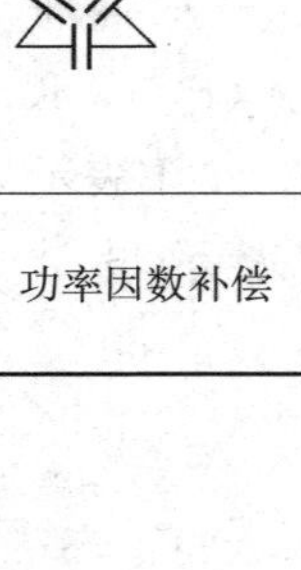	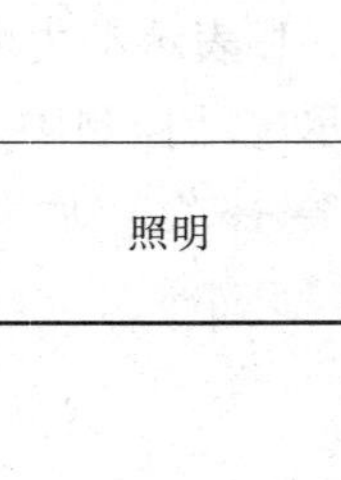
用　途	受电、联络	电缆出线	功率因数补偿	照明

3. GCK 型电动控制中心

GCK 型电动控制中心由各功能单元组合而成为多功能控制中心，这些单元垂直重叠安装在封闭的金属柜体内。柜体共分水平母线区、垂直母线区、电缆区和设备安装区等四个互相隔离的区域，功能单元分别安装在各自的小室内。当任何一个功能单元发生事故时，均不影响其他单元，可以防止事故扩大。所有功能元件均能按规定的性能分断短路电流，且可通过接口与可非程序控制器或微处理机连接，作为自动控制的执行单元。

GCK 型电动控制中心一次接线方案举例见表 17-5，其外形示意图如图 17-20 所示。

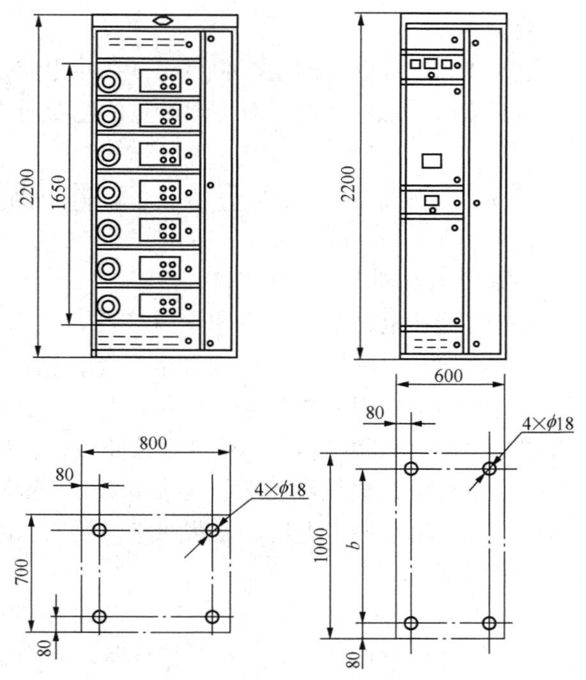

图 17-20　GCK 型电动机控制中心外形示意图

表 17-5　　GCK 型电动控制中心一次接线方案举例

一次接线方案编号	BZf21S00	BLb63S00	GRk51S20	BQb14S00	HQj31S20
一次接线方案图					
用　途	可　逆	照　明	馈　电	不可逆	星三角

三、低压成套配电装置的运行维护

1. 日常巡视维护

建立运行日志，实时记录电压、电流、负荷、温度等参数变化情况；巡视设备应认真仔细，不放过疑点，如设备外观有无异常现象，设备指示器是否正常，仪表指示器是否正确等；检查设备接触部位有无发热或烧损现象，有无异常振动和响声，有无异常气味等；对负荷骤变的设备要加强巡视以防意外；当环境温度变化时（特别是高温时）要加强对设备的巡视，以防设备出现异常情况。

2. 定期维护

清除导体和绝缘件上的尘埃和污物（在停电状态）；绝缘状态的检测；导体连接处是否松动，接触部位是否有磨损，对磨损严重的应及时维修或更换。

第五节 其他低压电器

一、电力电容器

电力电容器在电力系统的应用十分广泛，电力电容器按所起作用的不同分为移相电容器、电热电容器、串联电容器、耦合电容器、脉冲电容器等。移相电容器主要用于无功补偿，以提高系统的功率因数；电热电容器主要用于中频感应加热电气系统中，提高功率因数或改善回路特性；串联电容器用于补偿线路电抗，提高线路末端电压水平；耦合电容器主要用于高压及超高压输电线路的载波通信系统，同时也可作为测量、控制、保护装置中的部件；脉冲电容器用于冲击电压、振荡回路、整流滤波等。本节主要介绍用于低压电网无功补偿的并联电容器。

1. 电力电容器的结构

并联电容器是一种静止的无功补偿设备。它的主要作用是向电力系统提供无功功率，提高功率因数，减少线路电能损耗和电压损耗，改善电能质量。并联电容器主要由电容元件、浸渍剂、紧固件、引线、外壳和套管组成。电容元件一般由两层铝箔中间夹绝缘纸卷制而成，若干个电容元件并联和串联起来，组成电容器芯子；为了提高电容元件的介质耐压强度，改善局部放电特性和散热条件，电容器芯子一般放于浸渍剂中，浸渍剂一般有矿物油、氯化联苯、SF_6气体等。电容器的外壳一般采用薄钢板焊接而成，表面涂阻燃漆，壳盖上装有出线套管，箱壁侧面焊有吊盘、接地螺栓等。大容量集合式电容器的箱盖上还装有油枕或金属膨胀器及压力释放阀，箱壁侧面装有片状散热器、压力式温控装置等。并联电容器的结构如图 17-21 所示。

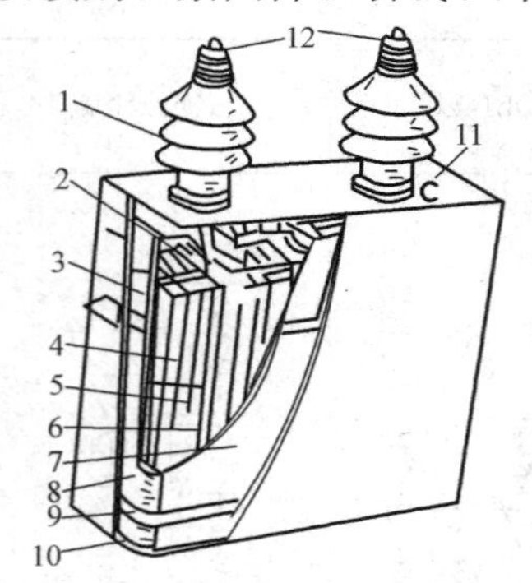

图 17-21 并联电容器结构图
1—出线套管；2—出线连接片；3—连接片；4—芯体；5—出线连接片固定板；6—组间绝缘；7—包封件；8—夹板；9—紧箍；10—外壳；11—封口盖；12—接线端子

目前在我国低压系统中自愈式电容器已完全取代老式油浸式电容器。自愈式电容器具有优良的自愈性能、介质损耗小、温升低、寿命长、体积小、重量轻等特点。自愈式电容器采用聚丙烯薄膜作为固体介质，表面蒸镀了一层很薄的金属作为导电电极。当作为介质的聚丙烯薄膜被击穿时，击穿电流将穿过击穿点。由于导电的金属化镀层电流密度急剧增大，并使金属镀层产生高热，使击穿点周围的金属导体迅速蒸发逸散，形成金属镀层空白区，击穿点自动恢复绝缘。

2. 无功补偿

配电系统中的用电负荷如电动机、变压器等，大部分属于感性负荷，运行时要从电网吸收感性无功功率。在电网中安装并联电容器等无功补偿设备以后，可以提供感性负荷所消耗的无功功率，减少了电源向感性负荷提供、由线路输送的无功功率。由于减少了无功功率在电网中的流动，因此可以降低线路和变压器因输送无功功率造成的电能损耗，这就是无动补偿。无功补偿可以提高功率因数，是一项投资少、收效快的降损节能措施。

采用电力电容器作为无功补偿装置时，宜就地平衡补偿，低压部分的无功功率宜由低压电容器补偿。无功补偿容量的配置应按照“全面规划、合理布局、分级补偿、就地平衡”的原则进行。考虑无功补偿效益时，降损与调压相结合，以降损为主；在容量配置上，采取集中补偿与分散补偿相结合，以分散补偿为主。

补偿方式按安装地点不同可分为集中补偿和分散补偿（包括分组补偿和个别补偿），按投切方式不同分为固定补偿和自动补偿。

（1）集中补偿。集中补偿是将电容器安装在专用变压器或配电室低压母线上，能方便地同电容器组的自动投切装置配套使用。电容器集中补偿的接线如图17-22所示。

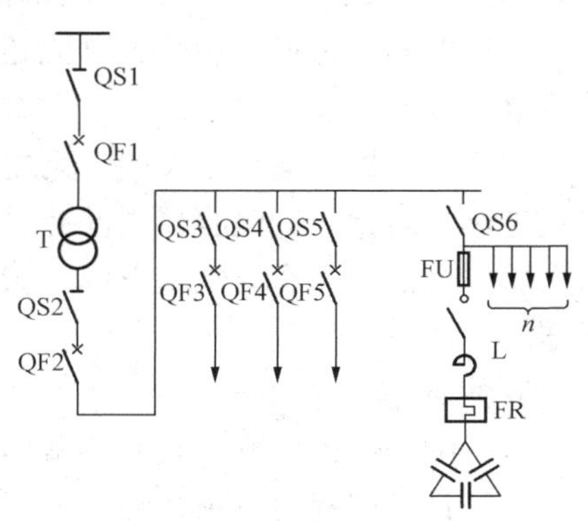

图17-22　电容器集中补偿的接线图

（2）分组补偿。分组补偿是将电容器组按低压电网的无功分布分组装设在相应的母线上，或者直接与低压干线相连。采用分组补偿时，补偿的无功不再通过主干线以上线路输送，从而降低配电变压器和主干线路上的无功损耗，因此分组补偿比集中补偿降损节电效益显著。

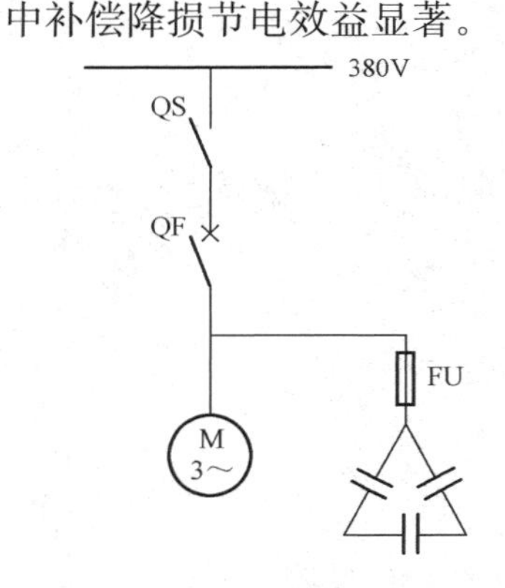

图17-23　电容器单机补偿的接线图

（3）个别补偿（单台电动机补偿）。个别补偿是将电容器组直接装设在用电设备旁边，随用电设备同时投切。采用个别补偿时，用电设备消耗的无功得到就地补偿，从而使装设点以上输配电线路输送的无功功率减少，能获得明显的降损效益。电容器单机补偿的接线如图17-23所示。

无功补偿容量的计算和安装投切方式由有关设计部门确定。

3. 电力电容器的安装

（1）电容器（组）的连接电线应用软导线，截面积应根据允许的载流量选取，电线的载流量可按下述确定：单台电容器为其额定电流的1.5倍，集中补偿为总电容电流的1.3倍。

（2）电容器的安装环境，应符合产品的规定条件。

（3）室内安装的电容器（组），应有良好的通风条件，使电容器由于热损耗产生的热量能以对流和辐射方式散发出来。

（4）室外安装的电容器（组），其安装位置应尽量减小电容器受阳光照射的面积。

（5）当采用中性点绝缘的星形联结时，相间电容器的电容差不应超过三相平均电容值的5%。

（6）集中补偿的电容器组，宜安装在电容器柜内分层布置，下层电容器的底部对地距离不应小于300mm，上层电容器连线对柜顶不应小于200mm，电容器外壳之间的净距不宜小于100mm（成套电容器装置除外）。

(7) 当电容器的额定电压与低压电网的额定电压相同时，应将电容器的外壳和支架接地。当电容器的额定电压低于低压电网的额定电压时，应将每相电容器的支架绝缘，且绝缘等级应和电网的额定电压相匹配。

4. 电容器组运行维护

(1) 电容器组的投运一般根据用电功率因数来定，如功率因数低于规定的0.85（或0.9）时可投入电容器组；当电压偏低时可将电容器组投运，但不宜引起功率因数超前。

(2) 电容器组投运后，其电流超过额定电流的1.3倍，或其端电压超过额定电压的1.1倍或电容器室环境温度超过±40℃时，应将电容器组退出运行。

(3) 电容器组运行中发生下列之一异常情况时，应立即将电容器组退出运行：①连接点严重过热、熔化；②电容器内部有异常响声；③放电器有异常响声；④瓷套管严重放电或闪络；⑤电容器外壳有异常变形或膨胀；⑥电容器熔丝熔断；⑦电容器喷油或起火；⑧电容器爆炸。

5. 电容器组的巡视检查

运行中的巡视检查一般有日常巡视检查、定期停电检查和特殊巡视检查。

(1) 日常巡视检查项目。

1) 电容器组的电流、电压、本体温度及环境温度是否正常。

2) 电容器外壳有无膨胀、渗漏油痕迹，有无异常声响或火花放电痕迹。

3) 放电指示灯是否有熄灭等异常现象。

4) 单个熔丝是否正常，有无熔断现象。

5) 原有缺陷发展情况如何。

(2) 定期停电检查。定期停电检查应结合设备清扫、维护一起进行，一般每季度检查一次。检查内容主要有：

1) 电容器外壳有无膨胀或渗漏油现象。

2) 绝缘件表面等处有无放电痕迹。

3) 各螺栓连接点松紧如何及接触是否良好。

4) 电容器外壳及柜体（构件）的保护接地线是否完好。

5) 放电器回路是否完整良好。

6) 单个熔体是否完好，有无熔断。

7) 继电保护装置情况如何及有无动作过。

8) 电容器组的控制、指示等设备是否完好。

9) 电容器室的房屋建筑、电缆沟、通风设施等是否完好，有无渗漏水、积水、积尘等。

10) 清除电容器、绝缘子、构架等处的积尘等。

(3) 特殊巡视检查。当电容器组发生熔丝熔断、短路、保护动作跳闸等情况时，应立即巡视检查，此类检查就称为特殊巡视检查。检查项目除上述各项外，必要时应对电容器组进行试验，如查不出故障原因，则不能将电容器组投入运行。

(4) 电容器组常见故障及处理。

1) 外壳渗油。外壳被锈蚀，或有裂痕。清理锈蚀，焊接、涂漆，严重时退出运行更换。

2) 内部出现异常声响，外壳膨胀发生爆炸。内部放电，浸渍剂绝缘性能变差，绝缘层的绝缘击穿。退出运行，并更换。

3）电绝缘件表面闪络。表面有脏污，绝缘件存在缺陷。清扫脏污，并更换。

二、避雷器

电力系统中的电气设备在运行时承受正常的工作电压，但在运行中由于某些原因，系统中某些部分的电压可能升高，出现高于设备额定电压并危及电气设备绝缘的电压。人们把超过正常运行电压并可能使电力系统绝缘或保护设备损坏的电压升高称为过电压。过电压是由于系统中电磁场能量发生变化而引起的，电力系统的过电压分为外部过电压和内部过电压。外部过电压又称大气过电压，是由于大气中雷云放电而引起的过电压，内部过电压是由于电网内部能量的转化或传递而引起的过电压。

电气设备的安全运行主要取决于设备的绝缘水平和作用于设备上的电压。无论是外部过电压还是内部过电压，都有可能损坏设备的绝缘，危及系统的安全运行。避雷器是电力系统防御过电压的主要保护设备，避雷器的作用是限制过电压、保护电气设备。

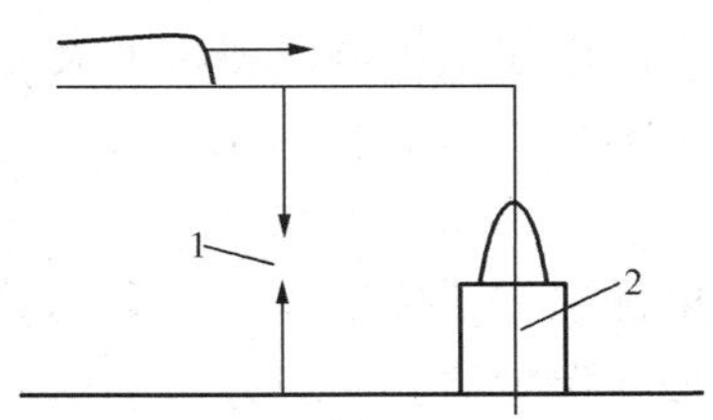

图 17-24　避雷器与被保护设备的连接图
1—避雷器；2—被保护设备

1. 避雷器的工作原理

避雷器通常接于导线与大地之间，与被保护设备并联，如图 17-24 所示。

在正常情况下，避雷器中无电流流过。一旦线路上传来危及被保护设备绝缘的过电压波时，避雷器被击穿，雷电流迅速泄入大地，将过电压限制在一定水平，保护了设备绝缘。当过电压作用过去后，避雷器能自动切断工频续流，使系统恢复正常运行。工频续流是指在工频电压作用下，通过避雷器的工频电流。

2. 常用避雷器

电力系统中常用的避雷器有保护间隙、管型避雷器、阀型避雷器和氧化锌避雷器。现在低压配电网中主要使用氧化锌避雷器，作为变配电站低压配线和并联电容器过电压保护。

（1）氧化锌（ZnO）避雷器。这是 20 世纪 70 年代发展起来的一种新型避雷器，它主要由氧化锌阀片组成。在正常的工作电压下，阀片具有很高的电阻，相当于绝缘状态；在冲击电压作用下，阀片被击穿，电阻很小，相当于短路状态。当冲击电压作用过去后，阀片又立即恢复为高阻状态。

氧化锌避雷器具有动作迅速、无间隙、无续流、残压低、通流容量大、体积小、重量轻、结构简单、运行维护方便等优点。

1）氧化锌避雷器的型号和技术参数。氧化锌避雷器型号的表示方法如下：

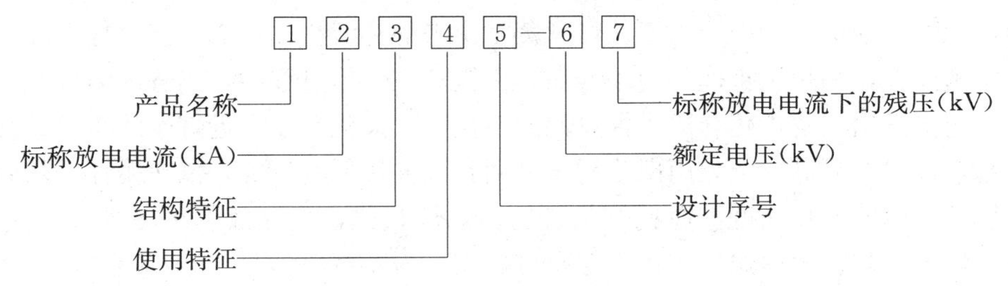

其中产品名称含义：Y—氧化锌避雷器，HY—复合绝缘氧化锌避雷器。结构特征：

W—无间隙，C—串联间隙。使用特征：Z—电站型，R—电容器型，T—电气化铁道型。

氧化锌避雷器的主要技术参数有额定电压、持续运行电压、标称放电电流、标称放电电流下的陡坡冲击电流残压、雷电冲击电流残压、操作冲击电流残压等。

2）无间隙氧化锌避雷器。这是目前国际最先进的过电压保护器。当避雷器在正常工作电压下，流过避雷器的电流仅有微安级；当遭受过电压时，由于氧化锌电阻片的非线性，流过避雷器的电流瞬间达数千安，避雷器处于导通状态，释放过电压能量，从而有效地限制了过电压。

（2）电涌保护器。电涌保护器主要用于电子设备雷电保护，又称“避雷器”或“过电压保护器”。电涌保护器的作用是把窜入电力线、信号传输线瞬时过电压限制在设备或系统所能承受的电压范围内，或将强大的雷电流入地，使被保护的设备或系统不受冲击而损坏。

电涌保护器的基本元器件有放电间隙、充气放电管、压敏电阻、抑制二极管和扼流线圈等。

电涌保护器按工作原理分为开关型、限压型、分流型或扼流型，按用途分为电源保护器、信号保护器。

第六节　电　气　照　明

电气照明是最先进的现代照明方式，它由电能转化为可见光能而发出光亮。电气照明包括电光源和照明灯具两个部分。

一、电光源的种类与特性

电光源按发光原理分为热辐射光源和气体放电光源两大类。

1. 热辐射光源

热辐射光源是依靠电流通过灯丝发热进而发光的电光源。热辐射光源有白炽灯和卤钨灯。

（1）白炽灯。白炽灯靠钨丝通过电流产生高温，引起热辐射发光。白炽灯由灯座、玻璃壳和灯头三部分组成。灯泡的灯丝一般都用钨丝制成，灯泡的外壳一般用透明的玻璃制成，灯头有插口式和螺口式两种。普通白炽灯的显色性好、结构简单、价格低廉、使用方便，是应用最广的灯种。但发光效率低和使用寿命短是它的主要缺点。

（2）卤钨灯。卤钨灯是在灯泡内充入少量卤化物，利用卤钨循环原理来提高发光效率和延长使用寿命。卤钨灯的发光原理与白炽灯相同，都有灯丝作为发光体，所不同的是卤钨灯灯管内充有卤族元素，如氟、氯、溴、碘等。

普通白炽灯在使用过程中，由于从灯丝蒸发出来的钨沉积在灯泡内壁上导致玻璃壳体黑化，降低了透光性，缩短了钨丝的使用寿命。卤钨灯在使用过程中，当管内温度升高后，卤族元素和灯丝蒸发出来的钨化合成为挥发性的卤化钨。卤化钨在靠近灯丝的高温处又分解为卤族元素和钨，钨留在灯丝上，而卤族元素又回到温度较低的位置，依次循环，从而提高发光效率和降低灯丝的老化速度。卤钨灯与普通白炽灯相比，发光效率可提高30%左右。高质量的卤钨灯寿命与普通白炽灯相比，寿命可提高3倍左右。

卤钨灯一般制成圆柱状玻璃管，两端灯脚为电源接点，管内中心的螺旋状灯钨丝，放置在灯丝支架上，其结构如图 17-25 所示。

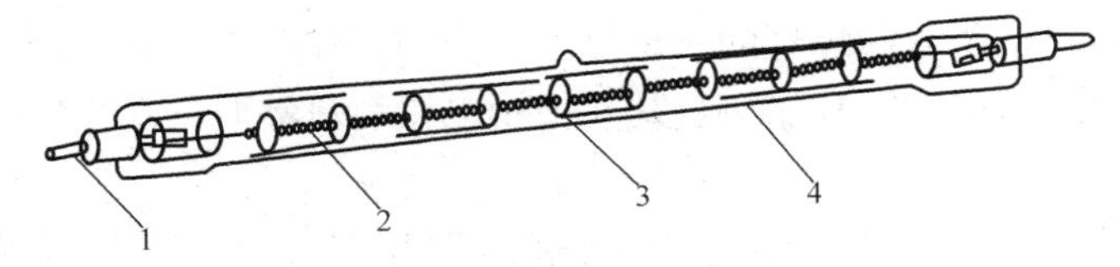

图 17-25　卤钨灯

1—电极；2—灯丝；3—支架；4—石英玻管（充微量碘）

卤钨灯安装时，必须保持水平位置，水平线偏角应小于 40°，否则会破坏卤钨循环，缩短灯管寿命。碘钨灯发光时，灯管周围的温度很高，因此灯管必须装在专用的有隔热装置的金属灯架上，切不可安装在易燃的木质灯架上。同时，不可在灯管周围放置易燃物品，以免发生火灾。卤钨灯不可装在墙上，以免散热不畅而影响灯管的寿命。卤钨灯装在室外，应有防雨措施。

2. 气体放电光源

气体放电光源是利用电流流经气体或金属蒸气时，使之产生气体放电而发光的电源。低压气体放电灯主要有荧光灯和低压钠灯，高压气体放电灯主要有高压汞灯和高压钠灯。

（1）荧光灯。荧光灯又称日光灯，是利用低压汞蒸气在外加电压作用下产生弧光放电，发出少许的可见光和大量的紫外线，依靠紫外线去激发涂在灯管内壁上的荧光粉而转化为可见光的电光源。

荧光灯由灯管、启辉器、镇流器、灯架和灯座等组成。灯管由玻璃管、灯丝和灯脚等组成，玻璃管内抽真空后充入少量汞和氩等惰性气体，管壁涂有荧光粉。启辉器由氖泡、纸介质电容、出线脚和外壳等组成，氖泡内装有Ⅱ形动触点和静触点。镇流器主要由铁芯和线圈等组成。荧光灯的接线如图 17-26 所示。

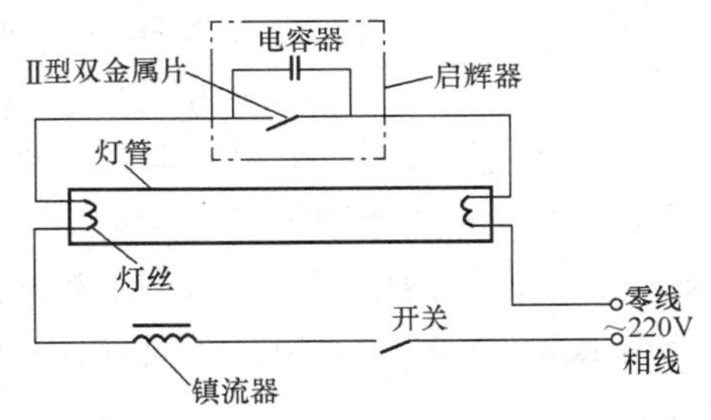

图 17-26　荧光灯的接线图

荧光灯的工作原理是：荧光灯接通电源后，电源经过镇流器、灯丝，加在启辉器的 U 形双金属片和静触点之间，引起辉光放电；放电时产生的热量使双金属片膨胀变形并与静触点接触，电路接通，使灯丝预热并发射电子。与此同时，由于双金属片和静触点相接通，辉光放电停止，使双金属片冷却并与静触点断开；电路断开的瞬间，在镇流器两端会产生一个比电源电压高得多的感应电动势，这个感应电动势加在灯管两端，使灯管内惰性气体游离而引起弧光放电，随着灯管内温度升高，液态汞汽化游离，引起汞蒸气弧光放电而发出肉眼看不见的紫外线，紫外线激发灯管内壁的荧光粉后，发出近似日光的灯光。

荧光灯使用注意事项如下：

1）电源电压不能超过±5%，若电压变化过大，则会影响荧光灯的发光效率和使用寿命。

2）荧光灯适合的环境温度为 10～35℃，环境温度过高或过低都会影响发光效率和使用寿命。

3）灯管必须与镇流器、启辉器配套使用，否则会缩短寿命或造成启动困难。

荧光灯的发光效率是普通白炽灯的三倍以上，使用寿命接近普通白炽灯的四倍，而且灯管壁温度很低，发光均匀柔和；它的缺点是在使用电感镇流器时的功率因数较低，还有频闪效应。

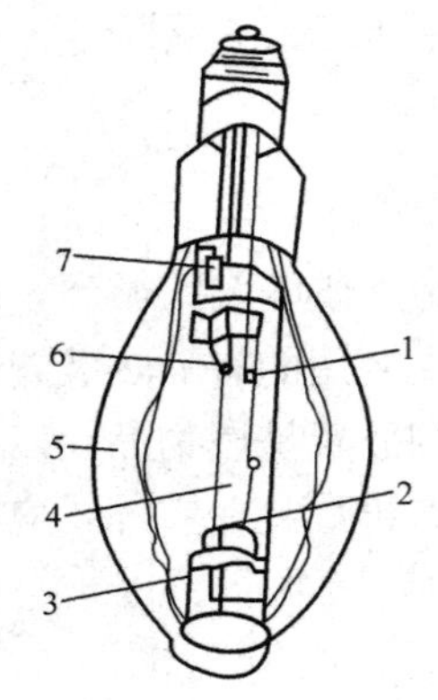

图 17-27　高压汞灯的结构图
1—第一主电极；2—第二主电极；3—金属支架；4—内层石英玻壳（内充适量汞和氩）；5—外层内玻壳（内涂荧光粉，内外玻壳间充氮）；6—辅助电极；7—限流线圈

紧凑型荧光灯是镇流器和灯管一体化的电光源，由于灯管造型和结构紧凑而得名。紧凑型荧光灯既可以配电感镇流器，也可以配电子镇流器，通常将配上电子镇流器的紧凑型荧光灯称为电子节能灯。这种灯有很高的发光效率，加上低功耗的电子镇流器，有明显的节电效果。它的显色性好，大幅度地改善了频闪效应，提高了启动性能，兼有白炽灯和荧光灯的主要优点。紧凑型荧光灯可直接安装在白炽灯的灯头上，在同样光通量下可节电70%～80%，是替代白炽灯最理想的电光源。

（2）高压汞灯。高压汞灯是利用汞放电时产生的高气压获得可见光的电光源，又称高压水银灯。

高压汞灯主要由放电管、玻璃外壳和灯头等部件组成。放电管内有上电极、下电极和引燃极，管内还充有汞和氩气。高压汞灯的结构如图 17-27 所示。

高压汞灯的接线如图 17-28 所示，电源接通后，电压加在引燃极和相邻的下电极之间，也加在上、下电极之间。由于引燃极和相邻的下电极靠近，加上电压后即产生辉光放电，使放电管内汞汽化而产生紫外线，紫外线激发玻璃外壳内壁上的荧光粉，发出近似日光的光线，灯管就稳定工作了。由于引燃极上串联着一个很大的电阻，当上、下电极间产生弧光放电时，引燃极、下电极间电压不足以产生辉光放电，因此引燃极就停止工作了。灯泡工作时，放电管内汞蒸气的压力才很高，故称这种灯为高压水银荧光灯。高压汞灯需点燃 4～8min 才能放光。

高压汞灯使用注意事项如下：

1）灯泡必须与相同规格的镇流器配套使用，否则灯泡将不能启动或缩短寿命。

2）电源电压应相对稳定，瞬时变化不宜过大。如果电源电压突然降低 10%，高压汞灯会自行熄灭，电压过高时会缩短灯泡寿命。

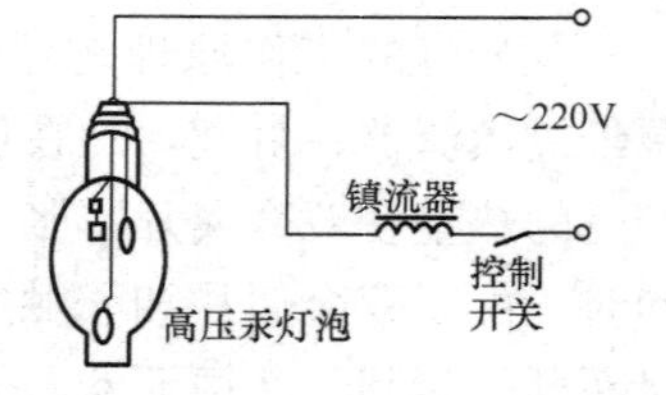

图 17-28　高压汞灯接线图

3）灯泡可在任意位置点燃。但是，高压汞灯水平点燃时，光通量将减少 10%，且灯泡易自熄。

4）灯具应有良好的散热条件，内部空间不能太小，否则会影响灯泡寿命。

5）高压汞灯破碎后应及时处理，以免大量紫外线辐射灼伤人眼和皮肤。

6）高压汞灯再启动时间较长。在要求迅速点燃的场合使用高压汞灯时，应安装电子触发器，以便瞬时启动。

（3）金属卤化物灯。它是在高压汞灯的基础上添加金属卤化物，使金属原子或分子参与放电而发光的气体放电灯。金属卤化物灯与高压汞灯相比较，具有寿命长、光效高、显色性好等优点，用于工业照明、城市亮化工程照明、商业照明、体育场馆照明以及道路照明等。

（4）高压钠灯。它是利用高压钠蒸气放电发光的电光源。高压钠灯发出的是金黄色的光，是电光源中发光效率很高的一种电光源。高压钠灯的发光效率是高压汞灯的 2～3 倍，平均寿命是高压钠灯的 4 倍。高压钠灯的显色指数和功率因数明显低于高压汞灯。高压钠灯主要用于道路照明、泛光照明、广场照明、工业照明等。

二、电气照明

1. 照明灯具

灯具不仅限于照明，为使用者提供舒适的视觉条件，而且是建筑装饰的一部分，起到美化环境的作用。

（1）吊灯。悬挂在室内屋顶上的照明工具经常用作大面积范围的一般照明。大部分吊灯带有灯罩，灯罩常用金属、玻璃和塑料制成。用作普通照明时，大多悬挂在距地面 2.1m 处；用作局部照明时，大多悬挂在距地面 1～1.8m 处。吊灯的造型、大小、质地、色彩对室内气氛会有影响，在选用时一定要与室内环境相协调。

（2）吸顶灯。吸顶灯是直接安装在天花板上的一种固定式灯具，作室内一般照明用。以白炽灯为光源的吸顶灯，大多采用有晶体花纹的有机玻璃罩和乳白玻璃罩，外形多为长方形。吸顶灯多用于整体照明，办公室、会议室、走廊等地方经常使用。

（3）嵌入式灯。嵌在楼板隔层里的灯具，具有较好的下射配光，灯具有聚光型和散光型两种。聚光灯型一般用于局部照明要求的场所，散光灯型一般多用作局部照明以外的辅助照明。

（4）壁灯。壁灯是一种安装在墙壁建筑支架及其他立面上的灯具，一般用于补充室内一般照明。壁灯设在墙壁上和柱子上。壁灯的光线比较柔和，作为一种背景灯，可使室内气氛显得优雅，常用于大门口、门厅、卧室、公共场所的走廊等。壁灯安装高度一般在 1.8～2m 之间，不宜太高，同一表面上的灯具应该统一。

（5）台灯。书桌上、床头柜上和茶几上都可用台灯。它不仅是照明器，而且是很好的装饰品，对室内环境起美化作用。

（6）立灯。立灯又称“落地灯”，常摆设于沙发和茶几附近，作为待客、休息和阅读照明。

（7）轨道射灯。轨道射灯由轨道和灯具组成。灯具沿轨道移动，灯具本身也可改变投射的角度。主要特点是通过集中投光以增强某些特别需要强调的物体。

除此以外，还有应急灯具、舞台灯具、高大建筑照明灯具以及艺术欣赏灯具等。

2. 灯具附件

灯具附件的种类很多，常见的有灯座、开关、变压器、镇流器、软缆和插头、插座等。

（1）灯座。灯座用于固定灯泡和灯管并与电源相连接。灯座主要有插口灯座、螺口灯座、管式平灯座和启辉器座。

（2）灯罩。灯罩用来控制光线，提高照明效率，使光线更加集中。

（3）吊灯盒。吊灯盒用于悬挂吊灯并起接线盒的作用。吊灯盒有塑料和瓷质结构两种，一般能悬挂质量不超过 2.5kg 的灯具。

（4）照明开关。照明开关用于照明电路的接通或开断。照明开关按安装方式可分为明装式、暗装式、悬吊式等，按操作方法可分为拉线式、按钮式、推移式、旋转式、触摸式等，按接通方式可分为单投式、双投式等。

（5）插座。常用的插座按结构分为单相二孔插座、单相三孔插座、三相四孔插座等，按安装条件分为明装插座和暗装插座。

3. 电气照明线路

（1）单灯控制线路。用一个开关控制一盏灯的电路如图 17-29 所示。

（2）多灯控制线路。多灯控制电路如图 17-30 所示。

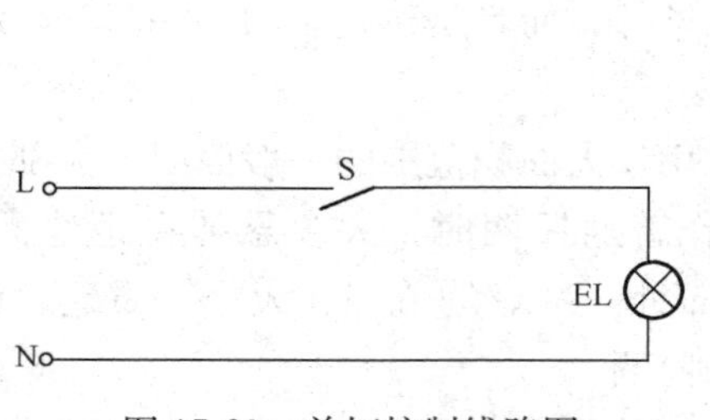

图 17-29　单灯控制线路图

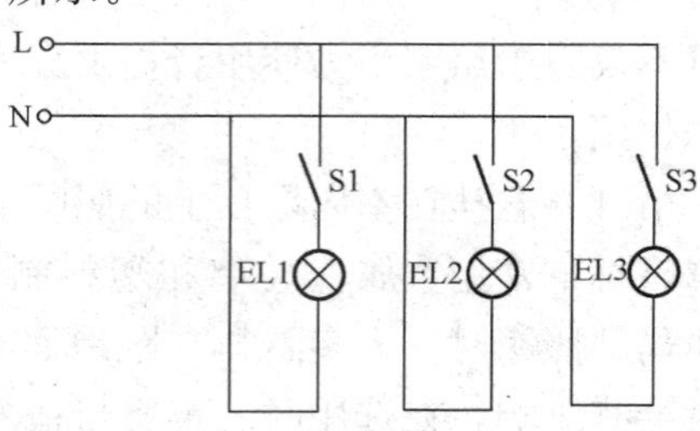

图 17-30　多灯控制线路图

（3）两只双联开关控制一盏灯的线路。两只双联开关在两个地方控制一盏灯，其接线如图 17-31 所示。这种控制的方式通常用于楼梯灯，在楼上楼下都可控制。

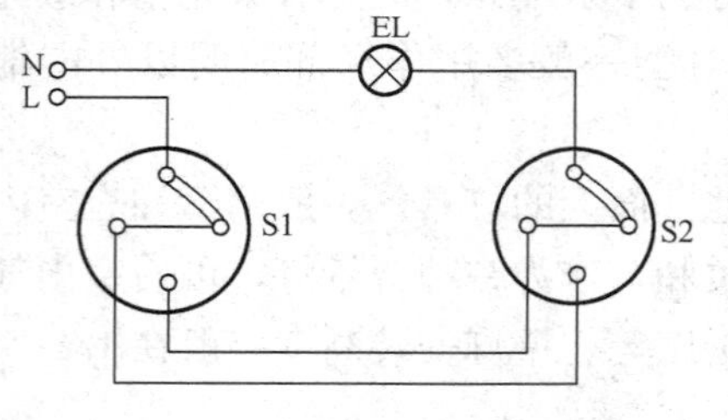

图 17-31　两只双联开关控制一盏灯的线路图

4. 室内配线

（1）室内配线种类。室内配线是指室内接到用电设备的供电及控制线路，分为明配线和暗配线两种。导线沿墙壁、天花板、桁架及梁柱等明敷的称明配线；导线穿管埋设在墙内、地板下或安装在顶棚里称为暗配线。室内配线按敷设方法的不同有瓷夹板配线、瓷柱明配线、槽板配线、塑料护套线、硬塑料管明暗敷设、钢管明暗敷设及电缆敷设等类型。室内配线方法的选择，应根据安全要求、用户需要、经济条件、安装环境及条件等因素综合确定，既要做到安全可靠、美观实用，又能满足用户需要。

（2）室内配线技术要求。

1）明线敷设技术要求如下：

① 室内水平敷设导线距地面不得低于 2.5m，垂直敷设导线距地面不得低于 1.8m。室外水平敷设和垂直敷设时，导线距地面均不得低于 2.7m，否则应将导线穿在钢管或硬塑料管内加以保护。

② 导线穿过楼板时将导线穿在钢管或硬塑料管内加以保护，管长度应从高于楼板 2m 处引至楼板下出口为止。

③ 导线穿墙时应增设穿线管加以保护，穿线管可采用瓷管或塑料管。穿线管两端出线口伸出墙面不小于 10mm，以防导线与墙壁接触。导线穿出墙外时，穿线管应向墙外地面倾

斜，以防雨水倒流入管内。

④ 导线沿墙壁或天花板敷设时，导线与建筑物之间的距离一般不小于 100mm。导线敷设在有伸缩缝的地方时，应稍显松弛。

⑤ 导线相互交叉时，为避免碰线，每根导线应套上塑料管或其他绝缘管，并将套管固定。

⑥ 导线之间的距离、导线与建筑物的距离以及固定点的最大允许距离应符合规程要求。

2）穿线敷设技术要求如下：

① 绝缘导线的额定电压不低于 500V，铜芯导线的截面积不低于 $1mm^2$，铝芯导线的截面积不低于 $2.5mm^2$。

② 同一单元、同一回路的导线应穿入同一管内，不同电压、不同回路、互为备用的导线不得穿入同一管内。

③ 电压在 65V 及以下的线路，同一设备或同一流水平作业设备的电力线路和无干扰要求的控制回路、照明花灯的所有回路以及同类照明的几个回路等，可以共用一根管，但照明线路不得多于 8 条。

④ 所有穿管线路，管内不得有接头。采用单管多线时，管内导线的总面积不应超过管截面积的 40%。在钢管内不准穿单根导线，以免形成由交变磁通引起的损耗。

⑤ 穿管明敷线路应采用镀锌或经涂漆的焊接管、电线管、硬塑料管。钢管壁的厚度不应小于 1mm，硬塑料管的厚度不应小于 2mm。

⑥ 穿管线路太长时，为便于线路的施工、检修，应加装接线盒。

（3）室内配线方法。

1）护套线配线。护套线是一种有塑料护层的双芯或多芯绝缘导线，它可直接敷设在建筑物的表面和空心楼板内，用塑料线卡、铝片卡固定。护套线的敷设方法具有简单、施工方便、经济实用、整齐美观、防潮、防腐蚀等优点，目前已逐步取代瓷夹板、木槽板和绝缘子配线，广泛用于电气照明及其他小容量配电线路。但护套线不宜直接埋入抹灰层内暗敷，且不适用于室外露天场所明敷和大容量线路。

2）塑料槽板配线。塑料槽板配线是将绝缘导线敷设在槽板的线槽内，上面用盖板盖住。槽板配线的导线不外露，比较美观，常用于用电量较小的屋内干燥场所，如住宅、办公室等干燥场所。

3）穿管配线。穿管配线是将绝缘导线穿在管内配线。穿线管配线具有耐腐蚀、导线不易遭受机械损伤等优点，但安装维修不方便，且造价高，适用于室内外照明和动力配线。目前广泛使用的是 PVC 塑料线管。穿管配线的施工步骤是：先定位、画线、安放固定线管的预埋件，如角铁架、胀管等；后下料、连接、固定、穿线等。

（4）照明施工步骤。

1）根据照明设计、施工图确定配电板（箱）、灯座、插座、开关、接线盒和木砖等预埋件的位置。

2）确定导线敷设的路径、穿墙和穿楼板的位置。

3）配合土建施工，预埋好线管或布线固定材料、接线盒（包括插座盒、开关盒、灯座盒）及木砖等预埋件。

4）安装固定导线的元件。

5）敷设导线。

6）连接导线及分支、包缠绝缘。

7）检查线路安装质量。

8）完成灯座、插座、开关及用电设备的接线。

9）绝缘测量及通电试验，全面验收。

第十八章

母　　线

第一节　常用母线的种类与应用范围

一、母线的作用

母线是发电厂和变电站的各级电压配电装置中汇集、分配和传送电能的裸导体。母线是构成电气接线的主要设备。

二、母线的分类、特点及应用范围

1. 不同使用材料的各类母线的特点及应用范围

按使用材料划分，母线可分为铜母线、铝母线和钢母线。

(1) 铜母线。铜的机械强度高、电阻率低，防腐蚀性强，便于接触连接，是很好的母线材料，但是储量不多。因此，铜母线一般用于含有腐蚀性气体的场所或重要的有大电流接触连接的母线装置。

(2) 铝母线。铝的电导率约为铜的 62%，质量为铜的 30%，所以在长度和电阻相同的情况下，铝母线的重量仅为铜母线的一半。另外铝的价格也比铜低。因此，在户内外配电装置中都广泛采用铝母线。

(3) 钢母线。钢母线价格低廉、机械强度好、焊接简便，但电阻率为铜的 7 倍，且集肤效应严重，若常载工作电流则损耗太大。钢母线常用于电压互感器、避雷器回路引线以及接地网的连接等。

2. 不同截面形状的各类母线的特点及应用范围

按截面形状划分，母线可分为矩形母线、圆形母线、槽形母线和管形等母线。

(1) 矩形母线。矩形母线的优点是散热条件好、集肤效应小、安装简单、连接方便；其缺点是周围电场不均匀，易产生电晕。矩形母线常用在 35kV 及以下的户内配电装置中。

(2) 圆形母线。圆形母线的优点是周围电场较均匀，不易产生电晕；其缺点是散热面积小、抗弯性能差。圆形母线常用在 35kV 及以上的户外配电装置中。

(3) 槽形母线。当母线的工作电流很大，每相需要三条以上的矩形母线才能满足要求时，可以采用槽形母线。槽形母线与同截面积的矩形母线相比具有集肤效应小、冷却条件好、金属材料的利用率高、机械强度高等优点，且槽形母线的电流分布较均匀。

(4) 管形母线。管形母线散热条件好、集肤效应小，且电晕放电电压高。在 220kV 及以上的户外配电装置中多采用管形母线。

第二节 母线的安装与维护

母线是汇集和分配电流的裸导体装置，又称汇排流。裸导体的散热条件好、容量大、金属材料的利用率高、具有很高的安全可靠性。但母线相间距离大，占用面积大，有时需要设置专用的母线廊道，因而使用费用大增；另外，现场安装工程也较复杂。在工厂配电装置等大电流回路也常用母线。母线在正常运行中，通过的功率大。在发生短路故障时，母线承受很大的热效应和电动力效应。加上它处于配电装置的中心环节，作用十分重要。要合理选择母线材料、截面积、截面形状及布置方式，正确地进行安装和运行，以确保母线的安全可靠和经济运行。

一、母线的种类和布置

1. 母线的软硬种类

母线按结构分为硬母线和软母线两种。硬母线用支柱绝缘子固定，多数只作横向约束，而沿纵向则可以收缩，主要承受弯曲应力和剪切应力。软母线的相间距离小，一般用于户内配电装置。

软母线由悬空绝缘子在两端拉紧固定，只承受拉力而不受弯曲，一般采用钢芯铝绞线。软母线的拉紧程度由弛度控制。弛度过小，则拉线构件和母线受力太大。由于适当弛度的存在可能发生导线的横向摆动，故软母线的线间距离较大，常用于户外配电装置。

2. 母线的布置

母线的布置包括母线的排列、矩形母线的放置与装配以及矩形母线的弯曲方向。

母线三相导体有水平排列（平排）、竖直排列（竖排）和三角形排列三种。三角形排列仅用于某些封闭式成套配电装置或其他特殊情况。户内外硬母线广泛采用水平排列和竖直排列。户外软母线则只采用水平排列。

矩形母线在空间有水平放置和垂直放置两种放置法，在支柱绝缘子顶面有平装和立装两种装配法。图 18-1（b）、（d）为平放，图 18-1（a）、（c）为立放。但图 18-1（a）、（b）为平装，图 18-1（c）、（d）为立装。母线立放时对流散热效果好，平放时则较差。平装时绝缘承受的弯曲荷载较小，立装时则加重绝缘子的弯曲荷载。

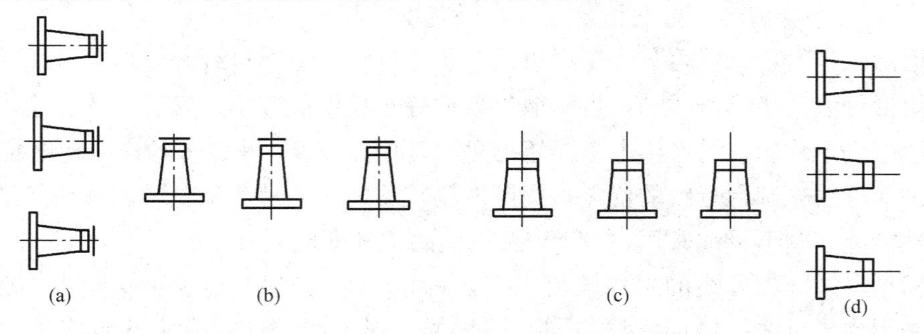

图 18-1 矩形母线的布置方式

（a）竖排立放平装；（b）平排平放平装；（c）平排立放立装；（d）竖排平放立装

矩形母线宽度尺寸大，厚度尺寸小，弯曲方向不同时对抗弯能力大不一样。向着宽面的法线方向的弯曲称为平弯 [见图 18-1 (c)、(d)],抗弯能力小。向着窄的法线方向的弯曲称为立弯 [图见 18-1 (a)、(b)],抗弯能力大。因此,在布置三相矩形母线时,一般应以窄面对着其他相母线,使电动力对矩形母线施加立弯。

上述母线布置中的平排和竖排、平放与立放、平装与立装以及平弯与立弯都是互不相同的独立概念时,不能混同和代替。矩形母线的综合布置方式有:

(1) 竖排立放平装。如图 18-1 (a) 所示,该布置方式占用场地较少、散热好,绝缘子的电动力荷载较小,母线的抗弯程度高,该方式广泛用于母线廊道等。但设备接线端多为水平排列,故竖排不便于直接向设备引接。此外,绝缘子可能受到较大的施工弯曲荷重。

(2) 平排平放平装。如图 18-1 (b) 所示,该布置方式占用空间高度小,绝缘子和母线的受力情况均好,只有散热效果较差,但其母线便于和设备的水平出线端引接,应用也较广泛。

(3) 平排立放立装。如图 18-1 (c) 所示,其母线和绝缘子的受力情况较差,但"T"接引线方便,用于短路电流较小、电动力弯矩不大的情况。

(4) 竖排平放立装。如图 18-1 (d) 所示,其母线和绝缘子的受力情况较差,对流散热效果好,机械抗弯强度差。

二、母线的安装

(一) 基础工程

母线的基础工程包括绝缘子和保护网的基础预埋与安装。作为高压母线基础的墙壁和花板等均为钢筋混凝土结构,故基础预埋工作应与土建浇筑工程同步进行,称为预埋配合。由于绝缘子等的安装位置要求准确,并要保证一定的垂直度与水平度,故不能直接埋置绝缘子的底座螺栓。通常预埋配合有两种方法:一是预留孔洞法,二是预埋焊接铁件法。待土建场地交出后在预留孔洞或预埋铁件的基础上埋设或焊接绝缘子等基础构件(包括基础支架),将其严格带有相应螺孔的基础构件上用螺栓固定绝缘子,并按要求调整中心位置及垂直水平度。

软母线的基础工程即为母线构件的安装,与户外配电装置的进出线构架及设备支架的安装一并进行。

(二) 母线的安装

母线结构简单,经正确设计选择,具有合适结构数据的母线的可靠性高。但运行经验证明,母线本身事故大多数发生在接头处,说明母线的连接是薄弱环节,应给予足够的重视。连接问题主要是安装技术问题,但也与设计和运行维护密切相关,其基本要求是:①有足够的、不低于原母线的机械强度;②有长期稳定的、不高于同长度母线的接头电阻值。

按连接的性质和方法,可分为母线的焊接、螺栓连接和可伸缩连接,以及软母线的压接与线夹连接等。

1. 母线的焊接

因铝在空气中极易产生氧化层,铝母线及铝-铜母线之间的焊接必须采用专门的氩弧焊技术。在氩弧焊机平台上进行焊接,其连接质量稳定可靠,在有条件的地方宜多采用。铜母线虽可采用铜焊或磷铜焊等专门技术进行焊接,但因其接触连接性能尚好且简单易行,故一般多采用螺栓连接。

2. 螺栓连接

螺栓连接是一种可拆卸的接触连接。它由紧固的螺栓提供接触压力，同时保证连接的机械强度。螺栓连接广泛应用于各种材料的硬母线以及硬母线与设备出线端的连接。根据连接的特点又有以下几种不同的形式：

（1）同种材料矩形母线搭接，可直接通过两片母线的搭接面。为了保证良好的接触，要求：

1）母线接触面加工平整、洁净。铜母线或钢母线的接触面作搪锡处理，以防氧化并改善接触性能。

2）接触面大小由工作电流决定，并按规范要求布置螺栓，其上下两面均配置厚大的专用平垫。

3）各螺栓平正均匀地施加接触压力。为此，必须采用精制螺栓和平垫，母线搭接头的厚度也必须均匀，以避免出现偏压现象。

铝母线的接触连接性欠佳，并有以下特点：

1）铝的机械强度低，而热膨胀系数比钢螺栓大，在紧固螺栓的过大压力作用下又受热膨胀时，铝母线接头易产生侧向蠕动的永久性变形，当遇冷收缩时便可能使接触压力下降，可见过分拧紧螺栓、增大接触压力是不可取的。

2）铝在空气中极易形成表面结构密致氧化层，在表面形成覆盖可防止铝的进一步氧化，但随着温度升高，氧化层迅速增厚而引发恶性循环。通常可在铝接触面涂抹中性凡士林油作覆盖，但油层不能长期维持，关键还在于控制温度。

3）铝接触面易受化学腐蚀，其后果也是引发恶性循环。

（2）铜-铝母线搭接。铝与铜之间存在较大的电位差，在酸性或碱性的表面水层中将发生电化作用，类似于在蓄电池电解液中插入的两电极，从而使接触面遭到严重腐蚀，引发恶性循环。因此铝母线和铜母线或设备出线端（一般均为铜）的直接搭接，在户外或户内潮湿环境中是禁止使用的。简便而经济的办法是使用铝-铜过渡板。它由小段铝母线和铜母线直接对焊而成，具有各种宽度、厚度规格可供选用。然后，过渡板两侧与同种材料母线搭接。

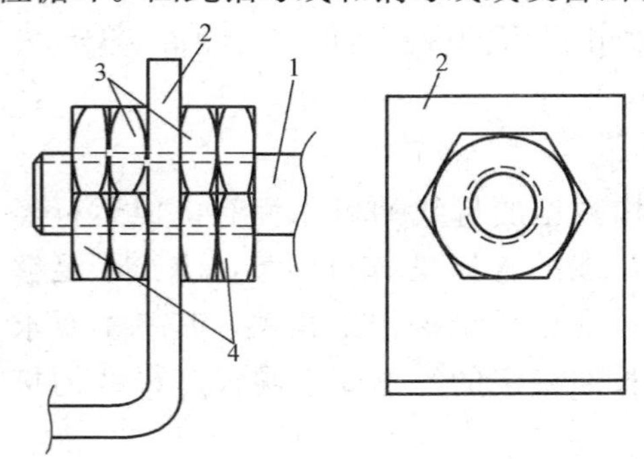

图 18-2　螺杆式连接

1—铜螺杆；2—铜母线；3—铜螺母；4—防松螺母

（3）螺杆式连接。如图 18-2 所示，导电体铜螺杆 1 垂直穿过铜母线 2 的端部中心孔，并用上、下接触铜螺母 3 将母线两面压紧，再将防松螺母 4 拧紧。电流从铜螺杆 1 经螺纹传至螺母 3，并经螺母端面传至母线 2。故螺母、螺杆既参与传送电流，又提供接触压力，其规格（螺杆直径）取决于额定电流。螺母端面应与螺杆中心线精确垂直，以保证接触面承受平正均匀的接触压力。螺杆式连接常见于高压套管绝缘子和套管式电流互感器，因圆形导体有助于减轻瓷套内腔的电晕放电。但该连接通过螺纹和螺母端面接触传电，接触面积和散热面积小而重叠，可靠性较低，最大额定电流不宜超过 2000A。因接触压力大，不能直接用于铝母线连接，必要时可经铝-铜过渡板转换。

3. 可伸缩连接

硬母线每段长度 20～30m 应装设一组伸缩接头，供母线热胀冷缩时自由伸缩。硬母线与设备引出端连接时一般也应装设伸缩接头，以免设备套管承受母线的温度应力。

伸缩接头的结构示意图如图18-3所示，呈 Ω 形的弯曲薄片段 1 由 0.2～0.5mm厚的紫铜片或铝片组成，总截面积不低于母线的截面积，其底部直板段 2 相应为铜板或铝板，以便与母线搭接。

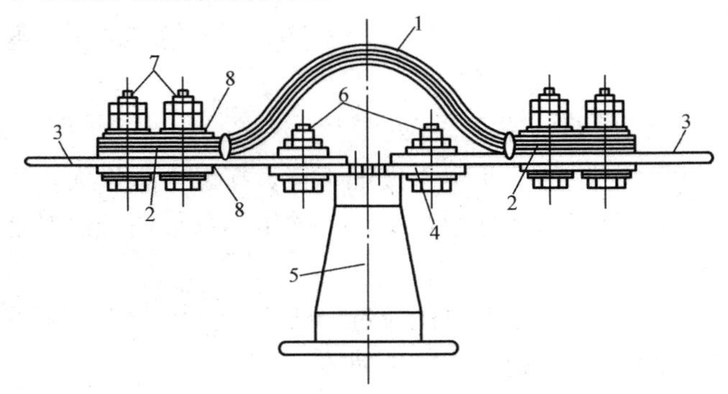

图 18-3　伸缩接头的结构示意图

1—弯曲薄片段；2—直板段；3—母线；4—托板；5—支柱绝缘子；6—带套筒的螺栓；7—螺栓；8—平垫

弯曲薄片段与直板段之间采用铜焊（对铜片）或氩弧焊（对铝片）焊接。铜片伸缩接头的直板段也可由弯曲薄片延长再叠压锡焊而成，但片间焊锡电阻值较大，将使电流分配不匀。为了使伸缩接头不降低母线的抗弯强度，被连接的两段母线 3 由托板 4 加以支持，而托板固定在支柱绝缘子 5 上。两端螺栓 6 通过套筒穿入母线的长孔内，并与托板紧固，但与母线之间保留有少许间隙。

当母线厚度为 6mm 及以下时，也可将母线本身弯曲成 Ω 形做成简陋的伸缩接头。有 90°平弯的母线段可省略伸缩接头。

4. 软母线的连接

软母线连接可用手工铰接、压接和线夹连接的方式。但手工铰接机械强度差、接触电阻大且不能长期稳定，只用于临时性作业。压接法用专门的压接管作为连接件，将要连接的铝绞线或钢芯铝绞线插入压接管内，用机械方法或爆炸成型方法将母线和压接管压接在一起。

（三）母线在绝缘子上的固结

母线在运行中温差较大，为了避免出现温度应力使绝缘子遭受破坏，由伸缩接头分段的每段母线只允许一组绝缘子紧固，在其余绝缘子上的固结应是松动的，即只横向约束，而不限制纵向伸缩。

（四）母线的定相与着色

不同电源间的并接必须相序一致。母线作为各回路的汇集点应明显地标示出三相相序。按惯例，A、B、C 三相分别着黄、绿、红三色，并以 B 相居中。作为引线回路的母线，若两端电源相序相反，则必须将母线倒相，即任两相倒换位置。母线着色的另一重要作用是增加母线辐射散热。试验结果表明：按规定涂刷油漆的母线可增加载流量 12%～15%。此外，涂刷油漆具有防腐蚀作用。但在焊缝处、设备引线端等都不宜着相色漆，以便运行监察接头情况。若能在母线接头的显著位置涂刷温度变色漆或粘贴温度变色带则更好。

第三节　母线的故障与检修

一、母线的常见故障

(1) 母线的接头由于接触不良，接触电阻增大，造成发热，严重时会使接头烧红。

(2) 母线的支柱绝缘子由于绝缘不良，使母线对地的绝缘电阻降低，严重时导致闪络和击穿。

(3) 当大的故障电流流过母线时，在电动力和弧光闪络的作用下，会使母线发生弯曲、折断和烧坏，使绝缘子发生崩碎。

二、硬母线的一般检修

(1) 清扫母线，清除积灰和脏污；检查相序颜色，要求颜色显明，必要时应重新刷漆或补刷脱漆部分。

(2) 检查母线接头，要求接头应良好，无过热现象。其中采用螺栓连接的接头，螺栓应拧紧，平垫圈和弹垫圈应齐全。用塞尺检查，局部塞入深度不得大于 5min；采用焊接连接的接头，应无裂纹、变形和烧毛现象，焊缝凸出呈圆弧形；铜铝接头应无接触腐蚀；户外接头和螺栓应涂有防水漆。

(3) 检修母线伸缩节，要求伸缩节两端接触良好，能自由伸缩，无断裂现象。

(4) 检修绝缘子及套管，要求绝缘子及套管应清洁完好，用 1000V 绝缘电阻表测量母线的绝缘电阻应符合规定。若母线绝缘电阻较低，应找出故障原因并消除，必要时更换损坏的绝缘子及套管。

(5) 检查母线的固定情况，要求母线固定平整牢靠；并检修其他部件，要求螺栓、螺母、垫圈齐全，无锈蚀，片间撑条均匀。必要时应对支柱绝缘子的夹子和多层母线上的撑条进行调整。

三、硬母线接头的解体检修

(1) 接触面的处理。应清除表面的氧化膜、气孔或隆起部分，使接触面平整略粗糙。处理的方法：可用粗锉刀把母线表面严重不平的地方锉掉，然后用钢丝刷再刷。铝母线锉完之后要首先涂一层凡士林（因为铝表面很容易氧化，需要用凡士林把母线的表面与空气隔开）；然后用钢丝刷再刷；最后把脏凡士标擦去，再在接触面涂一层薄的新凡士林并贴纸作为保护。铝母线的接触面不要用砂纸打磨，以免掉下的玻璃屑或砂子嵌入金属内，增加接触电阻。

铜母线或钢母线的接触面都要搪一层锡。如果由于平整接触面等原因而使锡层被破坏，就应重搪。搪锡的方法：将焊锡熔化在焊锡锅内，把母线要搪锡的部分锉平擦净，涂上松香或焊油并将母线放在焊锡锅上；然后多次地把熔锡浇上去，等到母线端部粘锡时，则可直接将端部放在焊锡锅里浸一下；最后，取母线出并用抹布擦去多余部分。搪锡层的厚度为 0.1～0.15mm。焊锡的熔点在 183～235℃之间，一般根据其颜色来判别，即锅内所熔焊锡表面呈现浅蓝色时，就可以开始搪锡。

(2) 拧紧接触面的连接螺栓。螺栓的旋拧程度要依安装时的温度而定，温度高时螺栓就应当拧得紧一些，温度低时就应当拧得松一些。拧螺母时，应根据螺栓直径大小选择尺寸合适的扳手。采用过大的扳手，用力稍大易把螺栓拧断；采用过小的扳手，用力很大但螺母还未拧紧。由于铝在压力下会缓慢变形，所以螺栓拧紧后，过一段时间还会变松，因此在送电之前再检查一次螺栓的紧度。螺母拧紧后应使用 0.05mm 的塞尺在接头四周检查接头的紧密程度。

(3) 为防止母线接头表面及接缝处氧化，在每次检修后要用油膏填塞，然后涂以凡士林油。

(4) 更换失去弹性的弹簧垫圈和损坏的螺栓、螺母。

(5) 补贴已熔化或脱落的示温片。

四、软母线的检修

(1) 清扫母线各部分，使母线本身清洁并且无断股和松股现象。

(2) 清扫绝缘子串上的积灰和脏污，更换表面发现裂纹的绝缘子。

(3) 绝缘子串各部件的销子和开口销应齐全，损坏者应给予更换。

(4) 软母线接头发热的处理：

1) 清除导线表面的氧化膜使导线表面清洁，并在线夹内表面涂以工业凡士林或防冻油（由凡士林和变压器油调和而成，冬季用）。

2) 更换线夹上失去弹性或损坏的各垫圈，拧紧已松动的各螺栓。根据检修经验证明，母线在运行一段时间以后，线夹上的螺栓还会发生不同程度的松动，所以在检查时应注意螺栓松动的情况。

3) 对接头的接触面用 0.05mm 的塞尺检查时，不应塞入 5mm 以上。

4) 更换已损坏的各种线夹和线夹上钢制镀锌零件。

5) 接头检查完毕后，在接头接缝处用油膏塞后，再涂以凡士林油。

第四节　10kV 母线保护的应用现状与技术要求

在电力系统中，35kV 及以下电压等级的母线由于没有稳定问题，一般未装设专用母线保护。但由于高压变电站的 10kV 系统出线多、操作频繁、容易受小动物危害、设备绝缘老化和机械磨损等原因，10kV 开关柜故障时有发生。由多年的运行实践表明，虽然国内外的高压开关柜的制造技术进步很快，10kV 母线发生故障的概率大为减少，但是仍然有因个别开关柜故障引发整段开关柜“火烧联营”的事故发生，甚至波及变压器，造成变压器的烧毁。虽然造成此类事故的原因是多方面的，但是在发生 10kV 母线短路故障时没有配备快速母线保护也是重要原因之一。变电站的 10kV 母线一般不配置专用的快速母线保护，是目前国内的典型设计做法，是符合国标及现行的电力行业规程规范要求的。因此，长期以来人们对中低压母线保护一直不够重视。但是，惨痛的事故教训已经引起电力部门的广泛关注，在技术上寻求新的继电保护方案也是广大继电保护工作者的目标之一。

一、对 10kV 母线保护的技术要求

对 10kV 母线保护的要求，主要包括以下几个方面：

(1) 保护可靠性要求高，不允许拒动和误动。特别是对防止误动的要求更高，因为拒动的结果是故障还可以靠进线（或分段）的后备过电流切除，与目前不配置专用母线快速保护的结果是一样的。使用单位从心理上还可以接受，但是如果是发生误动，后果很严重，直接影响到用户的供电可靠性，运行单位会产生抵触，影响到采用该保护的积极性。

(2) 保护的构成尽可能简单。不大量增加一次设备（如电流互感器）和外部电缆，而且施工和改造工作简单易行。

(3) 保护不受运行方式的影响，可以自动适应母线上连接元件的改变。如从电源进线切换到分段开关运行，个别或部分元件的投入及退出运行，综合微机保护的测试和维护修理等情况。

(4) 保护可以适应安装在开关柜上的运行条件。

二、两种10kV专用母线保护方案

为了解决在10kV系统发生母线故障时没有快速保护的问题，最直接的保护方案就是配置常规的母线差动保护，把所有母线段上各回路的电流量引入差动保护装置（或差动继电器），但是在实施上这种方案还存在一些弊端，具体应用时会受到限制，很难得到运行单位的认可。以下是两种有应用业绩的保护方案介绍。

1. 采用电流互感器第三个二次线圈构成差动保护的方案

过去因10kV系统开关柜内的电流互感器只有两个二次绕组，一个0.5级用于测量，一个P级用于本单元的保护。如果增加一个用于母差保护的二次绕组，只能再增加一组电流互感器，但受开关柜内空间的限制，一个开关柜根本布置不下，除非再增加一个开关柜，这样对由很多面柜构成的一段母线来说，造价大大增加。近几年，具备三个二次绕组的电流互感器开始出现和应用，这为实现10kV母线短路故障的快速保护创造了有利条件。各元件电流互感器的第三个二次绕组专用于母线差动保护，为提高可靠性，保护可以经电压元件闭锁，只有在出现差电流和系统电压条件满足的前提下，保护才能出口。差动保护动作后跳开电源进线断路器（或分段断路器）。

该方案的优点是构成简单，利用了目前电流互感器制造方面的新特点，开关柜投资增加不多；其缺点是需增加的二次电缆较多，电缆投资大，现场施工工作量大。但如不增加电压闭锁回路，在发生电流互感器断线情况时，保护的安全性较低。该方案保护可以集中组屏布置在继电器室内，也可以将保护布置在进线开关柜上。

2. 利用各开关柜内综合保护构成的母线快速保护方案

利用各开关柜综合保护提供的故障信息（硬接点），经汇总后进行综合分析和逻辑判别，来实现10kV母线短路故障的快速切除。母线故障的快速保护功能“镶嵌”在进线保护装置及分段保护装置的设计也是非常规范的。

如果故障发生在母线之外，则必有某一个回路的综合保护发出闭锁信号，这样进线保护（或分段保护）被可靠闭锁；如果故障发生在母线上，则进线保护接收不到闭锁信号，经一短延时（该延时主要是为躲开暂态过程，提高保护可靠性，一般小于100ms）后出口跳闸。在母线区域内发生故障时，将快速切除进线断路器，在用分段断路器带母线运行时，保护将快速切除分段断路器。

该方案的优点是在构成上不需要增加和改变电流互感器和电压互感器设备和回路，只是在综合保护上增加构成母线快速接点的配合接点，增加的电缆也不多；其缺点是母线保护依赖于进线保护（或分段保护），保护装置本身在物理上不独立。另外，目前的保护还没有考虑电压闭锁条件，保护的可靠性略感不足。这种保护方案已经出现几年时间，但没有得到推广应用，估计是用户对该保护方案信心不足。

三、基于数字网络技术的 10kV 母线保护方案

10kV 母线网络保护的核心思路是利用母线上各回路的综合保护装置和保护专用网络构成。

各回路的综合微机保护需增加一个保护专用数字通信接口，同时在保护程序中增加一段配合母线保护的服务程序。采用数字通信网络技术来构成变电站的综合自动化功能是已经非常成熟的技术，如采用 LonWorks、Profibus、CAN 总线技术等。目前在变电站综合自动化技术方案中，数字通信网络主要用来传送控制命令和监视测量数据，不用作实现继电保护功能，原因是继电保护对可靠性的要求高，必须设置独立的、专用的装置和数字通道。

正常运行时，母线保护管理单元循环向网络上每个 10kV 就地综合保护单元发出询问信息。其目的有两个：一是实时掌握本段母线上各回路的运行状态，即运行方式，作为母线保护条件满足时的出口依据，即在分段断路器带本段运行时，保护去跳分段断路器；二是母线保护管理单元感受到系统发生了故障时，要询问各回路的综合保护是否有短路电流流过本保护单元，以作为母线保护管理单元发出动作跳闸命令的依据。

母线保护管理单元是本保护方案的核心，可以安装在进线断路器开关柜上。它是信息搜集和处理的中心，也是保护动作的执行者。为了提高本保护的可靠性，在母线保护管理单元中还可以引入本段母线电压互感器的电压，作为保护出口的闭锁条件，降低保护误动的风险。

电气安全工作管理

《电业安全工作规程（发电厂和变电所电气部分）》（DL 408—1991）规范了高压电气设备或线路上的工作，要求在停电的低压配电装置和低压导线上工作必须采取措施后才能进行，但这个规定对低压设备上的安全措施并不具体。国家经贸委2001年颁布的《农村低压电气安全工作规程》对在低压电气设备和线路上安全工作作出规定，弥补了《电业安全工作规程》的不足。

第一节　电气安全工作的基本要求

电气安全工作基本要求的内容很多，归纳起来主要有以下几个方面。

一、建立健全规章制度

合理规章制度是从人们长期生产实践中总结出来的，是保证安全生产的有效措施。安全操作规程、电气安装规程、运行管理和维护检修制度及其他规章制度都与安全有直接关系。

根据不同工种，应建立各种安全操作规程，如变电站值班安全操作规程、内外线维护检修安全操作规程、电气设备维修安全操作规程、电气试验安全操作规程、非专职电工人员手持电动工具安全操作规程、电焊安全操作规程、电炉安全操作规程、天车司机安全操作规程等。

安装电气线路和电气设备时，必须严格遵循安装操作规程，验收时符合安装操作规程的要求，这是保证线路和设备在良好的、安全的状态下工作的基本条件之一。

根据环境的特点，应建立相适应的运行管理制度和维护检修制度。由于设备缺陷本身就是潜在的不安全因素，设备损坏（如绝缘损坏）往往是造成人身事故的重要原因，设备事故可能伴随着严重的人身事故（如电气设备着火、油开关爆炸），所以设备的运行管理和维护检修制度是十分重要的。严格执行这些制度，能消除隐患，促进生产的连续发展。运行管理和维护检修应注意经常与定期相结合、专业技术人员与生产工人相结合的原则。

对于某些电气设备，应建立专人管理的责任制。开关设备、临时线路、临时设备等容易发生事故的设备，都应有专人负责管理。特别是临时设备，最好能结合现场情况，明确规定安装要求、长度限制、使用期限等项目。

有些项目的检修，应停电进行；有的也允许带电进行，对此应有明确规定。为了保证检修工作，特别是高压检修工作的安全，必须建立必要的安全工作制度，如工作票制度、工作监护制度等。

二、配备管理机构与管理人员

应当根据本部门电气设备的构成和状态、本部门电气专业人员的组成和素质以及本部门的用电特点和操作特点，建立相应的管理机构，并确定管理人员和管理方式。为了做好电气安全管理工作，安全管理部门、电力部门等部门必须互相配合，安排专人负责这项工作。专职管理人员应具备必须的进网作业电工许可知识和电气安全知识，并要根据实际情况制订安全措施计划，使安全工作有计划地进行，不断提高电气安全水平。

三、进行安全检查

群众性的电气安全检查最好每季度进行一次，发现问题及时解决，特别要注意雨季前和雨季中的安全检查。

电气安全检查包括检查电气设备的绝缘有无损坏、绝缘电阻是否合格、设备裸露带电部分是否有防护设施；保护接零或保护接地是否正确、可靠，保护装置是否符合要求；手提灯和局部照明灯电压是否是安全电压或是否采取了其他安全措施；安全用具和电气灭火器材是否齐全；电气设备安装是否合格，安装位置是否合理；制度是否健全等内容。对变压器等重要电气设备要坚持巡视，并作必要的记录；对新安装设备，特别是自制设备的验收工作要坚持原则，一丝不苟；对使用中的电气设备，应定期测定其绝缘电阻；对各种接地装置，应定期测定其接地电阻；对安全用具、避雷器、变压器油及其他保护电器，也应定期检查测定或进行耐压试验。

四、加强安全教育

加强安全教育主要是为了使工作人员懂得电的基本知识，认识安全用电的重要性，掌握安全用电的基本方法。

新入企业的工作人员要接受企业、车间、班组等三级安全教育，一般职工要懂得电和安全用电的一般知识；使用电气设备的一般生产工人除懂得一般知识外，还应懂得有关安全规程；独立工作的电工更应懂得电气装置在安装、使用、维护、检修过程中的安全要求，熟知电工安全操作规程，会扑灭电气火灾的方法，掌握触电急救的技能；电工作业人员要遵守职业道德，忠于职业责任，遵守职业纪律、团结协作、做好安全供用电工作，还要通过进网作业电工培训考试，取得许可证等。要做到上述各项要求，需要坚持做好群众性的、经常性的安全教育工作，如采用广播、电视、图片、标语、报告、培训班等宣传教育方式。同时，要深入开展交流活动，以推广各单位先进的安全组织措施和安全技术措施。

五、组织事故分析

通过事故分析，能吸取教训。应深入现场，召开事故分析座谈会。分析发生事故的原因，制订防止事故的措施。

六、建立安全资料

安全技术资料是做好安全工作的重要依据，应该注意收集和保存。

为了工作方便和便于检查，应建立高压系统图、低压布线图、厂区架空线路和电缆线路布置图和其他图纸、说明、记录资料。对重要设备应单独建立资料，如技术规格、设备出厂试验记录、安装试车记录等。每次检修和试验记录应作为资料保存，以便查对。设备事故和人身事故的记录也应作为资料保存。除此之外，还应当注意收集各种安全标准法规和规范。

第二节 保证电气工作安全的组织措施

电气工作安全组织措施是指在进行电气作业时，将与检修、试验、运行有关的部门组织起来，加强联系、密切配合，在统一指挥下，共同保证电气作业的安全。

在低压电气设备上工作，保证安全的组织措施有：

（1）工作票制度。

（2）工作许可制度。

（3）工作监护制度和现场看守制度。

（4）工作间断和转移制度。

（5）工作终结、验收和恢复送电制度。

目前有的企业在线路施工中，除完成国家上述规定的组织措施外，还增加了现场勘察制度的组织措施。

一、工作票制度

工作票是将检修、试验等电气工作内容填写在具有固定格式的书面上，以作为进行工作的书面联系，这种印有电气工作固定格式的书页称为工作票。工作票制度，是指在电气设备上进行任何电气作业，都必须填用工作票，并根据工作票布置安全措施和办理开工、终结等手续。

（1）执行工作票制度方式。在低压电气设备或线路上工作，应按下列方式进行：

1）填写低压第一种工作票（停电作业）（见附录 1）。

2）填写低压第二种工作票（不停电作业）（见附录 2）。

3）口头指令。

凡是低压停电工作，均应使用第一种工作票；凡是低压间接带电作业，均应使用第二种工作票；对于不需停电进行作业，如刷写标号或用电标语、悬挂警告牌、修剪树枝、检查杆根或为杆根培土等工作，可按口头指令执行。

（2）工作票的填写、签发与使用。工作票是准许在电气设备或线路上工作的书面命令，也是明确安全责任、向工作人员进行安全交底、履行工作许可手续、工作间断、工作转移和终结手续、实施安全技术措施等步骤的书面依据。因此，在电气设备或线路上工作时，应根据工作性质和范围的不同，认真填写和使用工作票。

工作票由工作负责人填写，工作票签发人签发。工作票签发人由供电所熟悉技术和现场设备的人员，或电力用户有经验的人员担任。工作票签发人应经县供电企业考核批准。工作负责人由供电所人员或电力用户电工担任。工作许可人必须由本供电所或电力用户电气运行人员担任。工作负责人和工作许可人不得签发工作票。工作票签发人不得兼任该项工作的工作负责人和工作许可人。工作负责人和工作许可人，应由两人分别担任。

对大型或较复杂的工作，工作负责人填写工作票前应到现场勘查，根据实际情况制订安全、技术及组织措施。工作票上所列的地点，以一个电气连接部分为限。所谓一个电气连接部分，指的是在配电装置的一个电气单元中，用隔离开关和其他电气作截然分开的部分。该部分无论延伸到变（配）电站（所）的其他什么地方，均标为一个电气连接部分。其特点是，有一个电气连接部分的两端或各侧施以适当的安全措施后，就不可能有其他电源窜入的危险。如果工作设备属于同一电压、同时停送电时不会与附近带电设备造成危险接近时，也允许在几个电气连接部分共用一张第一种工作票。

工作票要用钢笔或圆珠笔填写，一式两份。填写应正确清楚，不得任意涂改；如有个别错字、漏字需要修改时，字迹应清楚；必要时可附图说明。

工作票签发人接到工作负责人已填好的工作票，应认真审查后签发；对复杂工作或对安全措施有疑问时，应及时到现场进行核查，并在开工前一天把工作票交给工作负责人。

一个工作负责人只能发给一张工作票，也就是说工作班的工作负责人，在同一时间内，只能接受一项工作任务。其目的是避免造成接受多个工作任务使工作负责人将工作任务、地点、时间弄错而引起事故。

工作负责人接到工作许可命令后，应向全体工作人员交待现场安全措施、带电部位和其他注意事项，并询问是否有疑问，工作班全体成员确认无疑问后，工作班成员必须在签名栏签名。由工作负责人带领全体工作人员完成工作任务。工作负责人不宜进行检修、试验工作，但在确保安全的情况下，可以参加检修、试验工作。工作许可人在本班组工作人员不足的情况下，可作为班组成员参加本班组工作，但不能担任工作负责人。

经签发人签发的一式两份的工作票，一份必须经常保存在工作地点，由工作负责人收执，以作为进行工作的依据；另一份由运行值班人员收执，按值移交。在无人值班的设备上工作时，第二份工作票由工作许可人收执。工作中，不允许增加工作票内没有填写的工作内容。

紧急事故处理可不填写工作票，但应履行许可手续，做好安全措施，执行监护制度。口头指令应记载在值班记录中，主要内容为工作任务、人员、时间及注意事项等。

（3）工作票中所有人员的安全责任。工作票中的有关人员有工作票签发人、工作负责人、工作许可人、工作班成员。他们在工作票制度执行过程中负有相当的安全责任。

1）工作票签发人。负责审核工作项目是否必要；工作是否安全；工作票上所填安全措施是否正确完备；所派工作负责人和全体工作人员是否适当和充足及工作状态是否良好。

2）工作负责人（监护人）。根据工作任务正确安全地组织作业；结合实际进行安全思想教育；检查工作许可人所做的现场安全措施是否与工作票所列的措施相符；工作前对全体工作人员交待工作任务和安全措施；督促工作人员遵守安全规程；对班组成员实施全面监护。

3）工作许可人。审查工作票所列安全措施是否正确完备，是否符合现场实际；正确完成工作票所列的安全措施；工作前向工作负责人交待所做的安全措施；正确发出许可开始工作的命令。

4）工作班成员。认真执行本规程和现场安全措施，互相关心施工安全，并监督本规程和现场安全措施的实施。

二、工作许可制度

工作许可制度是指在电气设备上进行停电或不停电工作，事先都必须得到工作许可人的许可，并履行许可手续后方可工作的制度。未经许可人许可，一律不许擅自进行工作。

工作许可应完成下述工作：

（1）审查工作票。工作许可人对工作负责人送来的工作票应进行认真、细致的全面审查，审查工作票所列安全措施是否正确完备，是否符合现场条件。若对工作票中所列内容即使哪怕发生细小疑问，也必须向工作票签发人询问清楚，必要时应要求作详细补充或重新填写。

（2）布置安全措施。工作许可人审查工作票后，确认工作票合格，然后由工作许可人根据票面所列安全措施到现场逐一布置，并确认安全措施布置无误。

（3）检查安全措施。安全措施布置完毕，工作许可人应会同工作负责人到工作现场检查所做的安全措施是否完备、可靠，工作许可人并以手触试，证明检修设备确实无电压，然后工作许可人对工作负责人指明带电设备的位置和注意事项。

（4）签发许可工作。工作许可人会同工作负责人检查工作现场安全措施，双方确认无问题后，分别在工作票上签名，至此工作班方可开始工作。工作许可手续是逐级许可的，即工作负责人从工作许可人那里得到工作许可后，工作班的工作人员只有得到工作负责人许可工作的命令后方准开始工作。

如工作不能在当天完成，每天开工与收工，均应履行工作票中“开工和收工许可”手续。

严禁约时停、送电。约时停送电是指不履行工作许可手续，工作人员按预先约定的计划停电时间或发现设备失去电压而进行工作；约时送电是指不履行工作终结制度，由值班员或其他人员按预先约定的计划送电时间合闸送电。

由于电网运行方式的改变，往往发生迟停电或不停电；工作班检修工作也有由于路途和其他原因提前完成或不能按时完成的情况。约时停、送电就有可能造成电击伤亡事故。因此，电气工作人员和有关值班员必须明确：工作票上所列的计划停电时间不能作为开始工作的依据；计划送电时间也不能作为恢复送电的依据，而应严格遵守工作许可、工作终结和恢复送电制度，严禁约时停、送电。

工作负责人、工作许可人任何一方不得擅自变更安全措施，值班人员不得变更有关检修设备的运行接线方式。工作中如有特殊情况需要变更，应事先取得对方的同意。

三、工作监护制度与现场看守制度

工作监护制度和现场看守制度是指工作人员在工作过程中，工作监护人必须始终在工作现场，对工作人员的安全认真监护，及时纠正违反安全的行为和动作的制度。

工作监护人由工作负责人担任，当施工现场用一张工作票分组到不同的地点工作时，各组监护人可由工作负责人指定。工作负责人在工作期间不宜更换，工作负责人如需临时离开现场，则应指定临时工作负责人，并通知工作许可人和全体成员。工作负责人如需长期离开现场，则应办理工作负责人更换手续，更换工作负责人必须经工作票签发人批准，并设法通知全体工作人员和工作许可人，履行工作票交接手续，同时在工作票备注栏内注明。

为确保施工安全，工作负责人可指派一人或数人为专责监护人、看守人，在指定地点负责监护、看守任务。监护、看守人员要坚守工作岗位，不得擅离职守，只有得到工作负责人下达“已完成监护、看守任务”命令时，方可离开岗位。

安全措施的设置与设备的停、送电操作应由两人进行，其中一人为监护人。

为了使监护人能集中注意力监护工作人员的一切行动，一般要求监护人只担任监护工作，不兼做其他工作。在全部停电时，工作监护人可以参加工作；在部分停电时，只要安全措施可靠，工作人员集中在一个工作地点，不致误碰导电部分，则工作监护人可一边工作，一边进行监护。

监护内容为：

（1）部分停电时，监护所有工作人员的活动范围，使其与带电部分之间保持不小于规定的安全距离。

（2）带电作业时，监护所有工作人员的活动范围，使其与接地部分保持安全距离。

（3）监护所有工作人员工具使用是否正确，工作位置是否安全，操作方法是否得当。

四、工作间断和转移制度

工作间断和转移制度是指工作间断、转移时所作的规定。

根据工作任务、工作时间、工作地点的不同，在工作过程中，一般都要经历工作间断转移的环节。因此，所有的电气工作都必须严格遵守工作间断、转移的有关规定。

在工作中如遇雷、雨、大风或其他情况并威胁工作人员的安全时，工作负责人可下令临时停止工作。工作间断时，工作地点的全部安全措施仍应保留不变。工作人员离开工作地点时，要检查安全措施，必要时应派专人看守。在工作间断时间内，任何人不得私自进入现场进行工作或碰触任何物件。恢复工作前，应重新检查各项安全措施是否正确完整，然后由工作负责人再次向全体工作人员说明，方可进行工作。

如工作在当天没有完成，以后每天工作开始与结束时，均应在低压第一种工作票中履行许可与终结手续。每天工作结束后，工作负责人应将工作票交工作许可人。次日开工时，工作许可人与工作负责人履行完开工手续后，再将工作票交还工作负责人。

在同一电气连接部分用同一工作票依次在几个工作地点转移工作时，全部安全措施由值班员在开工前一次做完，转移工作时，不需再办理转移手续。但工作负责人在转移工作地点时，应向工作人员交待带电范围、安全措施和注意事项，尤其应该提醒新的工作条件的特殊注意事项。

五、工作终结、验收和恢复送电制度

全部工作完毕后，工作人员应清扫、整理现场，检查工作质量是否合格，设备上有无遗漏的工具、材料等。在对所进行的工作实施竣工检查合格后，工作负责人方可命令所有工作人员撤离工作地点，向工作许可人报告全部工作结束。

工作许可人接到工作结束的报告后，应携带工作票，会同工作负责人到现场检查验收任务完成情况，确无缺陷和遗留的物件后，在一式两联工作票上填明工作终结时间，双方签字，并在工作负责人所持的下联工作票上加盖“已执行”章，工作票即告终结。

工作票终结后，工作许可人即可拆除所有安全措施，随后在工作许可人所持工作票上加盖“已执行”章，然后恢复送电。

已执行的工作票，应保存 12 个月。

第三节 保证电气工作安全的技术措施

电气工作安全技术措施是指工作人员在电气设备上工作时，为了防止停电检修设备突然来电，防止工作人员由于身体或使用的工具接近邻近设备的带电部分而超过允许的安全距

离，防止工作人员误走带电间隔和带电设备等而造成电击事故，对于在全部停电或部分停电的设备上作业，必须采取的安全技术措施。

在全部停电或部分停电的电气设备上工作时，必须完成的技术措施有：

（1）停电。

（2）验电。

（3）挂接地线。

（4）装设遮栏和悬挂标示牌。

目前在工作地段如有临近、平行、交叉跨越及同杆塔架设线路，为防止停电检修线路上感应电压伤人，在需要接触或接近导线工作时，有的企业在线路施工中，除完成国家上述规定的技术措施外，在装设接地线后，还增加了使用个人保安线的技术措施。

一、停电

（1）工作地点需要停电设备。为保证工作安全，在工作前要将如下设备停电：

1）施工、检修与试验的设备。

2）工作人员在工作中，正常活动范围边沿与设备带电部位的安全距离小于0.7m。

3）在停电检修线路的工作中，如与另一带电线路交叉或接近，其安全距离小于1.0m（10kV及以下）时，则另一带电回路应停电。

4）工作人员周围临近带电导体且无可靠安全措施的设备。

5）两台配电变压器低压侧共用一个接地体时，其中一台配电变压器低压侧停电检修，另一台配电变压器也必须停电。

（2）停电要求如下：

1）工作地点需要停电的设备，必须把所有有关电源断开，每处必须有一个明显断开点。其目的是使停电设备与电源之间保持一定的空气间隙。

2）设备停电检修时，必须同时断开与其电气连接的其他任何运行中星形接线设备的中性点或中性线，任何运行中的星形接线设备的中性点必须视为带电设备，并要求可靠地隔离电源。这是因为在中性点不接地系统中，由于三相导线的排列不对称，使各相对地电容不相等，因而在中性点及中性线上就具有一定的电位，该电位与大地的电位差称为位移电压（也称不对称电压），其数值较大。当发生单相接地故障时，位移电压近似于相电压。若将该电压引到检修设备上去是极其危险的。在中性点直接接地系统中，由于三相对地电容不平衡，其中性点及中性线也具有一定的电位；当发生单相接地故障时，其电位更高。在中性点不接地或直接接地系统中，当三相负载不平衡时，电压也就不平衡，于是中性点的电压也会发生位移。

3）配电变压器停电检修时，除拉开变压器两侧开关外，还应将高压跌开式熔断器的熔管摘下，以防误送电。

4）断开开关操作电源。为了防止因误操作或因试验引起的保护误动等原因而导致电动操作的开关突然合闸造成对检修人员的伤害，因此必须断开开关的操作电源（如取下开关的控制保险等）。

5）隔离开关操作把手必须制动。以防止工作人员误碰隔离开关操作把手或由于震动等原因而将隔离开关合上，造成意外的人身电击。

二、验电

验电是验证停电设备是否确无电压，也是检验停电措施的制订和执行是否正确、完善的重要手段之一。因为有很多因素可能导致认为已停电的设备，实际上却是带电的，这是由于：

1）停电措施不周或由于操作人员失误，而未能将各方面的电源完全断开或错停了设备。

2）所要进行工作的地点和实际停电范围不符。

3）设备停电后，可能由于种种原因而造成突然来电。

误认为无电，但实际上却有电的情况，必须用验电来确保设备无电源。也就是说，在装设接地线前必须先进行验电。

验电应注意下列事项：

1）验电必须采用电压等级相同且合格的验电器，并先在有电设备上进行试验以确认验电器指示良好。用低于设备额定电压的验电器进行验电时对人身将产生危险。反之，用高于设备额定电压的验电器进行验电，由于有可能操作时的绝缘距离不够造成短路故障，对人身安全造成威胁。

2）验电时，必须在被试设备的进出线两侧各相及中性线上分别验电。对处于断开位置的断路器两侧也要同时按相验电，不允许只验一相无电就认为三相均无电。杆上电力线路验电时，应先验低压、后验高压，先验下层、后验上层，先验近侧、后验远侧。

3）不得以设备分合位置标示牌的指示、母线电压表指示零位、电源指示灯泡熄灭、电动机不转动、电磁线圈无电磁响声及变压器无响声等，作为判断设备已停电的依据。

4）信号和表计等通常可能由于失灵而错误指示，因此不能光凭信号或表计的指示来判断设备是否带电。但如果信号和表计指示有电，在未查明原因、排除异常的情况下，即使验电检测无电，也应禁止在该设备上工作。

三、挂接地线

当验明设备（线路）确已无电压后，应立即将检修设备（线路）用接地线（或接地隔离开关）三相短路接地。

（1）接地线作用。接地线由三相短路部分和接地部分组成，它的作用是：

1）当工作地点突然来电时，能防止工作人员遭受电击伤害。在检修设备的进出线各侧或检修线路工作地段两端装设三相短路的接地线，使检修设备或检修线路工作地段上的电位始终与地电位相同，形成一个等地电位的作业保护区域，防止突然来电时停电设备或检修线路工作地段导线的对地电位升高，从而避免工作人员因突然来电而受到电击伤害的可能。

2）当停电设备（或线路）突然来电时，接地线造成突然来电的三相短路，促成保护动作，迅速断开电源，消除突然来电。

3）泄放停电设备或停电线路由于各种原因产生的电荷。如感应电、雷电等，都可以通过接地线入地，对工作人员起保护作用。

（2）挂接地线原则及注意事项如下：

1）凡有可能送电到停电检修设备上的各个方面的线路（包括零线）都要挂接地线。当运行线路对停电检修的线路或设备产生感应电压而又无法停电时，应在检修的线路或设备上加挂接地线。

2）接地线必须是三相短路接地线，不得采用三相分别接地或只将工作的那一相接地而其他相不接地。

3）同杆架设的多层电力线路挂接地线时，应先挂下层导线，后挂上层导线；先挂离人体较近的导线（设备），后挂离人体较远的导线（设备）。

4）挂接地线时，必须先将地线的接地端接好，然后再在导线上挂接。拆除接地线的程序与此相反。接地线与接地极的连接要牢固可靠，不准用缠绕方式进行连接，禁止使用短路线或其他导线代替接地线。若设备处无接地网引出线，可采用临时接地棒接地。接地棒在地下的深度不得小于 0.6m。

5）为了确保操作人员的人身安全，装、拆接地线时，应使用绝缘棒或戴绝缘手套，人体不得接触接地线或未接地的导体。

6）严禁工作人员或其他人员移动已挂接好的接地线。如需移动时，必须经过工作许可人同意并在工作票上注明。

7）接地线由一根接地段与三根或四根短路段组成。接地线必须采用多股软裸铜线，每根截面积不得小于 $16mm^2$。严禁使用其他导线作接地线。

8）由单电源供电的照明用户，在户内电气设备停电检修时，如果进户线隔离开关或熔断器已断开，并将配电箱门锁住，可不挂接地线。

9）接地线的接地点与检修设备之间不得连有断路器、隔离开关或熔断器。这是因为若接地线的接地点与检修设备之间连有断路器、隔离开关或熔断器，则在设备检修过程中，如果有人将断路器、隔离开关断开，将熔断器取下或熔断器熔体开断，会使检修设备处于无接地保护状态。故装设接地线应避免上述情况发生。

四、装设遮栏与悬挂标示牌

在电源切断后，应立即在有关地点悬挂标示牌和装设临时遮栏。

(1) 标示牌和遮栏的作用。标示牌可提醒有关人员及时纠正将要进行的错误操作和行为，防止误操作而错误地向有人工作的设备（线路）合闸送电，防止工作人员错走带电间隔和误碰带电设备。遮栏可限制工作人员的活动范围，防止工作人员在工作中对带电设备的危险接近。综上所述，在电源切断以后，应立即在有关部位、工作地点悬挂标示牌和装设遮栏。实践证明，悬挂标示牌和装设遮栏是防止事故发生的有效措施。

(2) 悬挂标示牌和装设遮栏的部位和地点。在下列部位和地点应悬挂标示牌和装设遮栏。

1）“禁止合闸、有人工作”标示牌悬挂场所：

① 一经合闸即可送电到工作地点的开关、隔离开关。

② 已停用的设备，一经合闸即可启动并造成人身电击危险、设备损坏，或引起总剩余电流动作保护器动作的开关、隔离开关。

③ 一经合闸会使两个电源系统并列，或引起反送电的开关、隔离开关。

2）“止步，有电危险”标示牌悬挂场所：

① 运行设备周围的固定遮栏上。

② 施工地段附近带电设备的遮栏上。

③ 因电气施工禁止通过的过道遮栏上。

④ 低压设备做耐压试验的周围遮栏上。

3）在以下邻近带电线路设备的场所，应挂“禁止攀登，有电危险”的标示牌。

① 工作人员或其他人员可能误登的电杆或配电变压器的台架。

② 距离线路或变压器较近，有可能误攀登的建筑物。

4）工作地点悬挂“在此工作”标示牌。

装设的临时木（竹）遮栏，距低压带电部分的距离应不小于0.2m，户外安装的遮栏高度应不低于1.5m，户内应不低于1.2m。临时装设的遮栏应牢固、可靠。严禁工作人员和其他人员随意移动遮栏或取下标示牌。

第四节 电气倒闸操作安全技术

一、倒闸操作

电气设备由一种状态转换到另一种状态，或改变电气一次系统运行方式所进行的一系列操作，称为倒闸操作。

倒闸操作的主要内容有：拉开或合上某些断路器或隔离开关，拉开或合上接地隔离开关（拆除或挂上接地线），取下或装上某些控制、合闸及电压互感器的熔断器，停用或加用某些继电保护和自动装置及改变定值；改变变压器、消弧线圈组分接头及检查设备绝缘等。

倒闸操作是一项复杂而重要的工作，操作的正确与否，直接关系到操作人员的安全和设备的正常运行。如若发生误操作事故，其后果是极其严重的。因此，电气运行人员一定要树立“精心操作，安全第一”的思想，严肃认真地对待每一个操作。

二、倒闸操作安全技术

1. 隔离开关操作安全技术

（1）手动合隔离开关时，先拔出联锁销子，开始要缓慢，当刀片接近刀嘴时，要迅速果断合上，以防产生弧光。但在合到终了时，不得用力过猛，防止冲击力过大而损坏隔离开关绝缘子。

（2）手动拉闸时，应按“慢-快-慢”的过程进行。开始时，将动触点从固定触点中缓慢拉出，使之有一小间隙。若有较大电弧（错拉），应迅速合上；若电弧较小，则迅速将动触点拉开，以利于灭弧。拉至接近终了，应缓慢，防止冲击力过大，损坏隔离开关绝缘子和操动机构。操作完毕应锁好销子。

（3）隔离开关操作完毕，应检查其开合位置、三相同期情况及触点接触插入深度等。

2. 倒闸操作注意事项

（1）倒闸操作时，不允许将设备的电气和机械防误操作闭锁装置解除，在特殊情况下如需解除，必须经值长（或值班负责人）同意。

（2）操作时，应戴绝缘手套和穿绝缘靴。

（3）雷电时，禁止倒闸操作。雨天操作室外高压设备时，绝缘杆应有防雨罩。

（4）装、卸高压熔断器时，应戴护目镜和绝缘手套，必要时使用绝缘夹钳，并站在绝缘垫或绝缘台上。

(5) 装设接地线（或合接地刀闸）前，应先检验电，后装设接地线（或合接地刀闸）。

(6) 电气设备停电后，即使是事故停电，在未拉开有关隔离开关和做好安全措施前，不得触及设备或进入遮栏，以防突然来电。

三、防止电气误操作的措施

倒闸操作过程中，发生电气误操作，不仅会导致设备损坏、系统停电，而且会发生人身伤亡事故，危害极大。典型的电气误操作归纳起来包括以下五种：①带负荷拉、合隔离开关；②带地线合闸；③带电挂接地线（或带电合接地隔离开关）；④误拉、合断路器；⑤误入带电间隔。

防止电气误操作的措施包括组织措施和技术措施两个方面。

1. 防止误操作的组织措施

防止误操作的组织措施就是建立一整套操作制度，并要求各级值班人员严格贯彻执行。组织措施有操作命令和操作命令复诵制度、操作票制度、操作监护制度、操作票管理制度。

(1) 操作命令和操作命令复诵制度。操作命令和操作命令复诵制度是指值班调度员或值班负责人下达操作命令，受令人重复命令的内容无误后，按照下达的操作命令进行倒闸操作。

(2) 操作票制度。凡改变电力系统运行方式的倒闸操作及其他较复杂操作项目，均必须填写操作票，这就是操作票制度。操作票制度是防止误操作的重要组织措施。

变电站高压断路器和隔离开关倒闸操作必须填写操作票。在变电站电气部分里规定只有下列工作可以不用操作票：①事故处理；②拉合断路器的单一操作；③拉开接地隔离开关或拆除全厂（站）仅有的一组接地线。

除了上述情况外，其他在变电站高压设备上的倒闸操作都必须执行操作票制度，必须填写操作票。

倒闸操作操作票由操作人填写，每张操作票只准填写一个操作任务。操作票的格式应统一按照有关规定的格式执行，见附表3。为了便于考核，在操作票上操作项目栏的右侧可以增加一栏操作时间（“时、分”）。

操作票填写的要求如下：

1) 操作票上的操作项目要详细具体。必须填写被操作开关设备的双重名称，即设备的名称和编号。拆装接地线要写明具体地点和地线编号。

2) 操作票填写字迹要清楚。严禁并项（例如验电和挂地线不得合并在一起填写）、添项以及用勾画的方法颠倒顺序。

3) 操作票填写不得任意涂改。如有错字、漏字需要修改，必须保证清晰，在修改的地方要由修改人签章。每页修改字数不宜太多，如超过三个字以上最好重新填写。

4) 下列检查内容应列入操作项目，单列一项填写：

①拉合隔离开关前，检查断路器的实际开、合位置。

②操作中拉、合断路器或隔离开关后，检查实际开、合位置（如在操作地点已能明显看到隔离开关的实际开、合位置时，可不再列入操作项目）；对于在操作前已拉、合的隔离开关，在操作中需要检查实际开、合位置者，应列入操作项目。

③并、解列时，检查负荷分配。

④ 在设备检修后合闸送电前，检查送电范围内的接地隔离开关是否确已拉开，接地线是否确已拆除。

5）填写操作票时，应使用规定的术语：

① 断路器、隔离开关和熔断器的切、合用“拉开”、“合上”。

② 检查断路器、隔离开关的运行状态用“检查在开位”、“检查在合位”。

③ 拆、装接地线分别用“拆除接地线”和“装设接地线”，并要详细说明拆、装接地线的具体位置及接地线的编组号。

④ 检查负荷分配用“指示正确”。

⑤ 继电保护回路压板的切换用“启用”、“停用”。

⑥ 验电用“验电确无电压”。

6）操作票填好后，操作人和监护人共同根据模拟图或接线图核对所填写的操作项目是否正确，并经值班负责人审核签名。

（3）操作监护制度。倒闸操作必须在接到上级调度的命令后执行。值班人员在接受调度下达的操作任务的，受令人应复诵无误，如有疑问应及时提出。

倒闸操作由两人进行，一人操作，一人监护，操作中进行唱票和复诵，这就是操作监护制度。操作监护制度也是防止误操作的重要组织措施之一。

2. 防止误操作的技术措施

实践证明，单靠防止误操作的组织措施，还不能最大限度地防止误操作事故的发生，还必须采取有效的防止误操作技术措施。防止误操作技术措施是多方面的，其中最重要的是采用防止误操作闭锁装置。

防止误操作闭锁装置有机械闭锁、电气闭锁、电磁闭锁、微机闭锁等几种。

电气一次系统进行倒闸操作时，误操作的对象主要是隔离开关及接地隔离开关，其表现是：①带负荷拉、合隔离开关；②带电合接地隔离开关；③带接地线合隔离开关等。为防止误操作，对于手动操作的隔离开关及接地隔离开关，一般采用电磁锁进行闭锁；对于电动、气动、液压操作的隔离开关，一般采用辅助触头或继电器进行电气闭锁。若隔离开关与接地隔离开关装在一起，则它们之间采用机械闭锁。机械闭锁是靠机械制约达到闭锁目的的一种闭锁。如两台隔离开关之间装设机械闭锁，当一台隔离开关操作后，另一台隔离开关就不能操作。由于机械闭锁只能和装在一起的隔离开关与接地隔离开关之间进行闭锁，所以，如需与断路器、其他隔离开关或接地隔离开关进行闭锁，则只能采用电气闭锁。电气闭锁是靠接通或断开控制电源而达到闭锁目的的一种闭锁。当闭锁的两电气元件相距较远或不能采用机械闭锁时，可采用电气闭锁。

目前发展的微机防误闭锁装置能够做到硬软件结合，达到电气操作的“五防”功能，即①防止带负荷拉、合隔离开关；②防止带地线合闸；③防止带电挂接地线（或带电合接地隔离开关）；④防止误拉、合断路器；⑤防止误入带电间隔，极大限度地减少操作事故的发生。

3. 防止误操作具体实施措施

为防止电气误操作，确保设备和人身安全，确保电网安全稳定运行，防止电气误操作的实施措施可从如下几个方面着手：

（1）加强“安全第一”思想教育，增强运行人员责任心，自觉执行运行制度。

（2）健全完善防止误操作闭锁装置，加强防止误操作闭锁装置的运行管理和维护工作。凡高压电气设备都应加装防误操作闭锁装置。闭锁装置的解锁用具（包括钥匙）应妥善保管，按规定使用，不许乱用。机械锁要一把钥匙开一把锁，钥匙要编号，并妥善保管，方便使用。所有投运的闭锁装置（包括机械锁）不经值班调度员或值长的同意，不得擅自解除闭锁装置（也不能退出保护）进行操作。

（3）杜绝无票操作。根据规程规定，除事故处理、拉合开关的单一操作、拉开接地隔离开关、拆除全厂（站）仅有的一组接地线外，其他操作一律要填写操作票，凭票操作。

（4）把好受令、填票、三级审查三道关。下达操作命令时，发令人发令应准确、清晰；受令人接受命令时，一定要听清、听准，复诵无误并作记录；运行值班人员接受操作命令后，按填表要求，对照系统图，认真填写操作票，操作票一定要填写正确；操作票填写好后，一定要经过三级审查，即填写人自审、监护人复审、值班负责人审查批准。

（5）操作之前，要全面了解系统运行方式，熟悉设备情况，做好事故预想。

（6）正式操作前，要先进行模拟操作。模拟操作时，操作人和监护人一起，对照一次系统模拟图，按操作票顺序，唱票复诵进行模拟操作。通过模拟操作，细心核对系统接线，核实操作顺序，确认操作票正确合格。

（7）严格执行操作监护制度，确实做到操作“四个对照”。倒闸操作时，监护人应认真监护，对于每一项操作，都要做到对照设备位置、设备名称、设备编号、设备拉合方向。

（8）严格执行操作唱票和复诵制度。操作过程中，每执行一项操作，监护人应认真唱票，操作人应认真复诵。结合“四个对照”，完成每项操作。全部操作完毕，进行复查。克服操作中的依赖思想、无所谓的思想、怕麻烦的思想、经验主义和错误的习惯做法。

（9）操作过程中如若发生异常事故，应按《电气运行规程》处理原则处理，防止误操作扩大事故。

（10）凡挂接地线，必须先验电，验明无电后，再挂接地线。防止带电挂接地线或带电合接地刀闸。

（11）完善现场一、二次设备及间隔编号，设备标志明显醒目。防止错走带电间隔，防止误操作和发生触电事故。

（12）对于重大的操作（如倒母线等），运行主任、运行技术人员、安全员均应到场，监督和指导倒闸操作。

（13）加强技术培训，提高运行人员素质和对设备的熟悉程度及操作能力。

（14）开展反事故演习，提高运行人员判断和处理事故的能力。结合运行方式，做好事故预想，提高运行人员应变能力。

（15）做好运行绝缘工具和操作专用工具的管理及试验。运行绝缘工具应妥善管理并定期进行绝缘试验，使其经常处于完好状态，防止因绝缘工具不正常而发生误操作事故；操作用专用工具（如摇把），在操作使用后，不得遗留现场，用后放回指定位置，严禁用后乱丢或用其他物件代替专用工具。

第五节 防止误电击措施

误电击是指工作人员误登带电设备、误碰和误接近带电导体所造成的电击。发生误电击时，人体所承受的电压往往是带电设备的全电压，其后果一般都是比较严重的。造成误电击的原因很多，但主要是由于违章作业造成的。因此在工作中必须要严格遵守《电业安全工作规程》和《农村低压电气安全工作规程》的有关规定，纠正习惯性违章作业。

一、巡视检查

巡视检查时，禁止攀登电杆或配电变压器台架，也不得进行其他工作。夜间巡视检查时，应沿线路的外侧进行；遇有大风时，应沿线路的上风侧进行，以免触及断落的导线。发现倒杆、断线，应立即派人看守，设法阻止行人通过，并与导线接地点保持 4m 以上的距离，同时应尽快将故障点的电源切断。

事故巡视检查时，应始终认为该线路处在带电状态，即使该线路确已停电，亦应认为该线路随时有送电的可能。

巡视检查配电装置时，进出配电室必须随手关门，以免他人入室造成电击或小动物入室造成接地、短路。配电箱巡视检查结束后应立即锁好。巡视检查设备时，不得移开或越过遮栏。如果需要移开或越过遮栏，必须有专人监护，保持安全距离。

在巡视检查中，发现有威胁人身安全的缺陷时，应采取全部停电、部分停电或其他临时性安全措施。

二、电气测量

（1）电气测量工作，应在无雷雨和干燥天气下进行。测量时，一般由两人进行，即一人操作，一人监护。夜间进行测量时，应有足够的照明。测量人员必须了解测量仪表的性能、使用方法和正确接线，熟悉测量工作的安全措施及注意事项。

（2）测量电压、电流时，应戴线手套或绝缘手套，手与带电设备的安全距离应保持在 100mm 以上，人体与带电设备应保持足够的安全距离。电压测量工作，应在较小容量的开关上、熔丝的负荷侧进行，不允许直接在母线上测量。

（3）测量配电变压器低压侧线路负荷时，可使用钳形电流表。使用时，应防止短路或接地。

（4）测试低压设备绝缘电阻时，应使用 500V 绝缘电阻表，并做到：

1）被测设备应全部停电，并与其他连接的回路断开。

2）设备在测量前后，都必须分别对地放电。

3）被测设备应派人看守，防止外人接近。

4）穿过同一管路中的多根绝缘线，不应有带电运行的线路。

5）在有感应电压的线路上（同杆架设的双回线路或单回线路与另一线路有平行段）测量绝缘时，必须将另一回路同时停电后方可进行。

（5）测试低压电网中性点接地电阻时，必须在低压电网和该电网所连接的配电变压器全部停电的情况下进行；测试低压避雷器独立接地体接地电阻时，应在停电状态下进行。

（6）测量架空线路对地面或对建筑物、树木以及导线与导线之间的距离时，一般应在线路停电后进行。带电测量时，应使用清洁、干燥的绝缘尼龙绳，严禁使用皮尺、线尺。

（7）使用绝缘电阻表时应注意以下安全事项：

1）测试用的导线为绝缘线，其端部应有绝缘护套。

2）在带电设备附近测量绝缘电阻时，测量人员和绝缘电阻表的位置必须选择适当，保持安全距离，以免绝缘电阻表引线或引线支持物触碰带电部分。移动引线时，必须注意监护，防止工作人员电击。

3）摇测电容器时，绝缘电阻表必须在额定转速状态下，方可用测电笔接触或离开电容器（即开始或停止摇测）。

（8）使用钳形电流表时，应注意以下安全事项：

1）使用钳形电流表时，应注意钳形电流表的电压等级和电流值挡位。测量时，应戴绝缘手套，穿绝缘靴。观测数值时，要特别注意人体与带电部分保持足够的安全距离。

2）测量回路电流时，应选有绝缘层的导线上进行测量，同时要与其他带电部分保持安全距离，防止相间短路事故发生。测量中禁止更换电流挡位。

3）测量低压熔断器或水平排列的低压母线电流时，应将熔断器或母线用绝缘材料加以相间隔离，以免引起短路。同时应注意不得触及其他带电部分。

（9）使用万用表时，应注意以下安全事项：

1）测量时，应确认转换开关、量程、表笔的位置正确。

2）在测量电流或电压时，如果对被测电压、电流值不清楚，应将量程置于最高挡。不得带电转换量程。

3）测量电阻时，必须将被测回路的电源切断。

三、临近带电导线工作安全规定

（1）在低压带电线路电杆上工作时，只允许在带电线路的下方，处理水泥杆裂纹、加固拉线、拆除鸟窝、紧固螺栓、查看导线金具和绝缘子等工作。作业人员活动范围及其所携带的工具、材料等与低压带电导线的最小距离不得小于0.7m。在带电电杆上进行拉线加固工作，只允许进行调整拉线下把的绑扎或补强工作，不得将连接处松开。

（2）在邻近或交叉其他电力线路的工作。新架或停电检修的线路（指放线、撤线或紧线、松线、落线等工作）如与另一强电、弱电线路邻近或交叉，以致工作时将可能和另一回导线接触或接近至危险距离以内（见表19-1），则均应对另一线路采取停电或其他安全措施。

表19-1　低压线路邻近或交叉其他电力线路工作的安全距离

电压等级（kV）	安全距离（m）	电压等级（kV）	安全距离（m）
10kV以下	1.0	220	4.0
35（20～44）	2.5	330	5.0
60～110	3.0		

为了防止新架或停电检修线路的导线产生跳动，或因过度牵引引起导线突然脱落、滑跑而发生意外，应用绳索将导线牵拉牢固或采用其他安全措施。为防止登杆作业人员错误登杆而造成人身电击事故，与检修线路邻近带电线路的电杆上必须挂标示牌，或派专人看守。

（3）同杆架设多回低压线路中的停电检修工作。同杆架设的多回线路中的任一回路检修，其他线路都必须停电，并均必须挂接地线。停电检修的每一回线路均应具有双重称号，即线路名称、左（右）线或上（下）线的称号（面向线路杆号增加的方向，在左边的线路称为左线，在右边的线路称为右线）。工作票中应填写线路的双重称号。

四、低压间接带电作业安全规定

（1）进行间接带电作业时，作业范围内电气回路的剩余电流动作保护器必须投入运行。

（2）低压间接带电工作时应设专人监护，工作人员必须穿着长袖衣服和绝缘鞋、戴绝缘手套，使用有绝缘手柄的工具。

（3）间接带电作业，应在天气良好的条件下进行。

（4）在带电的低压配电装置上工作时，应采取防止相间短路和单相接地短路的隔离措施。

（5）在紧急情况下，允许用有绝缘柄的钢丝钳断开带电的绝缘照明线。断线时，应分相进行。断开点应在导线固定点的负荷侧。被断开的线头，应用绝缘胶布包扎、固定。

（6）带电断开配电盘或接线箱中的电压表和电能表的电压回路时，必须采取防止短路或接地的措施。

（7）更换户外式熔断器的熔丝或拆搭接头时，应在线路停电后进行。如需作业时必须在监护人的监护下进行间接带电作业，但严禁带负荷作业。

（8）严禁在电流互感器二次回路中带电工作。

第六节　防止双电源及自发电用户倒送电措施

双电源用户是指由电力部门供给两个电源的用户。自发电用户是指除由电力部门供给主供电源外，又具有自备发电的用户。低压自发电用户，正常情况下从电网受电。当电网供电中断时，即开启发电机给全部或部分负载供电。开机前如果未断开电网进线开关，就会造成倒送电。低压自发电用户面广量大，给管理工作带来了较大的困难。由于防止倒送电的技术装置不完善，在倒电操作中往往发生误操作，造成向电网倒送电，直接威胁电网检修人员的安全，后果十分严重。

要防止双电源及自发电用户向电网倒送电，必须落实组织措施和技术措施。组织措施是从制度上来防止倒送电事故的发生。技术措施是从设备上采取一定的技术改进措施，使设备本身就具有防止发生倒送电的功能，这样就能有效地防止倒送电的发生。

一、防止双电源用户倒送电的组织措施

（1）装设双电源条件。按 GB 50052—2009《供配电系统设计规范》的规定，凡属于下列条件之一的，属于一级负荷，应由两个电源供电：

1）中断供电将造成人身伤亡时。

2）中断供电将在政治、经济上造成重大损失时。

3）中断供电将影响有重大政治、经济意义的用电单位的正常工作。

（2）装设应急电源条件。按 GB 50052—2009《供配电系统设计规范》的规定，应增设应急电源的条件。

在一级负荷中，对于中断供电将发生中毒、爆炸和火灾等情况的负荷，以及特别重要场

所的不允许中断供电的负荷，应视为特别重要负荷。

一级负荷中特别重要负荷，除由两个电源供电外，尚应增设应急电源。这里的应急电源是指：

1）独立于正常电源的发电机组。

2）供电网络中独立于正常电源的占用的馈电线路。

3）蓄电池。

4）干电池。

（3）双电源及自发电用户核准。凡是具备双电源及自发电条件的用户，如果要求装设双电源或自发电，必须履行严格的核准手续。其审批程序为：

1）申请。要求双电源或自发电用户，必须向当地供电企业提交书面申请，说明理由，必要时应提供生产工艺流程及上级主管部门下达的有关文件、资料等。

供电企业接到申请后，应进行登记，并将双电源、自发电用户申请表交给用户。用户填好申请表后再交回供电企业。

2）调查。供电企业收到用户填好的申请表后，应及时派人去现场调查、了解，并提出调查意见。

3）核准。根据国家有关规定和调查结果，供电企业应及时研究有关事宜，核准后由客户服务部门答复用户。

（4）双电源及自发电用户管理。做好双电源及自发电用户的管理，是防止双电源及自发电用户倒送电的组织措施。主要管理工作有：

1）供用电双方签订安全用电协议。双电源及自发电用户在供电前，应与供电企业签订安全用电协议。协议内容包括：明确双方的安全职责；要求用户必须遵守的操作制度和必须安装的防止倒送电的技术装置；严禁私拉乱接，严禁在本单位内随意扩大双电源、自发电的供电范围，更不得向外单位转供电等。安全用电协议应在用户配电室保存一份。

2）制订操作制度。制订操作制度的目的是防止在倒电操作中发生错误。因此必须具体明确，并严格执行。凡是违反操作制度者，按约定追究违约责任。

3）坚持定期检查。双电源及自发电用户接电前，电力部门应派人去现场检查验收。检验合格后方可接电，严禁未经检验合格就私自接电。

为了随时掌握双电源及自发电用户的具体情况，电力部门还应定期进行检查，做到经常化、制度化。对不合格的双电源及自发电用户应严肃处理。

4）做好技术管理。所有双电源及自发电用户，都要进行登记，建立台账，并绘制双电源及自发电用户的电气主接线图。图上应标明电源接线方式及防止倒送电技术装置的电气接线。当电气接线改变时，应及时修改电气主接线图，并报送电力部门。

二、防止双电源及自发电用户倒送电的技术措施

（1）防止低压双电源用户倒送电技术措施。为了防止低压双电源用户向电网倒送电，最简单、最经济、最可靠的方法是在电源进线回路上安装双投隔离开关。

1）对于用电负荷很小的用户，往往采用隔离开关作为控制设备。在这种情况下，可以在电源进线回路上直接安装双投隔离开关，如图 19-1 所示。当用户由Ⅰ回路受电时，则将双投隔离开关 QS 投向Ⅰ回路侧；当用户由Ⅱ回路受电时，则将双投隔离开关 QS 投向Ⅱ回路侧。在安装双投隔离开关时，一定要将用电侧接在双投隔离开关的中间接线柱上。

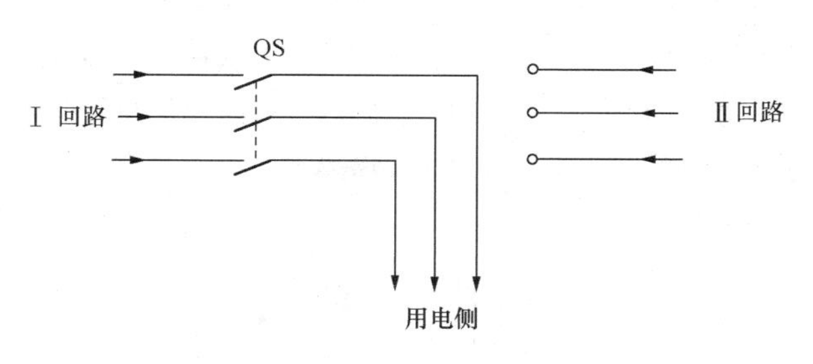

图 19-1 双投隔离开关接线图

2）采用低压断路器作为控制设备。当以低压断路器作为控制设备时，仍可在总的电源进线回路上安装双投隔离开关。但此时双投隔离开关仅作空载情况下倒换电源用，而停、送电操作则由低压断路器来进行。大致可采用以下两种接线方式。

①双投隔离开关安装在低压断路器前侧，如图 19-2 所示。

该接线方式的优点是只需要安装一个电源低压断路器，较经济；缺点是当低压断路器检修时，将使全厂用电中断。其倒闸操作顺序是：首先断开低压断路器 QF，然后将双投隔离开关 QS 由主供电电源回路（Ⅰ回路）倒向备用电源回路（Ⅱ回路），随后再合上 QF。

②双投隔离开关安装在低压断路器后侧，如图 19-3 所示。

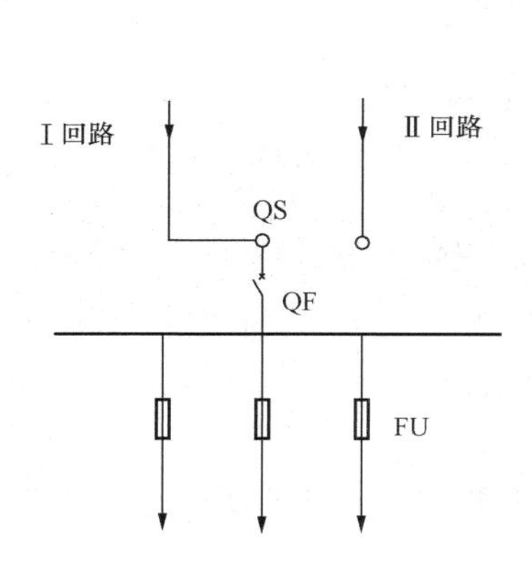

图 19-2 双投隔离开关安装在低压断路器前侧

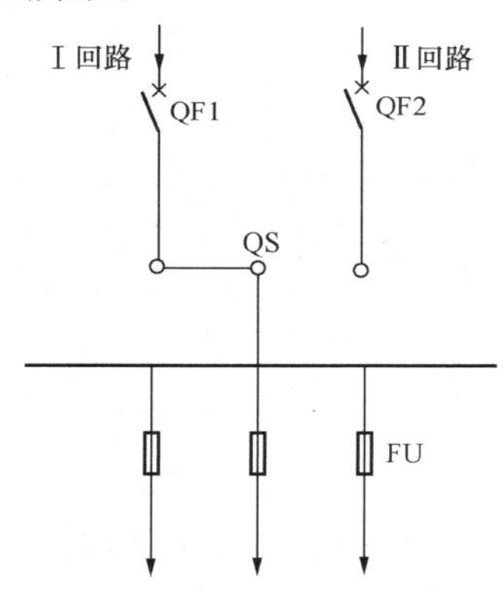

图 19-3 双投隔离开关安装在低压断路器后侧

该接线方式的特点是需要安装两个电源低压断路器；当任一电源低压断路器检修时，不会影响正常用电。其倒闸操作顺序是：如原来由Ⅰ回路供电，Ⅱ回路备用，当需要由Ⅰ回路倒由Ⅱ回路供电时，先拉开Ⅰ回路断路器 QF1，然后将双投隔离开关 QS 倒向Ⅱ回路侧，随后再合上Ⅱ回路的低压断路器 QF2。

上述两种情况虽然能可靠地防止倒送电，但是双电源用户的情况是十分复杂的，并不都像前面所介绍的那样。例如有很多双电源用户仅是对部分负载采用双电源供电。对于这种用电方式，如处理不当，往往容易发生倒送电，因此必须特别引起注意。

对于部分负载采用双电源供电的单位，不得将双投隔离开关安装在双电源供电的分路母线上，如图 19-4 所示。

图中的丁车间采用双电源供电，双投隔离开关安装在该车间的馈电母线上。这种接线方式在正常用电情况下不会发生倒送电。但当主供电电源（Ⅰ回路）停电，丁车间经倒闸由备用电源供电后，如乙车间有特殊任务需要用电（用电负荷较小），若扩大双电源供电范围，采取由丁车间向乙车间临时转供电，如果由于疏忽而未将相应的低压断路器 QF 断开，就会造成对停电的主供电线路（Ⅰ回路）倒送电。这类倒送电事故屡见不鲜。

为了防止上述倒送电事故的发生，即使备用电源仅给部分负载供电，在接线上也应按总的备用电源进行考虑：双投隔离开关应安装在总的电源进线回路上，如图 19-5 所示。

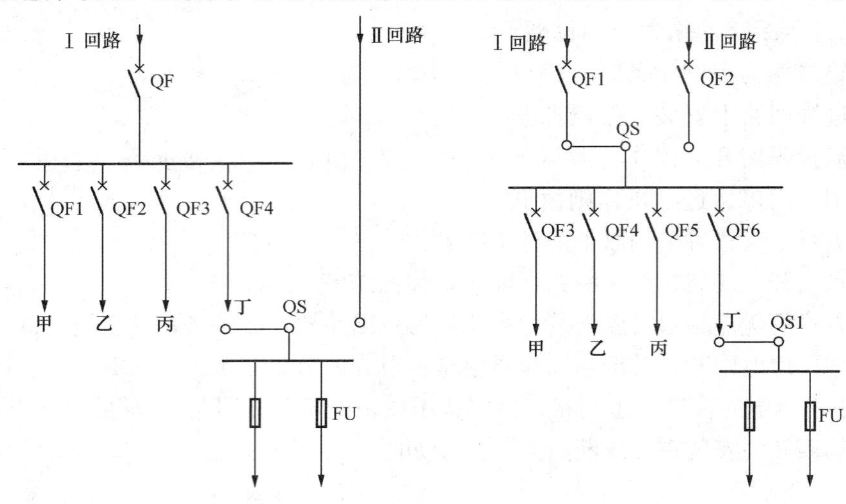

图 19-4　双投隔离开关安装在双电源供电的分路上

图 19-5　双投隔离开关安装在总的电源进线回路上

当主供电源（Ⅰ回路）中断时，应断开全部分路低压断路器，然后将双投隔离开关 QS 倒由备用电源（Ⅱ回路）供电，随后合上低压断路器 QF6，保持对丁车间的供电。为控制备用电源的负荷不超过规定值，可通过正确选择备用电源回路的熔丝或调整开关保护定值来实现。

通过以上介绍可知，双投隔离开关是防止低压双电源倒送电普遍使用的一种电器。在实际使用中，应选用四极双投隔离开关。

低压双电源用户除了采用双投隔离开关来防止倒送电外，还可以在总电源进线回路上安装具有失压自动脱扣的低压断路器，同时还要安装一个隔离开关使其与电源有一个明显的断开点。这样，当主供电源供电中断后，开关即有失压而自动跳开，切断可能向外倒送电的电路。为了防止低压断路器由于机构失灵在电源中断后并未断开，所以当主供电源中断后，必须检查电源进线低压断路器确已断开并拉开隔离开关后，才能倒闸由备用电源供电。

（2）防止自发电用户倒送电技术措施。

1）低压供电的自发电用户。当自发电用户从低压电网受电时，即为低压供电的自发电用户。如果把自备发电机看作一个电源，即自发电用户就相当于低压双电源用户。上面所介绍的防止低压双电源用户倒送电的措施，完全适用于低压供电的自发电用户，此处不再重复介绍。但必须强调指出：无论自发电源是供给全部负载还是部分负载，甚至于极少部分负载，均应把自发电源作为一个总的备用电源回路来处理。低压用电单位的供电范围一般比较小，要做到这一点并不困难。

2）高压供电的自发电用户。当自发电用户从高压配电网络受电时，即为高压供电的自发电用户。该类用电单位的特点是：其本身是高压供电用户，但又具备低压自发电源（自发电一般是低压的），因此它是一种高、低压混合的双电源用户。绝大多数的自发电用户是属于这一类型的。

对于高压供电的自发电用户，由于它的自发电是低压电源，所以防止倒送电的措施一般从低压入手。这样，就可以把高压供电的自发电用户作为低压双电源用户来处理。所以防止低压双电源用户倒送电的措施也同样适用于高压供电的自发电用户。所不同的是，当总的用电量较大时，由于自发电只能供给其中很小一部分负载用电，这样把自发电源作总的备用电源来处理就会有困难，因此可以按局部双电源供电的情况来进行处理（见图 19-6）。然而，也还是有发生倒送电的危险，因此必须在配电变压器低压侧装设一个具有失压自动脱扣的总低压断路器。

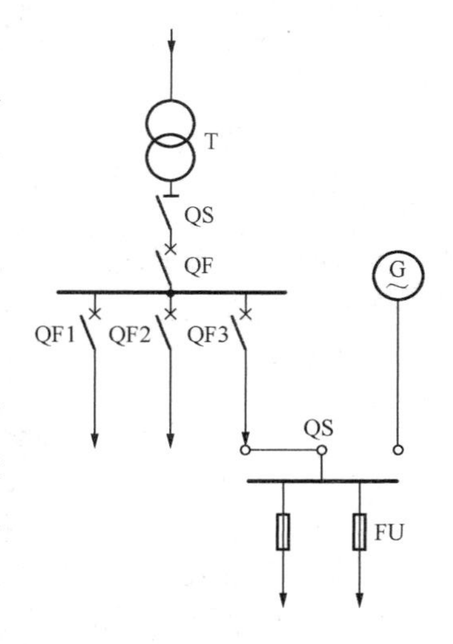

图 19-6　双投隔离开关安装在分路

当电网供电突然中断时，低压断路器 QF 即因失压而自动跳开，把可能向电网倒送电的总电路断开，从而可以防止意外地发生倒送电。为了防止因开关机构失灵，在电网供电中断时低压断路器并未自动跳开而造成倒送电，所以在开启发电机之前，必须检查该低压断路器是否确已断开。只有在断开低压断路器 QF 并拉开与电网电源隔离的隔离开关 QS 后才能开机，千万不能粗心大意。

附录 1　低压第一种工作票（停电作业）

编号：________

1. 工作单位及班组：________________________________
2. 工作负责人：________________________________
3. 工作班成员：________________________________
4. 停电线路、设备名称（双回线路应注明双重称号）：________________

____

____

5. 工作地段（注明分、支线路名称，线路起止杆号）：________________

____

6. 工作任务：________________________________
7. 应采取的安全措施（应断开的开关、隔离开关、熔断器和应挂的接地线，应设置的围栏、标示牌等）：________________________________

____

保留的带电线路和带电设备：________________________

____

应挂的接地线：

线路设备及杆号			
接地线编号			

8. 补充安全措施：________________

工作负责人填：________________

工作票签发人填：________________

工作许可人填：________________

9. 计划工作时间：自____年____月____日____时____分至____年____月____日____时____分

工作票签发人：__________ 签发时间：____年____月____日____时____分

10. 开工和收工许可：

开工时间（日时分）	工作负责人（签名）	工作许可人（签名）	收工时间（日时分）	工作负责人（签名）	工作许可人（签名）

附录2 低压第二种工作票（不停电作业）

编号：________

1. 工作单位：________________
2. 工作负责人：________________
3. 工作班成员：________________
4. 工作任务：________________
5. 工作地点与杆号：________________

____

____

____

6. 计划工作时间：自____年____月____日____时____分

至____年____月____日____时____分

工作票签发人：________签发时间：____年____月____日____时____分

7. 注意事项（安全措施）：________________

____

____

8. 工作票签发人（签名）：____年____月____日____时____分
工作负责人（签名）：（开工）____年____月____日____时____分
（终结）____年____月____日____时____分
工作许可人（签名）：（开工）____年____月____日____时____分
（终结）____年____月____日____时____分
9. 现场补充安全措施（工作负责人填）：________

工作许可人填：________
10. 备注：________

11. 工作班成员签名：________

注：此工作票除注明外均由工作负责人填写。

附录3 低压操作票

单位：　　　　　　　　　　　　　　　　编号：

操作开始时间：　年　月　日　时　分　终了时间：　日　时　分		
操作任务：		
✓	顺　序	操　作　项　目

续表

✓	顺序	操作项目
备注		

操作人：　　　　　　　　　　　　　　　　监护人：

第二十章

防 火 防 爆

电气装置在运行过程中不可避免地存在许多引起火灾的因素。例如：电气设备的绝缘大多数采用易燃物（如绝缘纸、绝缘油等）组成，它们在导体经过电流时的发热、开关产生的电弧及系统故障时产生的火花等因素作用下，发生火灾甚至爆炸。若不采取切实的预防措施及正确的扑救方法，则会酿成严重的灾难。

第一节　电气火灾与爆炸的原因

引发电气火灾与爆炸要具备两个条件，即有易燃的环境和引燃条件。

电气装置在运行过程中，广泛存在易燃物质，如变压器、断路器、电容器、电缆等设备的绝缘油、绝缘纸和绝缘木材等。为火灾的发生提供了大量的可燃物质和环境。

电气系统和电气设备在正常和事故情况下都可能产生电气着火源，来作为火灾的引燃条件。电气着火源可能是由下述原因产生的：

（1）电气设备或电气线路过热。由于导体接触不良、电力线路或设备过载与短路、电气产品制造和检修质量不良造成运行时铁芯损耗过大，转动机械长期相互摩擦，设备通风散热条件恶化等原因都会使电气线路或设备整体或局部温度过高。目前大多数电气火灾是由于电气线路单相接地使设备过电流引起的。

（2）电火花和电弧。电气设备正常运行时，如开关的分合、熔断器熔断、继电器触点动作均产生电弧；运行中的发电机的电刷与集电环、交流电动机电刷与整流子间也会产生或大或小的电火花；绝缘损坏时发生短路故障、绝缘闪络、电晕放电时产生电弧或电火花。另外，电焊产生的电弧、使用喷灯产生的火苗等都为火灾提供了引燃条件。

（3）静电。两个不同性质的物体相互摩擦，可使两个物体带上异号电荷；处在静电场内的金属物体上会感应静电；施加电压后的绝缘体上会残留静电。带上静电的导体或绝缘体等当具有较高的电位时，会使周围的空气游离而产生火花放电。静电放电产生的电火花可能引燃易燃易爆物质，发生火灾。

（4）使用不当。照明器具或电热设备使用不当也能作为火灾的引燃条件。雷击易燃易爆物品时，往往也引起火灾。

（5）单相接地短路故障。电气短路一般有两类：一类是带电导体（相线和中性线）间的短路，由导体间直接接触和相与相之间、相与N线之间短路，短路点往往被高温熔焊的金属短路，称为金属性短路；另一类是带电导体对地的短路，大都是以电弧为通路的电弧性短路。

过去普遍认为，电气间短路引起的火灾大多由带电导体间的短路所造成。由于短路电流大，可用带短路保护的断路器和熔断器来防止。但大多数短路引起的火灾是由接地短路故障产生的电弧或电火花所引起的。前者短路电流以若干千伏计，金属线芯产生高温以至于炽热，绝缘被剧烈氧化而自燃，火灾危险甚大，但金属性短路产生的大短路电流能使断路器瞬时动作切断电源，火灾往往得以避免。后者因短路电流受阻抗影响，电弧长时间延续，而电弧引起的局部温度可高达3000～4000℃，很容易烤燃附近可燃物质引起火灾；又由于接地故障引起的短路电流较小，不足以使一般断路器动作跳闸切断电源，所以电弧性短路引起火灾危险远大于金属性短路。

电力线路受机械损伤而发生短路，如当导线与金属管道构件接触而无套管保护时，长期摩擦使绝缘损坏，这种短路多为单相接地故障造成，易发生电弧性短路。通常电气设备绝缘损坏产生电弧性接地故障的情况还有：导线和电气设备绝缘老化；电器或电动机的接线端子周围绝缘因长期发热而炭化；电动机过载而发生匝间短路；电气设备受潮或严重凝露；在电气设备中有导电尘埃沉积等。这类故障会引起接地电弧性短路，并酿成火灾。

安装剩余电流动作保护装置和火灾监控系统是防止电弧性接地故障引起电气火灾的有效措施。

一般的低压断路器主要针对电力线路和设备的过载和短路保护，因此其额定动作电流较大。而接地故障引起的接地短路电流较小，一般不足以使断路器动作跳闸，因此低压断路器不能防止因接地故障引起的电气火灾。只有带剩余电流动作保护的断路器，在过电流保护装置不动作的情况下，能有效地切断故障电路，防止电气火灾。

应用剩余电流保护装置来防止电气火灾，必须正确选择额定剩余动作电流。在有火灾危险的场所，要防止故障电流引起火灾，必须在线路中装设额定剩余动作电流不超过500mA的剩余电流保护装置，或装设绝缘监察装置，在绝缘故障时发出警报。

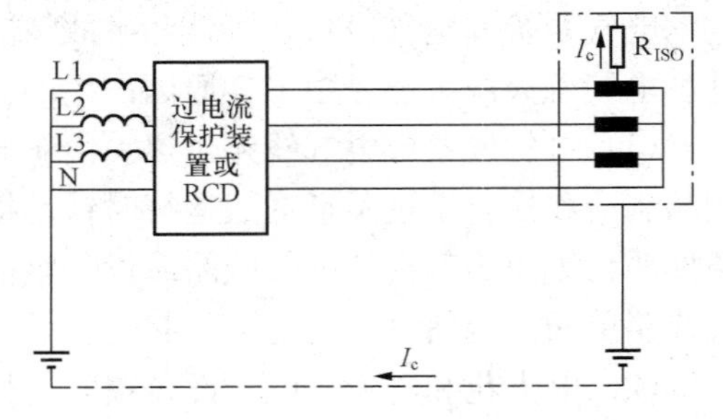

图20-1　采用剩余电流保护装置或RCD进行保护的供电线路

采用额定剩余动作电流不超过500mA的剩余电流保护装置，可以在出现引燃火灾所需的能量前，就发出警报或断开电路排除故障。如图20-1所示的供电线路，包含有火灾危险的绝缘故障，用电设备通过故障回路的电阻 R_{ISO} 流过一个故障电流 I_c，供电线路采用剩余电流保护装置进行保护。

第二节　电气装置的防火措施

一、油浸式配电变压器防火

（1）油浸式配电变压器发生火灾的主要原因如下：

1）绕组绝缘损坏发生短路。

2）电气连接处接触电阻过大，造成局部高温，使油燃烧或发生爆炸。

3）铁芯发热。

4）绝缘油受潮和劣化变质，变压器漏油使油箱中的油面降低。

5）外部线路短路。

6）雷电过电压和操作过电压引起绝缘损坏或外绝缘闪络，导致火灾或爆炸。

（2）防止油浸式配电变压器火灾的措施如下：

1）变压器运行时，若上部油层温度达到或超过 85℃，表明变压器过负荷，应立即减负荷。若温度持续不断上升，则变压器可能内部有故障，应断开电源，进行检查。

2）装设保护装置。

3）变压器安装在一、二级耐火的建筑物内，并有良好的通风，应有挡油设施或储油坑。

4）加强变压器的运行管理、预防性试验和检修工作。

5）结合防火要求，逐步将油浸式变压器更换为干式变压器或防灾型变压器。

二、电动机防火

（1）电动机起火的原因如下：

1）电动机短路故障。电动机定子绕组发生相间、匝间短路或对地绝缘击穿，引起绝缘燃烧起火。

2）电动机过负荷。电动机长期过负荷运行、被拖动机械负荷过大及机械卡住电动机停转，过电流引起定子绕组过热而起火。

3）电源电压太低或太高。电动机启动时，若电源电压太低，则启动转矩小，使电动机启动时间长或不能启动，引起电动机定子电流增大，绕组过热而起火；运行中的电动机，若电源电压太低，电动机转矩变小而机械负荷不变，引起过电流，使绕组过热而起火；若电源电压大幅下降，会使运行中的电动机停转而烧毁；若电源电压太高，磁路高度饱和，励磁电流急剧上升，使铁芯严重发热引起电动机起火。电动机运行中一相断线或一相熔断器熔断，造成缺相运行（即两相运行），引起定子绕组过载发热起火。

4）电动机启动时间长或短时间内连续多次启动，将使定子绕组温度急剧上升，引起绕组过热起火。

5）电动机轴承润滑不足，或润滑油脏污、轴承损坏卡住转子，导致定子电流增大，使定子绕组过热起火。

6）电动机吸入纤维、粉尘而堵塞风道，热量不能排出，或转子与定子摩擦，引起绕组温度升高起火。

7）接线端子接触电阻过大，电流通过产生高温，或接头松动产生电火花起火。

（2）电动机防火措施如下：

1）根据电动机的工作环境，对电动机进行防潮、防腐、防尘、防爆，安装时要符合防火要求。

2）电动机周围不得堆放杂物，电动机及其启动装置与可燃物之间应保持适当距离，以免引起火灾。

3）对于检修后及停电超过 7 天以上的电动机，启动前应测量其绝缘电阻是否合格，以防投入运行后，因绝缘受潮发生相间短路或对地击穿而烧坏电动机。

4）电动机启动应严格执行规定的启动次数和启动间隔时间，尽量少启动，避免频繁启动，以免频繁启动使定子绕组热积累过热起火。

5）加强运行监视。电动机运行时，应监视电动机的电流、电压不超过允许范围；电动机的温度、声音、振动、轴转动等正常，无焦臭味；电动机冷却系统应正常。

6）发现缺相运行，应立即切断电源，防止电动机缺相运行，过载发热起火。

三、低压配电装置防火

（1）低压配电装置发生火灾的原因如下：

1）安装不合格或使用不合格的电气设备。

2）安装地点通风散热条件不好。

3）短路或长期过负荷等。

（2）低压配电装置防止火灾危险的措施如下：

1）配电装置应固定安装在干燥清洁的地方，并应便于操作，确保维修时的安全。配电装置的结构应符合防火要求。

2）配电装置上的电气设备应根据电网电压、负荷、用电场所和防火要求等选定。

3）配电装置中的配线应采用绝缘线，破损的导线要及时更换。

4）配电装置的金属支架及电气设备的金属外壳必须可靠接地。

5）防止发生短路事故，避免长期过负荷运行。

四、低压电器防火

为避免使用低压电气时发生火灾事故，应注意如下问题：

（1）选用的低压电器额定容量必须与负荷相配，避免过负荷引起火灾。

（2）安装照明灯必须符合周围环境的特点。

（3）照明灯具发热部位与可燃物之间应保持一定的安全距离，不得贴近可燃物。

（4）导线绝缘层应保持完整良好，发现破损及时更换。

（5）正在使用的电气加热设备（如电熨斗、电烙铁、各种电炊具、小型电炉等）必须有人看管；停用时，必须切断电源。

（6）在使用每一个电气加热设备时，必须安放在不燃烧、不导热的基座上，并按产品要求设置接地保护。

（7）导线的安全载流量必须满足电气加热设备的容量要求。

（8）使用移动式插座时，其载流量必须满足电器设备容量的要求。

五、油浸纸介质电容器防火

（1）油浸纸介质电容器发生火灾原因。油浸纸介质电容器的火灾危险一般都是由电容器爆炸引起的。油浸纸介质电容器最常见的故障是元件极间或对外壳绝缘的击穿，其大都是由于电容器真空度不高、不清洁、对地绝缘不良、运行环境温度过高等造成的。故障发展过程一般为先出现热击穿，逐步发展到电击穿。若电容器中具有单独熔丝保护，则当某一元件极板间击穿时，其保护熔丝熔断将其切除，电容器仅减少一元件的电容量，不影响整个装置继续运行。若单个电容器元件不具有单独熔丝保护，尤其是对于多个并联运行的电容器，当发生电容器极板间击穿时，其他与之并联的多个电容器将一起向故障电容器放电。通常这种放电能量与并联电容器的容量有关，其数值相当可观。在电弧和高温作用下，将产生大量的气体，使其压力急剧上升，最后电容器外壳崩破，爆炸起火，使事故扩大造成巨大损失。电容器爆炸事故一旦发生，一个电容器爆炸可能引起其余电容器的群爆，流油燃烧起火，进而使电容器室着火，影响其他电气设备的正常运行。

（2）防止油浸纸介质电容器发生爆炸及火灾的措施如下：

1）完善电容器内部故障的保护，选用熔丝保护的高低压电容器。对无熔丝保护的高压电容器应根据具体情况，采取下述四种内部故障的保护方式：

① 分组熔丝保护。

② 双Y接线的零序平衡保护。

③ 双△接线的横差保护。

④ 单△接线的零序电流保护。

2）加强电容补偿装置的运行管理与维护。特别应强调定期清扫、巡视和检查；加强运行监视，监视电压、电流和环境温度不得超过制造厂规定范围，发现电容器变形等故障应及时处理。

3）电容器室应符合防火要求。严禁使用木板、油毛毡等易燃材料。当采用油质电容器时，电容器室建筑物的耐火等级要求是：额定电压为10kV以上的不低于二级，额定电压为10kV及以下的不低于三级。

4）应备有防火设施。电容器室附近应备有砂箱、消防用铁铲及灭火器等消防设施。

5）结合电网设备改造逐步淘汰油浸纸介质电容器，而采用塑膜式干式电容器，以防止电容器火灾。

六、电气线路防火

电气线路发生火灾主要由电气线路短路或过负荷以及线路连接部分接触电阻过大引起。

电气线路由于安装或检修维护不当，就会造成线路短路、导线过负荷和局部接触电阻过大而产生大量的热量，引燃导线的绝缘材料或周围的易燃物造成火灾危险。

（1）防止电气线路短路和过负荷引起火灾的措施如下：

1）认真检查线路的安装是否符合电气装置规程的要求。

2）定期测量检查线路的绝缘状况。如果线路导线间和导线对地绝缘电阻小于规定值，必须对绝缘损坏处加以处理，破损严重的导线必须更换。

3）正确选择与导线截面配合的熔断器。严禁用其他金属导线代替熔体。

4）线路与电气设备都应在允许的负荷条件下运行，防止因长期过负荷引起绝缘损坏而发生漏电或短路。

5）经常监视线路的运行情况，如发现严重过负电荷时应及时处理。

导线与导线或导线与断路器、熔断器、隔离开关、电动机、测量仪表等电气设备连接处所形成的电阻称为接触电阻。如果接触不良，接触电阻就大大增加，接触电阻增大之处会严重发热，使温度升高引起导线的绝缘层过热燃烧；同时，在接触不良处产生电火花，使邻近的可燃物起火，造成火灾。

（2）防止因接触电阻过大引起的火灾应采取措施如下：

1）导线间连接时，必须执行有关规程的规定。

2）导线与各种电气设备的连接，特别是铝导线与电气设备的连接，应按有关规程的规定执行。

3）对运行中的线路和设备定期进行巡视检查，如发现接头发热或松动应及时处理。

第三节　扑灭电气火灾的措施

虽然采取了相应的措施，但是电气火灾在所难免。火灾发生后，及时、正确地扑救，可以有效地防止事态的扩大，减少事故损失。

一、一般灭火方法

从对燃烧三要素的分析可知，只要阻止三要素并存或相互作用，就能阻止燃烧的发生。由此，灭火的方法可分为窒息灭火法、冷却灭火法、隔离灭火法和抑制灭火法等。

（1）窒息灭火法。阻止空气流入燃烧区或用不燃气体降低空气中的氧含量，使燃烧因助燃物含量过小而终止的方法称为窒息灭火法。例如石棉布、浸湿的棉被等不燃或难燃物品覆盖燃烧物；或封闭孔洞；用惰性气体或中性气体（如 CO_2、N_2 等）充入燃烧区降低氧含量等。

（2）冷却灭火法。冷却灭火法是将灭火剂喷洒在燃烧物上，降低可燃物的温度，使其温度低于燃点，而终止燃烧。如喷水灭火、干冰（固定 CO_2）灭火都是采用冷却可燃物达到灭火的目的。

（3）隔离灭火法。隔离灭火法是将燃烧物与附近的可燃物质隔离，或将火场附近的可燃物疏散，不使燃烧区蔓延，待已燃物质烧尽时，燃烧自行停止。如阻挡火的可燃液体带的流散，拆除与火区毗连的易燃建筑物构成防火隔离带等。

（4）抑制灭火法。前述三种方法的灭火剂，在灭火过程中不参与燃烧化学反应，均属物理灭火法。抑制灭火法是灭火剂参与燃烧的连锁反应，使燃烧中的游离基消失，形成稳定的物质分子，从而终止燃烧过程。例“1211”（二氟一氯一溴甲烷）灭火剂就能参与燃烧过程，使燃烧连锁反应中断而熄灭。

二、常用灭火器

根据灭火的基本原理和方法，可以制成不同类型、不同特点的灭火器。常用灭火器如下：

（1）二氧化碳灭火器。将二氧化碳（CO_2）灌入钢瓶内，在 20℃时钢瓶内的压力为 6MPa。使用时，液态二氧化碳从灭火器喷嘴喷出，迅速汽化。由于强烈吸热作用，变成固体雪花状的二氧化碳，又称干冰，其温度为－78℃。固体二氧化碳又在燃烧物上迅速挥发，吸收燃烧物热量，同时使燃烧物与空气隔绝而达到灭火的目的。

二氧化碳灭火器主要适用于扑救贵重设备、档案资料、电气设备、少量油类和其他一般化学物质的初起火灾。不导电，但电压超过 600V 时，应切断电源。二氧化碳灭火器的规格有 2、3、5kg 等多种。

使用时，因二氧化碳气体易使人窒息，人应该站在上风侧，手应握住灭火器手柄，防止干冰接触人体造成冻伤。

（2）干粉灭火器。干粉灭火器的灭火剂主要由钾或钠的碳酸盐类加入滑石粉、硅藻土等掺和而成，不导电。干粉灭火剂在火区覆盖燃烧物并受热产生二氧化碳和水蒸气，因其具有隔热吸热和阻隔空气的作用，故使燃烧熄灭。

干粉灭火器适用于扑灭可燃气体、液体、油类、忌水物质（如电石等）及除旋转电动机以外的其他电气设备的初起火灾。

使用干粉灭火器时先打开保险，把喷管口对准火源，另一手紧握导杆提环，将顶针压下，干粉即喷出。扑救地面油火时，要平射并左右摆出，由近及远，快速推进。同时应注意防止回火重燃。

（3）泡沫灭火器。泡沫灭火器的灭火剂是利用硫酸或硫酸铝与碳酸氢钠作用放出二氧化碳的原理制成的，其中加入甘草根汁等化学药品造成泡沫，浮在固体和相对密度大的液体燃烧物表面，隔热、隔氧，使燃烧停止。由于上述化学物质导电，故不适用于带电扑灭电气火灾，但切断电源后，可用于扑灭油类和一般固体物质的初起火灾。

灭火时，必须将灭火器筒身颠倒过来，稍加摇动，两种药液即刻混合，由喷嘴喷射出泡沫。泡沫灭火器只能立着放置。

（4）1211 灭火器。1211 灭火器的灭火剂 1211（即二氟一氯一溴甲烷）是一种具有高效、低毒、腐蚀性小、灭火后不留痕迹、不导电、使用安全、储存期长的新型优良灭火剂，是卤代烷灭火剂的一种。它的灭火作用在于阻止燃烧连锁反应并有一定的冷却窒息效果。1211 灭火器特别适用于扑灭油类、电气设备、精密仪表及一般有机溶剂的火灾。

灭火时，拔掉保险销，将喷嘴对准火源根部，手紧握压把，压杆即将封闭阀开启，1211 灭火剂在氮气压力下喷出。当松开压把时，封闭喷嘴，停止喷射。

该灭火器不能放置在日照、火烤、潮湿热的地方，防止剧烈震动和碰撞。

（5）其他。水是一种最常见的灭火剂，具有很好的冷却效果。纯净的水不导电，但一般水中含有各种盐类物质，故具有良好的导电性。未采用防止人身电击的技术措施时，水不能用于带电灭火。但切断电源后，水却是一种廉价、有效的灭火剂。水不能对相对密度较小的油类物质灭火，以防油火漂浮水面使火灾蔓延。

干砂的作用是覆盖燃烧物，吸热、降温并使燃烧物与空气对隔离。干砂特别适用于扑灭油类和其他易燃液体的火灾，但禁止用于旋转电动机灭火，以免引损坏电动机和轴承。

三、电气火灾扑灭与预防

从灭火角度看，电气火灾有两个显著特点：一是着火的电气设备可能带电，扑灭火灾时，若不注意可能发生电击事故放；二是有些电气设备（如电力变压器、油断路器、电压互感器、电流互感器等）充有大量的油，发生火灾时，可能发生喷油甚至爆炸，造成火势蔓延，扩大火灾范围。因此扑灭电气火灾必须根据其特点，采取适当措施进行扑救。

（1）切断电源。发生电气火灾时，首先设法切断着火部分的电源，切断电源时应注意下列事项：

1）切断电源时应使用绝缘工具操作。发生火灾后，开关设备可能受潮或被烟熏，其绝缘强度大大降低，因此拉闸时应使用可靠的绝缘工具，防止操作中发生电击事故。

2）切断电源的地点要选择得当，防止切断电源后影响灭火工作。

3）要注意拉闸的顺序。对于高压设备，应先断开断路器，后拉开隔离开关；对于低压设备，应先断开磁力启动器，后拉开闸刀，以免引起弧光短路。

4）当剪断低压电源导线时，剪断位置应选在电源方向的支柱绝缘子附近，以免断线线头下落造成电击伤人，发生接地短路；剪断非同相导线时，应在不同部位剪断，以免造成人为短路。

5）如果线路带有负荷，应尽可能先切除负荷，再切断现场电源。

（2）断电灭火。在着火电气设备的电源切断后，扑灭电气火灾的注意事项如下：

1）灭火人员应尽可能站在上风侧进行灭火。

2）灭火时若发现有毒烟气（如电缆燃烧时），应戴防毒面具。

3）若灭火过程中，灭火人员身上着火，应就地打滚或撕脱衣服，不得用灭火器直接向灭火人员身上喷射，可用湿麻袋或湿棉被覆盖在灭火人员身上。

4）灭火过程中应防止全厂（站）停电，以免给灭火带来困难。

5）灭火过程中，应防止上部空间可燃物着火落下危害人身和设备安全；在屋顶上灭火时，要防止坠落至及附近“火海”中。

6）室内着火时，切勿急于打开门窗，以防空气对流而加重火势。

（3）带电灭火。在来不及断电，或由于生产或其他原因不允许断电的情况下，需要带电灭火。带电灭火的注意事项如下：

1）根据火情适当选用灭火剂。由于未停电，应选用不导电的灭火剂。如手提灭火器使用的二氧化碳、四氯化碳、二氟一氯一溴甲烷（即1211）、二氟二溴甲烷或干粉等灭火剂都是不导电的，可直接用来带电喷射灭火。泡沫灭火器使用的灭火剂有导电性，且对电气设备的绝缘有腐蚀作用，不宜用来带电灭火。

2）采用喷雾水花灭火。用喷雾水枪带电灭火时，通过水柱的泄漏电流较小，比较安全。若用直流水枪灭火，通过水柱的泄漏电流会威胁人身安全。为此，直流水枪的喷嘴应接地，灭火人员应戴绝缘手套，穿绝缘鞋或均压服。

3）灭火人员与带电体之间应保持必要的安全距离。用水灭火时，水枪喷嘴至带电体的距离为：110kV及以下不小于3m，220kV及以上不小于5m。用不导电灭火剂灭火时，喷嘴至带电体的最小距离为：10kV不小于0.4m，35 kV不小于0.6m。

4）对高空设备灭火时，人体位置与带电体之间的仰角不得超过45°，以防导线断线危及灭火人员人身安全。

5）若有带电导线落地，应划出一定的警戒区，防止跨步电压电击。

（4）充油设备灭火。绝缘油是可燃液体，受热汽化还可能形成很大的压力造成充油设备爆炸。因此，充油设备着火有更大危险性。

充油设备外部着火时，可用不导电灭火剂带电灭火。如果充油设备内部故障起火，则必须立即切断电源，用冷却灭火法和窒息灭火法使火焰熄灭。即使在火焰熄灭后，还应持续喷洒冷却剂，直到设备温度降至绝缘油闪点以下，防止高温使油汽重燃造成的重大事故。如果油箱已经爆裂，燃油外泄，可用泡沫灭火器或黄沙扑灭地面和储油池内的燃油，注意采取措施防止燃油蔓延。

发电机和电动机等旋转电机着火时，为防止轴和轴承变形，应使其慢慢转动，可用二氧化碳、二氟一氯一溴甲烷或蒸汽灭火，也可用喷雾水灭火。用冷却剂灭火时注意使电动机均匀冷却，但不宜用干粉、沙土灭火，以免损伤电气设备绝缘和轴承。

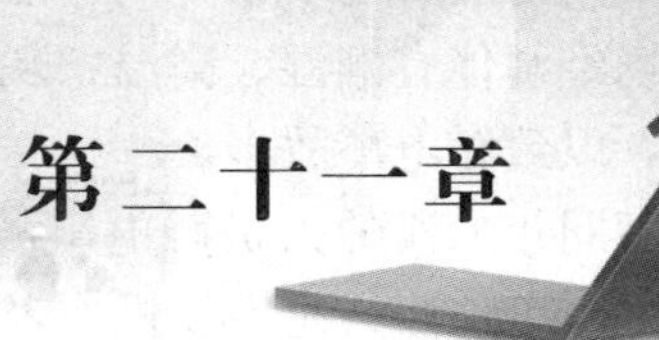

第二十一章

触 电 急 救

随着社会的不断进步，电能已经成为人们生产生活中最基本和不可替代的能源，“电”日益影响着工业的自动化和社会的现代化。然而，当电能失去控制时，就会引发各类电气事故，其中对人体的伤害是各类电气事故中最常见的事故。

本章主要介绍触电事故规律、电流对人体的危害、触电救护等基本知识。

第一节　触电事故规律

为防止触电事故发生，应当了解触电事故的规律。根据对触电事故的分析，从触电事故的发生率上看，可找到以下规律：

（1）触电事故季节性明显。统计资料表明，每年二、三季度事故多，特别是6～9月事故最为集中。触电事故季节性明显的主要原因为：一是这段时间天气炎热、人体衣单而多汗，触电危险性较大；二是这段时间多雨、潮湿，地面导电性增强，容易构成电击电流的回路，而且电气设备的绝缘电阻降低，容易漏电。其次，这段时间在大部分农村庄都是农忙季节，农村用电量增加，触电事故因而增多。

（2）低压设备触电事故多。国内外统计资料表明，低压触电事故远远多于高压触电事故。低压设备触电事故多的主要原因是低压设备远远多于高压设备，与之接触的人比与高压设备接触的人多得多，而且都比较缺乏电气安全知识。应当指出，在专业电工中，情况是与此相反的，即高压触电事故比低压触电事故多。

（3）携带式设备和移动式设备触电事故多。携带式设备和移动式设备触电事故多的主要原因是：一方面这些设备是在人的紧握之下运行，不但接触电阻小，而且一旦触电就难以摆脱电源；另一方面这些设备需要经常移动，工作条件差，设备和电源线都容易发生故障或损坏；此外，单相携带式设备的保护零线与工作零线容易接错，也会造成触电事故。

（4）电气连接部位触电事故多。大量触电事故的统计资料表明，很多触电事故发生在接线端子、缠接接头、压接接头、焊接接头、电缆头、灯座、插销、插座、控制开关、接触器、熔断器等分支线、接户线处。主要是由于这些连接部位机械牢固性较差、接触电阻较大、绝缘强度较低以及可能发生化学反应。

（5）错误操作和违章作业造成的触电事故多。大量触电事故的统计资料表明，有85％以上的事故是由于错误操作和违章作业造成的。主要原因是由于安全教育不够、安全制度不严和安全措施不完善、操作者素质不高等。

(6) 不同行业触电事故不同。冶金、矿业、建筑、机械行业触电事故多。由于这些行业的生产现场经常伴有潮湿、高温、现场混乱、移动式设备和携带式设备以及金属设备多等不安全因素，以致触电事故多。

(7) 不同年龄段的人员触电事故不同。中青年工人、非专业电工、临时用工触电事故多。主要是由于这些人是主要操作者，经常接触电气设备；而且，这些人经验不足，又比较缺乏电气安全知识，其中有的责任心还不够强，以致触电事故多。

(8) 不同地域触电事故不同。部分省市统计资料表明，农村触电事故明显多于城市，发生在农村的触电事故约为城市的3倍。

从造成事故的原因上看，由于电气设备或电气线路安装不符合要求，会直接造成触电事故；由于电气设备运行管理不当，使绝缘损坏而漏电，又没有切实有效的安全措施，也会造成触电事故；由于制度不完善或违章作业，特别是非电工擅自处理电气事故，很容易造成电气事故；接线错误，特别是插头、插座接线错误造成过很多触电事故；高压线断落地面可能造成跨步电压触电事故等等。应当注意，很多触电事故都不是由单一原因，而是由两个以上的原因造成的。

触电事故的规律不是一成不变的，在一定条件下，触电事故的规律也会发生一定的变化。例如，低压触电事故多于高压触电事故在一般情况下是成立的，但对于专业电气工作人员来说，情况往往是相反的。因此，应当在实践中不断分析和总结触电事故的规律，为做好电气安全工作积累经验。

第二节　电流对人体的危害

一、作用机理与征象

1. 作用机理

电流通过人体时破坏人体内细胞的正常工作，主要表现为生物学效应。电流作用于人体还包含有热效应、化学效应和机械效应。

电流的生物学效应主要表现为使人体产生刺激和兴奋行为，使人体活的组织发生变异，从一种状态变为另外一种状态。电流通过肌肉体组织，引起肌肉收缩。由于电流刺激神经细胞，产生脉冲形式的神经兴奋波，当此兴奋波迅速地传到中枢神经系统后，后者即发出不同的指令，使人体各部作相应的反应。因此，当人体触及带电体时，一些没有电流通过的部位也可能受到刺激，发生强烈的反应，重要器官的工作可能受到破坏。

在活的机体上，特别是肌肉和神经系统，有微弱的生物电存在。如果引入局外电流，生物电的正常规律将受到破坏，人体也将受到不同程度的伤害。

电流通过人体还有热作用。电流所经过的血管、神经、心脏、大脑等将因为热量增加而导致功能障碍。

电流通过人体，会引起机体内液体物质发生离解、分解导致破坏。电流通过人体，还会使机体各种组织产生蒸汽，乃至发生剥离、断裂等严重破坏。

2. 作用征象

小电流通过人体，会引起麻感、针刺感、压迫感、打击感、痉挛、疼痛、呼吸困难、血压异常、昏迷、心律不齐、窒息、心室颤动等症状。数安以上的电流通过人体，还可能导致严重的烧伤。

人体工频电流试验的典型资料见表 21-1。

表 21-1　人体工频电流试验的典型资料 (mA)

感觉情况	被试者百分数		
	5%	50%	95%
手表面有感觉	0.9	2.2	3.5
手表面有麻痹似的针刺感	1.8	3.4	5.0
手关节有轻度压迫感、有强烈的连续针刺感	2.9	4.8	6.7
前肢有受压迫感	4.0	6.0	8.0
前肢有受压迫感，足掌开始有连续针刺感	5.3	7.6	10.0
手关节有轻度痉挛，手动作困难	5.5	8.5	11.5
上肢有连续针刺感，腕部，特别是手关节有强度痉挛	6.5	9.5	12.5
肩部以下有强度连续针刺感，肘部以下僵直，还可以摆脱带电体	7.5	11.0	14.5
手指关节、踝骨、足跟有压迫感，手的拇指全部痉挛	8.8	12.3	15.8
只有尽最大努力才可能摆脱带电体	10.0	14.0	18.0

小电流电击使人致命的最主要原因是引起心室颤动。麻痹和中止呼吸、电休克虽然也可能导致死亡，但是其危险性比引起心室颤动要小得多。发生心室颤动时的心电图和血压图如图 21-1 所示。发生心室颤动时，心脏每分钟颤动 1000 次以上，但幅值很小，而且没有规则，血液实际上中止循环。图 21-1 表明，心室颤动是在心电图上 T 波的前半部发生的。心室颤动能够持续的时间不会太长，在心室颤动状态下，如不及时抢救，心脏很快将停止跳动，并导致生物性死亡。

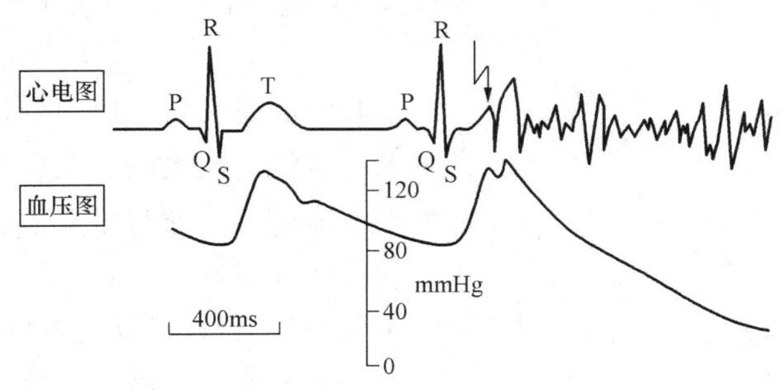

图 21-1　心电图和血压图

当人体遭受电击时，如果有电流通过心脏，可能直接作用于心肌，引起心室颤动；如果没有电流通过心脏，也可能经中枢神经系统反射作用心肌，引起心室颤动。

由于电流的瞬时作用而发生心室颤动时，呼吸可能持续 2～3min。在人丧失知觉之前，有时还能叫喊几声，有的还能走几步。但是，由于心脏已进入心室颤动状态，血液已中止循环，大脑和全身迅速缺氧，病情将急剧恶化。如不及时抢救，很快将导致生物性死亡。

人体遭受电击时，如有电流作用于心肌，还将使胸肌发生痉挛，使人感到呼吸困难。电流越大，感觉越明显。如果时间较长，将发生憋气、窒息等呼吸障碍。窒息后，意识、感觉、生理反射相继消失，继而呼吸中止。稍后，即发生心室颤动或心脏停止跳动。在这种情况下，心室颤动或心脏停止跳动不是由电流通过心脏引起的，而是由机体缺氧和中枢神经系统反射引起的。

电休克是机体受到电流的强烈刺激后，发生强烈的神经系统反射，使血液循环、呼吸及其他新陈代谢都发生障碍，以致神经系统受到抑制，出现血压急剧下降、脉搏减弱、呼吸衰竭、神志昏迷的现象。电休克状态可以延续数十分钟到数天，其结果可能是得到有效的治疗而痊愈，也可能是由于重要生命机能完全丧失而死亡。

二、作用影响因素

不同的人在不同的时间、不同的地点与同一根带电导线接触，后果将是千差万别的。这是因为电流对人体的作用受很多因素的影响。

1. 电流大小的影响

通过人体的电流越大，人的生理反应和病理反应越明显，引起心室颤动所用的时间越短，致命的危险性越大。按照人体呈现的状态，可将预期通过人体的电流分为三个级别。

（1）感知电流。在一定概率下，通过人体引起人有任何感觉的最小电流（有效值）称为该概率下的感知电流。概率为50%时，成年男子平均感知电流约为0.7mA。

感知电流一般不会对人体构成伤害，但当电流增大时，感觉增强，反应加剧，可能导致坠落等二次事故。

（2）摆脱电流。当通过人体的电流超过感知电流时，肌肉收缩增加，刺痛感觉增强，感觉部位扩展。当电流增大到一定程度时，由于中枢神经反射和肌肉收缩、痉挛，触电人将不能自行摆脱带电体。在一定概率下，人触电后能自行摆脱带电体的最大电流称为该概率下的摆脱电流。

摆脱电流的概率曲线如图21-2所示。概率为50%时，成年男子和成年女子的摆脱电流分别约为16mA和10.5mA；概率为99.5%时，成年男子和成年女子的摆脱电流约为9mA和6mA。

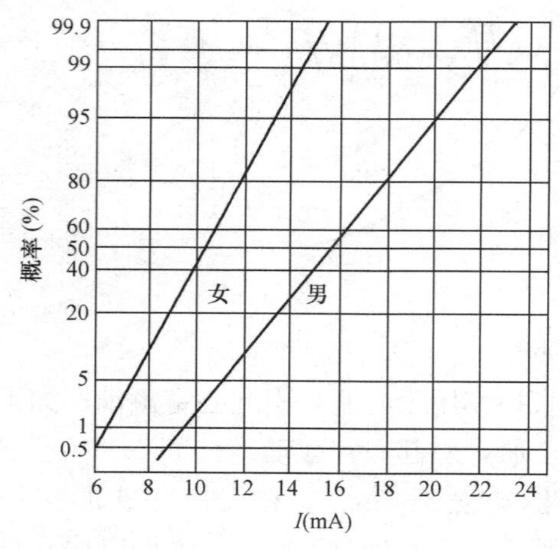

图21-2　摆脱电流的概率曲线

摆脱电流是人体可以忍受但一般尚不致造成不良后果的电流。电流超过摆脱电流以后，触电者会感到异常痛苦、恐慌和难以忍受；如时间过长，则触电者可能昏迷、窒息，甚至死亡。因此，可以认为摆脱电流是有较大危险的界限。

（3）室颤电流。通过人体引起心室发生纤维性颤动的最小电流称为室颤电流。电击致死的原因是比较复杂的。例如，在高压触电事故中，可能因为强电弧或很大电流导致的烧伤使人致命；在低压触电事故中，正如前面说过的，可能因为心室颤动，也可能因为窒息时间过长使人致命，一旦发生心室颤动，数分钟内即可导致死亡。在小电流（不超过数百毫安）的作用下，电击致命的主要原因是电流引起的心室颤动。因此，可以认为室颤电流是短时间作用的最小致命电流。

实验表明，室颤电流与电流持续时间有很大关系。如图21-3所示，室颤电流与时间的关系符合Z形曲线的规律。当电流持续时间超过心脏搏动周期时，人的室颤电流约为50mA；当电流持续时间短于心脏搏动周期时，人的室颤电流约为数百毫安。当电流持续时间在0.1s以下时，如电击发生在心脏易损期，500mA以上乃至数安的电流可引起心室颤动；在同样电流下，如果电流持续时间超过心脏跳动周期，则可能导致心脏停止跳动。

对于从左手到双脚的电流途径，可按图21-4划分电流对人体作用的带域。

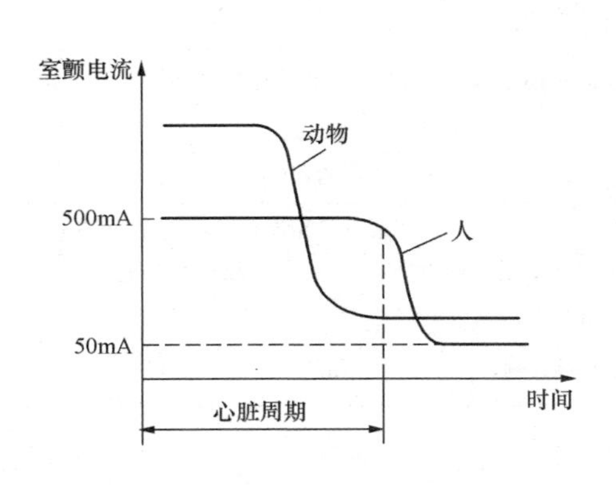

图21-3 室颤电流的Z形曲线

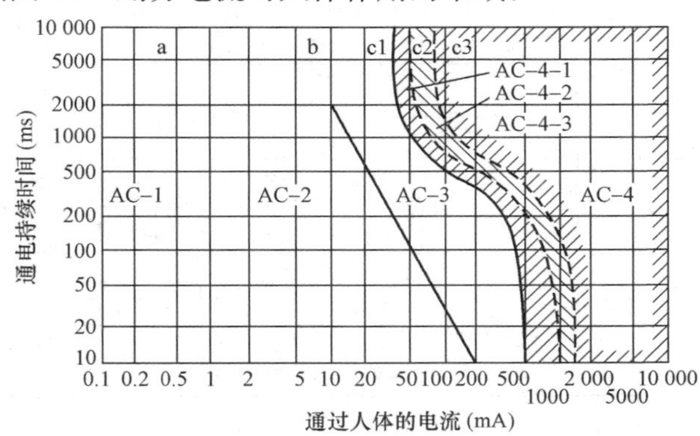

图21-4 电流对人体作用带域划分图

在图21-4中，a以下的AC-1区通常是无生理效应的带域，即没有感觉的带域；a线与b线之间的AC-2区通常是有感觉但没有有害的生理效应的带域；b线与c1线之间的AC-3区通常是没有肌体损伤，不发生心室颤动，但可能引起肌肉收缩和呼吸困难，可能引起心脏组织和心脏脉冲传导障碍，还可能引起心房颤动以及转变为心脏停止跳动等可复性病理效应的带域；c1线以上的AC-4区是除AC-3区各项效应外，还有心室颤动危险的带域。c1线上500mA、100ms点相应于心室颤动的概率为0.14%；c2线相应于心室颤动的概率为5%；c3线相应于心室颤动的概率为50%。c1线的特征是：当电击持续时间从10ms升至100ms时，室颤电流从500mA降至40mA；当电击持续时间从1s升至3s时，室颤电流从50mA降至40mA；两段之间用平滑油线连接起来。

工频电流对人体的作用可参考表21-2确定。

2. 电流持续时间的影响

图21-4和表21-2都表明，电击持续时间越长，则电击危险性越大，其原因有以下几点：

（1）电流持续时间越长，则体内积累局外电能越多，伤害越严重，表现为室颤电流减小。

（2）心电图上心脏收缩与舒张之间约0.2s的T波（特别是T波的前半部，参见图21-1）是对电流量最为敏感的心脏易损期（易激期）。电击持续时间延长，必然重合心脏易损期，电击危险性增大。

（3）随着电击持续时间的延长，人体电阻由于出汗、击穿、电解而下降，如接触电压不变，流经人体的电流必然增加，电击危险性随之增大。

（4）电击持续时间越长，中枢神经反射越强烈，电击危险性越大。

表 21-2　　　　工频电流对人体的作用

电流范围	电流（mA）	电流持续时间	生理效应
0	0～0.5	连续通电	没有感觉
A1	0.5～5	连续通电	开始有感觉，手指、手腕等处有麻感，没有痉挛，可以摆脱带电体
A2	5～30	数分钟以内	痉挛，不能摆脱带电体，呼吸困难，血压升高，是可以忍受的极限
A3	30～50	数秒至数分钟	心脏跳动不规则，昏迷，血压升高，强烈痉挛，时间过长即引起心室颤动
B1	50～数百	低于心脏搏动周期	受强烈刺激，但未发生心室颤动
B1	50～数百	超过心脏搏动周期	昏迷，心室颤动，接触部位留有电流通过的痕迹
B2	超过数百	低于心脏搏动周期	在心脏易损期触电时，发生心室颤动，昏迷，接触部位留有电流通过的痕迹
B2	超过数百	超过心脏搏动周期	心脏停止跳动，昏迷，可能留有致命的电灼伤

3. 电流途径的影响

人体在电流的作用下，没有绝对安全的途径。电流通过心脏会引起心室颤动及至心脏停止跳动而导致死亡；电流通过中枢神经及有关部位，会引起中枢神经强烈失调而导致死亡；电流通过头部，严重损伤大脑，也可能使人昏迷不醒而死亡；电流通过脊髓使人截瘫；电流通过人的局部肢体也可能引起中枢神经强烈反射而导致严重后果。

流过心脏的电流越多，电流路线越短，电击危险性越大。

可用心脏电流因数粗略衡量不同电流途径的危害程度。心脏电流因数是表明途径影响的无量纲系数。如通过人体左手至脚途径的电流与通过人体某一途径的电流引起心室颤动的危险性相同，则该途径的心脏电流因数为不同途径的心脏电流因数，见表 21-3。

表 21-3　　　　心脏电流因数

电流途径	心脏电流因数
左手-左脚、右脚或双脚	1.0
左脚-双脚	1.0
右脚-左脚、右脚或双脚	0.8
左手-右手	0.4
背-左手	0.7
背-右手	0.3
胸-左手	1.5
胸-右手	1.3
臀部-左手、右手或双手	0.7

可以看出，左手至前胸是最危险的电流途径；右手至前胸、单手至单脚、单手至双脚、双手至双脚等也都是很危险的电流途径。除表中所列各途径以外，头至手、头至脚也是很危险的电流途径；左脚至右脚的电流途径也有相当的危险，而且这条途径还可能使人站立不稳

而导致电流通过全身，大幅度增加电击的危险性。局部肢体电流途径的危险性较小，但可能引起中枢神经强烈反射而导致严重后果或造成其他二次事故。

各种电流途径发生的概率也是不一样的。例如，左手至右手的概率为40%，右手至双脚的概率为20%，左手至双脚的概率为17%。

4. 电流种类的影响

不同种类电流对人体伤害的构成不同，危险程度也不同，但各种电流对人体都有致命危险。

(1) 直流电流的作用。在接通或断开瞬间，直流平均感知电流约为2mA。300mA以下的直流电流没有确定的摆脱电流值；300mA以上的直流电流将导致不能摆脱或数秒至数分钟以后才能摆脱带电体。电流持续时间超过心脏搏动周期时，直流室颤电流为交流的数倍；电流持续时间在200ms以下时，直流室颤电流与交流大致相同。

(2) 100Hz以上电流的作用。通常用频率因数评价高频电流电击的危险性。频率因数是通过人体的某种频率电流与有相应生理效应的工频电流之比。100Hz以上电流的频率因数都大于1。当频率超过50Hz时，频率因数由慢至快，逐渐增大。

感知电流、摆脱电流与频率的关系可按图21-5确定。

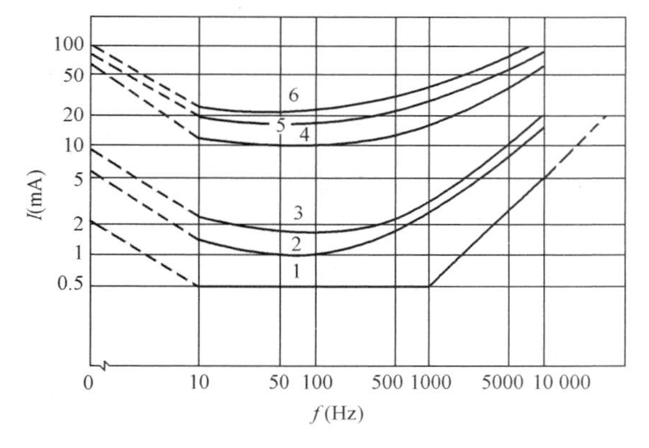

图21-5 感知电流、摆脱电流与频率的关系

在图21-5中，1、2、3为感知电流曲线，1线感知概率为0.5%，2线感知概率为50%，3线感知概率为99.5%；4、5、6为摆脱电流曲线，摆脱概率分别为99.5%、50%和99.5%。

(3) 冲击电流的作用。冲击电流是指作用时间不超过0.1～10ms的电流，包括弧方脉冲波电流、正弦脉冲波电流和电容放电脉冲波电流。冲击电流对人体的作用有感知界限、疼痛界限和室颤界限，没有摆脱界限。冲击电流的疼痛界限常用比能量I^2t表示。在电流流经四肢、接触面积较大的情况下，疼痛界限为$10\times10^{-6}\sim50\times10^{-6}A^2\cdot s$。对于左手-双脚的电流途径，冲击电流的室颤界限如图21-6所示。图中，c1以下是不发生室颤的区域；c1与c2之间是低度（概率5%以下）室颤危险的区域；c2与c3之间是中等（概率50%）室颤危险的区域；c3以上是高度（概率50%以上）室颤危险的区域。

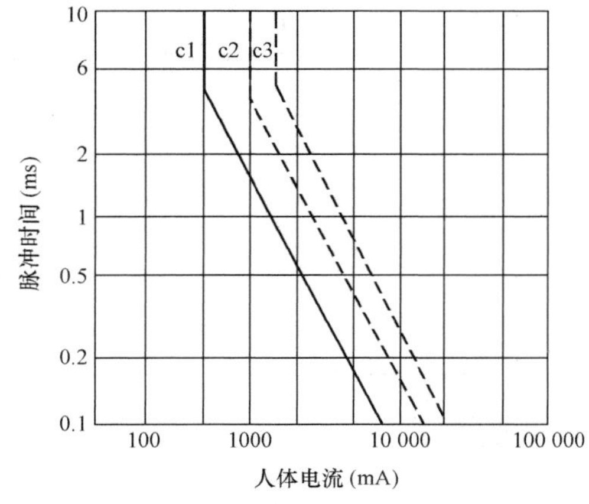

图21-6 冲击电流的室颤界限

5. 个体特征的影响

身体健康、肌肉发达者摆脱电流较大；室颤电流与心脏质量约成正比。患有心脏病、中枢神经系统疾病、肺病的人电击后的危险性较大。精神状态和心理因素对电击后果也有影响。

女性的感知电流和摆脱电流约为男性的 2/3。儿童遭受电击后的危险性较大。

三、人体阻抗

人体阻抗是确定和限制人体电流的参数之一。因此，它是处理很多电气安全问题必须考虑的基本因素。人体阻抗是包括皮肤、血液、肌肉、细胞组织及与其结合部在内的含有电阻和电容的阻抗。

1. 人体电阻组成和分布

人体不是纯电阻，其等值电路如图 21-7 所示。图中，R_{s1} 和 R_{s2} 是皮肤电阻，C_{s1} 和 C_{s2} 是皮肤电容，R_i 及其并联的虚线支路是体内阻抗。但是，人体电容很小，工频条件下可忽略不计，从而可将人体阻抗看做是纯电阻。

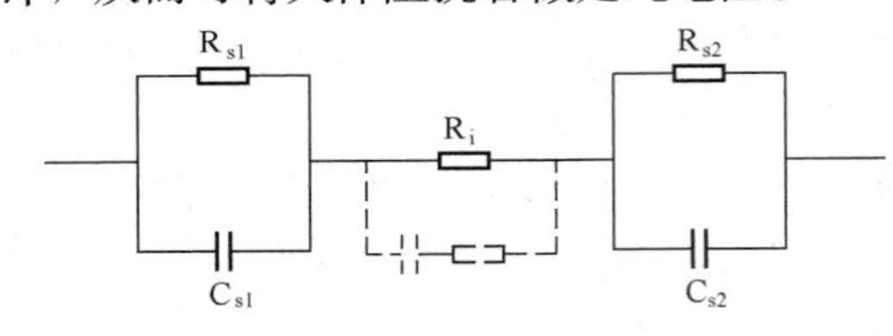

图 21-7　人体阻抗等值电路

皮肤表面厚 0.05～0.2mm 的角质层的电阻值很高。在干燥和干净的状态下，其电阻率可达 $10^5 \sim 10^6 \Omega \cdot m$。但因其不是一张完整的薄膜，又很容易受到破坏，计算人体电阻时一般不予以考虑。皮肤电阻在人体电阻中占有较大的比例。皮肤破坏后，人体电阻急剧下降。

体内电阻是除去表皮之后的人体电阻，主要取决于电流途径和接触面积。

人体电阻是皮肤电阻与体内电阻之和。接触电压大致在 50V 以下时，由于皮肤电阻的变化，人体电阻也在较大范围内变化；而在接触电压较高时，人体电阻与皮肤电阻的关系不大，而且皮肤击穿后近似等于体内电阻。

2. 人体电阻变化范围

在干燥、电流途径从左手到右手、接触面积为 50～100cm² 的条件下，人体电阻见表 21-4。

表 21-4　人体电阻

接触电压（V）	最低百分数		
	5%	50%	95%
25	1750	3250	6100
50	1450	2625	4375
75	1250	2200	3500
100	1200	1875	3200
125	1125	1625	2875
220	1000	1350	2125
700	750	1100	1550
1000	700	1050	1500
渐近值	650	750	850

电流途径从左手到右手或单手到单脚时的人体抗阻曲线如图 21-8 所示。

皮肤状态对人体电阻的影响很大。在干燥条件下，人体电阻为 1000～3000Ω。皮肤沾水、皮肤损伤、皮肤表面沾有导电性粉尘等都会使人体电阻下降。当接触电压在 50V 以下时，如将皮肤与电极接触的表面用干净的水浸湿后测量，所得人体电阻比干燥条件下的低15%～25%；如改用导电性溶液浸湿，则人体电阻锐减为干燥条件下的1/2；如皮肤长时间湿润，则角质层变得松软饱含水分，皮肤电阻几乎完全消失。当然，如大量出汗，皮肤电阻也将明显下降。

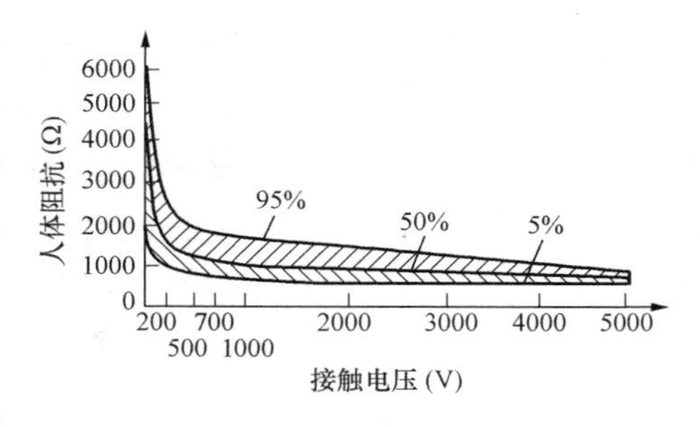

图21-8　人体抗阻曲线

图21-8表明，随着接触电压升高，人体电阻急剧降低。角质层的击穿强度只有500～2000V/m，数十伏的电压即可击穿角质层，使人体电阻大大降低。随着电流增加，皮肤局部发热增加，使汗腺增多，人体电阻下降。

电流持续时间越长，人体电阻会由于出汗等而下降。在20～30V电压下的试验表明，电流持续1～2min后，人体电阻下降至10%～20%。

接触压力增加、接触面积增大也会降低人体电阻。

除上述之外，女子的人体电阻比男子的小，儿童的比成人的小，青年人的比中年人的小。

第三节　触　电　救　护

触电救护必须分秒必争，立即就地迅速用心肺复苏法进行抢救，并坚持不断地进行，同时及早与医疗部门联系，争取医务人员接替救治。在医务人员未接替救治前，不应放弃现场抢救，更不能只根据没有呼吸或脉搏擅自判定触电者死亡，放弃抢救。只有医生有权作出触电者死亡的诊断。

一、脱离电源

触电急救，首先要使触电者迅速脱离电源，越快越好。因为电流作用的时间越长，伤害越重。

（1）脱离电源就是要把触电者接触的那一部分带电设备的开关、刀闸或其他断路设备断开；或设法将触电者与带电设备脱离。在脱离电源中，救护人员既要救人，也要注意保护自己。

（2）触电者未脱离电源前，救护人员不准直接用手触及触电者，因为有触电的危险。

（3）如触电者处于高处，解脱电源后会自高处坠落，因此要采取预防措施。

（4）触电者触及低压带电设备，救护人员应设法迅速切断电源，如拉开电源开关或刀闸，拔出电源插座等；或使用干燥的木棒、木板、绳索等不导电的东西解脱触电者；也可抓住触电者干燥而不贴身的衣服，将其拖开，切记要避免碰到金属物体和触电者的裸露身躯；也可戴绝缘手套或将手用干燥衣物等包起绝缘后解脱触电者；救护人员也可站在绝缘垫或干木板上，绝缘自己进行救护。

为使触电者与导电体解脱，最好用一只手进行。

（5）如果电流通过触电者入地，并且触电者紧握电线，可设法用干木板塞到身下，与地隔绝，也可用干木柄斧子或带有绝缘柄的钢丝钳将电线剪断，剪断电线要分组，一根一根地剪断，并尽可能站在绝缘物体或干木板上。

（6）触电者触及高压带电设备，救护人员应迅速切断电源，或用适合该电压等级的绝缘工具（戴绝缘手套、穿绝缘靴并用绝缘棒）解脱触电者。救护人员在抢救过程中应注意保持自身与周围带电部分必要的安全距离。

（7）如果触电发生在架空线杆塔上，如系低压带电线路，若可能立即切断线路电源的，应迅速切断电源，或者由救护人员迅速登杆，系好自己的安全带后，用带绝缘柄的钢丝钳、干燥的不导电物体或绝缘物体将触电者拉离电源；如系高压带电线路，又不可能迅速切断电源开关的，可采用抛挂足够截面的适当长度的金属短路线方法，使电源开关跳闸。抛挂前，将短路线一端固定在铁塔或接地引下线上，另一端系重物。但抛掷短路线时，应注意防止电弧伤人或断线危及人员安全。不论是何级电压线路上触电，救护人员在使触电者脱离电源时要注意防止发生高处坠落的可能和再次触及其他有电线路的可能。

（8）如果触电者触及断落在地上的带电高压导线，且尚未确证线路无电，救护人员在未做好安全措施（如穿绝缘靴或临时双脚并紧跳跃地接近触电者）前，不能接近断线点至8～10m范围内，防止跨步电压伤人。触电者脱离带电导线后也应迅速带至8～10m以外。只有在确证线路已经无电，才可在触电者离开触电导线后，立即就地进行急救。

（9）救护触电者切断电源时，有时会同时使照明失电，因此应考虑事故照明、应急灯等临时照明。新的照明要符合使用场所防火、防爆的要求，但不能因此延误切除电源和进行急救。

二、心肺复苏法

触电者呼吸和心跳均停止时，应立即按心肺复苏法支持生命的三项基本措施，即通畅气道、口对口（鼻）人工呼吸、胸外按压（人工循环），正确进行就地抢救。

1. 通畅气道

触电者呼吸停止，重要的是始终确保气道通畅。如发现触电者口内有异物，可将其身体及头部同时侧转，迅速用一个手指或两个手指交叉从口角处插入，取出异物；操作中要注意防止将异物推到咽喉深部。

通畅气道可采用仰头抬颏法，如图21-9所示。

用一只手放在触电者前额，另一只手的手指将其下颌骨向上抬起，两手协同将头部推向后仰，舌根随之抬起，气道即可通畅（判断气道是否通畅可参考图21-10）。

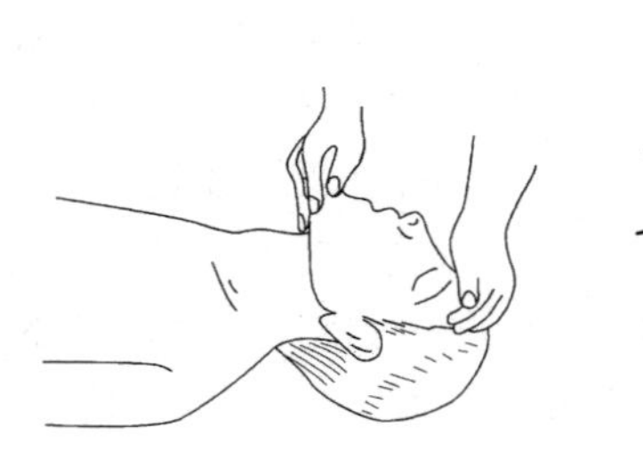

图21-9　仰头抬颏法

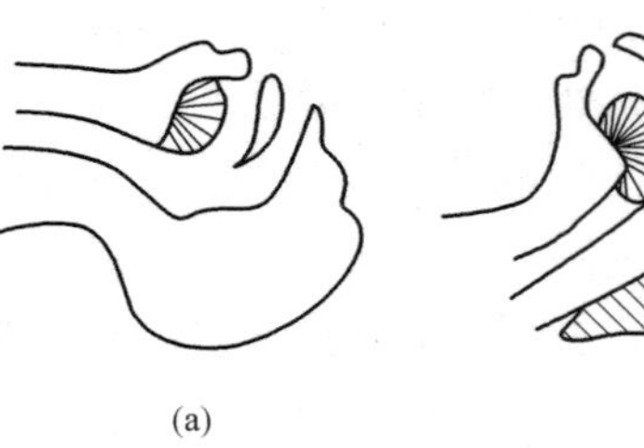

(a)　(b)

图21-10　气道状况

（a）气道通畅；（b）气道阻塞

严禁用枕头或其他物品垫在触电者头下，头部抬高前倾，会加重气道阻塞，且使胸外按压时流向脑部的血流减少，甚至消失。

2. 口对口（鼻）人工呼吸

口对口人工呼吸如图 21-11 所示。

在保持触电者气道通畅的同时，救护人员用放在触电者额头上的手指捏住触电者鼻翼，深吸气后，与触电者口对口紧合。在不漏气的情况下，先连续大口吹气两次，每次 1～1.5s。如两次吹气后试测颈动脉仍无搏动，可判定心跳已经停止，要立即同时进行胸外按压。

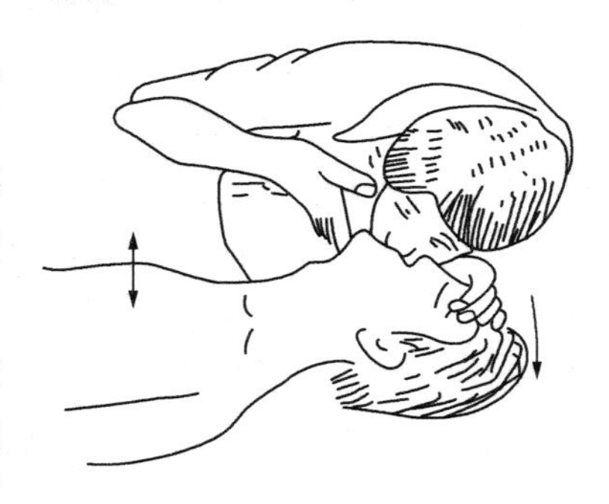

图 21-11　口对口人工呼吸

除开始大口吹气两次外，正常口对口（鼻）呼吸的吹气量不需过大，以免引起胃膨胀。吹气和放松时要注意触电者胸部应有起伏的呼吸动作。吹气时如有较大阻力，可能是头部后仰不够，应及时纠正。

触电者如牙关紧闭，可口对鼻人工呼吸。口对鼻人工呼吸吹气时，要将触电者嘴唇紧闭，防止漏气。

3. 胸外按压

（1）正确的按压位置是保证胸外按压效果的重要前提。确定正确按压位置的步骤如下：

1）右手的食指和中指沿触电者的右侧肋弓下缘向上，找到肋骨和胸骨接合处的中点。

2）两手指并齐，中指放在切迹中点（剑突底部），食指平放在胸骨下部。

3）另一只手的掌根紧挨食指上缘，置于胸骨上，即为正确按压位置（见图 21-12）。

（2）正确的按压姿势是达到胸外按压效果的基本保证。正确的按压姿势如下：

1）使触电者仰面躺在平硬的地方，救护人员立或跪在触电者一侧肩旁，两肩位于触电者胸骨正上方，两臂伸直，肘关节固定不屈，两手掌根相叠，手指翘起，不接触触电者胸壁。

2）以髋关节为支点，利用上身的重力，垂直将触电者胸骨压陷 3～5cm（儿童和瘦弱者酌减）。

3）压至要求程度后，立即全部放松，但放松时救护人员的掌根不得离开胸壁（见图 21-13）。

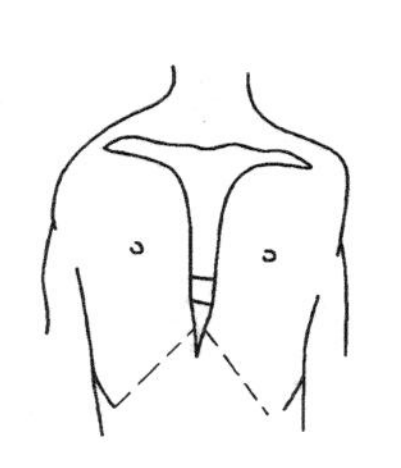

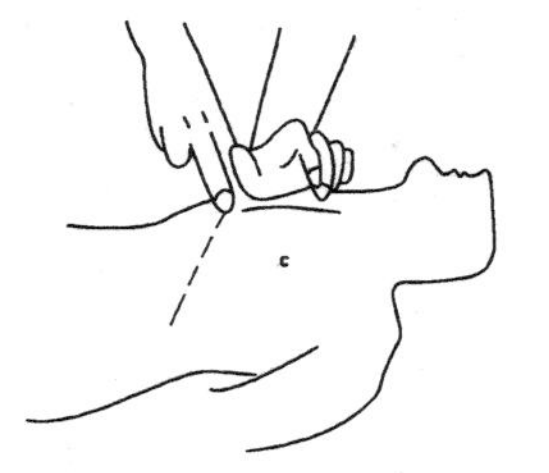

图 21-12　正确的按压位置

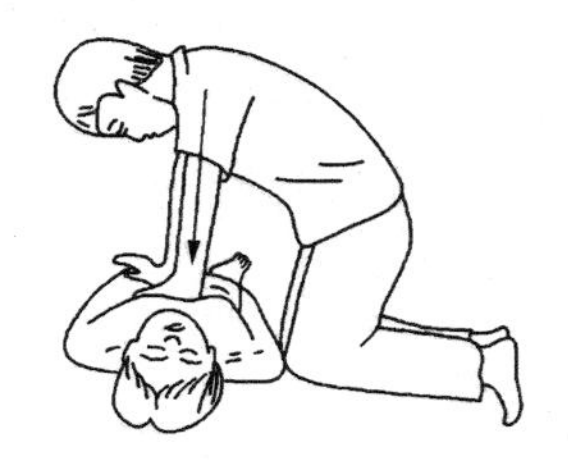

图 21-13　按压姿势与用力方法

按压必须有效，有效的标志是按压过程中可以触及颈动脉搏动。

（3）操作频率。

1）胸外按压要以均匀速度进行，每分钟80次左右，每次按压和放松的时间相等。

2）胸外按压与口对口（鼻）人工呼吸同时进行，其节奏为：单人抢救时，每按压15次后吹气2次（15∶2），反复进行；双人抢救时，每按压5次后由另一人吹气1次（5∶1），反复进行。

三、脱离电源后的处理

1. 触电者的应急处理

触电者如神志清醒，应使其就地躺平，严密观察，暂时不要站立或走动。触电者如神志不清醒，应使其就地仰面躺平，且确保气道通畅，并用5s时间呼叫触电者或轻拍其肩部，以判定触电者是否意识丧失。禁止摇动触电者头部呼叫触电者。

需要抢救的触电者，应立即就地坚持正确抢救，并设法联系医疗部门接替救治。

2. 呼吸、心跳情况的判定

触电者如意识丧失，应在10s内用看、听、试的方法（见图21-14），判定触电者呼吸心跳情况。

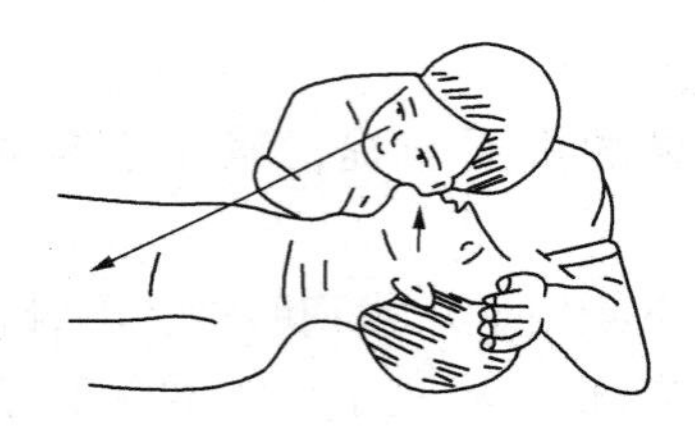
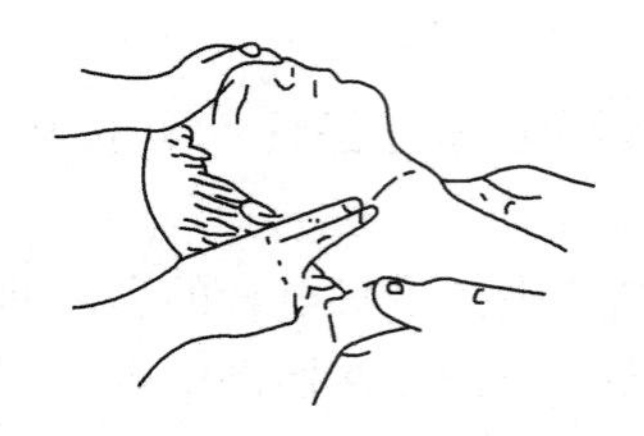

图21-14 看、听、试方法

看——看触电者的胸部、腹部有无起伏动作。

听——用耳贴近触电者的口鼻处，听有无呼气声音。

试——试测口鼻有无呼气的气流，再用两手指轻试一侧（左或右）喉结旁凹陷处的颈动脉有无搏动。

若看、听、试的结果为既无呼吸又无颈动脉搏动，可判定呼吸心跳停止。

四、抢救过程中的再判定

(1) 按压吹气1min后（相当于单人抢救时做了4个15∶2压吹循环）；应用看、听、试方法在5～7s时间内完成对触电者呼吸和心跳是否恢复的再判定。

(2) 若判定颈动脉已有搏动但无呼吸，则暂停胸外按压，而再进行2次口对口人工呼吸，每5s吹气一次（即每分钟12次）。如脉搏和呼吸均未恢复，则继续坚持心肺复苏法抢救。

(3) 在抢救过程中，要每隔数分钟再判定一次，每次判定时间均不得超过5～7s。在医务人员未接替抢救前，现场抢救人员不得放弃现场抢救。

五、抢救过程中触电者移动、转移与触电者好转后的处理

(1) 心肺复苏应在现场就地坚持进行，不要图方便而随意移动触电者。如确有需要移动时，抢救中断时间不应超过30s。

(2) 移动触电者或将触电者送医院时，应使触电者平躺在担架上，并在其背部垫以平硬宽木板，移动或送医院过程中应继续抢救，心跳呼吸停止者要继续用心肺复苏法抢救，在医务人员未接替救治前不能中止，如图 21-15 所示。

(3) 应创造条件，用塑料袋装入砸碎冰屑做成帽状包绕在触电者头部，露出眼睛，使脑部温度降低，争取心肺脑完全复苏。

(4) 如触电者的心跳和呼吸经抢救后均已恢复，可暂停心肺复苏法操作。但心跳呼吸恢复的早期有可能再次骤停，应严密监护，不能麻痹，要随时准备再次抢救。

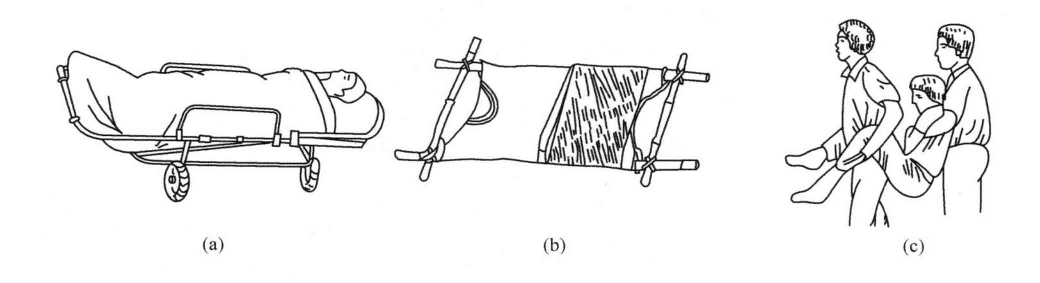

图 21-15 搬运触电者
(a) 正常担架；(b) 临时担架及木板；(c) 错误搬运

第四节 杆上或高处触电急救

发现杆上或高处有人触电，应争取时间及早在杆上或高处开始进行抢救。救护人员登高时应随身携带必要的工具和牢固的绳索等，并紧急呼救。

救护人员应在确认触电者已与电源隔离，且救护人员本身所涉环境安全距离内无危险电源时，方能接触触电者进行抢救，并应注意防止发生高空坠落的可能性。

高空抢救步骤如下：

(1) 触电者脱离电源后，应将触电者扶卧在自己的安全带上（或在适当地方躺平），并注意保持触电者气道通畅。

(2) 救护人员迅速判定反应、呼吸和循环情况。

(3) 如触电者呼吸停止，立即口对口（鼻）吹气 2 次，再测试颈动脉，如有搏动，则每 5s 继续吹气一次；如无搏动，可用空心拳头叩击心前区 2 次，促使心脏复跳。

(4) 若在高处发生触电，为使抢救更为有效，应及早设法将触电者送至地面，如图 21-16所示。

(5) 在将触电者由高处送至地面前，应再口对口（鼻）吹气 4 次。

(6) 触电者送至地面后，应立即继续按心肺复苏法坚持抢救。

现场触电抢救时，对采用肾上腺素等药物应持慎重态度。如没有必要的诊断设备条件和足够的把握，不得乱用。在医院内抢救触电者时，由医务人员经医疗仪器设备诊断，根据诊断结果决定是否采用。

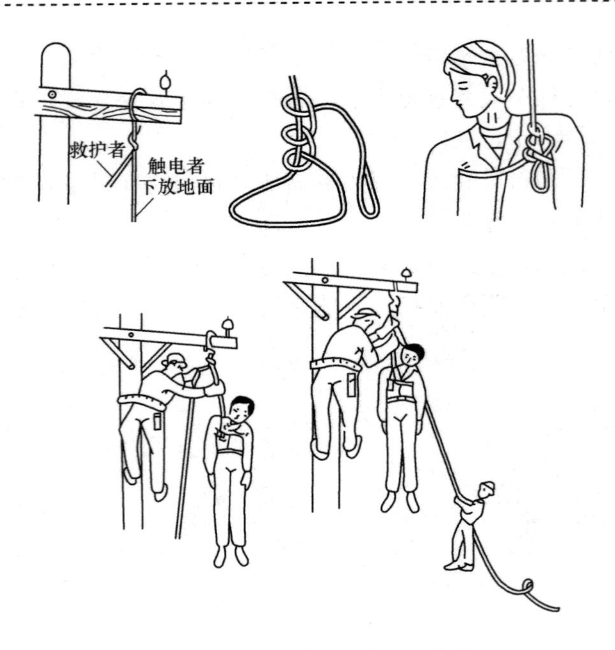

图 21-16　杆上或高处触电下放方法

附　　录

附录Ⅰ　部分电气设备技术数据

附表1　　　　高压断路器的技术数据

型　　号	额定电压(kV)	额定电流(A)	额定断路电流(kA)	额定断路容量(MVA)	极限通过电流(kA)		热稳定电流(kA)/热稳定时间(s)	固有分闸时间(s)	合闸时间(s)	操动机构型号
					峰值	有效值				
少油高压断路器										
SN10-10Ⅰ	10	600	20.2	350	52	30	20.2/4	0.05	0.2	CD10，CS2
SN10-10Ⅱ	10	1000	28.9	500	74	42	28.9/4	0.05	0.2	CT8
SN10-10Ⅲ	10	1250	40	690	125		40/4	0.07	0.15	CD10Ⅲ
	10	4000	40	690	125		40/4	0.07	0.15	
SN10G/5000	10	5000	105	1800	300	173	105/5	0.15	0.65	
SN10-35	35	1000	16	1000	40		16/5	0.06	0.25	
SW2-35Ⅰ、Ⅱ	35	1000	24.8	1500	63.4	39.2	24.8/4	0.06	0.4	CD3-XG
SW3-110G	110	1200	15.8	3000	41		15.8/4	0.07	0.4	CD5-XG
SW6-110	110	1200	21	4000	55	32	21/4	0.04	0.2	CY3
多油高压断路器										
	10	400	11.6	200	37	14.2	13/5	0.08	0.15	CD10
DN3-10	35	400	6.6	400	19	11	6.6/5	0.1	0.27	CD2
DW6-35	35	600	16.5	1000	41	29	16.5/4	0.07	0.3	CD11-X
DW8-35		800	16.5	1000	41	29	16.5/4	0.07	0.3	CD11-X
		1000	16.5	1000	41	29	16.5/4	0.07	0.3	CD11-X
真空高压断路器										
ZN-10	10	600	8.7	150	22	12.7	8.7/4	0.05	0.2	CD25
		1000	17.3	390	44	25.4	17.3/4	0.05	0.2	CD35
		1250	31.5		80		31/2	0.06	0.1	CT
ZNG-10	10	630	12.5	216				0.05	0.2	CD40
		1250	20	350				0.05	0.2	CD40
ZN3-10	10	600	8.7	150	22	12.7	8.7/4	0.05	0.2	
		1000	17.3	300	44	25.4	17.3/4	0.05	0.2	
ZN4-10	10	600	8.7	150	22	12.7	8.7/4	0.05	0.2	
		1250	20		50		20/4	0.05	0.2	CD
ZN5-10	10	630	20		50		20/2	0.05	0.1	CD
		1000	20		50		20/2	0.05	0.1	CD
		1250	25		63		25/2	0.05	0.1	CD
ZN-35	35	630	8	135	20		8/2	0.06	0.2	
ZW-10/400	10	400	6.3		15.8		6.3/4			
六氟化硫高压断路器										
LN2-10	10	1250	25		63		25/4	0.06	0.15	CT12-1
LN2-35	35	1250	16		40		16/4	0.06	0.15	CT12-1
LW7-35	35	1600	25		63		25/4	0.06	0.1	CT141

附表 2　　常用高压隔离开关的技术数据

型　号	额定电压（kV）	额定电流（A）	极限通过电流峰值（kA）	热稳定电流（kA）/热稳定时间（s）	操动机构型号	质量（kg）	备　注
GN-6T/200	6	200	25.5	10/5	CS6-1T		1. GN8 型为带有套管的隔离开关，GN8-10 Ⅱ T 型为闸刀-侧有套管。
GN-6T/400	6	400	52	14/5	CS6-1T		
GN-6T/600	6	600	52	20/5	CS6-1T		
GN-10T/200	10	200	25.5	10/5	CS6-1T		
GN-10T/400	10	400	52	14/5	CS6-1T		
GN-10T/600	10	600	52	20/5	CS6-1T		
GN-10T/1000	10	1000	75	30/5	CS6-1T	三极总重	2. GN19-10C 型为穿墙型 GN19-10C 型为闸侧有套管，GN19-10C2 型为静触侧有套管，GN19-10C3 型为两侧均有套管。
GN19-10/400	10	400	31.5	12.5/4	CS6-1T	27	
GN19-10/630	10	630	50	20/4	CS6-1T	28	
GN19-10/1000	10	1000	80	31.5/4	CS6-1T	46.8	
GN19-10/1250	10	1250	100	40/4	CS6-1T	52	
GN19-10C1/400	10	400	31.5	12.5/4	CS6-1T	39	
GN19-10C1/630	10	630	50	20/4	CS6-1T	40	
GN19-10C1/1000	10	1000	80	31.5/4	CS6-1T	58	
GN19-10C1/1250	10	1250	100	40/4	CS6-1T	70	3. GN22 型采用环氧树脂支柱绝缘子，体积小，重量轻。
GN22-10/2000	10	2000	100	40/2	CS6-2		
GN22-10/3150	10	3150	126	50/2	CS6-2		
GN□-10D/400	10	400	31.5	12.5/5		40	
GN□-10D/630	10	630	50	20/5		44	4. GN-10D 型产品是在 GN19 型基础上改进成带有接地闸刀的隔离开关。
GN□-10D/1000	10	1000	80	31.5/5		63	
GN□-10D/1250	10	1250	100	40/5		70	
JN□-10	10	400	80	31.5/2	CS6-1		
JN1-10Ⅱ/20	10	630	50	20/2	CS6-1		
JN1-10Ⅲ/31.5	10	1250	80	31.5/2	CS6-1		5. JN-35、JN-10 型用以检修时接地用开关，以保证人身安全。JN1 与 JN 型可用于手车式开关柜内作接地开关。
JN-35	35		50	20/4		单极重	
GW5-35G	35	600	72	16/4	CS-17	92	
GW5-35G	35	1000	83	25/4	CS-17	92	
GW5-35GD	35	600	72	16/4	CS-17	92	
GW5-35GD	35	1000	83	25/4	CS-17	92	6. GW5 型型号后的 G 表示改进型，D 表示带有接地闸刀型，K 表示快分型
GW5-35GK	35	600	72	16/4	CS1-XG	92	
GW5-35GK	35	1000	83	25/4	CS1-XG	92	
GW5-60GD	60	600	72	16/4	CS-17	120	
GW5-60GD	60	1000	83	25/4	CS-17	120	
GW5-60GK	60	600	72	16/4	CS1-XG	120	
GW5-60GK	60	1000	83	25/4	CS1-XG	120	
GW5-110GD	110	600	72	16/4	CS-17	150	
GW5-110GD	110	1000	83	25/4	CS-17	150	
GW5-110GK	110	600	72	16/4	CS1-XG	150	
GW5-110GK	110	1000	83	25/4	CS1-XG	150	

附表 3 高压电流互感器的技术数据

型号	额定电流比(A/A)	级次组合	准确度	二次负载值(Ω)				10%倍数		1s热稳定倍数	动稳定倍数	备注
				0.5级	1级	3级	B	二次负载(Ω)	倍数			
LA-10	5、10、15、20、30、40、50、75、100、150、200、300、400、500、600、750、1000/5								10 10 10	90 75 50	160 135 90	1. 型号中 L—电流互感器；F—多匝；D—单匝；M—母线式；C—瓷绝缘；Z—支柱式，第三字的；Z—浇注式；J—加强型；Q—线圈式；B—具有保护级；S—塑料浇注；W—户外式。 2. LFS、LFX、LZZB6、LZZQB6、LFSQ、LDJ 等型均可装于开关柜中。 3. LB6-35 型为全密封式户外型电流互感器
LFZ1-10	5～200/5							0.4	2.5～10	90	160	
	300～400/5							0.6	2.5～10	75	130	
LFX-10	5～400/5									60		
LFX-10	5～200/5	0.5/1 0.5/3 1/3	0.5 1 3	0.4	0.4	0.6				90	225	
	300、400/5									75	160	
	500、600、750、1000/5									50	90	
LFZB6-10	5～300/5			0.4			0.6			150～80	103	
LFZJB6-10	100～300/5			0.4			0.6			80	103	
LFSQ-10	5～200/5			0.4			0.6			150	230	
	400～1500/5			0.8			1.2			42	60	
LFZJ	5～150/5			0.4			0.6		10	106	180	
	200～800/5			0.6			0.8		10	40	70	
	1000～3000/5			0.8			1		10	20	35	
LZZB6-10	5～300/5			0.4			0.6		15	150～80	103	
LZZJB6-10	100～300/5			0.4			0.6		15	150～80	103	
	400～800/5	0.5/B		0.4			0.6		15	55	70	
	1000、1200、1500/5			0.4			0.6		15	27	35	
LZZQB6-10	100～300/5			0.6			0.8		15	148	188	
	400～800/5			0.8			1.2		15	55	70	
	1000～1500/5			1.2			1.6		15	40	50	
LDZB6-10	400～1500/5			0.8			1.2		15	28	52	
LDJ-10	5～150/5			0.4			0.6			106	188	
	200～3000/5			0.4			0.6			100～13	23	
LMZB6-10	1500～4000/5			2			2		15			
LMZB1-10	150～12505			0.4			0.8			35	45	
LQJ-10	5～400/5	0.5/3		0.4		1.2			6	75	100	
LQZQ-10	50、100/5	1			0.2		B_1	B_2		480	1400	
LB6-35	5～300/5	0.5/B_1		1.6			1.6	1.2	20	100	180	
	400～2000/5	B_2		1.6			1.6	1.2	20	20	36	
LCW-35	15～1000/5	0.5/3		2	4	2	4		28	65	100	
LCWD-35	15～1000/5	0.5/D		1.2	3	3		0.8	35	65	150	
LCW-60	20～600/5	0.5/1		1.2	1.2			1.2	15	75	150	
LCWD-60	20～600/5	1/D		1.2	1.2			0.8	30	75	150	
LCW-110	50～600/5	0.5/1		1.2	1.2			1.2	15	75	150	
LCWD-110	50～600/5	1/D		1.2	1.2			0.8	30	75	150	

附表 4 **电压互感器的技术数据**

型号	额定电压（kV）			二次额定容量（VA）			最大容量（VA）	质量（kg）	备注
	一次绕组	二次绕组	剩余电压绕组	0.5 级	1 级	3 级			
JDG6-0.38	0.38	0.1		15	25	60	100		型号中第一个字母 J—电压互感器；第二个字母 D—单相，S—三相，C—串级式；第三个字母 G—干式，Z—环氧树脂浇注绝缘，J—油浸，C—瓷绝缘；第四个数字 1，2，6 为设计序号，字母 X（J）—带有剩余电压绕组用以接地监察，W—为五柱式电压互感器，GY—用于高原地区，TH—用于湿热地区
JDZ6-3	3	0.1		25	40	100	200		
JDG6-6	6	0.1		50	80	200	400		
JDZ6-10	10	0.1		50	80	200	400		
JDG6-35	35	0.1		150	250	500	1000		
JDZ6-3	$3/\sqrt{3}$	$0.1/\sqrt{3}$	0.1/3	25	40	100	200		
JDG6-6	$6/\sqrt{3}$	$0.1/\sqrt{3}$	0.1/3	50	80	200	400		
JDZ6-10	$10/\sqrt{3}$	$0.1/\sqrt{3}$	0.1/3	50	80	200	400		
JDZ6-35	$35/\sqrt{3}$	$0.1/\sqrt{3}$	0.1/3	150	250	500	1000		
JDJ-3	3	0.1		30	50	120	240	23	
JDJ-6	6	0.1		50	80	200	400	23	
JDJ-10	10	0.1		80	150	320	640	36.2	
JDJ-13.8	13.8	0.1		80	150	320	640	95	
JDJ-15	15	0.1		80	150	320	640	95	
JDJ-35	35	0.1		150	250	600	1200	248	
JSJB-3	3	0.1		50	80	200	400	48	
JSJB-6	6	0.1		80	150	320	640	48	
JSJB-10	10	0.1		120	200	480	960	105	
JSJW-3	$3/\sqrt{3}$	0.1	0.1/3	50	80	200	400	115	
JSJW-6	$6/\sqrt{3}$	0.1	0.1/3	80	150	320	640	115	
JSJW-10	$10/\sqrt{3}$	0.1	0.1/3	120	200	480	960	190	
JSJW-13.8	$13.8/\sqrt{3}$	0.1	0.1/3	120	200	480	960	250	
JSJW-15	$15/\sqrt{3}$	0.1		120	200	480	960	250	
JDJJ1-35	$35/\sqrt{3}$	$0.1/\sqrt{3}$	0.1/3	150	250	600	1000	120	
JCC-60	$60/\sqrt{3}$	$0.1/\sqrt{3}$	0.1/3		500	1000	2000	350	
JCC1-110	$110/\sqrt{3}$	$0.1/\sqrt{3}$	0.1/3		500	1000	2000	530	
JCC1-110	$110/\sqrt{3}$	$0.1/\sqrt{3}$	0.1/3		500	1000	2000	600	
JCC2-110	$110/\sqrt{3}$	$0.1/\sqrt{3}$	0.1/3		500	1000	2000	350	
JCC2-220	$220/\sqrt{3}$	$0.1/\sqrt{3}$	0.1/3		500	1000	1000	750	
JCC1-220	$220/\sqrt{3}$	$0.1/\sqrt{3}$	0.1/3		500	1000	2000	1120	

附表 5 **支柱式绝缘子和绝缘瓷套管的技术数据**

支柱绝缘子			绝缘瓷套管				附 注
型 号	额定电压 (kV)	破坏荷重 (kg/N)	型 号	额定电压 (kV)	额定电流 (A)	破坏荷重 (kg/N)	
ZA-6Y	6		CLB-6/250	6	250,40		1. 绝缘瓷套管型号中“L”表示其穿心导体为矩形铝母线；若为铜母线，其型号中无“L”字，如CA-b/200、400型。 2. 破坏荷重分子为kg值，分母为N值
-6T	6		400		600		
ZA-10Y	10		600				
-10T	10	375/3675	CLB-10/250	10			
ZA-35Y	35		400		250,400		
-35T	35		600		600,1000	750/7350	
ZNA-6MM	6		1000		1500		
ZNA-10MM	10		1500				
ZA-6Y	6		CLB-35/250	35			
-6T			400				
ZA-10Y	10		600		250,400		
-10T	35	750/7350	1000		600,1000		
ZB-35F	10		1500		1500		
ZNB-10MM	10		CLC-10/2000	10	2000	1250/12250	
ZNB_2-10MM	10		3000		3000		
ZC-10F	10	1250/12250	CLD-10/2000	10	2000		
ZD-10F	20		3000		3000	2000/1960	
-20F	10	2000/19600	4000		4000		
ZND1-10MM	20		CLC-20/2000	20	2000		以上为户内型
ZNE-20MM			3000		3000	1250/12250	
			CWLB-6/250	6			
ZS-10/500	10	500/4900	400		250,400	750/7350	
ZS2-10/500	10		600		600		
ZS-20/1000	20	1000/9800	CWLB-10/250	10			
ZS-35/800	35	800/7840	400		250,400		
ZS-35/400A	35	400/3920	600		600	750/7350	
ZPA-6	6	375/3675	1000				
ZPA-10	10	500/4900	1500	10			
ZPD-10	10	2000/19600	CWLC-10/1000		1000,2000		
ZPC1-35	35	1250/12250	2000		3000		户外型
ZPC2-35	35		3000			1250/12250	
ZPD1-35	35		CWLD-10/2000	10	2000,3000		
CD10-1～8	10	2000/19600	3000		4000		
CD35-1～4	35	250/2450	4000			2000/19600	
		350/3430	CWLB-35/250	35			
			400		250,400,		
			600		600,1000,		
			1000		1500	750/7350	
			1500				

附表 6　　矩形导体长期允许载流量(A)和集肤效应系数 K_s

导体尺寸 $h\times b$ (mm×mm)	单条			双条			三条			四条		
	平放	竖放	K_s	平放	竖放	K_s	平放	竖放	K_s	平放	竖放	K_s
25×4	292	308										
25×5	332	350										
40×4	456	480		631	665	1.01						
40×5	515	543		719	756	1.02						
50×4	565	594		779	820	1.01						
50×5	637	671		884	930	1.03						
63×6.3	872	949	1.02	1211	1319	1.07						
63×8	995	1082	1.03	1511	1644	1.1	1908	2075	1.2			
63×10	1129	1227	1.04	1800	1954	1.14	2107	2290	1.26			
80×6.3	1100	1193	1.03	1517	1649	1.18						
80×8	1249	1358	1.04	1858	2020	1.27	2355	2560	1.44			
80×10	1411	1535	1.05	2185	2375	1.3	2806	3050	1.6			
100×6.3	1363	1481	1.04	1840	2000	1.26						
100×8	1547	1682	1.05	2259	2455	1.3	2778	3020	1.5			
100×10	1663	1807	1.08	2613	2840	1.42	3284	3570	1.7	3819	4180	2.0
125×6.3	1693	1840	1.05	2276	2474	1.28						
125×8	1920	2087	1.08	2670	2900	1.4	3206	3485	1.6			
125×10	2063	2242	1.12	3152	3426	1.45	3903	4243	1.8	4560	4960	2.2

注　载流量系按最高允许温度+70℃，基准环境温度+25℃、无风、无日照计算的。

附表 7　　LGJ 型钢芯铝绞线的允许电流($\theta_{al}=70℃$，$\theta_N=25℃$)以及单位长度有效电阻和电抗

绞线型号	LGJ-16	LGJ-25	LGJ-35	LGJ-50	LGJ-70	LGJ-95	LGJ-120	LGJ-150	LGJ-185	LGJ-240	LGJ-300
长期允许电流(A)	105	135	170	220	275	335	380	445	515	610	700
有效电阻 R_0(Ω/km)	2.04	1.38	0.95	0.65	0.46	0.33	0.27	0.21	0.17	0.138	0.107
单位长度质量(kg/km)	62	92	150	196	275	404	492	617	771	997	1257
计算直径(mm)	5.4	6.6	8.4	9.6	11.4	13.7	15.2	17	19	21.6	24.2
几何均距(mm)	单位长度感抗(Ω/km)										
1000	0.387	0.374	0.359	0.351	0.340	0.328	0.322	0.315	0.308	0.300	0.293
1250	0.401	0.388	0.373	0.365	0.354	0.342	0.336	0.329	0.322	0.314	0.307
1500	0.412	0.400	0.385	0.376	0.365	0.354	0.347	0.340	0.333	0.326	0.318
2000	0.430	0.418	0.403	0.394	0.383	0.372	0.365	0.358	0.351	0.344	0.336
2500	0.444	0.432	0.417	0.408	0.397	0.386	0.379	0.372	0.365	0.357	0.350
3000	0.456	0.443	0.428	0.420	0.409	0.398	0.391	0.384	0.377	0.369	0.362
3500	0.466	0.453	0.438	0.429	0.418	0.406	0.400	0.394	0.386	0.378	0.371
4000	0.473	0.461	0.446	0.438	0.427	0.416	0.409	0.403	0.395	0.388	0.380
4500	0.481	0.468	0.454	0.445	0.434	0.423	0.416	0.410	0.402	0.395	0.387

附表 8　　油浸纸绝缘铅包铠装三相电力电缆单根敷设于 +25℃土壤中长期允许电流　　（A）

电缆型号	ZLQ_2、ZQ_2、ZLQ_3、ZQ_3、ZLQ_5、ZQ_5												$ZLQF_2$、ZQF_2、$ZLQF_3$、ZQF_3、$ZLQF_5$、ZQF_5			
电缆电压	1～3				6				10				20～35			
缆芯允许工作温度（℃）	80				65				60				50			
土壤热阻系数（℃·cm/m^2）	80		120		80		120		80		120		80		120	
缆芯材料 / 芯数×截面积（mm^2）	铝	铜	铝	铜	铝	铜	铝	铜	铝	铜	铝	铜	铝	铜	铝	铜
3×2.5	28	37	26	33												
3×4	37	47	33	44												
3×6	46	60	42	55												
3×10	60	80	55	70												
3×16	80	105	70	95	70	90	60	80	65	85	60	75				
3×25	105	140	95	125	95	120	80	110	90	115	75	100				
3×35	130	170	120	150	110	145	100	130	105	135	95	120	80	105	70	80
3×50	160	210	140	180	135	180	120	160	130	170	115	150	90	115	85	110
3×70	195	255	170	220	165	215	145	190	150	205	140	180	115	150	105	135
3×95	235	305	200	265	205	260	180	230	185	245	165	215	135	180	120	160
3×120	265	350	230	300	230	300	200	260	215	275	185	245	165	210	150	195
3×150	305	395	265	340	260	340	230	295	245	315	215	280	185	240	170	220
3×185	345	450	300	390	295	380	260	335	275	360	240	315	210	275	190	245
3×240	400	520	345	450	345	450	300	390	325	420	280	365	230	300	210	275

附表 9　　常用测量与计量仪表技术数据

项目 / 代表名称	型　号	电流线圈			电压线圈				
		二次负荷（Ω）	每线圈消耗功率（VA）	线圈数目	线圈电压（V）	每线圈消耗功率（VA）	cosϕ	线圈数目	准确等级
电流表	1T1-A，1T9-A	0.12	3	1					
	16L1-A，46L1-A	0.014	0.35	1					
电压表	1T1-V，1T9-V				100	4.5	1	1	
	16L1-V，46L1-V				100	0.3	1	1	
有功功率表	1D1-W	0.058	1.5	2	100	0.75	1	2	
	16D1-W，46D1-W		0.6	2	100	0.6	1	2	
无功功率表	1D1-VAR	0.058	1.5	2	100	0.75	1	2	
	16D1-VAR，46D1-VAR		0.6	2	100	0.5	1	2	
有功电能表	DS1 等，DS864 等	0.02	0.5	2	10	1.5	0.38	2	0.5
无功电能表	DX1 等，DS863-2 等	0.02	0.5	2	100	1.5	0.38	2	0.5
频率表	1D1-Hz				100	2		1	
	16L1-Hz，46L1-Hz				100	1.2		1	

附表 10　　SL7 系列低损耗三相电力变压器的主要技术数据

型号	额定容量（kVA）	空载损耗（W）	短路损耗（W）	阻抗电压（%）	空载电流（%）	绕组联结组
10kV 级						
SL7-100/10	100	320	2000	4	2.6	
SL7-125/10	125	370	2450	4	2.5	
SL7-160/10	160	460	2850	4	2.4	
SL7-211/10	200	540	3400	4	2.4	
SL7-250/10	250	640	4000	4	2.3	
SL7-315/10	315	760	4800	4	2.3	
SL7-400/10	400	920	5800	4	2.1	
SL7-500/10	500	1080	6900	4	2.1	
SL7-630/10	630	1300	8100	4.5	2.0	均为 Yyn0 接线
SL7-800/10	810	1540	9900	4.5，5.5	1.7	
SL7-1000/10	1000	1800	11600	4.5，5.5	1.4	
SL7-1250/10	1250	2200	13800	4.5，5.5	1.4	
SL7-1600/10	1600	2650	16500	4.5，5.5	1.3	
SL7-2000/10	2000	3100	19800	5.5	1.2	
SL7-2500/10	2500	3650	23000	5.5	1.2	
SL7-3150/10	3150	4400	27000	5.5	1.1	
SL7-4000/10	4000	5300	32000	5.5	1.1	
SL7-5000/10	5000	6400	36700	5.5	1.0	
SL7-6300/10	6300	7500	41000	5.5	1.0	
35kV 级						
SL7-1000/35	1000	1770	13500	6.5	1.5	
SL7-1250/35	1250	2100	16300	6.5	1.5	
SL7-1600/35	1600	2550	17500	6.5	1.4	
SL7-2000/35	2000	3400	19800	6.5	1.4	
SL7-2500/35	2500	4000	23000	6.5	1.32	
SL7-3150/35	3150	4750	27000	7.0	1.2	
SL7-4000/35	4000	5650	32000	7.0	1.2	
SL7-5000/35	5000	6750	36700	7.0	1.1	均为 Yd11
SL7-6300/35	6300	8200	41000	7.5	1.05	
SL7-8000/35	8000	9800	50000	7.5	1.05	
SL7-10000/35	10000	11500	59000	7.5	1.0	
SL7-12500/35	12500	13500	70000	8.0	1.0	
SL7-16000/35	16000	16000	86000	8.0	1.0	
SL7-20000/35	20000	18700	103000	8.0	1.0	

附录Ⅱ　调度术语与操作术语

附表 11　　**主要设备名称**

编号	设备名称		调度操作标准名称
1	母线	母线	××kV（正、副或×号）母线
		电抗母线	××kV 电抗母线
		旁路母线	××kV 旁路母线
2	断路器	油断路器、低压断路器、SF_6 断路器等	××断路器（×号断路器）
		母线联络断路器	母联（×）断路器（×号断路器）
		母线分段断路器	分段（×）断路器
		母线联络兼旁路断路器	旁联（×）断路器（×号断路器）
		旁路断路器	旁路（×）断路器（×号断路器）
3	隔离开关	隔离开关	××隔离开关（×号隔离开关）
		母线隔离开关	母线隔离开关（×母隔离开关）
		线路侧隔离开关	线路隔离开关
		变压器侧隔离开关	变压器隔离开关
		变压器中性点隔离开关	主变压器（××kV）中性点接地隔离开关
		避雷器隔离开关	避雷器隔离开关
		电压互感器隔离开关	压变隔离开关
		X 母线与旁路母线联络母线联络隔离开关	母线联络隔离开关
4	变压器	系统主变压器	×号主变压器
		变电所用变压器	×号所用变压器
		系统联络变压器	×号联变压器
		系统中性点接地变压器	接地变压器
5	电流互感器		流变
6	电压互感器		压变
7	电力电缆		电缆
8	线路		线路
9	线路架空地线		架空地线
10	调相机		×号调相机
11	并联补偿电容器		×号（或××kV）电容器
12	线路串联补偿电容器		×号串联电容器
13	避雷器		××号避雷器

续表

编 号	设 备 名 称	调度操作标准名称
14	消弧线圈	×号消弧线圈
15	静止补偿器	××静补
16	调压变压器	×号调压变
17	变压器中性点接地电阻	接地电阻
18	电力系统继电保护装置	保护
19	变压器差动保护装置	变压器差动
20	变压器气体保护装置	气体保护
21	复合电压（负序电压、低电压）过电流保护装置	变压器复合电压过电流
22	零序电流一（二、三、四）段	零序一（二、三、四）段
23	电流速断保护装置	电流速断
24	（方向）过电流保护装置	过电流保护
25	相间距离保护装置	相间距离
26	接地距离保护装置	接地距离
27	同期检定重合闸装置	同期重合闸
28	无电压检定重合闸装置	无电压检定重合闸
29	母线差动保护装置	母差保护

附表 12　　调 度 术 语 表

编 号	调 度 术 语	含 义
1	报数：幺、两、三、四、五、六、拐、八、九、洞	报数时：一、二、三、四、五、六、七、八、九、零的读音
2	调度管辖	发电设备的出力计划和备用、运行状态、电气设备运行方式、倒闸操作及事故处理均应按所辖调度值班员的调度命令或获得其同意后进行
3	调度许可	设备由下级调度管理，但在进行有关操作前必须报告上级调度值班员并取得其许可后进行
4	调度同意	上级值班调度员对下级调度运行值班人员提出的申请和要求给予同意
5	调度命令	值班调度员对其所管辖的设备发布有关运行、操作和事故处理的命令
6	直接调度	值班调度员直接向现场运行值班人员发布有关运行、操作和事故处理和命令
7	间接调度	值班调度员向下级调度值班员发布调度命令后，由下一级值班调度员向现场运行值班人员转达命令的方式
8	发布命令	值班调度员正式给现场值班人员发布的调度命令
9	接受命令	现场值班人员正式接受值班调度员发布给他的调度命令
10	复诵命令	值班人员在接受值班调度员发布给他的调度命令时，依照命令的步骤和内容，给值班调度员诵读一遍
11	回复命令	值班人员在接受值班调度员发布给他的调度命令后，向值班调度员报告已执行完调度命令的步骤、内容和时间
12	拒绝命令	值班人员发现值班调度发布给他的调度命令是错误的，如执行将危及人身、设备和系统的安全，拒绝接受该调度命令
13	设备停役或设备检修	在运行（或备用）中的设备经调度操作后，停止运行（或备用），由生产单位进行检修、试验或其他工作
14	设备复役	生产部门将停役的设备拆除安全措施，向调度部门汇报可以投入运行，由调度部门统一安排使用
15	设备试运行	新装或检修后的设备移交调度部门启动加入系统进行必要的试验与检查，并随时可以停止运行
16	开工时间	检修人员接到可以开工通知或安全工作票后即为设备检修的开工时间
17	完工时间	检修完毕，人员全部退出现场，交出安全工作票，即表示检修工作结束

续表

编号	调度术语	含义
18	线路（或变压器）送电多少	线路或（变压器）从母线向外送电计量用“+”，向母线送电计量用“-”
19	紧急备用	设备存在较大缺陷，只允许在紧急需要时短期运行，经批准转作备用
20	停止备用	设备不具备立即投入运行的条件
21	电气设备运行状态	见“电气设备的状态”节
22	电气设备热备用状态	
23	电气设备冷备用状态	
24	电气设备检修	
25	×点×分×断路器跳闸	×点×分断路器跳闸
26	×点×分×断路器跳闸重合闸成功	×点×分×断路器跳闸重合成功
27	×点×分×断路器跳闸重合闸拒动	×点×分×断路器跳闸重合闸拒动
28	×点×分×断路器强送×次成功	×点×分×断路器强送×次成功
29	×点×分×断路器强送不成功	×点×分×断路器强送不成功
30	拉开/合上××隔离开关（或开关）	将××隔离开关（或断路器）切断/接通
31	×线路（或设备）现在许可开工，时间×点×分	××线路（或设备）转入检修后值班调度员许可命令
32	现在××线路（或设备）工作结束，现场工作接地线已拆除（或接地隔离开关已拉开），人员已撤离，可以送电	现场检修人员在调度许可的设备上工作结束后的汇报术语
33	××母线单相接地指示	经消弧线圈接地或不接地系统中发生单相接地后，变电所（或发电厂）母线接地信号指示
34	系统振荡	电力系统并列的两部分间或几部分间失去同步，使系统电流表、电压表、有功表发生大幅度有规律性的振动现象，振荡中心附近的电压下降特低，发电机伴有嗡嗡声
35	波动	系统电压瞬时下降或上升后立即恢复正常
36	摆动	系统的电压和电流产生有规律的小量摇摆现象
37	××保护动作跳闸	继电保护动作，断路器跳闸
38	××断路器跳闸保护未动作	断路器跳闸，保护未动作

续表

编号	调度术语	含义
39	振荡闭锁动作	继电保护装置中的振荡闭锁部分启动
40	振荡解列装置	系统发生振荡采取解列办法予以消除
41	×点××分××断路器跳闸重合闸成功	×点××分××断路器跳闸重合闸成功
42	×点××分××断路器跳闸重合闸拒绝动作	×点××分××断路器跳闸重合闸拒绝动作
43	×点××分××断路器强送×次成功	×点××分××断路器强送×次成功
44	×点××分××断路器强送不成功	×点××分××断路器强送不成功
45	在××断路器侧（母线侧、线路侧或两侧）挂（或拆除）接地线	在××断路器侧、（母线侧、线路侧或两侧）挂（或拆除）接地线

附表 13　　操作术语表

编号	调度术语	含义
1	操作命令	值班调度员对所管辖设备进行变更电气接线方式和事故处理而发布倒闸操作命令
2	操作许可	值班调度员对所管辖设备在变更状态前，由现场提出操作项目和要求，值班调度员给予许可
3	并列	两个系统用同期表检查同期后并列运行
4	解列	将一个系统（或发电机）解除并列运行
5	自同期并列	将发电机（调相机）用自同期法与系统并列运行
6	非同期并列	将发电机（调相机或两个系统）不经同期检查即并列运行
7	合上	把断路器或隔离开关放在接通位置
8	拉开	把断路器或隔离开关放在切断位置
9	跳闸	设备自动从接通位置改成切断位置
10	倒母线	母线隔离开关从一组母线倒换至另一组母线
11	冷倒	断路器在热备用，拉开×母线隔离开关，合上（另一组）母线隔离开关
12	强送	设备因故障跳闸后，未经检查即送电
13	试送	设备因故障跳闸后，经初步检查即送电
14	充电	不带电设备与电源接通，但不带负荷
15	挂（拆）接地线或合上（拉开）接地开关	用临时接地线（组）或接地隔离开关将设备与大地接通（或断开）
16	带电拆接	在设备带电状态下拆断或接通短接线
17	拆引线或接引线	将设备引线或架空线的跨接线（弓字线）拆断或接通

续表

编号	调度术语	含　　义
18	变压器分接头从××kV（×挡）调到××kV（×挡）	变压器无载分接头调节
19	变压器分接接从×（挡）调到×（挡）	变压器有载分接头调节
20	保护投入	将继电保护加入运行
21	保护停用	将继电保护停止运行
22	启用（或停用）×设备×（保护）×段	启用（或停用）×（设备）×（保护）×段跳闸连接片
23	用上（或停用）×设备×（保护）×段	用上（或停用）×（设备）×（保护）×段跳闸连接片
24	改变继电保护整定值	继电保护时间、电流、电压、阻抗等定值由一个定值改变为另一个定值
25	××保护方向元件短接	××保护方向元件短接后，方向不起作用即保护不带方向
26	××保护方向元件短接线拆除	××保护方向元件短接线拆除，保护恢复带方向
27	母差保护接信号	保护直流电源投入，装置运行，但保护所有接跳断路器的跳闸回路连接片断开
28	母差保护启用	保护直流电源投入，装置运行，保护所有接跳断路器的跳闸回路连接片接通
29	母差保护停用	保护直流电源切除，装置停用，保护所有接跳断路器的跳闸回路连接片断开
30	母差双母线方式	母差有选择性（一次接线与二次直流跳闸回路要对应），先跳开母联以区分故障点，再跳开故障母线上所有断路器
31	母差单母线方式	一次为双母线运行，无选择性，一条母线故障，引起两条母线上所有断路器跳闸
32	母差固定连接方式	母差有选择性（一次接线与二次电流互感器回路要对应），先跳开母联以区分故障点，再跳开故障母线上所有断路器
33	母差非固定连接方式	一次为双母线运行，无选择性（一次接线与二次流变回路不对应或虽然对应，但母联为非自动），一条母线故障跳开两条母线上所有断路器；一次为单母线运行，母线故障，母线上所有断路器跳闸
34	××保护由跳××断路器改跳××断路器	××保护由投跳××断路器必为投跳××断路器而不跳原来的断路器（如同时跳原来断路器，则应说明为“改为跳××、××断路器”）
35	按频率减载动作跳闸	当频率低到预定频率时，自动跳开部分供电断路器，以保证系统不致瓦解
36	信号掉牌	继电保护动作，发出信号
37	信号复归	继电保护动作，信号指示恢复原位
38	非自动	将设备的直流（或交流）操作回路解除
39	自动	恢复设备的直流（或交流）操作回路

附录Ⅲ 变电站（发电厂）倒闸操作票

变电站（发电厂）倒闸操作票 **编号**

操作开始时间： 年 月 日 时 分 终了时间： 日 时 分

操作任务：

✓	顺序	操作项目

备作：

操作人： 监护人： 值班负责人： 值长：

参考文献

[1] 国家电力监管委员会电力业务资质管理中心．电工进网作业许可考试高压类理论．北京：中国财政经济出版社，2006.

[2] 国家电力监管委员会电力业务资质管理中心．电工进网作业许可考试低压类理论．北京：中国财政经济出版社，2006.

[3] 曹孟州．供配电设备运行维护与检修．北京：中国电力出版社，2011.

[4] 刘增良．电气设备及运行维护．北京：中国电力出版社，2007.

[5] 曹孟州．电气安全作业培训教材．北京：中国电力出版社，2012.